AF279246

Microscopía Electrónica de Barrido (SEM)
en suelos y otros materiales
Atlas de imágenes

Scanning Electron Microscopy (SEM)
in soils and other materials
Atlas of images

R. Delgado Calvo-Flores (editor)

J.M. Martín García (coeditor)

Colaboradores a la edición / Collaborators to the edition

A. Molinero García y R. Márquez Crespo

Microscopía Electrónica de Barrido (SEM) en suelos y otros materiales

Atlas de imágenes

Scanning Electron Microscopy (SEM) in soils and other materials

Atlas of images

Granada, 2024

Prof. Dr. Miguel Delgado Rodríguez (1921-2003).

Fotografía realizada en la
Universidad de Granada, 1960.

Photograph taken at the
University of Granada, 1960.

A la memoria de Miguel Delgado Rodríguez (1921-2003), Catedrático de la Universidad de Granada, impulsor y primer cultivador en la Facultad de Farmacia de las técnicas de Microscopía Electrónica de Barrido en suelos y otros materiales de interés medioambiental y farmacéutico.

In memory of Miguel Delgado Rodríguez (1921-2003), Professor of the University of Granada, driving force and the first person to implement Scanning Electron Microscopy techniques in soils and other materials of environmental and pharmaceutical interest at the Faculty of Pharmacy.

Agradecimientos

Al Prof. Dr. Javier Romero Mora, catedrático de Óptica y director del Centro de Instrumentación Científica (2008-2023) de la Universidad de Granada (UGR), por la escritura de la valiosa presentación que antecede el texto.

A los proyectos de Investigación, Desarrollo e Innovación: *Tipologías de suelos mediterráneos versus cuarzo. En la frontera del conocimiento edafogenético*. Ministerio de Economía y Competitividad de España (referencia: GL2016-80308-P) y *Evaluación de la calidad farmacéutica y cosmética de polvos de talco como agentes para aplicación cosmética*. Universidad de Granada-Junta de Andalucía-Unión Europea (Fondo Europeo de Desarrollo Regional) (referencia B-CTS-20-UGR20). Gracias a su financiación se ha podido acometer la presente edición.

Al Vicerrectorado de Investigación y Transferencia de la Universidad de Granada, quien a través de su Plan Propio de Investigación ha permitido finalizar la edición de la obra.

Asimismo, una parte importante de las investigaciones fueron cofinanciadas en el momento de su realización por el Grupo de Investigación y Desarrollo Tecnológico de la Junta de Andalucía-UGR, *Ciencias del Suelo y Geofarmacia* (referencia RNM-127).

Al Centro de Instrumentación Científica de la UGR (CIC), por la disponibilidad a los investigadores de los magníficos equipos de SEM que posee, manejados por un excelente personal técnico. Este libro se ha podido crear y escribir gracias a todos ellos.

Al Prof. Dr. Carlos Dorronsoro Fernández por la inestimable ayuda recibida en la redacción de los Antecedentes históricos. Como alumno directo del Profesor Miguel Delgado Rodríguez ha aportado valiosos datos sobre sus trabajos y escuela de profesores-investigadores.

A los Profs. Drs. Manuel Sánchez-Marañón y Jesús Párraga Martínez por el aliento recibido y las excelentes ideas aportadas al proyecto. También por el magnífico trabajo desarrollado en los capítulos de su autoría.

Al Técnico Superior, Bibliotecario Jefe de Sección de la Biblioteca de la Universidad de Granada, Antonio Ruiz Martínez por los impecables escaneos HD de las fotografías.

A José María Luque Martín, vicedecano de la Facultad de Farmacia de la Universidad de Granada y Técnico Superior, por las artísticas fotografías de los Antecedentes históricos.

A la Editorial Universidad de Granada (eug), por haber acogido entre sus títulos a la presente obra.

Sin olvidar a la Dra. Isabel Guerra Tschuschke, Técnico Superior del CIC (UGR), por su interés y profesionalidad en las muchas sesiones de trabajo que hemos efectuado con ella en su equipo de SEM.

Finalmente, a los colaboradores a la edición, Dr. Alberto Molinero García y Dra. Rocío Márquez Crespo, cuya vocación y brillante ejecutoria en la Microscopía Electrónica de Barrido ha servido de impulso para acometer la escritura de este libro.

Los editores,
Dr. Rafael Delgado Calvo-Flores y Dr. Juan Manuel Martín-García

Acknowledgments

To Prof. Dr. Javier Romero Mora, Professor of Optics and Director of the Scientific Instrumentation Center (2008-2023), University of Granada (UGR), for the writing of the valuable presentation that precedes the text.

To Research, Development and Innovation projects: *Mediterranean soil typologies versus quartz. At the frontier of edafogenetic knowledge.* Spanish Ministry of Economy and Competitiveness (reference: GL2016-80308-P) and *Quality evaluation of pharmaceutical and cosmetic powders as agents for cosmetic application.* University of Granada-Junta de Andalucía-European Union (European Regional Development Fund) (reference B-CTS-20-UGR20). It has been possible to undertake this edition thanks to its funding.

To the Vice-Rectorate for Research and Knowledge Transfer of the University of Granada, who through its Own Research Plan has made it possible to complete the publication of the work.

Also, a significant part of the research was co-financed at the time of its implementation by the Research and Technological Development Group of the Junta de Andalucía-UGR, *Ciencias del Suelo y Geofarmacia* (reference RNM-127).

To the Scientific Instrumentation Center (CIC) of the UGR, for the availability of the magnificent SEM equipment to researchers, managed by an excellent technical staff. This book has been create and written thanks to all of them.

To Prof. Dr. Carlos Dorronsoro Fernández for the invaluable help received in the drafting of the Historical Background. As a direct student of Professor Miguel Delgado Rodríguez he has contributed valuable data on his work and school of professors-researchers.

To Profs. Drs. Manuel Sánchez-Marañón and Jesús Párraga Martínez for the encouragement received and the excellent ideas contributed to the project. Also for the magnificent work developed in the chapters of his authorship.

We also thank Antonio Ruiz Martínez, Senior Technician and Section Chief Librarian of the University of Granada Library, for the impeccable HD scans of the photographs.

We are also grateful to José María Luque Martín, vice-dean of the Faculty of Pharmacy at the University of Granada and Senior Technician, for the artistic photographs in the Historical Background.

To the Editorial Universidad de Granada (eug), for having received among its titles the present work.

Not to mention Dr.ª Isabel Guerra Tschuschke, Senior Technician of the CIC (UGR), for her interest and professionalism in the many work sessions carried out with her in her SEM equipment.

Finally, to the collaborators to the edition, Dr. Alberto Molinero García and Dr.ª Rocío Márquez Crespo, whose vocation and excellent performance in Scanning Electron Microscopy has served as an impetus to undertake the writing of this book.

The editors
Dr. Rafael Delgado Calvo-Flores and Dr. Juan Manuel Martín-García

Presentación

En el suelo se encuentra la vida y la microscopía electrónica permite su percepción más íntima. En este libro que nos ofrecen sus editores, los profesores de la Universidad de Granada, Rafael Delgado Calvo-Flores y Juan Manuel Martín García, se incluye una colección muy interesante de capítulos temáticos de investigación que manifiestan tanto el alcance de determinadas investigaciones en el campo de la materia mineral, como el revulsivo que ha supuesto la utilización de microscopios electrónicos para desentrañar las verdades de la Naturaleza. Son ejemplos clarísimos e ilustrativos de ello.

El desarrollo de las Ciencias Naturales: la Física, la Química, la Biología y la Geología, o cada una de sus partes, ha necesitado de instrumentos que ayuden al ser humano a ver lo que puede ser la composición de la materia, desarrollando instrumentos, que, en principio, eran la mayoría ópticos. Así los telescopios para observar los objetos grandes y lejanos y profundizar en el Universo. Para lo pequeño y cercano se desarrollaron lupas, conocidas como microscopios simples, y, posteriormente, los microscopios compuestos, o, simplemente, microscopios. Ellos nos han permitido observar más allá del límite de resolución del ojo humano, pero con limitaciones, que teóricamente llegan hasta los mil o dos mil aumentos. Con estos dispositivos se traspasaron las fronteras de lo milimétrico hasta lo micrométrico. Además, el acoplamiento a estos dispositivos de cámaras fotográficas permitió el registro de las imágenes observadas, y evitar el trabajo de memorización y dibujo de lo observado.

En la segunda mitad del siglo XX aparece con fuerza una nueva tendencia para superar los límites de aumentos en los microscopios convencionales. El desarrollo de la Física Cuántica y en concreto, la enunciación de la dualidad onda-corpúsculo, permitía teóricamente pasar de las longitudes de onda ópticas a otras mucho menores, y con ello aumentar el límite de resolución en las imágenes obtenidas. Para ello se pasa de utilizar el binomio luz-lentes ópticas de los microscopios ópticos, al binomio haz de electrones- lentes electro-magnéticas, en los microscopios electrónicos. Se va más allá de lo 'micro' hasta lo 'nano' y aún más: resoluciones por debajo del ángstrom.

Además, la microscopía electrónica se ha dotado de capacidades que van más allá de la captura y registro de imágenes de lo muy pequeño, como son las que permiten el análisis de la materia para conocer su composición elemental y su estructura. Todo ello con dispositivos que permiten analizar los rayos X emitidos con el bombardeo de la muestra por el haz de electrones, los electrones retrodispersados y otros accesorios que conforman a los microscopios electrónicos como instrumentos que van más allá de ser meros dispositivos formadores de imágenes.

Esto es posible tanto en microscopios electrónicos de transmisión, TEM, como los de barrido, SEM, que son la parte fundamental de este libro. Estos últimos ayudan a obtener unas preciosas imágenes tanto de materia inorgánica como de seres vivos, que simulan la tercera dimensión, de las que se presentan ejemplos extraordinarios en los capítulos de este libro. Es cierto que la obtención de imágenes microscópicas realmente tridimensionales es aún un reto de la tecnología, aunque ya se disponen de dispositivos holográficos o FIB, que nos acercan a ellas.

En este libro, que tengo el honor de prologar, se incluyen contribuciones de investigación en suelos y materiales de interés sanitario que han precisado de la microscopía electrónica de barrido SEM, realizadas por los investigadores del grupo RMN127 del Departamento de Edafología y Química Agrícola de la Facultad de Farmacia de la Universidad de Granada. Dadas las conexiones nacionales e internacionales que supone la actividad de cualquier grupo de investigación científica que se precie, se incluyen también contribuciones de otros autores de la propia Universidad de Granada y de otros centros nacionales y extranjeros.

Este libro es muy completo en su temática, ya que no solo incluye artículos relacionados con la investigación en la morfología del suelo, y distintos tipos de materiales, como los talcos, las arcillas, los cuarzos, o los iberulitos, o los biominerales, sino que contiene capítulos dedicados a la historia de la microscopía en general y en concreto de la microscopía electrónica y la descripción de los elementos de un microscopio electrónico de barrido. Así mismo, se incluye un capítulo sobre tratamiento y mejora digital de las imágenes captadas. Cubre, por tanto, desde los fundamentos a las técnicas aplicadas a la investigación, en temas tan interesantes como la biomineralización, el concepto de la fábrica SEM de suelos o la aplicación a distintos materiales de interés sanitario o industrial. Todo ello ilustrado con una gran abundancia de imágenes obtenidas con microscopía electrónica, lo que hace de este libro un verdadero atlas de imágenes, que podría considerarse uno de los objetivos primeros alcanzados con su publicación.

Pero este libro es también, como deja bien indicado su primer editor en los Antecedentes históricos, un homenaje a la figura del Profesor D. Miguel Delgado Rodríguez, gran impulsor del uso de la microscopía óptica en su aplicación al estudio de la Morfología de los suelos en la Universidad de Granada. Este profesor es de aquellos que en la segunda mitad del siglo XX hicieron crecer la Ciencia en España a base de un esfuerzo ímprobo, y que permitieron pasar de un país de investigación escasa, a veces una singularidad en las universidades, a una realidad actual en la que es inconcebible un país occidental que no genere su propia Ciencia. Y todo ello lo hicieron con gran escasez de medios pero con sobradas cantidades de vocación. Lo que sembró D. Miguel con su trabajo creció en la Edafología universitaria de la

Facultad de Farmacia, con la evolución natural que supuso pasar de la microscopía óptica a la electrónica; paso en el que fue fundamental la adquisición del primer microscopio electrónico SEM en la Facultad de Farmacia, marca Hitachi, en el año 1985 y que aún presta servicio. Fue el Profesor D. Rafael Delgado Calvo-Flores quien se hizo responsable del mismo con gran entusiasmo e incansable ánimo y con la ayuda posterior de la excepcional técnica la doctora D.ª Rocío Márquez Crespo; por demás, eficaz colaboradora a la edición. Lo que ha supuesto el uso de este equipo y sus posteriores mejoras, queda reflejado a lo largo de las páginas de este libro.

En el año 2010 se produce un hecho importante y es que, gracias al apoyo del entonces Rector de la Universidad de Granada Profesor D. Francisco González Lodeiro y la indiscutible amplitud de miras del Profesor D. Rafael Delgado Calvo-Flores y el decano de la Facultad de Farmacia en ese momento, Profesor D. Luis Recalde Manrique, se crea una sede del Centro de Instrumentación Científica de la Universidad de Granada (CIC-UGR) dentro de la Facultad de Farmacia, con dos unidades, una de técnicas y equipos de análisis químico y otra, la que aquí nos interesa, de microscopía electrónica, asumiendo el CIC la gestión del equipo Hitachi mencionado. Esta unidad ha crecido desde entonces, dotándose en la actualidad, además del microsocopio Hitachi mencionado, con otro microscopio SEM, marca Zeiss, modelo Leo 1530 Geminis y un recientemente adquirido SEM-FIB marca Tescan, lo que no es más que el reflejo de la pujante actividad de los investigadores de la Universidad de Granada en distintos campos de la Ciencia.

Estos microscopios no solo tienen la función de apoyar la investigación científica sino que también son utilizados para apoyar la docencia práctica de la Universidad de Granada, en el caso concreto de los estudiantes de la Facultad de Farmacia. Es preciso que nuestros estudiantes conozcan los equipos que permiten alcanzar límites insospechados en el análisis de los materiales. Y entiendan, por ejemplo, que el polvo de talco es algo más que una nube de partículas de color claro. O en el caso de los suelos entiendan que el suelo no es solo el espacio que nos ensucia o embarra los zapatos, a veces molesto, a los criados en las ciudades. Es necesario que conozcan que en la morfología íntima de las partículas de talco se halla la clave de su uso en Farmacia o cómo al estudiar en detalle la morfología de la masa del suelo y de los granos minerales que la constituyen podemos inferir sus lentos procesos de formación y que en el suelo se desarrolla la vida y que contiene a su vez las soluciones para múltiples problemas de orden farmacológico, nutricional o industrial. Y es la microscopía electrónica el arma instrumental más potente en la actualidad para su conocimiento.

Francisco Javier Romero Mora
Catedrático de Óptica
Director del Centro de Instrumentación Científica (2008-2023)
Universidad de Granada (UGR)

Presentation

Soil contains life and electron microscopy provides us with in-depth understanding of this life. This book, from the professors of the University of Granada, Rafael Delgado Calvo-Flores and Juan Manuel Martín García, provides a very interesting collection of thematic research chapters, revealing both the scope of certain research in the field of mineral matter, and the use of electron microscopes to unravel the mysteries of Nature. It offers clear and illustrative examples of this.

The progress of the Natural Sciences: Physics, Chemistry, Biology and Geology, or each of their parts, has required instruments that enable the human being to see the composition of matter, which has led to the development of instruments, which, in principle, are mostly optical. These include telescopes to observe large and distant objects and delve into the universe. For smaller and closer objects, magnifying glasses, known as simple microscopes, were developed, followed by compound microscopes, or simply "microscopes". These have allowed us to observe beyond the resolution limit of the human eye, in theory at a magnification of one to two thousand, although with some limitations. These devices helped cross the threshold from millimetric to micrometric measurements. In addition, the attachment of cameras to these devices has allowed the recording of the images observed, eliminating the need to memorize and reproduce observations.

In the second half of the 20th century, a new trend emerged, exceeding the magnification limits of conventional microscopes. The development of quantum physics and in particular, the arrival of wave-corpuscle duality, allowed us to theoretically pass from optical wavelengths to much smaller ones, and thus increase the resolution limit in the images obtained. To do this, the light/lens pairing of optical microscopes is switched to the electron beam/electro-magnetic lens pairing in electronic microscopes. This goes beyond 'micro' to 'nano' and even further: resolutions below the angstrom's size.

In addition, electron microscopy has the capacity to go beyond the capture and recording of the images of the smallest objects, such as those that allow the analysis of matter by revealing its elemental composition and structure. This is carried out with devices that allow us to analyze the X rays emitted by a sample due to electron bombardment, backscattered electrons and other accessories that form electron microscopes, staking their place as far more than mere imaging devices.

This is possible with both TEM, transmission electron microscopes and SEM, scanning electron microscopes, which are the fundamental part of this book. The latter enables us to obtain valuable images of both inorganic matter and living beings, which simulate the third dimension, extraordinary examples of which are presented in the chapters of this book. Admittedly, obtaining truly three-dimensional microscopic images is still a technological challenge, although holographic devices or FIB are already available, which bring us a step closer.

This book, for which I have the honor of writing the Presentation, contains contributions from research projects into soils and materials of health interest that have required scanning electron microscopy, or SEM, conducted by researchers from the RMN 127 group of the Department of Soil Science and Agricultural Chemistry of the Faculty of Pharmacy at the University of Granada. Given the national and international connections involved in the activity of any worthy scientific research group, contributions from other authors at the University of Granada, as well as other national and foreign centers, are also included.

This book is a very complete work on its subject, since it contains not only articles related to research into soil morphology and different types of materials, such as talc, clay, quartz, iberulites, or biominerals, but also chapters devoted to the history of microscopy in general and electron microscopy in particular, and a description of the elements of a scanning electron microscope. It also includes a chapter on the treatment and digital enhancement of images captured. It therefore covers the basics, all the way through to the techniques applied to research on topics as wide-ranging as biomineralization, the concept of the SEM fabric of soils, or application of SEM to different materials of health or industrial interest. This is illustrated throughout with a great abundance of images obtained through electron microscopy, which makes this book a real textbook of images, perhaps one of the key objectives achieved with its publication.

However, as its first editor indicates in the Historical Background, this book is also a tribute to Professor Miguel Delgado Rodríguez, who was an incredible driving force behind the use of optical microscopy and its application to the study of soil morphology at the University of Granada. This professor was one of the few pioneers who, in the second half of the twentieth century, made incredible efforts to further science in Spain, allowing it to go from a country where research was scarce, sometimes entirely limited to universities, to a present reality where it is inconceivable for Western countries not to produce their own scientific research. This was achieved with few resources, but with great willingness. The seeds Mr. Miguel sowed with his work were reaped in the Soil Science Department of the Faculty of Pharmacy, with the natural evolution that involved moving from optical microscopy to electronics. The acquisition in 1985 of the first Hitachi SEM electron microscope at the Faculty of Pharmacy, which is still in service, was fundamental. It was placed under the responsibility of Professor Rafael Delgado Calvo-Flores, who brought great enthusiasm and tireless energy to the role, with the subsequent help of the exceptional technician Doctor Rocío Márquez Crespo, who is also a key contributor to this book. The years of work stemming from the use of this equipment and its subsequent improvements is reflected throughout the pages of this book.

The year 2010 brought a key milestone, thanks to the support of the then-Rector of the University of Granada, Professor Francisco González Lodeiro, and the indisputable broad-mindedness of Professor Rafael Delgado Calvo-Flores and then-Dean of the Faculty of Pharmacy, Professor Luis Recalde Manrique. The headquarters of the Scientific Instrumentation Center at the University of Granada (CIC-UGR) was created within the Faculty of Pharmacy, composed of two units: one for chemical analysis techniques and another, the one that interests us in this case, for electron microscopy, which took on the management of the previously mentioned Hitachi microscope. This unit has since grown, and in addition to the aforementioned Hitachi microsocope, now also boasts a Zeiss Gemini SEM microscope, along with a recently acquired Tescan FIB-SEM. These acquisitions further reflect the thriving activity of researchers from the University of Granada in different fields of Science.

These microscopes not only serve to support scientific research but are also used to assist with practical teaching of the University of Granada, particularly for students at the Faculty of Pharmacy. Our students need to be familiar with the equipment that allows us to reach unprecedented heights in the field of material analysis, and understand, for example, that talcum powder is more than just a cloud of light-colored particles; or in the case of soil, that it is far more than an annoying, dirty substance that muddies our shoes. They must understand that the intimate morphology of talc particles is the key to its use in Pharmacy, or that by closely studying the morphology of the soil mass and the mineral grains forming it, we can deduce its slow formation processes. They must appreciate that life develops within soil, and that it therefore contains solutions to a number of pharmacological, nutritional or industrial problems. Above all, they must comprehend that in today's age, electron microscopy is the most powerful weapon for furthering their knowledge.

Francisco Javier Romero Mora
Professor of Optics
Director of the Centre for Scientific Instrumentation (2008-2023)
University of Granada (UGR)

Autores de los capítulos
Chapter Authors

Aguilar Torres, Verónica.
Graduada en Farmacia.

Bech Borrás, Jaume. Catedrático de
Universidad. Universidad de Barcelona.
Reales Academias de Medicina, Farmacia,
Veterinaria y Ciencias y Artes de Cataluña.
jaumebechborras@gmail.com.

Calero González, Julio. Profesor Titular
del Universidad. Departamento de Geología
de la Universidad de Jaén. jcalero@ujaen.es.

Carretero León, María Isabel.
Catedrático de Universidad. Departamento
de Cristalografía, Mineralogía y Química
Agrícola, Facultad de Ciencias Químicas,
Universidad de Sevilla. carre@us.es.

Castro Aguila, Jesús. Licenciado en
Farmacia. jacastro@gmail.com.

Castro Sánchez, Marcial. Licenciado
en Historia Moderna por la Universidad
de Valladolid., Profesor de Enseñanza
Secundaria, IES Virgen de las Nieves de
Granada. marcialcastro@hotmail.com.

Cervera Mata, Ana Gloria. Doctor en
Nutrición y Ciencia y Tecnología de los
Alimentos. Investigador del Departamento
de Edafología y Química Agrícola, Facultad
de Farmacia, Universidad de Granada.
anacervera@ugr.es.

Costa, Pedro J. M. da. Profesor Auxiliar.
Departamento de Ciencias de la Tierra.
Universidad de Coimbra. Investigador del
Instituto Dom Luiz, Universidad de Lisboa.
ppcosta@dct.uc.pt.

Del Moral García, Ana Isabel.
Catedrático de Universidad. Departamento
de Microbiología, Facultad de Farmacia,
Universidad de Granada. Academia
Iberoamericana de Farmacia. admoral@ugr.es.

Delgado Calvo-Flores, Gabriel.
Catedrático de Universidad. Departamento
de Edafología y Química Agrícola, Facultad
de Farmacia, Universidad de Granada.
gdelgado@ugr.es.

Delgado Calvo-Flores, Rafael.
Catedrático de Universidad. Departamento
de Edafología y Química Agrícola, Facultad
de Farmacia, Universidad de Granada.
Reales Academias de Medicina y Cirugía
de Andalucía Oriental, Ceuta y Melilla, y
Farmacia de Cataluña. rdelgado@ugr.es.

Dorronsoro Fernández, Carlos.
Catedrático de Universidad. Departamento
de Edafología y Química Agrícola, Facultad
de Ciencias, Universidad de Granada.
cfdorron@gmail.com.

Fernández-Arteaga, Alejandro.
Profesor Titular del Departamento de
Ingeniería Química, Facultad de Ciencias,
Universidad de Granada. jandro@ugr.es.

Fernández-Bayo, Jesús Dionisio.
Investigador contratado. Departamento de
Edafología y Química Agrícola, Facultad de
Farmacia, Universidad de Granada. jdfbayo@
ugr.es.

Fernández-González, María Virginia.
Profesor Ayudante Doctor de Universidad.
Departamento de Edafología y Química
Agrícola, Facultad de Farmacia, Universidad
de Granada. mvirginiafernandez@ugr.es.

FERNÁNDEZ-URBÁN, JORDI. Doctor en Ciencias Químicas, especialidad Química del Estado Sólido por la Universitat de Barcelona (2004). R&D Manager – Especialista en Ultramarinos. jordi.fernandezurban@vibrantz.com.

GÁMIZ MARTÍN, ENCARNACIÓN. Profesor Titular Universidad. Departamento de Edafología y Química Agrícola, Facultad de Farmacia, Universidad de Granada. encagamiz@gmail.com.

GOMES, CELSO. Catedrático. Departamento de GeoCiencias. Universidade de Aveiro. cgomes@ua.pt.

LARA-RAMOS, LESLIE. Doctor en Química. Departamento de Edafología y Química Agrícola, Facultad de Farmacia, Universidad de Granada. llara@correo.ugr.es.

LORENTE ACOSTA, JOSÉ ANTONIO. Catedrático de Universidad. Departamento de Medicina Legal y Toxicología, Facultad de Medicina, Universidad de Granada. jlorente@ugr.es.

MARAVER EIZAGUIRRE, FRANCISCO. Catedrático de Universidad. Cátedra de Hidrología Médica. Facultad de Medicina, Universidad Complutense de Madrid. Real Academia de Medicina y Cirugía de Andalucía Oriental, Ceuta y Melilla. fmaraver@med.ucm.es.

MÁRQUEZ CRESPO, ROCÍO. Doctor en Ciencias y Tecnología del Medioambiente. Titulado Superior de Apoyo a la Docencia y a la Investigación. Centro de Instrumentación Científica, Universidad de Granada. semfarma@ugr.es.

MARTÍN-GARCÍA, JUAN MANUEL. Profesor Titular Universidad. Departamento de Edafología y Química Agrícola, Facultad de Farmacia, Universidad de Granada. jmmartingarcia@ugr.es.

MARTÍN RODRÍGUEZ, FRANCISCO JAVIER. Técnico Superior de Investigación del Instituto de Ciencias de la Tierra. Consejo Superior de Investigaciones Científicas-Universidad de Granada. fj.martin@csic.es.

MELGOSA LATORRE, MANUEL. Catedrático de Universidad. Departamento de Óptica, Facultad de Ciencias, Universidad de Granada. melgosa@ugr.es.

MOLINA-FERNÁNDEZ, LOLA. Doctor en Farmacia. Titulado Superior de Apoyo a la Docencia y a la Investigación. Centro de Instrumentación Científica, Universidad de Granada. lolamolina@ugr.es.

MOLINERO-GARCÍA, ALBERTO. Doctor en Ciencias de la Tierra. Investigador Contratado. Departamento de Edafología y Química Agrícola, Facultad de Farmacia, Universidad de Granada. amolinerogarcia@ugr.es.

MONDINI, CLAUDIO. Investigador en la Universidad de Udine, Rama de Gorizia, Italia. Centro de Investigación para la Viticultura y Enología. Consejo para la Investigación Agronómica y Económica (CREA). claudio.mondini@crea.gov.it.

MÜLLER, AXEL. Catedrático de Universidad. University of Oslo, Natural History Museum de Oslo, Noruega. Natural History Museum de Londres. Reino Unido. London United Kingdom. a.b.mueller@nhm.uio.no.

NAVARRO NIEVA, AZAHARA. Doctor en Medioambiente y Salud Humana. Departamento de Edafología y Química Agrícola, Facultad de Farmacia, Universidad de Granada. mnavarro796@ugr.es.

OYONARTE GUTIÉRREZ, CECILIO. Profesor Titular de Universidad. Departamento de Agronomía. Facultad de Ciencias Experimentales.Universidad de Almería. coyonart@ual.es.

PARVIAINEN, ANNIKA JENNI JOHANNA. Investigador contratado. Departamento de Edafología y Química Agrícola, Facultad de Ciencias, Universidad de Granada. aparviainen@ugr.es.

PÁRRAGA MARTÍNEZ, JESÚS. Catedrático de Universidad. Departamento de Edafología y Química Agrícola, Facultad de Farmacia, Universidad de Granada. jparraga@ugr.es.

Pozo Rodríguez, Manuel. Catedrático de Universidad. Departamento de Geología y Geoquímica. Facultad de Ciencias. Universidad Autónoma de Madrid. manuel.pozo@uam.es.

Ramos Cormenzana, Alberto. Catedrático de Universidad. Departamento de Microbiología, Facultad de Farmacia, Universidad de Granada. Academia Iberoamericana de Farmacia. ramosca@ugr.es.

Raurell, Ricard March. Doctor en Químicas, especialidad Química Inorgánica por la Universitat Autònoma de Barcelona (1998). Global Technology Manager – Pigmentos. ricard.march@vibrantz.com

Rivadeneyra Ruiz, María Angustias. Catedrático de Universidad. Departamento de Microbiología, Facultad de Farmacia, Universidad de Granada. mrivaden@ugr.es.

Romero Mora, Francisco Javier. Catedrático de Universidad Departamento de Óptica, Facultad de Ciencias, Director del Centro de Instrumentación Científica (2008-2023), Universidad de Granada. Real Academia de Ciencias Matemáticas, Físico-Químicas y Naturales de Granada. Presidente de la International Color Association, bienio 2014-2015. jromero@ugr.es.

Ruiz Martínez, Adolfina. Catedrático de Universidad. Departamento de Farmacia y Tecnología Farmacéutica, Facultad de Farmacia, Universidad de Granada. Academia Iberoamericana de Farmacia. adolfina@ugr.es.

Sánchez-Marañón, Manuel. Catedrático de Universidad. Departamento de Edafología y Química Agrícola, Facultad de Ciencias, Universidad de Granada. msm@ugr.es.

Simonsen, Siri. Doctor Ingeniero Senior. Departamento de Geociencias, Universidad de Oslo, Noruega. siri.simonsen@geo.uio.no.

Soriano Rodríguez, Miguel. Profesor Titular de Universidad. Departamento de Agronomía. Facultad de Ciencias Experimentales. Universidad de Almería. msoriano@ual.es.

Vázquez Arias, Antón. Alumno del doctorado. Universidade de Santiago de Compostela, CRETUS Institute, Departamento de Biología Funcional, Santiago de Compostela, Spain. antonvazquez.arias@usc.es.

Zuluaga Gómez, Armando. Catedrático de Universidad. Departamento de Urología, Facultad de Medicina, Universidad de Granada. Real Academia de Medicina y Cirugía de Andalucía Oriental, Ceuta y Melilla. azuluagagomez@hotmail.com.

Acrónimos empleados
Acronyms used

3D - Tridimensional. *Three-dimensional*

ACP -Análisis estadístico de componentes principales. *Statistical analysis of principal components.*

ADC-Convertidor analógico-digital. *Analog-to-digital converter.*

B/N - Diseño binario blanco-negro. *Black-white binary design.*

BB - Biomineralización bacteriana. *Bacterial biomineralization.*

BBC - Biomineralizaciones controladas. *Controled biomineralizations.*

BBI - Biomineralizaciones inducidas. *Induced biomineralizations.*

BHM - Bacterias halófilas moderadas. *Moderate halophiles bacterias.*

BSE - Electrones retrodispersados. *Backscattered electrons.*

BSE–SUPRA - Señal de electrones retrodispersados en microscopio VPFESEM-SUPRA. *Backscattered electrons signal in VPFESEM-SUPRA microscope.*

CIC–UGR - Centro de Instrumentación Científica de la Universidad de Granada (España). *Scientific Instrumentation Center from University of Granada (Spain).*

CL - Catodoluminiscencia. *Cathodoluminescence.*

CRT - Tubo de rayos catódicos. *Cathode ray tube.*

Cryo–Lyoph - Preparación de muestras combinando congelación y liofilización secuenciadas. *Sample preparation with a double-sequenced process of cryo-lyophilization.*

CSIC - Consejo Superior de Investigaciones Científicas (España). *Spanish National Research Council.*

EDX - Microanálisis por espectroscopía de energía dispersiva de Rayos X. *Microanalysis by energy dispersive X-ray spectroscopy.*

EDX–ER - Microanálisis (Edwin Röntec) acoplado al microscopio SEM Hitachi S-510. *Microanalysis (Edwin Röntec) attached to the SEM HITACHI S-510 microscope.*

EDX–OXFORD10 - Microanálisis (OXFORD 10) acoplado al microscopio FESEM-GEMINI. *Microanalysis (OXFORD 10) attached to the FESEM-GEMINI microscope.*

EDX–OXFORD50 - Microanálisis (OXFORD 50) acoplado al microscopio VPFESEM-SUPRA. *Microanalysis (OXFORD 50) attached to the VPFESEM-SUPRA microscope.*

EPS - Sustancias poliméricas extracelulares. *Extracellular Polymeric Substances.*

E–T - Detector Everhart-Thornley. *Everhart-Thornley detector.*

Fe*cd* - Hierro pelicular superficial extraído con citrato-ditionito. *Superficial film iron, extracted with citrate-dithionite.*

FESEM - Microscopía Electrónica de Barrido de emisión de campo. *Field Emission Scanning Electron Microscopy.*

FESEM-GEMINI - Microscopio electrónico de barrido FESEM Leo 1530, Gemini, Zeiss. *Scanning Electron Microscope FESEM Leo 1530, Gemini, Zeiss.*

HEUR - Tratamiento (dibujo y diseño binario) heurístico de las imágenes. *Heuristic treatment (drawing and binary design) of images.*

HRTEM - Microscopía electrónica de transmisión de alta resolución. *High resolution transmission electron microscopy.*

HTC - Carbonización hidrotermal. *Hidrothermal carbonization.*

IA - Análisis de imagen. *Image analysis.*

ICP-MS - Espectroscopia de masas con plasma acoplado inductivamente. *Mass spectroscopy with inductively coupled plasma.*

IMAGEJ - Análisis de imagen con el programa informático ImageJ. *Image analysis with the ImageJ software.*

INLENS–SUPRA - Señal de electrones secundarios detectados con detector en columna, en microscopio VPFESEM-SUPRA. *Secundary electrons signal detected with in-column detector, in VPFESEM-SUPRA microscope.*

IR - Espectroscopía de radiación infrarroja. *Spectroscopy of infrared radiation.*

LA-ICP-MS - Espectrometria de masas con plasma de acoplamiento Inductivo de ablacion laser. *Laser ablation inductively coupled plasma mass spectrometry*

MAS - NMR - Espectroscopia NMR en ángulo mágico. *NMR spectroscopy in magic-angle spinning.*

MET–AU - Metalización de la muestra con Au. *Metal coating of the sample with Au.*

MET–C - Metalización de la muestra con C. *Metal coating of the sample with C.*

MH - Medio de cultivo microbiológico agar-Mueller-Hinton. *Microbiological culture medium agar-Mueller-Hinton.*

MS - Concha de moluscos. *Mollusc shells.*

PM 2,5 - Material particulado (en el aire) con diámetro < 2,5 μm. *Particulate matter (in air) with diameter < 2,5 μm.*

PM10 - Material particulado (en el aire) con diámetro < 10 μm. *Particulate matter (in air) with diameter < 10 μm.*

PTES - Elementos potencialmente tóxicos. *Potentially toxic elements.*

RAMAN - Espectroscopía Raman asociada al microscopio VPFESEM-SUPRA. *Raman spectroscopy attached to the VPFESEM-SUPRA microscope.*

SAED–PATTERN - Análisis de patrones de difracción de electrones en áreas seleccionadas. *Pattern analyis of Electron Diffraction in Selected Area.*

SCG - Posos de café. *Spent coffee grounds.*

SE - Electrones secundarios. *Secondary electron.*

SEM - Microscopía Electrónica de Barrido. *Scanning Electron Microscopy.*

SEM–CL - Análisis de catodoluminiscencia acoplado al SEM. *Catodoluminescence analysis attached to SEM.*

SEM–EDX - Microscopía Electrónica de Barrido con microanálisis de energía dispersiva de rayos X. *Scanning Electron Microscopy with energy dispersive X-ray microanalysis.*

SEM–EDX-IA - Uso combinado de SEM, EDX y IA. *Joint use of SEM, EDX and IA.*

SEM–H-510 - Microscopio electrónico de barrido Hitachi S-510. *Scanning electron microscope Hitachi S-510.*

SEM–H–510–DIG - Imágenes captadas digitalmente (ScanVision) en SEM-H-510. *Digitally captured images (ScanVision) in SEM-H-510.*

SEM–H–510–FOT - Imágenes captadas fotográficamente en SEM-H-510, posteriormente escaneadas a alta definición. *Photographically captured images in SEM-H-510, later scanned at high definition.*

SEM–HRTEM–IA - Empleo conjunto secuenciado y comparativo de SEM, HRTEM y IA. *Joint sequenced-comparative use of SEM, HRTEM and IA.*

TEM - Microscopía electrónica de transmisión. *Transmision electron microscopy.*

TR - Terra rossa. *Terra rossa*

UGR - Universidad de Granada (España). *University of Granada (Spain).*

VPFESEM–SUPRA - Microscopio electrónico de barrido VPFESEM SUPRA40VP Zeiss. *Scanning Electron Microscope VPFESEM SUPRA40VP Zeiss.*

WDS - Espectrometria de longitud de onda dispersiva. *Wavelength-Dispersive Spectrometry.*

XRD - Análisis mineralógico por difracción de rayos X. *Mineralogical analysis by X-ray diffraction*

XRF - Análisis químico elemental por fluorescencia de rayos X. *Elemental chemical analysis by X-ray fluorescence.*

μRAMAN - Espectroscopía Micro-Raman. *Micro-Raman Spectroscopy.*

μXRF-RS - Microfluorescencia de rayos X con Radiacion Sincrotron. *X-ray Microfluorescence with Synchrotron Radiation.*

Símbolos
Symbols

Empleados en las figuras de este libro
Used in the figures in this book

GRUPO 1. SECCIONES DE LA PROPIA FIGURA /
GROUP 1. SECTIONS OF THE FIGURE ITSELF

A, B, C, D, O, I... (Letras mayúsculas / *Capital letters*)	Identificación de zonas distintas de las imágenes. A veces empleadas para ubicar caracteres inespecíficos / *Identification of different areas of the images. Sometimes used to locate non-specific characters.*
a, b, c... (Letras minúsculas *Lower case letters*)	Subdivisión de imágenes compuestas por varias partes: derecha-izquierda, exterior-interior, capas sucesivas, etc. / *Subdivision of images composed of several parts: right-left, exterior-interior, successive layers, etc.*
1, 2, 3... (Números árabes / *Arabic numbers*)	También empleados para señalar distintas partes en la imagen / *Also used to point out different parts in the image.*
Flechas, recuadros, círculos, cuadrados, rectángulos o líneas de puntos / *Arrows, boxes, circles, squares, rectangles, or dotted lines*	Para resaltar detalles y principalmente áreas bajo observación a mayor magnificación / *To highlight and point out details, and mainly areas under observation at higher magnification.*

GRUPO 2. TÉCNICAS DE ESTUDIO /
GROUP 2. STUDY TECHNIQUES

1, 2, 3... (Números árabes / *Arabic numbers*)	Identificación de las zonas de microanálisis EDX y su correspondiente espectro / *Identification of the microanalyzed zone and its corresponding EDX spectrum.*
EDX, SE, BSE, HEUR...	Acrónimos de las técnicas / *Acronyms of the techniques*

GRUPO 3. MINERALES Y ROCAS /
GROUP 3. MINERALS AND ROCKS

Abreviaturas de minerales de Whitney & Evans (2010), signadas con (*). Cuando no aparecían los minerales en dicha relación o existían incompatibilidades con otras abreviaturas, hemos desarrollado símbolos propios. Whitney & Evans (2010)1 Minerals Abbreviations marked with (*). When we find no symbols in that relationship or there were incompatibilities with other abbreviations, we developed our own symbols.

Aph	Anfíboles / *Amphiboles*	**Phll**	Filita / *Phyllite*
Biot	Biotita / *Biotite*	**Phy**	Filosilicatos / *Phyllosilicates*
Calc (*)	Calcita / *Calcite*	**Plg**	Plagioclasas / *Plagioclases*
Chal	Calcedonia / *Chalcedony*	**Py** (*)	Pirita / *Pyrite*
Chl	Clorita (grupo) / *Chlorite*	**Qz** (*)	Cuarzo / *Quartz*
Dol (*)	Dolomita / *Dolomite*	**Qz mon**	Cuarzo monocristalino / *Monocrystalline quartz*
Fdk	Feldespato potásico / *Potassium feldspar*	**Qz pol**	Cuarzo policristalino / *Policrystalline quartz*
Fe-ox	Oxihidróxidos de Fe / *Fe oxi(hydroxi)des*	**Qzte**	Cuarcita / *Quartzite*
Gp (*)	Yeso / *Gypsum*	**Sch**	Esquisto / *Schist*
Gth (*)	Goethita / *Goethite*	**Sl**	Sales / *Salts*
Hl (*)	Halita / *Halite*	**Sme** (*)	Esmectita (sin especificar el catión) / *Smectite (not specifying cation)*
Jrs (*)	Jarosita / *Jarosite*	**Spc**	Sulfato de calcio / *Calcium sulphate*
Kln (*)	Caolinita / *Kaolinite*	**Sw**	Schwertmanita / *Schwertmanite*
Mcs	Micasquisto / *Mica schist*	**Tlc** (*)	Talco / *Talc*
Mic	Mica / *Mica*		
Peds	Agregados edáficos / *Soil aggregates*		
Phc	Fosfato de calcio / *Calcium phosphate*		

GRUPO 4. RASGOS CRISTALOGRÁFICOS Y RELACIONADOS /
GROUP 4. CRYSTALLOGRAPHIC AND RELATED FEATURES

Empleados en componentes de naturaleza mineral, considerando formas cristalinas, caras, hábitos, simetría, agregados de cristales, meteorización, etc.
Used in components of mineral nature, considering crystalline forms, faces, habits, symmetry, aggregates of crystals, weathering, etc.

Cra — Cristales aciculares, cristales fibrosos / *Acicular crystals, fibrous crystals*

Crb — Agregación framboidal de cristales / *Framboidal aggregation of crystals*

Crd — Drusas de cristales / *Crystal druses*

Cre — Cristales de simetría hexagonal / Crystals of hexagonal symmetry

Crf — Caras de cristal / *Crystal faces*

Crh — Agregación esferulítica de cristales, unidades esferoidales (en lazuritas) / *Spherulitic aggregation of crystals, spheroidal units (in lazurites)*

Crs — Cristal, cristales / *Crystal, crystals*

Crt — Cristales de simetría trigonal / *Crystals of trigonal symmetry*

D — Disolución en bordes / *Dissolution by the edges*

D110 — Disolución por caras 110 (en anfíboles) / *Dissolving by 110 faces (in amphiboles)*

D1$\bar{1}$0 — Disolución por caras 1$\bar{1}$0 (en anfíboles) / *Dissolving by 1$\bar{1}$0 faces (in amphiboles)*

Eff — Exfoliación fibrilar / *Fibrillar exfoliation*

Exf — Exfoliación, exfoliable / *Exfoliation, exfoliable*

Fb — Fibras, partículas de talco de morfología fibrilar / *Fibres, talc particles of fibrillar morphology*

hk0 — Notación de caras de cristal (e.g. 10$\bar{1}$0) / *Notation of crystal faces (e.g. 10$\bar{1}$0)*

Ll — Láminas, laminaciones, apilamiento de láminas, partículas laminares / *Sheets, laminations, sheet stacking, laminar particles*

Llf — Láminas curvadas y apiladas (en talco) / *Curved and stacked sheets (in talc)*

Llm — Láminas fundidas (en metacaolinita) / *Fused sheets (in metakaolinite)*

Llv — Pila vermicular de láminas (en caolinita) / *Vermicular stack (in metakaolinite)*

Mf — Material fisurado / *Fissured material*

Ms — Material masivo / *Massive material*

Msa — Material con aspecto amontonado / *Material with a stacked appearance*

Por — Poros, huecos (en metacaolinitas) / *Pores, holes (in metakaolinites)*

Pr — Prisma, prismático / *Prism, prismatic*

Pra — Agregación de cristales fibroso-radiada / *Aggregation of fibrous-radiated crystals*

Rbd — Romboedro, caras de romboedro / *Rhombohedron, faces of rhombohedron*

Tp — Plano de macla / *Twin plane*

W — Meteorización / *Weathering*

Wtl — Meteorización (fracturación) de la roca en paquetes de láminas / *Weathering (fracturing) of the rock in lamina packs*

Wtp — Meteorización (fracturación y ataque químico) de la roca en unidades pseudopoliédricas / *Weathering (fracturing and chemical alteration) of rock in pseudopolyhedral units*

GRUPO 5. ELEMENTOS DEFINITORIOS DE LA ULTRAMICROFÁBRICA DEL SUELO, RASGOS DE PEDOPROCESOS. APLICABLES TAMBIÉN A PELOIDES / GROUP 5. DEFINING ELEMENTS OF THE SOIL ULTRAMICROFABRIC, PEDOPROCESS TRAITS. ALSO APPLICABLE TO PELOIDS

bd	Puentes secundarios de cemento / *Secondary cement bridges.*
cdk	Celdas por agregación de plaquetas de esqueleto / *Cells by aggregation of skeleton platelets*
clt	Clusters / *Clusters*
cmt	Cementación, cementos, puentes de cemento / *Cementation, cements, cement bridges*
dm	Dominios / *Domains*
dmf	Dominios laminares de tamaño arcilla y limo fino / *Clay and fine silt-sized laminae domains*
f-e	Uniones cara-borde / *Face-edge joints*
f-f	Uniones cara-cara / *Face-face joints*
fnd	Arena fina / *Fine sand*
fsl	Limo fino / *Fine silt*
liv	Zonas de lavado-iluviación / *Wash-illuviation zones*
lls	Láminas, apilamiento de láminas, partículas laminares / *Sheets, sheet stacking, laminar particles*
mag	Microagregado / *Microaggregate*
mpd	Microagregado de formas mamelonadas / *Microaggregate with mamelon shapes*
os	Partículas laminares de limo orientado / *Lamellar oriented silt particles*
Ph	Placas micáceas tamaño limo y arcilla / *Silt and clay sized micaceous flat particles*
plt	Plaquetas / *Plates*
por	Poro, porosidad, poroso / *Pore, porosity, porous*
sk	Granos de esqueleto / *Skeletal grains*
slk	Slickensides / *Slickensides*
slt	Limo/ *Silt*
snd	Arena gruesa / *Coarse sand*
spd	Micropeds pseudoesféricos / *Pseudospheric micropeds*
td	Tactoides / *Tactoids*
μpd	Micropeds / *Micropeds*

GRUPO 6. RASGOS SUPERFICIALES EN GRANOS DE CUARZO Y OTROS MINERALES / GROUP 6. SURFACE FEATURES IN QUARTZ GRAINS AND OTHER MINERALS

be   Bordes bulbosos / *Bulbous edges*

dt   Rasgos de disolución / *Dissolution traits*

fc   Fractura concoide / *Conchoidal fracture*

ff   Caras de fractura / *Fracture faces*

fg   Caras de crecimiento/ *Face growth*

ih   Orificios por impacto / *Impact holes*

ls   Escalones lineales / *Linear steps*

mup   Placas de sílice levantadas mecánicamente / *Mechanically upturned silica plates*

oep   Campos de huellas de disolución orientadas / *Oriented etch pits fields*

pls   Líneas paralelas y escalones / *Parallel lines and steps*

pm   Marcas de golpes / *Percussion marks*

ps   Superficie pulida / *Polished Surface*

rcf   Reminiscencias de caras de cristal / *Reminiscences of crystal faces*

saf   Bordes angulares agudos / *Sharp angular features*

sg   Surcos rectos / *Straight grooves*

spe   Películas de sílice / *Silica film*

up   Placas de sílice levantadas / *Upturned silica*

vc   Vacuola / *Vacuole*

Vs   Marcas de percusión en forma de V / *V-shaped percussion*

GRUPO 7. RASGOS BIOLÓGICOS (ORGANISMOS, SUS PARTES) Y RELACIONADOS (BIOLITOS BACTERIANOS, POSOS DE CAFÉ) / GROUP 7. BIOLOGICAL TRAITS (ORGANISMS, THEIR PARTS) AND RELATED TRAITS (BACTERIAL BIOLITES, COFFEE GROUNDS)

BC Colonias bacterianas / *Bacterial colonies*

BLZ Zonación en biolitos bacterianos / *Zonation in bacterial bioliths*

BR Brocosoma / *Brochosome*

CBC Cuerpo bacteriano calcificado / *Calcified bacterial body*

CBL Biolitos bacterianos cubiertos externamente/ *Externally covered bacterial bioliths*

CBU Unión de cuerpos bacterianos por los extremos formando cadenas / *Binding of bacterial bodies at the ends forming chains*

CC Celdillas / *Cell*

CLU Unión de cuerpos bacterianos por los laterales / *Union of bacterial bodies on the sides*

CT Cutículas / *Cuticles*

DR Residuos de degradación / *Degradation residues*

DT Diatomea / *Diatom*

EPS Exopolisacáridos / *Exopolysaccharides*

FM Material de relleno residual / *Filler material, residual*

FR Fragmento de biolito / *Fragment of biolite*

FS Espora fúngica / *Fungal spore*

GG Surcos / *Grooves*

HCH Oquedades y canales en tejido óseo / *Holes and channels in bone tissue*

HH Huecos en tejido óseo (descalcificación) / *Bonne tissue holes (decalcification)*

HP Hifas de hongos / *Fungal hyphae*

IPR Estructura interior fibroso-radiada / *Fibrous-radiated interior structure*

MO Material orgánico / *Organic material*

NB Nanobacterias / *Nanobacteria*

PG Granos de polen / *Pollen grains*

PP Poros o material poroso (de origen biológico) / *Pores or porous material (of biological origin)*

SBL Superficie de biolito bacteriano / *Surface of a bacterial biolith*

SCG Posos de café / *Coffee grounds*

TCB Trazas de cuerpos bacterianos calcificados / *Traces of calcified bacterial bodies*

UBL Superficie de biolito bacteriano, porosa, no cubierta externamente / *Bacterial biolith surface, porous, without external cover*

VD Restos vegetales / *Vegetable remains*

WW Vasos vegetales / *Vegetable vessels*

GRUPO 8. CONCHAS DE MOLUSCOS (Y CÁSCARA DE HUEVO) /
GROUP 8. MOLLUSK SHELLS (AND EGG SHELLS)

apr	Abertura / *Aperture*	**mam**	Capa mamillar (huevo) / *Mammillary layer (egg)*
arc	Arcos transversales / *Transverse arcs*	**mem**	Membrana de la cáscara (huevo) / *Shell membrane (egg)*
con	Capa continua (huevo) / *Continuous layer (egg)*	**paq**	Paquetes de varillas/*cristales (aragonito/calcita)* / *Bundles of rods/crystals (aragonite/calcite)*
cont	Contacto neto / *Net contact*	**pil**	Pilares (aragonito, capa nacarada) / *Pillars (aragonite, in nacreous layer)*
cts	Cóstulas / *Ribs*	**plg**	Pliegues / *Pleats*
esp	Espira / *Whorl*	**prs**	Protoconcha / *Protoconch*
ext	Capa exterior / *Outer layer*	**str**	Sutura / *Suture*
inn	Capa interior (interior) / *Inner layer*	**unc**	Unidades de cascara (huevo) / *Shell units (egg)*
lcr	Líneas de crecimiento / *Growth lines*	**var**	Varillas de aragonito / *Rod of aragonite*
lms	Lamelas (en microestructura) / *Lamellas (in microstructure)*		

GRUPO 9. IBERULITOS /
GROUP 9. IBERULITES

Icr	Corteza / *Crust*
lys	Capas (filosilicatos) / *Layers (phyllosilicates)*
NI	Núcleo interior / *Core*
Vr	Vórtex / *Vortex*

GRUPO 10. HORIZONTES DEL SUELO /
GROUP 10. SOIL HORIZONS

Ah — Horizonte A con acumulación de materia orgánica / *A horizon with accumulation of organic matter*

Ab1 — Primer horizonte A enterrado / *First buried A horizon*

Ab2 — Segundo horizonte A enterrado / *Second buried A horizon*

AB — Horizonte de transición de A a B / *Transitional horizon from A to B*

Ap — Horizonte A arado / *Plowed A horizon*

Ap1 — Primer horizonte A arado / *First plowed A horizon*

Ap2 — Segundo horizonte A arado / *Second plowed A horizon*

Bt — Horizonte B con acumulación de arcilla iluvial / *B horizon with illuvial clay accumulation*

Btk — Horizonte B con acumulación de arcilla iluvial y carbonatos pedogenéticos / *B horizon with illuvial clay accumulation and pedogenetic carbonates*

Bw — Horizonte B con desarrollo de color o estructura / *B horizon with development of colour or structure*

Bw1 — Primer horizonte B con desarrollo de color o estructura / *First B horizon with development of colour or structure*

Bw2 — Segundo horizonte B con desarrollo de color o estructura / *Second B horizon with development of colour or structure*

Bw3 — Tercer horizonte B con desarrollo de color o estructura / *Third B horizon with development of colour or structure*

C — Horizonte C / *C horizon*

C1 — Primer horizonte C / *First C horizon*

C2 — Segundo horizonte C / *Second C horizon*

C3 — Tercer horizonte C / *Third C horizon*

C4 — Cuarto horizonte C / *Fourth C horizon*

C5 — Quinto horizonte C / *Fifth C horizon*

2Btb — Horizonte B con acumulación de arcilla iluvial y enterrado, desarrollado sobre un segundo tipo de material original / *Buried B horizon with illuvial clay accumulation, developed over a second type of parent material*

2BtbC — Horizonte de transición de B con acumulación de arcilla iluvial y enterrado a C, desarrollado sobre un segundo tipo de material original / *Transitional horizon from buried B horizon with illuvial clay accumulation to C horizon, developed over a second type of parent material*

2CB1 — Horizonte de transición de C a B, desarrollado sobre un segundo tipo de material original / *Transitional horizon from C to B horizon, developed over a second type of parent material*

2C — Horizonte C desarrollado sobre un segundo tipo de material original / *C horizon developed over a second type of parent material*

Energías características de los elementos químicos en los espectros EDX

Characteristic energies of chemical elements in EDX spectra

Energías características (keV) de los fotones de rayos-X de los principales elementos químicos registrados con EDX en los estudios de este libro. Designación de las líneas características según el sistema Siegbahn[1]. Voltajes de aceleración del haz de electrones: 20 y 25 kV.

X-ray photon characteristic energies (keV) of the main chemical elements recorded with EDX in the studies of this book. Designation of the characteristic lines according to the Siegbahn system1. Electron beam acceleration voltages: 20 and 25 kV.

Elemento químico *Chemical element*	Número atómico *Atomic number* (**Z**)	Línea característica *Characteristic line*	Energía del fotón de rayos-X *X-ray photon energy* (**keV**)
C	6	$K\alpha_1$	0,277
O	8	$K\alpha_1$	0,526
Na	11	$K\alpha_1$	1,041
Mg	12	$K\alpha_1$	1,254
Al	13	$K\alpha_1$	1,487
Si	14	$K\alpha_1$	1,740
P	15	$K\alpha_1$	2,014
S	16	$K\alpha_1$	2,308
Cl	17	$K\alpha_1$	2,622
K	19	$K\alpha_1$	3,314

1   SIEGBAHN, M. (1916). Relations between the K and L Series of the High-Frequency Spectra. Nature, 96, 676.

Elemento químico *Chemical element*	Número atómico *Atomic number* (Z)	Línea característica *Characteristic line*	Energía del fotón de rayos-X *X-ray photon energy* (keV)
Ca	20	$K\alpha_1$ $K\alpha_2$ $L\alpha_1$	3,692 3,688 0,341
Ti	22	$K\alpha_1$ $K\alpha_2$ $L\alpha_1$	4,511 4,505 0,452
Mn	25	$K\alpha_1$ $K\alpha_2$ $L\alpha_1$	5,899 5,888 0,636
Fe	26	$K\alpha_1$ $K\alpha_2$ $L\alpha_1$	6,404 6,391 0,703
Cu	29	$K\alpha_1$ $K\alpha_2$ $L\alpha_1$	8,048 8,028 0,930
As	33	$K\alpha_1$ $K\alpha_2$ $L\alpha_1$	10,544 10,508 1,282
Sr	38	$K\alpha_1$ $K\alpha_2$ $L\alpha_1$	14,165 14,098 1,807
Zr	40	$K\alpha_1$ $K\alpha_2$ $L\alpha_1$	15,775 15,691 2,042
Ag	47	$K\alpha_1$ $K\alpha_2$ $L\alpha_1$	22,163 21,991 2,984
Ir	77	$L\alpha_1$ $M\alpha_1$	9,175 1,980
Pt	78	$L\alpha_1$ $M\alpha_1$	9,442 2,050
Au	79	$L\alpha_1$ $M\alpha_1$	9,713 2,123
Hg	80	$L\alpha_1$ $M\alpha_1$	9,989 2,195
Pb	82	$L\alpha_1$ $M\alpha_1$	10,552 2,345

Índice

I PARTE
Aspectos generales y técnicos

1. Fundamentos

2. Aspectos Técnicos

Index

PARTE I
GENERAL AND TECHNICAL ASPECTS

1. FUNDAMENTALS

2. TECHNICAL ASPECTS

PART II
APPLICATIONS. IMAGE ATLAS

1. APROACH TO THE ULTRAMICROMORPHOLOGY OF SOILS

2. SOIL GRANULOMETRIC FRACTIONS

Antecedentes históricos.
Investigaciones con microscopía en el Departamento de Edafología, Química Agrícola (y Geofarmacia) de la Universidad de Granada (1850-2023)

Rafael Delgado Calvo-Flores

> Las arenas de los mares, las gotas de la lluvia
> y los días del pasado, ¿quién podrá contarlos?
> (Sir, 1 2)

1. El microscopio. Generalidades

La palabra microscopio es un neologismo que procede del griego (de μικρός –micrós, 'pequeño'– y σκοπέω –scopéo, 'mirar'–) [1] y significa 'instrumento para observar pequeñas cosas'. Hablamos de observar e implícitamente pensamos en la luz y su acción sobre el ojo humano. La luz, una radiación electromagnética con longitud de onda en el rango de 390 a 770 nm, capaz de estimular la respuesta de las células fotorreceptoras de la retina del ojo, quienes, a través del nervio óptico, envían impulsos nerviosos al cerebro, donde se forman las imágenes.

El uso del microscopio, junto al de otros instrumentos como lupas y diversas lentes de aumento, procede de tiempos pasados y nace de la necesidad (y curiosidad) humana de indagar con la luz la morfología y constitución de los cuerpos mediante artificios que incrementen la capacidad de visión del ojo. Esto es así porque muchos de los caracteres morfológicos de la materia, informativos sobre su naturaleza y propiedades, se expresan en tamaños tan pequeños que quedan poco resueltos o invisibles para nuestro ojo, incapaz de discriminar detalles menores de 0,1 mm, límite que se conoce como su "poder de resolución".

La historia de los instrumentos creados por la humanidad para superar las limitaciones de resolución del ojo humano, se inicia con las lentes de vidrio y de cristales tallados que proveyeron de lupas y rudimentarias gafas a copistas, clérigos, orfebres... Las más antiguas referencias seguras nos sitúan en el norte de la actual Italia, en la alta Edad Media (siglos XIII-XIV), pero no es descartable que fuesen empleadas con anterioridad en el Lejano Oriente.

El primer microscopio dotado de ocular y objetivo se construye en 1590, atribuido a los holandeses Hans Jansen, su hijo Zacharias Jansen y Hans Lippershey. Nueva referencia es la del holandés Antonie van Leeuwenhoek, en la década de 1670, cuyo microscopio monolente (que actualmente lo asimilaríamos más a una lupa) llegó a ser usado hasta bien entrado el siglo XIX y gozaba de un poder de resolución de alrededor de 0,7 μm [2]. Estos microscopios primitivos eran capaces de generar imágenes ampliadas y bien enfocadas del objeto observado, pero no exentas de las aberraciones cromáticas que falseaban sus colores reales. Se atribuye su corrección al hallazgo, casual en el telescopio, del inglés Chester Moor Hall, en 1733, por combinación de lentes convexas y cóncavas. En 1774, el londinense Benjamin Martin construye un microscopio pionero con lentes correctoras del color. La física de la construcción de lentes fue desarrollada por el alemán Ernst Abbe, quien en 1868 inventa un sistema apocromático de lentes. Otra aberración es la esférica [2].

Todos los inicios citados dan paso a los microscopios ópticos actuales, que continúan siendo básicamente la combinación de dos juegos de lentes, uno que actúa de ocular y otro de objetivo. Resultan así una especie de doble lupa, donde la imagen virtual aumentada del objeto, generada por el objetivo, se sitúa en el foco del ocular, de tal modo que los aumentos de ocular y objetivo se multiplican en la imagen resultante final. Los aumentos de una lente o juego de lentes (expresados en la forma n×, por ejemplo 10×) son el número de veces -n- que el objeto observado semeja estar ampliado (en el ejemplo, 10 veces). Los aumentos de los microscopios ópticos actuales oscilan entre los 16× y los 1250×.

Para los estudios micromorfológicos de suelos se utiliza el microscopio mineralógico o polarizante (denominado asimismo petrográfico). Se trata de un microscopio óptico que emplea luz polarizada plana (cuyo plano de vibración como onda es siempre el mismo). Este microscopio está dotado de dos láminas polarizadoras de la luz ('polaroides'): el 'polarizador', situado en la parte inferior del microscopio, antes de la muestra, y el 'analizador', colocado en un plano superior a ella. El polarizador se encuentra siempre intercalado en la marcha de los rayos, mientras que el analizador (con su plano de vibración perpendicular al del polarizador) sólo se utiliza para observar determinadas propiedades ópticas de los cristales. En este microscopio existe una lente (lente de Bertrand-Amici) que permite observar unas figuras de interferencia que se producen al trabajar con luz convergente. El origen del microscopio de luz polarizada es relativamente reciente (s. XIX).

En los siglos XX y XXI, con la aparición de nuevos microscopios que emplean radiaciones distintas a la luz para la creación de imágenes aumentadas de los objetos, a la palabra microscopio se le han ido añadiendo calificativos. Los microscopios que usan la luz visible se denominan universalmente 'ópticos' (óptico procede del griego ὀπτικός -optikos-, 'relativo a la visión'). Los que emplean la radiación asociada a electrones acelerados: 'electrónicos'.

La microscopía óptica, dominó las ciencias hasta bien entrado el siglo XX. A partir de sus décadas centrales comienza el rápido desarrollo de la microscopía electrónica, que aprovecha para generar sus imágenes, como acabamos de señalar, radiación asociada a los haces de electrones acelerados, ya que al ser esta radiación de una longitud de onda 100.000 veces menor que la de la luz permite revelar detalles en la morfología de la materia de muchos menores órdenes de magnitud. No será posible entonces en estos microscopios captar las imágenes electrónicas con las células de la retina del ojo humano, acudiendo a detectores, que suministran la información sin color; del mismo modo, usaremos lentes que no podrán ser de vidrio o material similar, sino electromagnéticas (inicialmente fueron electrostáticas), y el aire se hallará vedado como medio de propagación de las ondas, pues se ionizaría, y acudiremos al vacío. Las dos variantes fundamentales de la microscopía electrónica son: transmisión, conocida internacionalmente como TEM (acrónimo de Transmision Electron Microscopy) y barrido, SEM (acrónimo de Scanning Electron Microscopy) que es la empleada mayoritariamente en las investigaciones de este libro. Un siguiente capítulo de nuestro libro (I.1.1) se dedica específicamente a los fundamentos de la SEM.

2. Orígenes de la microscopía óptica en el Departamento de Edafología, Química Agrícola (y Geofarmacia) de la Universidad de Granada. Periodo 1850-1963.

Comenzando por los precedentes del propio Departamento como ente organizativo universitario, diremos que se encuentran en la fundación de la propia Facultad de Farmacia de la Universidad de Granada, en 1850 (siglo XIX), ligados a la Cátedra de su decano fundador, D. Mariano del Amo y Mora (1809-1894); Cátedra dedicada a la Materia Farmacéutica. A su estudio le correspondían las materias vegetales, animales y minerales de uso en los preparados farmacéuticos. Expresado de forma textual, la Cátedra se dedicaba a las «Aplicaciones de la Mineralogía, Zoología y Botánica, con su materia» [3].

No poseemos referencias directas del uso que en esa época inicial se daba a los microscopios y lupas en la enseñanza de la Materia Farmacéutica en la Facultad de Farmacia, aunque es sobradamente conocida la necesidad que cualquiera de las tres ramas de los respectivos Reinos Naturales abordados (Mineral, Animal y Vegetal) tienen de obtener imágenes aumentadas de sus objetos de estudio (minerales, animales y plantas). Pensemos, como exponente, en la observación de detalle (con lupa) de los órganos reproductivos de la flor, de enorme interés taxonómico. O, en el caso de los minerales, de las singularidades de pequeña talla que ofrece la morfología de los cristales, de claro valor identificativo de la especie mineral. Por tal motivo, en las descripciones de la Materia farmacéutica mineral (*Farmacoryctología*) recogidas en el libro que publica M. del Amo [4] podemos leer numerosas referencias a las formas cristalinas características de las diferentes materias minerales, que sin una buena lupa o un microscopio de los de la época nunca podrían diagnosticarse con total seguridad.

Avanzando en el tiempo hasta las primeras décadas del siglo XX, ya encontramos referencias específicas del interés por la microscopía óptica en el Departamento. Hablamos del catedrático D. Carlos Rodríguez López-Neyra de Gorgot (1885-1958), encargado, al igual que lo fuera M. del Amo, de la Cátedra de la Materia farmacéutica en la Facultad de Farmacia; en esta etapa ya acotada a la Zoología y la Mineralogía (sin la Botánica). C. R. López-Neyra realiza su Tesis Doctoral sobre la microscopía de luz polarizada aplicada a los cristales [5]. Además, en 1925, y para las enseñanzas de la Materia Farmacéutica Mineral, publica un texto de título *Tratado elemental de Mineralogía para las Ciencias Químicas, Farmacia e Industria* [6]. Donde deja evidente la utilidad de la microscopía, con la inclusión de un apartado de título Óptica Mineral, que comienza afirmando la enorme relevancia de esta técnica con la que «pueden resolverse problemas dificilísimos de determinaciones mineralógicas, tales como la clasificación de minerales microscópicos constitutivos de las rocas o que se hallan en inclusiones y además rectifica ideas erróneas que se tienen acerca de la cristalización de numerosos minerales, ya microcristalinos, ya pseudosimétricos o miméticos» (pág. 59). C. R. López-Neyra, por demás, lega un valioso microscopio de luz polarizada al Departamento (Figura 1), que hoy forma parte del patrimonio de la Universidad de Granada [7]. Sin duda, este catedrático marca huella como profesional universitario, por sus investigaciones en el campo de la Parasitología que alcanzan relieve internacional y lo califican como uno de los padres de esta disciplina en España. Fue también Académico Numerario de la Real Academia de Medicina y Cirugía de Andalucía Oriental, Ceuta y Melilla [8, 9]; amén de ser distinguido con numerosos premios por sus investigaciones, como son el Primer Premio March a la Investigación (1956) o la Gran Cruz de la Orden Civil de Alfonso X.

Nuevos tiempos suceden para nuestra historia, cuando en 1945 arriba a la Facultad de Farmacia de la Universidad de Granada el catedrático D. Ángel Hoyos de Castro (1913-1987), quien se hace cargo de la parte mineral de la Materia Farmacéutica (desgajada ya de la Zoología y la Botánica), en la Cátedra de la que es titular: Geología aplicada. Aporta adicionalmente dos grandes novedades: la fundación en Granada del Consejo Superior de Investigaciones Científicas (CSIC) y la incorporación de los suelos a los objetos de estudio del Departamento (todavía denominándose Cátedra), con su ciencia de estudio específica, la Edafología. Las materias primas farmacéuticas minerales se enseñarán en una asignatura con el nombre Geología aplicada, conjuntamente con Petrografía, Edafología e Hidrología. Para la parte de minerales de uso farmacéutico, A. Hoyos edita un texto titulado *Mineralogía* [10], con referencias directas al uso del microscopio óptico de luz polarizada en el exhaustivo capítulo de título Propiedades Ópticas. Además, las técnicas microscópicas las emplea en sus investigaciones y publicaciones y en las numerosas Tesis que dirige. Debió ser tan importante la microscopía óptica para A. Hoyos, alcanzando el nivel personal, que cuando le dedican el protocolario cuadro al óleo para exhibirlo en la galería de decanos de la Facultad de Farmacia, elige retratarse junto a su querido microscopio (Figura 2).

3. Desarrollo de la microscopía óptica. El catedrático D. Miguel Delgado Rodríguez. Periodo 1963-1987.

En este momento nos situamos en los tiempos casi actuales del Departamento, que supondrán además los del comienzo de la etapa de microscopía electrónica; algo que trataremos algo más extensamente en el siguiente apartado.

Miguel Delgado Rodríguez (1921-2003), es discípulo directo de A. Hoyos, aunque previamente a la llegada de éste a la Universidad de Granada estuvo un periodo transitorio corto en la escuela de C. R. López-Neyra (1945-1947) [11, 12][1]. Se forma científicamente en Alemania, justamente en el uso de las técnicas más avanzadas en aquel momento de la microscopía óptica de minerales, rocas y suelos. En el país germano trabaja durante 1953 y 1954 con C. W. Correns y H. Schuman, del Sediment Petrographisch en la Universidad de Göttingen, de los que recibe clases personales (Figura 3). Y sirva como prueba fehaciente del nivel de preparación científica que alcanza, que se trae consigo a España, desde los talleres de instrumentos ópticos más punteros para la época, la casa Carl-Zeiss (Oberkochen, Alemania), una platina universal (o teodolítica) (Figura 4), encargada, comprada y recogida en persona por él al estar dificultadas las importaciones por las postrimerías de la Guerra civil española y la II Guerra mundial. Sobre ella realizará investigaciones desconocidas hasta el momento en la Universidad de Granada y en el Consejo Superior de Investigaciones Científicas (CSIC). Las habilidades técnicas que siempre acompañaron a M. Delgado, le llevan incluso a realizar una estancia de un mes invitado en los talleres de la citada casa Carl-Zeiss, al objeto de perfeccionar y poner a punto los microscopios de contraste de fase con luz polarizada.

También cultiva M. Delgado con gran intensidad la microscopía de muestras de suelo inalteradas, las cuales recogidas respetando su integridad, posición y orientación en el perfil (del suelo), y convenientemente impregnadas de aglutinantes y endurecidas, pueden tallarse en láminas delgadas y ser observadas. Estas imágenes microscópicas ofrecen una visión del conjunto y partes constituyentes del suelo que podemos denominar funcional, pues en dicha visión han quedado impresos tanto la impronta de los procesos específicos sufridos, como la presencia de los nuevos materiales edáficos generados por dichos procesos y el esquema de la organización espacial adquirida. Algo esencial para el conocimiento del tipo de suelo, sus propiedades, ecología y hasta para su uso. La ciencia dedicada a este ámbito se denomina Micromorfología de suelos.

M. Delgado aprende la Micromorfología de suelos con su fundador, Walter L. Kubiëna (1897-1970), para lo que realizó largas estancias en su Cátedra de Reinbeck (Hamburgo, Alemania), en el lapso 1955-1959 [11, 12] y posteriormente en las

---

1   La mayor parte de los datos biográficos y profesionales de Miguel Delgado Rodríguez han sido extraídos de la fuente bibliográfica referenciada como [11], complementados con [12].

visitas que periódicamente realizaba Kubiëna a España, concretamente al Instituto Nacional de Edafología y Agrobiología José María Albareda, de Madrid (CSIC) donde tuvo laboratorio propio para sus investigaciones. Sin duda, M. Delgado fue uno de los seguidores españoles más preclaros del sabio austríaco-alemán, motivo por el que la revista Anales de Edafología y Agrobiología le encarga su semblanza científica en el volumen homenaje póstumo que le dedica [13].

Como ya hemos indicado, Kubiëna es el fundador de la Micromorfología de Suelos, concretada en su texto *Micropedology*, de 1938 [14]. Además, es autor de una prolija obra en la que destaca una novedosa taxonomía de suelos de Europa [15], donde utiliza extensivamente, como carácter diferenciador clasificatorio, las observaciones micromorfológicas del suelo. Algunas de las tipologías de suelos recogidas en dicha clasificación son españolas y más concretamente de la provincia de Granada. Al Instituto Nacional de Edafología y Agrobiología José María Albareda, de Madrid (CSIC) legó las láminas delgadas de estos suelos españoles [16]. De todo lo relatado, queda evidente la gran influencia que tuvo Kubiëna sobre la Micromorfología de Suelos de España, también sobre la realizada en el Departamento de Edafología de la Facultad de Farmacia de Granada (Figura 5).

Regresando a M. Delgado, debemos conocer que en aquellos primeros años (1953-1963) trabajaba como investigador en la Estación Experimental del Zaidín (Granada) del Consejo Superior de Investigaciones Científicas (CSIC), en la Sección que dirigía Ángel Hoyos. A partir de 1963 gana la Cátedra de título Geología aplicada, de la Facultad de Farmacia, ejerciendo de catedrático hasta su jubilación en 1987. También ostentó la dirección de la Sección de suelos del referido Centro del CSIC hasta 1978.

Los resultados que obtiene con las técnicas ópticas microscópicas avanzadas que conoce y domina se plasmarán en la dirección de un importante número de Tesis Doctorales y trabajos de investigación, sobre arenas de los suelos mediterráneos, Micromorfología de suelos y, en sus últimos años de actividad (ya con microscopía electrónica), materias primas minerales farmacéuticas y cosméticas (talcos, bentonitas y caolines). Incluso, abre la línea de las investigaciones, hoy tan en boga, sobre partículas eólicas de origen mineral [17]. En el libro homenaje que con motivo de su jubilación le dedicó la Facultad de Farmacia [11], se compilaron en dos volúmenes todos los estudios que realizó, precedentes directos (sin duda) de las investigaciones que integran el presente libro. Por esa razón y porque fue crucial, como venimos demostrando, en el devenir de las líneas de investigación del Departamento, en 2004, un año después de su fallecimiento, fue el dedicatario del trabajo *Are Mediterranean mountain Entisols weakly developed? The case of Orthents from Sierra Nevada (Southern Spain)*, novedoso estudio de génesis de suelos con aplicación relevante de la microscopía electrónica de barrido [18].

Del prestigio internacional adquirido por M. Delgado tras su larga carrera profesional da prueba que es elegido por la Sociedad Internacional de Ciencia del Suelo para organizar el *Fifth International Working Meeting on Soil Micromorphology*, celebrado en 1978 en Granada. La asistencia de los mejores especialistas de nivel mundial fue numerosa y la publicación subsiguiente recogió cerca de cien artículos [19]. Recientemente, esta publicación editada por M. Delgado ha sido puesta en el espacio internet [20], dedicada ahora a G. Stoops, otro gran micromorfólogo europeo, quien parece consideraba este texto un libro de referencia y sugirió su difusión en versión digital.

Con el profesor M. Delgado se funda y consolida, en 1984, al albur de las reformas legislativas del momento [21], el Departamento de Edafología y Química Agrícola, entidad organizativa universitaria que sustituye a la Cátedra de Geología aplicada a la Farmacia, y es ya de todo el ámbito de la Universidad de Granada, englobando no sólo las docencias e investigaciones en suelos y materiales de interés farmacéutico realizadas en la Facultad de Farmacia sino también las docencias e investigaciones en suelos de la Facultad de Ciencias. En esto también se puede considerar su iniciador. Ejerció de primer director del Departamento.

Los alumnos más directos de M. Delgado, trabajaron como él en las líneas de microscopía óptica, desarrollándolas en sus carreras profesionales. Destacamos a D. José Luis Guardiola Saénz (1940-2020), perteneciente al Consejo Superior de Investigaciones Científicas. Con él publicó en 1969, en la revista *Soil Science* [22], lo que constituyó una novedad de interés internacional, al describir la construcción y los resultados de una lámina accesoria de retardos para el microscopio polarizante que permitía diferenciar en las láminas delgadas, con mayor facilidad, los huecos de la masa del suelo. D. José Aguilar Ruiz (1939-2021) y D. Carlos Dorronsoro Fernández (1940), prosiguieron al igual que el maestro la carrera profesional universitaria, con gran brillantez; a ellos nos referiremos a continuación. A partir de 1976 citamos también al catedrático D. Rafael Delgado Calvo-Flores (1953) quien se hará cargo de las técnicas de Microscopía Electrónica de Barrido (SEM) del Departamento. Dignos de mención son también los catedráticos D. Jesús Párraga Martínez (1952) y D. Gabriel Delgado Calvo-Flores (1955), colaboradores con el maestro en diversas líneas de investigación. Junto a R. Delgado se harán cargo desde 1986 de la coordinación de las docencias del Departamento en la Facultad de Farmacia, ampliadas en el siglo XXI a los Grados de Ciencia y Tecnología de los Alimentos y Nutrición Humana y Dietética, además del clásico Grado (desde 1850) en Farmacia.

Por su parte, los catedráticos J. Aguilar y C. Dorronsoro, serán los encargados de afianzar y proyectar hacia el futuro las enseñanzas de la Edafología en la Facultad de Ciencias de la Universidad de Granada. M. Delgado las abrió en los inicios de la década de los 70 (s. XX) en la licenciatura de Ciencias Geológicas, (impartiendo la asignatura Edafología), pero serán los dos profesores mencionados quienes las amplíen definitivamente a los planes de estudios de Ciencias Biológicas y Ciencias Medioambientales.

A la Micromorfología de suelos le dedicó siempre J. Aguilar una especial atención, como tempranamente demuestra el título de su Tesis Doctoral: *Origen y naturaleza de las microestructuras de orientación y los agregados de algunos tipos de suelos andaluces* (1969). Fue realizada bajo la dirección de M. Delgado, de quien aprendió los fundamentos de la Microscopía óptica y la Micromorfología de suelos. Su formación micromorfológica la completa desplazándose a Madrid al Instituto Nacional de Edafología y Agrobiología José María Albareda (CSIC), en el que realiza una estancia predoctoral con la Dra. J. Benayas, otra pionera en el estudio microscópico de suelos. Con posterioridad, realizará varias estancias postdoctorales en centros experimentales de Inglaterra, concretamente en la Rothamsted Experimental Station, bajo la dirección del Dr. Bullock y en la School of Agriculture de Leeds, siempre con el mismo objetivo de avanzar en los conocimientos micromorfológicos. Sus investigaciones fueron reconocidas a nivel internacional siendo invitado a colaborar en la edición del *Handbook for Soil Thin Section Description*, un tratado imprescindible para los estudiosos de la Micromorfología de suelos, patrocinado por la Sociedad Internacional de la Ciencia del Suelo [23]. J. Aguilar fue Miembro de Honor de la Sociedad Española de la Ciencia del Suelo de la que ocupó el cargo de presidente desde 1994 hasta 2001.

El catedrático C. Dorronsoro se ha centrado también en la microscopía de los suelos, como línea fundamental de sus investigaciones. Su Tesis Doctoral, bajo la dirección de M. Delgado versó sobre el estudio óptico de una fracción granulométrica del suelo, que por su dificultad de estudio había, y ha, sido muy poco estudiada: la arena gruesa. Se tituló: *Fundamentos de un método para el estudio de la fracción arena gruesa de suelos* (1970). Posteriormente, sobre la mineralogía de esta fracción C. Dorronsoro ha publicado numerosas investigaciones e incluye un capítulo en el presente libro (I.1.4). En el año 1978 realizó una estancia en Wageningen (Holanda) para completar el conocimiento sobre un equipo y técnica innovadores que había adquirido el Departamento, a instancias de M. Delgado, para medir la porosidad de los suelos en las preparaciones microscópicas: el Microvideomat Carl Zeiss.

Mención especial merecen los Cursillos Nacionales sobre Microscopía óptica así como Cursos Internacionales de Micromorfología de Suelos organizados por la Sociedad Internacional de la Ciencia del Suelo bajo la modalidad del Proyecto Erasmus para Europa. Han sido varios los profesores del Departamento que los han impartido. Nueva labor de vanguardia en la docencia es la realizada por C. Dorronsoro en sus programas informáticos sobre el temario de Edafología, que contienen numerosas referencias a la Micromorfología de suelos y la Microscopía óptica de arenas como relevantes propiedades edáficas [24].

4. La etapa de la Microscopía Electrónica de Barrido (SEM) en el Departamento de Edafología, Química Agrícola (y Geofarmacia). Periodo 1985-2023.

El presente libro recoge una parte importante de los trabajos con SEM realizados ininterrumpidamente por miembros del Departamento dentro del periodo cronológico 1985-2023, treinta y nueve años.

El catedrático D. Miguel Delgado Rodríguez es, como afirmábamos previamente, el iniciador de la etapa de la microscopía electrónica en el Departamento, que arranca en 1985, cuando merced a sus gestiones y las del catedrático y vicedecano D. Alberto Ramos Cormenzana (durante el decanato del catedrático D. Jesús Thomas Gómez), la Facultad de Farmacia adquiere y pone en funcionamiento el Microscopio Electrónico de Barrido Hitachi S-510, que queda emplazado en los laboratorios del Departamento (ver Capítulo I.2.1 de este mismo libro, Figura 10). En él se han obtenido un número muy importante de las imágenes que forman parte de los capítulos del libro.

Con este equipo de SEM, además, se abre una última etapa adicional a las que venimos comentando. Pues en 2010, siendo el catedrático D. Rafael Delgado Calvo-Flores vicedecano de la Facultad de Farmacia (en el mandato como decano del catedrático D. Luis Recalde Manrique), el Hitachi S-510 es transferido al Centro de Instrumentación Científica de la Universidad de Granada (CIC-UGR) y emplazado en unas instalaciones específicas dentro de la propia Facultad de Farmacia, dando origen a la Sede que actualmente posee el CIC en dicha Facultad. Allí ofrece servicios a toda la Universidad de Granada, otras Universidades, centros de investigación y hasta empresas privadas, al estar dotados de los más modernos equipos, (no sólo de microscopía electrónica) y atendidos por personal técnico altamente cualificado.

Por tal motivo, los servicios técnicos generales de la UGR (CIC-UGR), podrían considerarse relacionados con la trayectoria en microscopía del Departamento de Edafología, Química Agrícola (y Geofarmacia) y, de modo circunstancial, serían parte de la historia que hemos relatado y también, en cierta manera, herederos del legado de todos los maestros citados.

5. Epílogo

Nos hallamos, pues, ante una historia con más de ciento setenta años de duración, cuyo punto y final afortunadamente no se ha puesto, proyectándose hacia el futuro. En el campo de la Microscopía Electrónica de Barrido (SEM) nuevos científicos, profesores-investigadores y técnicos en el Departamento de Edafología, Química Agrícola (y Geofarmacia) escriben al día de hoy relevantes páginas. Algunos de esos logros investigadores de vanguardia han quedado recogidos en las páginas de nuestro libro. Destacamos entre los nuevos valores de la microscopía al coeditor de esta obra, profesor D. Juan Manuel Martín García y a los colaboradores a la edición, doctores D. Alberto Molinero García y D.ª Rocío Márquez Crespo.

Historical Background.
Microscopy research in the
Department of Soil Science, Agricultural
Chemistry (and Geopharmacy) of the
University of Granada (1850-2023)

RAFAEL DELGADO CALVO-FLORES

The sand of the seas, the raindrops
and the days of the past, who can count them?
(Sir, 1 2)

1. GENERAL CHARACTERISTICS OF MICROSCOPY

The word 'microscope' is a neologism that comes from Ancient Greek (from μικρός –mikros, 'small'– and σκοπέω –skopéo, 'to look (at)'–) [1] and means 'instrument to observe small things'. We talk about observing and implicitly think about light and its action on the human eye. Light, an electromagnetic radiation, with a wavelength of 390 to 770 nm, is capable of stimulating the response of the photoreceptor cells of the retina of the eye, which, through the optic nerve, send nerve impulses to the brain, where images are formed.

The use of the microscope, along with other instruments such as magnifying glasses and various magnifying lenses, comes from past times, and is born of the human need (and curiosity) to investigate the morphology and constitution of the bodies, with artifices that increase the eye's vision capacity. This is so because many of the morphological characters of matter, informative about its nature and properties, are expressed in sizes so small that they are little resolved or invisible to our eye, unable to discriminate details less than 0.1 mm, a limit that is known as its "resolving powder".

The history of the instruments created by humanity to overcome the resolution limitations of the human eye begins with glass lenses and carved crystals that provided magnifying glasses and rudimentary pairs of glasses to copyists, clerics, goldsmiths... The oldest reliable references place us in the north of present-day Italy, in the early Middle Ages (XIII-XIV centuries), but it is not ruled out that they were previously used in the Far East.

The first microscope with eyepiece and objective lens was built in 1590, attributed to the Dutch Hans Jansen, his son Zacharias Jansen and Hans Lippershey. A new reference is that of the Dutchman Antonie van Leeuwenhoek, in the 1670s, whose monocular microscope (which today we would assimilate more to a magnifying glass) came to be used until well into the nineteenth century and enjoyed a resolving power of around 0.7 µm [2]. These primitive microscopes could generate enlarged and well-focused images of the observed object, but not exempt from the chromatic aberrations that falsified its real colors. Its correction is attributed to the chance discovery of the telescope, by the Englishman Chester Moor Hall, in 1733, by the combination of convex and concave lenses. In 1774 the Londoner Benjamin Martin built a pioneering microscope with color-correcting lenses. The physics of lens construction was developed by the German Ernst Abbe, who in 1868 invented an apochromatic system of lenses. Another aberration is the spherical [2].

All the aforementioned beginnings give way to the current optical microscopes, which continue to be basically the combination of two sets of lenses, one that acts as an eyepiece and the other as a objective. They are thus a kind of double magnifying glass, where the augmented virtual image of the object, generated by the objetive, is in the focus of the eyepiece, in such a way that the magnifications of eyepiece and objetive are multiplied in the final resulting image. The magnifications of a lens or set of lenses (expressed in the form n×, for example 10×) are the number of times -n- that the observed object appears to be enlarged (in the example, 10 times). The magnifications of current optical microscopes range from 16× to 1250×.

For micromorphological studies of soils, the mineralogical or polarizing microscope (also called petrographic) is used. It is an optical microscope that uses a plane polarized light (whose plane of wave vibration is always the same). This microscope is equipped with two polarizing lens of light ('polaroids'): the 'polarizer', located at the bottom of the microscope, before the sample, and the 'analyzer', placed in a plane higher than it. The polarizer is always interspersed in the march of the rays, while the analyzer (with its plane of vibration perpendicular to that of the polarizer) is only used to observe certain optical properties of the crystals. In this microscope there is a lens (Bertrand-Amici lens) that allows to observe some interference figures that occur when working with convergent light. The origin of the polarized light microscope is relatively recent (XIX century).

In the twentieth and twenty-first centuries, with the appearance of new microscopes that use radiation other than light to create augmented images of objects, the word microscope has been added qualifiers. Microscopes that use visible light are universally called 'optical' (optical comes from the Greek ὀπτικός -optikos-, 'relative to vision'). Those that use the radiation associated with accelerated electrons: 'electronic'.

Optical Microscopy dominated the sciences until well into the twentieth century. From its central decades begins the rapid development of electron microscopy, which takes advantage to generate its images, as we have just pointed out, the radiation associated with accelerated electron beams, since this radiation of a wavelength 100,000 times less than that of light allows to reveal details in the morphology of matter of much smaller orders of magnitude. It will not then be possible in these microscopes to capture the electronic images with the cells of the retina of the human eye, going to detectors, which supply the information without color; in the same way, we will use lenses that cannot be made of glass or similar material, but electromagnetic (initially they were electrostatic), and the air will be prohibited as a means of propagation of the waves, because it would ionize, and we will go to the vacuum. The two fundamental variants of electron microscopy are: transmission, known internationally as TEM (acronym for Transmission Electron Microscopy) and scanning, SEM (acronym for Scaning Electron Microsocopy) which is mostly used in the research of this book. A next chapter of our book (I.1.1) is dedicated specifically to the fundamentals of SEM.

2. Origins of optical microscopy in the Department of Soil Science, Agricultural Chemistry (and Geopharmacy) of the University of Granada. Period 1850-1963.

Starting with the precedents of the Department itself as a university organizational entity, we will say that they are in the foundation of the Faculty of Pharmacy of the University of Granada, in 1850 (nineteenth century), linked to the Chair of its founder dean, Mariano del Amo y Mora (1809-1894); Chair dedicated to the Pharmaceutical Material. His study included the plant, animal and mineral materials used in pharmaceutical preparations (expressed textually, the Chair was dedicated to: "Applications of Mineralogy, Zoology and Botany, with their material") [3].

We do not have direct references to the use of microscopes and magnifying glasses in that initial period of the teaching of Pharmaceutical Matter in the Faculty of Pharmacy, although the need that any of the three branches of the respective Natural Kingdoms addressed (Mineral, Animal and Plant) is indeed well known for obtaining augmented images of their objects of study (minerals, animals and plants). Let us think, as an exponent, of the observation of detail (with a magnifying glass) of the reproductive organs of the flower, which are of enormous taxonomic interest. Or, in the case of minerals, of the singularities of small size offered by the morphology of crystals, of a clear identifying value of the mineral species. For this reason, in the descriptions of Mineral Pharmaceutical Material (*Pharmacoryctology*), collected in the book published by M. del Amo [4] we can read numerous references to the characteristic crystalline forms of the different mineral materials, which without a good magnifying glass or a microscope of those of the time could never be diagnosed with total certainty.

Moving forward in time to the first decades of the twentieth century, we already find specific references of interest in Optical Microscopy in the Department. We are talking about Professor Carlos Rodríguez López-Neyra de Gorgot (1885-1958), in charge, as was M. del Amo, of the Chair of Pharmaceutical Material in the Faculty of Pharmacy; in this stage already limited to Zoology and Mineralogy (without Botany). C. R. López-Neyra carried out his Doctoral Thesis on polarized light microscopy applied to crystals [5]. In addition, in 1925, and for the teachings of

Mineral Pharmaceutical Material, he published a text entitled *Elementary Treatise on Mineralogy for Chemical Sciences, Pharmacy and Industry* [6]. Where the usefulness of microscopy is evident, with the inclusion of a section titled Mineral Optics, which begins by affirming the enormous relevance of this technique with which "very difficult problems of mineralogical determinations can be solved, such as the classification of microscopic minerals constituting rocks that are in inclusions and also rectifies erroneous ideas that are held about the crystallization of numerous minerals, already microcrystalline, pseudosymmetric or mimetic" (p. 59). C. R. López-Neyra, moreover, a valuable polarized light microscope was bequeathed to the Department (Figure 1), which today is part of the heritage of the University of Granada [7]. Undoubtedly, this professor makes his mark as a university professional, for his research in the field of Parasitology has reached international prominence and qualifies him as one of the fathers of this subject in Spain. He was also a Full Member of the Royal Academy of Medicine and Surgery of Eastern Andalusia, Ceuta and Melilla [8, 9]; in addition to being distinguished with numerous awards for his research, such as the First March Prize for Research (1956) or the Grand Cross of the Civil Order of Alfonso X.

New events occurred in our history when in 1945 the professor Ángel Hoyos de Castro (1913-1987) arrived at the Faculty of Pharmacy of the University of Granada, taking charge of the mineral part of the Pharmaceutical Matter (already separated from Zoology and Botany), as the Chair of Applied Geology. It also brought two major novelties: the foundation in Granada of the Spanish National Research Council (CSIC) and the incorporation of soils into the objects of study of the Department (still called Chair of the Faculty of Pharmacy), with its specific study science, Soil Science. Mineral pharmaceutical raw materials would be taught in a subject called Applied Geology, together with Petrography, Soil Science and Hydrology. For the area of minerals for pharmaceutical use, A. Hoyos edited a text titled *Mineralogy* [10], with direct references to the use of the optical polarized light microscope in the exhaustive chapter titled Optical Properties. In addition, microscopic techniques were used in his research and publications and in the numerous theses he directed. Optical Microscopy must have been so important on a personal level for A. Hoyos, that when the protocol oil picture was painted to be exhibited in the gallery of deans of the Faculty of Pharmacy, he chose to be portrayed next to his beloved microscope (Figure 2).

3. DEVELOPMENT OF OPTICAL MICROSCOPY. PROFESSOR MIGUEL DELGADO RODRÍGUEZ. PERIOD 1963-1987.

In this period we are almost in the current times of the Department, also meaning those of the beginning of the electron microscopy stage; something that we will reflect on a little more extensively in the next section.

Miguel Delgado Rodríguez (1921-2003), was a direct disciple of A. Hoyos, although prior to his arrival at the University of Granada he spent a short transitional period in the School of C. R. López-Neyra (1945-1947) [11, 12][1]. He was scientifically trained in Germany, precisely in the use of the most advanced techniques of Optical Microscopy of minerals, rocks and soils, at that time. He worked during 1953 and 1954 in Germany with C. W. Correns and H. Schuman, from the Sediment Petrographisch at the University of Göttingen, from whom he received personal lessons (Figure 3). This serves as reliable proof of the level of scientific preparation that he reached, and was brought with him to Spain, from the most cutting-edge optical instrument workshops of the time, the Carl-Zeiss house (Oberkochen, Germany), a universal stage (or theodolytic) (Figure 4), commissioned, bought and collected in person by him as imports were hindered by the aftermath of the Spanish Civil War and World War II. With this he carried out research unknown until now at the University of Granada and at the Spanish National Research Council (CSIC). The technical skills that always accompanied M. Delgado, even lead him to make the stay of a month invited to the workshops of the aforementioned Carl-Zeiss company, in order to perfect and tune the phase contrast microscopes with polarized light.

The microscopy of unaltered soil samples is also cultivated by M. Delgado with great intensity, which are collected respecting their integrity, position and orientation in the profile (of the soil), and conveniently impregnated with binders and hardened, can be carved into thin sections and observed. These microscopic images offer a vision of the whole and constituent parts of the soil that we can call functional, because both the imprint of the specific processes suffered, as well as the presence of the new soil materials generated by these processes and the scheme of the acquired spatial organization have been printed in this vision. Something essential for the knowledge of the type of soil, its properties, ecology and even for its use. The science dedicated to this field is called Soil Micromorphology.

M. Delgado learned about the Micromorphology of soils with its founder, Walter L. Kubiëna (1897-1970), for which he made long stays in his Chair in Reinbeck (Hamburg, Germany), in the period 1955-1959 [11, 12] and later in the visits that Kubiëna periodically made to Spain, specifically to the National Institute of Soil Science and Agrobiology José María Albareda, in Madrid (CSIC), where he had his own research laboratory. Undoubtedly, M. Delgado was one of the most pre-clear Spanish followers of the Austrian-German sage, which is why the magazine Anales de Edafología y Agrobiología commissioned him his scientific profile in the posthumous tribute volume dedicated to him [13].

As we have already indicated, Kubiëna was the founder of Soil Micromorphology, concretized in his text *Micropedology*, in 1938 [14]. In addition, he is the author of a lengthy work in which he highlights a novel systematic taxonomy of soils in Europe [15], where he extensively uses, as a differentiating characteristic, the mi-

---

1 Most of the biographical and professional data of Miguel Delgado Rodríguez have been extracted from the bibliographic source referenced as [11], supplemented by [12].

cromorphological observations of the soil. Some of the soil typologies included in this classification are Spanish and more specifically from the province of Granada. To the National Institute of Soil Science and Agrobiology José María Albareda, of Madrid (CSIC) bequeathed the thin sections of these Spanish soils [16]. The narrative clearly reflects Kubiëna's profound influence on Soil Micromorphology in Spain, extending to research conducted at the Department of Soil Science in the Faculty of Pharmacy at the University of Granada (Figure 5).

Returning to M. Delgado, we should be aware that in those early years (1953-1963) he worked as a researcher at the Zaidín Experimental Station (Granada) of the Spanish National Research Council (CSIC), in the Section directed by Ángel Hoyos. In 1963 he won the Chair of Applied Geology, in the Faculty of Pharmacy, serving as a professor until his retirement in 1987. He also served as director of the Soil Section of the aforementioned CSIC Center until 1978.

The results obtained with the advanced microscopic optical techniques that he knows and masters will be reflected in the direction of an important number of doctoral theses and research works, on sands of Mediterranean soils, soil micromorphology and, in his last years of activity (already with electron microscopy), pharmaceutical and cosmetic mineral raw materials (talc, bentonite and kaolin). It even opens the line of research, now so in vogue, on wind particles of mineral origin [17]. In the tribute book dedicated to him by the Faculty of Pharmacy [11] on the occasion of his retirement, all the studies he carried out were compiled in two volumes, direct precedents (without a doubt) of the research that make up this book. For that reason and because he was crucial, as we have been demonstrating, in the evolution of the lines of research of the Department, in 2004, a year after his death, he was the dedicatee of the work *Are Mediterranean mountain Entisols weakly developed? The case of Orthents from Sierra Nevada (Southern Spain),* a novel soil genesis study with relevant application of Scanning Electron Microscopy [18].

The international prestige acquired by M. Delgado after his long professional career shows that he was chosen by the International Society of Soil Science to organize the *Fifth International Working Meeting on Soil Micromorphology,* held in 1978 in Granada. The attendance of the best world-class specialists was numerous, and the subsequent publication collected about one hundred articles [19]. Recently, this publication edited by M. Delgado has been put on the Internet [20], now dedicated to G. Stoops, another great European micromorphologist, who seems to consider this text a reference book and suggested its digital dissemination.

With Professor M. Delgado, in 1984, at the height of the legislative reforms of the moment [21], the Department of Soil Science and Agricultural Chemistry was founded and consolidated, an organizational university entity that replaces the Chair of Applied Geology of Pharmacy and is already of the entire scope of the University of Granada, encompassing not only teaching and research on soils and materials of pharmaceutical interest at the Faculty of Pharmacy but also teaching and soil research at the Faculty of Sciences. He can also be considered to be the initiator as he served as the first director of the Department.

M. Delgado's most direct students worked like him on the lines of Optical Microscopy, developing them in their professional careers. We highlight D. José Luis Guardiola Saénz (1940-2020), belonging to the Spanish National Research Council (CSIC). Alongside him he published in 1969, in the journal *Soil Science* [22] what constituted a novelty of international interest, describing the construction and results of a accessory plate for the polarizing microscope allowing differentiation of the pores of the soil mass more easily in thin sections. José Aguilar Ruiz (1939-2021) and Carlos Dorronsoro Fernández (1940), continued their professional university career with great brilliance like their mentor; we will refer to them below. From 1976 we also cite Professor Rafael Delgado Calvo-Flores (1953) who will take charge of the Scanning Electron Microscopy (SEM) techniques of the Department. Worthy of mention are also the professors Jesús Párraga Martínez (1952) and Gabriel Delgado Calvo-Flores (1955), collaborators with the master in various lines of research. Together with Rafael Delgado they have been in charge of the coordination of the teaching of the Department in the Faculty of Pharmacy since 1986, extended in the XXI century to the Degrees of Science and Technology of Food and Human Nutrition and Dietetics, in addition to the classic Degree (since 1850) in Pharmacy.

For their part, professors J. Aguilar and C. Dorronsoro, will oversee the strengthening and future projection of the teachings of Soil Science in the Faculty of Sciences at the University of Granada. M. Delgado unfolded them at the beginning of the 70s (XX century) as the Degree in Geological Sciences, (teaching Soil Science as a subject), but it will be the two professors mentioned who definitively expand them to the curricula of Biological Sciences and Environmental Sciences.

J. Aguilar always devoted special attention to soil micromorphology, as the title of his Doctoral Thesis *Origin and nature of orientation microstructures and aggregates of some types of Andalusian soils* (1969) shows early on. It was carried out under the direction of M. Delgado, from whom he learned the fundamentals of Optical Microscopy and Soil Micromorphology. His micromorphological training was completed by moving to Madrid to the National Institute of Soil Science and Agrobiology José María Albareda (CSIC), where he made a predoctoral stay with Dr. J. Benayas, another pioneer in the microscopic study of soils. Subsequently, he made several postdoctoral stays in experimental centers in England, specifically in the Rothamsted Experimental Station, under the direction of Dr. Bullock and in the School of Agriculture of Leeds, always with the same objective of advancing micromorphological knowledge. His research was recognized internationally, and he was invited to collaborate in the edition of the *Handbook for Soil Thin Section Description*, an essential treatise for scholars of soil micromorphology, sponsored by the International Society for Soil Science

[23]. J. Aguilar is an Honorary Member of the Spanish Society of Soil Science of which he was its president from 1994 to 2001.

Professor C. Dorronsoro has also focused on soil microscopy, as a fundamental line of his research. His Doctoral Thesis, under the direction of M. Delgado dealt with the optical study of a granulometric fraction of the soil, which due to its difficulty of study had, and has been, very little studied: coarse sand. It was titled *Fundamentals of a method for the study of the coarse sand fraction of soils* (1970). Subsequently, on the mineralogy of this fraction C. Dorronsoro has published numerous investigations and includes a chapter in this book (Chapter I.1.4). In 1978 he made a stay in Wageningen (Holland) to complete the knowledge about an innovative equipment and technique that the Department had acquired, at the request of M. Delgado, to measure the porosity of the soils in microscopic preparations: the Carl Zeiss Microvideomat.

Special mention should be made of the National Workshops on Optical Microscopy as well as International Courses on Soil Micromorphology organized by the International Society of Soil Science under the modality of the Erasmus Project for Europe. There have been several professors of the Department who have taught them. New cutting-edge work in teaching is carried out by C. Dorronsoro in his computer programs on the Soil Science syllabus, which contain numerous references to Soil Micromorphology and Sand Optical Microscopy as relevant soil properties [24].

4. The stage of Scanning Electron Microscopy (SEM) in the Department of Soil Science, Agricultural Chemistry (and Geopharmacy). Period 1985-2023.

This book includes an important part of the work with SEM carried out uninterruptedly by members of the Department within the chronological period 1985-2023, thirty-nine years.

Professor Miguel Delgado Rodríguez is, as we previously stated, the initiator of the stage of electron microscopy in the Department, which began in 1985, when thanks to his efforts and those of Professor and vice-dean Alberto Ramos Cormenzana (during the deanship of Professor Jesús Thomas Gómez), when the Faculty of Pharmacy acquired and put into operation the Hitachi S-510 Scanning Electron Microscope, which is located in the laboratories of the Department (see Chapter I.2.1, Figure 10, in this book). A very important number of the images that are part of the chapters of the book have been obtained with it.

In addition, with this SEM equipment, a last and further stage unfolds to apart from those that we have been commenting on. In 2010, when Proffesor Rafael Delgado Calvo-Flores was the vice-dean of the Faculty of Pharmacy (in the mandate as dean of Professor Luis Recalde Manrique), the Hitachi S-510 was transferred to the Center for Scientific Instrumentation of the University of Granada (CIC-UGR) and located in specific facilities within the Faculty of Pharmacy itself, giving rise to the section currently belonging to the CIC in this Faculty: Cartuja II Headquarter. It offers services to the entire University of Granada, other universities, research centers and even private companies, and is equipped with the most modern equipment (not only electron microscopy) and attended by highly qualified technical personnel.

For this reason, the general technical services of the UGR (CIC-UGR), could be considered related to the trajectory in microscopy of the Department of Soil Science, Agricultural Chemistry (and Geopharmacy), and, circumstantially, would be part of the history that we have related and also, in a certain way, heirs of the legacy of all the teachers mentioned.

5. Epilogue

We are, therefore, standing in front of more than one hundred and seventy years of history, which projects into the future and whose final point has fortunately not been set. In the field of Scanning Electron Microscopy (SEM) new scientists, professors-researchers and technicians in the Department of Soil Science, Agricultural Chemistry (and Geopharmacy) are currently writing relevant pages. Some of these cutting-edge research achievements have been collected in the pages of our book. We highlight among the new values of microscopy the co-editor of this work, Professor Juan Manuel Martín García and the collaborators in the edition, doctors Alberto Molinero García and Rocío Márquez Crespo.

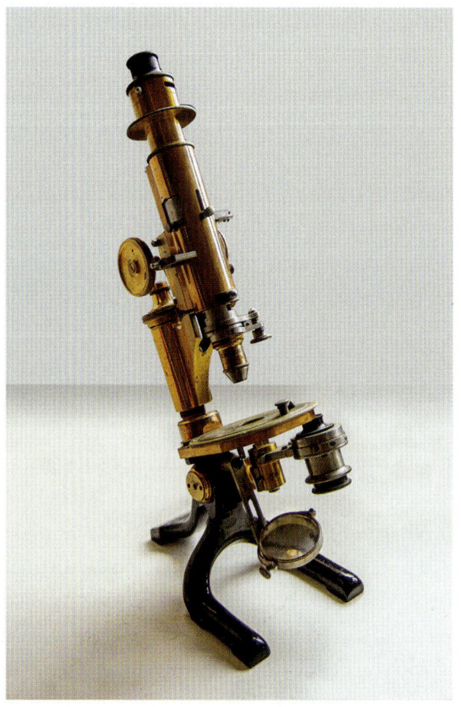

Figura 1. Microscopio petrográfico C. Reichert Wien (Nº 27919). Con él fueron realizadas las investigaciones de luz polarizada en los cristales por el Catedrático D. Carlos Rodríguez López-Neyra (primeras décadas del s. XX). Colección del Departamento de Edafología, Química Agrícola (y Geofarmacia), Facultad de Farmacia, Universidad de Granada.

Figure 1. C. Reichert Wien petrographic microscope (Nº 27919). Investigations of polarized light in crystals were carried out with it by Professor Carlos Rodríguez López-Neyra (first decades of the XX century). Collection of the Department of Soil Science, Agricultural Chemistry (and Geopharmacy), Faculty of Pharmacy, University of Granada.

Figura 2.- Retrato al óleo del Catedrático D. Ángel Hoyos de Castro como decano de la Facultad de Farmacia (1959-61). (Alfonso Hernández Noda, 1961). Es visible en un segundo plano un microscopio petrográfico de marca Carl Zeiss (modelo Standard Pol). Salón de Juntas de la Facultad de Farmacia. Universidad de Granada.

Figure 2.- Oil portrait of Professor Ángel Hoyos de Castro as dean of the Faculty of Pharmacy (1959-61). (Alfonso Hernández Noda, 1961). A Carl Zeiss petrographic microscope is visible in the background (Standard Pol model). Meeting room at the Faculty of Pharmacy. University of Granada.

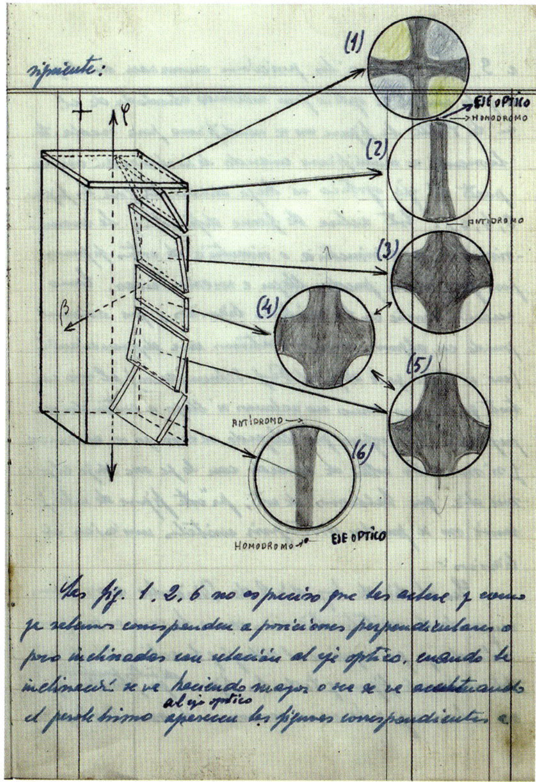

FIGURA 3.- Figuras de interferencia de los cristales uniáxicos en relación con las posiciones de su talla en el cristal. Cuaderno *Apuntes de óptica cristalina.* Manuscrito con dibujos originales. Realizado por el Catedrático D. Miguel Delgado Rodríguez en su estancia en el Sediment Petrographisch de la Universidad de Göttingen (1953-1954), recogiendo clases personales dictadas por el Prof. H. Schuman.

FIGURE 3.- Interference figures of uniaxial crystals in relation to the positions of their section in the crystal. Notebook *Notes on crystalline optics.* Manuscript with original drawings. Made by Professor Miguel Delgado Rodríguez during his stay at the Sediment Petrographisch, University of Göttingen (1953-1954), assisting personal classes given by Prof. H. Schuman.

FIGURA 4.- Platina universal (teodolítica) marca Carl-Zeiss, perteneciente al conjunto de equipos ópticos que manejó el Catedrático D. Miguel Delgado Rodríguez para sus investigaciones. Colección del Departamento de Edafología, Química Agrícola (y Geofarmacia), Facultad de Farmacia, Universidad de Granada.

FIGURE 4.- Universal stage (theodolytic) brand Carl-Zeiss, belonging to the set of optical equipment handled by Professor Miguel Delgado Rodríguez for his research. Collection of the Department of Soil Science, Agricultural Chemistry (and Geopharmacy), Faculty of Pharmacy, University of Granada.

**Bundesforschungsanstalt
für Forst- und Holzwirtschaft**

Reinbek bei Hamburg, den 16.1.1957
Schloß
Fernruf: Hamburg 72 64 51/52

Aktz.: Prof.Ku./Hi

Herrn
Prof.Dr.D.Angel Hoyoz de Castro
Universidad de Granada
Facultad de farmacia
Catedra de Geologia aplicada
G r a n a d a / SPANIEN

Lieber Freund !

Vielen herzlichen Dank für Ihre freundlichen Wünsche die ich herz-
lich erwidere für Sie und Ihre werte Familie.
Was unsere gegenwärtige Methode zur Herstellung von Dünnschliffen an-
belangt, lege ich Ihnen eine eingehende Beschreibung bei. Als Maschinen
verwenden wir augenblicklich eine WIRTZ-Schleifmaschine mit horizon-
talen Schleifscheiben, auf die sich Carborundum-Papiere verschiedener
Körnung aufspannen lassen, ferner eine Schneidemaschine mit bronze-
gebetteter Diamantschneide der Firma WINTER/Hamburg. Am besten wäre es
wohl, Sie schicken uns für etwa 3 Wochen einen Ihrer Mitarbeiter,
der sich hier einarbeitet und allen zusätzlichen Bedarf notiert, bzw.
gleich hier für Granada besorgt und mitnimmt.

Mit vielen herzlichen Grüßen für Sie und Ihre werte Frau Gemahlin
sowie an alle Freunde in Granada

Ihr stets ergebener

(Prof.Dr.W.Kubiena)

Delco 1000 9.-56

Figura 5.- Primera página de la carta del Profesor D. Walter L. Kubiëna al Catedrático D. Ángel Hoyos de Castro, explicando pormenores de la técnica de preparación de láminas delgadas de suelo para estudios de Micromorfología de suelos. A esta página inicial suceden otras detallando la fórmula de la cronolita y la práctica de su uso. Fechada en Hamburgo (Alemania), 16-1-1957. Colección del Departamento de Edafología, Química Agrícola (y Geofarmacia), Facultad de Farmacia, Universidad de Granada.

Texto de la carta:

Querido amigo:

Muchísimas gracias por sus amables deseos, los cuales devuelvo con todo cariño para usted y su apreciada familia. En cuanto a nuestro método actual para la fabricación de láminas delgadas, adjunto una descripción detallada. Actualmente, utilizamos una máquina de rectificado WIRTZ con discos horizontales, en los cuales se pueden colocar papeles de Carborundum de diferentes tamaños de grano. Además, contamos con una máquina de corte con una cuchilla de diamante bañada en bronce de la empresa WIRTZ/Hamburg.

Lo ideal sería que nos enviara a uno de sus colaboradores durante aproximadamente 3 semanas para que se familiarice con el proceso y tome nota de cualquier necesidad adicional. Al mismo tiempo, podría encargarse de la adquisición de suministros y llevarlos consigo de vuelta a Granada.

Con muchos saludos afectuosos para usted, su valiosa esposa y todos los amigos en Granada.

(Suyo afectísimo)

Cada vez más devoto.

Prof. Dr. W. Kubiëna

Figure 5.- The first page of the letter from Professor Walter L. Kubiëna to Professor Ángel Hoyos de Castro, explaining details of the thin section preparation technique for Soil Micromorphology studies. Following this initial page are others providing details on the chronolite formula and its practical application. Dated in Hamburg (Germany), January 16, 1957. Collection of the Department of Soil Science, Agricultural Chemistry (and Geopharmacy), Faculty of Pharmacy, University of Granada.

Letter´s text:

Dear friend:

Many heartfelt thanks for your kind wishes, which I warmly reciprocate for you and your esteemed family. Regarding our current method of producing thin sections, I am providing you with a detailed description. Currently, we use a WIRTZ grinding machine with horizontal grinding discs, onto which Carborundum papers of various grits can be attached. Additionally, we employ a cutting machine with a bronze-bedded diamond cutter from the WIRTZ/Hamburg company.

It would probably be best if you could send us one of your employees for about 3 weeks, who could familiarize himself with the process and note any additional needs. Simultaneously, he could arrange for the procurement of supplies for Granada and take them with him.

With many warm regards to you and your esteemed wife, as well as to all friends in Granada.

Yours faithfully

Prof. Dr. W. Kubiëna

Referencias
References

[1] REAL ACADEMIA ESPAÑOLA 2014. *Diccionario de la lengua española* (Vigésima segunda edición). Editorial Espasa Calpe, Madrid.

[2] ENCICLOPEDIA BRITÁNICA EN LÍNEA 2022. *Microscope.* https://www.britannica.com/technology/microscope. Consulta, 21 de marzo de 2022.

[3] FACULTAD DE FARMACIA DE GRANADA 1999, *Facultad de Farmacia de Granada, 150 aniversario de su creación.* Facultad de Farmacia. Universidad de Granada.

[4] DEL AMO Y MORA, M. 1864. *Materia Farmacéutica Mineral y Animal Explicadas.* Imprenta Ventura, Granada.

[5] RODRÍGUEZ LÓPEZ-NEYRA DE GORGOT, C. 1905. *Estudio óptico de algunos silicatos tallados en láminas delgadas.* Memoria presentada para el ejercicio del grado de doctor en Farmacia. Universidad Complutense de Madrid.

[6] RODRÍGUEZ LÓPEZ-NEYRA DE GORGOT, C. 1925. *Tratado Elemental de Mineralogía. Aplicada a las Ciencias Químicas, Farmacia e Industrias.* Imprenta Ventura, Granada.

[7] THOMAS GÓMEZ, J., MARTÍNEZ DE LAS PARRAS, P.J., MARTÍNEZ PUENTE DURA, M.I. Y MONTES RUEDA, S. 2003. *Un siglo de Instrumentación científica (1851-1950).* Editorial Universidad de Granada. Pág. 198.

[8] REAL ACADEMIA DE MEDICINA Y CIRUGÍA DE GRANADA-GUTIÉRREZ GALDÓ, J. 2003. Tomo II *Académicos numerarios que fueron.* Ediciones Díaz de Santos S.A. Madrid.

[9] DELGADO, R. 2013. *Recursos Naturales y Farmacia.* Discurso de Recepción de la Real Academia de Medicina y Cirugía de Andalucía Oriental, Ceuta y Melilla. https://ramao.es/wp-content/uploads/archivo/discursos/rafaeldelgado.pdf.

[10] HOYOS DE CASTRO, A. 1947. Mineralogía. *Una Introducción al Estudio Químico-Estructural de los Minerales.* Imprenta Ventura, Granada.

[11] FACULTAD DE FARMACIA. UNIVERSIDAD DE GRANADA 1987. *Homenaje al Prof. Miguel Delgado Rodríguez, Tomos I y II.* Biblioteca Universitaria de la Universidad de Granada.

[12] REVISTA EDAFOLOGÍA 2003. *Homenaje al Prof. Miguel Delgado Rodríguez.* Revista Edafología, 10-1, página 111.

[**13**] DELGADO, M. 1988. *Presentación*. Número homenaje al profesor Kubiëna. Anales de Edafología, Tomo XLVII, 1-2, 9-14.

[**14**] KUBIËNA, W.L. 1938. *Micropedology*, Collegiate Press, Inc, Iowa.

[**15**] KUBIËNA, W.L. 1952. *Claves Sistemáticas de suelos.* Consejo Superior de Investigaciones Científicas, Madrid.

[**16**] KUBIËNA, W.L. 1943-1970. *Colección de láminas delgadas de suelos (según trabajo realizado durante su estancia en el CSIC, Madrid (España) entre los años 1943 y 1970).* Preparación inicial: Dras. J. Benayas y A. Martín Ramos (2002). Fotografías de bandejas: A. Jorge (2014). Macroimágenes navegables y microfotografías: Prof. C. Dorronsoro. Organización y mantenimiento: Prof. M.T. García González, ICA-CSIC. https://www.ica.csic.es/Kubiena/.

[**17**] DELGADO, G. 1978. *Contaminación por partículas sedimentables y gases de la ciudad de Granada.* Tesis de Licenciatura, Facultad de Farmacia. Universidad de Granada.

[**18**] MARTÍN-GARCÍA, J.M., ARANDA, V., GÁMIZ, E., BECH, J. Y DELGADO, R. 2004. *Are Mediterranean mountains Entisols weakly developed? The case of Orthents from Sierra Nevada (Southern Spain).* Geoderma, 118, 115-130.

[**19**] DELGADO, M. (EDITOR) 1978. *Soil Micromorphology.* Proceedings of the Fifth International Working Meeting on Soil Micromorphology (Vol. I and II). Dpto. Edafología, Universidad de Granada.

[**20**] DELGADO, M. (EDITOR) 1978. *Soil Micromorphology.* Proceedings of the Fifth International Working Meeting on Soil Micromorphology (Vol. I and II). Dpto. Edafología, Universidad de Granada. Edición digital, Proceedings 5ºIWMSM (memoria de G. Stoops) http://edafologia.ugr.es/proceedingGR/index.html.

[**21**] LEY ORGÁNICA 11/1983. de 25 de agosto de *Reforma Universitaria (LRU).* B.O.E. nº 209, 1-9-1983.

[**22**] GUARDIOLA-SÁENZ, J.L. Y DELGADO, M. 1969. *An accessory plate for the microscopic observation of soils.* Soil Science, 108(6), 445-447.

[**23**] BULLOCK, P., FEDOROFF, N., JONGERIRUS, A., STOOPS, G., TURSINA, T. Y BABEL, U. 1985. *Handbook for Soil Thin Section Description.* Waine Res. Publ., Wolverhampton.

[**24**] DEPARTAMENTO DE EDAFOLOGÍA Y QUÍMICA AGRÍCOLA. Aula virtual http://edafologia.ugr.es/index.htm.

I PARTE
Aspectos generales y técnicos

PART I
General and technical aspects

1. Fundamentos

1. Fundamentals

Generalidades sobre la Microscopía Electrónica de Barrido (SEM)

Rocío Márquez Crespo

1. Antecedentes históricos.

La apertura de la puerta al mundo microscópico, hasta entonces no visible al ojo humano, tuvo lugar con la invención del microscopio óptico, casi llegado el siglo XVII (Hans Janssen, Zacharias Janssen y Hans Lippershey, en 1590). Pero no sería hasta 1930 cuando comenzara a desarrollarse una nueva microscopía: la microscopía electrónica, que permitiría profundizar en el conocimiento de los tejidos, las células y sus componentes más internos, los microorganismos o los virus, además de la materia inorgánica y mineral.

El desarrollo de la microscopía electrónica encuentra sus pilares en estudios previos sobre el electromagnetismo (Hermann Ludwig Ferdinand von Helmholtz, en 1871), el poder de resolución de los microscopios (Ernst Karl Abbe, en 1873), el descubrimiento del electrón como corpúsculo sub-atómico (Joseph John Thomson, en 1897) y su comportamiento como onda (hipótesis de Broglie, Louis-Victor de Broglie, en 1925; demostración del comportamiento de onda, Davisson y Germer por un lado y Thomson y Reid por otro, en 1927) y la propuesta de que los electrones experimentan una desviación de su trayectoria con la presencia de lentes electromagnéticas (Hans Busch, en 1926).

El primer microscopio electrónico fue construido por Ernst Ruska y Max Knoll, en 1933 [1]. Se trató de una lente electrónica (*pole shoe lent*), dispuesta en una bobina de hierro hueca y de ancho interior muy pequeño, a través de la cual se permitía comprimir el campo magnético y favorecer la desviación de los electrones. Posteriormente (en 1938), junto a Bodo von Borries, Ruska logró una resolución de 10 nm, rebasando por mucho la resolución del microscopio óptico y obteniendo como resultado una amplificación de más de 1200 veces el tamaño de la muestra original.

A partir de aquí, se desarrollaron rápidamente las dos modalidades fundamentales de microscopios electrónicos: los de transmisión y los de barrido. En los primeros, el haz de electrones atraviesa muestras muy delgadas (se dice que son 'invisibles' a los electrones) permitiendo incluso la observación de la estructura interna de la materia. En los segundos, el haz de electrones incide sobre la muestra, rastreando sus caracteres morfológicos superficiales a modo de escáner.

En este capítulo se detalla el inicio y evolución de la microscopía electrónica de barrido, ya que es la técnica mayoritariamente usada en las investigaciones recogidas en el presente libro.

Fueron Zworykin y colaboradores (1942) [2] quienes describieron el primer microscopio electrónico de barrido empleado para analizar muestras gruesas. La evolución de esta microscopía continuó con mejoras en la resolución de los equipos (Oatley y McMullan, en 1952) [3] y en la amplificación de la señal [3, 4], el reemplazo de lentes electrostáticas por lentes electromagnéticas [3] y la introducción de un estigmador en el sistema (Smith, en 1956) [1, 3]. A partir de 1960, la evolución de la microscopía electrónica de barrido va encaminada a la mejora del detector de electrones secundarios, siendo Everhart y Thornley quienes emplearon un centelleador para convertir los electrones en luz visible que posteriormente es transmitida por un canal (de luz) hacia la cara de un fotomultiplicador [1, 3]. La sustitución del multiplicador por un fotomultiplicador en el sistema, incrementó la cantidad de señal recogida y mejoró la relación señal/ruido en los procesos de detección.

El primer microscopio electrónico de barrido comercial (Cambridge Scientific Instruments Mark I "Stereoscan") fue creado en 1965 por Stewart y colaboradores, a partir del prototipo SEM V (con tres lentes electromagnéticas, un cañón de electrones situado en la base del equipo y un detector tipo Everhart-Thornley) construido por Pease en 1963 [3, 5].

Posteriores mejoras de los equipos han sido, entre otros: el desarrollo de filamentos de LaB_6 (Alec N. Broers, en 1969), mejoras en el uso de filamentos de emisión de campo (Albert Victor Crewe y J. Wall, en 1969) o mejoras en el procesamiento de las señales y en los sistemas informáticos y software para el tratamiento de la imagen [3, 6].

2. Componentes del microscopio electrónico de barrido.

La estructura de un microscopio electrónico de barrido consta (Figura 1) básicamente de: 1) un cañón de electrones, donde éstos son producidos a partir de un filamento (cátodo) y posteriormente acelerados mediante una diferencia de potencial respecto a un ánodo, generándose un haz de electrones con pequeño diámetro, pero de gran cantidad de corriente y estable; 2) una columna, por la que viaja el haz de electrones acelerados pasando a través de lentes electromagnéticas, que condensan y enfocan el haz, y por un deflector del haz (generador de escaneo), que permite su movimiento pendular sobre la muestra, y 3) una cámara de muestras, donde se produce la interacción del haz de electrones acelerados con la muestra y la emisión, por parte de ésta, de distintas señales. Transformadores y amplificadores de estas señales, permitirán representarlas en pantallas de visualización que nos ayudarán a analizar distintas características del material.

2.1.- Cañón de electrones: tipos.

Los cañones de electrones pueden ser: 1) de emisión termoiónica, donde los electrones se generan por calentamiento del filamento al circular por él una corriente eléctrica. Están formados por tres elementos: 1-1-filamento (cátodo), que puede ser una horquilla de tungsteno (Figura 2a) o un cristal de hexaboruro de lantano (LaB₆) (Figura 2b); 1-2-tapa de rejilla o cilindro *Wehnelt* (Figura 2a), polarizado con una carga negativa algo superior a la del filamento, que controla el diámetro inicial de salida del haz de electrones desde el cañón; 1-3-ánodo (Figura 1), pieza metálica con un orificio central, sometida a un potencial tierra de 0 V que crea una diferencia de potencial respecto al filamento, gracias a la que se produce la aceleración de los electrones emitidos; 2) de emisión de campo, donde los electrones se generan por un importante campo eléctrico en la punta del filamento, originado por una diferencia de potencial en relación a un ánodo (Figura 3a). Estos cañones pueden ser de emisión de campo frío/termal (Figura 3b) o de emisión de campo tipo Schottky (Figura 3c). Estos últimos, tienen una reserva de ZrO que se redeposita en la punta del filamento para disminuir la energía necesaria para la extracción de los electrones. En cualquier caso, están formados por tres elementos: 2-1-filamento (cátodo), consistente en un alambre de tungsteno facetado en una punta muy afilada (Figura 3d) y soldado por puntos a una horquilla de tungsteno (Figuras 3a y 3b); 2-2-primer ánodo, con el que se produce la diferencia de potencial que extrae los electrones del filamento (Figura 3a); 2-3-segundo ánodo, con el que se produce la diferencia de potencial que permite la aceleración de los electrones extraídos (Figura 3a).

Los tipos de cañones de electrones determinan parámetros característicos del haz emitido, entre los que destacan (Tabla 1): 1) tamaño de la fuente o diámetro del haz, que establece el tamaño de los caracteres de la superficie de la muestra que pueden ser resueltos en la observación y, por tanto, el poder de resolución de los microscopios electrónicos de barrido. Son los cañones de emisión de campo los que generan haces de electrones con menor diámetro, dada la morfología de sus filamentos, y por lo tanto los que poseen mayor poder de resolución; 2) brillo, definido como la corriente del haz (número total de electrones por segundo) por unidad de área y por ángulo sólido. Este parámetro se mantiene constante en cualquier punto del haz, desde la fuente de emisión hasta el punto de interacción con la muestra, y aumenta linealmente con el mayor voltaje de aceleración inducido al cañón y el menor ángulo de convergencia del haz; 3) tiempo de vida, o duración en horas de las máximas prestaciones del filamento.

En los microscopios electrónicos empleados para las investigaciones de este libro, los poderes de resolución estuvieron entre 1,2 nm y 40 nm, dependiendo del voltaje, tipo de filamento y aceleración del haz. Dichos valores se detallan en el apartado 2 del Capítulo I.2.1.

Tabla 1.- Caracteres del haz de electrones en función del cañón y la fuente.

CAÑÓN	FUENTE	TAMAÑO FUENTE	BRILLO (A/cm²sr)	TIEMPO DE VIDA (horas)
TERMO-IÓNICO	Horquilla de Tungsteno	30-100 μm	10^5	40-100
	LaB_6	5-50 μm	10^6	200-1000
EMISIÓN DE CAMPO	Frío	< 5 nm	10^8	> 1000
	Termal	< 5nm	10^8	> 1000
	Schottky	15-30 nm	10^8	> 1000

2.2.- COMPONENTES DE LA COLUMNA: LENTES, APERTURAS, DEFLECTOR DEL HAZ.

Las lentes de los microscopios electrónicos de barrido actuales son electromagnéticas formadas por unos cilindros huecos de hierro con bobinas de cobre en su interior que, al ser sometidas a una corriente eléctrica, generan un campo magnético sobre el haz de electrones capaz de manipularlo. Pueden ser de dos tipos: 1) lentes condensadoras, cuya función es reducir el diámetro del haz de electrones desde su salida del cañón hasta su contacto con la superficie de la muestra (Figura 1); 2) lentes objetivo, cuya función es enfocar el haz de electrones sobre la superficie de la muestra (Figura 1).

Estas lentes muestran una serie de defectos en su rendimiento, determinados por el comportamiento del haz de electrones, conocidos como aberraciones de las lentes y que son más evidentes en las lentes objetivo. Pueden ser de tres tipos: 1) aberración esférica, debida a que el campo magnético de la lente influye más sobre los rayos de electrones más alejados del eje óptico; 2) aberración cromática, producida por diferencias en la energía de los electrones del haz al pasar por la lente electromagnética; 3) astigmatismo, defecto generado por la asimetría intrínseca de las lentes electromagnéticas que afecta al haz de electrones, con distinta intensidad, en planos perpendiculares entre sí. Esta aberración es corregida gracias a un dispositivo instalado en los microscopios electrónicos denominado Estigmador (Figura 1), que consiste en un sistema de ocho polos, con bobinas electromagnéticas, que aplican un campo magnético débil adicional a la lente en las direcciones apropiadas, para hacerla simétrica ante el haz de electrones.

Las conocidas como aperturas de las lentes (realmente deberían calificarse de diafragmas pues son discos metálicos con un orificio central o apertura) limitan el paso del haz de electrones que accede a las lentes electromagnéticas. Pueden ser discos individuales o discos con aperturas múltiples y sus tamaños oscilan, en los microscopios aquí usados, desde las 7 μm a las 300 μm, en función de las aplicaciones en microscopía electrónica.

El deflector del haz (Figura 1) es un elemento formado por dos pares de bobinas electromagnéticas de escaneo que generan, mediante una corriente eléctrica, un campo magnético perpendicular al haz de electrones. Se induce así un movimiento pendular del haz de electrones sobre la muestra, escaneándola a lo largo de líneas sucesivas de escaneo. El primer par de bobinas desvía el haz fuera del eje óptico del microscopio y el segundo vuelve a desviar el haz sobre el eje en el punto de inicio del siguiente escaneo.

2.3.- Bombas de vacío.

Dado que los electrones sufren importantes dispersiones al chocar con partículas del aire, su desplazamiento a lo largo del cañón y la columna del microscopio electrónico de barrido ha de realizarse bajo condiciones de vacío, en ausencia de los gases del aire, partículas de polvo, agua ambiental, etc.

Dependiendo de las características de los equipos, los niveles de vacío, para el óptimo funcionamiento de cada uno de sus componentes, pueden variar y se consiguen con distintos tipos de bombas.

Los niveles iniciales de vacío se consiguen con bombas de desbaste/mecánicas o rotativas (no libres de aceite) y/o bombas tipo Scroll (libres de aceite), con las que se alcanzan valores del orden de 10^{-1} Pa.

Se necesitan niveles de ultra-alto y alto vacío en el cañón de electrones y la columna, para los que se utilizan bombas turbomoleculares (niveles de vacío de hasta 10^{-3}-10^{-4} Pa) o bombas difusoras (niveles de vacío de $\sim 10^{-6}$ Pa). En el caso de cañones termoiónicos con filamentos de LaB_6 o cañones de emisión de campo, los niveles de vacío han de ser elevados, usando bombas iónicas con las que se alcanzan valores de hasta 10^{-7}-10^{-9} Pa.

3. Interacción del haz de electrones con la muestra. Volumen de interacción.

En la cámara de muestras del microscopio electrónico de barrido es donde se produce la interacción del haz de electrones acelerados con el material a analizar. Cuando los electrones del haz alcanzan la superficie de la muestra, interaccionan con los campos eléctricos de sus átomos, sufriendo lo que se conoce como eventos de dispersión, los cuales llevarán consigo la emisión de distintos tipos de señales por parte de la muestra. Dichos eventos pueden ser de dos tipos: 1) de dispersión elástica, donde los electrones del haz primario desvían su trayectoria sin pérdida de energía cinética; 2) de dispersión inelástica, donde los electrones del haz primario experimentan una pérdida de energía cinética al interaccionar con la muestra.

Todos estos eventos de dispersión concurren a la vez, limitando la penetración del haz de electrones en el interior de la muestra y definiendo lo que se conoce como volumen de interacción (Figura 4). Éste tiene aproximadamente forma de pera y su estructura y dimensiones dependen de la energía del haz de electrones acelerados, del tipo de material analizado y del ángulo de inclinación de la muestra con respecto al haz incidente.

La morfología del volumen de interacción ha sido bien documentada en materiales con bajo número atómico sometidos a procesos de disolución tras la incidencia de un haz de electrones. Para materiales con número atómico intermedio y elevado, el análisis del volumen de interacción es más complejo y se realiza mediante una aproximación matemática conocida como simulación de Monte Carlo. En ella, los eventos de dispersión son calculados a partir de modelos para determinar los ángulos de dispersión, las distancias entre los puntos de dispersión y la tasa de pérdida de energía con la distancia recorrida. Con este método, la trayectoria del electrón se puede simular de forma escalonada, desde su ubicación de entrada en la muestra hasta su destino final (escape de la muestra o perdida de toda su energía y captura por parte de la muestra), actualizando continuamente los valores de los parámetros tenidos en cuenta.

3.1.- Tipo de señales.

En los eventos de dispersión elástica, los electrones del haz se dispersan lateralmente en el interior de la muestra desde su huella de incidencia y, tras algunas desviaciones de sus trayectorias, pueden abandonar la muestra a través de su superficie, dando lugar a la señal de electrones retrodispersados (BSE) (Figura 4). Esta señal se traduce en imágenes con zonas de distinta intensidad de brillo que dan información útil acerca de la composición elemental (contraste del número atómico o composicional), topografía (contraste topográfico o de la forma), cristalografía (canalización de electrones) y campos magnéticos internos (contraste magnético) de la muestra. La proporción de BSE aumenta con el número atómico de la muestra (Figura 5b) y con su inclinación en relación al haz incidente.

En los eventos de dispersión inelástica, los electrones del haz sufren una serie de procesos físicos en su interacción con la muestra que dan lugar, entre otras, a las señales de electrones secundarios (SE) y radiación X continua y característica (rayos X) (Figura 4).

Los SE se generan por la expulsión de electrones débilmente unidos a capas externas de los átomos de la muestra. Son electrones de baja energía que, aunque se generan a lo largo de toda la trayectoria de los electrones del haz incidente en el interior de la muestra, sólo serán emitidos por ésta aquellos que tengan la suficiente energía. Así, los electrones secundarios escapan de zonas muy superficiales de la muestra (Figura 4), dando información de sus características morfológicas y de relieve (contraste topográfico), mostradas en imágenes con un aspecto muy tridimensional (Figura 5a). Existen tres tipos de electrones secundarios: 1) SE_1, generados muy cerca de la huella del haz incidente por dispersiones inelásticas de los electrones del haz incidente; 2) SE_2, generados por dispersiones inelásticas producidas por los BSE en su camino hacia el exterior de la muestra; y 3) SE_3, generados por dispersiones inelásticas producidas por los BSE al impactar con los distintos elementos estructurales de la cámara de muestras del microscopio electrónico de barrido. La proporción de SE aumenta con energías menores del haz incidente y con una mayor inclinación de la muestra con respecto al haz.

Para describir y analizar la radiación X emitida durante la incidencia de un haz de electrones acelerados con una muestra, se usa tanto la energía (E, en keV) como la longitud de onda asociada al rayos X (λ, en nm), ambos parámetros relacionados por la siguiente expresión: $\lambda = 1.2398/E$ [3]. Así, la señal obtenida puede ser expresada en términos de energía (Espectroscopía de Energía Dispersiva de Rayos X, EDX) o en términos de longitud de onda (Espectroscopía de Longitud de Onda Dispersiva, WDS).

La radiación X continua, también conocida como radiación de frenado o *Bremsstrahlung*, se produce por la desaceleración de los electrones del haz incidente al interaccionar con el campo electrostático de los átomos de la muestra. Esta radiación genera un espectro continuo con energías que van desde las más bajas efectivas ($\sim$50 eV) hasta los valores usados para acelerar los electrones del haz incidente (0,1 a 30 keV), conocido este último como límite de Duane-Hunt.

La radiación X característica, es el resultado de los procesos de ionización que sufren los átomos de la muestra al producirse la expulsión de electrones fuertemente unidos a sus capas internas por incidencia de los electrones acelerados del haz. Esta radiación tiene energías concretas, propias de cada elemento, traducidas en picos característicos en los espectros de rayos X, lo que nos permite conocer la composición elemental de una muestra analizada (Figura 6). En el siguiente apartado se amplía esta aplicación.

4. Detectores de señales

Las distintas señales que emite una muestra cuando interacciona con ella un haz de electrones acelerados, podrán ser analizadas gracias a los detectores de señales que todos los equipos SEM tienen acoplados. Diferenciamos en este capítulo dos grupos de detectores: 1) detectores de electrones (SE y BSE); y 2) detectores de rayos X.

En el diseño de un detector de electrones hay que tener en cuenta la abundancia y distribución angular de los electrones emitidos por la muestra, además de su respuesta ante la energía cinética de los mismos.

Los métodos de detección de estos detectores pueden ser mediante emisión de luz (detector de centelleo) o mediante generación de carga (detector semiconductor). En ambos casos se necesitan electrones energéticos (del orden de algunos keV) para el inicio de la captación de señal. Así, la mayoría de los electrones retrodispersados (de alta energía) serán fácilmente detectados, mientras que los electrones secundarios (de baja energía) necesitarán de una aceleración adicional a su salida de la muestra para que aumenten su energía cinética en el rango detectable.

Para las investigaciones que exponemos en este libro se han utilizado microscopios electrónicos de barrido con tres tipos de detectores de electrones diferentes (ver Capítulo I.2.1): 1) detector Everhart-Thornley (E-T), instalado en el interior de la cámara de muestras, en un lateral de la misma y con cierto ángulo de inclinación respecto a la superficie de una muestra horizontal (Figura

1). Registra señal tanto de SE como de BSE. Es un detector de centelleo, cubierto por una fina capa metálica que disipa la energía calorífica generada por las dispersiones inelásticas de los electrones que impactan en él. Dicho revestimiento está sometido a un potencial positivo (10-12 kV) que favorece la aceleración y atracción de los electrones secundarios de baja energía tras ser emitidos por la muestra. Para evitar que el haz de electrones incidente se vea afectado por este potencial, el detector está rodeado por una jaula de Faraday, eléctricamente aislada. Los BSE energéticos son detectados por el centelleador sin necesidad de la polarización positiva; 2) detector In-Lens, instalado en el interior de la lente objetivo de microscopios electrónicos de barrido en los que el campo magnético de dicha lente es proyectado hacia el interior de la cámara de la muestra (Figura 1). En nuestro caso, este detector registra señal sólo de SE. El campo magnético proyectado capta a los SE tipo SE_1 y SE_2 y los dirige, en un movimiento en espiral hacia arriba paralelos al eje óptico del equipo, hacia el interior de la lente objetivo. El potencial positivo en el electrodo de superficie de este detector de centelleo, permite atraer a dichos electrones para su detección. Los SE tipo SE_3 y los BSE quedan fuera de su alcance; los primeros por generarse muy lejos del eje óptico del equipo y los segundos porque el campo magnético no actúa sobre aquellos que no sean paralelos al eje óptico; los BSE paralelos a dicho eje tienen tanta energía que el detector In-Lens no puede detectarlos; 3) detector de diodo de estado sólido o semiconductor para la detección de BSE. Su método de detección se basa en el principio de generación de pares electrón-hueco característico de materiales semiconductores. La configuración de este detector es a modo de obleas finas (algunos milímetros de espesor) y planas, en nuestro caso con un diseño de cuatro cuadrantes, que se posicionan debajo de la lente objetivo, muy cerca de la muestra (Figura 1). Esta disposición le confiere una elevada área de detección y una gran eficiencia geométrica. Los distintos cuadrantes semiconductores pueden actuar por separado y en conjunto, haciendo más versátil la detección de esta señal en función de los objetivos de estudio.

Los detectores de rayos X usados en las diversas investigaciones del presente libro son elementos estructurales de un equipamiento de análisis elemental conocido como Espectrómetro de Energía Dispersiva de Rayos X (EDX) (Figura 1). Su fundamento de análisis está basado en la medida de la energía y distribución de la intensidad de la señal de rayos X generada en la interacción del haz de electrones con una muestra. Se trata de un detector semiconductor, con una configuración geométrica, dentro del microscopio, similar a la del detector E-T: instalado en un lateral del interior de la cámara de muestras e inclinado en relación a la superficie de una muestra horizontal (Figura 1).

Cada elemento químico de la muestra posee unas radiaciones características en su valor de energía (valor de keV) y una intensidad que depende su cantidad, absorción por la matriz de la muestra y otros factores. De tal modo podemos conocer la composición elemental que quedará reflejada en un espectro EDX (Figura 6).

Los valores de los keV característicos de los principales elementos químicos recogidos en los espectros de este libro se incluyen en la Tabla de la página XXXV.

5. Formación de la imagen.

La imagen SEM es una construcción geométrica de ubicaciones x-y discretas del haz incidente sobre la muestra. En ellas se mide la intensidad de la señal detectada que, tras ser amplificada, se usa para ajustar el brillo del elemento imagen de la pantalla de proyección mediante el proceso conocido como modulación de intensidad y siguiendo un escaneo síncrono al generado en la superficie de la muestra por el haz de electrones incidente. El resultado son imágenes proyectadas en una pantalla de rayos catódicos (CRT) o en una pantalla de ordenador. En este último caso, las señales captadas son amplificadas y transformadas (convertidor analógico-digital, ADC) para ser representadas como una imagen digital en blanco y negro, modulando la intensidad del elemento imagen o pixel. Posteriormente, las imágenes pueden ser coloreadas, mediante protocolos complejos de edición de imagen, en los que se asignan colores artificiales a las distintas intensidades de los píxeles (en el siguiente capítulo de este mismo libro, I.2.1, se desarrolla el tema del tratamiento artístico de las imágenes SEM).

Algunas de las imágenes SEM incluidas en diversos capítulos de este libro, proceden de la reproducción de proyecciones en pantalla CRT. En este caso, la imagen proyectada queda expuesta a una cámara fotográfica que recoge la luz emitida durante el proceso de escaneo del haz de electrones incidente sobre la superficie de la muestra, obteniendo un fotograma que luego puede ser digitalizado por escaneo.

En el Capítulo I.2.1 (apartado 2) se detallan, según los equipos SEM empleados, el tipo de imágenes inicialmente captadas con fotografía o digitalmente.

Se dice que una imagen está enfocada cuando la señal medida procede de un solo elemento imagen. Esta situación depende, en gran medida, del diámetro del haz de electrones en la superficie de la muestra (diámetro de la sonda) y del área efectiva productora de señales, definida por el volumen de interacción.

Un parámetro característico y muy importante de las imágenes SEM es la "magnificación", definida como la relación entre la dimensión escaneada en la pantalla de proyección y la escaneada en la muestra ($M = Lpantalla/Lmuestra$). A mayor "magnificación", menor es la dimensión del píxel y mayor el área efectiva productora de señales, pudiendo superponerse la información de los elementos imagen a muy grandes aumentos y dando lugar a imágenes sin foco. A baja magnificación, el diámetro de la sonda en equipos de emisión de campo siempre es más pequeño que la dimensión del pixel, por lo que la imagen siempre está enfocada. En el caso de equipos de emisión termoiónica, conseguir un diámetro de sonda pequeño lleva consigo la pérdida de corriente de sonda, lo que juega en contra de la visibilidad de un objeto. El aumento de la corriente de sonda no modifica el área efectiva productora de señal, no siendo un factor que afecte en el solapamiento de píxeles y permitiendo observar objetos sin alterar el enfoque de la imagen.

El parámetro magnificación conduce indefectiblemente a la necesidad de incluir en todas las imágenes una escala gráfica.

Otro parámetro característico de las imágenes SEM es la profundidad de campo, definido como la distancia vertical en la que la muestra se encuentra enfocada en su totalidad. Al ser grande, este parámetro infiere un gran aspecto de tridimensionalidad a las imágenes.

6. GENERALIDADES SOBRE LA PREPARACIÓN DE MUESTRAS PARA MICROSCOPÍA ELECTRÓNICA DE BARRIDO.

Según la naturaleza del material a analizar mediante microscopía electrónica de barrido, se aplicarán técnicas concretas de preparación de muestras con el objetivo primero de hacerlas resistentes a la incidencia de un haz de electrones acelerados.

Las muestras orgánicas y biológicas son las más sensibles a la incidencia del haz, por lo que han de someterse a técnicas especiales de preparación. Entre ellas se encuentran la fijación, para estabilizar el material biológico, la infiltración conductiva o tinción con metales pesados, para aumentar la densidad del material y mejorar su contraste, y la deshidratación, para inmovilizar o eliminar el contenido en humedad de la muestra.

Por su parte, las muestras inorgánicas, entre las que se incluyen las minerales, no son tan sensibles a la interacción con el haz incidente y las técnicas aplicadas para su preparación dependerán más de su estado físico y/o del objetivo perseguido en su análisis.

En el Capítulo I.2.1 revisamos con cierto detalle los modos de preparación de la mayoría de las muestras estudiadas en este libro. A continuación, apuntamos algunos caracteres técnicos necesarios de conocer.

La característica fundamental de una muestra para que pueda ser analizada mediante microscopía electrónica de barrido es que ha de ser conductora de la electricidad.

Esta propiedad la poseen, de forma natural, muy pocas muestras (materiales conductores, semiconductores, metales, etc). La mayoría de los materiales a estudiar no cumplen esta premisa, por lo que han de ser preparados de forma adecuada para su análisis SEM.

En SEM la muestra es considerada como una unión eléctrica dentro de la que fluye una corriente eléctrica. Si esta unión eléctrica se rompe, en parte por la resistividad de los materiales (muy importante en los no conductores), los electrones del haz incidente se acumulan en la superficie de la muestra, haciendo que ésta tenga un elevado potencial negativo en relación a tierra. Se generan así una serie de artefactos durante el análisis SEM conocidos como fenómenos de carga. En relación a la observación de las imágenes generadas, estos fenómenos se traducen en ligeras imperfecciones en las mismas por presencia de brillos (mayor emisión de electrones secundarios) conocidos como "electricidad estática", u oscurecimientos (retorno de electrones secundarios hacia la muestra, no siendo detectados) no deseados (Figura 7), o en importantes deformaciones de las imágenes al producirse desplazamientos del haz de electrones incidente al ser repelido por la gran carga negativa acumulada en la superficie de la muestra.

En los espectros de rayos X los fenómenos de carga se identifican por una abrupta caída del límite Duane-Hunt del espectro continuo.

Para minimizar los fenómenos de carga, se utilizan elementos y técnicas de preparación de muestras que favorezcan la conducción de la electricidad. Para ello se usan soportes y adhesivos conductores y se tapiza la superficie de la muestra con una fina cobertera de un elemento conductor (normalmente un metal) mediante técnicas de metalización. Para que sea efectivo en la observación de imágenes, la capa metálica no debe mostrar ningún carácter estructural a una escala de 3-4 nm de resolución. Además, debe ser uniforme, cubrir todas las partes de la muestra y no alterar su composición química o influir en la intensidad de las señales de rayos X que emite.

Existe en el mercado una variedad de equipos para recubrir las muestras que emplean técnicas y metales diversos, en función del objetivo de estudio del material. Entre las técnicas más adecuadas se encuentran la de pulverizado catódico (*cathodic sputtering*) y la de evaporación termal.

Basics of Scanning Electron Microscopy (SEM)

Rocío Márquez Crespo

1. Historical background

The door to the microscopic world, until then not visible to the human eye, opened with the invention of the optical microscope at the end of the sixteenth century (Hans Janssen, Zacharias Janssen and Hans Lippershey, in 1590). However, it was not until 1930 when a new type of microscopy began to emerge: electron microscopy, which would allow mankind to deepen the understanding of tissues, cells and their innermost components, microorganisms or viruses, in addition to inorganic and mineral matter.

The development of electron microscopy is based on previous studies on electromagnetism (Hermann Ludwig Ferdinand von Helmholtz, in 1871), the resolving power of microscopes (Ernst Karl Abbe, in 1873), the discovery of the electron as a sub-atomic corpuscle (Joseph John Thomson, in 1897) and its behavior as a wave (Broglie hypothesis, Louis-Victor de Broglie, in 1925; demonstration of wave behaviour, Davisson and Germer on the one hand and Thomson and Reid on the other, in 1927) and the proposal that electrons undergo a deviation from their trajectory with the presence of electromagnetic lenses (Hans Busch, in 1926).

The first electron microscope was constructed by Ernst Ruska and Max Knoll in 1933 [1]. It was an electronic lens ("pole shoe lent"), arranged in a hollow iron coil and very small inner width, through which it enabled the magnetic field to be compressed, and favored the deflection of the electrons. Later (in 1938), together with Bodo von Borries, Ruska achieved a resolution of 10 nm, greatly exceeding the resolution of the optical microscope and obtaining, as a result, an amplification of more than 1200 times the size of the original sample.

From there, the two fundamental modalities of electronic microscopes were rapidly developed: transmission and scanning. In the former, the electron beam passes through very thin samples (said to be 'invisible' to electrons) allowing the observation of even the internal structure of matter. In seconds, the electron beam hits the sample, tracking its surface morphological characters as a scanner.

This chapter details the beginning and evolution of Scanning Electron Microscopy, since it is the technique mostly used in the research collected in the chapters of this book.

It was Zworykin and collaborators (1942) [2] who described the first scanning electron microscope used to analyze coarse samples. The evolution of this microscopy continued with improvements in the resolution of equipment (Oatley and McMullan, in 1952) [3] and in signal amplification [3, 4], the replacement of electrostatic lenses by electromagnetic lenses [3] and the introduction of a stigmator in the system (Smith, in 1956) [1], [3]. Since 1960, the evolution of Scanning Electron Microscopy has been aimed at improving the secondary electron detector. Everhart and Thornley used a scintillator to convert the electrons into visible light, which is then transmitted by a (light) channel to the face of a photomultiplier [1, 3]. Replacing the multiplier with a photomultiplier in the system increased the amount of signal collected and improved the signal/noise ratio in the detection processes.

The first commercial scanning electron microscope (Cambridge Scientific Instruments Mark I "Stereoscan") was created in 1965 by Stewart and collaborators, from the prototype SEM V (with three electromagnetic lenses, an electron gun at the base of the equipment and an Everhart-Thornley detector) constructed by Pease in 1963 [3, 5].

Further improvements to the equipment have included: the development of LaB_6 filaments (Alec N. Broers, in 1969), improvements in the use of field emission filaments (Albert Victor Crewe and J. Wall, in 1969) or improvements in signal processing and computer systems and image processing software [3, 6].

2. Scanning electron microscope components.

The structure of a scanning electron microscope (Figure 1) consists basically of: 1) an electron gun, where electrons are produced from a filament (cathode) and then accelerated by a potential difference from an anode, generating an electron beam with small diameter, but with a large amount of current and stable; 2) a column, through which the accelerated electron beam travels, passing through electromagnetic lenses, which condense and focus the beam, and through a scan generator, which allows its pendular movement on the sample, and 3) a specimen stage, where the interaction of the accelerated electron beam with the sample occurs and the sample emits different signals. Transformers and amplifiers of these signals allow them to be depicted on display screens that will help us to analyze different characteristics of the material.

2.1.- Electron gun: types.

The electron guns can use: 1) thermionic emission, where the electrons are generated by heating the filament when an electric current circulates through it. They consist of three elements: 1-1-filament (cathode), which can be a tungsten hairpin

(Figure 2a) or a lanthanum hexaboride crystal (LaB₆) (Figure 2b); 1-2-grid cap or *Wehnelt* cylinder (Figure 2a) polarized with a negative charge slightly higher than the filament, controlling the initial output diameter of the electron beam from the gun; 1-3-anode (Figure 1), metal part with a central hole, subjected to an ground potential of 0 V which creates a potential difference from the filament, which results in the acceleration of emitted electrons; 2) field emission, where electrons are generated by a significant electric field at the tip of the filament, caused by a potential difference in relation to an anode (Figure 3a). These electron guns can be cold/thermal field emission (Figure 3b) or Schottky field emission (Figure 3c). The latter have a reserve of ZrO that is redeposited at the tip of the filament to decrease the energy needed for the extraction of electrons. In any case, they consist of three elements: 2-1-filament (cathode), consisting of a fashioned tungsten wire on a very sharp tip (Figure 3d) and welded by points to a tungsten hairpin (Figures 3a and 3b); 2-2-first anode, which produces the potential difference that extracts the electrons from the filament (Figure 3a); 2-3-second anode, which produces the potential difference that allows the acceleration of the extracted electrons (Figure 3a).

The types of electron guns determine characteristic parameters of the emitted beam, which include (Table 1): 1) source size or beam diameter, which establishes the size of the characters of the sample surface that can be deduced in the observation and, therefore, the resolving power of scanning electron microscopes. Field emission guns generate electron beams with a smaller diameter, given the morphology of their filaments, and therefore have greater resolving power; 2) brightness, defined as the beam current (total number of electrons per second) per unit area and per solid angle. This parameter remains constant at any point in the beam, from the emission source to the point of interaction with the sample, and increases linearly with the higher induced acceleration voltage to the gun and the lower beam convergence angle; 3) lifetime, or duration in hours of the filament's maximum performance.

In the electron microscopes used for the research in this book, the resolving powers were between 1.2 nm and 40 nm, depending (among others) on the beam acceleration voltage. These values are detailed in Chapter I.2.1, paragraph 2.

Table 1.- Electron beam characters depending on the electron gun and the source.

GUNS	SOURCE	SOURCE SIZE	BRIGHTNESS (A/cm²sr)	LIFETIME (hours)
THERMIONIC	Tungsten hairpin	30-100 µm	10^5	40-100
	LaB₆	5-50 µm	10^6	200-1000
FIELD EMISSION	Cold	< 5 nm	10^8	> 1000
	Thermal	< 5nm	10^8	> 1000
	Schottky	15-30 nm	10^8	> 1000

2.2.- Column components: lenses, apertures, scan generator

The lenses of current scanning electron microscopes are electromagnetic formed by hollow iron cylinders containing copper coils, which, when subjected to an electric potential, generate a magnetic field on the electron beam capable of manipulating it. There are two types: 1) condenser lenses, whose function is to reduce the diameter of the electron beam from its output to its contact with the surface of the sample (Figure 1); 2) objective lenses, whose function is to focus the electron beam on the surface of the sample (Figure 1).

These lenses present a number of defects in their performance, determined by the behavior of the electron beam, known as lens aberrations, and which are most evident in objective lenses. There are three types: 1) spherical aberration, due to the fact that the magnetic field of the lens has a greater influence on the rays of electrons farther from the optical axis; 2) chromatic aberration, produced by differences in the energy of the electrons of the beam when passing through the electromagnetic lens; 3) astigmatism, a defect generated by the intrinsic asymmetry of electromagnetic lenses affecting the electron beam, with different intensity, in planes perpendicular to each other. This aberration is corrected thanks to a device installed in electronic microscopes known as a stigmator (Figure 1), which consists of an eight-pole system, with electromagnetic coils, that apply an additional weak magnetic field to the lens in the appropriate directions, to make it symmetrical to the electron beam.

So-called lens apertures (which should actually be called diaphragms, because are metal disks with a central hole or aperture) limit the passage of the electron beam that accesses electromagnetic lenses. They can be single disks or disks with multiple aperture and their sizes range (in the equipment used in this book) from 7 μm to 300 μm, depending on applications in electron microscopy.

The scan generator (Figure 1) is an element formed by two pairs of electro-magnetic scan coils that generate, through an electric potential, a magnetic field perpendicular to the electron beam. This induces a pendular motion of the electron beam on the sample, scanning it along successive scan lines. The first pair of coils deflects the beam away from the optical axis of the microscope and the second deflects the beam back onto the axis at the starting point of the next scan.

2.3.- Vacuum pumps

Since the electrons undergo significant dispersions when colliding with air particles, their displacement along the various components of the scanning electron microscope must be carried out under vacuum conditions, in the absence of air gases, dust particles, environmental water, etc.

Depending on the characteristics of the equipment, the vacuum levels, for the optimal operation of each of its components, can vary and are achieved with different types of pumps.

The initial vacuum levels are achieved with roughing/mechanical or rotary pumps (not oil-free) and/or Scroll pumps (oil-free), with values of the order of 10^{-1} Pa.

Ultra-high and high vacuum levels are needed in the electron gun and column, for which turbomolecular pumps (vacuum levels up to 10^{-3}-10^{-4} Pa) or diffuser pumps (vacuum levels of $\sim 10^{-6}$ Pa) are used. In the case of thermionic guns with LaB_6 filaments or field emission guns, the vacuum levels have to be raised, using ionic pumps with values of up to 10^{-7}-10^{-9} Pa.

3. Interaction of the electron beam with the sample. Interaction volume.

The electron scanning microscope specimen stage is where the interaction of the accelerated electron beam with the material to be analyzed occurs. When the electrons of the beam reach the surface of the sample, they interact with the electric fields of their atoms, undergoing what are known as scattering events, which involve the emission of different types of signals by the sample. These events can be of two types: 1) elastic scattering, where the primary beam electrons deviate their trajectory without loss of kinetic energy; 2) inelastic scattering, where the primary beam electrons experience a loss of kinetic energy when interacting with the sample.

All these scattering events occur at the same time, limiting the penetration of the electron beam into the sample and defining what is known as the interaction volume (Figure 4). It is roughly pear-shaped and depends on the energy of the accelerated electron beam, the type of material analyzed and the inclination angle of the sample with respect to the incident beam.

The morphology of the interaction volume has been well documented in materials with low atomic numbers that undergo dissolution processes after the incidence of an electron beam. For materials with intermediate and high atomic numbers, interaction volume analysis is more complex and is performed by a mathematical approach known as Monte Carlo simulation. In it, scattering events are calculated from models to determine scattering angles, distances between scatter points and the rate of energy loss with the distance traveled. With this method, the electron's trajectory can be simulated in a staggered manner, from its entry location in the sample to its final destination (escape from the sample or loss of all its energy and capture by the sample), continuously updating the values of the parameters taken into account.

3.1.- Type of signals.

In elastic scattering events, the electrons in the beam scatter laterally inside the sample from their incidence foot print and, after some deviations from their trajectories, may leave the sample through its surface, giving rise to the backscattered electron signal (BSE) (Figure 4). This signal is translated into images with zones of different brightness intensity that provide useful information about the elemental composition (atomic number or compositional contrast), topography (topographic or shape contrast), crystallography (electron channeling) and internal magnetic fields (magnetic contrast) of the sample. The proportion of BSE increases with the atomic number of the sample (Figure 5b) and with its tilt in relation to the incident beam.

In inelastic scattering events, the electrons in the beam undergo a series of physical processes in their interaction with the sample that result, among others things, in secondary electron signals (SE) and continuous and characteristic X-radiation (X-rays) (Figure 4).

SE are generated by the ejection of electrons weakly attached to the outer layers of the atoms in the sample. These are low-energy electrons which, although generated along the entire trajectory of the incident beam electrons inside the sample, will only be emitted by the sample if they have sufficient energy. Thus, the secondary electrons escape from very superficial areas of the sample (Figure 4), providing information on the morphological and relief characteristics (topographic contrast), shown in images with a very three-dimensional appearance (Figure 5a). There are three types of secondary electrons: 1) SE_1, generated very close to the foot print of the incident beam by inelastic scatterings of the incident beam electrons; 2) SE_2, generated by inelastic scatterings produced by BSE on their way out of the sample; and 3) SE_3, generated by inelastic scatterings produced by BSE upon impact with the various structural elements of the scanning electron microscope specimen stage. The proportion of SE increases with lower energies of the incident beam and with greater tilt of the sample with respect to the beam.

To describe the X radiation emitted during the incidence of an accelerated electron beam with a sample, both the energy (E, in keV) and the wavelength associated with the X-ray (λ, in nm) are used, both parameters related by the following expression: $\lambda = 1.2398/E$ [3]. Thus, the signal obtained can be expressed in terms of energy (X-ray Dispersion Spectroscopy, EDX) or in terms of wavelength (Wavelength Dispersion Spectroscopy, WDS).

Continuous X radiation, also known as 'braking radiation' or *Bremsstrahlung*, is produced by the deceleration of incident beam electrons as a result of interaction with the electrostatic field of the sample atoms. This radiation generates a continuous spectrum with energies ranging from the lowest effective (~50 eV) to the values used to accelerate incident beam electrons (0.1 to 30 keV), the latter known as the Duane-Hunt limit.

Characteristic X radiation is the result of the ionization processes to which the atoms of the sample are subjected when electrons strongly attached to their inner layers are ejected due to the incidence of accelerated beam electrons. This radiation has specific energies, specific to each element, translated into characteristic peaks in the X-ray spectra, which allows us to understand the elemental composition of an analyzed sample (Figure 6). The following section explains this application in more detail.

4.   Signal Detectors.

The different signals that a sample emits when an accelerated electron beam interacts with it can be analyzed thanks to the signal detectors attached to all SEM equipment. In this chapter, we differentiate two groups of detectors: 1) electron detectors (SE and BSE); and 2) X-ray detectors.

When designing an electron detector, the abundance and angular distribution of the electrons emitted by the sample must be taken into account, in addition to its response to the kinetic energy of the electrons.

The detection methods of these detectors can be by light emission (scintillator detector) or by charge generation (semiconductor detector). In both cases, energetic electrons (of the order of some keV) are required for the start of signal capture. Thus, most (high-energy) backscattered electrons will be easily detected, while secondary (low-energy) electrons will require additional acceleration at their sample output to increase their kinetic energy in the detectable range.

For the research presented in the chapters of this book (see Chapter I.2.1) scanning electron microscopes with three different types of electron detectors were used: 1) Everhart-Thornley detector (E-T), installed inside the specimen stage, on one side of it, and with a certain angle of tilt to the surface of a horizontal sample (Figure 1). It registers both SE and BSE signal. This is a scintillator detector, covered by a thin metallic layer that dissipates the heat energy generated by the inelastic scatterings of the electrons that impact it. Said coating is subjected to a positive potential (10-12 kV) that favors the acceleration and attraction of low-energy secondary electrons after they are emitted by the sample. To prevent the incident electron beam from being affected by this potential, the detector is surrounded by an electrically insulated Faraday cage. Energy BSE are detected by the scintillator without the need for positive polarization; 2) In-Lens detector, installed inside the objective lens of scanning electron microscopes in which the magnetic field of said lens is projected into the specimen stage (Figure 1). In our case, this detector records only SE signal. The projected magnetic field captures the SE_1 and SE_2-type SE and directs them, in a spiral upward motion parallel to the optical axis of the equipment, towards the interior of the objective lens. The positive potential in the surface electrode of this scintillator detector allows these electrons to be attracted for detection. SE_3-type SE and BSE are out of reach; the former are generated far from the optical axis of the equipment and the latter because the magnetic field does not act on those that are not parallel to the optical axis. The BSE parallel to said axis have so much energy that the In-Lens detector cannot detect them; 3) solid-state diode detector or semiconductor for the detection of BSE. This detection method is based on the principle of electron-hole pair production characteristic of semiconductor materials. This detector is configured as thin (some millimeters thick) and flat wafers, in our case with a design of four quadrants, which are positioned under the objective lens, very close to the sample (Figure 1). This arrangement gives it a high detection area and high geometric efficiency. The different semiconductor quadrants can act separately and together, making the detection of this signal more versatile depending on the study objectives.

The X-ray detectors used in the various investigations in this book are structural elements of a piece of elementary analysis equipment known as the Energy-Dispersive X-ray Spectrometer (EDX) (Figure 1). Its analysis is based on the measurement of the energy and distribution of the intensity of the X-ray signal generated in the interaction of the electron beam with a sample. It is a semiconductor detector, with a geometric configuration inside the microscope, similar to that of the E-T detector: installed on one side of the interior of the specimen stage and tilted in relation to the surface of a horizontal sample (Figure 1).

Each chemical element of the sample has characteristic radiations in its energy value (keV value) and an intensity that depends on its quantity, absorption by the sample matrix and other factors. Thus, we can understand the elementary composition that will be reflected in an EDX spectrum (Figure 6). The keV values characteristic of the main chemical elements collected in the spectra of this book are included in the Table at page XXXV.

5. Formation of the image.

The SEM image is a geometric construction of discrete x-y locations of the incident beam on the sample. They measure the intensity of the detected signal which, after being amplified, is used to adjust the brightness of the picture element of the projection screen by the process known as intensity modulation, and by following a synchronous scan to the one generated on the surface of the sample by the incident electron beam. The result is images projected on a cathode ray tube (CRT) or on a computer screen. In the latter case, the captured signals are amplified and transformed (analog-to-digital converter, ADC) to be represented as a digital image in black and white, modulating the intensity of the picture or pixel element. Later they can be colored, by means of complex image editing protocols, in which artificial colors are assigned to the different intensities of the pixels (in the following Chapter of this same book, I.1.2, develops the topic of artistic treatment of SEM images).

Some of the SEM images included in various chapters of this book come from the reproduction of CRT screen projections. In this case, the projected image is exposed to a camera that collects the light emitted during the scanning process of the incident electron beam on the surface of the sample, producing a frame that can then be digitally scanned.

According to the SEM equipment used, Chapter I.2.1, Section 2 details the type of images initially captured, with photography or digitally.

An image is said to be focused when the measured signal comes from a single image element. This situation depends largely on the diameter of the electron beam on the sample surface (probe diameter) and the effective signal-producing area, defined by the interaction volume.

A characteristic and very important parameter of SEM images is "magnification", defined as the relationship between the dimension scanned on the projection screen and the one scanned in the sample ($M = Lscreen / Lsample$). The greater the magnification, the smaller the pixel dimension and the greater the effective signal producing area, which the capability of superimposing the information of the image elements on very large scales, producing unfocused images. At low magnification, the probe diameter in field emission equipment is always smaller than the pixel dimension, so the image is always focused. In the case of thermionic emission equipment, producing a small probe diameter carries with it the loss of probe current, which plays against the visibility of an object. The increased size of the probe current does not modify the effective signal producing area, as it is not a factor that affects the overlap of pixels and allows to objects to be observed without altering the focus of the image.

The magnification parameter inevitably leads to the need to include a graphic scale in all images.

Another characteristic parameter of SEM images is the depth of field, defined as the vertical distance in which the sample is focused in its entirety. Being large, this parameter infers a great aspect of three-dimensionality to the images.

6. Basics of the preparation of samples for Scanning Electron Microscopy.

Depending on the nature of the material to be analyzed by Scanning Electron Microscopy, specific sample preparation techniques shall be used, with the initial aim of making the samples resistant to the incidence of an accelerated electron beam.

Organic and biological samples are the most sensitive to the incidence of the beam and must therefore undergo special preparation techniques. These include fixation to stabilize the biological material, conductive infiltration or staining with heavy metals to increase the density of the material and improve its contrast, and dehydration to immobilize or remove the moisture content of the sample.

Inorganic samples, including minerals, are not as sensitive to the interaction with the incident beam and the techniques applied for their preparation will depend more on their physical state and/or the objective pursued in their analysis.

In Chapter I.2.1 we review in some detail the methods of preparation of most of the samples studied in this book. Below, we point out some technical characteristics that must be undersood.

The fundamental characteristic of a sample to be analyzed by Scanning Electron Microscopy is that it must be an electrical conductor.

This property is naturally possessed by very few samples (conductive materials, semiconductors, metals, etc). Most of the materials to be analyzed do not meet this premise, so they must be prepared appropriately for their SEM analysis.

In SEM, the sample is considered as an electrical connection through which electrical current flows. If this electrical connection is broken, partly by the resistivity of the materials (very important in non-conductors), the electrons of the incident beam accumulate on the surface of the sample, causing it to have a high negative potential in relation to earth. This generates a series of artifacts during SEM analysis known as charging effect. In relation to the observation of the generated images, these phenomena result in slight imperfections due to the presence of undesirable brightness (higher emission of secondary electrons) know as "static electricity" (Figure 7), or darkening (return of secondary electrons to the sample, not being detected), or significant image deformations due to displacements of the incident electron beam when repelled by the large negative charge accumulated on the sample surface.

In the X-ray spectra, the charging effect is identified by an abrupt fall of the Duane-Hunt limit of the continuous spectrum.

To minimize charging effect, sample preparation elements and techniques are used which favor the conduction of electricity. To do this, conductive substrates and adhesives are used, and the surface of the sample is covered with a thin covering of a conductive element (usually a metal) by coating techniques. To be effective in imaging, the metal layer must not show any structural character at a 3-4 nm resolution scale. In addition, it should be uniform, cover all parts of the sample and not alter its chemical composition or influence the intensity of the X-ray signals it emits.

There is a variety of equipment on the market for coating samples using different techniques and metals, depending on the purpose of study of the material. The most appropriate techniques include cathodic sputtering and thermal evaporation.

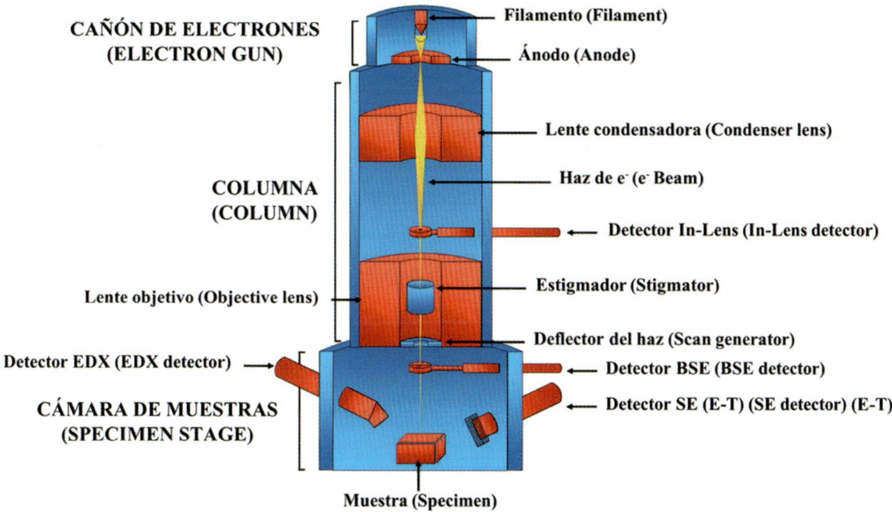

Figura 1.- Esquema de un microscopio electrónico de barrido, SEM. Se señalan las distintas partes que conforman el cuerpo del equipo y los componentes que configuran cada una de ellas. Se indican los distintos detectores utilizados en las investigaciones recogidas en este mismo libro: In-Lens, EDX, BSE, SE (E-T).

Figure 1.- Diagram of a scanning electron microscope, SEM. The different parts that make up the body of the equipment and the components that make up each of them are indicated. The different detectors used in the research presented in this same book are indicated: In-Lens, EDX, BSE, SE (E-T).

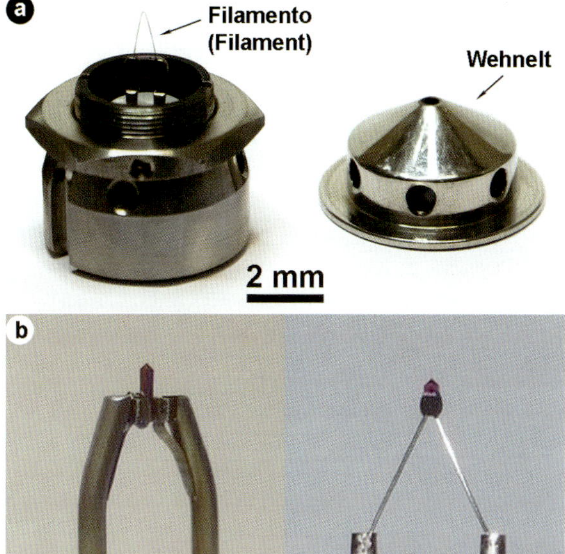

Figura 2.- Partes de un cañón de electrones de emisión termoiónica. (**a**) Horquilla de tungsteno y cilindro *Wehnelt*; (**b**) Dos modalidades de filamento de cristal de LaB₆.

Figure 2.- Parts of a thermionic emission electron gun. (**a**) Tungsten hairpin and *Wehnelt* cylinder; (**b**) Two LaB₆ crystal filaments.

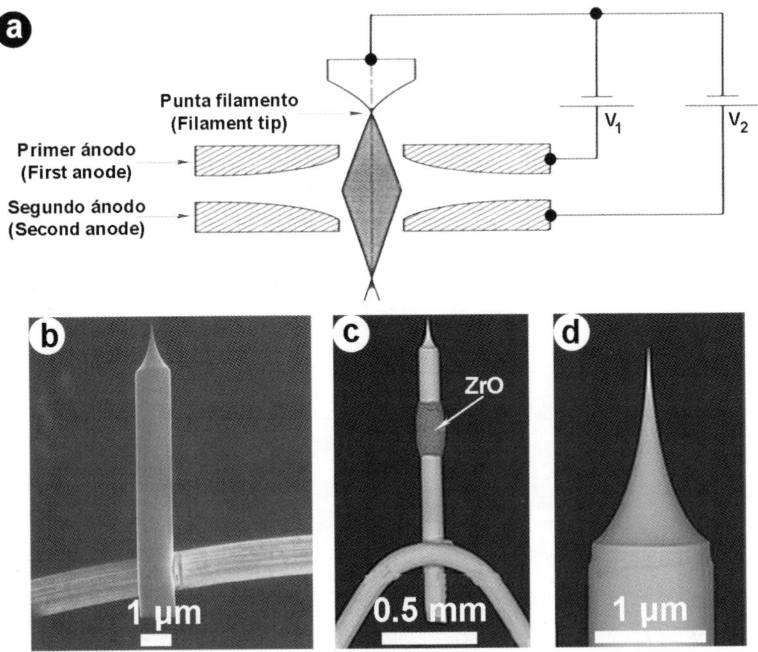

Figura 3.- Partes de un cañón de electrones de emisión de campo. (**a**) esquema del cañón de electrones. (**b**) filamento de campo frío/termal. (**c**) filamento tipo Schottky. (**d**) detalle de (**c**), punta del filamento.

Figure 3.- Parts of a field emission electron gun. (**a**) diagram of the electron gun. (**b**) cold/thermal field filament. (**c**) Schottky-type filament. (**d**) detail of (**c**), filament tip.

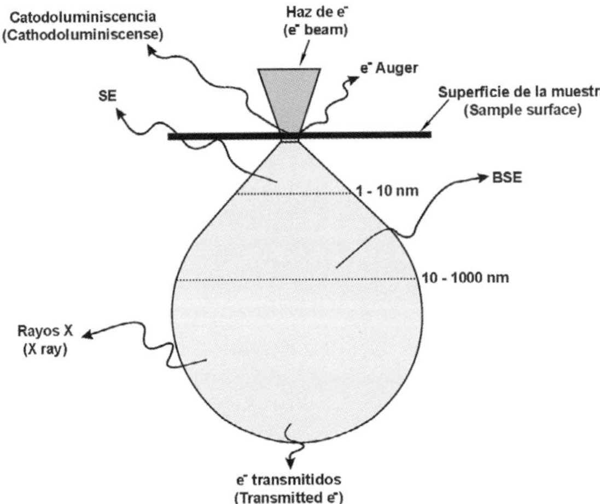

Figura 4.- Volumen de interacción del haz de electrones incidente con la muestra. Se indican las distintas señales emitidas por la muestra y su posición dentro del volumen de interacción.

Figure 4.- Volume of interaction of the incident electron beam with the sample. The different signals emitted by the sample and their position within the interaction volume are indicated.

FIGURA 5.- Grano de arena fina (50-250 µm) pesada (densidad >2,82 g cm^{-3}), horizonte Ap, Fluvisol (Jaén, España). Imagen de electrones secundarios, SE (**a**), en comparación con la imagen de electrones retrodispersados, BSE (**b**). En SE todas las superficies resultan de un tono gris similar, diferenciándose netamente en BSE algunas más brillantes por la presencia de elementos químicos pesados. El microanálisis EDX permite identificar cuarzo (picos de O, Si) (**1**) e ilmenita (picos de O, Ti, Fe) (**2**) en las zonas claras de la imagen BSE. Técnicas SEM de estudio (Capítulo I.2.1): MET-C, VPFESEM-SUPRA, BSE-SU-PRA, EDX-OXFORD50.

FIGURE 5.- Fine sand grain (50-250 µm) heavy (density >2.82 g cm^{-3}), Ap horizon of a Fluvisol (Jaén, Spain). Image of secondary electrons, SE (**a**), compared to the image of backscattered electrons, BSE (**b**). In SE, all surfaces produce a similar gray tone, with a clear difference in BSE, with some brighter surfaces due to the presence of heavy chemical elements. EDX microanalysis identifies quartz (O, Si peak) (**1**) and ilmenite (O, Ti, Fe peaks) (**2**) in the light areas of the BSE image. Study SEM techniques (Chapter I.2.1): MET-C, VPFESEM-SUPRA, BSE-SUPRA, EDX-OXFORD50.

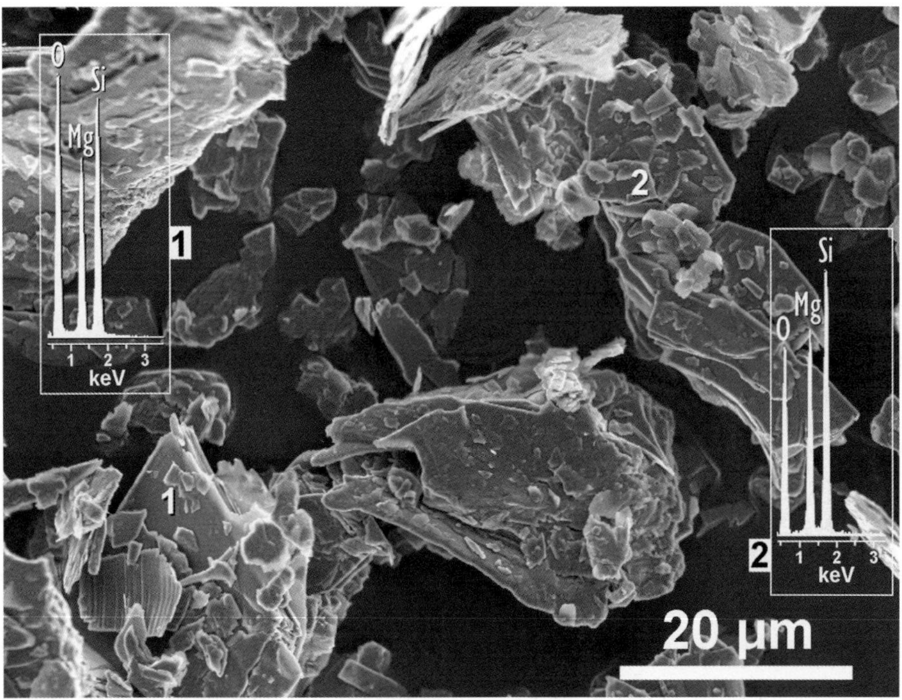

FIGURA 6.- Partículas presentes en un polvo de talco de uso tópico de venta en farmacias de Noruega. Rango de tamaño de partícula: 10-50 µm. Los espectros EDX (**1**) (**2**) permiten conocer la composición química de la muestra, con picos mayoritarios asignables a O (0,6 keV), Si (1,8 keV) y Mg (1,3 kev), indicando que se trata de la especie mineral talco: $Si_4O_{10}Mg_3(OH)_2$. Técnicas de estudio SEM (Capítulo I.2.1 de este mismo libro): MET-C, FESEM-GEMINI, EDX-OXFORD10.

FIGURE 6.- Particles of talcum powder for topical use for sale in Norwegian pharmacies. Size range: 10-50 µm. EDX spectra (**1**) (**2**) allow us to determine the chemical composition of the sample, with major peaks assignable to O (0.6 keV), Si (1.8 keV) and Mg (1.3 keV), indicating that it is the talc mineral species: $Si_4O_{10}Mg_3(OH)_2$. SEM study techniques (Chapter I.2.1, in this same book): MET-C, FESEM-GEMINI, EDX-OXFORD10.

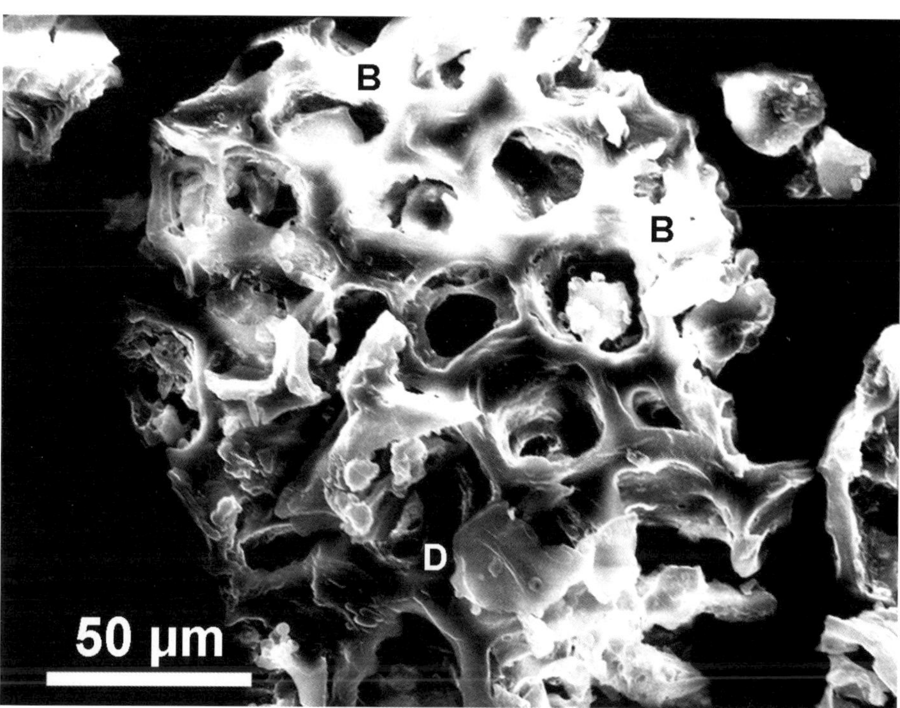

Figura 7.- Fenómenos de carga en la observación con SEM. La partícula (de naturaleza *hidrochar*) se observa defectuosamente por artefactos experimentales como la presencia de intensos brillos ("electricidad estática", **B**) y, en menor medida, por los oscurecimientos (**D**). Técnicas SEM (Capítulo I.2.1 de este mismo libro): MET-C, SEM-H-510-DIG. La calidad de imagen de la misma partícula mejora notablemente cuando la metalización es con Au (MET-AU); comparar con Figura 1 en Capítulo II.1.10.

Figure 7.- Charging effect in SEM observation. The particle (hydrochar), shows defects on observation due to experimental artifacts such as the presence of intense brightness ("static electricity", **B**) and, to a lesser extent, darkening (**D**). SEM techniques (Chapter I.2.1 in this same book): MET-C, SEM-H-510-DIG. The image quality of the same particle is significantly improved when it is coated with Au (MET-AU); compare with Figure 1 in Chapter II.1.10.

Referencias
References

[1] Breton, B.C. 2004. *The early history and development of the scanning electron microscope*. Engineering Department, Cambridge University.

[2] Zworykin, V.K., Hiller, J. y Snyder, R.L. 1942. *A scanning electron microscope.* ASTM Bull. No. 117, 15-23.

[3] Goldstein, J.I., Newbury, D.E., Echlin, P., Joy, D.C., Romin Jr., A.D., Lyman, C.E., Fiori, C. y Lifshin, E. 1992. *Scanning Electron Microscopy and X-ray Microanalysis. A Text for Biologists, Materials Scientists, and Geologists*. New York, London: Plenum Press.

[4] Nixon, W. 1998. *History and early developments of the Scanning Electron Microscopy*. Proceedings of the 14th-ICEM. Institute of Physics Publising, Mexico.

[5] Kimoto, S. 1985. *The scanning microscope as a system*. JEOL News, Jeol Ltd.

[6] Reyes-Gasga, J. 2020. *Breve reseña histórica de la microscopía electrónica en México y el mundo*. Mundo Nano. Revista interdisciplinaria en nanociencias y nanotecnología, 13(25), 79-100.

Tratamiento artístico de las imágenes SEM

Lola Molina-Fernández, Javier Romero Mora

1. Resumen

En el presente artículo hemos abordado el fundamento de las técnicas de pseudocoloración de imágenes obtenidas con Microscopía Electrónica SEM, en especial en lo referente a sus aspectos artísticos. Lo que se pretende con estas técnicas no es sólo conseguir un aspecto más agradable, al convertir en imágenes en color aquellas obtenidas previamente en escala de grises, sino resaltar detalles de las mismas que ayuden a comprender mejor el valor científico incluido en ellas. Las técnicas expuestas siguen reglas sencillas pero que siempre estarán sometidas a la sensibilidad artística de la persona que las ejecuta.

2. Pseudocoloración de imágenes SEM

Como es bien sabido, las imágenes obtenidas mediante microscopía electrónica carecen de color, ya que para su obtención se utiliza un haz de electrones y la imagen formada con éstos se trasforma en el visible, mediante un detector monocromo, en una imagen en escala de grises. Para mejorar estas imágenes, además de los ajustes y correcciones básicos que se suelen realizar sobre cualquier tipo de imagen, hay otra vertiente, mucho más creativa, que es la aplicación de falso color.

Se le podría asignar a cada nivel de gris un color diferente, para tener una imagen coloreada automáticamente y sin esfuerzo. Sin embargo, en la mayoría de los casos este método no ofrece buenos resultados, ya que distintos elementos pueden tener los mismos niveles de grises, o confundir erróneamente las zonas claras o las sombras de un mismo elemento con otros colores. Este procedimiento puede ser válido para las imágenes obtenidas mediante electrones retrodispersados (BSE), [1], pero no cuando se usa detector de electrones secundarios (SE).

Para obtener un resultado óptimo este proceso debe ser completamente manual, dibujando sobre la imagen como si fuera un lienzo. Aquí la libertad es prácticamente absoluta, y se debe valorar tanto la funcionalidad de la imagen como su sentido estético. Se pretende conseguir una imagen fácilmente entendible, donde se distingan bien los elementos que la componen, [1], pero también que sea llamativa y agradable a la vista, es decir, darle un 'toque artístico'. Se suelen usar los colores comúnmente asociados al elemento que representan, o a su familia, [2].

En este aspecto es fundamental la visión personal y subjetiva de la persona encargada de colorear la imagen, ya que no hay unos patrones o guías que se puedan seguir, y todo el proceso queda a la imaginación del 'artista'. Dejando de lado los aspectos técnicos, que desde luego suponen una parte importante del proceso, hay que primar un correcto uso de los colores.

Para empezar, una de las mejoras más fáciles y efectivas que se pueden hacer es eliminar el fondo asignándole el color negro, para conseguir aislar el objeto principal de la imagen. Esto es muy útil cuando solamente hay un elemento central o cuando cuesta distinguir bien sus partes. También es interesante cuando hay alteraciones del fondo que pueden inducir a error o confundirse con el elemento central, como en la imagen recogida en la Figura 1. Aislar el elemento principal puede facilitar la comprensión de la imagen y hacerla más reconocible. La eliminación del fondo es una técnica ampliamente empleada y el resultado será siempre bueno; además, puede realizarse aunque no se vaya a colorear la imagen, dejándola en blanco y negro.

Por otra parte, aunque el fondo sea uniforme o prácticamente uniforme, podemos incorporarlo al coloreado y conseguir una interacción con el sujeto principal, que lo realce y que le dé un mayor realismo. En la siguiente imagen, Figura 2, se ha utilizado un color muy intenso, como es el verde en sus distintos matices, para el fondo. Pero lejos de apagar o restar importancia al elemento principal, consigue destacarlo. Esto ocurre sobre todo cuando coloreamos el sujeto con colores más apagados, ya que por su naturaleza no podemos usar tonos más espectaculares. Combinando un elemento central más neutro con un fondo llamativo también podemos conseguir buenos resultados. Si en este caso usáramos un fondo también apagado o negro, el resultado podría ser demasiado plano o poco llamativo.

Para dominar la técnica del coloreado es recomendable tener conocimiento sobre los colores, cómo interaccionan entre ellos y cómo combinarlos, para saber destacar unos elementos frente a otros y conseguir una imagen que funcione visualmente. Por ello vamos a especificar las características del color [3], y cómo interaccionan con las imágenes SEM.

3. Características del color (Figura 3)

El *matiz* o *tono* representa la tonalidad del color, la posición que ocupa dentro del círculo cromático. Por ejemplo, verde, azul o rojo son matices de color.

La *luminosidad* es la cantidad de luz del color, cómo de claro o de oscuro es. Por ejemplo, entre el azul cielo y el azul marino cambia la luminosidad.

La *saturación* indica la pureza del color: cuanta mayor saturación, más vivo o más puro es el color. Los colores pasteles son poco saturados, y los colores neón, muy saturados.

3.1.- Matiz o tono

No recomendamos usar los colores aleatoriamente, sino calcular previamente qué colores vamos a usar, ya que un abuso de colores puede transmitir caos o desorden, o dar un resultado demasiado descuidado. En la siguiente imagen, Figura 4, se han usado varias tonalidades de azules y verdes para unos elementos, y el naranja, su color complementario, para destacar otros. En la mayoría de ocasiones no es necesario utilizar una gran cantidad colores diferentes, sino varias tonalidades de dos o tres colores principales, obteniendo como resultado una imagen ordenada, limpia y llamativa.

Por otra parte, no tendría sentido representar los mismos elementos de una imagen de colores muy distintos, incluso podría inducir a error. A pesar de ser una técnica muy utilizada, no lo recomendamos, ya que el resultado puede ser caótico o infantil. Si nos fijamos en la naturaleza, observamos que, por ejemplo, en un mismo árbol cada hoja tiene distintos matices o tonalidades. Usar colores ligeramente diferentes para los mismos elementos dotará de una mayor diversidad y personalidad a nuestras imágenes, pero siempre trabajando dentro de la misma gama cromática,

En la Figura 5, a la izquierda, vemos los mismos elementos pintados con colores distintos. El resultado puede ser bonito, pero desde el punto de vista científico esto no es adecuado porque puede llevar a error, ya que nos induce a pensar que puede haber alguna característica que diferencie elementos que a simple vista parecen iguales. En la imagen de la derecha, se han aplicado los mismos colores pero en distintas tonalidades, desde azul verdoso a azul oscuro, y varias tonos de naranjas-amarillos. De esta forma, entendemos de un vistazo que la imagen se compone de distintos elementos pero que todos son iguales entre sí. Al usar varias tonalidades, la imagen queda más natural, con una mayor profundidad y da un aspecto más profesional.

3.2.- Luminosidad

Los colores medios y oscuros tienen a aumentar el contraste en las imágenes SEM, y es más fácil trabajar con ellos. En la Figura 6, vemos cómo los colores oscuros tienden a generar una imagen con mucha fuerza y contraste, muy llamativa a pesar de ser ligeramente oscura. Además, la inclusión de negros y blancos puros siempre dará intensidad y realismo a nuestra imagen, haciéndola más impresionante visualmente.

Trabajar con colores demasiado claros puede dar como resultado una imagen sin detalles: la abundancia de colores claros resta contraste a nuestra imagen, al fundirse con las luces y quitar profundidad. Es preferible trabajar con tonos de claridad media, y dejar los colores brillantes para ciertos detalles o luces. Lo ideal, al igual que en la imagen, es tener un histograma amplio, que contenga desde negros puros hasta blancos intensos. Esto potenciará los relieves de la imagen y le dará mayor intensidad a los colores que usemos.

3.3.- Saturación

Es más fácil trabajar con colores de saturación media. Los colores muy saturados pueden quedar demasiado artificiales, y hay que tener mucho cuidado con los colores poco saturados o pasteles, ya que pueden restar detalles o hacer la imagen poco realista. Cuando se usan, hay que buscar otros medios de aumentar el contraste a la imagen para que no quede plana.

En el caso de la Figura 7 se han podido usar colores pastel porque en la imagen se aprecian perfectamente varias capas, desde el elemento central en primer plano, hasta otros elementos secundarios que van ocupando distintos planos de la imagen. Si no fuera por este detalle, la imagen podría verse demasiado artificial. Un buen truco para dar profundidad consiste en aplicar colores más oscuros a las capas del fondo, y más claros a las capas superiores, como en el ejemplo de la Figura 7.

4. Elección de colores

Por último, ¿qué colores elegir? A veces es apropiado elegir colores que sean comúnmente asociados al sujeto que aparece en la imagen. Por ejemplo, asociamos las hojas con el color verde, el polen con el amarillo o la sangre con el rojo. De esta forma, se facilita la interpretación de la imagen y se hace fácilmente reconocible por los espectadores rápidamente [4]. Incluso, en ocasiones, si utilizáramos otro color podría confundir a los observadores e inducir a error en la interpretación, sobre todo si el color que usamos es muy alejado al recuerdo que tenemos del sujeto. Induciría a error representar una hoja de color rojo, por ejemplo, ya que no creamos esa asociación mental cuando pensamos en una hoja.

La siguiente imagen, Figura 8, es una representación de lo que se ha mencionado en este capítulo. Se ha obtenido mediante la mezcla de dos colores principales, de luminosidad y saturación medias, como son los ocres y los verdes. Hay varias tonalidades de naranjas y marrones ocres, que constituyen un núcleo principal, y el verde se ha usado como color de contraste en los laterales. Dentro de la imagen hay varios detalles pequeños con otros tonos de color que tiran más al amarillo, al rojo o al morado, pero no suponen un cambio brusco en la imagen ya que se van degradando suavemente desde el núcleo principal y sirven para generar contrastes. También hay algunos colores más oscuros, para dar profundidad, y otros detalles más claros. De esta forma se consigue una imagen bastante armónica y que llama la atención, sin llegar a ser estridente.

Artistic Treatment of SEM Images

Lola Molina-Fernández, Javier Romero Mora

1. Summary

In this article we have addressed the basis of pseudo-color image processing techniques obtained with SEM (Scanning Electron Microscopy), especially in relation to their artistic aspects. What is intended with these techniques is not only to achieve a more pleasant appearance, by converting into color images those previously obtained in grayscale, but to highlight details of them that help to better understand the scientific value included in them. The techniques exhibited follow simple rules but that will always be subject to the artistic sensibility of the person who executes them.

2. Pseudocoloring of SEM images

As is well known, the images obtained by electron microscopy lack color, since a beam of electrons is used to obtain them and the image formed with them is transformed into the visible, by means of a monochrome detector, into a grayscale image. To improve these images, in addition to the basic adjustments and corrections that are usually made on any type of image, there is another aspect, which is much more creative, and is the application of false color.

Each gray level could be assigned a different color, to have an image colored automatically and effortlessly. However, in most cases this method does not offer good results, since different elements can have the same levels of grays, or mistakenly confuse the light areas or shadows of the same element with other colors. This procedure may be valid for backscattered electron (BSE) images, [1], but not when using secondary electron (SE) detector.

To obtain an optimal result this process must be completely manually, drawing on the image as if it were a canvas. Here freedom is practically absolute, and both the functionality of the image and its aesthetic sense must be valued. It is intended to achieve an easily understandable image, where the elements that compose it are well distinguished, [1], but also that it is striking and pleasing to the eye, that is, to give it an 'artistic touch'. Colors commonly associated with the element they represent, or their family, are often used [2].

In this aspect, the personal and subjective vision of the person in charge of coloring the image is fundamental, since there are no patterns or guides that can be followed, and the whole process is left to the imagination of the 'artist'. Leaving aside the technical aspects, which of course represent an important part of the process, we must prioritize a correct use of colors.

To begin with, one of the easiest and most effective improvements that can be made is to eliminate the background by assigning it to be black, isolating the main object from the image. This is very useful when there is only one central element or when it is difficult to distinguish its parts well. It is also interesting when there are alterations of the background that can be misleading or confused with the central element, as in the image shown in Figure 1. Isolating the main element can make it easier to understand the image and make it more recognizable. The removal of the background is a widely used technique and the result will always be good; in addition, it can be done even if the image is not going to be colored, leaving it in black and white.

On the other hand, although the background is uniform or practically uniform, we can incorporate it into the coloring and achieve an interaction with the main subject, which enhances it and gives it greater realism. In the following image, Figure 2, a very intense color, such as green in its different shades, has been used for the background. But far from turning off or downplaying the main element, it manages to highlight it. This happens especially when we color the subject with more muted colors, since by its nature we cannot use more spectacular tones. By combining a more neutral central element with a striking background we can also achieve good results. If in this case we used a background also dull or black, the result could be too flat or unremarkable.

To master the coloring technique, it is advisable to have knowledge about colors, how they interact with each other and how to combine them, to know how to highlight some elements against others and get an image that works visually. Therefore, we will specify the characteristics of the color [3], and how they interact with SEM images.

3. COLOR CHARACTERISTICS (FIGURE 3)

The hue or tone represents the hue of the color, the position it occupies within the chromatic circle. For example, green, blue or red are shades of color.

Brightness is the amount of light in the color, how light or dark it is. For example, between sky blue and navy blue the brightness changes.

Saturation indicates the purity of the color: the higher the saturation, the more vivid or purer the color. Pastel colors are unsaturated, and neon colors are very saturated.

3.1.- Hue or tone

We do not recommend using colors randomly, but previously calculating which colors we are going to use, since an abuse of colors can transmit chaos or disorder or give a result too careless. In the following image, Figure 4, several shades of blues and greens have been used for some elements, and orange, its complementary color, to highlight others. In most cases it is not necessary to use many different colors, but several shades of two or three main colors, resulting in an orderly, clean, and striking image.

On the other hand, it would not make sense to represent the same elements of an image of very different colors, it could even be misleading. Despite being a widely used technique, we do not recommend it, since the result can be chaotic or childish. If we look at nature, we observe that, for example, in the same tree each leaf has different nuances or shades. Using slightly different colors for the same elements will give greater diversity and personality to our images, but always working within the same chromatic range (Figure 5).

In Figure 5, on the left, we see the same elements painted with different colors. The result may be beautiful, but from the scientific point of view this is not adequate because it can lead to error, since it leads us to think that there may be some characteristic that differentiates elements that at first glance seem the same. In the image on the right, the same colors have been applied but in different shades, from greenish blue to dark blue, and several shades of orange-yellow. In this way, we understand briefly that the image is composed of different elements but that they are all the same as each other. By using several shades, the image is more natural, with greater depth and gives a more professional look.

3.2.- Brightness

Medium and dark colors tend to increase contrast in SEM images, and it is easier to work with them. In Figure 6, we see how dark colors tend to generate an image with a lot of strength and contrast, very striking despite being slightly dark. In addition, the inclusion of pure blacks and whites will always give intensity and realism to our image, making it more visually impressive.

Working with too light colors can result in an undetailed image: the abundance of light colors subtracts contrast from our image, by merging with the lights and removing depth. It is preferable to work with shades of medium clarity and leave bright colors for certain details or lights. The ideal, as in photography, is to have a broad histogram, containing from pure blacks to intense whites. This will enhance the reliefs of the image and give greater intensity to the colors we use.

3.3 - Saturation

It is easier to work with medium saturation colors. Very saturated colors can be too artificial, and you must be very careful with unsaturated or pastel colors, as they can subtract details or make the image unrealistic. When used, you must look for other means to increase the contrast to the image so that it is not flat.

In the case of Figure 7, pastel colors have been used because in this image and several layers are perfectly appreciated, from the central element in the foreground, to other secondary elements that occupy different planes of the image. If it weren't for this detail, the image might look too artificial. A good trick to give depth is to apply darker colors to the layers of the background, and lighter to the upper layers, as in the example in Figure 7.

4. Color selection

Finally, which colors to choose? Sometimes it is appropriate to choose colors that are commonly associated with the subject that appears in the image. For example, we associate leaves with green, pollen with yellow, or blood with red. In this way, the interpretation of the image is facilitated, and it quickly becomes easily recognizable by viewers [4]. Even, though sometimes, if we used another color, it could confuse the observers and mislead in the interpretation, especially if the color we use is very far from the memory we have of the subject. It would be misleading to represent a red sheet, for example, since we do not create that mental association when we think of a leaf.

The following image, Figure 8, is a representation of what has been mentioned in this chapter. It has been obtained by mixing two main colors of medium brightness and saturation, such as ochres and greens. There are several shades of oranges and ochre browns, which constitute a main core, and green has been used as a contrast color on the sides. Within the image there are several small details with other shades of color that pull more yellow, red, or purple, but do not signify a sudden change in the image since they are gently degraded from the main core and serve to generate contrasts. There are also some darker colors, to give depth, and other lighter details. In this way a fairly harmonious image is achieved and that attracts attention, without becoming strident.

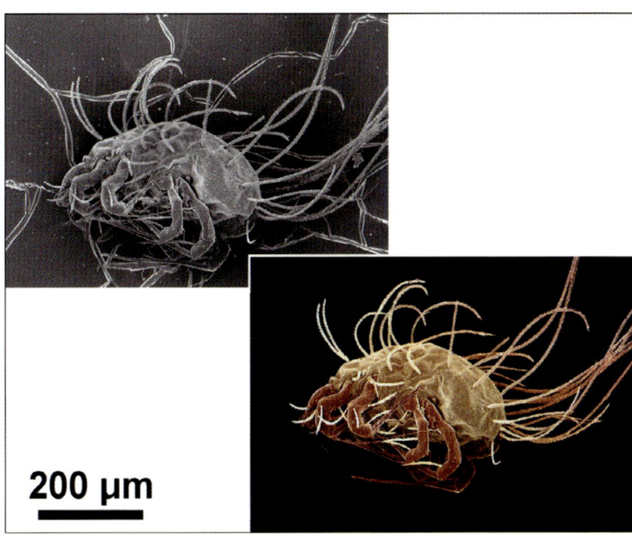

Figura 1. Ácaro. Imagen SEM captada por Alicia González Segura y coloreada por Lola Molina Fernández (CIC-UGR). Equipo Zeiss Gemini 1530, metalizada con Carbono.

Figure 1. Mite. SEM image taken by Alicia González Segura and colored by Lola Molina Fernández (CIC-UGR). Zeiss Gemini 1530, coated with Carbon.

Figura 2. Larva 4 de *Anisakis physeterys*. Imagen SEM captada por Isabel Sánchez Almazo, coloreada por Lola Molina-Fernández, CIC-UGR. Equipo Thermofisher-FEI Qemscan 650 FE, metalizada con Carbono.

Figure 2. Larvae 4 of *Anisakis physeterys*. SEM image taken by Isabel Sánchez Almazo, colored by Lola Molina-Fernández (CIC-UGR). Thermofisher-FEI Qemscan 650 FE, coated with Carbon.

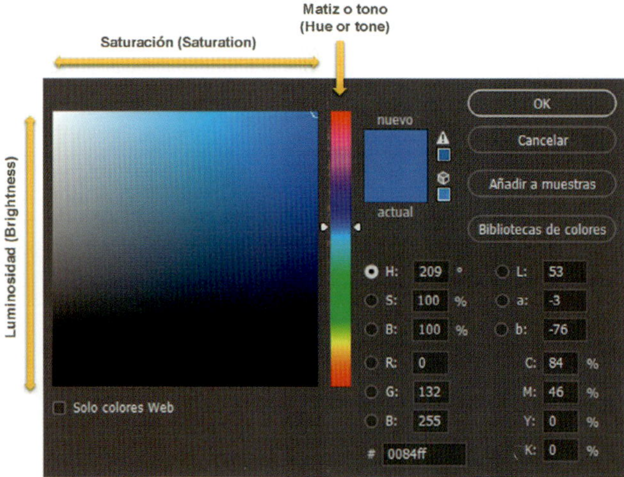

Figura 3. Características del color.

Figure 3. Color characteristics.

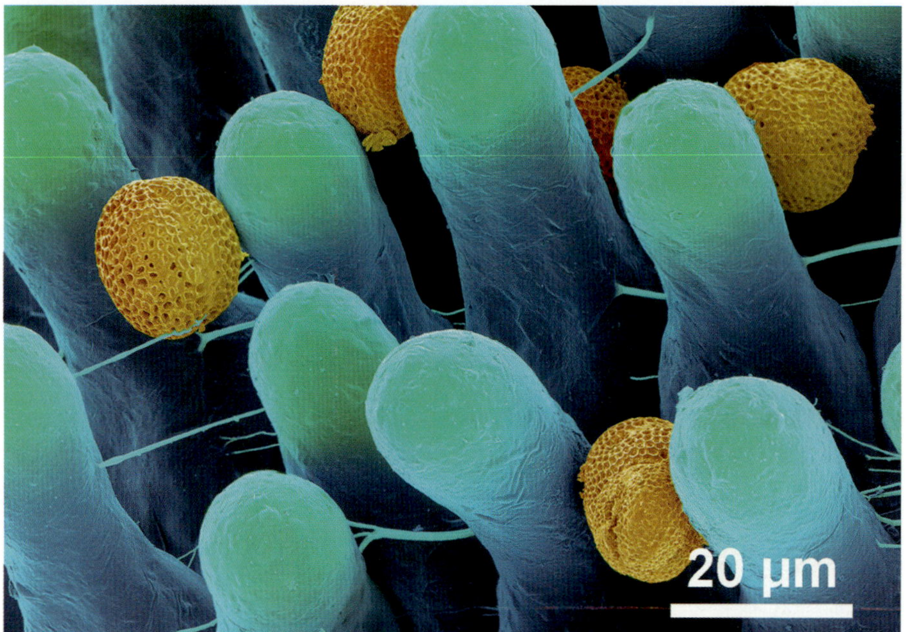

Figura 4. Estigma de una flor de *Moricandia arvensis* (azul) y granos de polen (naranja). Imagen SEM captada por Isabel Sánchez Almazo y coloreada por Lola Molina-Fernández (CIC-UGR). Equipo Thermofisher-FEI Qemscan 650 FE, metalizada con Carbono.

Figure 4. Stigma of a *Moricandia arvensis* (blue) flower and pollen grains (orange). SEM image taken by Isabel Sánchez Almazo and colored by Lola Molina-Fernández (CIC-UGR). Thermofisher-FEI Qemscan 650 FE, coated with Carbon.

Figura 5. Cocosferas de *Emiliana huxleyi*. Imágenes SEM captadas por Alicia González Segura y coloreadas por Lola Molina Fernández (CIC-UGR). Equipo Zeiss Auriga, metalizada con Carbono.

Figure 5. Coccospheres of *Emiliana huxleyi*. SEM images taken by Alicia González Segura and colored by Lola Molina Fernández (CIC-UGR). Zeiss Auriga, coated with Carbon.

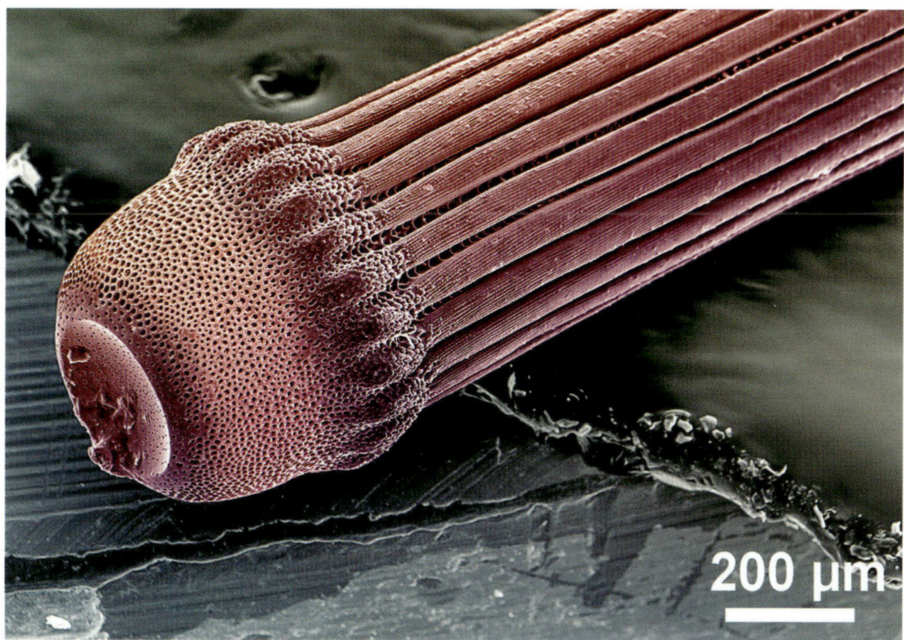

Figura 6. Espícula de un erizo de mar, *Paracentrotus lividus*; vulg., Castaña de mar. Imagen SEM captada por Rocío Márquez Crespo y coloreada por Lola Molina-Fernández (CIC-UGR). Equipo Hitachi S-510, metalización con Oro.

Figure 6. Spicule of a sea urchin, *Paracentrotus lividus*; com., Sea chesnut. SEM image captured by Rocío Márquez Crespo and colored by Lola Molina-Fernández (CIC-UGR). Hitachi S-510 equipment, coated with Gold.

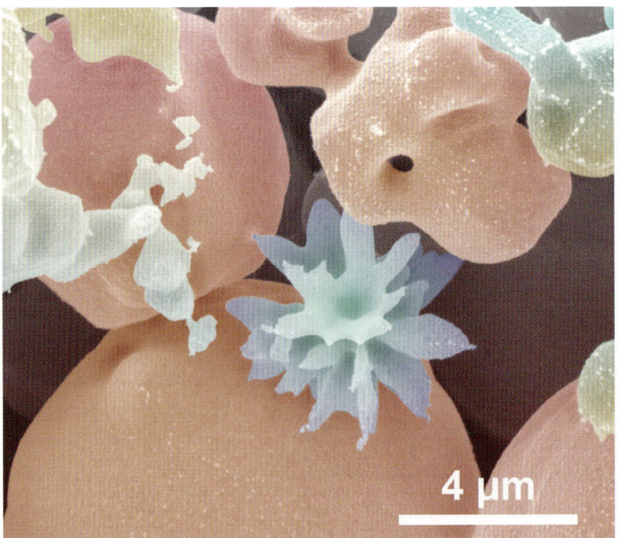

Figura 7. Flor de hielo e hielo amorfo en un sistema SEM de baja temperatura. Imagen tomada por Isabel Sánchez Almazo y coloreada por Lola Molina-Fernández (CIC-UGR). Equipo Thermofisher-FEI Qemscan 650 FE, metalizada con Platino.

Figure 7. Ice flower and amorphous ice in a low-temperature SEM system. Image taken by Isabel Sánchez Almazo and colored by Lola Molina-Fernández (CIC-UGR). Thermofisher-FEI Qemscan 650 FE, coated with Platinum.

Figura 8. Cabeza de una mosca del vino (género *Drosophila*). Imagen SEM captada por Isabel Sánchez Almazo y coloreada por Lola Molina-Fernández (CIC-UGR). Equipo Thermofisher-FEI Qemscan 650 FE, metalizada con Carbono.

Figure 8. Head of a wine fly (genus Drosophila). SEM image taken by Isabel Sánchez Almazo and colored by Lola Molina-Fernández (CIC-UGR). Thermofisher-FEI Qemscan 650 FE, coated with Carbon.

Referencias
References

[1] MIGNOT, C. (2018). *Color (and 3D) for Scanning Electron Microscopy.* Microscopy To-day, 26(3), 12-17. doi:10.1017/S1551929518000482

[2] KESSELER, R. y STUPPY, W. (2012). *Seeds: Time Capsules of Life.* ISBN 10: 1901092666 / ISBN 13: 9781901092660

[3] BERNS, R.S., *Billmeyer and Saltzman's Principles of Color Technology*, 4th edition, Wiley, 2019.

[4] Myscope. (2024). *Microscopy Australia y ThermoFisher Scientific* (https://myscope-explore.org/)

Ultramicrofábrica SEM del suelo. Una propuesta de estudio [1]

Rafael Delgado Calvo-Flores

1. Introducción

1.1.- Fábrica del suelo

En Ciencias de la Tierra, el término "fábrica" procede del inglés *fabric* (del alemán *gefüge:* microestructura). En Ciencia del Suelo (Edafología) la definición y extensión de su uso se atribuye (según Brewer [9]) a Kubiëna [10, 11], significando «constitución física del material expresada por la colocación relativa de los constituyentes del suelo». Jongerius [12] incluye en la fábrica a los poros asociados y Brewer [9] al tamaño, la forma y la situación de las partículas del suelo y los huecos. Bullock et al. [13] amplían el concepto de fábrica a: «organización total (del suelo) expresada por la colocación espacial de sus constituyentes (sólido, líquido y gaseoso), su forma, frecuencia, tamaño, considerados desde un punto de vista configuracional, funcional y genético». Estos últimos autores (pág. 10) señalan además distintos ámbitos de observación del suelo secuenciados en escala, cuyo estudio recomiendan: 1-campo, 2-microscopio óptico y 3-microscopio electrónico y técnicas asociadas.

Un concepto próximo al de fábrica es el de "estructura". Considera no sólo la colocación relativa de los constituyentes y huecos, sino su resultado en la formación de partículas agregadas (compuestas) propias del suelo [14, 15]. Los agregados estructurales naturales se denominan peds [14]. La estructura es muy utilizada en

---

1 Capítulo elaborado en base al Trabajo Original de Investigación (inédito) titulado: *Ultramicrofábrica de terras rossas españolas e italianas.* En: *Estudio de suelos rojos* (Delgado, R., (1993) [1]). A este material se ha añadido la experiencia posterior (hasta la actualidad) en diversas investigaciones realizadas por el Grupo de Investigación Ciencias del Suelo y Geofarmacia [2, 3, 4, 5, 6, 7, 8].

Morfología de suelos, para clasificación y cartografía [14, 16]. La fábrica sería entonces aquel elemento de la estructura del suelo que hace mención a la colocación de los componentes [9]. En el presente capítulo no vamos a entrar en distinciones de términos fábrica *vs* estructura. Elegimos uno solo de los términos, fábrica, por estar desde sus inicios muy ligado a los estudios con microscopía. Pero el término fábrica será empleado por nosotros tanto en la descripción de la colocación relativa de constituyentes y huecos del suelo, como en su resultado en entidades (unidades) físicas compuestas propiamente edáficas.

Consideraremos, ante todo, la fábrica como una propiedad física del suelo, muy relacionada con su morfología; y recordemos la importancia de ésta (la morfología), pues permitió, por ejemplo, a Dokuchaev, en 1883 [17], fundar la Ciencia del Suelo, al reconocer que el suelo era un cuerpo natural, independiente de la roca subyacente, como poseedor de una morfología propia y distintiva, y, en consecuencia, ser merecedor de una ciencia específica para su estudio. Aunque la fábrica del suelo trasciende a la morfología para alcanzar a la génesis, ya que las formas son un resultado de los procesos edafogenéticos que, al actuar, dejan su impronta morfológica. De similar modo, la fábrica del suelo va a ser también función de la composición de los materiales, sobre todo, de los neoformados, y del mismo modo de los heredados del material original. Por otra parte, el conocimiento de la fábrica posee otras utilidades en clasificación, uso (evaluación de calidad), etc.

1.2.- Ámbitos organizativos del suelo secuenciados por escala

Atenderemos a cuatro, que, en orden de incremento de escala, son: Ámbito-1, Macroscópico (aumentos 1x), propio de los estudios de campo. Partimos del paisaje, y en orden descendente podemos reconocer entre otros: polipedon, pedon [18], perfil, horizonte y macroestructura (Figura 2). Ámbito-2, Microscópico (aumentos óptimos de trabajo de 5 a 200x), propio de la Micromorfología óptica, que estudia la organización a nivel de la fábrica/microestructura, a través de aspectos como: microagregación, matriz, plasma, esqueleto, rasgos, etc. [9, 10, 13]. Ámbito-3, Ultramicroscópico, constituido fundamentalmente por las observaciones con Microscopía Electrónica de Barrido (SEM) (Figuras 2, 3, 4, 5, 7, 8, 9, 10, 11), con aumentos óptimos entre 20 y 5000x (en los nuevos equipos el límite máximo aumenta considerablemente). También consideraríamos ultramicroscópicas las observaciones en Microscopía Electrónica de Transmisión (TEM) en sus técnicas convencionales (10000-20000x). Los caracteres que estudiaremos en este nivel ultramicroscópico son el objeto de este capítulo, así como de una gran parte de los estudios de suelos con SEM comprendidos en el presente libro. El Ámbito-4, Submicroscópico, abarcaría las observaciones y registros por debajo de la forma, a nivel por ejemplo de la estructura cristalina; incluso pertenecerían al campo submicroscópico el registro de propiedades claramente no morfológicas como la composición elemental o la mineralógica. Sería alcanzado este ámbito con técnicas especiales de Microanálisis elemental acoplado a la microscopía electrónica

(EDX) (Figuras 7, 8), Microscopía Electrónica de Transmisión de alta resolución (HRTEM) (Figura 6), Difracción de electrones (SAED pattern) o Espectroscopía Raman (RAMAN), etc.

1.3.- Antecedentes bibliográficos de la descripción y estudio de la fábrica del suelo en el ámbito microscópico óptico

La fábrica del suelo en el nivel microscópico (Ámbito-2) fue muy estudiada con las técnicas del microscopio óptico petrográfico (luz polarizada), en lámina delgada, alcanzando gran desarrollo entre las décadas treinta y noventa del pasado siglo XX; contribuyendo sin duda al asentamiento y avance de la Edafología como ciencia. Previamente, hemos citado algunas de sus principales referencias [9, 10, 11, 12, 13, 19, 20]. Podríamos hablar así de la 'gran Micromorfología', que promovía escuelas de científicos y reunía en congresos a cientos de especialistas [21, 22, 23, 24, 25, 26].

Muchas de estas referencias bibliográficas recogen propuestas de descripción sistemática de la fábrica del suelo en este nivel óptico.

Después, a finales del siglo XX, decae drásticamente el interés y el número de investigaciones dedicadas a la fábrica del suelo visualizada ópticamente. Quizás por las dificultades en la técnica de preparación de las láminas delgadas, unida a su compleja descripción e interpretación en el microscopio petrográfico; a lo que sumar el desinterés creciente de los edafólogos por el conocimiento de la génesis del suelo, de la que la fábrica es muy informativa.

1.4.- Antecedentes bibliográficos en la descripción y estudio de la fábrica del suelo en el ámbito del microscopio electrónico. Objetivos del capítulo.

En ciencias afines a la Ciencia del Suelo como las de Materiales, Ingenieriles (Geotecnia, Mecánica de suelos), Sedimentología o Ciencia de las arcillas, el estudio de la fábrica con SEM ha encontrado gran desarrollo y utilidad práctica [27, 28, 29, 30, 31, 32, 33, 34].

No así en la Ciencia del Suelo, donde existen muy pocos estudios con SEM dedicados a la fábrica en dicho nivel. Del mismo modo, hay infinitamente menos antecedentes que en el nivel óptico, a pesar de que la microscopía electrónica ha sufrido un considerable avance a partir de 1970 [35], en las últimas décadas del siglo XX, y en el XXI, sustituyendo en gran medida a la microscopía óptica.

La mayoría de las escasas investigaciones del suelo con SEM, se han dedicado a desvelar aspectos concretos de la fábrica complementando la micromorfología óptica [36, 37, 38, 39, 20]. Destacable es el uso del SEM en el estudio de iluviación de arcilla [40], la génesis de fragipanes [41], concreciones de hierro-manganeso [42] o los horizontes cálcicos [43]. Igualmente, el SEM, y técnicas asociadas, ha sido empleado para el estudio específico de poros, esqueleto, composición, distribución de metales y minerales en relación a la estructura, contaminación, etc. [i.e.,

38, 44, 45]. Nuestro Grupo de Investigación, como anticipábamos al inicio de este capítulo, ha trabajado sobre aspectos parciales de la ultramicrofábrica [1, 2, 3, 4, 5, 6, 7, 8], incluso proponiendo su definición [1, 2, 3].

Pero, en cualquier caso, podemos afirmar que no existe nada publicado sobre el desarrollo de un método específico, como propuesta de concepto y estudio, para describir sistemáticamente todos los aspectos sobre la fábrica ultramicroscópica (SEM) del suelo. Dicho desarrollo sistemático es el objetivo del presente capítulo.

2. Ultramicrofábrica del suelo. un concepto a desarrollar

2.1.- Terminología

Adoptamos el término "ultramicrofábrica", preferido a "fábrica submicroscópica" [35, 46], pues entendemos que el último hace referencia a un ámbito por debajo ('sub') de la observación microscópica (incluida la electrónica). Hemos encontrado además un apoyo semántico en esta elección. Al añadir a 'micro' el prefijo 'ultra' su significado se transforma en 'más allá' de lo entendido clásicamente como microscópico óptico, que es sin duda lo electrónico. Por su parte, la adición del prefijo 'sub' a microscópico bien pudiera entenderse como 'por debajo de microscópico', es decir, que alcanzaremos dimensiones vedadas a la observación, como puede ser la estructura cristalina y/o la composición elemental.

Como la técnica que aplicaremos será mayoritariamente el SEM, también emplearemos, junto a ultramicrofábrica del suelo, el término "fabrica SEM del suelo".

2.2.- Definición de Ultramicrofábrica del Suelo

Proponemos la siguiente: "Organización del suelo a escala de observación del SEM, expresada por la situación espacial de sus constituyentes sólidos y huecos, su forma, frecuencia, tamaño; desde un punto de vista configuracional, funcional, genético, compositivo y de las diversas propiedades y caracteres que pueden influir en la organización". Hemos adoptado a nuestro caso las definiciones clásicas de fábrica en Edafología recogidas al principio del capítulo [9, 10, 11, 12, 13], destacando, sin embargo, el punto de vista 'compositivo', esencial para comprender la fábrica a este nivel de escala, y también las 'propiedades y caracteres que pueden influir en la organización'. De acuerdo con ello, la composición y las propiedades del material de suelo se recogen, incluso, como información básica en los pies de las Figuras que exponemos para ilustrar el capítulo (Figuras 3 a 11).

La definición de la ultramicrofábrica del suelo podemos concebirla también como un diagrama de flujo (Figura 1), que nos conduce y aproxima progresivamente a comprender en toda su dimensión el concepto propuesto. Partimos del Nivel-1, que incluye: clasificación del suelo, símbolo de los horizontes, macroestructura, pH, propiedades fisicoquímicas, contenido y tipo de agentes estructuradores y cementantes (materia orgánica -humus-, formas libres, carbonatos de calcio, sulfatos), composición mineralógica -con énfasis en el tipo de mineral de la arcilla-, y granulometría, también importante propiedad en la organización física del suelo. En el siguiente nivel, Nivel-2, se verificaría la descripción con SEM de los elementos conformadores del Tipo de Ultramicrofábrica, que desarrollamos en el siguiente Apartado 3.2. En el Nivel 3 alcanzaríamos la definición formulada. Finalmente, en el Nivel 4 recogemos la génesis del suelo y los procesos edafogenéticos, pues tal como se ha definido aquí la ultramicrofábrica del suelo supera a la mera morfología, para interesarse y relacionarse, no sólo con la composición y propiedades, sino sobre todo con la génesis.

2.3.- Realidad física de la ultramicrofábrica del suelo

La captación completa de la realidad física de la organización del suelo se puede poner en duda en todos los ámbitos de escala de estudio, debido a la enorme variabilidad espacial de las propiedades edáficas. Ello ha llevado, por ejemplo, en el ámbito macroscópico, a la definición de "pedon" [18] o en el microscópico óptico a la de "unidad de fábrica" [13].

En el ámbito ultramicromorfológico SEM, el problema se agudiza por el mayor detalle (micrométrico y hasta nanométrico) alcanzado en la observación. Podemos entonces afirmar que en la práctica será imposible establecer la realidad física completa de la ultramicrofábrica del suelo, la que denominaremos "total de ultramicrofábrica", al estar constituida por miles, incluso millones, de casos distintos, en función de la variabilidad espacial y compositiva. El total de ultramicrofábrica es, entonces, inalcanzable (ideal) y su formulación se transforma en un concepto.

Nos deberemos conformar, pues, con identificar y describir el que denominamos "tipo de ultramicrofábrica" del suelo, o fábrica real de una zona bien localizada a la escala de estudio del SEM. Se ofrecen dos opciones: a) el tipo puede ser la fábrica que más frecuentemente se nos muestre en las observaciones, o b) el tipo puede ser la fábrica que más interés despierte, a juicio del microscopista, en los órdenes genético, compositivo o funcional (adaptando las técnicas de segmentación de imágenes de microscopía [47]).

El tipo de ultramicrofábrica, a diferencia del total de ultramicrofábrica, es localizable físicamente y su imagen se puede captar en lugares concretos. Aunque siempre presentará un cierto carácter conceptual, al no estar exento de variabilidad en sus caracteres. De tal manera, en cada suelo se podrán definir muchos tipos distintos de ultramicrofábrica. Cuantos más tipos describamos, más nos acercaremos al total de ultramicrofábrica.

3. Tipo de ultramicrofábrica del suelo. Propuesta de un esquema de descripción

Nuestro esquema parte de una descripción en los ámbitos macroscópico y microscópico óptico, para desarrollar de manera específica el ámbito ultramicroscópico. Previamente, y como hemos expuesto en el Apartado 2.2 y en la Figura 1, debemos poseer un conocimiento de las propiedades y caracteres analíticos de la muestra en estudio que puedan influir directamente en la ultramicrofábrica.

3.1.- Descripción en los ámbitos macroscópico y microscópico óptico

Estudiaremos siempre muestras bien ubicadas y conocidas a nivel macroscópico ("magnificación" 1x), es decir, correctamente situadas en el paisaje, polipedon, pedon [18], perfil, horizonte y unidad jerárquica de la macroestructura [14, 16] (Figura 2).

En una mayoría de estudios de ultramicrofábrica, el nivel de observación microscópico óptico se reduce a la lupa binocular o estereomicroscopio, como una extensión de las observaciones de campo; moviéndonos siempre en la dimensionalidad 3D, la misma que el SEM. Los aumentos de trabajo están con frecuencia entre 5 y 20x (incluso, 50x), con un límite de resolución de ~0,1 mm. La lupa nos ayuda a conocer la jerarquización de la macroestructura y a seleccionar muestras y campos donde potencialmente debamos explorar tipos distintos de ultramicrofábrica.

Resulta idóneo también conocer las muestras en el nivel óptico de lámina delgada (microscopio petrográfico); aunque muchas veces esto no es posible, por la dificultad de la preparación, en relación con los largos tiempos requeridos para ella, junto a la especificidad de las técnicas de estudio óptico en el microscopio petrográfico. Los aumentos óptimos del microscopio óptico oscilan entre 10 y 200x, siendo su límite los 1000x (hasta 2000x). El límite de resolución del microscopio óptico se encuentra entre los 5-15 μm.

3.2.- Descripción del tipo de ultramicrofábrica del suelo

Nos encontramos ya en el ámbito propio de la Microscopía Electrónica de Barrido (SEM). No obstante, como zona de tránsito entre los ámbitos microscópico óptico y ultramicroscópico, y también como una exploración previa del material, partiremos de las observaciones con SEM a bajos aumentos (~20-50x), muy útiles como punto de inicio del trabajo con SEM (Figuras 2, 3).

El rango óptimo de las observaciones SEM recogidas en este capítulo y en muchos de los estudios del presente libro, se encuentra entre ~500 y 5000x (ejemplo son las Figuras 4, 5, 7, 9, 10, 11), con límite máximo de resolución de 7 nm (a 25 kV) (ver Capítulo I.2.1, en este mismo libro). En otros microscopios SEM, el rango de magnificación se duplica y triplica con eficacia, a la par que el límite de resolución alcanzable incrementa, entre 1,2 y 2 nm, a 20 y 30 kV de voltaje de aceleración, respectivamente (Capítulo I.2.1).

Nuestra propuesta de descripción del tipo de ultramicrofábrica del suelo (esquematizada en la Tabla 1), se realiza con los siguientes siete "elementos conformadores", que representan caracteres morfológico-organizativos definitorios de la fábrica SEM: 1.-Jerarquización; 2.-Unión entre láminas; 3.-Anisotropía; 4.-Cementación; 5.-Esqueleto; 6.-Porosidad y 7.-Patrón morfológico-genético.

3.2.1.- Jerarquización. Es un hecho sobradamente conocido en Edafología que las unidades de organización del suelo se agrupan sucesivamente, de menor a mayor tamaño. Un ejemplo al alcance de cualquier estudioso del suelo es el de los peds de la macroestructura, donde en la mayoría de los casos se observa su carácter jerárquico por la rotura sucesiva de las unidades mayores en otras de menor tamaño [14, 16]. La ultramicrofábrica no es distinta en este carácter, y resulta siempre fuertemente jerárquica; aunque este hecho sea poco conocido por los edafólogos debido a la necesidad de emplear SEM para observarlo.

Por ser fuertemente jerárquica la fábrica SEM, este primer elemento de la jerarquización resulta básico y muy definitorio dentro del esquema de descripción que proponemos.

Ante todo, debemos conocer qué entendemos por "unidad de fábrica SEM del suelo" (también podemos denominarlo "orden de fábrica SEM del suelo"), del mismo modo que en la macroestructura definíamos el ped [9]. Unidad de fábrica SEM del suelo es: "entidad física natural de la organización del suelo, producto de la edafogénesis, a cualquier nivel de escala de estudio con SEM, y que se reconoce de una manera repetitiva o es de gran interés". Estas unidades de fábrica SEM son las que se organizan de manera jerárquica.

Existen distintas clases (o niveles) de unidades de ultramicrofábrica que reciben nombres específicos y diferentes, de acuerdo a su tamaño y caracteres. De mayor a menor tamaño proponemos "micropeds", "clusters" y "dominios". Micropeds son de escala milimétrica (Figuras 2, 3) y se observan con bajos aumentos (~20-50x). Clusters y dominios, de escala micrométrica (aumentos ~500-5000x), son las unidades de organización típicas del SEM y las que resultan más definitorias de la génesis y tipo de la ultramicrofábrica. La mayoría de las veces, dentro de cada nivel existen nuevas jerarquías seriadas en tamaño, apareciendo los que podríamos denominar subniveles: micropeds que se dividen en otros micropeds menores, clusters formados por clusters más pequeños, etc.

El cluster (anglicismo significando "grupo de partículas"), consiste es una unidad de organización en la que se dividen los micropeds, formada por agrupación de dominios [27, 29, 30] con la posible participación de los granos de esqueleto (Figuras 2, 3, 4, 5, 8).

Finalmente, los dominios son la unidad de organización básica de la fábrica SEM, donde láminas primarias, tamaño arcilla (<2 μm) y limo fino (2-20 μm), se unen y apilan generalmente paralelas a una superficie [48] (Figura 5). Un concepto asimilable es el de "partículas de arcilla" [49]. En cualquier caso, dominio es un término referido fundamentalmente a los minerales de naturaleza filosilicatada conocidos como "minerales de la arcilla". Cabe que en suelos pobres en arcilla y limo fino los dominios planares de filosilicatos sean difíciles de reconocer, dominando los granos de esqueleto más o menos equidimensionales o incluso de formas con algunas tendencias planares.

Estas unidades jerárquicas de ultramicrofábrica (micropeds, clusters, dominios) requerirán una descripción de tamaño y de forma, aludiendo en este último caso a terminologías al uso en las ciencias y hasta en la vida cotidiana: "laminar", "plaquetar", "esferoidal", "poliédrica", "elipsoidal", "nuciforme", "framboidal", etc. Será interesante también informar de su composición elemental (con auxilio del EDX) y de su mineralogía (espectroscopía RAMAN y datos previos de difracción de rayos X, XRD).

Los dominios, tal como los hemos definido aquí, serán de formas esencialmente laminares o de plaqueta (dimensiones, x > y) (Figuras 5, 9, 10), pero también pueden, por un apilamiento de las láminas/plaquetas, generar "paquetes" (x < y). En ocasiones, para determinados grupos minerales, caso de las esmectitas, aparecen los "tactoides" o quasicristales (x >>> y), con láminas de muy pequeña talla y espesor nanométricos [27, 32] (Figura 6).

La relación geométrica relativa entre unidades dentro de cada clase, especialmente desde el punto de vista de su diferenciación y definición con respecto a las unidades contiguas, es un nuevo aspecto de la jerarquización. Proponemos para su estimación el "grado de individualización", formulado como: "carácter de las unidades fábrica-SEM, a cualquier nivel jerárquico (y subnivel), para distinguirse bien de las contiguas, por la existencia de vacíos que las separan o por el contrario compartir materia común entre ellas". Se evalúa con la escala en grados: máximo, medio y bajo. Las unidades muy bien definidas serán de máximo grado de individualización.

3.2.2.- Unión entre láminas. Describe, como su nombre indica, las relaciones entre láminas contiguas de tamaño arcilla (<2 μm) y limo fino (2-20 μm), en orden a unirse y constituir dominios. Indagaremos dos caracteres, no independientes entre sí: 1.- Modelo geométrico, 2.-Mecanismos.

1.- Modelo geométrico de unión entre láminas. Alude a las posibilidades de unión de una lámina con su contigua por el plano (la cara) o por el filo (el borde). Son clásicos los términos cara-cara, cara-borde, borde-borde y mixtos [36, 27, 33, 50, 51, 52, 53]. En todos estos modelos cabe la posibilidad de que las láminas compartan materia entre ellas, lo que nosotros hemos calificado con grado de individualización medio o bajo (Figura 5) y [53] denomina "láminas intercrecidas".

2.- Mecanismos de unión entre láminas. Las láminas pueden hallarse unidas, además de por compartir material común entre ellas, mediante cementos edáficos (humus, $CaCO_3$, formas libres de Fe, etc.), que se reconocen al SEM e incluso se pueden tipificar por su morfología (Figuras 10, 11) y por su composición (EDX) (Figura 8). O incluso, muchas veces, aparecen unidas sin que aparentemente se reconozca material entre ellas (por cationes, agua, fuerzas residuales, etc.).

3.2.3.- Anisotropía. Este elemento de la descripción hace referencia a la existencia de paralelismos preferentes en la orientación de los planos de las láminas (Figura 5). Aspecto muy interesante en suelos que permitirá detectar procesos como iluviación de arcillas, movimientos de la masa (Figura 9), etc.

Se evalúa el grado de anisotropía como: alto, medio, bajo y nulo. Aunque puede interesar más que el grado la relación de la anisotropía con las unidades de fábrica o su localización. Se da el caso frecuente de que una unidad de fábrica sea fuertemente anisotrópica y la siguiente, o la anterior, en jerarquía, no lo sea. O que el paralelismo de las láminas responda a un patrón cambiante (Figura 9).

3.2.4.- Cementación. Existencia de material cementante uniendo las partículas. Citada antes en los mecanismos de unión de láminas. Interesa describir su localización y composición con el auxilio de EDX. La cementación como proceso del suelo actúa a todos los niveles jerárquicos (Figuras 8, 10, 11). Vamos a describir fábricas donde la cementación domina, y en ese caso añadiremos el calificativo de 'cementadas'.

3.2.5.- Esqueleto. Constituido por granos minerales primarios de tamaños mayores que la arcilla (> 2 µm). Al ser primarios son no singenéticos con el suelo y, por tanto, heredados (Figuras 4, 8, 10).

Será interesante describir los siguientes rasgos: 1.- Abundancia aparente: mucho, medio, poco o sin esqueleto, estimada visualmente en la imagen; en su caso, el porcentaje puede medirse mediante análisis de imagen (IA). 2.- Naturaleza mineralógica, con el auxilio de los análisis de EDX y RAMAN, y los datos previos de XRD. 3.- Tamaño: rangos, media y moda de diámetros feret; igualmente auxiliados, si procede, con IA. 4.- Forma, según patrones habituales en Ciencias de la Tierra: "poliédrico", "planar", "esferoidal", "idiomorfo", "xenomorfo", "hipidiomorfo"…; incluso, se puede detallar la forma cristalina si es reconocible y el sistema cristalino al que pertenece. 5.- Rasgos morfológicos superficiales de alteración química/ modelado/ neoformación. 6.- Relaciones espaciales con las unidades jerárquicas, etc.

Los tamaños de limo grueso (20-50 µm) y arena (50 -2000 µm) son característicos del esqueleto. Su estudio específico con SEM, previa separación del resto de las fracciones, resulta altamente informativo de aspectos de la edafogénesis, por ejemplo, del material de partida del suelo. En este libro les dedicamos capítulos específicos (II.2.1, II.2.2., II.2.3).

3.2.6.- Porosidad. Alude a los huecos entre el material sólido, que potencialmente puede ocuparse por agua/aire. Es una propiedad altamente utilitaria en ecología, agricultura. Como elemento de la descripción al SEM, sus caracteres más interesantes son:

1. Abundáncia. Es la proporción relativa de poros en la imagen. Cualitativamente la porosidad se puede estimar en alta, moderada y baja, equivalente, respectivamente, a fábricas abiertas, relativamente densas y densas (empaquetadas), también aplicando los términos: muy porosas, porosas y poco porosas. Cuantitativamente, su porcentaje puede ser estimado con IA.

2. Tamaño. Diámetro proyectado máximo (rangos, media y moda (Figuras 7, 10)). Se puede medir con IA.

3. Distribución. Hace referencia a las relaciones de la porosidad con los órdenes jerárquicos. Los poros pueden situarse entre las unidades, separándolas, calificándose con el prefijo 'inter' (por ejemplo, "interclusters", "intermicropeds"). O bien estar dentro de la entidad física de las propias unidades, recibiendo el prefijo 'intra' (ejemplo, "intraclusters", etc). Generalmente la distribución es compleja, y se recomienda una descripción somera de su relación con las unidades jerárquicas, adicional a los prefijos inter o intra.

4. Forma y origen. Puede ser útil describir la forma en términos simples, como "grietas", poros intergranulares, poros de empaquetamiento, "vesículas", "cámaras". Cuando se pueda, se debe inferir el origen en relación con la morfología (Figura 7).

3.2.7.- ACTIVIDAD BIOLÓGICA. No se ha considerado como un elemento conformador de la fábrica individualizado del resto de elementos, aunque hay suelos que presentan evidencias significativas atribuibles a la acción de los seres vivos. Se recomienda su descripción en el contexto de los seis elementos anteriores ya descritos (ejemplos en Figura 2-jerarquización por raíces, Figura 7-porosidad de origen biológico y Figura 11-cementación ligada a los restos biológicos). Si adquieren suficiente identidad propia, se deben describir en un apartado separado de Observaciones.

3.2.8.- PATRÓN MORFOLÓGICO-GENÉTICO. El Patrón morfológico-genético (séptimo elemento conformador de la ultramicrofábrica), identifica el modelo morfológico de fábrica que responde a una génesis determinada. Resumiría todos los elementos conformadores (y sus caracteres) mencionados en los apartados anteriores (3.2.1 a 3.2.6) bajo una única denominación relativamente simple, identificada con un diseño y una imagen gráfica propia.

Elemento de descripción que se aplica esencialmente en los niveles jerárquicos de clusters-dominios (láminas), donde cada patrón distinto tiene una organización espacial singular, correspondiente a unas características diferentes en jerarquías existentes, proporciones de esqueleto, anisotropía, porosidad, unión entre láminas, etc.; lo que le confiere, como antes afirmábamos, un diseño y una imagen gráfica propia.

En ciencias afines a la Ciencia del Suelo, se han descrito y alcanzado fortuna como términos, patrones de fábrica SEM, a veces denominados tipos de estructuras (o microestructuras), muy conocidos, como fábrica "floculada", "agregada", "castillo de naipes", "panal de abejas", "dominios", "matriz", "esquelética", "laminar", "castillo de libros", "empaquetada", "esponjosa", "dispersa", etc. [27, 31, 33, 34, 50, 53].

Pero, en Ciencia del Suelo el patrón morfológico-genético no es un elemento de asignación sencilla. Primero, porque lo más frecuente es que en un horizonte de suelo coexistan varios patrones distintos; o lo que es lo mismo, el tipo de ultramicrofábrica de un suelo se describe como la suma de varios patrones situados en diferentes lugares y unidades de organización. Un ejemplo muy evidente de lo afirmado es el recogido en el Capítulo II.1.2 (de este mismo libro), referido a los horizontes Bt de Luvisoles/Calcisoles, donde al menos dos modelos de fábrica laminar coexisten. En la superficie de los micropeds, se describe fábrica laminar continua (masiva), cuya génesis se liga a la acumulación por iluviación de arcillas y formas de hierro (ferriargilanes). En el interior de los micropeds, los clusters laminares, también con génesis ligada a la acumulación de arcilla y formas de hierro, se curvan por los movimientos de la masa y adoptan otro patrón de fábrica laminar distinto y particular.

Nueva dificultad para la asignación del patrón morfológico-genético en suelos es que se han descrito muy pocos modelos posibles; es decir, no existe un catálogo completo. Debido a la escasez de estudios de SEM y a la complejidad de la Pedosfera. No obstante, se han descrito casos [1, 2, 3, 4, 5, 6, 7, 8, 35, 36, 54], a sumar a los que se exponen en las Figuras de este Capítulo y en los Capítulos del libro II.1.1 a II.1.6 y II.1.8. Proponemos términos como "laminar", "laminar cementada", "granular", "laminar continua o masiva", "laminar esquelética", "laminar reticulada", "esquelético-cementada", "laminar esquelético-cementada", "laminar floculenta", "castillo de naipes", "cementada coprogénica", "laminar en cuñas", "laminar en celdas", "tabicada", "laminar nuciforme", "laminar neoformada", etc.

4. Guía resumida para el estudio del tipo de ultramicrofábrica del suelo

Comenzamos volviendo a recordar que la fábrica SEM del suelo puede considerarse como un resultado integral de los procesos que actúan y afectan al suelo, y por ende su conocimiento es altamente informativo (del suelo). Tiene además muy en cuenta la génesis, la composición y las propiedades. Es por ello que resulta de gran interés su estudio. Para facilitar dicho estudio ofrecemos la Tabla 2, que expone una sinopsis de todo lo recogido previamente en este capítulo y puede emplearse como guía.

5. Conclusiones

Se ha propuesto una definición y procedimiento sistemático de descripción de la ultramicrofábrica del suelo, ante la inexistencia de antecedentes sobre estos tópicos altamente interesantes en la Ciencia del Suelo.

La definición formulada recoge no sólo los aspectos morfológicos observados en el SEM (con el apoyo del análisis compositivo EDX y mineralógico RAMAN), sino que tiene muy en cuenta las propiedades del suelo, su composición, y todo con el objetivo final de dilucidar su génesis.

La propuesta sistemática de descripción al SEM, que hemos denominado "Tipo de ultramicrofábrica del suelo", se articula en siete "elementos conformadores", que representan los más importantes caracteres morfológico-organizativos definitorios de la fábrica SEM: 1.-Jerarquización; 2.-Unión entre láminas; 3.-Anisotropía;

4.-Cementación, 5.-Esqueleto; 6.-Porosidad y 7.-Patrón morfológico-genético.

Esta metodología se ha aplicado con éxito en diversas casuísticas que se recogen en este capítulo y otros del presente libro, pero precisa de nuevas investigaciones que desarrollen y completen el registro de la ultramicrofábrica en el complejo mundo de la Pedosfera, algo en este momento bastante desconocido.

Soil SEM Ultramicrofabric.
A study Proposal [1]

Rafael Delgado Calvo-Flores

1. Introduction

1.1.- Soil fabric

In Earth Sciences, the term "fabric" comes from the German *gefüge*: microstructure. In Soil Science (Edaphology) the definition and extent of its use is attributed (according to Brewer [9]) to Kubiëna [10. 11], meaning "physical constitution of the material expressed by the relative arrangement of the soil constituents". Jongerius [12] includes in the fabric the associated pores, and Brewer [9] the size, shape and arrangement of the soil particles and spaces. Bullock et al. [13] extended the concept of the fabric to: "total organization (of the soil) expressed by the spatial arrangement of its constituents (solid, liquid and gaseous), its form, frequency, size, considered from a configurational, functional and genetic point of view". The latter authors (p. 10) also indicate different levels of soil observation arranged according to scale, whose study recommend: 1-field, 2-optical microscope and 3-electron microscope and associated techniques.

One concept close to fabric one is that of "structure". It considers not only the relative arrangement of constituents and spaces, but their impact on the formation of soil-specific aggregated (composed) particles [14, 15]. Natural structural aggregates are known as peds [14]. Structure is widely used in Soil Morphology, for classification and cartography [14, 16]. The fabric would then be the element of

---

1 Chapter based on the original (and unpublished) research work, entitled: *Study of red soils. Ultramicrofabric of Spanish and Italian Terras Rossas* (Delgado, R., (1993) [1]). This material has been supplemented by subsequent experience (up to the present date) from various research carried out by the Soil Science and Geopharmacy Research Group [2, 3, 4, 5, 6, 7, 8].

the soil structure which mentions the arrangement of the components [9]. In this chapter, we will not address the distinction between the terms "fabric *vs* structure". We chose only one of the terms, fabric, due to its close link to microscopic studies since its beginnings. However, we shall use the term fabric both in the description of the relative arrangement of soil constituents and spaces, and in their result on physical soil entities (units) themselves.

We will consider, first of all, the fabric as a physical property of the soil, closely related to its morphology. We shall reiterate the importance of this (the morphology), since it enabled Dokuchaev, for example, in 1883 [17], to lay the foundations of Soil Science, acknowledging that the soil was a natural body, independent of the underlying rock, with its own distinctive morphology and, consequently, worthy of a specific science for its study; even though the fabric of the soil transcends the morphology to reach the genesis, since the forms are a result of the pedogenetic processes that leave their morphological imprint. Similarly, the soil fabric will also be a function of the composition of the materials, especially the neo-formed materials, and in the same way as those inherited from the original material. On the other hand, knowledge of the fabric has other utilities in classification, use (quality evaluation), etc.

1.2.- Soil organizational levels arranged according to scale

We will cover four, which, in order of scale increase, are: Level-1, Macroscopic (1x magnification), typical of field studies. We start from the landscape, and in descending order we can observe: polypedon, pedon [18], profile, horizon and macrostructure (Figure 2). Level-2, Microscopic (optimal working magnification of 5 to 200x), typical of optical Micromorphology, which studies the organization at the fabric/microstructure level, through aspects such as: micro-aggregation, matrix, plasma, skeleton, traits, etc. [9, 10, 13]. Level-3, Ultramicroscopic, consisting mainly of observations with Scanning Electron Microscopy (SEM) (Figures 2, 3, 4, 5, 7, 8, 9, 10, 11), with optimal magnification between 20 and 5000x (with new equipment, the maximum limit increases considerably). We can also consider ultramicroscopic, Electron Transmission Microscopy (TEM) observations in their conventional techniques (10000-20000x). The characteristics we will study at this ultramicroscopic level are the subject of this chapter, as well as a large part of the SEM soil studies included in this book. Level-4, Submicroscopic, covers observations and records below the form, for example, at the level of the crystalline structure, and even the record of clearly non-morphological properties such as elemental or mineralogical composition. This level is achieved with special techniques of elementary microanalysis coupled with Electron Microscopy (EDX) (Figures 7, 8), High Resolution Transmission Electron Microscopy (HRTEM) (Figure 6), Electron Diffraction (SAED pattern) or Raman spectroscopy (RAMAN), etc.

1.3.- Bibliographical background of the description and study of soil fabric at the optical microscopic level

The fabric of the soil at the microscopic level (Level-2) was studied in-depth with petrographic optical microscope (polarized light) techniques, in thin sections, achieving great advances between the nineteen thirties and nineteen nineties (20th century), which undoubtedly contributed to the development and progress of soil science. We have previously cited some of its main references [9, 10, 11, 12, 13, 19, 20]. We can therefore refer to the 'great Micromorphology', which fostered schools of scientists and brought hundreds of specialists together in conferences [21, 22, 23, 24, 25, 26].

Many of these references include proposals for a systematic description of the soil fabric at this optical level.

Then, at the end of the 20th century, the interest and volume of research dedicated to the soil fabric viewed optically fell sharply. This was perhaps due to the difficulties in the technique of preparing thin sections, coupled with the complexity of their description and interpretation in the petrographic microscope, along with the growing disinterest of soil scientists in knowledge of the genesis of the soil, of which the fabric is very informative.

1.4.- Bibliographical background in the description and study of the soil fabric at the electron microscope level. Chapter objectives.

In Soil Science-related sciences such as Materials, Engineering (Geotechnics, Soil Mechanics), Sedimentology or Clay Science, the study of the fabric with SEM has seen great development and found practical utility [27, 28, 29, 30, 31, 32, 33, 34].

This was not the case in Soil Science, where there are very few studies dedicated to the soil fabric at this SEM level. Similarly, there are infinitely fewer previous studies than at the optical level, despite the fact that electron microscopy has made considerable progress since 1970 [35], in the last decades of the 20th century, and in the 21st century, largely replacing optical microscopy.

Most of the few SEM studies of soil have been dedicated to revealing specific aspects of the fabric, complementing the optical Micromorphology [36, 37, 38, 39, 20]. The use of SEM in clay illuviation studies [40], the genesis of fragipans [41], iron-manganese concretions [42] or calcium horizons [43] is particularly noteworthy. Likewise, SEM and associated techniques have been used for the specific study of pores, skeleton, composition, distribution of metals and minerals in relation to structure, contamination, etc. [i.e. 38, 44, 45]. Our Research Group, as we explained at the beginning of this chapter, has worked on partial aspects of the ultramicrofabric [1, 2, 3, 4, 5, 6, 7, 8], even proposing its definition [1, 2, 3].

However, in any case, there are no publications on the development of a specific method, as a proposal for concept and study, to systematically describe all aspects of the ultramicroscopic fabric (SEM) of the soil. This systematic development is the objective of this chapter.

2. Soil ultramicrofabric. A concept to be developed

2.1.- Terminology

We adopt the term "ultramicrofabric", preferred to "submicroscopic fabric" [35, 46], as we understand that the latter refers to a level below ('sub') the microscopic level observation (including electron microscopy). We have also found semantic support for this choice. By adding the prefix 'ultra' to the term 'micro', its meaning is transformed into "beyond what is classically understood as optical microscopy", which is undoubtedly electron microscopy. For its part, the addition of the prefix 'sub' to the term 'microscopic' could well be understood as 'below microscopic', that is, that we will reach dimensions that cannot usually be observed, such as the crystalline structure and/or elemental composition.

As we will primarly use the SEM technique, we will also use, together with "soil ultramicrofabric", the term "SEM fabric of the soil".

2.2.- Definition of the Soil Ultramicrofabric

We propose the following: "Organization of the soil at the SEM scale, observation, expressed by the spatial situation of its solid constituents and pores, their shape, frequency, size; from a configurational, functional, genetic, and compositional point of view, and of the various properties and characteristics that can influence the organization". For our case, we have adopted the classic definitions of "fabric" in Soil Science, cited at the beginning of the chapter [9, 10, 11, 12, 13], highlighting, however, the 'compositional' point of view, essential for understanding the fabric at this scale, and also the 'properties and characteristics that can influence the organization'. Accordingly, the composition and properties of the soil material are even collected as basic information in the footnotes of the Figures presented to illustrate the chapter (Figures 3 to 11).

The definition of the ultramicrofabric of the soil can also be conceived as a flow diagram (Figure 1), which leads us to progressively understand the entire concept proposed. We start from Level-1, which includes : classification of the soil, symbol of horizons, macrostructure, pH, physico-chemical properties, content and type of structuring agents and cementants (organic matter -humus-, free forms, calcium carbonates, sulfates), mineralogical composition -with emphasis on the type of clay-mineral-, and granulometry, also an important property in the physical organization of the soil. At the next level, Level-2, the SEM description of the constituent elements of the type of ultramicrofabric are verified, which we developed in the following Section 3.2. At Level-3, we reach the definition. Finally, in Level-4, we determine the genesis of the soil and the pedogenetic processes, since as previously defined, the ultramicrofabric of the soil exceeds the mere morphology, being involved and related not only with the composition and properties, but especially with the genesis.

2.3.- Physical reality of the soil ultramicrofabric

The complete data relating to the physical reality of soil organization can be questioned at all levels of study scale, due to the enormous spatial variability of soil properties. This has led, for example, to the definition of "pedon" at the macroscopic level [18,] or the definition of "fabric unit" at the microscopic level [13].

In the SEM ultramicromorphological field, the problem is exacerbated by the greater detail (micrometric and even nanometric) achieved in observation. We can therefore affirm that, in practice, it will be impossible to establish the complete physical reality of the soil ultramicrofabric, which we will refer to as "total of ultramicrofabric", composed of thousands, even millions, of different cases, depending on spatial and compositional variability. The total of ultramicrofabric is then unattainable (ideal) and its formulation is transformed into a concept.

We must therefore be settle for identifying and describing what we call the "type of ultramicrofabric" of the soil, or actual fabric of a well-located area on the scale of the SEM study. Two options are offered: a) the type may be the fabric most frequently seen in the observations, or b) the type may be the fabric most relevant, in the opinion of the microscopist, to the genetic, compositional or functional orders (adapting microscopy imaging segmentation techniques [47]).

The type of ultramicrofabric, unlike the total of ultramicrofabric, is physically locatable and its image can be captured in specific locations, although it will always present a certain conceptual character, and is not exempt from variability in its characteristics. In this way, many different types of ultramicrofabric can be defined in each soil. The more types we describe, the closer we get to the total of ultramicrofabric.

3. Type of soil ultramicrofabric. Proposal for a description system

Our system starts with a description in the levels macroscopic and microscopic optical, to develop the ultramicroscopic level in a specific way. Before this, and as we explained in Section 2.2 and Figure 1, we must have a knowledge of the properties and analytical characteristics of the sample in question that can directly influence the ultramicrofabric.

3.1.- Description at the levels macroscopic and microscopic optical

We will always study well placed and known samples at the macroscopic level (1x magnification), that is, correctly located in the landscape, polypedon, pedon [18], profile, horizon and hierarchical unit of the macrostructure [14, 16] (Figure 2).

In most ultramicrofabric studies, the level of optical microscopic observation is reduced to the binocular magnifier or stereomicroscope, as an extension of field observations, always moving in the 3D dimension, the same as SEM. Working magnifications are often between 5 and 20x (even 50x), with a resolution limit of ~0,1 mm. The magnifying glass helps us determine the hierarchy of the macrostructure and select samples and fields where we should potentially explore different types of ultramicrofabric.

It is also ideal to be familiar with the thin section of samples at the optical level (petrographic microscope), although often this is not possible due to the difficulty of preparation, linked to the long preparation times and the specificity of optical study techniques in the petrographic microscope. The optimal magnification of an optical microscope ranges from 10 to 200x, its limit being 1000x (up to 2000x). The resolution limit of an optical microscope is 5-15 μm.

3.2.- Description of the type of soil ultramicrofabric

We are already in the field of Scanning Electron Microscopy (SEM). However, as a transition zone between microscopic and ultramicroscopic levels, and also as a preliminary exploration of the material, we will start with observations with SEM at low magnification (~20-50x), which are very useful as a starting point for work with SEM (Figure 2, 3).

The optimal range of SEM observations collected in this chapter, and in many of the studies in this book, is approximately between 500 and 5000x (example are Figures 4, 5, 7, 9, 10, 11), with a maximum resolution limit of 7nm (at 25 kV) (see Chapter I.2.1, in this same book). In other SEM microscopes, the magnification range is effectively doubled and tripled, while the achievable resolution limit increases, between 1.2 and 2 nm, to 20 and 30 kV acceleration voltage, respectively (Chapter I.2.1).

Our proposal of description of the type of soil ultramicrofabric (presented in Table 1), is made with the following seven "constituent elements", representing morphological-organizational characteristics defining the SEM fabric: 1.-Hierarchy; 2.- Laminar bond; 3.-Anisotropy; 4.-Cementation; 5.-Skeleton; 6.-Porosity and 7.-Morphological-Genetic Pattern.

3.2.1.- Hierarchy. It is a well-known fact in Soil Science that the units of soil organization are grouped successively, from smaller to larger. An example available to any soil specialist is that of the peds of the macrostructure, where in most cases, its hierarchical character is observed by the successive breakage of the larger units into smaller ones [14, 16]. The ultramicrofabric is no different in this respect, and is always highly hierarchical, although this fact is little known by pedologists due to the requirement of observation using SEM.

Since the SEM fabric is highly hierarchical, this first element of the hierarchy is a basic and defining characteristic within the descriptive system we propose.

We must first understand the meaning of "SEM soil fabric unit" (we can also refer to this as "SEM fabric order the soil"), similar to how we defined the ped in the macrostructure [9]. The SEM soil fabric unit is the "natural physical entity of the soil organization, product of pedogenesis, at any scale of study with SEM, which is repeatedly observed or is of great interest". These SEM fabric units are organized hierarchically.

There are different classes (or levels) of ultramicrofabric units that are given specific and different names according to their size and characteristics. From larger to smaller, we propose "micropeds", "clusters" and "domains". Micropeds are on the millimeter scale (Figures 2, 3) and are observed at low magnifications (~20-50x). Clusters and domains, on the micrometric scale (magnifications ~500-5000x), are the typical organizational units of SEM and those that are more defining of the genesis and type of ultramicrofabric. In most cases, within each level there is also a new serial hierarchy in size, with the appearance of what we could call sublevels: micropeds that are divided into other smaller micropeds, clusters formed by smaller clusters, etc.

Clusters (meaning 'group of particles') consist of an organizational unit in which the micropeds are divided, formed in turn by the grouping of domains, with the possible participation of the skeleton grains [27, 29, 30] (Figures 2, 3, 4, 5, 8).

Finally, domains are the basic organizational unit of the SEM fabric, where primary platelets, clay size (<2 μm) and fine size (2-20 μm), are usually joined and stacked parallel to a surface [48] (Figure 5). An assimilable concept is "clay particles" [49]. In any case, the term domain primarily refers to minerals of phyllosilicate nature known as "clay minerals". It is possible that in soils poor in clay and fine silt, the planar domains of phyllosilicates are difficult to recognize, dominating the more or less equidimensional skeleton grains or even those with some planar tendencies.

These hierarchical units of ultramicrofabric (micropeds, clusters, domains), will require a description of size and form, alluding in the latter case to terminologies used in the sciences and even in everyday life: "laminar", "platelet", "spheroidal", "polyhedral", "ellipsoidal", "nuciform", "framboidal", etc. It is also interesting to report their elemental composition (with the help of EDX) and mineralogy (RAMAN and previous XRD data).

Domains, as defined here, will be essentially laminar or platelet forms (dimensions, x > y) (Figures 4, 8, 9), but they can also generate "packets" (x < y) through the stacking of the laminas/platelets. Occasionally, for certain mineral groups, such as smectites, tactoids or quasicrystals appear (x >>> y), with very small-sized laminae of nanometric thickness [27, 32] (Figure 6).

The relative geometric relationship between units within each class, especially from the point of view of their differentiation and definition with respect to contiguous units, is a new aspect of hierarchy. We propose the "degree of distinguishability", interpreted as: "the ability of the fabric-SEM units, at any hierarchical level (and sublevel), to be clearly distinguished from the contiguous ones, due to the existence of spaces that separate them or the sharing common matter between them". It is evaluated with a scale in degrees: maximum, medium and low. The very well defined units will have the maximum degree of distinguishability.

3.2.2.- Laminar bond. As the name suggests, this describes, the bonds between contiguous platelets of clay (<2 μm) and fine silt (2-20 μm) size, which join them and form domains. We will investigate two characteristics, which are not independent of one another: 1.- Geometric model, 2.-Mechanisms.

1.- Geometric model of bonds between laminae. This refers to the possibilities of joining a platelet with its adjacent unit by the plane (face) or by the border (edge). The terms face-face, face-edge, edge-edge and mixed are classic [36, 27, 33, 50, 51, 52, 53]. In all these models, it is possible that the platelet share matter between them, which we have qualified with medium or low degree of distinguishability (Figure 5) and [53] so-called "intergrown" platelets.

2.- Bonding mechanisms between laminae. In addition to sharing common material, laminae may be joined by soil cements (humus, $CaCO_3$, free forms of Fe, etc.) which are observed through SEM and can even be typified by their morphology (Figures 10, 11) and by their composition (EDX) (Figure 8). They may even often appear joined without any visible material between them (by cations, water, residual forces, etc.).

3.2.3.- Anisotropy. This element of the description refers to the existence of preferential parallels in the orientation of the plane of the platelets (Figure 5). This is a very interesting aspect in soils that will detect processes such as illuviation of clays, mass movements (Figure 9), etc.

The degree of anisotropy is evaluated as: high, medium, low and none. However, the relationship of anisotropy with fabric units or their location may be of more interest than the degree. It is often the case that one fabric unit is strongly anisotropic and the hierarchical superior or inferior unit is not, or that the parallelism of the plates responds to a changing pattern (Figure 9).

3.2.4.- Cementation. Existence of cementing material joining the particles. Cited above in the bonding mechanisms of laminae. It is of interest to describe its location and composition with the help of EDX. Cementation as a soil process acts at all hierarchical levels (Figures 8, 10, 11). We will describe fabrics where cementation dominates, and in this case we will add the qualification of "cemented fabric".

3.2.5.- Skeleton. Consisting of primary mineral grains larger than clay (> 2 μm). Since they are primary, they are non-syngenetic with the soil and therefore inherited (Figures 4, 8, 10).

It is of interest to describe the following features: 1.- Apparent abundance: great, medium, little or no skeleton, visually estimated in the image; if necessary, the percentage can be measured by image analysis (IA). 2.- Mineralogical nature, with the help of EDX and RAMAN analyses, and previous XRD data. 3.- Size: ranges, mean and mode of Feret diameters; also assisted, if applicable, with IA. 4.- Form, according to usual patterns in Earth Sciences: "polyhedral", "planar", "spheroidal", "idiomorphic", "xenomorph", "hypidiomorphic", etc.; the crystalline form can also be detailed if it is recognizable and the crystalline system to which it belongs. 5.- Superficial morphological traits of chemical alteration / modelling / neoformation. 6.- Spatial relations with hierarchical units, etc.

Coarse silt (20-50 μm) and sand (50 -2000 μm) sizes are characteristic of the skeleton. Its specific study with SEM, after separation from the rest of the fractions, is highly informative of aspects of pedogenesis, for example, the parent material of the soil. This book dedicates specific chapters to this (II.2.1, II.2.2, II.2.3).

3.2.6.- POROSITY. Refers to the pores between the solid material, which can potentially be occupied by water/air. It is a highly utilitarian property in ecology and agriculture. As an element of SEM description, its most interesting characteristics are:

1 Abundance. This is the relative proportion of pores in the image. Qualitatively, the porosity can be estimated as high, moderate, and low, equivalent, respectively, to open, relatively dense and dense (packed) fabrics, also using the terms: very porous, porous, and little porous. Quantitatively, its percentage can be estimated with IA.

2 Size. Maximum projected diameter (ranges, mean and mode (Figures 7, 10). Its size can be estimated with IA.

3 Distribution. Refers to its porosity relationships with hierarchical orders. Pores can be placed between units, separating them, qualifying them with the prefix 'inter' (for example, "intercluster", "intermicroped".). It can also be within the physical entity of the units themselves, given the prefix 'intra' (for example, "intracluster"), etc. Usually, the distribution is complex, and a brief description of its relationship with hierarchical units is recommended, in addition to inter or intra prefixes.

4 Shape and origin. It may be useful to describe form in simple terms, such as cracks, intergranular pores, packing pores, vesicles, chambers. When possible, origin should be inferred in relation to morphology (Figure 7).

3.2.7.- BIOLOGICAL ACTIVITY. This has not been considered as a constituent element of the fabric separate from the rest of the elements, although there are soils that present significant evidence attributable to the action of living beings. Its description is recommended in the context of the above six previously described elements (examples in Figure 2-hierarchy by roots, Figure 7-porosity of biological origin and Figure 11-cementation linked to biological remains). If there are sufficient identifying factors, they should be described in a separate section of Observations.

3.2.8.- MORPHOLOGICAL-GENETIC PATTERN. The Morphological-Genetic Pattern (seventh constituent element of the ultramicrofabric) identifies the morphological model of the fabric that matches a given genesis. It summarizes all the constituent elements (and their characteristics) mentioned in the previous sections (3.2.1 to 3.2.6) under a single relatively simple name, identified with a design and a graphic image of its own.

This is a descriptive element that is applied essentially in the hierarchical levels of clusters-domains (laminae), where each different pattern has a unique spatial organization, corresponding to different characteristics in existing hierarchies, skeleton proportions, anisotropy, porosity, laminar bonds, etc.; which, as we said before, gives it a design and a graphic image of its own.

In Soil Science-related sciences, SEM fabric patterns, sometimes called types of structures (or microstructures), have been described and seen success, including well-known terms such as "flocculated", "aggregate", "house of cards", "honeycomb", "domains", "matrix", "skeletal", "laminar", "book castle", "packaged", "spongy", "dispersed", etc. [27, 31, 33, 34, 50, 53].

However, in Soil Science, the Morphological-Genetic Pattern is not a simple assignment element. Primarily, as most commonly, several different patterns coexist within a soil horizon, or, similarly, the type of ultramicrofabric of a soil is described as the sum of several patterns located in different places and organizational units. A very clear example of this is given in Chapter II.1.2 (in this book), referring to the Bt horizons of luvisols/calcisols, where at least two models of laminar fabric co-exist. On the surface of the micropeds, continuous (massive) laminar fabric is described, whose genesis is linked to the accumulation by illuviation of clays and iron forms (ferriargillans). Inside the micropeds, the laminar clusters, also with genesis linked to the accumulation of clay and iron forms, are curved by mass movements and adopt another distinct and particular laminar fabric pattern.

A new difficulty for assigning a Morphological-Genetic Pattern in soils is that very few possible models have been described, that is, there is no complete catalogue, due to the scarcity of SEM studies and the complexity of the Pedosphere. However, cases [1, 2, 3, 4, 5, 6, 7, 8, 35, 36, 54], have been described, in addition to those described in the figures in this chapter and in Chapters II.1.1-II.1.6 and II.1.8 (in this same book). We propose terms such as "laminar", "cemented laminar", "granular", "continuous or massive laminar", "skeletal laminar", "cross-linked laminar", "skeletal-cemented", "skeletal-cemented laminar", "floculent laminar", "house of cards", "coprogenic cemented", "wedge laminar", "cell laminar", "partition-walls", "nuciform laminar", "neoformed laminar", etc.

4. Summary guide for the study of the type of soil ultramicrofabric

It should be reiterated that the soil SEM fabric can be considered as an integral result of the processes that act on and affect the soil, and therefore its understanding is highly informative (of the soil). It also takes into account the genesis, composition and properties. This is why its study is of great interest. To facilitate this study, we offer Table 2, which presents an overview of everything previously discussed in this chapter and can be used as a guide.

5. Conclusions

A definition and systematic procedure has been proposed to describe the ultramicrofabric of the soil, given the absence of previous references on these topics which are of great interest in Soil Science.

The formulated definition includes not only the morphological aspects observed through SEM (with the support of analysis compositional EDX and mineralogical RAMAN), but also takes into account the properties of the soil, its composition, all with the final objective of determining its genesis.

The systematic proposal of description through SEM, which we have named "Type of soil ultramicrofabric" is articulated through seven "constituent elements", which represent the most important morphological-organizational characteristics which define the SEM fabric: 1.-Hierarchy; 2.-Laminar bond; 3.-Anisotropy; 4.-Cementation, 5.-Skeleton; 6.-Porosity and 7.-Morphological-Genetic Pattern.

This methodology has been successfully applied in various studies that are included in this and other chapters of this book, but requires further research to develop and complete the record of the ultramicrofabric in the complex world of the Pedosphere, which is currently poorly understood.

TABLA 1. Descripción del tipo de Ultramicrofábrica del Suelo. Descripción ordenada y sucesiva de los 7 elementos conformadores.

ELEMENTO	DESCRIPCIÓN	
1. Jerarquización	Organización en Unidades de Fábrica SEM del suelo (entidad física natural de la organización del suelo, producto de la edafogénesis, a cualquier nivel de escala de estudio con SEM y que se reconoce de una manera repetitiva o es de gran interés). Unidades de Fábrica SEM del suelo (tamaño decreciente): • Micropeds: microagregados edáficos; escala milimétrica. • Clusters: unidad intermedia formada por unión de dominios; escala micrométrica. • Dominios: unidad básica de láminas primarias tamaño arcilla (<2 μm) y limo fino (2-20 μm) unidas y apiladas; escala micrométrica pudiendo alcanzar la nanométrica.	• Tamaño y forma. En los Dominios aparecen modalidades de forma por relación de dimensiones y tamaño: Laminares, Paquetes y Tactoides (nm). • Composición (EDX, RAMAN). • Grado de individualización. Máximo, medio y bajo.
2. Unión entre láminas	Relaciones entre láminas contiguas de tamaño arcilla (<2 μm) y limo fino (2-20 μm), en orden a unirse y constituir dominios.	• Modelo geométrico: cara-cara, cara-borde, borde-borde, mixto... • Mecanismos: sin aparente material de unión, con cementos, etc.
3. Anisotropía	Existencia de paralelismos preferentes en la orientación de los planos de las láminas.	• Grado: alto, medio, bajo, nulo .
4. Cementación	Existencia de material cementante uniendo partículas.	• Localización • Composición (EDX).
5. Esqueleto	Granos minerales primarios de tamaños mayores que la arcilla (>2 μm).	• Abundancia • Naturaleza mineralógica • Tamaño • Forma • Rasgos morfológicos superficiales. • Relaciones con las unidades jerárquicas de fábrica.
6. Porosidad	Huecos entre el material sólido.	• Abundancia • Tamaño • Distribución • Forma y origen.
7. Patrón morfológico-genético	Modelo morfológico de fábrica que responde a una génesis determinada. Se describe en los niveles jerárquicos de clústers-dominios.	• Denominación. Término relativamente simple, identificado con un diseño y una imagen gráfica propia. Proveniente de la bibliografía o definido en el propio trascurso del estudio. En Edafología no existe mucha casuística descrita y frecuentemente varios patrones coexisten en el mismo material.

TABLE 1. Description of the type of Soil Ultramicrofabric. Ordered and successive description of the 7 constituent elements.

ELEMENT		DESCRIPTION
1. Hierarchy	Organization of the soil into SEM fabric units (natural physical entity of the soil organization, product of pedogenesis, at any scale of study with SEM, which is repeatedly observed or is of great interest). SEM soil fabric units (decreasing size): • Micropeds: soil microaggregates; millimeter scale. • Clusters: intermediate unit formed by bonding of domains; micrometric scale. • Domains: basic unit of bonded and stacked laminae of clay (<2 µm) and fine silt (2-20 µm)-sized; scale which ranging from micrometric to nanometric.	• Size and shape. In the domains, there are different shapes qualified by dimensions and size: Laminar, Packet and Tactoid (nm). • Composition. EDX, RAMAN. • Degree of distinguishability. Maximum, medium and low.
2. Laminar bond	Relationship between contiguous clay (<2 µm) and fine silt (2-20 µm)-size laminae, when joining and forming domains.	• Geometric model: face-face, face-edge, edge-edge, mixed, etc. • Mechanisms: no apparent bonding material, with cements, etc.
3. Anisotropy	Existence of preferential parallels in the orientation of the plane of the laminae.	• Grade: high, medium, low, none.
4. Cementation	Existence of cementing material bonding particles.	• Location • Composition (EDX).
5. Skeleton	Primary mineral grains of sizes larger than clay (>2 µm).	• Abundance • Mineralogical nature • Size • Shape • Superficial morphological features. • Relations with hierarchical fabric units.
6. Porosity	Pores between solid material.	• Abundance • Size • Distribution • Shape and origin.
7. Morphological-Genetic Pattern	Fabric morphological model that matches a given genesis. It is described in the hierarchical levels of clusters-domains.	• Name. Relatively simple term, identified with its own graphic design and image. Originating from the bibliography or defined in the course of the study. There are few case studies described in Pedology, and often several patterns coexist in the same material.

Tabla 2. Guía resumida, en siete ítems, del estudio del tipo de Ultramicrofábrica del Suelo.

FASE	DESCRIPCIÓN
1. Planteamiento	La fábrica SEM puede considerarse como el resultado integral de los procesos que obran y afectan al suelo, y, por ende, su conocimiento es altamente informativo. Depende estrechamente de la composición y afecta a las propiedades del suelo.
2. Localización (preferente) del estudio	Horizontes del solum (A y B) del perfil de suelo, los más relevantes genéticamente. Partiremos también de los datos analíticos y mineralógicos necesarios.
3. Muestreo	Comienza en el campo. Seleccionaremos macroagregados que someteremos a observación con lupa binocular/esteromicroscopio para establecer las jerarquías visibles a simple vista y escoger las casuísticas más frecuentes de peds y micropeds.
4. Preparación de la muestra	Los agregados, previamente secos al aire, se adhieren a los portamuestras-SEM y se metalizan superficialmente para su observación. Condición indispensable es la existencia de superficies frescas (no alteradas), tanto naturales como de rotura.
5. Técnica SEM	Las observaciones a SEM comienzan en los bajos aumentos (~20-50×), e irán incrementándose progresivamente según las necesidades de la descripción. El rango más usual de trabajo es entre ~500 y 5000×. Frecuentemente trabajamos en señal de detección de electrones secundarios (SE), con el auxilio de microanálisis de rayos X (EDX), análisis de imagen (IA) y ocasionalmente espectrómetro RAMAN.
6. Descripción de los siete elementos conformadores	Descripción en el SEM de: 1.-Jerarquización; 2.-Unión entre láminas; 3.-Anisotropía; 4.-Cementación, 5.-Esqueleto; 6.-Porosidad y 7.-Patrón morfológico-genético. Situaciones más frecuentes o más interesantes morfológica/compositiva// genéticamente. Este proceso descriptivo a pesar de realizarse en secuencia ordenada de: a) escala de observación, de menor a mayor; b) siete elementos conformadores (desde el 1-Jerarquización al 7-Patrón morfológico-genético), generalmente requiere volver atrás varias veces para consultar y afianzar las observaciones.
7. Informe	Termina de conformar nuestro estudio el análisis final cuidadoso del catálogo de las imágenes obtenidas a distintas escalas, junto a la información de los espectros EDX y RAMAN y las medidas de análisis de imagen (IA). Todo lo cual debe plasmarse en un informe completo con exposición de resultados, su discusión y conclusiones. Es esencial huir de la mera descriptiva y tratar de buscar relaciones de la ultramicrofábrica del suelo con la génesis y los aspectos compositivos; también con su clasificación y propiedades.

Table 2. Summary guide containing seven items, for the study of the type of Soil Ultramicrofabric.

FASE	DESCRIPTION
1. Proposal	The SEM fabric can be considered as the integral result of the processes that act on and affect the soil, and, therefore, its understanding is highly informative. It is closely linked to the composition and affects soil properties.
2. (Preferred) location of the study	The most genetically relevant horizons of solum (A and B) of the soil profile. We will also start with the necessary analytical and mineralogical data.
3. Sampling	Starts in the field. We will select macroaggregates that we will observe with a binocular magnifying glass/stereomicroscope to establish the hierarchies visible to the naked eye and choose the most frequent cases of peds and micropeds.
4. Preparation of the sample	The pre-air-dried aggregates adhere to the SEM-holders and are metal-coated for observation. An essential condition is the existence of fresh (undisturbed) surfaces, both natural and broken.
5. SEM technique	SEM observation begin at low magnification ($\sim$20-50$\times$), and will progressively increase as required by the description. The most common working range is between $\sim$500 and 5000$\times$. We often work in secondary electron detection mode (SE), with the help of X-ray microanalysis (EDX), image analysis (IA) and occasionally RAMAN spectrometer.
6. Description of the seven constituent elements	SEM description of: 1.-Hierarchization; 2.-Laminar bond; 3.-Anisotropy; 4.-Cementation, 5.-Skeleton; 6.-Porosity and 7.-Morphological-Genetic Pattern. More frequent or more interesting morphological/compositive/genetic examples. Despite being carried out in an ordered sequence of: a) observation scale, from smaller to larger; b) seven constituent elements (from 1-Hierarchization to 7-Morphological-Genetic Pattern), this descriptive process usually requires going back several times to consult and consolidate observations.
7. Report	We complete our study with the careful final analysis of the catalogue of images obtained at different scales, together with the information from the EDX and RAMAN spectra and the image analysis (IA) measurements, all of which should be reflected in a complete report with results, discussion and conclusions. It is essential to avoid mere description, and instead try to look for relationships between the ultramicrofabric of the soil with genesis and compositional aspects, as well as with its classification and properties.

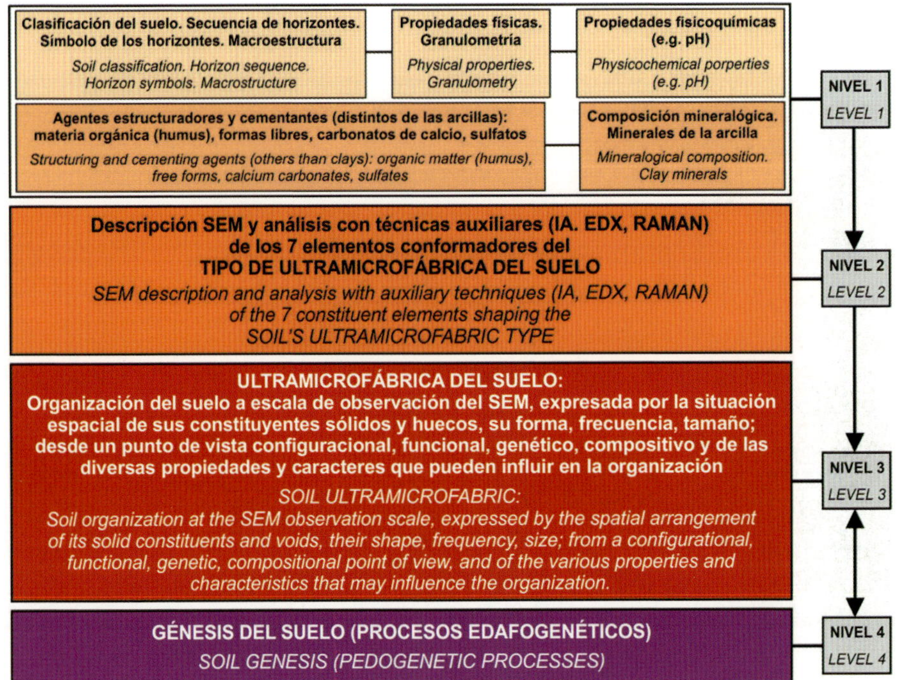

Figura 1. Definición de Ultramicrofábrica del suelo. Diagrama de flujo en niveles de aproximación sucesiva. Nivel 1: Caracteres, propiedades y componentes. Nivel 2: Descripción del Tipo. Nivel 3: Definición. Nivel 4: Génesis del suelo.

Figure 1. Definition of the soil Ultramicrofabric. Flow diagram at successive approximation levels. Level 1: Characteristics, properties and components. Level 2: Type description. Level 3: Definition. Level 4: Soil genesis.

Figura 2. Tarjeta conmemorativa del día mundial del suelo (5-12-2014), mostrando, de derecha a izquierda tres ámbitos del suelo a diferentes escalas: 1-Paisaje de Sierra Nevada (Granada), a 2400 metros de altura; 2- Perfil de Humic Dystrochrept, horizonte Ah [55, 56]; 3-Imagen SEM de microped migajoso de ~1mm de diámetro, jerarquizado en clusters de unas 200 µm, a lo que colaboran las abundantes raicillas. Técnicas SEM en Capítulo I.2.1, MET-AU, SEM-H-510-DIG.

Figure 2. World Soil Day commemorative card (4-12-2014), showing from right to left three soil levels at different scales: 1-Landscape of the Sierra Nevada (Granada), at an altitude of 2400 meters; 2- Humic Dystrochrept profile, Ah horizon [55, 56]; 3-SEM image of a crumby microped with a ~1 mm diameter, hierarchized in clusters of ~200 µm, with abundant rootlets. SEM techniques in Chapter I.2.1, MET-AU, SEM-H-510-DIG.

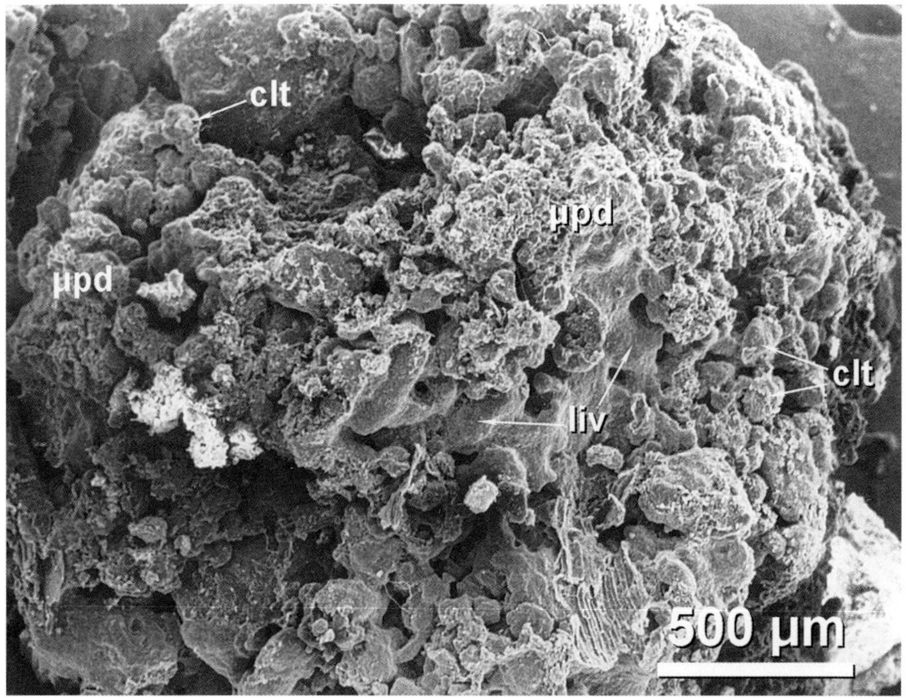

Figura 3. Elemento conformador de la ultramicrofábrica: Jerarquización. Perfil Boca de la Pescá (Granada), Haploxeralf. Microped de horizonte Bt (pH, 8,2; carbonatos, 45 %; franco; Fe*cd*, 1,5 %; arcilla illita > 50 %, [1]), de ~2 mm, esferoidal, con zonas de lavado-iluviación (**liv**), y otras donde muestra la jerarquización en micropeds (**μpd**) de ~0,3 mm y bajo grado de individualización, que dan paso a clusters esferoidales (**clt**) de ~100-200 μm. Técnicas SEM en Capítulo I.2.1, MET-AU, SEM-H-510-FOT.

Figure 3. Constituent element of the ultramicrofabric: Hierarchy. Boca de la Pescá profile (Granada), Haploxeralf. Microped of Bt horizon (pH 8.2; carbonates, 45 %; franc; Fe*cd*, 1.5 %; illite clay > 50 %, [1]), of ~2 mm, spheroidal, with wash-illuviation zones (**liv**), and others showing the microped hierarchy (**μpd**) of ~0.3 mm and low degree of distinguishability, which lead to spheroidal clusters (**clt**) of ~100-200 μm. SEM techniques in Chapter I.2.1, MET-AU, SEM-H-510-FOT.

Figura 4. Elementos conformadores de la ultramicrofábrica: Jerarquización y Patrón morfológico-genético. Perfil Sierra de Cázulas (Granada), Haploxeralf, horizonte Bt (estructura bloques angulares; francoarcilloso; pH, 8,1; CaCO$_3$ equiv. 0,81 %; Fe*cd*: 3,7 %; mineralogía arcilla: 32 % illita, 32 % esmectita/vermiculita, 36 % caolinita [1]). Diseño HEUR (esquina inferior izquierda, **A**): Clusters heterométricos (*Cl*) de grado medio de individualización, compuestos por láminas, con abundantes granos de esqueleto. Fábrica laminar esquelética. Técnicas SEM en Capítulo I.2.1, MET-AU, SEM-H-510-FOT, HEUR. El recuadro indica el área estudiada en la siguiente figura.

Figure 4. Constituent elements of the ultramicrofabric: Hierarchy and Morphological-Genetic Pattern. Sierra de Cázulas profile (Granada), Haploxeralf, Bt horizon (angular block structure; francoclay; pH 8.1; CaCO$_3$ equiv. 0.81 %; Fe*cd*: 3.7 %; clay mineralogy: 32 % illite, 32 % esmectite/vermiculite, 36 % kaolinite [1]). HEUR design (bottom left corner, **A**): Heterometric clusters (*Cl*) with medium degree of distinguishability, composed of platelets, with abundant skeleton grains. Skeletal laminar fabric. SEM techniques in Chapter I.2.1, MET-AU, SEM-H-510-FOT, HEUR. The box indicates the area studied in the following figure.

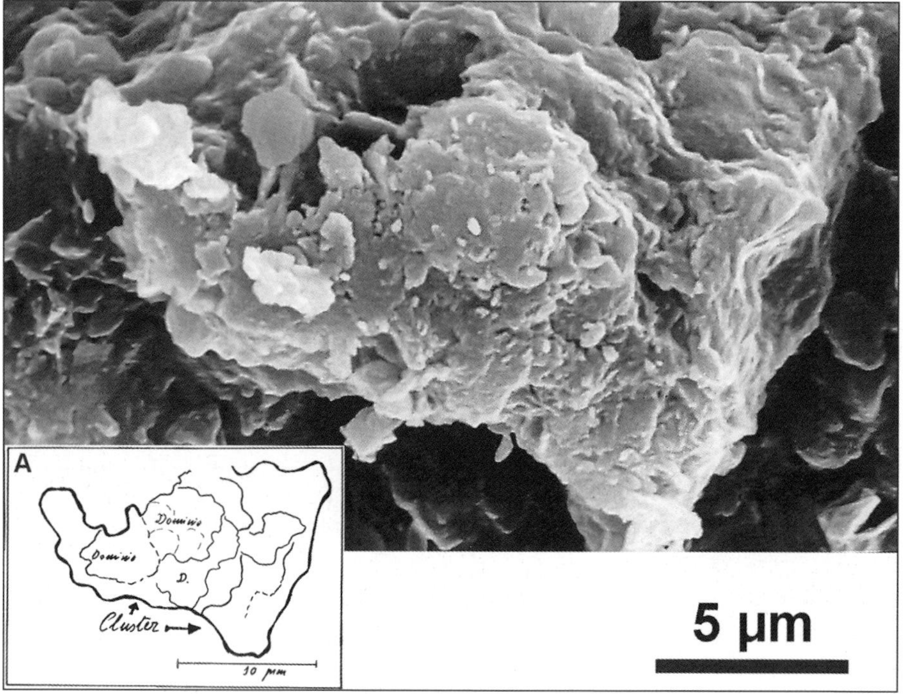

FIGURA 5. Elementos conformadores de la ultramicrofábrica: Jerarquización y Anisotropía. Detalle de la anterior imagen (recuadro). Diseño HEUR (esquina inferior izquierda, **A**): Cluster planar (media diámetro ~20 μm), se resuelve en dominios discoidales (pseudocirculares), de ~5 μm, formados por plaquetas de ~2 μm, con grado de individualización bajo a medio. Anisotropía cercana a total. Fábrica laminar apilada. Técnicas SEM en Capítulo I.2.1, MET-AU, SEM-H-510-FOT, HEUR.

FIGURE 5. Constituent elements of the ultramicrofabric: Hierarchy and Anisotropy. Detail of the previous image (box). HEUR design (bottom left corner, **A**): Planar heterometric cluster (mean diameter ~20 μm) result in discoidal (pseudocircular) domains of ~5 μm, formed by platelets of ~2 μm, with low-to-medium degree of distinguishability. Almost total anisotropy. Stacked laminar fabric. SEM techniques in Chapter I.2.1, MET-AU, SEM-H-510-FOT, HEUR.

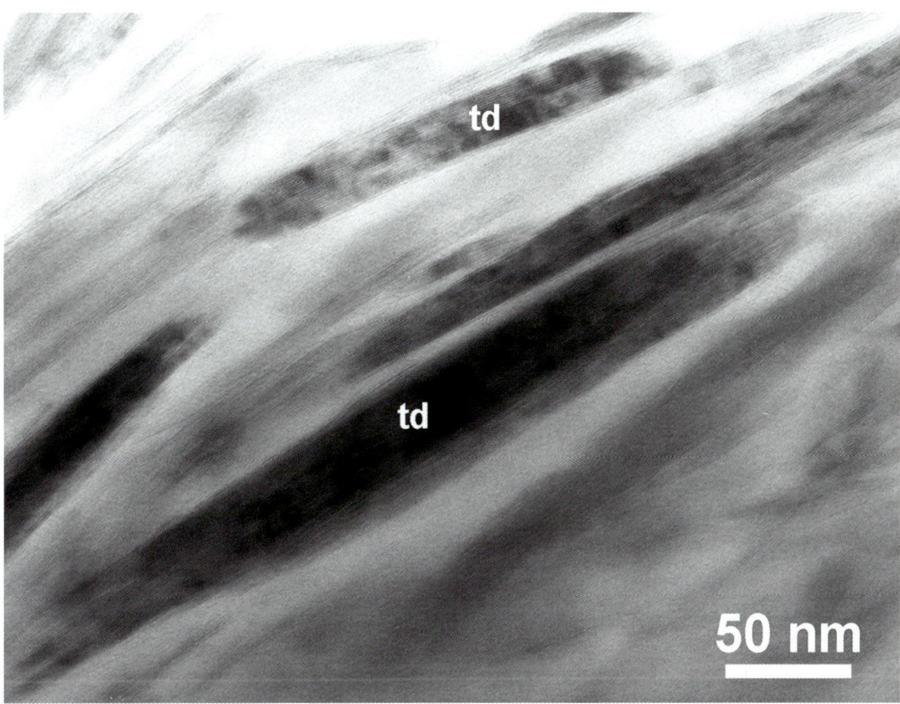

Figura 6.- Ámbito de observación submicroscópico: Nanoescala. Lixic Calcisol (Jaén, España), horizonte Bt, fracción arcilla (<2 μm) (arcilla 41,7 %; pH 7,8; CaCO$_3$ equiv. 4,4 %; Fe*cd* 2,88 %; filosilicatos 2:1 arcilla ricos en esmectita 81 %) [2]. Tactoides de esmectita (**td**), con forma de huso, de 50-150 nm de longitud y 5-20 nm de anchura. Técnica de estudio, Microscopía Electrónica de Transmisión de Alta Resolución (HRTEM), detector Philips CM20 Scanning Transmision Electron Microscope (STEM) (CIC-UGR).

Figure 6.- Submicroscopic level of observation: Nanoscale. Lixic Calcisol (Jaén, Spain), Bt horizon, clay fraction (<2 μm) (clay 41.7 %; pH 7.8; CaCO$_3$ equiv. 4.4 %; Fe*cd* 2.88 %; phyllosiliates 2:1 clay rich in emectite 81 %) [2]. Smectite tactoids (**td**), spindle-shaped, 50-150 nm long and 5-20 nm wide. Study technique: High-Resolution Transmission Electron Microscopy (HRTEM), Philips CM20 Scanning Transmission Electron Microscope (STEM) detector (CIC-UGR).

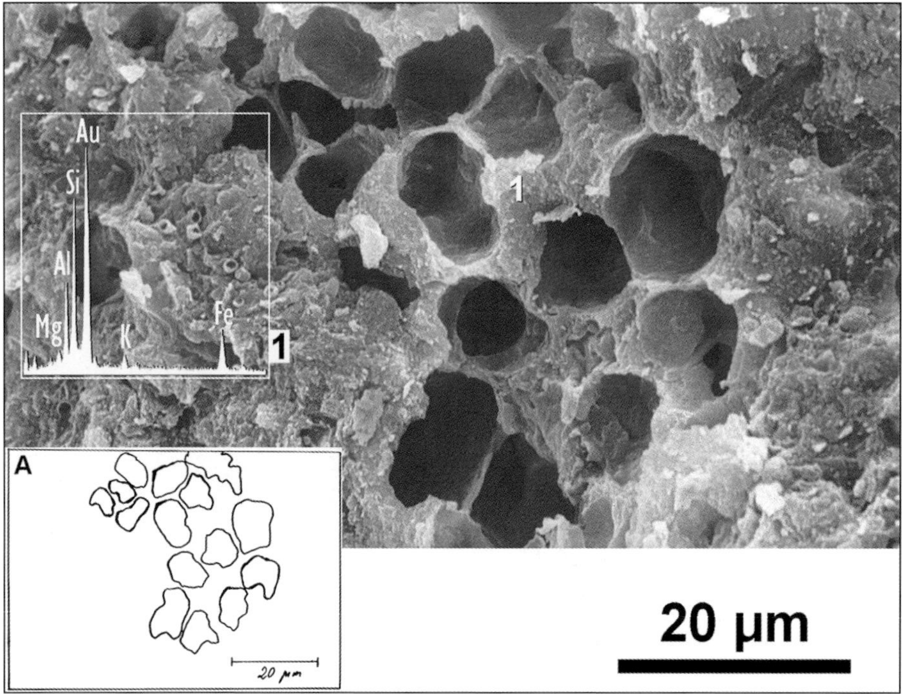

FIGURA 7. Elemento conformador de la ultramicrofábrica: Porosidad. Perfil Loja 2, Palexeroll (Granada), horizonte Bt (pH 8; sin carbonatos; arcilloso; *Fecd*: 7 %; mineralogía arcilla: 19 % illita, 45 % esmectita/vermiculita, 36 % caolinita [1]). Porosidad en celdas (5-10 μm), a modo de colonia de actividad biológica (ver diseño HEUR, esquina inferior izquierda, **A**) con posible colaboración de iluviación de arcillas y formas de hierro. El sitio de interés de fábrica se identificó como patrón laminar en celdas. La fábrica laminar compacta que envuelve al agrupamiento de poros se debe a la iluviación. Técnicas SEM en Capítulo I.2.1, MET-AU, SEM-H-510-DIG, EDX-ER, HEUR.

FIGURE 7. Constituent element of the ultramicrofabric: Porosity. Loja 2 profile, Palexeroll (Granada), Bt horizon (pH 8; carbonate-free; clayey; Fe*cd*: 7 %; clay mineralogy: 19 % illite, 45 % esmectite/vermiculite, 36 % kaolinite [1]). Porosity in cells (5-10 μm), as a colony of biological activity (see HEUR design, bottom left corner, **A**) with possible involvement of illuviation of clays and iron forms. The site of fabric interest was identified as a cell laminar pattern. The compact laminar fabric that surrounds the pore grouping is due to illuviation. SEM techniques in Chapter I.2.1, MET-AU, SEM-H-510-DIG, EDX-ER, HEUR.

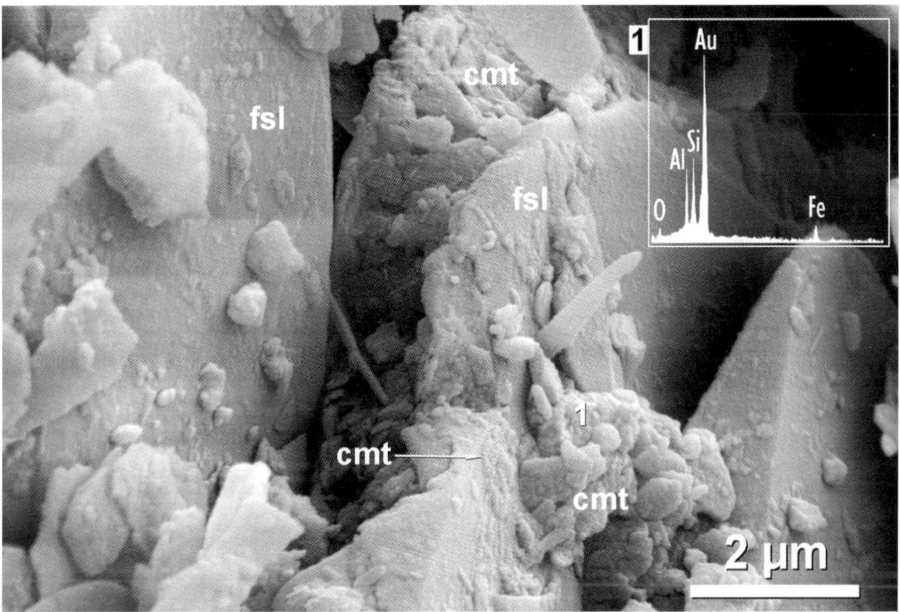

Figura 8.- Elemento conformador de la ultramicrofábrica: Cementación. Cryorthent típico. Sierra Nevada (Granada, España). Fábrica esquelética (laminar), porosa, formada por granos de esqueleto (primarios) de tamaño limo fino (10-20 µm) groseramente laminares (**fsl**). La acción de los escasos cementos edáficos (formas de Fe, humus) (**cmt**) se percibe como recubrimiento sobre la superficie de los granos y algunos montones (pequeños clusters), que hacen de puentes de unión. EDX (**1**) de filosilicatos y formas de hierro. El carácter erosivo y poco evolucionado del suelo se percibe también desde la ultramicrofábrica. Técnicas en Capítulo I.2.1, MET-AU, FESEM-GEMINI, EDX-OXFORD10.

Figure 8.- Constituent element of the ultramicrofabric: Cementation. Typical Cryorthent. Sierra Nevada (Granada, Spain). Skeletal fabric (laminar), porous, formed by coarsely laminar (10-20 µm) fine silt-sized skeleton grains(primary) (**fsl**). The action of the few soil cements (forms of Fe, humus) (**cmt**) is observed as a coating on the surface of the grains and some piles (small clusters), which act as bonding agents. EDX (**1**) of phyllosilicates and iron forms. The erosive and poorly developed character of soil is also observed from the ultramicrofabric. Techniques in Chapter I.2.1, MET-AU, FESEM-GEMINI, EDX-OXFORD10.

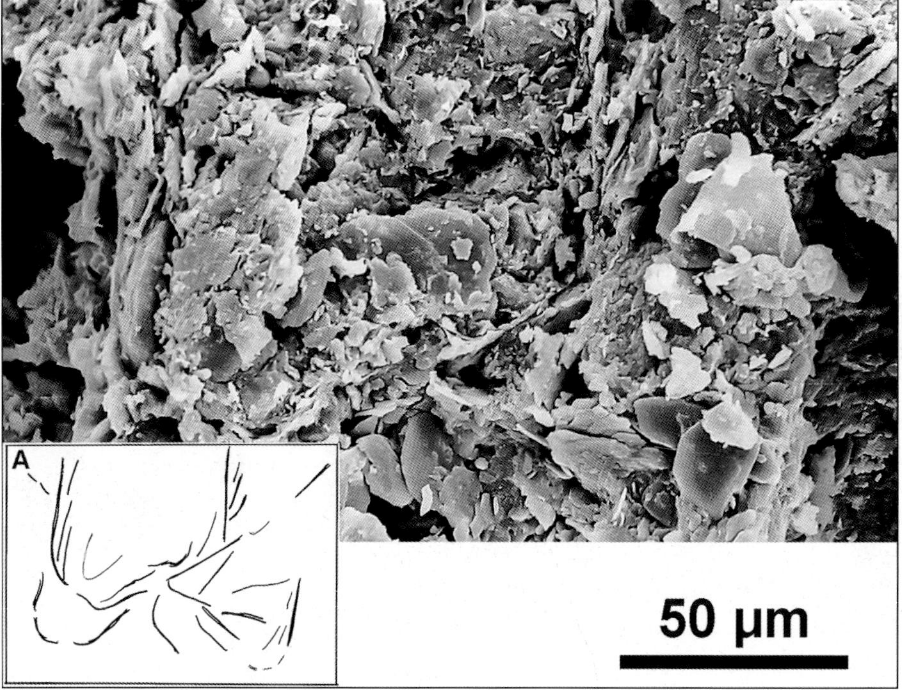

Figura 9.- Elementos conformadores de la ultramicrofábrica: Jerarquización, Anisotropía y Patrón morfológico-genético. Perfil Sabinas (Granada), Haploxeralf, horizonte Bt (estructura migajosa, pH 8,0; sin carbonatos; francoarcilloso; Fecd 5 %; mineralogía arcilla: illita 40 %, esmectita/vermiculita 45 %, caolinita 15 % [1]). Clusters parecidos a tejas (o cuñas) (diseño HEUR, esquina inferior izquierda, **A**), de ~100-200 μm, compuestos por láminas apiladas (y curvadas) de <50 μm, se organizan según direcciones preferentes. Anisotropía localizada. Patrón morfológico-genético laminar en cuñas. Originada por movimientos de la masa del suelo, a favor de la ladera, durante el deshielo primaveral. Técnicas SEM en Capítulo I.2.1, MET-AU, SEM-H-510-FOT, HEUR.

Figure 9.- Constituent elements of the ultramicrofabric: Hierarchy, Anisotropy and Morphological-Genetic Pattern. Sabinas profile (Granada), Haploxeralf, Bt horizon (crumb structure, pH 8.0; carbonate-free; francoclayey; Fecd 5 %; clay mineralogy: illite 40 %, esmectite/vermiculite 45 %, kaolinite 15 % [1]). Tile-like clusters (or wedges) (HEUR design, bottom left corner, **A**) of ~100-200 μm, consisting of stacked (and curved) laminae of <50 μm, are arranged in preferred directions. Localized anisotropy. Laminar Morphological-Genetic Pattern in wedges. Originated by movements of the soil mass down the mountainside during the spring thaw. SEM techniques in Chapter I.2.1, MET-AU, SEM-H-510-FOT, HEUR.

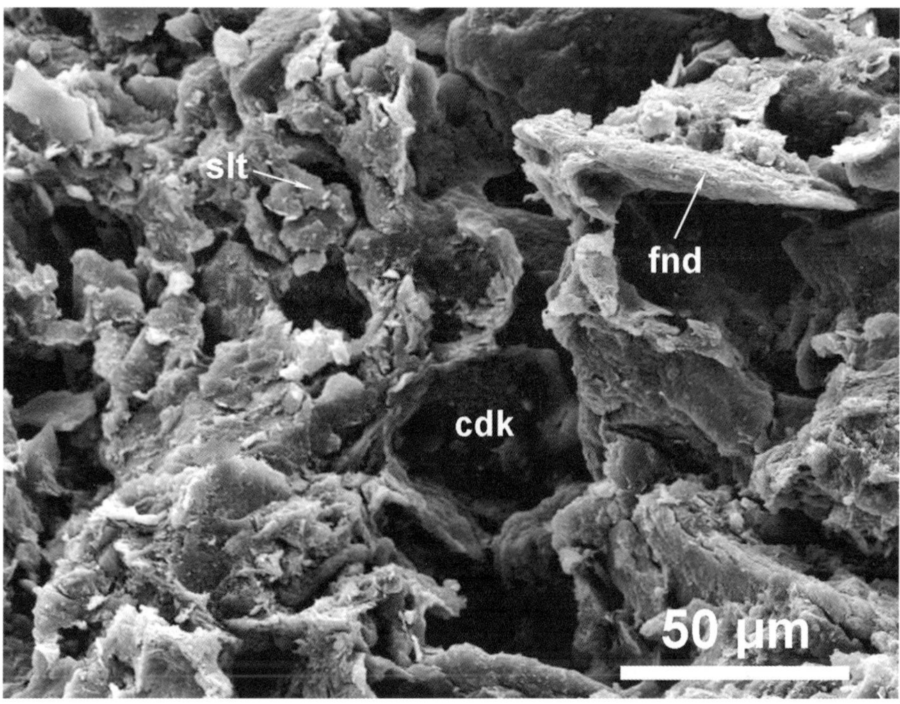

Figura 10. Elemento conformador de la ultramicrofábrica: Patrón morfológico-genético. Perfil Generalife 1 (Granada), Regosol de origen antrópico, horizonte 4Cb (francolimoso, C.O. 0,59 %; CaCO$_3$ equiv. 1,2 %; Fe*cd* 1,91 %; illita en arcilla 68 %). Interior de micropeds. Patrón de fábrica, laminar con tabiques generada por apilamiento de láminas/plaquetas y cementación. Aparecen celdas (**cdk**), cuyo centro es un poro de 20–50 µm de diámetro. Se observan granos de esqueleto de arena fina (**fnd**) y láminas de limo (**slt**). Adaptada de Fig. 4d, pag. 220 [54]. Técnicas SEM en Capítulo I.2.1, MET-AU, SEM-H-510-DIG.

Figure 10. Constituent element of the ultramicrofabric: Morphological-Genetic Pattern. Generalife 1 profile (Granada), Regosol of anthropic origin, 4Cb horizon (silty loam, C.O. 0.59 %; CaCO$_3$ equiv. 1.2 %; Fe*cd* 1.91 %; illite in clay 68 %). Interior of micropeds. Fabric pattern is laminar with partition-walls, generated by stacking of plates and cementation. Appearance of cells (**cdk**) with a 20-50 µm-diameter central pore. Grains of fine sand skeleton (**fnd**) and silt platelets (**slt**) are observed. Adapted from Fig. 4d, p. 220 [54]. SEM techniques in Chapter I.2.1, MET-AU, SEM-H-510-DIG.

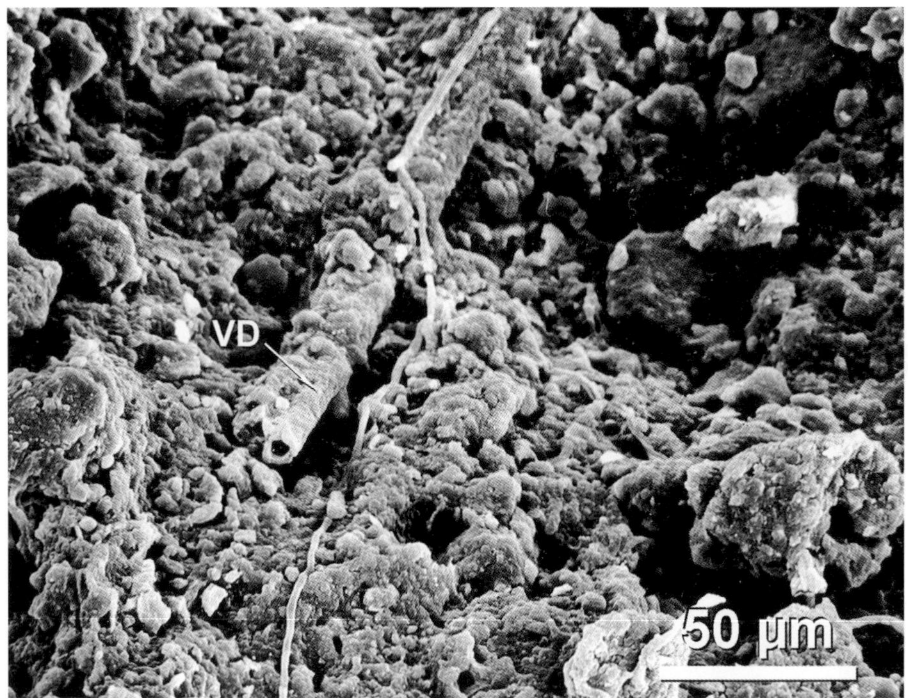

Figura 11. Elemento conformador de la ultramicrofábrica: Cementación. Perfil Rif-1 (Marruecos), Haploxeralf móllico, horizonte Ah (10,7 % arena; 47,6 % limo; 5,12 % MO; pH 8,1; 2,41 % Fe*cd*; 24,1 % CaCO$_3$). Superficie de microped de ~0,02 mm^2. Los cementos edáficos (materia orgánica, carbonatos y hierro libre) cubren restos vegetales (**VD**) incorporándolos al material de suelo, como una fase del proceso de humificación. Técnicas SEM en Capítulo I.2.1, MET-AU, SEM-H-510-FOT.

Figure 11. Constituent element of the ultramicrofabric: Cementation. Rif-1 profile (Morocco), Mollic Haploxeralf, Ah horizon (10.7 % sand; 47.6 % silt; 5.12 % MO; pH 8.1; 2.41 % Fe*cd*; 24.1 % CaCO$_3$). Surface of microped of ~0.02 mm^2. Soil cements (organic matter, carbonates and free iron) cover plant remains (**VD**), incorporating them into the soil material, as a stage of the humification process. SEM techniques in Chapter I.2.1, MET-AU, SEM-H-510-FOT.

Referencias
References

[1] DELGADO, R. 1993. *Ultramicrofábrica de terras rossas españolas e italianas.* En: Trabajo Original de Investigación, *Estudio de suelos rojos.* Concurso-oposición de plaza de Cátedra de Universidad, Área de Conocimiento de Edafología y Química Agrícola. Universidad de Granada. Inédito.

[2] CALERO, J. 2005. *Génesis de la fracción mineral y de la ultramicrofábrica en una cronosecuencia de suelos sobre terrazas del río Guadalquivir.* Tesis Doctoral. Universidad de Granada. https://digibug.ugr.es/handle/10481/809

[3] CALERO, J., DELGADO, R., DELGADO, G. y MARTÍN-GARCÍA, J.M. 2009. *SEM image analysis in the study of a soil chronosequence on fluvial terraces of the middle Guadalquivir (southern Spain).* European Journal of Soil Science 60(3), 465-480.

[4] MARTÍN-GARCÍA, J.M., ARANDA, V., GÁMIZ, E., BECH, J. y DELGADO, R. 2004. *Are Mediterranean mountains Entisols weakly developed? The case of Orthents from Sierra Nevada (Southern Spain).* Geoderma 118, 115-130.

[5] DELGADO, R., MARTÍN-GARCÍA, J.M., CALERO, J., CASARES-PORCEL, M., TITO-ROJO, J. y DELGADO, G. 2007. *The historic man-made soils of the Generalife garden (La Alhambra, Granada, Spain).* European Journal of Soil Science 58 (1), 215-228.

[6] SÁNCHEZ-MARAÑÓN M., SORIANO M., DELGADO G. y DELGADO, R. 2002. *Soil quality in Mediterranean mountain environments: Effects of land use change.* Soil Science Society of America Journal 66, 948-958.

[7] DELGADO, R., SÁNCHEZ-MARAÑÓN, M., MARTÍN-GARCÍA, J.M., ARANDA, V., SERRANO-BERNARDO, F. y ROSÚA, J.L. 2007. *Impact of ski pistes on soil properties: a case study from a mountainous area in the Mediterranean region.* Soil Use and Management 23, 269-277.

[8] SÁNCHEZ-MARAÑÓN, M., MARTÍN-GARCÍA, J.M. y DELGADO, R. 2011. *Effects of the fabric on the relationship between aggregate stability and color in a Regosol-Umbrisol soilscape.* Geoderma 162, 86-95.

[9] BREWER, R. 1964. *Fabric and minerals analysis of Soils.* Willey and Sons, New York.

[10] KUBIËNA, W.L., 1938. *Micropedology,* Collegiate Press, Inc, Iowa.

[11] KUBIËNA, W.L., 1953. *Claves sistemáticas de suelos* (traducción de Ángel Hoyos). CSIC. Madrid.

[12] Jongerius, A. 1957. *Morfologische onderzoekingen over de bodemstructuur*. Ph. D. Thesis Agricultural State. Wageningen University and Research.

[13] Bullock, P., Fedoroff, N., Jongerirus, A., Stoops, G., Tursina, T. y Babel, U. 1985. *Handbook for soil thin section description*. Waine Research.

[14] United States Department of Agriculture (USDA). Soil Science Division Staff. 2017. *Soil Survey Manual*. Agriculture Handbook No. 18.

[15] Lal, R. y Shukla, M.K. 2004. *Principles of Soil Physics*. CRC Press.

[16] FAO 1990. *Guidelines for Soil Profile Description*. Soil Resources, Management and Conservation Service, Land and Water Development Division, FAO, Rome.

[17] Dokuchaev, V.V. 1883. *Russian Chernozem*. Citado por Coffey, G. N. (1912). *Study of the soils of the United States*. USDA Bureau of Soils Bull. 85. U.S.

[18] Soil Survey Staff 1999. *Soil Taxonomy: a basic system of soil classification for making and interpreting soil surveys*. Agricultural Handbook 436. Natural Resources Conservation Service, USDA, Washington DC, USA.

[19] FitzPatrick, E.A. 1993. *Soil microscopy and micromorphology* (Vol. 158). John Wiley & Sons, New York.

[20] Stoops, G., Marcelino, V. y Mees, F. (Eds.) 2018. *Interpretation of micromorphological features of soils and regoliths*. Elsevier, Amsterdam.

[21] Jongerius, A. (Ed.) 1964. *Soil Micromorphology*. Proceedings of the seconds international working-meeting on soil micromorphology. Arnhem, The Netherlands. Elsevier.

[22] Delgado, M. (Ed.) 1978. *Micromorfología de suelos*. Tomos I y II. Proceedings of the fifth International Working Meeting on Soil Micromorphology. Departamento de Edafología y Química Agrícola. Universidad de Granada.

[23] Bullock, P. y Murphy, C.P. 1983. *Soil Micromorphology. Vol. 1. Techniques and Applications*. Proceeding of the VIth Working meeting, London. A.B. Academic Publishers.

[24] Bullock, P. y Murphy, C.P. 1983. *Soil Micromorphology. Vol. 2. Soil Genesis*. Proceeding of the VIth Working meeting, London. A.B. Academic Publishers.

[25] Fedoroff, N., Courty, M.A. y Bresson, L.M. 1987. *Micromorphologie des sols*. En: Proceedings of the VIIth international working-meeting on soil micromorphology. Paris, France. Association Française pour l'étude du sol.

[26] Douglas, L.A. (Ed.) 1990. *Soil micromorphology: A basic and applied science*. Proceedings of the VIIIth international working-meeting on soil micromorphology. San Antonio, Texas. Elsevier.

[27] Yong, R.N. y Warkentin, B.P. 1975. *Soil properties and behavior*. Elsevier Scientific Publishing Company, New York.

[28] Bates, R.L. y Jackson, J.A. 1980. *Glossary of Geology*. Amer. Geol. Inst. Falls Church. American Geological Institute, 167.

[29] SMART, P. Y TOVEY, K. 1981. *Electron Microscopy of Soils and Sediments: Examples.* Oxford University Press. Clarendon. Oxford.

[30] SMART, P. Y TOVEY, K. 1982. *Electron Microscopy of Soils and Sediments: Techniques.* Oxford University Press. Clarendon. Oxford.

[31] SERGEYEV, Y.M., GRABOWSKA-OLSZEWSKA, B., OSIPOV, V.I., SOKOLOV, V.N. Y KOLOMENSKI, Y.N. 1980. *The classification of microstructures of clay soils.* Journal of Microscopy 120(3), 237-260.

[32] TESSIER, D. 1984. *Etude experimentale de l'organisatión des materiaux argileux.* These INRA, Universidad de París.

[33] GUILLOT, J.E. 1987. *Clay in Engineering Geology.* Elsevier.

[34] MITCHELL, J.K. Y SOGA, K. 2005. *Fundamentals of soil behavior.* John Wiley & Sons, New York.

[35] SWARAN, H. Y SHOBA, S.A. 1983. *Scanning electron microscopy in soil research.* En: Bullock, P. y Murphy, C.P. (Eds.). *Soil Micromorphology, Vol. 1. Techniques and Applications.* Pp. 19-47. Proceeding of the VIth Working meeting London. A.B. Academic Publishers.

[36] SWARAN, H. Y DAUD, N. 1980. *A Scanning Electron Microscopy evaluation of the fabric and mineralogy of some soils from Malaysia.* Soil Science Society of America Journal 44(4), 855-861.

[37] OADES, J.M. Y WATERS, A.G. 1991. *Aggregate hierarchy in soils.* Soil Research 29(6), 815-828.

[38] SCHAEFER, C.E.G.R., GILKES, R.J. Y FERNANDES, R.B.A. 2004. *EDS/SEM study on microaggregates of Brazilian Latosols, in relation to P adsorption and clay fraction attributes.* Geoderma 123(1-2), 69-81.

[39] ROLIM, F.C., SCHAEFER, C.E.G.R., CAMÊLO, D.D.L., CORRÊA, M.M., PARAHYBA, R.D.B.V., CALDAS, A.M. Y IBRAIMO, A.S.M. 2019. *Micromorphology and Genesis of Soils from Topolitosequences in the Brazilian Central Plateau.* Revista Brasileira de Ciência do Solo, 43.

[40] WALKER, T.R., WAUGH, B. Y CRONE, A.J. 1978. *Diagenesis in firstcycle desert alluvium of Cenozoic age, southwestern United States and northwestern Mexico.* Geological Society of America Bulletin 89, 19-32.

[41] WEISENBORN, B.N. Y SCHAETZL, R.J. 2005. *Range of fragipan expression in some Michigan soils: I. Morphological, micromorphological, and pedogenic characterization.* Soil Science Society of America Journal 69, 168-177.

[42] ZHANG, M. Y KARATHANASIS, A.D. 1997. *Characterization of ironmanganese concretions in Kentucky Alfisols with perched water tables.* Clays & Clay Minerals 45, 428-439.

[43] BAGHERNEJAD, M. Y DALRYMPLE, J.B. 1993. *Colloidal suspensions of calcium-carbonate in soils and their likely significance in the formation of Calcic horizons.* Geoderma 58, 17-41.

[44] SCHAEFER, C.E.G., LIMA, H.N., GILKES, R.J. Y MELLO, J.W. 2004. *Micromorphology and electron microprobe analysis of phosphorus and potassium forms of an Indian Black Earth (IBE)* Anthrosol from Western Amazonia. Soil Research 42(4), 401-409.

[45] MANNA, A. Y MAITI, R. 2018. *Geochemical contamination in the mine affected soil of Raniganj Coalfield–A river basin scale assessment.* Geoscience Frontiers 9(5), 1577-1590.

[46] BISDOM, E.B.A. 1983. *Submicroscopic examination of Soils.* En: Advances in Agronomy, Vol. 36, pp. 55-96. Academic Press.

[47] PICHE, N., BOUCHARD, I. Y MARSH, M. 2017. *Dragonfly SegmentationTrainer - A General and User-Friendly Machine Learning Image Segmentation Solution.* Microsc. Microanal. 23 (Suppl 1), 2017. Microscopy Society of America.

[48] AYLMORE, L.A.G. Y QUIRK, J.P. 1960. *Domain or turbostratic structure of clays.* Nature 187(4742), 1046-1048.

[49] KODIKARA, J., BARBOUR, S. L. Y FREDLUND, D.G. 1999. *Changes in clay structure and behaviour due to wetting and drying.* En: Proceedings 8th Australia New Zealand conference on geomechanics: consolidating knowledge (p. 179). Barton, ACT: Australian Geomechanics Society.

[50] VAN OLPHEN, O.H. Y HSU, P.H. 1977. *An introduction to Clay Colloid Chemistry. For Clay Technologists, Geologists, and Soil Scientists.* Wiley New, York.

[51] VELDE, B. 1992. *Introduction to Clay Minerals: chemistry, origins, uses and environmental significance* (Vol. 198). Chapman & Hall, London.

[52] BERGAYA, F., THENG, B.K.G. Y LAGALY, G. 2006. *Modified Clays and Clay Minerals.* En: Developments in Clay Science, Vol. 1, p. 261. Elsevier.

[53] SMART, P. 1977. *Microstructure. Manipulation.* En: Fairbridge, R.W. y Finkl, C.W. (Eds). The Encyclopedia of Soil Science, Part 1. Dowden, Hutchingon & Ross. Inc. P. 300.

[54] DELGADO, R., MARTÍN-GARCÍA, J.M., CALERO, J., CASARES-PORCEL, M., TITO-ROJO, J. Y DELGADO, G. 2007. *The historic man-made soils of the Generalife garden (La Alhambra, Granada, Spain).* European Journal of Soil Science 58, 215-228.

[55] DELGADO, R., DELGADO, G., PÁRRAGA, J., GÁMIZ, E., SÁNCHEZ, M. Y TENORIO, M.A. 1988. *Mapa de Suelos de la Hoja de Güejar Sierra (escala 1:100.000).* Publicaciones del Ministerio de Agricultura, Pesca y Alimentación. Revisatlas. Madrid.

[56] SÁNCHEZ-MARAÑÓN, M. 1992. *Los suelos del macizo de Sierra Nevada (Granada). Evaluación de su capacidad de uso.* Tesis Doctoral, Universidad de Granada. https://digibug.ugr.es/handle/10481/32619

Las arenas gruesas de los suelos españoles

Carlos Dorronsoro Fernández

Las arenas gruesas (ø 2-0,2 mm) de los suelos, tienen un tamaño de grano que ha representado, sin duda, un grave inconveniente para el estudio mineralógico de esta fracción. Los granos sueltos no pueden montarse directamente sobre un portaobjetos para estudiarlos en el microscopio óptico, como se hace para las arenas finas pues quedarían opacos a la luz transmitida. Por otra parte, al tratarse de granos sueltos no se les puede aplicar las técnicas de la petrografía si previamente no se les aglomera en un bloque compacto. Es por ello que hasta el último tercio del siglo pasado los estudios mineralógicos sobre esta fracción del suelo eran prácticamente inexistentes.

La aparición de resinas plásticas que endurecen al polimerizar permitió al profesor Miguel Delgado Rodríguez proponerme el estudio de esta fracción como línea experimental para mi Tesis Doctoral. La mineralogía que encontré en este estudio pionero fue lo suficientemente interesante como que haya cultivado esta línea de investigación a lo largo de toda mi carrera universitaria.

He trabajado con 120 suelos del sur-este y centro-oeste de España de muy diversas tipologías: *xerorthents* (10 suelos), *xerofluvents* (2), *torriorthents* (1), *xerochrepts* (41), *xerumbrepts* (14), *rendolls* (6), *chromoxererts* (2), *calciorthids* (2), *salorthids* (8), *haploxeralfs* (18), *rhodoxeralfs* (8), *palexeralfs* 6), *ochraqualfs* (1) y *medisaprist* (1). Desarrollados a partir de materiales originales muy diferentes: calizas (37), dolomías (5), margas (28), arcillas (2), areniscas (10), conglomerados (3), gravas y arenas (14), pizarras (3), micasquistos (14) y granitos (4).

La mineralogía encontrada en las arenas gruesas de estos suelos ha sido la siguiente: cuarzo y feldespatos (microclina, ortoclasa, plagioclasas) como minerales dominantes; moscovita, biotita, calcita, dolomita, hematites, goethita, maghemita, calcedonia, yeso, nódulos de matriz edáfica y nódulos y concreciones de hierro y de manganeso, con presencia frecuente; y finalmente, clorita, cloritoide, siderita, granates, distena, andalucita, estaurolita, turmalina, rutilo, piroxenos (enstatita, diópsido, augita, pigeonita), anfíboles (hornblenda, glaucofana), zoisita, clinozoisita, casiterita, leucoxeno, ilmenita, pirita, vidrio volcánico y basanita, como minerales ocasionales.

Estos minerales han sido de utilidad en estudios de génesis de suelos en relación a las siguientes directrices:

1- Las arenas gruesas aportan conocimientos de la roca madre ya que su mineralogía refleja la del material original. Este hecho es especialmente útil cuando no se dispone del material original, bien porque en el muestreo no se ha alcanzado la profundidad suficiente o bien porque el suelo se halla desplazado del material subyacente. Esta relación se materializa en una serie de aspectos, por ejemplo: granos poliminerales conservando directamente la mineralogía y la microestructura de la roca, granos monominerales indicadores de un determinado origen petrológico. También hay minerales que en la roca madre pasarían desapercibidos al encontrarse en muy escasas cantidades y que pueden ser estudiados al concentrarse en la fracción arena gruesa. Este es el caso de la mayoría de los minerales pesados como la turmalina, granate, andalucita, distena, estaurolita, hematites, goethita y maghemita.

2- La valoración de la homogeneidad/discontinuidad del material de partida constituye una base previa imprescindible para evaluar la génesis de los suelos. La mineralogía de las arenas gruesas de suelos que no muestran discontinuidades ha sido encontrada o muy homogénea, o bien presentando cambios graduales. A veces, aún no existiendo discontinuidades, la mineralogía ha cambiado bruscamente en determinados horizontes debido a la acumulación de minerales de nueva formación, principalmente calcita y yeso. (Figura 1). Frecuentemente las discontinuidades se detectan más por cambios texturales que por cambios mineralógicos. Las discontinuidades debidas a cambios de la mineralogía de las arenas han sido encontradas mucho menos representativas de lo que en un principio se esperaba. En algunos pocos casos se ha encontrado un cambio radical en la mineralogía de las arenas (Figura 2) pero en general, los cambios de mineralogía han sido mucho más sutiles, debido generalmente a variaciones en las proporciones relativas entre dos minerales específicos (Figura 3). Los cambios bruscos en la mineralogía de las arenas también han servido para confirmar la existencia de perfiles complejos con paleosuelos enterrados (Figura 4).

3- Para comprender la génesis del suelo es importante delimitar qué minerales son heredados de la roca madre y qué minerales son de origen edáfico. i) Minerales heredados: la gran mayoría de los minerales encontrados en la fracción arena gruesa son heredados del material original, por ello en todos los casos hay una clara dependencia entre la mineralogía de las arenas gruesas y el tipo de roca madre del suelo; como minerales heredados tenemos: cuarzo, *chert*, ortoclasa, microclina, plagioclasas, moscovita, biotita, dolomita, siderita, granates, distena, andalucita, estaurolita, turmalina, cloritoides, rutilo, piroxenos, anfíboles, zoisita, clinozoisita, casiterita, ilmenita y pirita. ii) Minerales edáficos. Y como minerales formados por procesos edáficos se ha encontrado: hematites, goethita, maghemita, calcita, yeso, basanita, calcedonia, clorita, compuestos de manganeso y leucoxeno. Algunos de estos últimos minerales pueden ser también, en algunas ocasiones, de origen heredado, como es el caso, por ejemplo, de los carbonatos y la calcedonia, pero generalmente presentan determinados rasgos que permiten dilucidar su origen.

4- Igualmente es de interés conocer el grado de alteración de los minerales, así como la naturaleza de la alteración que presentan. En los suelos estudiados han sido numerosas las transformaciones mineralógicas encontradas. La biotita se meteoriza abriendo y separándose en una serie de laminillas y muy frecuentemente se transforma en clorita; la moscovita es mucho más resistente, aunque también se fragmenta en láminas; la clorita también se altera liberando compuestos de Fe; los feldespatos, sobre todo las plagioclasas, se encuentran transformados a sericita en diverso grado, en alguna ocasión su alteración ha sido a gibsita; el granate se llega a alterar intensamente en algunos suelos, frecuentemente libera Fe; en los suelos medianamente ácidos hemos podido observar cómo se va formando un compuesto de hierro de tipo hematites/goethita que va progresivamente invadiendo el grano (Figura 5); el yeso en alguna ocasión lo hemos encontrado transformándose en basanita; los carbonatos se disuelven fácilmente; la ilmenita se encuentra frecuentemente transformada en leucoxeno y entre los minerales de Fe se han observado diversas transformaciones (la pirita a hematites; hematites a goethita; goethita a hematites).

5- La presencia de determinados minerales en la fracción arena y sus alteraciones pueden contribuir a evaluar la intensidad de la edafización. La comparación entre los valores de las razones de minerales inestables y estables ha sido de eficaz ayuda para establecer índices de alteración entre los distintos horizontes de los suelos. El "grado de evolución" de un suelo puede ser evaluado por muy diversos parámetros y uno de ellos es su mineralogía. Para ello se compara la mineralogía de la roca madre y la del suelo y muy especialmente se analiza su variación con la profundidad. Los minerales inestables van disminuyendo conforme los horizontes se van aproximando a la superficie del terreno. Generalmente se utilizan los valores de las razones entre minerales inestables y estables. En la Tabla I resumimos el comportamiento en función de la profundidad de una serie de parejas de minerales en la fracción arena gruesa de los suelos estudiados. En ella se observa que en la gran mayoría de estos suelos se muestran unos netos crecimientos de las razones biotita/cuarzo (en un 80 % de los suelos), plagioclasas/cuarzo (71 %), ortosa/cuarzo (74 %) y feldespatos (plagioclasas + ortosa + microclina)/cuarzo (73 %) en función de la profundidad de la muestra, distribución que refleja una disminución de la intensidad de la alteración conforme aumenta la profundidad en el suelo.

6- También es posible evaluar el grado de evolución del suelo en base a la intensidad de alteración que presentan los granos de una determinada especie mineral inestable en los distintos horizontes del suelo (Figura 6). Finalmente, la disminución del porcentaje de los minerales inestables en función de la evolución puede ser utilizada para calcular unos índices de alteración que sirvan para cuantificar la alteración de cada horizonte del suelo. Se pueden obtener buenos resultados trabajando con las razones plagioclasas/cuarzo, feldespatos/ cuarzo y biotita/cuarzo, y calculando un índice de alteración en base al valor de esta razón en el horizonte más inferior, y lógicamente menos alterado, y dividiendo este valor por el valor de esta razón en cada horizonte.

7- Contribución a la evaluación de la fertilidad de los suelos. Los minerales de las arenas constituyen una fracción estable que sólo se altera muy lentamente. A pesar de representar un material bastante inerte, poco activo químicamente, se consideran de gran interés desde el punto de vista de la planificación agrícola. Esto es debido a que los minerales de las arenas al alterarse lentamente representan la fertilidad futura del suelo. Por ello la determinación de la mineralogía de las arenas constituye una eficaz medida de las reservas naturales de los suelos. En la Tabla II relacionamos a los minerales de las arenas desde el punto de vista de las posibilidades de aporte de nutrientes al suelo. Los minerales más interesantes serán aquellos que presenten unos determinados nutrientes en sus estructuras y que presenten una velocidad de alteración alta a media (por ejemplo, los piroxenos y los anfíboles). En el otro extremo tenemos al cuarzo como ejemplo representativo de mineral muy estable y además con una composición química que carece de interés desde el punto de vista del aporte de nutrientes. Cualquier planificación del uso de los suelos de una determinada región debería ir acompañado de un estudio mineralógico de las arenas. De esta manera se podrá determinar qué tipos de suelos se deben de preservar (independientemente de que su fertilidad actual) para que no vayan a quedar agotados en un futuro próximo. Por ejemplo, en la siguiente figura 7 se reproduce la mineralogía de dos suelos, con unas posibilidades de explotación muy diferentes. Teniendo en cuenta la facilidad de alteración y los elementos liberados (como se ha reflejado en la tabla anterior) es posible desarrollar fórmulas para evaluar la fertilidad futura de los suelos en base a la mineralogía de las arenas.

Coarse Sands from Spanish Soils

Carlos Dorronsoro Fernández

Coarse sands (size 2-0.2 mm) of soils have a grain size that has represented, without a doubt, a serious inconvenience for the mineralogical study of this fraction. Loose grains cannot be mounted directly on a slide to study under the optical microscope, as is done with fine sands because they would be opaque to the transmitted light. On the other hand, as they are loose grains, the techniques of petrography cannot be applied to them if they are not previously agglomerated into a compact block. That is why until the last third of the last century mineralogical studies on this soil fraction were practically non-existent.

The appearance of plastic resins that harden when polymerizing allowed Professor Miguel Delgado Rodríguez to propose the study of this fraction as an experimental line for my Doctoral Thesis. The mineralogy I found in this pioneering study was interesting enough for me to have cultivated this line of research throughout my entire university career.

I have worked with 120 soils from south-east and midwestern Spain of very different soil typologies: xerorthents (10 soils), xerofluvents (2), torriorthents (1), xerochrepts (41), xerumbrepts (14), rendolls (6), chromoxererts (2), calciorthids (2), salorthids (8), haploxeralfs (18), rhodoxeralfs (8), palexeralfs 6), ochraqualfs (1) and medisaprist (1). Developed from very different original materials: limestones (37), dolomites (5), marls (28), clays (2), sandstones (10), conglomerates (3), gravels and sands (14), slates (3), micasquists (14) and granites (4).

The mineralogy found in the coarse sands of these soils has been as follows: quartz and feldspars (orthoclase, microcline, plagioclases) as dominant minerals; muscovite, biotite, calcite, dolomite, hematite, goethite, maghemite, chalcedony, gypsum, soil matrix nodules and nodules and concretions of iron and manganese, with frequent presence; and finally, chlorite, chloritoid, siderite, garnets, distene, andalusite, staurolite, tourmaline, rutile, pyroxenes (enstatite, diopside, augite, pigeonite), amphiboles (hornblende, glaucophane), zoisite, clinozoisite, cassiterite, leucoxene, ilmenite, pyrite, volcanic glass and basanite, as occasional minerals.

These minerals have been useful in studies of soil genesis in relation to the following guidelines:

1- Coarse sands provide knowledge of the bedrock since its mineralogy reflects that of the original material. This is especially useful when the source material is not available, either because the sampling has not reached sufficient depth or because the soil is displaced from the underlying material. This relationship is materialized in a series of aspects, for example: polymineral grains directly preserving the mineralogy and microstructure of the rock, monomineral grains indicating a certain petrological origin. There are also minerals that would go unnoticed in the bedrock as they are in very small quantities and can be studied by concentrating the coarse sands. This is the case for most heavy minerals such as tourmaline, garnet, andalusite, distene, staurolite, hematite, goethite and maghemite.

2- The assessment of the homogeneity/discontinuity of the starting material constitutes an essential preliminary basis for evaluating the genesis of the soils. The mineralogy of coarse sands of soils that do not show discontinuities has been found either very homogeneous or presenting gradual changes. Sometimes, even in the absence of discontinuities, mineralogy has changed sharply in certain horizons due to the accumulation of newly formed minerals, mainly calcite and gypsum (Figure 1). Discontinuities are often detected more by textural changes than by mineralogical changes. Discontinuities due to changes in sand mineralogy have been found to be much less representative than initially expected. In a few cases a radical change in sand mineralogy has been found (Figure 2) but in general, mineralogy changes have been much more subtle, usually due to variations in the relative proportions between two specific minerals (Figure 3). Sudden changes in sand mineralogy have also served to confirm the existence of complex profiles with buried paleosols (Figure 4).

3- To understand the genesis of the soil it is important to delimit which minerals are inherited from the bedrock and which minerals are of pedogenic origin. i) Inherited minerals: the vast majority of minerals found in the coarse sand fraction are inherited from the original material, so in all cases there is a clear dependence between the mineralogy of coarse sands and the type of bedrock of the soil; as inherited minerals we have: quartz, chert, orthoclase, microcline, plagioclases, muscovite, biotite, dolomite, siderite, garnets, distene, andalusite, staurolite, tourmaline, chloritoids, rutile, pyroxenes, amphiboles, zoisite, clinozoisite, cassiterite, ilmenite and pyrite. ii) And as minerals formed by pedogenic processes have been found: hematite, goethite, maghemite, calcite, gypsum, basanite, chalcedony, chlorite, manganese compounds and leucoxene. Some of these last minerals may also be, in some cases, of inherited origin, as is the case, for example, of carbonates and chalcedony, but generally have certain features that allow to elucidate their origin.

4- It is also of interest to know the degree of alteration of the minerals, as well as the nature of the alteration they present. In the soils studied, there have been numerous mineralogical transformations. Biotite is weathered by opening and separating into a series of lamellae and very often transforms into chlorite; muscovite is much more resistant, although it also fragments into sheets; chlorite is also altered by releasing Fe compounds; feldspars, especially plagioclases, are transformed to sericite to varying degrees, on occasion their alteration has been to gibbsite; garnet is intensely altered in some soils, often releasing Fe; in moderately acidic soils we have been able to observe how an iron compound of the hematite/goethite type is formed that progressively invades the grain (Figure 5; gypsum on occasion we have found transforming into basanite; carbonates dissolve easily; ilmenite is frequently transformed into leucoxene and among the minerals of Fe various transformations have been observed (pyrite to hematite; hematite to goethite; goethite to hematite).

5- The presence of certain minerals in the sand fraction and their alterations can contribute to evaluating the intensity of soil formation. The comparison between the values of the ratios of unstable and stable minerals has been of effective help to establish indices of alteration between the different horizons of the soils. The "degree of evolution" of a soil can be evaluated by very different parameters and one of them is its mineralogy. To do this, the mineralogy of the bedrock and that of the soil is compared and especially its variation with depth is analyzed. Unstable minerals decrease as horizons approach the ground surface. Generally, the values of the ratios between unstable and stable minerals are used. In Table 1 we summarize the behavior as a function of the depth of a series of pairs of minerals in the coarse sand fraction of the soils studied. It shows that in the vast majority of these soils there are net growths of the ratios biotite / quartz (in 80 % of soils), plagioclases / quartz (71 %), orthose / quartz (74 %) and feldspars (plagioclase + orthose + microcline) / quartz (73 %) depending on the depth of the sample, distribution that reflects a decrease in the intensity of the alteration as the depth in the soil increases.

6- It is also possible to evaluate the degree of evolution of the soil based on the intensity of alteration presented by the grains of minerals more or less unstable in the different horizons of the soil (Figure 6). Finally, the decrease in the percentage of unstable minerals according to evolution can be used to calculate alteration indices that serve to quantify the alteration of each soil horizon. Good results can be obtained by working with the plagioclase/quartz, feldspar/quartz and biotite/quartz ratios, and calculating an alteration index based on the value of this ratio at the lower horizon, and logically less altered, and dividing this value by the value of this ratio at each horizon.

7- Contribution to the evaluation of soil fertility. Sand minerals constitute a stable fraction that is only altered very slowly. Despite representing a rather inert material, little chemically active, they are considered of great interest from the point of view of agricultural planning. This is because the minerals in the sands when slowly altered represent the future fertility of the soil. Therefore, the determination of the mineralogy of the sands is an effective measure of the natural reserves of the soils. In Table 2 we relate the minerals of the sands from the point of view of the possibilities of providing nutrients to the soil. The most interesting minerals will be those that present certain nutrients in their structures and that present a high to medium rate of alteration (for example, pyroxenes and amphiboles). At the other extreme we have quartz as a representative example of a very stable mineral and with a chemical composition that is of no interest from the point of view of nutrient intake. Any planning of the land use of a given region should be accompanied by a mineralogical study of the sands. In this way it will be possible to determine what types of soils should be preserved (regardless of their current fertility) so that they will not be exhausted soon. For example, the following Figure 7 reproduces the mineralogy of two soils, with very different exploitation possibilities. Considering the ease of alteration and the elements released (as reflected in the table above) it is possible to develop formulas to evaluate the future fertility of the soils based on the mineralogy of the sands.

Tabla 1. Evolución con la profundidad de las razones entre minerales inestables y estables.
Table 1. Evolution with the depth of the ratios between unstable and stable minerals.

	Biot /Qz	Plg/ Qz	FdK / Qz	(Plg + FdK)/Qz	Qz poli/Qz mono
Aumenta irreg *Increases irreg*	67 %	52 %	47 %	54 %	29 %
Aumenta reg *Increases irreg*	14 %	26 %	27 %	25 %	17 %
Permanece cte *Remains cte*	12 %	6 %	15 %	10 %	29 %
Varía irreg *Varies irreg*	7 %	16 %	11 %	11 %	12 %
Decrece *Decreases*	0 %	0 %	0 %	0 %	12 %
Número de suelos *Number of soils*	15	21	13	13	24

Abreviaturas (*Abbreviations*): **Biot**, biotita (*biotite*); **Qz**, cuarzo (*quartz*); **Plg**, plagioclasas (*plagioclases*); **FdK**, feldespato potásico (*potassium feldspar*); **poli**, policristalino (*polycrystalline*); **mono**, monocristalino (*monocrystalline*); **irreg**, irregularmente (*irregularly*); **reg**, regularmente (*regularly*); **cte**, constante (*constant*).

Tabla 2. Aportes de nutrientes de los minerales de la fracción arena.
Table 2. Nutrient inputs from the minerals of the sand fraction.

Elemento nutriente *Nutrient element*	Mineral *Mineral*	Velocidad de alteración *Rate of weathering*
K	Feldespato potásico (*Potassium feldspar*)	baja (*low*)
	Moscovita (*Muscovite*)	baja (*low*)
	Biotita (*Biotite*)	media (*medium*)
Ca, Mg	Plagioclasas (*Plagioclases*)	media a alta (*medium to high*)
	Anfíboles (*Amphiboles*)	alta (*high*)
	Piroxenos (*Pyroxenes*)	muy alta (*very high*)
	Serpentinas (*Serpentines*)	media (*medium*)
	Cloritas (*Chlorites*)	baja (*low*)
	Carbonatos (*Carbonates*)	muy alta (very high)
P	Apatito (*Apatite*)	muy alta (*very high*)
Fe	Óxidos e hidróxidos (*Oxides and hydroxides*)	variable (*variable*)
Mn	Óxidos e hidróxidos (*Oxides and hydroxides*)	variable (*variable*)
Bo	Turmalina (*Tourmaline*)	muy baja (*very low*)

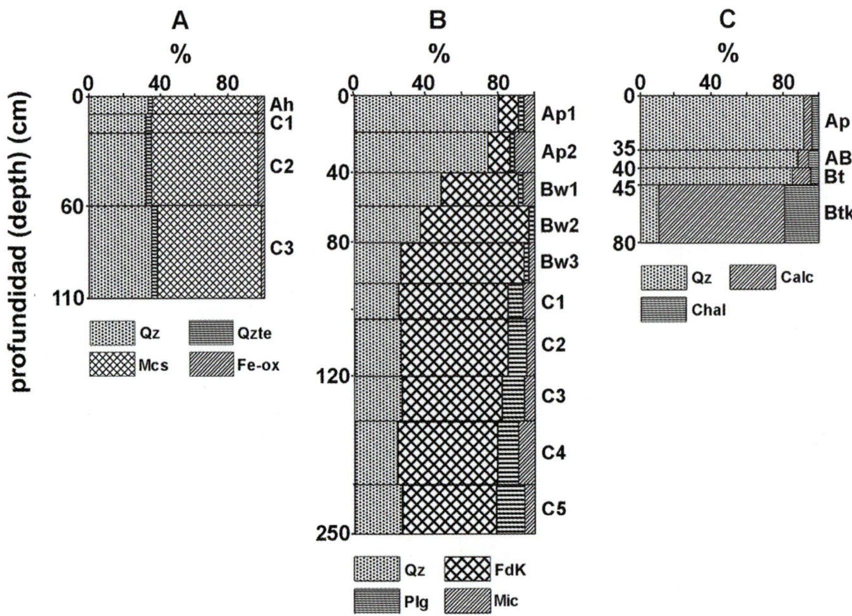

FIGURA 1. Mineralogía de arenas gruesas de suelos sin discontinuidades.
A: Suelo con mineralogía uniforme. Regosol úmbrico sobre micasquistos (El Payo, Sierra de Gata, Salamanca). **B**: Suelo con cambios graduales en su mineralogía. Cambisol eútrico sobre areniscas (Urbanización Valparaíso, Zamora). **C**: Suelo con cambios bruscos en su mineralogía debidos a procesos edáficos. Luvisol cálcico sobre areniscas calcáreas (El Puerto de Santa María, Cádiz).

FIGURE 1. Mineralogy of coarse sands of soils without discontinuities.
A: Soil with uniform mineralogy. Umbric regosol on micaschists (El Payo, Sierra de Gata, Salamanca). **B**: Soil with gradual changes in its mineralogy. Eutric Cambisol on sandstones (Valparaíso Urbanization, Zamora). **C**: Soil with sudden changes in its mineralogy due to soil processes. Calcic Luvisol on calcareous sandstones (El Puerto de Santa María, Cádiz).

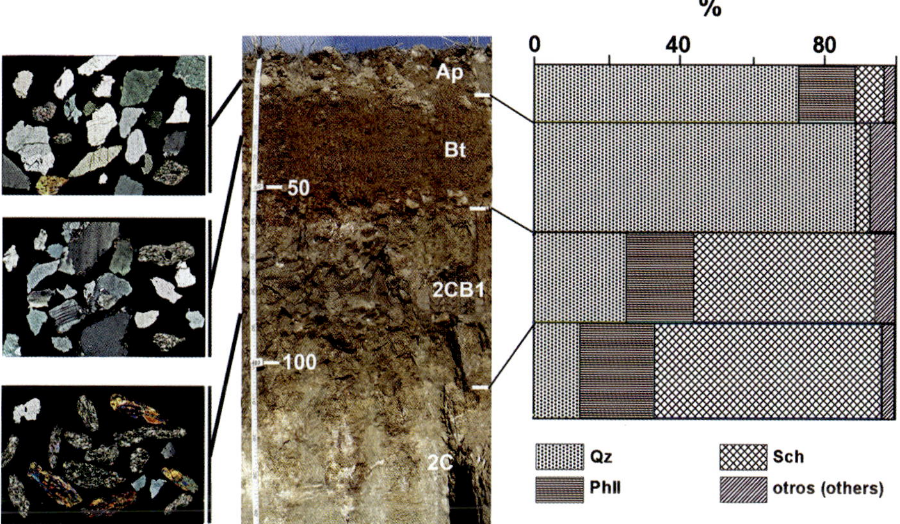

Figura 2. Suelo con discontinuidades. Cambio brusco de la mineralogía no atribuible a procesos edáficos. Palexeralf típico sobre esquistos (Alba de Tormes, Salamanca).

Figure 2. Soil with discontinuities. Sudden change in mineralogy not attributable to soil processes. Typic Palexeralf on schists (Alba de Tormes, Salamanca).

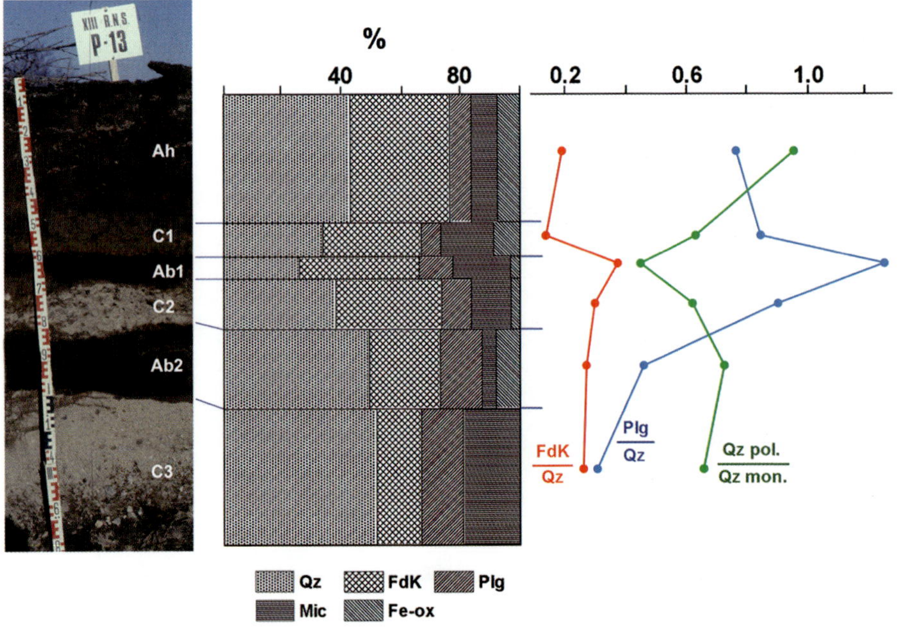

FIGURA 3. Suelo con discontinuidades. Cambios bruscos de las razones entre varios minerales estables. Fluvisol móllico sobre arenas fluviales (Santa Marta de Tormes, Salamanca).

FIGURE 3. Soil with discontinuities. Sudden changes of the ratios between various stable minerals. Mollic Fluvisol on river sands (Santa Marta de Tormes, Salamanca).

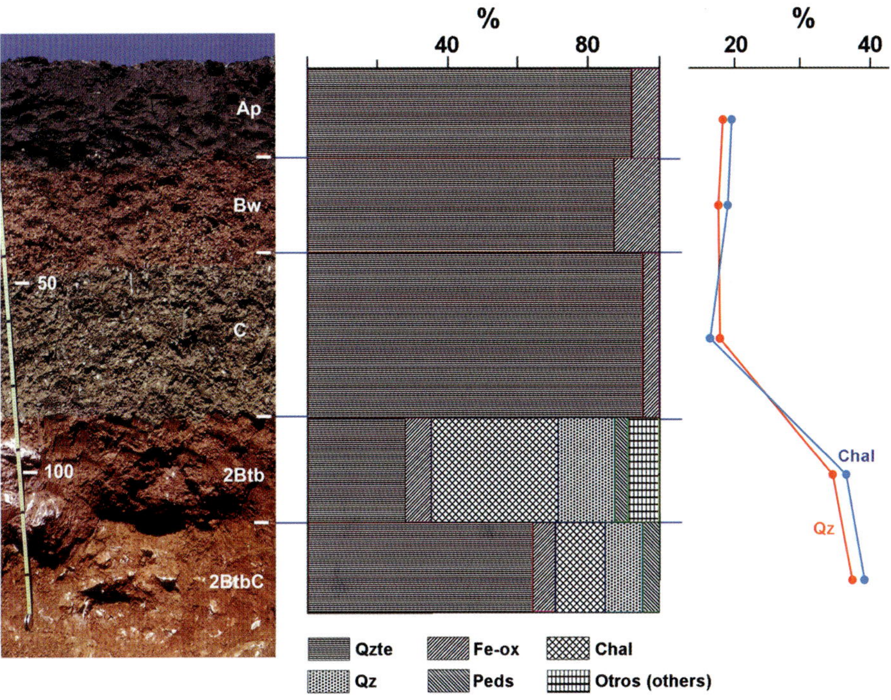

Figura 4. Suelo con discontinuidades. Cambio brusco de la mineralogía debido a la existencia de un paleosuelo enterrado. Cambisol típico sobre paleoluvisol cálcico (Jabalcuz, Jaén).

Figure 4. Soil with discontinuities. Sudden change in mineralogy due to the existence of a buried paleosoil. Typic Cambisol on calcic Paleoluvisol (Jabalcuz, Jaén).

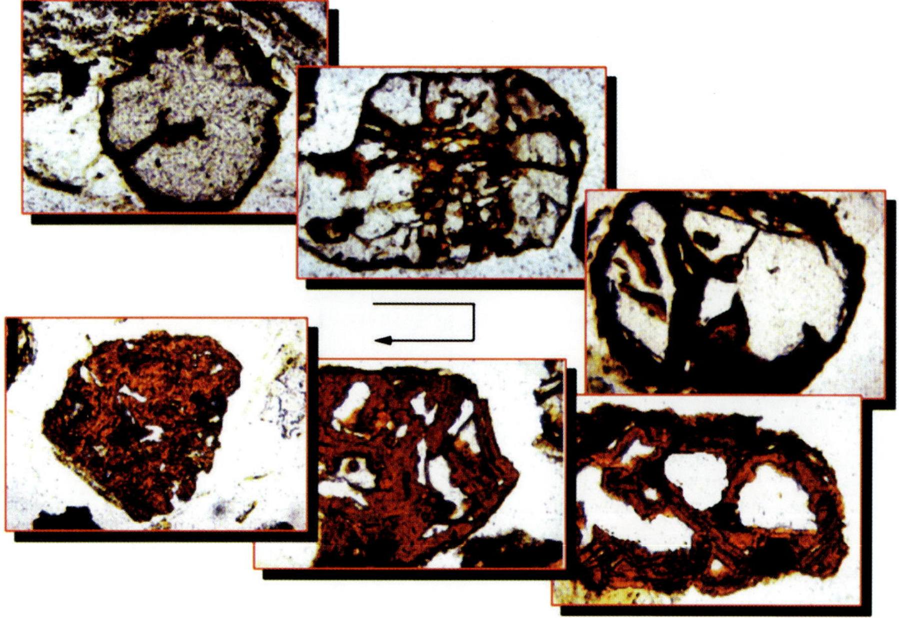

Figura 5. Secuencia de alteración del granate a hematites/goethita. Estas arenas liberan Fe que se deposita sobre la superficie del grano que se oxida formándose hematites/goethita.

Figure 5. Sequence of alteration of garnet to hematite/goethite. These sands release Fe which is deposited on the surface of the grain which oxidizes forming hematite/goethite.

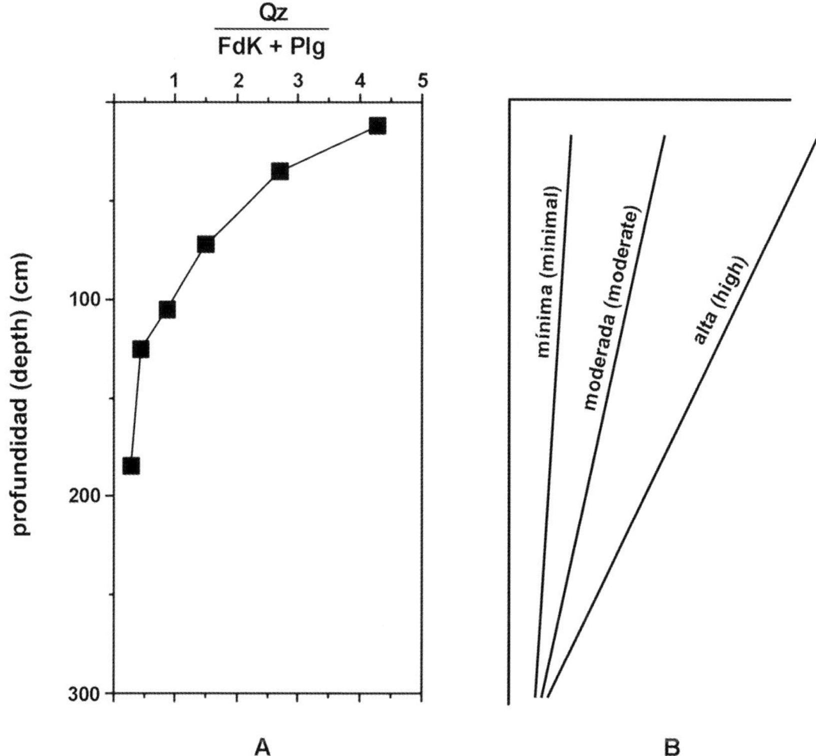

Figura 6. La razón entre el porcentaje de minerales estables a inestables sirve para evaluar el grado de evolución de un suelo y sus horizontes. **A:** Razón cuarzo/feldespatos en un luvisol muy evolucionado en una terraza alta del río Tormes (Salamanca). **B:** Tres tendencias de estas razones para suelos de distinto grado de evolución.

Figure 6. The ratio between the percentage of stable to unstable minerals serves to evaluate the degree of evolution of a soil and its horizons. **A:** Ratio quartz/feldspars in a highly evolved Luvisol on a high terrace of the Tormes River (Salamanca). **B:** Three trends of these reasons for soils of different degrees of evolution.

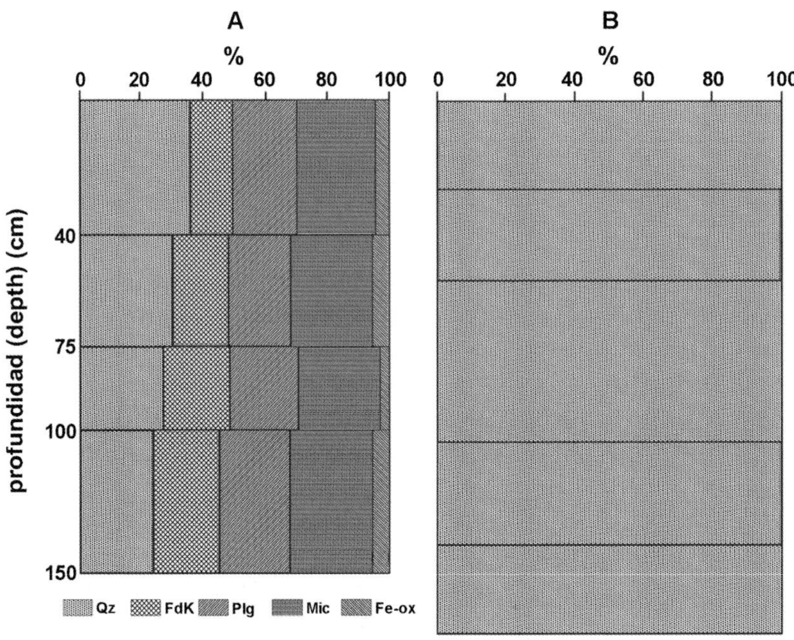

Figura 7. La mineralogía de las arenas gruesas puede ser de eficaz ayuda para la ordenación del territorio. El suelo A (Haploxerept sobre granito en Robleda, Salamanca) representa un suelo de alto potencial de fertilidad futura mientras que para el B (Haplorthod sobre areniscas en Ferreira, Lugo) sería nula.

Figure 7. The mineralogy of coarse sands can be of effective help for spatial planning. Soil A (Haploxerept on granite in Robleda, Salamanca) represents a soil of high potential for future fertility while for B (Haplorthod on sandstones in Ferreira, Lugo) it would be null.

Referencias
References

[1] AGUILAR, J., DORRONSORO, C., ANTOLÍN, C. Y GARCÍA A. 1978. *The influence of soils forming factor on the morphology and mineralogy of soils formed from calcareous rock.* En: M. Delgado (Ed.) *Micromorfología de Suelos.* Univ. de Granada, 257-286.

[2] AGUILAR, J., DORRONSORO, C., VERA, M., DELGADO, G. Y FERNÁNDEZ, J. 1997. *Estudio de una cronosecuencia en clima seco subhúmedo del sur de España.* Edafología, 2, 197-204.

[3] ALONSO, P., DORRONSORO, C., GONZÁLEZ, M.I., GARCÍA, M.P., EGIDO, J.A. Y GARCÍA, J.M. 1991. *Homogeneidad/heterogeneidad de los materiales fluviales de las terrazas del río Tormes.* Suelo y Planta, 775-791

[4] ALONSO, P., DORRONSORO, C. Y EGIDO, J.A. 2004. *Carbonatation in palaeosols formed on terraces of the Tormes river basin (Salamanca, Spain).* Geoderma,118, 261-276

[5] ALONSO, P., SIERRA, C., ORTEGA, E. Y DORRONSORO, C. 1994. *Soil development indices of soils developed on fluvial terraces (Peñaranda, Salamanca, Spain).* Catena, 23, 295-308.

[6] BARAHONA, E, AGUILAR, J., DORRONSORO, C., GUARDIOLA J.L., PÁRRAGA J., SIMÓN, M. Y DELGADO, M. 1977. *Soils of the Alhambra Formation and Tour Guide Granada-Sevilla Fifth Intern.* Work. Meet. on Soil Micromorphology. Granada. *Report interno.*

[7] DELGADO, M., DORRONSORO, C. Y GUARDIOLA, J.L. 1972. *Técnicas de obtención y preparación de las arenas gruesas de suelos para su estudio óptico.* Anales de Edafología y Agrobiología, 31, 143-150.

[8] DORRONSORO, C. Y DELGADO, M. 1974. *Iron compounds at the coarse sand fraction of some Spanish soils.* En: G. K Rutherford (Ed.) *Soil Microscopy.* The Limestone Press, 682-693.

[9] DORRONSORO, C., AGUILAR, I. Y ANTOLÍN, C. 1979. *Estudio edáfico de la zona Jabalcuz-Los Villares (Jaén) II. Análisis mineralógico de la fracción arena gruesa.* Anales de Edafología y Agrobiología,38, 1907-1930.

[10] DORRONSORO, C. 1988. *Aportes del estudio de la fracción arena gruesa al conocimiento de la génesis del suelo.* Anales de Edafología y Agrobiología, 87-110.

[11] DORRONSORO, C., ARCO, J. Y ALONSO, P. 1988. *Índices de alteración mineral en las fracciones arena gruesa de suelos.* Anales de Edafología y Agrobiología, 111-134.

[**12**] DORRONSORO, C. 1992. *El libro de las dehesas salmantinas.* Capítulo: *Suelos.* Junta de Castilla y León. Consejería de Medio Ambiente, 71-124.

[**13**] DORRONSORO, C. 1994. *Micromorphological index for the evaluation of soil evolution in central Spain.* Geoderma, 61, 237-250.

[**14**] DORRONSORO, C. Y ALONSO, P. 1994. *Chronosequence in Almar River, Fluvial Terrace Soil.* Soil Science Society of America Journal, 58, 910-925.

[**15**] MESA, A., GUARDIOLA, J.L., DORRONSORO, C. Y AGUILAR, J. 1978. *Genetic study of some soils developed on triassic materials.* Microscopia de Suelos, 445-476

[**16**] ORTIZ, I., MARTÍN, F. DORRONSORO, C. Y SIMÓN, M. 2000. *Análisis de una cronosecuencia de suelos.* Edafología, 7-3, 169-175.

[**17**] ORTIZ, I., SIMÓN, M., DORRONSORO, C., MARTIN, F. Y GARCÍA, I. 2002. *Soil evolution over the Quaternary period in a Mediterranean climate (SE Spain).* Catena, 48 (3), 131-148.

[**18**] PÁRRAGA, J., DORRONSORO, C., AGUILAR, J. Y FERNÁNDEZ, J. 1981. *Estudio edáfico de la Dehesa del Camarate. II. características mineralógicas.* Anales de Edafología y Agrobiología, 40, 797-816.

[**19**] SIMÓN, M., AGUILAR, J. Y DORRONSORO, C. 1980. *Los suelos halomorfos de la provincia le Granada. IV. Estudio mineralógico.* Anales de Edafología y Agrobiología, 39, 429-438.

El mineral cuarzo en los suelos
(informador de procesos edafogenéticos y de materiales de procedencia)

Juan Manuel Martín-García

1. Generalidades del cuarzo

El nombre de cuarzo proviene de una antigua palabra alemana *quarz*, que puede traducirse como "duro", en honor a su alta resistencia. Este mineral es el segundo más abundante de la Corteza Terrestre (después de los feldespatos) constituyendo el 12.6 % en peso de ésta [1]. Su fórmula química (SiO_2) es compartida por 14 polimorfos naturales (cuarzo-α, cuarzo-β, cristobalita-α, cristobalita-β, tridimita-α, tridimita-β, melanoflogita, SiO_2 fibroso, moganita, keatita, coesita, stishovita, seifertita y lechatelierita) y el ópalo; de entre los cuales el más abundante es el cuarzo-α.

El cuarzo es un silicato de la subclase de los tectosilicatos. Los 'ladrillos' para construir su estructura cristalina son tetraedros $[SiO_4]^{4-}$ donde cada oxígeno tiene enlaces con los átomos de silicio de los tetraedros adyacentes formando una red tridimensional neutra de fórmula química general SiO_2. Pertenece al sistema cristalino trigonal, concretamente al grupo puntual de simetría 32 (hemiedría enantiomórfica). Si observamos la estructura paralelamente al eje *c* apreciamos una simetría hexagonal o ditrigonal helicoidal así como canales relativamente anchos que discurren paralelos a dicho eje.

Presenta una dureza de 7 en la escala de Mohs, una densidad de 2.65 g cm^{-3} y su solubilidades de 11.0 $\pm$1.1 ppm a 25 ºC y 1 bar [2]. Por su relativa alta resistencia a la alteración en la superficie de la Tierra adopta un papel pasivo e inerte, lo que se deriva en una gran abundancia en ella al concentrarse en los medios meteóricos superficiales [3], especialmente en rocas y sedimentos siliciclásticos (por ejemplo, constituye en valores medios el 65 % de las areniscas [4]), suelos, etc.

Es así un importante constituyente de la mayoría de los suelos y se concentra en la fracción granulométrica arena (50-2000 μm). Esto último se debe no sólo a su alta resistencia a la alteración sino también a la similitud en tamaños entre esta fracción y las unidades del cuarzo cristalino presentes en las rocas-fuente; estas últimas dimensiones están controladas por los procesos geoquímicos que operan durante la cristalización y el enfriamiento [5] o, en general, la formación de la roca.

Llama la atención su alta concentración en la fracción arena fina (50-250 μm) [6, 7], que se acentúa llegando a ser su principal componente en los suelos más evolucionados de la región mediterránea [8, 9].

El principal origen del cuarzo en el suelo es la herencia. Desde la roca madre, por disgregación física (procesos de fragmentación en ambientes aluviales, coluviales, glaciares), o liberación por disolución (caso de las rocas carbonatadas); o bien herencia por aporte exógeno por eolismo [10, 11, 12]. En estas circunstancias, es esperable que la forma inicial de sus granos derive, incluso antes de llegar al suelo, en otra xenomorfa tendente al redondeamiento como consecuencia de las fuerzas meteóricas y erosivas de transporte las cuales imprimen marcas superficiales que son el sello de su actuación (Figura 1). También se ha descrito como neoformado en el suelo [10, 13, 14, 15] (Figura 2), con morfologías de granos idiomorfas o hipidiomorfas.

Una vez en el suelo, su disolución se ve afectada por el pH y la concentración en la solución del suelo de sílice disuelta, cationes alcalinos y alcalinotérreos, ácidos orgánicos, y especies de hierro y aluminio [16]. Procesos de alteración del cuarzo han sido descritos en Entisoles, Inceptisoles, Alfisoles, Oxisoles y Ultisoles [6, 7, 13, 15, 17, 18, 19, 20, 21]. Tradicionalmente se ha relacionado dicha alteración tanto con el tipo de clima (máxima en ambientes tropicales) como con un tiempo prolongado de meteorización, habiéndose descrito por esto último formas de disolución avanzada en cuarzos en climas templados [18, 22]. Pero Martín-García et al. [6] describieron formas de disolución (*etch pits*, "golfos de corrosión") (Figura 3) en cuarzos de suelos jóvenes (Entisoles) en clima mediterráneo de montaña (régimen de temperatura críico, y de humedad xérico), rompiendo el paradigma de la inalterabilidad del cuarzo en este tipo de ambientes. Este descubrimiento puso en evidencia lo mucho que queda por descubrir y conocer sobre el mineral cuarzo en los suelos.

2. Defectos cristalinos (estructurales y químicos)

Las propiedades del cuarzo están determinadas por su estructura y quimismo. Se trata de una gran molécula covalente, eléctricamente neutra. La estructura ideal del cuarzo y una composición químicamente pura del mismo (SiO_2) son prácticamente inexistentes en la naturaleza. En este mineral se han descrito defectos cristalinos en plano, en línea y puntuales [16], muy interesantes para justificar su alteración. Tales defectos pueden incorporarse al mineral cuarzo durante la cristalización bajo diferentes condiciones termodinámicas y por procesos secundarios como alteración, irradiación, diagénesis o metamorfismo [23].

El tipo y número de defectos cristalinos estarán influidos por las condiciones termodinámicas de la génesis del mineral. En los defectos planares (como las superficies de macla) y lineales (dislocaciones) los átomos son desplazados respecto a su posición normal por lo que sus enlaces se distorsionan tanto que suponen zonas de debilidad por donde producirse una disolución selectiva o, sometida a estrés externo, puede provocar una ruptura mecánica del grano [24] generando fisuras internas o nuevas superficies externas. Por ejemplo, Yanina et al. [25] describen mayores densidades de disoluciones en caras de prisma y romboédricas con defectos planares y lineales respecto a esas mismas caras sin defectos.

Los defectos puntuales están asociados a impurezas iónicas que en cantidades traza entran en la estructura del cuarzo, bien reemplazando al Si^{4+} en el centro del tetraedro (Al^{3+}–principalmente–, Fe^{3+}, Ti^{4+}, Ga^{3+}, Ge^{4+}, P^{5+}, [3, 26]) generando en ocasiones un déficit o exceso de carga positiva, o entrando en los canales intersticiales que discurren paralelamente al eje c (Na^+, K^+, H^+, Ca^{2+}, Mg^{2+}, Li^+) y ayudan al balance de cargas [3, 27, 28]. Estos defectos puntuales son zonas de debilidad lo que también facilita la disolución superficial del cuarzo [16].

3. Técnicas de estudio. SEM

El conocimiento acerca del mineral cuarzo se ha incrementado enormemente gracias al desarrollo y aplicación de métodos analíticos avanzados. Tradicionalmente y en la actualidad, las técnicas microscópicas empleadas en el estudio del mineral cuarzo son Microscopía Polarizante, Microscopía Electrónica de Barrido (SEM) apoyada por microanálisis elemental con Espectroscopía Dispersiva de Rayos X (EDX), Microscopía Electrónica de Transmisión (TEM), Espectroscopía Micro-Raman (µRAMAN) y Microfluorescencia de Rayos X con Radiación Sincrotrón (µXRF-RS).

Recientemente, la detección y caracterización de los defectos cristalinos se realiza por métodos analíticos avanzados, como la Espectroscopia de Resonancia Paramagnética Electrónica (EPR), la Microscopía y Espectroscopía de Catodoluminiscencia (CL), la Espectroscopía de Absorción de Rayos X de Sincrotrón (XAS) junto con el análisis espacial de elementos traza con Espectrometría de Masas con Plasma de Acoplamiento Inductivo de Ablación Láser (LA-ICP-MS), Espectrometría de Masas de Iones Secundarios (SIMS) y la Microsonda Electrónica (EMPA). Todos ellos han generado nuevos datos mineralógicos y geoquímicos relacionados con el origen del cuarzo. La combinación de tales técnicas posee un gran potencial interpretativo.

La observación directa de la superficie de los granos de cuarzo con SEM se ha constituido como una técnica preferente. Consecuencia de su relativa facilidad de aplicación y su alto poder interpretativo. Pues el cuarzo es capaz de recoger y mantener durante largos periodos de tiempo los rasgos superficiales adquiridos por alteración (física o química) o precipitación y que se emplean con gran eficacia en interpretaciones medioambientales de sedimentos y suelos [21, 29, 30]. Sin embargo, en un mismo suelo o sedimento es muy común que coexistan granos de cuarzo que han sufrido diferentes ciclos edáficos/sedimentarios, cada uno con sus rasgos característicos, por lo que a veces se hace difícil la reconstrucción de la historia del grano.

Metodológicamente, la arena del suelo es la fracción granulométrica elegida por excelencia para estos estudios con SEM. No obstante, la preparación de la muestra para su posterior observación será diferente dependiendo del objetivo del estudio, oscilando desde un simple lavado con agua destilada hasta tratamientos en ebullición con ácidos (HCl) o con pirofosfato sódico [30]. El número de granos a observar por muestra oscila entre 10 y 25, dependiendo de la homogeneidad de estos.

Los rasgos superficiales distinguibles con SEM (microtexturas) se pueden agrupar en mecánicos, químicos y mecánico-químicos (Tabla 1), cada uno de los cuales tiene una o varias interpretaciones genéticas, con lo que se consigue desentrañar la historia del grano y, analizados los granos en su conjunto, la historia de la muestra. Las microtexturas de cada grano se van a mostrar en un número y frecuencia variables, dependiendo del medio en el que se originen y, en su caso, la energía de ese medio y la duración del proceso de abrasión.

Delgado et al. [10] encontraron en Alfisoles e Inceptisoles de Sierra Gádor (Almería, España) cuarzos con morfoscopía con bordes bulbosos (prominentes, sobresalientes y redondeados en forma de curva parabólica) originados por percusión en rotación y saltación, propios de modelados eólicos (como el del desierto del Sahara) con lo que demostraron la contribución de materiales del continente africano a los suelos de Sierra Gádor. Igualmente comprobaron que gran parte de los cuarzos de estos suelos procedían de la disolución in situ de la roca madre carbonatada sobre la que se desarrollan (Figura 4). Completaba esta variedad de orígenes, granos de cuarzo de naturaleza ígnea (Figura 5) procedentes de próximos afloramientos volcánicos ubicados en los parajes del Cabo de Gata.

Otro ejemplo son los cuarzos del estudio de Molinero-García et al. [12] acerca del material eólico que se deposita en la ciudad de Granada. En él demostraron que la morfología de los granos eólicos de cuarzo es indicativa de su procedencia. Los cuarzos eólicos procedentes de África (respecto a los procedentes de entornos próximos al lugar de muestreo) tienen mayor presencia de microtexturas, a saber, bordes bulbosos, escamas levantadas (*upturned plates*) en la superficie de los granos de cuarzo (Figuras 6 y 7); y para los parámetros de forma de cuarzo, valores más bajos para área, perímetro, *feret* máximo, *feret* mínimo, eje mayor, eje menor y "factor de forma", y valores más altos para "relación de aspecto".

En otro estudio de Molinero-García et al. [15] analizaron los rasgos superficiales de cuarzos de la arena fina de los suelos de una cronosecuencia del río Guadalquivir (Jaén, España). En todas las muestras había granos de cuarzo con rasgos químicos de alteración (*escaling*, *pits*, etc...) (Figura 8) y el rasgo mecánico por excelencia fue *V-shaped* (Figura 9) que es indicativo de ambientes fluviales. Se han descrito también rasgos poco comunes como *chattermarks* cuya presencia, según autores [30], es indicativa de un pasado glaciar de la muestra lo que abre interesantes vías de interpretación. Además, las abundancias de algunos rasgos mostraron cronofunciones (e.g., *V-shaped percussion cracks* $= 56{,}291\mathrm{e}^{-0.001\times(\text{time in ka})}$; $r = -0.900$; P<0.05) lo que se interpreta como que estas improntas evolucionan con el tiempo.

Los estudios microcompositivos del cuarzo dan un paso más en la interpretación de procedencia y procesos sufridos por este mineral. Los elementos químicos distintos de Si y O, presentes en cantidades traza en la estructura del cuarzo, están controlados por las condiciones fisicoquímicas a las que estaba sometido el mineral durante la cristalización [1] o la alteración [6, 7]. En el medio edáfico de Sierra Nevada (España), Martín-García et al. [7] demostraron para la fracción arena fina que el contenido de elementos traza del cuarzo (analizados con EMPA) aumenta desde el centro del grano hasta el borde, siendo esto más evidente conforme aumenta el grado de desarrollo del suelo, en la secuencia Roca → Entisol → Inceptisol → Alfisol (Figura 10). Esto se ha interpretado como una mayor alteración en los bordes del grano, donde se pueden dar los siguientes procesos no excluyentes: 1) alteración física; 2) alteración química con la posible difusión de elementos desde la solución del suelo; 3) fisuración submicroscópica en los bordes, con la entrada de elementos; 4) presencia de pátinas de óxidos en la periferia del grano.

Molinero-García et al. [31] realizaron un estudio combinado de Catodoluminiscencia acoplada al Microscopio Electrónico de Barrido (SEM-CL) y microquímico con ICPms de Ablación Láser (LA-ICP-MS) de los granos de cuarzo tamaño arena de los suelos de la cronosecuencia del río Guadalquivir, poniendo en evidencia la dishomogeneidad del material parental de estos suelos. Estos autores detectaron 6 tipos de cuarzos (metamórficos, graníticos no deformados, graníticos muy alterados, graníticos recristalizados, sedimentarios de arenisca, e hidrotermales) cuyas abundancias varían de una terraza a otra, apreciándose más uniformidad en los suelos de menos de 10.000 años (Holocénicos) y mayor variabilidad y dishomogeneidad en los Preholocénicos.

4. Corolario

La ubicuidad y abundancia del cuarzo en el suelo convierten a este mineral en un indicador de la historia geológica del material parental y de procesos edafogenéticos. Gracias a que químicamente es de los minerales más puros de la naturaleza (sólo superado por el hielo) y que su estructura cristalina es mucho más perfecta que la de otros minerales, sus contenidos de elementos traza y la presencia y abundancia de defectos cristalinos en su estructura (detectados con técnicas analíticas como EMPA, LA-ICPMS, SEM-CL, EPR) nos permiten reconstruir los procesos responsables de su formación y, por tanto, la naturaleza de la roca madre de la que proceden. Además, su dura superficie es un 'pergamino' sobre el que 'cincelan' los procesos mecánicos y químicos que sufren los granos desde su desprendimiento de la roca madre hasta su ubicación actual en el suelo. La interpretación de todo este conjunto de datos ayuda al naturalista a entender mejor la génesis de los suelos.

Finalmente, muchos de los tópicos sobre el cuarzo del suelo, relatados en el texto previo, han sido recogidos en los capítulos de aplicaciones de este mismo libro, ilustrados con abundante material gráfico (Capítulos II.2.2, II.2.3, II.5.2, II.5.3).

Quartz in Soils
(indicator of pedogenic processes and origin of materials)

Juan Manuel Martín-García

1. Quartz overview

The name quartz comes from an old German word, *quarz*, which can be translated as "hard", in reference to its high strength. This mineral is the second-most abundant in the Earth's crust (after feldspars) accounting for 12.6 % by weight [1]. Its chemical formula (SiO_2) is shared by 14 natural polymorphs (quartz-α, quartz-β, cristobalite-α, cristobalite-β, tridymite-α, tridymite-β, melanophlogite, fibrous SiO_2, moganite, keatite, coesite, stishovite, seifertite and lechatelierite) and opal; the most abundant of which is quartz-α.

This mineral is a silicate of the tectosilicates subclass. The 'bricks' from which its crystal structure is built are $[SiO_4]^{4-}$ tetrahedra, where each oxygen molecule is bonded to the silicon atoms of the adjacent tetrahedra, forming a neutral three-dimensional network with the general chemical formula of SiO_2. Quartz belongs to the trigonal crystalline system, specifically to the 32-point symmetry group (enantiomorphic hemihedry). If we observe the structure parallel to the *c* axis, we see hexagonal or ditrigonal helical symmetry, as well as relatively wide channels that run parallel to that axis.

Quartz has a hardness of 7 on Mohs scale, a density of 2.65 g cm^{-3} and its solubility is 11.0 $\pm$ 1.1 ppm at 25 ºC and 1 bar [2]. Due to its relative high resistance to alteration on the surface of the Earth, quartz adopts a passive and inert role, which results in a great abundance on the Earth's surface when focusing on the meteoric environments [3], especially in siliciclastic rocks and sediments (for example, it constitutes on average 65 % of sandstones, [4]), soils, etc.

It is, therefore, an important constituent of most soils and is concentrated in the granulometric fraction sand (50-2000 µm). This is due not only to its high resistance to alteration, but also to the similarity in sizes between this fraction and the units of crystalline quartz present in the source-rocks; these dimensions are controlled by geochemical processes operating during crystallization and cooling [5] or, in general, rock formation. Its high concentration in the fine sand fraction (50-250 μm) [6, 7] is noteworthy, which is further accentuated to become the main component in the most evolved soils of the Mediterranean region [8, 9].

The main origin of quartz in soil is inheritance. From the bedrock, by physical disintegration (fragmentation processes in alluvial, colluvial, glacial environments), or release by dissolution (in the case of carbonate rocks); or inheritance by exogenous contribution by eolian processes [10, 11, 12]. In these circumstances, it is expected that even before reaching the ground, the initial shape of its grains will result in another rounded xenomorph as a result of the meteoric and erosive transport forces which print surface marks that are the hallmark of its action (Figure 1). It has also been described as neoformed in the soil [10, 13, 14, 15] (Figure 2), with morphologies of idiomorphic or hypidiomorphic grains.

Once in the soil, its dissolution is affected by the pH and concentration of dissolved silica, alkaline and alkaline earth cations, organic acids, and iron and aluminum species in the soil solution [16]. Quartz alteration processes have been described in Entisols, Inceptisoles, Alfisols, Oxysols and Ultisols [6, 7, 13, 15, 17, 18, 19, 20, 21]. Traditionally, this alteration has been related to both the type of climate (highest in tropical environments) and prolonged weathering time, with forms of advanced dissolution in quartz in temperate climates having been described by the latter [18, 22]. However, Martín-García et al. [6] described forms of dissolution ("etch pits", "gulfs of corrosion") (Figure 3) in quartz from young soils (Entisols) in a Mediterranean mountain climate (cryic temperature regime, and xeric humidity), breaking the paradigm of the inalterability of quartz in this type of environment. This discovery highlighted how much remains to be discovered and understood about quartz in soils.

2. Crystalline defects (structural and chemical)

The properties of quartz are determined by its structure and chemism. It is a large, covalent, electrically neutral molecule. The ideal structure and a chemically pure composition of quartz (SiO_2) are practically non-existent in nature. In this mineral, in-plane, in-line and point crystalline defects have been described [16], which are very interesting in justifying its alteration. Such defects can be incorporated into the mineral quartz during crystallization under different thermodynamic conditions, and by secondary processes such as alteration, irradiation, diagenesis or metamorphism [23].

The type and number of crystalline defects will be influenced by the thermodynamic conditions of the mineral's genesis. In planar defects (such as twinning surfaces) and linear defects (dislocations), the atoms are displaced with respect to their normal position, so that their bonds are distorted so much that they create areas of weakness through which selective dissolution occurs or, if subjected to external stress, can cause a mechanical rupture of the grain [24], generating internal fissures or new external surfaces. For example, Yanina et al. [25] describe higher densities of solutions on prism and rhombohedral faces with planar and linear defects relative to those same faces with no defects.

Point defects are associated with trace quantities of ionic impurities that enter the structure of quartz, either replacing Si^{4+} in the center of the tetrahedron (Al^{3+}—mainly—, Fe^{3+}, Ti^{4+}, Ga^{3+}, Ge^{4+}, P^{5+}, [3, 26]) sometimes generating a deficit or excess of positive charge, or entering the interstitial channels that run parallel to the c axis (Na^+, K^+, H^+, Ca^{2+}, Mg^{2+}, Li^+) and help charge balancing [3, 27, 28]. These point defects are areas of weakness, which also facilitate the surface dissolution of quartz [16].

3. Study techniques. SEM

The understanding of quartz has been greatly increased thanks to the development and application of advanced analytical methods. Both traditionally and currently, the microscopic techniques used in the study of quartz are Polarizing Microscopy, Scanning Electron Microscopy (SEM) supported by elemental microanalysis with Energy Dispersive X-ray spectroscopy (EDX), Transmission Electron Microscopy (TEM), Micro-Raman Spectroscopy (μRAMAN), and X-ray Microfluorescence with Synchrotron Radiation (μXRF-RS).

Recently, the detection and characterization of crystalline defects has been performed by advanced analytical methods, such as Electron Paramagnetic Resonance Spectroscopy (EPR), Catodoluminescence Microscopy and Spectroscopy (CL), and Synchrotron X-ray Absorption Spectroscopy (XAS), together with spatial analysis of trace elements with Laser Ablation Inductively Coupled Plasma Mass Spectrometry (LA-ICP-MS), Secondary Ion Mass Spectrometry (SIMS) and Electron Microprobe Analysis (EMPA). All these techniques have generated new mineralogical and geochemical data related to the origin of quartz. The combination of such techniques has great interpretive potential.

The direct observation of the surface of quartz grains with SEM has become a preferred technique because of its relative ease of application and its high interpretative power, since quartz is able to collect and maintain for long periods of time the surface features acquired by alteration (physical or chemical) or precipitation and that are used with great efficiency in environmental interpretations of sediments and soils [21, 29, 30]. However, it is very common for quartz grains that have undergone different soil/sedimentary cycles, each with their characteristic features, to coexist in the same soil or sediment, so it is sometimes difficult to reconstruct the history of the grain.

Methodologically, soil sand is the granulometric fraction most typically chosen for these studies with SEM. However, the preparation of the sample for subsequent observation will be different depending on the objective of the study, ranging from a simple wash with distilled water, to boiling treatments with acids (HCl) or with sodium pyrophosphate [30]. The number of grains to be observed per sample ranges from 10 to 25, depending on their homogeneity.

The superficial features distinguishable with SEM (microtextures) can be grouped into mechanical, chemical and mechanical-chemical (Table 1), each of which has one or more genetic interpretations with which it is possible to unravel the history of the grain and, when the grains are analyzed as a whole, the history of the sample. The microtextures of each grain will be displayed in a variable number and frequency, depending on the medium in which they originate and, where appropriate, the energy of that medium and the duration of the abrasion process.

Delgado et al. [10] found quartz grains in Alfisols and Inceptisoles of the Sierra Gádor (Almería, Spain) with morphoscopy showing bulbous edges (prominent, protruding and rounded in the form of a parabolic curve), produced by percussion in rotation and jumping, typical of wind models (such as the Sahara desert), with which they demonstrated the contribution of materials from the African continent to the soils of the Sierra Gádor. They also found that a large part of the quartz in these soils came from the *in-situ* dissolution of the carbonated bedrock on which they develop (Figure 4). This variety of origins was supplemented by quartz grains of an igneous nature (Figure 5) from nearby volcanic outcrops located in the landscapes of the Cabo de Gata.

Another example is quartz from the study by Molinero-García et al. [12] about the wind material that is deposited in the city of Granada. In this study, they showed that the morphology of the aeolian quartz grains is indicative of their origin. Wind quartz from Africa (compared to those from environments close to the sampling site) has a greater presence of microtextures, namely "bulbous edges" and "upturned plates", on the surface of the quartz grains (Figures 6 and 7). For the quartz's shape parameters, they observed minor values for area, perimeter, maximum Feret, minimum Feret, major axis, minor axis, and "shape factor", and higher values for "aspect ratio".

In another study by Molinero-García et al. [15], they analyzed the quartz surface features of the fine sand of the soils of a chronosequence of the Guadalquivir River (Jaén, Spain). All the sample contained quartz grains with chemical features of alteration ("scaling", "pits", etc ...) (Figure 8) and the typical mechanical trait was "V-shaped" (Figure 9), which is indicative of fluvial environments. Rare features were also described, such as chattermarks, the presence of which, according to authors [30], is indicative of a glacial past of the sample, which opens interesting avenues of interpretation. In addition, the abundance of some traits showed chronofunctions (e.g., V-shaped percussion cracks $= 56{,}291\,e^{-0.001\times(\text{time in ka})}$; $r = -0.900$; P<0.05), which is interpreted as these imprints evolving over time.

The microcompositive studies of quartz go even further into the interpretation of the origin and processes sustained by this mineral. Chemical elements other than Si and O, present in trace amounts in the structure of quartz, are controlled by the physicochemical conditions to which the mineral was subjected during crystallization [1] or alteration [6, 7]. In the soil environment of the Sierra Nevada (Spain), Martín-García et al. [7] demonstrated, for the fine sand fraction, that the content of trace elements of quartz (analyzed with EMPA) increases from the center of the grain to the edge, this being more evident as the degree of soil development increases, in the sequence Rock → Entisol → Inceptisol → Alfisol (Figure 10). This has been interpreted as a greater alteration in the edges of the grain, where the following non-exclusive processes can occur: 1) physical alteration; 2) chemical alteration with the possible diffusion of elements from the soil solution; 3) submicroscopic cracking at the edges, with the entry of elements; 4) presence of oxide patinas on the periphery of the grain.

Molinero-García et al. [31] conducted a combined study of Cathodoluminescence attached to the Scanning Electron Microscope (SEM-CL) and a microchemical study with Laser Ablation ICP-MS (LA-ICP-MS) of the sand-sized quartz grains of the soils of the Guadalquivir River chronosequence, highlighting the inhomogeneity of the parental material of these soils. These authors detected 6 types of quartz (metamorphic, non-deformed granitic, very altered granitic, recrystallized granitic, sandstone sedimentary, and hydrothermal) the abundance of which varies from one terrace to another, observing more uniformity in soils of less than 10,000 years old (Holocene) and greater variability and inhomogeneity in the Pre-Holocene.

4. Conclusion

The ubiquity and abundance of quartz in the soil make this mineral an indicator of the geological history of the parent material and of soil genesis processes. Thanks to the fact that it is one of the most chemically pure minerals in nature (only surpassed by ice) and that its crystal structure is much more perfect than that of other minerals, its trace-element content and the presence and abundance of crystalline defects in its structure (detected with analytical techniques such as EMPA, LA-ICP-MS, SEM-CL, EPR) allow us to reconstruct the processes responsible for their formation and, therefore, the nature of the bedrock from which they originate. In addition, its hard surface is a 'blank slate' onto which the mechanical and chemical processes that the grains undergo from their detachment from the parent rock to their current location in the soil are 'chiseled'. Interpreting this entire dataset helps the natural scientist better understand the genesis of soils.

Finally, many of the topics regarding soil quartz set out above have been collected in the chapters of this same book, illustrated with abundant graphic material (Chapters II.2.2, II.2.3, II.5.2, II.5.3).

Tabla 1. Clasificación de microtexturas sobre superficies de granos de cuarzo[2]
Table 1. Classification of microtextures on quartz grain surfaces

Microtextura Microtexture	Descripción Description	Proceso Process	Referencia Reference
Mecánicas / Mechanical			
Edge rounding	Bordes redondeados en el grano Rounded edges on grain	Impacto (fracturación) Percussion (fracturing)	29
Sharp angular features	Bordes definidos y afilados en la superficie del grano Distinct sharp edges on grain surface	Poligénico (fracturación) Polygenetic (fracturing)	29
Conchoidal fractures	Fracturas curvas suaves con apariencia estriada, similar a la curva de una concha marina o caracol Smooth curved fractures with ribbed appearance, similar to a curve of a conch or seashell	Poligénico (fracturación) Polygenetic (fracturing)	29
Arc-shaped steps	Roturas profundas o desgarros en la estructura mineral, similares a las fracturas concoidales pero con profundidades superiores a 5 μm Deep tears or breaks in the mineral fabric, similar to conchoideal fractures but with depths greater than 5 μm	Poligénico (fracturación) Polygenetic (fracturing)	29
Linear steps	Desgarros profundos o roturas en la superficie del grano, con un espaciado amplio >5 μm Deep tears or breaks in the grain surface, with wide spacin >5 μm)	Poligénico (fracturación) Polygenetic (fracturing)	29
Fracture faces	Fracturas grandes, lisas y limpias que abarcan al menos el 25 % de la superficie del grano Large, smooth, and clean fractures of at least 25 % of grain surface	Poligénico (fracturación) Polygenetic (fracturing)	29

2   Se ha preferido adoptar la terminología inglesa original porque ya es universal en la ciencia de las morfoscopias de granos de cuarzo.
It has been preferred to adopt the original English terminology because it is already universal in the Science of Quartz Grain Morphoscopies.

Microtextura Microtexture	Descripción Description	Proceso Process	Referencia Reference
Graded arcs	Serie concéntrica, circular o semicircular de arcos que van desde 3 hasta 400 μm de diámetro Concentric, circular or semi-circular series of arcs grading from 3 up to 400 μm in diameter	Presiones o choques violentos Violent pressures or shocks	30
V-shaped percussion cracks	Fracturas en forma de V de tamaño y profundidad variables incrustadas en la superficie de un grano V-shaped fractures of variable size and depth embedded in a grain surface	Impacto (fracturación) Percussion (fracturing)	29
Crescentic percussion marks	Fracturas en forma de cono en grano de cuarzo Cone-shaped fractures on quartz grain	Impacto (colisión severa entre granos) Percussion (severe grain to grain collision)	30
Breakage blocks	Espacio generado por la remoción de bloques de tamaño variable en la superficie del grano Space presented by removal of block on variable size on grain surface	Poligénico (fracturación) Polygenetic (fracturing)	32
Crescentic gouges	Muescas en forma de medialuna y a menudo profundas, con extremidades cóncavas y convexas Crescent-shaped and often deep gouges, with convex and concave limbs	Esfuerzo cortante continuo Sustained shear stress	29
Deep troughs	Surcos más profundos de 10 μm Grooves deeper than 10 μm	Esfuerzo cortante continuo Sustained shear stress	32
Straight grooves	Surcos lineales en las superficies minerales típicamente <10 μm de profundidad Linear grooves on mineral surfaces typically <10 μm deep	Esfuerzo cortante continuo Sustained shear stress	32
Curved grooves	Surcos curvos en las superficies minerales típicamente <10 μm de profundidad Curved grooves on mineral surfaces typically <10 μm deep	Esfuerzo cortante continuo Sustained shear stress	32
Mecanically upturned plates	Placas parcialmente sueltas o desgarradas de la superficie mineral Partially torn-loose plates from the mineral surface	Poligénico Polygenetic	32

Microtextura Microtexture	Descripción Description	Proceso Process	Referencia Reference
Upturned plates	Serie de placas delgadas y paralelas, orientadas a algún ángulo respecto a la superficie del grano Series of thin, parallel plates, oriented at some angle to the grain surface	Impacto Percussion	30
Bulbous edges	Bordes de grano notables, prominentes y redondeados, que adoptan la forma de una curva parabólica Prominent, protruding, and rounded grain edges in the shape of a parabolic curve)	Impacto en granos que rotan y saltan Percussion in rotation and saltating grains	30
Abrasion features	Superficies de grano desgastadas o erosionadas Rubbed or worn-down grain surfaces	Poligénico Polygenetic	32
Subparallel linear fractures	Fracturas lineales en la superficie del grano, típicamente con un espaciado <5 μm Linear fractures on grain surface, typically <5 μm spacing)	Poligénico Polygenetic	32
Químicas / Chemical			
etch pits	Depresiones extremadamente regulares, triangulares o rectangulares Extremely regular, triangular, or rectangular depressions	Disolución química Chemical dissolution	30
Oriented etch pits	Grupo de etch pits con las caras y aristas orientadas similarmente Group of etch pits with faces and edges oriented similarly	Disolución química Chemical dissolution	¿?
solution pits	Agujeros circulares o subcirculares en la superficie del grano Circular or subcircular holes on grain surface	Disolución química Chemical dissolution	30
solution creavasses	Grietas en la superficie del grano causadas por disolución Cracks on the grain surface caused by dissolution	Disolución química Chemical dissolution	30
scaling	Desintegración superficial generalizada, causando que fragmentos del grano se desprendan en escamas Widespread surface disintegration, causing grain fragments to flake off	Disolución química Chemical dissolution	30

Microtextura / Microtexture	Descripción / Description	Proceso / Process	Referencia / Reference
silica flowers	Estructuras radiales convexas hacia arriba con simetría hexagonal, formadas durante la precipitación continua de sílice en la superficie del grano Convex-upward, radial structures with hexagonal symmetry, formed during continuing silica precipitation on the grain surface	Precipitación de sílice Silica precipitation	30
silica pellicle	Capa delgada y lisa de sílice precipitada en la superficie del grano Smooth, thin layer of silica precipitated on grain surface	Precipitación de sílice Silica precipitation	30
cristalline overgrowths	Capas gruesas de precipitación mineral subhédrica a euhédrica Thick layers of subhedral to euhedral mineral precipitation	Precipitación de sílice Silica precipitation	30
Combinadas mecánicas y químicas / Combined mechanical and chemical			
Low relief	Superficie casi lisa sin irregularidades topográficas Nearly smooth surface without topographic irregularities		29
Medium relief	Superficie semi-lisa con irregularidades topográficas Semi-smooth surface with topographic irregularities		29
High relief	Superficie topográficamente irregular con prominencias y depresiones pronunciadas Topographically irregular surface with pronounced swells and swales		29
Elongated depressions	Grandes concavidades en forma de plato en el grano de cuarzo Large dish-shaped concavities on quartz grain	Impacto Percussion	30
Chattermarks	Huellas curvas de micro-rasgos paralelos y orientados, con un espaciado uniforme, que aparecen aleatoriamente en el cuarzo Crescentic trails of parallel, oriented microfeatures of uniform spacing that occur randomly on quartz	Trituración y abrasión intensas Intensive crushing and abrasion	33

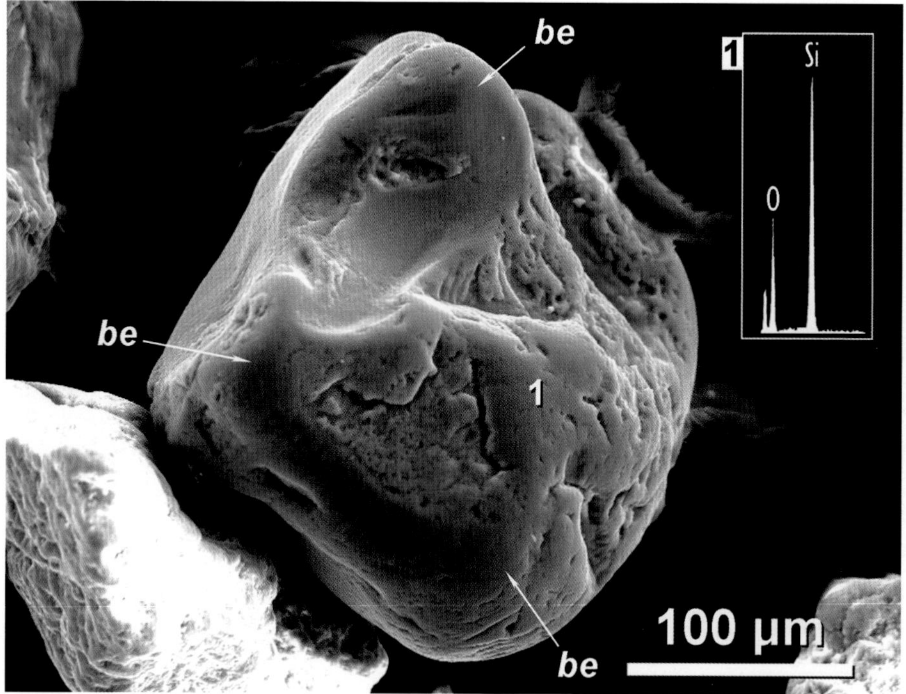

Figura 1. Imagen SEM de grano de cuarzo poligenético con bordes bulbosos (indicativo de ambientes eólicos) (***be***) tamaño arena fina, encontrado en los sedimentos del cauce actual (*point bar)* del río Guadalquivir (Jaén, España). La composición elemental Si, O fue garantizada mediante EDX[1] (**1**). Técnicas en Capítulo I.2.1: MET-C, FESEM-GEMINI, EDX-OXFORD10).

Figure 1. SEM image of a fine sand-size polygenetic quartz grain with bulbous edges (indicative of wind environments) (***be***), found in the point bar sediments of the current Guadalquivir riverbed (Jaén, Spain). Techniques in Chapter I.2.1: MET-C, FESEM-GEMINI, EDX-OXFORD10).

1   El análisis EDX para garantizar la composición elemental con Si y O mayoritarios fue realizado como condición previa en todos los granos que se muestran en el capítulo. Por evitar reiteraciones se omite en las restantes Figuras.
The EDX analysis to ensure element analysis with predominant Si and O was performed as a precondition in all the grains shown in the chapter. To avoid reiterations, this omitted in the remaining Figures.

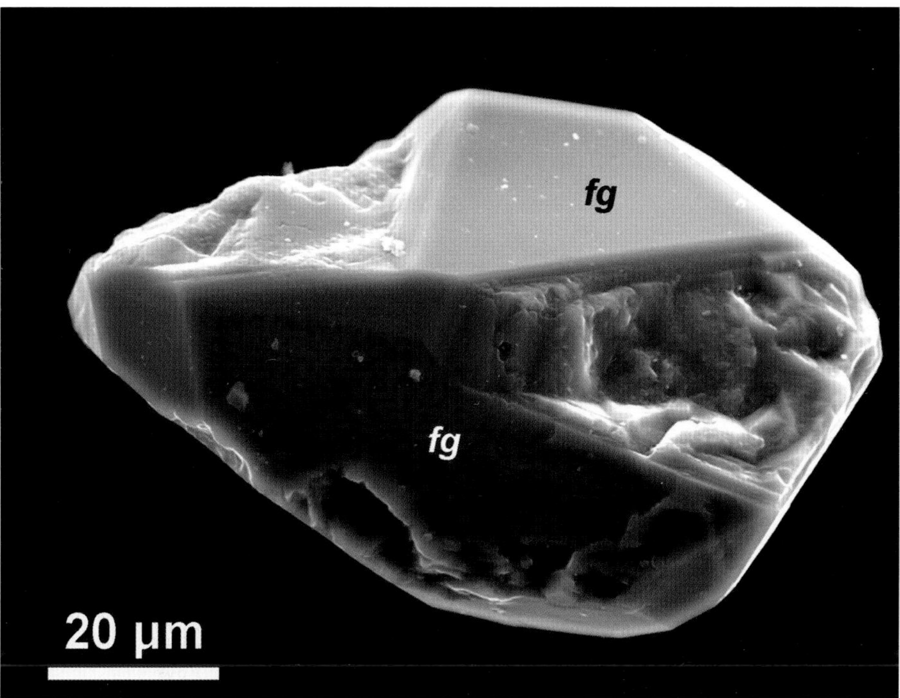

Figura 2. Imagen SEM de grano neoformado con "caras de crecimiento" (*fg*), de la arena fina del horizonte Ap de un Alfisol de las terrazas fluviales del río Guadalquivir (Jaén, España). Técnicas en Capítulo I.2.1: MET-C, FESEM-GEMINI.

Figure 2. SEM image of a neoformed grain with "growth faces" (*fg*), from the fine sand of the Ap horizon of an Alfisol from the fluvial terraces of the Guadalquivir River (Jaén, Spain). Techniques in Chapter I.2.1: MET-C, FESEM-GEMINI.

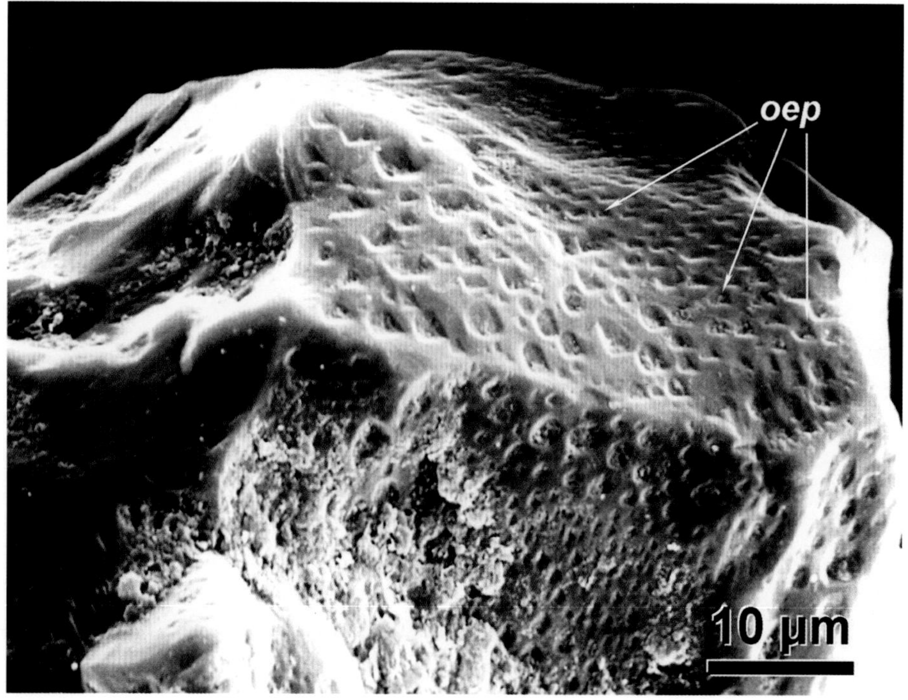

Figura 3. Imagen SEM de detalle de la superficie de un grano de cuarzo tamaño arena fina del horizonte C de un Entisol sobre micasquistos de Sierra Nevada, mostrando *oriented etch pits* (**oep**) originados por procesos de disolución. Técnicas en Capítulo I.2.1: MET-AU, SEM-H-S-510-FOT.

Figure 3. Detailled SEM image of the surface of a quartz grain from the fine sand of the horizon C of an Entisol on mica schist of the Sierra Nevada, showing oriented etch pits (**oep**) caused by dissolution processes. Techniques in Chapter I.2.1: MET-AU, SEM-H-S-510-FOT.

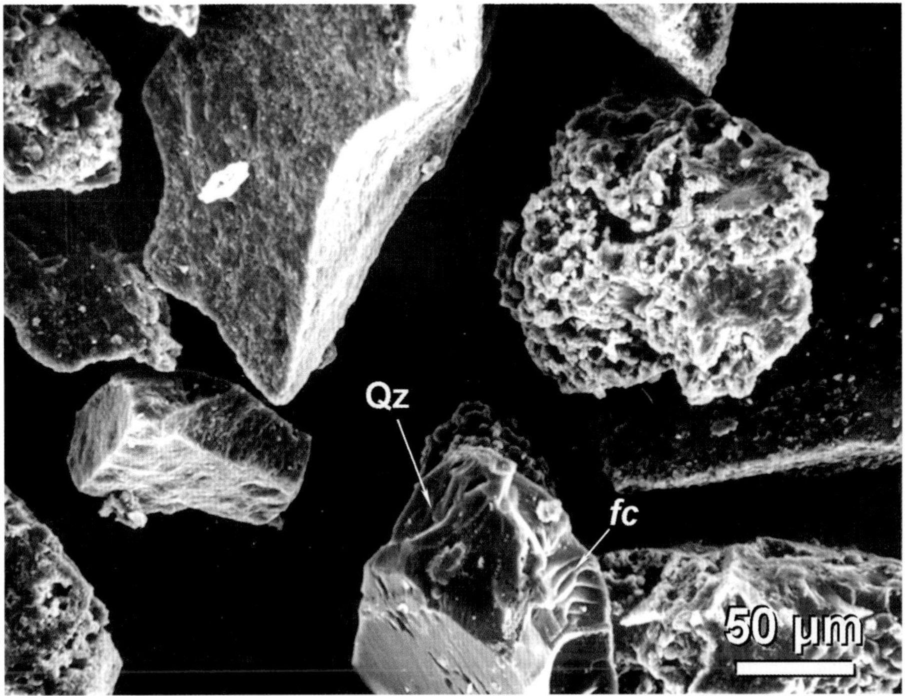

Figura 4. Imagen SEM de granos tamaño arena fina del residuo insoluble de la fracción grava del horizonte Bt de un Alfisol sobre calizas de Sierra Gádor (Almería, España), donde se aprecia un grano de cuarzo (**Qz**) con su típica fractura concoidea (**fc**). Técnicas en Capítulo I.2.1: MET-AU, SEM-H-S-510-FOT. Adaptada de Figura 3e, página 12 [10].

Figure 4. SEM image of fine sand-size grains from the insoluble residue of the gravel fraction of the Bt horizon of an Alfisol on limestones of the Sierra Gádor (Almería, Spain), where a quartz (**Qz**) grain with its typical conchoid fracture (**fc**) is observed. Techniques in Chapter I.2.1: MET-AU, SEM-H-S-510-FOT. Adapted from Figure 3e, page 12 [10].

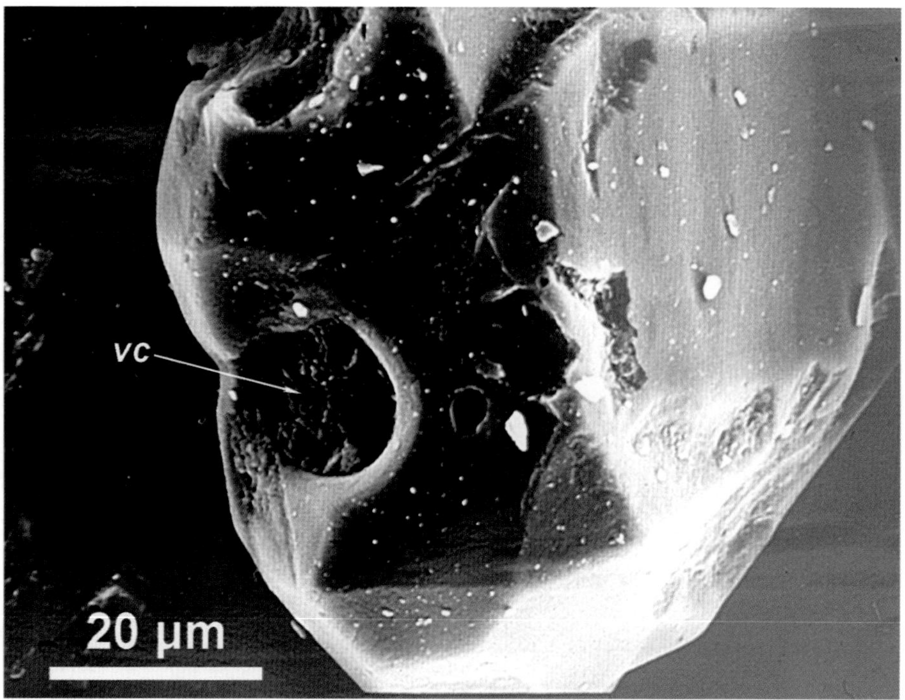

Figura 5. Imagen SEM de un grano hipidiomorfo subredondeado de cuarzo de la fracción arena fina del horizonte A de una terra rossa sobre calizas de Sierra Gádor, que contiene una vacuola (**vc**) indicativa de origen primario volcánico. Técnicas en Capítulo I.2.1: MET-AU, SEM-H-S-510-FOT. Adaptada de Figura 3h, Página 13 [10].

Figure 5. SEM image of a sub-rounded hypidiomorphic quartz grain from the fine sand fraction of horizon A of a *terra rossa* on limestones of the Sierra Gádor, containing a vacuole (**vc**) indicative of primary volcanic origin. Techniques in Chapter I.2.1: MET-AU, SEM-H-S-510-FOT. Adapted from Figure 3h, Page 13 [10].

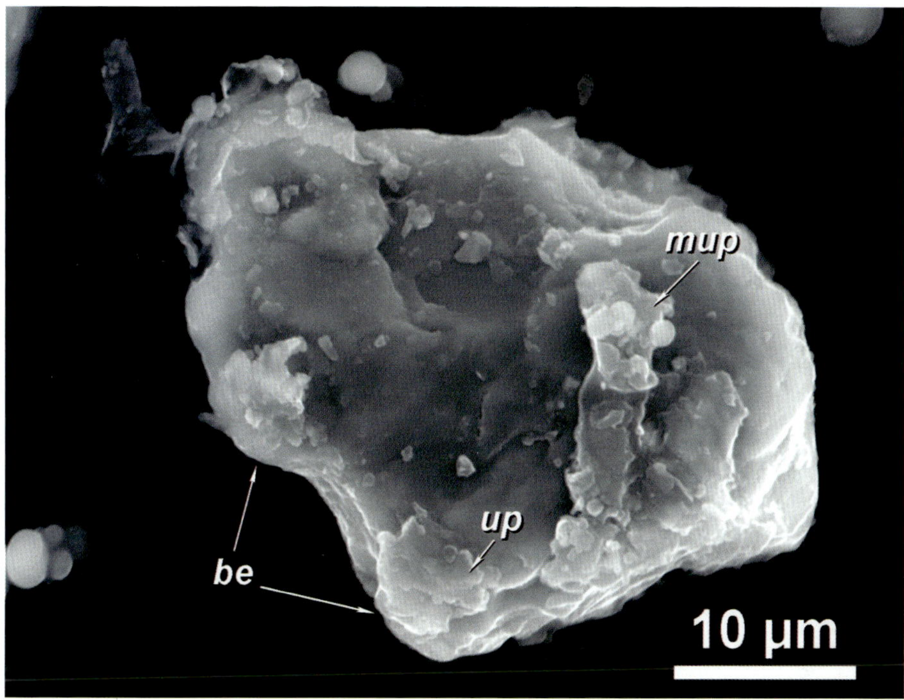

Figura 6. Imagen SEM de grano eólico de cuarzo tamaño arena fina depositado en la ciudad de Granada (primavera de 2012) de posible origen sahariano, subredondeado con microtexturas típicamente eólicas, *upturned plates* (**up**), *bulbous edges* (**be**), y *mechanically upturned plates* (**mup**). Técnicas en Capítulo I.2.1: MET-C, FESEM-GEMINI.

Figure 6. SEM image of a fine sand-sized quartz wind grain deposited in the city of Granada (Spring 2012) of possible Saharan origin, sub-rounded with typical wind microtextures, upturned plates (**up**), bulbous edges (**be**), and mechanically upturned plates (**mup**). Techniques in Chapter I.2.1: MET-C, FESEM-GEMINI.

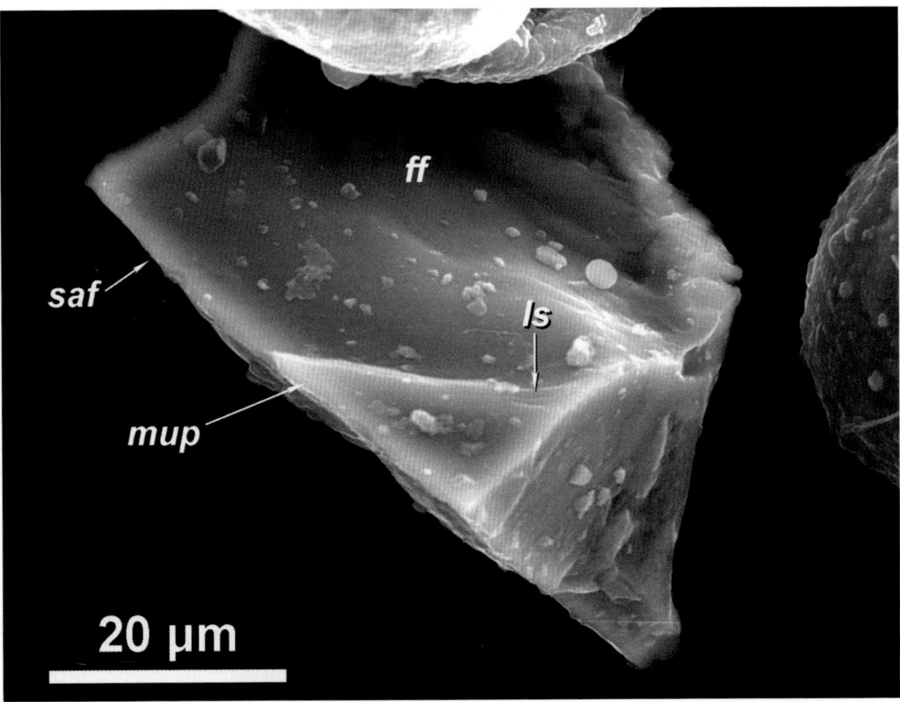

Figura 7. Imagen SEM de grano eólico de cuarzo tamaño arena fina depositado en la ciudad de Granada (primavera 2012) posiblemente procedente de suelos de los alrededores de esta ciudad en el que se reconocen microtexturas mecánicas, *sharp angular features* (**saf**), *mecanically upturned plates* (**mup**), *linear steps* (**ls**), y *fracture faces* (**ff**), que denotan un aspecto fresco de poca evolución. Técnicas en Capítulo I.2.1: MET-C, FESEM-GEMINI. Adaptado de Figura 4d, página 7 [12].

Figure 7. SEM image of a fine sand-sized quartz grain deposited in the city of Granada (Spring 2012), possibly from soils around the city in which mechanical microtextures, sharp angular features (**saf**), mecanically upturned plates (**mup**), linear steps -ls-, and fracture faces (**ff**)) are recognized that denote a fresh appearance with little wind evolution. Techniques in Chapter I.2.1: MET-C, FESEM-GEMINI. Adapted from Figure 4d, page 7 [12].

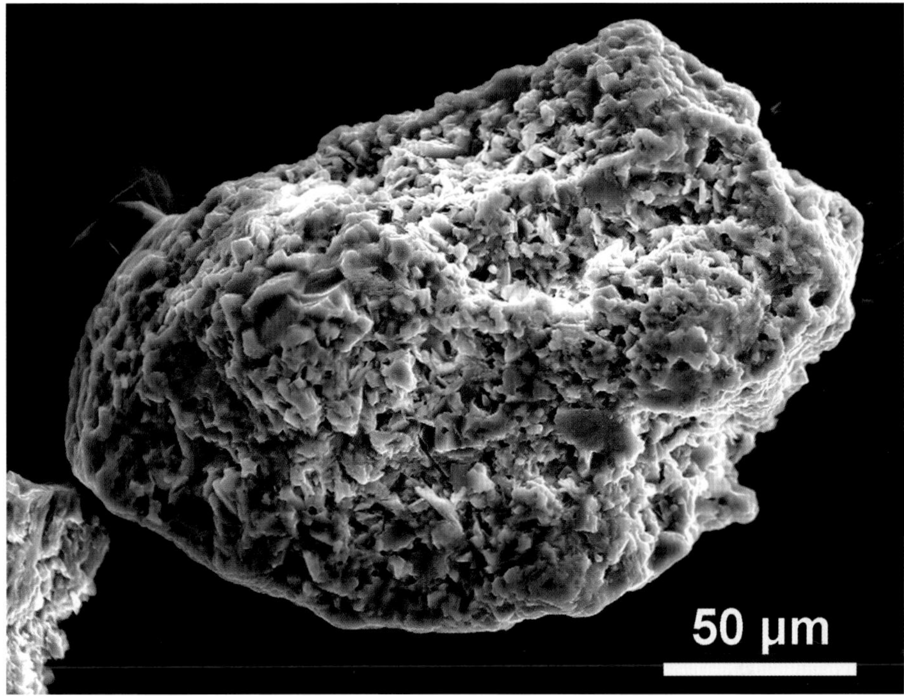

Figura 8. Imagen SEM de grano de cuarzo del horizonte Btg2 de la arena fina de un Alfisol de las terrazas del río Guadalquivir (Jaén, España), con una completa desintegración por meteorización química (*scaling*) propias de medios de alteración como los del suelo. Técnicas en Capítulo I.2.1: MET-C, FESEM-GEMINI.

Figure 8. SEM image of a quartz grain from the Btg2 horizon of the fine sand of an Alfisol of the terraces of the Guadalquivir River (Jaén, Spain), with complete disintegration by chemical weathering (scaling), typical of alteration environments such as pedogenic. Techniques in Chapter I.2.1: MET-C, FESEM-GEMINI.

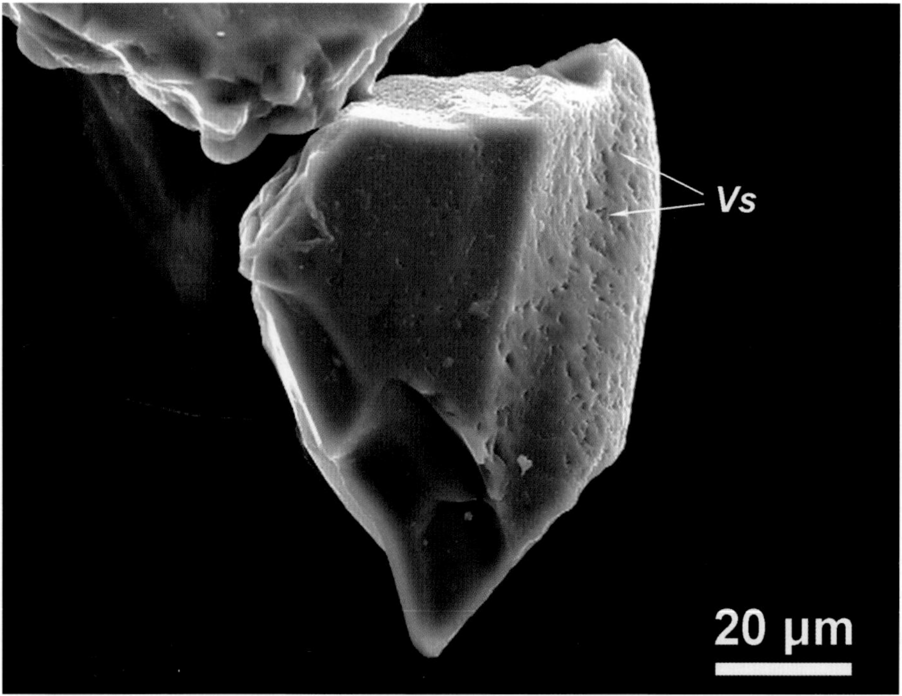

Figura 9. Imagen SEM de un grano de cuarzo tamaño arena fina del horizonte Btg1 de un Alfisol de las terrazas del río Guadalquivir (Jaén, España), mostrando percusiones en V (*V-shaped percussion marks*) (**Vs**) características de medios fluviales. Técnicas en Capítulo I.2.1: MET-C, FESEM-GEMINI.

Figure 9. SEM image of a fine sand-size quartz grain from the Horizon Btg1 of an Alfisol of the terraces of the Guadalquivir River (Jaén, Spain), showing V-shaped percussion marks (**Vs**), characteristic of fluvial environments. Techniques in Chapter I.2.1: MET-C, FESEM-GEMINI.

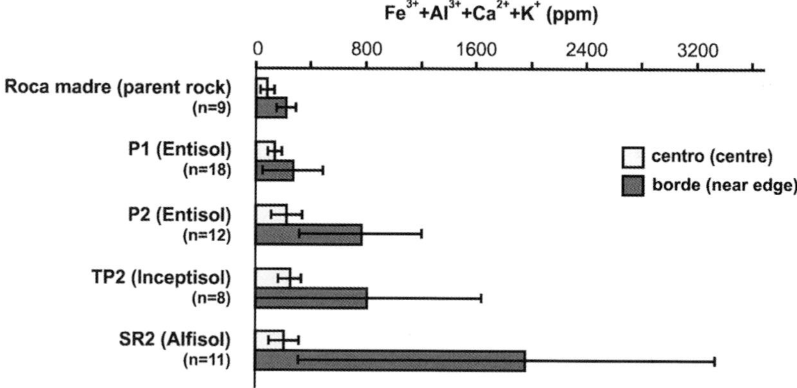

FIGURA 10. Valores medios de la suma de elementos traza Al3++Fe3++Ca2++K+ presentes en el cuarzo, analizados con EMPA en cristales de la roca madre y de la fracción arena fina (50 – 250 μm) de suelos de Sierra Nevada (España). Adaptada de Fig. 8, pág. 190 [7].

FIGURE 10. Average values of the sum of trace elements Al^{3+}+Fe^{3+}+Ca^{2+}+K^{+} present in quartz, analyzed with EMPA in crystals from the bedrock and the fine sand fraction (50 – 250 μm) of soils of the Sierra Nevada (Spain). Adapted from Fig. 8, pág. 190 [7].

Referencias
References

[1] GÖTZE, J. 2009. *Chemistry, textures and physical properties of quartz - geological interpretation and technical application.* Mineralogical Magazine, 73, 645-671.

[2] RIMSTIDT, J.D. 1997. Quartz solubility at low temperatures. Geochimica et Cosmochimica Acta, 61, 2553-2558.

[3] DREES, L.R., WILDING, L.P., SMECK, N.E. y SENKAYI, A.L. 1989. *Silica in soils: quartz and disordered silica polymorphs.* En: *Minerals in Soil Environments* (eds J.B. Dixon y S.B. Weed), pp. 913-965. Soil Science Society of America, Madison, WI.

[4] BLATT, H., MIDDLETON, G.V. y MURRAY, R.C. 1980. *Origin of Sedimentary Rocks.* 2nd edition. Prentice-Hall, Inc. Englewood Cliffs, New Jersey, USA.

[5] WRIGHT, J.S. 2007. *An overview of the role of weathering in the production of quartz silt.* Sedimentary Geology, 202, 337-351

[6] MARTÍN-GARCÍA, J.M., ARANDA, V., GÁMIZ, E., BECH, J. y DELGADO, R. 2004. *Are Mediterranean mountains Entisols weakly developed? The case of Orthents from Sierra Nevada (Southern Spain).* Geoderma, 118, 115-131.

[7] MARTÍN-GARCÍA, J.M., MÁRQUEZ, R., DELGADO, G., SÁNCHEZ-MARAÑÓN, M. y DELGADO, R. 2015. *Relationships between quartz weathering and soil type (Entisol, Inceptisol and Alfisol) in Sierra Nevada (southeast Spain).* European Journal of Soil Science, 66 (1), 179–193.

[8] MÁRQUEZ-CRESPO, R. 2012. *El cuarzo de la fracción arena fina en suelos de la provincia de Granada.* Tesis Doctoral. Universidad de Granada. https://digibug.ugr.es/handle/10481/23482

[9] MOLINERO-GARCÍA, A. 2022. *Génesis del cuarzo en suelos Mediterráneos.* Tesis Doctoral. Universidad de Granada. https://digibug.ugr.es/handle/10481/79631.

[10] DELGADO, R., MARTÍN-GARCÍA, J.M., OYONARTE, C. y DELGADO, G. 2003. *Genesis of the terrae rossae of the Sierra Gádor (Andalusia, Spain).* European Journal of Soil Science, 54 (1), 1-16.

[11] PÁRRAGA, J., MARTÍN-GARCÍA, J.M., DELGADO, G., MOLINERO-GARCÍA, A., CERVERA-MATA, A., GUERRA, I., FERNÁNDEZ-GONZALEZ, M.V., MARTÍN-RODRÍGUEZ, F.J., LYAMANI, H., CASQUERO-VERA, J.A., VALENZUELA, A., OLMO, F.J. y DELGADO, R., 2021. *Intrusions of dust and iberulites in Granada basin (Southern Iberian Peninsula). Genesis and formation of atmospheric iberulites.* Atmospheric Research, 248, 105260.

[**12**] MOLINERO-GARCÍA, A., MARTÍN-GARCÍA, J.M., FERNÁNDEZ-GONZÁLEZ, M.V. y DELGADO, R. 2022. *Provenance fingerprints of atmospheric dust collected at Granada city (Southern Iberian Peninsula). Evidence from quartz grains.* Catena, 208, 105738.

[**13**] FLAGEOLLET, J.C. 1981. *Aspects morphoscopiques et exoscopiques des quartz dans quelques sols ferrallitiques de la région de Cechi (Côte d'Ivoire).* Cahiers ORSTOM, Série Pédologique, 18, 111-121.

[**14**] TORCAL-SÁINZ, L. y TELLO-RIPA, B. 1992. *Análisis de sedimentos con microscopio electrónico de barrido: exoscopía del cuarzo y sus aplicaciones a la Geomorfología.* Cuadernos Técnicos de la Sociedad Española de Geomorfología No 4. Geoforma Ediciones, Logroño

[**15**] MOLINERO-GARCÍA, A., MARTÍN-GARCÍA, J.M., COSTA, P., DELGADO, R. (enviado publicación). *Microtexturas del cuarzo de la fracción arena fina en una cronosecuencia de suelos del sur de España.* Geoderma, en prensa.

[**16**] WILSON, M.J. 2020. *Dissolution and formation of quartz in soil environments: A review.* Soil Science Annual, 71, 3-14.

[**17**] ESWARAN, H. y STOOPS, G. 1979. *Surface textures of quartz in tropical soils.* Soil Science Society of America Journal, 43, 420-424.

[**18**] WHITE, K.L. 1981. *Sand grain micromorphology and soil age.* Soil Science Society of America Journal, 45, 975-978.

[**19**] FRITSCH, E. 1988. *Morphologie des quartz d'une couverture ferrallitique dégradée par hydromorphie.* Cahiers ORSTOM. Série Pédologie, 24, 3-15.

[**20**] MARCELINO, V., MUSSCHE, G. y STOOPS, G. 1999. *Surface morphology of quartz grains from tropical soils and its significance for assessing soil weathering.* European Journal of Soil Science, 50, 1-8.

[**21**] KEMNITZ, H. y LUCKE, B. 2019. *Quartz grain surfaces–A potential microarchive for sedimentation processes and parent material identification in soils of Jordan.* Catena, 176, 209-226.

[**22**] HOWARD, J.L., AMOS, D.F. y DANIELS, W.L. 1995. *Micromorphology and dissolution of quartz sand in some exceptionally ancient soils.* Sedimentary Geology, 105, 51-62.

[**23**] GÖTZE, J., PAN, Y. y MÜLLER, A. 2021. *Mineralogy and mineral chemistry of quartz: A review.* Mineralogical Magazine, 85(5), 639-664.

[**24**] DOUKHAN, J.C. 1995. *Lattice defects and mechanical behaviour of quartz SiO_2.* Journal de Physique III, 5(11), 1809-1832.

[**25**] YANINA, S.V., ROSSO, K.M. y MEAKIN, P. 2006. *Defect distribution and dissolution morphologies on low-index surfaces of α-quartz.* Geochimica et Cosmochimica Acta, 70(5), 1113-1127.

[**26**] GÖTZE, J., TICHOMIROWA, M., FUCHS, H., PILOT, J. y SHARP, Z.D. 2001. *Geochemistry of agates: a trace element and stable isotope study.* Chemical Geology, 175(3-4), 523-541.

[27] Smith, J.V. y Steele, I.M. 1984. *Chemical substitution in silica polymorph.* Neues Jahrbuch für Mineralogie Abhandlungen, 3, 137-144.

[28] Müller, A., Wiedenbeck, M., Van den Kerkhof, A.M., Kronz, A. y Simon, K. 2003. *Trace elements in quartz – a combined electron microprobe, secondary ion mass spectrometry, laser-ablation ICP-MS, and cathodoluminescence study.* European Journal of Mineralogy, 15, 747-763.

[29] Mahaney, W.C. 2002. *Atlas of sand grain surface textures and applications.* Oxford University Press.

[30] Vos, K., Vandenberghe, N. y Elsen, J. 2014. *Surface textural analysis of quartz grains by Scanning Electron Microscopy (SEM): from sample preparation to environmental interpretation.* Earth-Science Reviews, 128, 93-104.

[31] Molinero-García, A., Müller, A., Martín-García, J.M., Simonsen, S.L. y Delgado, R. 2022. *Provenance of quartz grains from soils over Quaternary terraces along the Guadalquivir River, Spain.* Geoderma, 414, 115769.

[32] Sweet, D.E. y Brannan, D.K. 2016. *Proportion of glacially to fluvially induced quartz grain microtextures along the Chitina River, SE Alaska, USA.* Journal of Sedimentary Research, 86(7), 749-761.

[33] Woronko, B. 2016. *Frost weathering versus glacial grinding in the micromorphology of quartz sand grains: Processes and geological implications.* Sedimentary Geology, 335, 103-119.

Minerales y salud

María Isabel Carretero León

La relación de los minerales con la salud humana presenta dos vertientes bien diferenciadas (Figura 1). Una es positiva, en la que los minerales son beneficiosos y se utilizan con finalidad terapéutica en preparaciones farmacéuticas y otras aplicaciones médicas, forman parte de nuestros huesos y dientes, e incluso en algunos países se ingieren directamente con fines medicinales ("geofagia"). Sin embargo, existe otra faceta negativa, en la que los minerales son perjudiciales para el ser humano [1, 2, 3, 4]. En el estudio de estos dos aspectos, la utilización del Microscopio Electrónico de Barrido (SEM) ha sido primordial; por eso distintos capítulos de este libro se refieren específicamente a minerales relacionados con la salud.

La utilización de los minerales con finalidad terapéutica se conoce desde la Antigüedad y se mantiene en nuestros días. Son utilizados en preparaciones farmacéuticas como principios activos y como excipientes [3, 4, 5, 6]. Por vía oral, forman parte de principios activos de antiácidos gástricos, protectores gastrointestinales, laxantes, antidiarréicos, eméticos directos, antianémicos, homeostáticos, y suplementos minerales. Por vía tópica, actúan como principios activos en antisépticos y desinfectantes, protectores dermatológicos, antiinflamatorios, queratolíticos reductores, descongestivos oculares, pastas dentífricas, protectores solares y productos cosméticos como desodorantes, sales de baño o cremas. Minerales como óxidos (rutilo, periclasa, zincita), carbonatos (calcita, magnesita, hidrozincita, etc.), sulfatos (epsomita, mirabilita, melanterita, alumbre, etc.), cloruros (halita, silvina), hidróxidos (brucita, gibsita, hidrotalcita), filosilicatos (esmectitas, talco, sepiolita, palygorskita, caolinita, micas), elementos nativos (azufre), sulfuros (greenockita), boratos (borax), fosfatos (hidroxiapatito) y nitratos (nitro), se utilizan como principios activos debido a su composición química, no toxicidad y sus propiedades físicas y fisicoquímicas específicas en cada caso, por ejemplo alta solubilidad en agua, reacción con ácido clorhídrico, alta capacidad de absorción, alta superficie específica, alto índice de refracción, opacidad, etc. (ver tablas 1 y 2 de Carretero y Pozo, 2010 [6]), [3, 4]. Por otra parte, los minerales se utilizan como excipientes en preparaciones farmacéuticas haciendo la función de lubricantes, desecantes, disgregantes, diluyentes y aglutinantes, pigmentos y opacificantes, agentes emulsionantes, espesantes y antiapelmazantes, correctores del sabor, agentes isotónicos y portadores-liberadores de principios activos. Los minerales utilizados son óxidos (rutilo, hematites, magnetita, etc.) hidróxidos (goethita), carbonatos (calcita, magnesita), sulfatos (yeso, anhidrita), cloruros (halita, silvina), fosfatos (hidroxiapatito), filosilicatos (esmectitas, palygorskita, sepiolita, caolinita, talco) y tectosilicatos (zeolitas); debido asimismo a sus propiedades físicas y fisicoquímicas específicas en cada caso (ver tablas 1 y 2 de Carretero y Pozo, 2009 [5]), [3, 4]. Los capítulos II.3.1, II.3.2, II.3.3 del presente libro se dedican a minerales beneficiosos como talco o caolinita.

Los minerales son empleados también en otros usos médicos, además de en la industria farmacéutica. Así, en técnicas de diagnóstico se emplea barita (sulfato) como contraste en el estudio radiológico del tracto gastrointestinal, ya que es insoluble en el ácido del estómago (HCl) y es opaca a los rayos X debido a su elevada densidad. Óxidos como magnetita y maghemita se usan en otras técnicas diagnósticas de contraste por sus propiedades magnéticas. El talco (filosilicato) se emplea en la realización de pleurodesis debido a su propiedad esclerosante, y la zincita (óxido) como base para la fabricación de cementos dentales, ya que mezclada con el ácido fosfórico forma un material muy duro formado por fosfato de cinc. Fosfatos como el hidroxiapatito, mineral que se encuentra en los huesos y dientes, se utiliza en injertos óseos y en implantes orbitales. Finalmente, el yeso (sulfato) se utiliza para la fabricación de la escayola, empleada en la realización de moldes dentales, en la inmovilización de miembros fracturados, y en procedimientos quirúrgicos dentales y craneofaciales [3], [4], [5].

Otra aplicación beneficiosa de los minerales para la salud humana es la peloterapia, que consiste en la aplicación de peloides (conocidos coloquialmente como "barros de balnearios") con finalidad terapéutica. Los peloides son una mezcla de un sólido y agua mineromedicinal de un balneario o de agua del mar, sometida a un proceso de maduración. El sólido utilizado está formado mayoritariamente por arcillas (comunes o especiales). Las arcillas están compuestas en su mayoría por filosilicatos. Los filosilicatos presentes en las arcillas empleadas en peloterapia son caolinita, esmectitas, illita e interestratificados. Los peloides pueden tener también otros minerales como azufre, pirita, carbonatos, óxidos de hierro, etc. Recientemente Carretero [7] ha realizado una revisión de los trabajos publicados entre 1990 y 2019 sobre la mineralogía, composición química, y propiedades físicas y fisicoquímicas de los peloides usados a nivel mundial con finalidad terapéutica. Ese trabajo incluye además una revisión histórica sobre peloides y peloterapia, su definición y clasificación, formas de aplicación, presencia de isótopos radiactivos, composición del líquido intersticial de los peloides, liberación de cationes durante la aplicación y posible toxicidad. La segunda parte de esta revisión [8] incluye los compuestos orgánicos, el contenido en materia orgánica, microbiología y aplicaciones médicas de los peloides. También se revisan los estudios *in vitro* e *in vivo*, así como los estudios con personas realizados en los diferentes balnearios para determinar la eficacia terapéutica de los peloides. Los capítulos II.3.5, II.3.6, II.3.7 recogen estudios específicos de peloides.

Otra utilización de los minerales con fines medicinales es la geofagia, que consiste en la ingesta deliberada de suelos, arcillas o sedimentos. Por lo general el material ingerido es de lugares específicos, y a veces incluso de horizontes de suelo muy concretos. Suelen contener un alto contenido en arcillas, o bien alta salinidad o alta cantidad de carbonato cálcico o magnésico. La geofagia está asociada a ciertas religiones y culturas, especialmente en África, Sudamérica y zonas de Asia. Por ejemplo, mujeres embarazadas de estos países ingieren arcillas ferruginosas como aporte de hierro para evitar la anemia. En Europa se han utilizado desde hace más de 2000 años, llamándose *tierras selladas* o *terra sigillata*, constituidas por arcillas (caolín y bentonitas), siendo ingeridas con fines terapéuticos por ejemplo para combatir las epidemias de peste en la Edad Media o la disentería durante la primera Guerra Mundial [3, 4].

Sin embargo, los minerales pueden ser, a su vez, perjudiciales para la salud humana interviniendo directamente en el desarrollo de enfermedades [3, 4]. La patogenicidad de los minerales puede estar asociada a su composición química, como es el caso de los minerales radiactivos (minerales que incluyen en su composición U, Th, Ra). De ellos, los más problemáticos son los que contienen uranio y uno de sus productos de descomposición, el radón. Los minerales radiactivos producen cáncer. Asimismo, también son peligrosos para la salud los minerales que contienen elementos potencialmente tóxicos como metales y metaloides pesados (por ej. As, Se, Hg, Pb, Cd, etc.) y a veces otros elementos como el flúor, que pueden ser lixiviados desde las rocas por causas naturales o antropogénicas. Los compuestos sólidos de arsénico son letales por ingestión (venenos), pero puede llegar también al ser humano a través del consumo de aguas contaminadas y por inhalación de gases, resultado de la combustión de carbones que contienen compuestos de As. Un exceso de los elementos potencialmente tóxicos citados anteriormente, producen graves alteraciones en el sistema nervioso, problemas gastrointestinales, daños neurológicos, daños en diversos órganos como hígado y riñones, e incluso cáncer, entre otras enfermedades [3, 4].

El efecto perjudicial de los minerales puede producirse también por su inhalación. Los minerales peligrosos por inhalación son principalmente silicatos fibrosos del grupo de los anfíboles (inosilicatos) como actinolita, tremolita, antofilita, croci-dolita (llamado asbesto azul) y amosita (llamado asbesto marrón); del grupo de las serpentinas (filosilicatos) como el crisotilo (llamado asbesto blanco o amianto); y tectosilicatos como zeolitas fibrosas (erionita, mordenita). Dentro de los filosili-catos del grupo de los minerales de la arcilla, aunque existen estudios que indican su patogenicidad, no queda claro su efecto perjudicial porque los resultados en la actualidad son contradictorios. También es peligrosa para la salud por inhalación la sílice cristalina (tectosilicatos como cuarzo, cristobalita, tridimita) y óxidos e hidróxidos como hematites, lepidocrocita o brucita fibrosa. La inhalación continuada de estos minerales puede dar lugar a diversas enfermedades como neumoconiosis (silicosis y asbestosis), cáncer de pulmón y mesotelioma (cáncer del mesotelio) [3, 4]. De las fibras minerales trata el Capítulo II.3.8 de este libro.

Los minerales que producen los seres vivos se llaman biominerales. El ser humano posee biominerales beneficiosos como el apatito (hidroxiapatito) que forma parte de huesos y dientes, pero también produce biominerales perjudiciales que son las litiasis (llamadas coloquialmente "piedras" o "cálculos" de riñón, de vesícula, etc.). Las litiasis biliares están compuestas por minerales como calcita y fosfatos, junto con otros compuestos como colesterol, pigmentos biliares, proteínas, palmitato cálcico, etc. Los minerales que componen las litiasis renales son principalmente fosfatos como hidroxiapatito, estruvita, whitlockita, etc., junto con otros compuestos como oxalatos cálcicos, ácido úrico, uratos, algunos aminoácidos, etc. [3]. También se incluyen en el presente libro capítulos cuya temática recoge las biomineralizaciones en seres humanos (I.1.7, II.4.4).

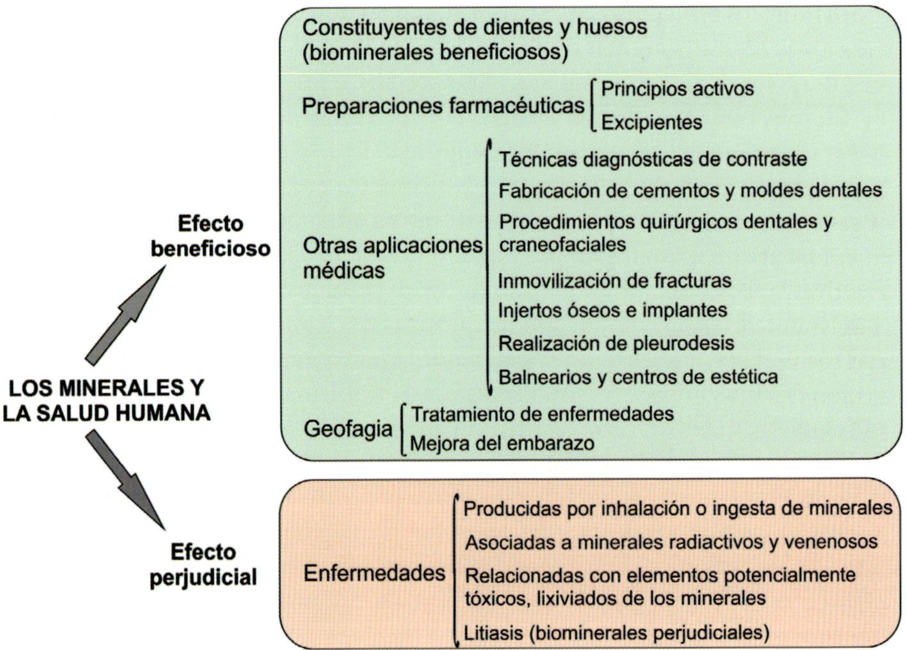

FIGURA 1. Relación de los minerales con la salud humana

Minerals and Health

María Isabel Carretero León

The relationship between minerals and human health has two distinct aspects (Figure 1). One is positive, in which minerals are beneficial and are used for therapeutic purposes in pharmaceutical preparations and other medical applications, are part of our bones and teeth, and even in some countries are ingested directly for medicinal purposes ("geophagy"). However, there is another negative facet, in which minerals are harmful to humans [1, 2, 3, 4]. In the study of these two aspects, the use of the Scanning Electron Microscope (SEM) has been paramount; therefore, different chapters of this book refer specifically to minerals related to health.

The use of minerals for therapeutic purposes has been known since ancient times and is maintained today. They are used in pharmaceutical preparations as active ingredients and as excipients [3, 4, 5, 6]. Orally, they are part of the active ingredients of gastric antacids, gastrointestinal protectors, laxatives, and antidiarrheals, direct emetics, antianemics, homeostatics, and mineral supplements. Topically, they act as active ingredients in antiseptics and disinfectants, dermatological protectors, anti-inflammatories, keratolytic reducers, ocular decongestants, toothpastes, sunscreens and cosmetic products such as deodorants, bath salts or creams. Minerals such as oxides (rutile, periclase, zincite), carbonates (calcite, magnesite, hydrozincite, etc.), sulfates (epsomite, mirabilite, melanterite, alum, etc.), chlorides (halite, silvine), hydroxides (brucite, gibsite, hydrotalcite), phyllosilicates (smectites, talc, sepiolite, palygorskite, kaolinite, micas), native elements (sulfur), sulfides (greenockite), borates (borax), phosphates (hydroxyapatite) and nitrates (nitro), are used as active ingredients due to their chemical composition, non-toxicity and its specific physical and physicochemical properties in each case, for example high solubility in water, reaction with hydrochloric acid, high absorption capacity, high specific surface, high refractive index, opacity, etc. (see Tables 1 and 2 of Carretero y Pozo, [6]), [3, 4]. On the other hand, minerals are used as excipients in pharmaceutical preparations acting as lubricants, desiccants, disintegrators, thinners and binders, pigments and opacifiers, emulsifying agents, thickeners and anti-caking agents, taste correctors, isotonic agents, and carriers-releasers of active ingredients. The minerals used are oxides (rutile, hematite, magnetite, etc.) hydroxides (goethite), carbonates (calcite, magnesite), sulfates (gypsum, anhydrite), chlorides (halite, silvine), phosphates (hydroxyapatite), phyllosilicates (smectites, palygorskite, sepiolite, kaolinite, talc) and tectosilicates (zeolites); due also to their specific physical and physicochemical properties in each case (see Tables 1 and 2 of Carretero y Pozo, [5]), [3, 4]. Chapters II.3.1, II.3.2, II.3.3 of this book are devoted to beneficial minerals such as talc or kaolinite.

Minerals are also used in other medical uses, in addition to the pharmaceutical industry. Thus, in diagnostic techniques barite (sulfate) is used as a contrast in the radiological study of the gastrointestinal tract since it is insoluble in stomach acid (HCl) and is opaque to X-rays due to its high density. Oxides such as magnetite and maghemite are used in other contrast diagnostic techniques for their magnetic properties. Talc (phyllosilicate) is used in the realization of pleurodesis due to its sclerosing property, and zincite (oxide) as the basis for the manufacturing of dental cements, since mixed with phosphoric acid it becomes a very hard material formed by zinc phosphate. Phosphates such as hydroxyapatite, a mineral found in bones and teeth, are used in bone grafts and orbital implants. Finally, gypsum (sulfate) is used for the manufacture of plaster, used in the realization of dental molds, in the immobilization of fractured limbs, and in dental and craniofacial surgical procedures [3], [4], [5].

Another beneficial application of minerals for human health is pelotherapy, which consists of the application of peloids (known colloquially as "mud baths") for therapeutic purposes. Peloids are a mixture of a solid and a mineral-medicinal water from a spa or sea water, subjected to a maturation process. The solid used is mostly made up of clays (common or special). Clays are mostly composed of phyllosilicates. The phyllosilicates present in the clays used in pelotherapy are kaolinite, smectites, illite and interstratified minerals. Peloids may also have other minerals such as sulfur, pyrite, carbonates, iron oxides, etc. Recently Carretero [7] has made a review of the papers published between 1990 and 2019 on the mineralogy, chemical composition, and physical and physicochemical properties of peloids used worldwide for therapeutic purposes. This work also includes a historical review on peloids and pelotherapy, their definition and classification, forms of application, presence of radioactive isotopes, composition of the interstitial fluid of the peloids, release of cations during application and possible toxicity. The second part of this review [8] includes organic compounds, organic matter content, microbiology and medical applications of peloids. *In vitro* and *in vivo* studies are also reviewed, as well as studies with people carried out in the different spas to determine the therapeutic efficacy of peloids. Chapters II.3.5, II.3.6, II.3.7 contain specific studies of peloids.

Another use of minerals for medicinal purposes is geophagy, which consists of the deliberate ingestion of soils, clays or sediments. Usually, the ingested material is from specific places, and sometimes even from very specific soil horizons.

They usually contain a high clay content, either high salinity or a high amount of calcium or magnesium carbonate. Geophagy is associated with certain religions and cultures, especially in Africa, South America and parts of Asia. For example, pregnant women in these countries ingest ferruginous clays as a contribution of iron to avoid anemia. In Europe they have been used for more than 2000 years, being called "sealed earth" or *terra sigilata*, consisting of clays (kaolin and bentonites), being ingested for therapeutic purposes for example to combat bubonic plague epidemics in the Middle Ages or dysentery during the First World War [3, 4].

However, minerals can be, in turn, harmful to human health by directly intervening in the development of diseases [3, 4]. The pathogenicity of minerals may be associated with their chemical composition, as is the case with radioactive minerals (minerals that include in their composition U, Th, Ra). Of these, the most problematic are those containing uranium and one of its decay products, radon. Radioactive minerals cause cancer. Minerals containing potentially toxic elements such as metals and heavy metalloids (e.g., As, Se, Hg, Pb, Cd, etc.) and sometimes other elements such as fluorine, which can be leached from the rocks by natural or anthropogenic causes, are also hazardous to health. Solid arsenic compounds are lethal by ingestion (poisons) but can also reach humans through the consumption of contaminated water and by inhalation of gases, resulting from the combustion of coals containing as compounds. An excess of the potentially toxic elements mentioned above produces serious alterations in the nervous system, gastrointestinal problems, neurological damage, damage to various organs such as the liver and kidneys, and even cancer, among other diseases [3, 4].

The harmful effect of minerals can also be produced by their inhalation. Minerals that are hazardous by inhalation are mainly fibrous silicates of the group of amphiboles (inosilicates) such as actinolite, tremolite, anthophyllite, crocidolite (called blue asbestos) and amosite (called brown asbestos); of the group of streamers (phyllosilicates) such as chrysotile (called white asbestos or asbestos); and tectosilicates such as fibrous zeolites (erionite, mordenite). Within the phyllosilicates of the group of clay minerals, although there are studies that indicate their pathogenicity, their harmful effect is not clear because the results are currently contradictory. Also dangerous to health by inhalation is crystalline silica (tectosilicates such as quartz, cristobalite, tridymite) and oxides and hydroxides such as hematite, lepidocrocite or fibrous brucite. Continued inhalation of these minerals can lead to various diseases such as pneumoconiosis (silicosis and asbestosis), lung cancer, and mesothelioma (cancer of the mesothelium) [3, 4]. Chapter II.3.8 of this book deals with mineral fibers.

The minerals that living things produce are called biominerals. Humans have beneficial biominerals such as apatite (hydroxyapatite) that is part of bones and teeth, but also produces harmful biominerals that are lithiasis (colloquially called kidney stones or gallstones, gallbladder stones, etc.). Biliary lithiasis is composed of minerals such as calcite and phosphates, along with other compounds such as cholesterol, bile pigments, proteins, calcium palmitate, etc. The minerals that make up renal lithiasis are mainly phosphates such as hydroxyapatite, struvite, whitlockite, etc., along with other compounds such as calcium oxalates, uric acid, urates, some amino acids, etc. [3]. This book also includes chapters on biomineralization in humans (I.1.7, II.4.4).

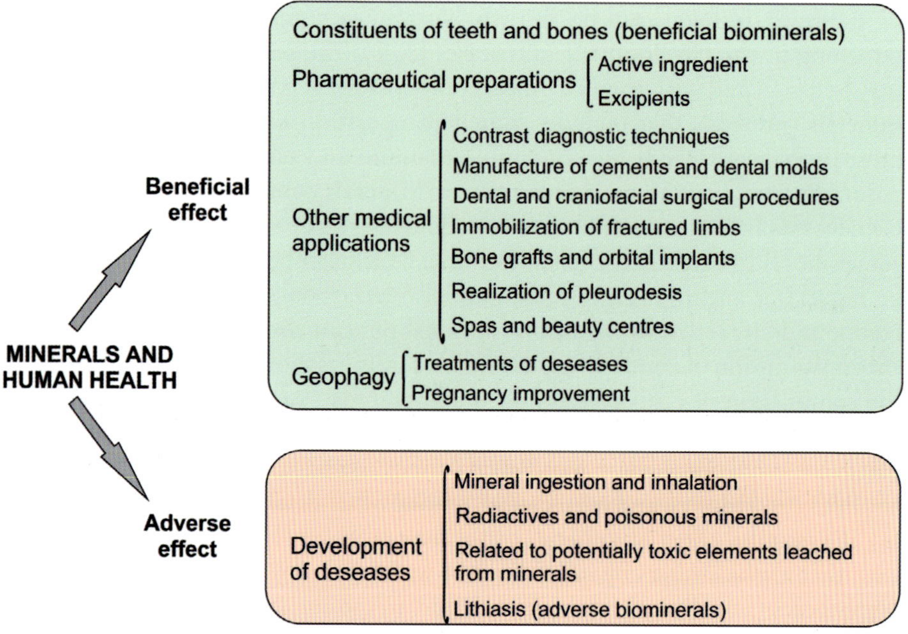

FIGURE 1. Relationship between minerals and human health

Referencias
References

[1] CARRETERO, M.I. 2002. *Clay minerals and their beneficial effects upon human health: A review.* Applied Clay Science, 21, 155-163.

[2] CARRETERO, M.I. y LAGALY, G. (EDS.) 2007. Special Issue: *Clays and Health: Clays in Pharmacy, Cosmetics, Pelotherapy and Environment Protection.* Applied Clay Science, 36, Issues 1-3.

[3] CARRETERO, M.I. y POZO, M. 2007. *Mineralogía Aplicada. Salud y Medio Ambiente.* Ed. Thomson. Madrid.

[4] CARRETERO, M.I., GOMES, C.S.F. y TATEO, F. 2013. *Clays, drugs and human health.* En: Bergaya, F. y Lagaly, G. (Eds.), *Handbook of Clay Science.* Second Edition. Part B: Techniques and Applications. Elsevier, Amsterdam, pp. 711-764 (Chapter 5.5).

[5] CARRETERO, M.I. y POZO, M. 2009. *Clay and non-clay minerals in the pharmaceutical industry. Part I. Excipients and medical applications.* Applied Clay Science, 46, 73-80.

[6] CARRETERO, M.I. y POZO, M. 2010. *Clay and non-clay minerals in the pharmaceutical and cosmetic industries Part II. Active ingredients. Applied* Clay Science, 47, 171-181.

[7] CARRETERO, M.I. 2020. *Clays in pelotherapy. A review. Part I: Mineralogy, chemistry, physical and physicochemical properties.* Applied Clay Science, 189, 105526.

[8] CARRETERO, M.I. 2020. *Clays in pelotherapy. A review. Part II: Organic compounds, microbiology and medical applications.* Applied Clay Science, 189, 105531.

Biomineralización: un proceso de formación de minerales asociado a la vida

Rafael Delgado Calvo-Flores, Rocío Márquez Crespo,
Jesús Párraga Martínez

1. Introducción

La biomineralización es el proceso por el cual los organismos vivos, mediante su actividad celular, convierten o transforman especies iónicas en solución en minerales sólidos. Estos minerales así formados se llaman "biominerales", o minerales biogénicos, calificables como minerales a medias entre lo vivo y lo inerte [1]. La Biomineralización, como ciencia, trata del estudio de los materiales producidos biológicamente, tales como conchas, huesos o dientes, y de los procesos que conducen a la formación de dichos compuestos orgánico-inorgánicos jerárquicamente bien estructurados [2, 3, 4].

Los biominerales pueden formarse en el interior de un ser vivo o en su entorno, aunque siempre como consecuencia del metabolismo de ese ser vivo. La incidencia de este proceso es mucho mayor de la que podría suponerse, y la presencia de biominerales es casi ubicua en la superficie terrestre; continuamente se describen nuevos casos. Así, se generan en los seis reinos de seres vivos que actualmente se reconocen: Animalia, Plantae, Fungi, Protista, Eubacteria, y Archaebacteria, y se han identificado al menos 65 especies de biominerales [4, 5, 6, 7].

Los biominerales, como formados por los seres vivos, tienen un carácter singular y presentan todas las características de los verdaderos minerales, pero poseen otras que los distinguen de sus homólogos producidos inorgánicamente. Una primera característica son sus inusuales y atractivas morfologías externas y estructuras internas, que revelan la intrincada complejidad de estas formaciones biogénicas, muy adaptadas a la función que se les requiere (Tabla 1, Figura 1).

Entre las técnicas más empleadas para el estudio de los biominerales destaca la difracción de rayos X (XRD) para la determinación de su naturaleza mineralógica, y, para el estudio de su singular morfología y estructura, la Microscopía Electrónica en sus modalidades de Barrido (SEM) y Transmisión (TEM). También se aplica, con frecuencia, análisis elemental con técnicas de energía dispersiva de rayos X (EDX), acoplado a la microscopía electrónica. En la Parte II del libro, dedicamos un apartado completo a las biomineralizaciones, con estudios específicos de casos bacterianos (Capítulos II.4.1 y II.4.2), conchas de moluscos (Capítulo II.4.3) y litiasis humanas (Capítulo II.4.4).

Comprender los mecanismos de formación de los biominerales como: "compartimentación", "sobresaturación", "precipitación", "cristalización", "exportación" de macromoléculas y "cese" del proceso [3], requiere conocer el control o inducción precisos de tales eventos por células especializadas como osteoblastos, odontoblastos y células epiteliales del manto de las conchas, o por la membrana externa de las bacterias. Las células citadas son unas 'factorías moleculares' prodigiosas que promueven y controlan la biomineralización. Aún así, no se conocen exactamente los mecanismos por los que los organismos usan moléculas para transferir información quiral a las superficies cristalinas provocando estructuras biominerales asimétricas [8, 9], aunque, lógicamente, hay un trasfondo de regulación genética.

2. Modalidades de biomineralización

Se puede hablar de dos modalidades de biomineralización: "inducida" y "controlada" [3, 10].

2.1.- Biomineralización biológicamente inducida

Perturbaciones en el medio acuoso, como excreciones del metabolismo, pérdida de cationes por las células, incluso construcción de las células, inducen precipitación de minerales en el medio circundante a partir de una solución saturada con los iones requeridos, necesitando del organismo para la nucleación y deposición local del biomineral. En este caso las superficies celulares actúan como agentes causantes (inductores) para la nucleación y consiguiente crecimiento mineral. No obstante, el sistema biológico tiene poco control sobre la especie y hábito de los minerales depositados, aunque los procesos metabólicos del organismo influyen en las condiciones ambientales: pH, pCO_2, redox, etc. Es un proceso predominante en organismos inferiores, caso de las bacterias, atribuido, por ejemplo, a la presencia de Exopolisacáridos –EPS– [11]. Nuestro Grupo de Investigación ha estudiado una buena casuística de biominerales bacterianos inducidos por bacterias del suelo y aguas naturales salinas, i. e. [12] (Figura 2).

2.2.- Biomineralización biológicamente controlada

Es aquella en que la fase mineral se desarrolla bajo el control directo regulatorio del organismo, como son los huesos de los vertebrados (Figuras 3, 4), los dientes, los huevos de las aves (Figuras 5, 6) o las conchas de los moluscos (Figura 1), entre otros. Los moluscos ofrecen un caso muy ilustrativo, pues construyen su concha capa a capa (Figura 1), creando compartimentos fijos que pueden ser llenados por inyección de los propios componentes en las proporciones adecuadas [13].

Como resumen de lo que es una biomineralización controlada, diríamos que los organismos controlan de una manera determinante un único producto final. Tiene, además, las siguientes características [5, 14]:

1.- Delimitación del espacio: la cristalización tiene lugar dentro de compartimentos bien definidos y restringidos donde el flujo de iones minerales y componentes orgánicos va dirigido. El tamaño físico y la forma del espacio puede condicionar la forma y tamaño del cristal. Los compartimentos no son impermeables, sino que presentan poros y canales que permiten el flujo y deposición mineral.

2.- Existencia de una matriz orgánica de macromoléculas polimerizadas que controlan la precipitación del mineral; este control no es bien conocido. Los cristales ordenados regularmente están interpuestos con polímeros orgánicos. Es decir, la capacidad para la mineralización depende de membranas específicas y no de la totalidad del organismo. Existe una especificidad celular que determina el tipo de biomineral, la orientación de los cristales y la zona del organismo donde se deposita. En este caso, los depósitos minerales no sólo están localizados sino que pueden ser dirigidos para controlar la forma, tamaño y orientación de los cristales, formando *composites* o aglomeraciones de hábitos de cristales únicos separados por material orgánico y a veces organizados en mosaicos de dominios delimitados por capas orgánicas, y aun así exhiben muchas de las propiedades de difracción de los cristales únicos, aunque no se hayan desarrollado desde una solución saturada de los iones requeridos [15, 16].

3. Funciones de los biominerales

Los biominerales no son generados por los seres vivos con una finalidad azarosa, sino que presentan unas funciones biológicas muy concretas e importantes. Hablamos de las biomineralizaciones no-patológicas. Las funciones son variadas, destacando (Tabla 1): esqueléticas, masticación, protección, percepción del equilibrio, orientación, reserva de elementos minerales, regulación del metabolismo, etc. Los biominerales fruto de patologías (caso, los cálculos renales) no se pueden considerar en un sentido estricto poseedores de funciones biológicas.

4. Especies de biominerales

Se han descrito biominerales en la mayor parte de las clases minerales establecidas por la Mineralogía [7]. Los más frecuentes son los carbonatos (Clase VI), fosfatos (Clase IX), óxidos e hidróxidos (Clase IV) y silicatos (Clase XII); que mayoritariamente coinciden con los minerales más abundantes presentes en la superficie terrestre pues muchas rocas son biogénicas [14]. También son considerados biominerales algunas sales de ácidos orgánicos (oxalatos, palmitatos...), aunque no se trata estrictamente de minerales en el concepto de la Mineralogía.

Alrededor de un 25 % de los biominerales son amorfos, en los que no difractan coherentemente los rayos X. Y el 60 % de los biominerales pertenecientes a cada

Clase mineral son formas hidratadas; algo esperable en productos relacionados con la vida. Del mismo modo, hay muchas evidencias (por ejemplo, en biominerales carbonatados) de que primero aparecen fases hidratadas, al ser las barreras energéticas más bajas que las de las formas anhidras, para la nucleación y el crecimiento a partir de la fase acuosa [17, 18].

Los carbonatos de calcio son los biominerales más abundantes; tanto en términos de cantidades producidas como por su amplia distribución entre muchos *phyla* diferentes. Están mayormente presentes en ambientes marinos pero también en agua dulce y ambientes terrestres. De los ocho polimorfos conocidos de carbonato de calcio, siete son cristalinos y uno es amorfo. Tres de los polimorfos: calcita, aragonito y vaterita son carbonato cálcico ($CaCO_3$) mientras que dos: monohidrocalcita y las formas estables de carbonato cálcico amorfo, contienen una molécula de agua por la de carbonato de calcio [8]. Los esqueletos de los foraminíferos y cocolitóforos son de calcita, así como la cáscara de los huevos de las aves (Figura 5), mientras que los corales y los caracoles de tierra son de aragonito, pero puede haber fases mixtas como en las conchas de los bivalvos. Uno de los grandes retos en el campo de estudio de la biomineralización es comprender los mecanismos por los cuales los sistemas biológicos determinan qué polimorfo precipitará. Parece que está genéticamente controlado [19], aunque en las biomineralizaciones inducidas el asunto es incluso más complejo, tal como se discute en el Capítulo II.4.2 de este libro.

Los fosfatos comprenden alrededor del 25 % de los biominerales. Excepto para estruvita y brushita, la mayoría de los minerales fosfatados son producidos por mineralización controlada [20]. El biomineral fosfatado más abundante es hidroxiapatito carbonatado, también llamado dahllita. Es el mineral presente en los huesos de los vertebrados (Figuras 3 y 4) y los dientes, así como en las conchas de los braquiópodos y escamas de los peces. Es de notar que un miembro no carbonatado de esta familia, el hidroxiapatito, tiene una adscripción dudosa en cuanto biomineral, no se conoce que se forme biológicamente [19]. Los cristales de apatito carbonatado biogénico son usualmente aplanados y muy pequeños, de 2 a 4 nm.

En cuanto a los silicatos, están presentes en biominerales marinos constituyentes de las frústulas de las diatomeas y los radiolarios, formadas por ópalo, que es sílice amorfa hidratada [21].

Los biominerales de hierro aparecen como óxidos, hidróxidos y sulfuros, y comprenden el 40 % de todos los biominerales. Se cree que la formación de magnetita es el más antiguo sistema de biomineralización mediada por una matriz orgánica [22].

5. Conclusión

El proceso de biomineralización y sus productos, los biominerales, son merecedores de estudio por sus implicaciones con la vida y en concreto con la salud humana. Uno de sus campos de estudio, la morfología, ofrece singulares perspectivas por la espectacularidad de las formas que ofrecen los biominerales fruto de su origen y las funciones que realizan en los organismos. El SEM resulta una técnica máster para los estudios morfológicos, como también demostraremos en los Capítulos II.4.1, II.4.2, II.4.3 y II.4.4 de este libro.

Tabla 1.- Esquema de los principales grupos de funciones biológicas de los biominerales. Adaptado de [23].

GRUPO	FUNCIONES	CASOS
1º	Esqueléticas	Exoesqueleto y **endoesqueleto**
2º	Protección	Huevo, espículas, exterior de las hojas vegetales
3º	Dirección y equilibrio	**Centros de gravedad**, magnetismo y orientación
4º	Digestivas	**Masticación**
5º	Metabólicas	**Detoxificación**
6º	Diversas (no patológicas)	**Almacén de iones**, órganos reproductores
7º	Alteradas (patológicas)	**Litiasis, concentraciones minerales**

*En negrita los casos presentes en la especie humana.

Biomineralization: a process of Mineral formation associated with Life

Rafael Delgado Calvo-Flores, Rocío Márquez Crespo,
Jesús Párraga Martínez

1. Introduction

Biomineralization is the process by which living organisms convert or transform ionic species in solution into solid minerals through their cellular activity. These minerals formed are known as "biominerals", or biogenic minerals, which can be classified as minerals halfway between the living and the inert [1]. Biomineralization as a science deals with the study of biologically produced materials such as shells, bones or teeth and the processes that lead to the formation of such well-structured organic-inorganic compounds [2, 3, 4].

Biominerals can form inside or around a living being, but always as a consequence of the metabolism of that living being. The incidence of this process is much higher than assumed and the presence of biominerals is almost ubiquitous on the Earth's surface; new cases are continuously being described. Thus, biominerals are generated in the six kingdoms of living beings that are currently recognized: Animalia, Plantae, Fungi, Protista, Eubacteria, and Archaebacteria, and at least 65 species of biominerals have been identified [4, 5, 6, 7].

Biominerals, as formed by living beings, have a singular character and present all the characteristics of true minerals, but have other features that distinguish them from their inorganically produced counterparts. An initial characteristic is their unusual and attractive external morphologies and internal structures, which reveal the intricate complexity of these biogenic formations, very adapted to the function required (Table 1, Figure 1).

Among the most commonly used techniques for the study of biominerals are X ray diffraction (XRD) to determine the mineralogical nature, and Scanning Electron Microscopy (SEM) and Transmission Electron Microscopy (TEM) to study the unique morphology and structure. Elementary analysis with Energy-Dispersive X ray (EDX) techniques coupled with electron microscopy is also frequently carried out. In Part II of this book, we devote a complete section to biomineralizations, with specific studies of bacterial cases (Chapters II.4.1 and II.4.2) mollusk shells (Chapter II.4.3) and human lithiasis (Chapter II.4.4).

Understanding biomineral formation mechanisms such as "compartmentalization", "supersaturation", "precipitation", "crystallization", "export" of macromolecules and process "cessation" [3] requires to know the precise control or induction of such events by specialized cells such as osteoblasts, odontoblasts and epithelial cells of the shell mantle, or by the outer membrane of bacteria. These cells are prodigious 'molecular factories' that promote and control biomineralization. Even so, the mechanisms by which organisms use molecules to transfer chiral information to crystalline surfaces to provoke asymmetric biometric structures are not exactly known [8, 9], but logically, there is a genetic regulation background.

2. Modalities of biomineralization

There are two types of biomineralization: "induced" and "controlled" [3, 10].

2.1.- Biologically induced biomineralization

Disturbances in the aqueous environment, such as metabolism excretions, loss of cations by cells, including cell construction, induce precipitation of minerals in the surrounding environment from a solution saturated with the required ions, needing the organism for the nucleation and local deposition of the biomineral. In this case, the cell surfaces act as causative agents (inductors) for nucleation and consequent mineral growth. However, the biological system has little control over the species and crystalline habit of the deposited minerals, although the metabolic processes of the organism influence the environmental conditions: pH, pCO_2, redox, etc. It is a predominant process in lower organisms, such as bacteria, attributed, for example, to the presence of Exopolysaccharides –EPS– [11]. Our Research Group has studied a good casuistry of bacterial biominerals induced by soil bacteria and natural saline waters, i.e. [12] (Figure 2).

2.2.- Biologically controlled biomineralization

This is the process by which the mineral phase develops under the direct regulatory control of the organism, such as the bones of vertebrates (Figures 3, 4), the teeth, the eggs of birds (Figures 5, 6) or the shells of mollusks (Figure 1), among others. Mollusks offer a very illustrative case, since they build their shell layer by layer (Figure 1), creating fixed compartments that can be filled by injection of the components themselves in the appropriate proportions [13].

To summarize controlled biomineralization, we would say that organisms have decisive control over a single final product. It also has the following characteristics [5, 14]:

1.- Delimitation of space: crystallization takes place within well-defined and restricted compartments where the flow of mineral ions and organic components is directed. The physical size and shape of the space can condition the shape and size of the crystal. The compartments are not waterproof, but have pores and channels that allow mineral flow and deposition.

2.- Existence of an organic matrix of polymerized macromolecules that control the precipitation of the mineral; this control is not well understood. Regularly ordered crystals are interposed with organic polymers. This means the capacity for mineralization depends on specific membranes and not the whole organism. There is a cellular specificity that determines the type of biomineral, the orientation of the crystals and the area of the organism where they are deposited. In this case, the mineral deposits are not only localized but can be directed to control the shape, size and orientation of the crystals, forming "composites" or agglomerations of unique crystal habits separated by organic material and sometimes arranged into patterns of areas delimited by organic layers, and yet exhibit many of the diffraction properties of unique crystals, although not developed from a saturated solution of the required ions [15, 16].

3. Functions of biominerals

Biominerals are not generated by living beings with a random purpose, but rather present very concrete and important biological functions - non-pathological. The functions are varied, but include (Table 1): skeletal, mastication, protection, perception of balance, orientation, reserve of mineral elements, regulation of metabolism, etc. Biominerals as a consequence of pathologies (case, kidney stones) [7] cannot be considered as having biological functions in a strict sense.

4. Species of biominerals

Biominerals have been described in most of the mineral classes established by Mineralogy [7]. The most frequent are carbonates (Class VI), phosphates (Class IX), oxides and hydroxides (Class IV) and silicates (Class XII), which mostly coincide with the most abundant minerals present on the Earth's surface, as many rocks are biogenic [14]. Some salts of organic acids (oxalates, palmitates...) are also considered biomineral, although they are not strictly mineral in the concept of Mineralogy.

About 25 % of biominerals are amorphous in that they do not consistently diffract X-rays. In addition, 60 % of the biominerals belonging to each mineral class are hydrated forms; as expected in life-related products. Similarly, there is a great deal of evidence (for example in carbonated biominerals) that they first appear as hydrated phases as they suppose lower energy barriers than anhydrous forms for nucleation and growth from the aqueous phase [17, 18].

Calcium carbonates are the most abundant biominerals, both in terms of quantities produced and their wide distribution among many different *phyla*. They are mostly present in marine environments, but also in freshwater and terrestrial environments. Of the eight known polymorphs of calcium carbonate, seven are crystalline and one is amorphous. Three of the polymorphs, calcite, aragonite and vaterite, are calcium carbonate ($CaCO_3$), whereas two, monohydrocalcite and the stable forms of amorphous calcium carbonate, contain one molecule of water per molecule of calcium carbonate [8]. The skeletons of foraminifera and cocolitophores are calcite, as well as the shell of the bird eggs (Figure 5), while corals and land snails are aragonite, but there may be mixed phases as in the bivalve shells. One of the great challenges in the field of biomineralization is understanding the mechanisms by which biological systems determine which polymorph will precipitate. It appears to be genetically controlled [19], although in induced biomineralizations, the issue is even more complex, as discussed in Chapter II.4.2 of this book.

Phosphates comprise about 25 % of biominerals. Except for struvite and brushite, most phosphate minerals are produced by controlled mineralization [20]. The most abundant phosphate biomineral is carbonated hydroxyapatite, also known as dahllite. It is the mineral present in vertebrate bones (Figures 3 y 4) and teeth, as well as in brachiopod shells and fish scales. It is noteworthy that a non-carbonated member of this family, hydroxyapatite, is dubiously described as a biomineral. It is not known to form biologically [19]. Biogenic carbonate apatite crystals are usually flattened and very small, from 2 to 4 nm.

As for silicates, they are present in marine biominerals that are constituents of diatomaceous algae frustula and radiolaria, formed by opal that is hydrated amorphous silica [21].

Iron biominerals appear as oxides, hydroxides and sulphides, and comprise 40 % of all biominerals. Magnetite formation is believed to be the oldest biomineralization system mediated by an organic matrix [22].

5. Conclusion

The process of biomineralization and its products, biominerals, are worthy of study for their involvement with life, and specifically with human health. One of the fields of study, morphology, offers unique perspectives for the spectacular forms offered by biominerals as a result of their origin and the functions they perform in organisms. SEM is a key technique for morphological studies as we will also demonstrate in Chapters II.4.1, II.4.2, II.4.3 and II.4.4 of this book.

TABLE 1.- Main groups of biological functions of biominerals. Adapted from [23].

GROUP	FUNCTIONS	CASES
1°	Skeletal	Exoskeleton and **endoskeleton**
2°	Protection	Egg, spicules, outside of the plant leaves
3°	Direction and balance	**Centers of gravity,** magnetism and orientation
4°	Digestive	**Mastication**
5°	Metabolic	**Detoxification**
6°	Miscellaneous (non-pathological)	**Ion storage**, reproductive organs
7°	Altered (pathological)	**Lithiasis, mineral concentrations**

*The cases present in the human species are in bold.

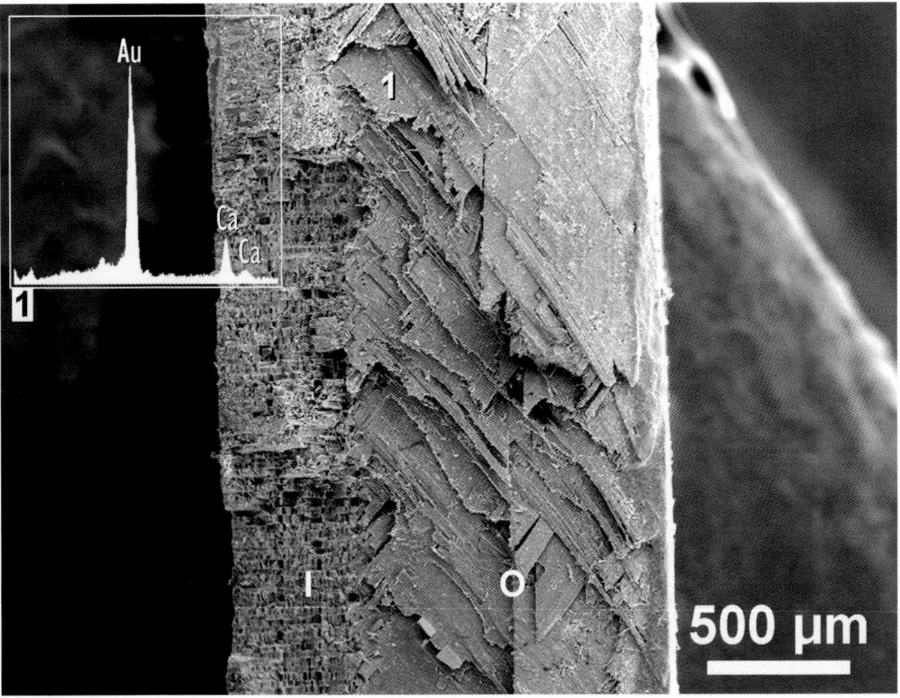

Figura 1.- Sección de la concha de *Melo melo*. Técnicas de preparación y estudio: MET-AU, SEM-H-510-DIG, EDX-ER (Cap. I.2.1). La parte izquierda (**I**), menos gruesa, corresponde a la zona nacarada. La parte derecha (**O**) muestra una estructura interna compleja basada en prismas muy elongados (fibras) que se unen entre sí para formar láminas que se van cruzando a su vez en distintas orientaciones; estructura denominada "lamelar cruzada" [20] que confiere al material una alta resistencia mecánica, necesaria para ser exoesqueleto del animal. EDX(**1**) con picos de Ca, correspondiente a un carbonato de calcio.

Figure 1.- Shell section of *Melo melo*. Preparation and study techniques: MET-AU, SEM-H-510-DIG, EDX-ER (Chap. I.2.1). The thinner left part (**I**), corresponds to the pearlescent layer. The right part (**O**) shows a complex internal structure based on very elongated prisms (fibers) that join together to form sheets that each cross in different directions; structure called the "crossed-lamellar" [20] which gives the material a high mechanical strength, necessary for an animal exoskeleton. EDX (**1**) with Ca, peaks, corresponding to a calcium carbonate.

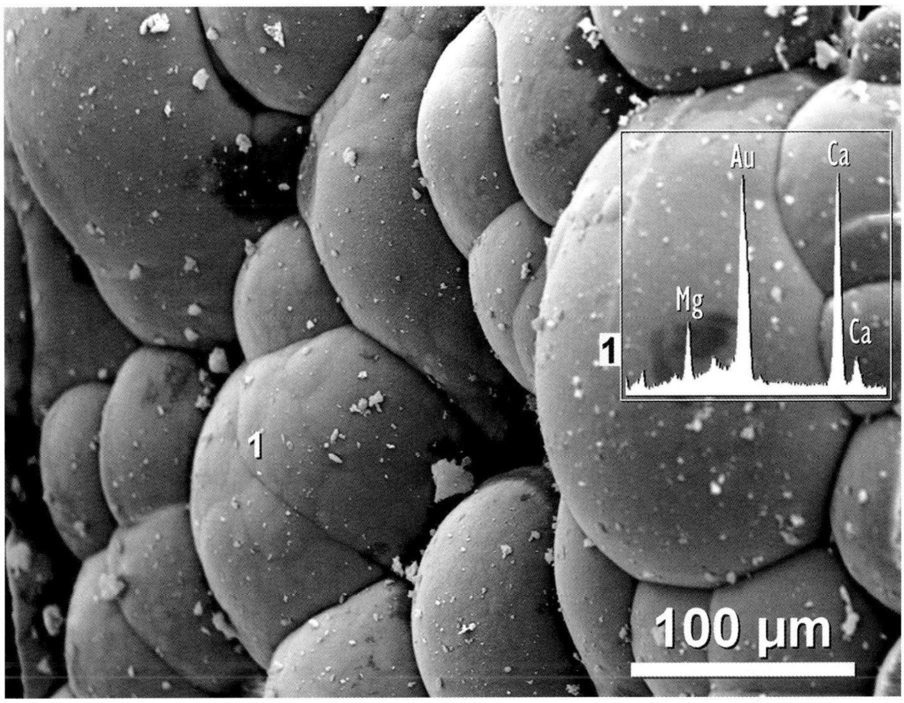

Figura 2.- Agregado polilobulado de esferulitos, ejemplo de biomineralización inducida. Técnicas de preparación y estudio: MET-AU, SEM-H-510-DIG, EDX-ER (Cap. I.2.1). Formado por bacterias de un suelo salino (Gypsic Aquisalid). Mineralogía (XRD): calcita magnesiana (picos de Ca y Mg en espectro EDX(**1**). Adaptada de Fig. 5-d, pág. 205 [12].

Figure 2.- Polylobed spherulite aggregate, example of induced biomineralization. Preparation and study techniques: MET-AU, SEM-H-510-DIG, EDX-ER (Chap. I.2.1). Formed by bacteria from a saline soil (Gypsic Aquisalid). Mineralogy (XRD): magnesian calcite (Ca and Mg peaks in EDX spectrum(**1**)). Adapted from Fig. 5-d, p. 205 [12].

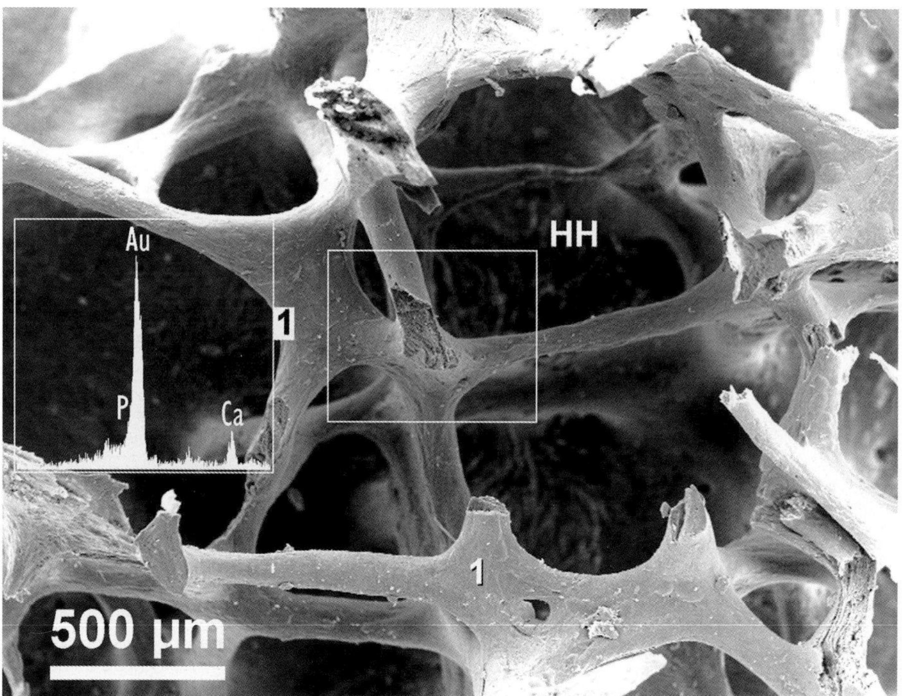

Figura 3.- Interior de una vértebra humana con osteoporosis. Técnicas de preparación y estudio: MET-AU, FESEM-GEMINI, EDX-OXFORD10, INLENS-GEMINI (Cap. I.2.1). La descalcificación del tejido óseo trabecular ha ensanchado sus huecos (**HH**), volviéndose más poroso. Por el mismo proceso, la calidad del material se ha reducido considerablemente haciéndolo más susceptible a la rotura, tal como puede observarse fácilmente en la imagen. EDX (**1**) con picos de P y Ca, correspondiente a un fosfato. El recuadro señala el área estudiada en la siguiente figura.

Figure 3.- Inside a human vertebra with osteoporosis. Preparation and study techniques: METAU, FESEM-GEMINI, EDX-OXFORD10, INLENS-GEMINI (Chap. I.2.1.). The decalcification of the trabecular bone tissue has widened the holes (**HH**), making it more porous. By the same process, the quality of the material has been reduced considerably, making it more susceptible to breakage, as can easily be seen in the image. EDX (**1**) with peaks of P and Ca, corresponding to a phosphate. The box indicates the area studied in the following figure.

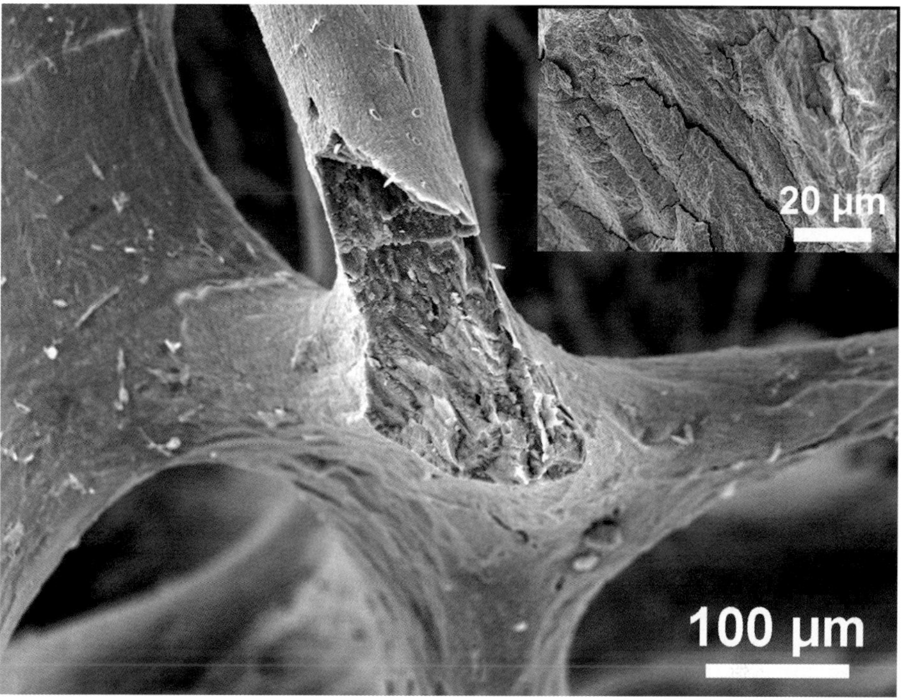

Figura 4. Zona ampliada de la Figura 3, señalada allí con un recuadro. Igual técnica de preparación y estudio. La pérdida de uno de los pilares de hueso, en el proceso de preparación de la muestra, desvela el interior, cuya ampliación (esquina superior derecha) muestra el aspecto laminado, con distintas orientaciones de las láminas, además de las abundantes fisuras que lo recorren, fruto de la mala calidad del hueso.

Figure 4. Enlargement of the enlarged area of Figure 3, indicated in it with a box. Same preparation and study technique. The loss of one of the bone pillars, in the process of sample preparation, reveals the inside, the enlargement of which (upper right corner) shows the laminate appearance, with different orientations of the layers, in addition to the abundant fissures that run through it, the result of poor bone quality.

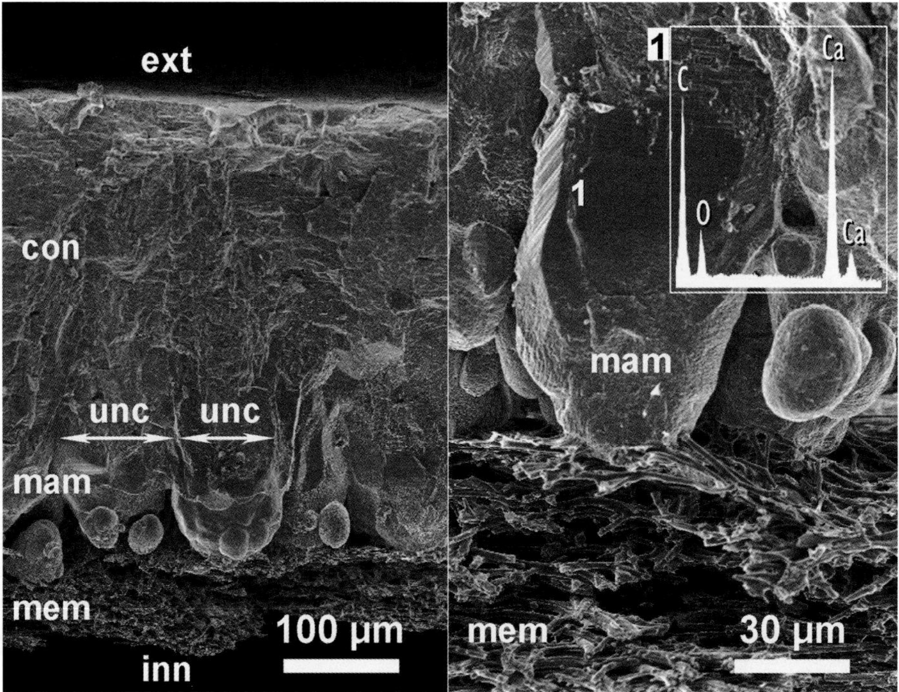

Figura 5.- Secciones radiales (cortes) de la cáscara del huevo de gallina (*Gallus gallus domesticus*). Técnicas de preparación y estudio: MET-C, FESEM-GEMINI, EDX-OXFORD10, INLENS-GEMINI (Cap. I.2.1). Mitad izquierda, "sección completa"; grosor de la cáscara, ~500 μm. Del interior del huevo (**inn**) al exterior (**ext**), son claramente detectables [24]: (**mem**) membrana de la cáscara, (**mam**) capa mamillar, (**con**) capa continua. Las "unidades de cáscara" (**unc**) son de ~100 μm. Mitad derecha, ampliación de la membrana de la cáscara (**mem**) y la capa mamillar (**mam**). EDX (**1**) correspondiente a calcita, picos de Ca.

Figure 5.- Radial sections (cuts) of a chicken egg shell (*Gallus gallus domesticus*). Preparation and study techniques: MET-C, FESEM-GEMINI, EDX-OXFORD10, INLENS-GEMINI (Chap. I.2.1). Left half, "full section"; shell thickness, ~500 μm. The following are clearly detectable from the inside of the egg (**inn**) to the outside (**ext**) [24]: (**mem**) shell membrane; (**mam**) mammillary layer; (**con**) continuous layer. The "shell units" (**unc**) are ~100 μm. Right half, enlarging of the image of the membrane of the shell (**mem**) and the mammillary layer (**mam**). EDX (**1**) corresponding to calcite, Ca peaks.

Figura 6.- Imagen frontal de la membrana de la cáscara del huevo de gallina (*Gallus gallus domesticus*). Técnicas de estudio: MET-AU, SEM-H-510-DIG (Cap. I.2.1). Esta membrana de filamentos entrecruzados (en trama) de naturaleza proteínica, flexible, protege también, mecánicamente, el interior del huevo, permitiendo, no obstante, por sus huecos (diámetro ~10 µm), el intercambio de gases para la respiración del polluelo.

Figure 6.- Front image of the membrane of a chicken egg shell (*Gallus gallus domesticus*). Study techniques: MET-AU, SEM-H-510-DIG (Chap. I.2.1). This membrane of interwoven filaments (woven) of a protein nature, flexible, also provides mechanical protection to the inside of the egg, while allowing the exchange of gases for the chick's respiration through its holes (diameter ~10 µm).

Referencias
References

[1] DELGADO, R. 2013. *Recursos Naturales y Farmacia*. Discurso de Recepción. Real Academia de Medicina y Cirugía de Andalucía Oriental, Ceuta y Melilla. https://ramao.es/wp-content/uploads/archivo/discursos/rafaeldelgado.pdf.

[2] ESTROFF, L.A. 2008. *Biomineralization*. Chemical Reviews 108 (11), 4329-4331.

[3] LOWENSTAM, H.A. Y WEINER, S. 1989. *On Biomineralization*. Oxford University Press, New York.

[4] MANN, S. 2001. *Biomineralization: Principles and Concepts in Bioinorganic Materials Chemistry*. Oxford University Press, New York.

[5] GILBERT P.U., BERGMANN K.D., BOEKELHEIDE N., TAMBUTTÉ S., MASS T., MARIN, F., ADKINS, J.F., EREZ, J., GILBERT, B., KNUTSON, V., CANTINE, M., ORTEGA-HERNÁNDEZ, J., KNOLL, A.H. 2022. *Biomineralization: Integrating mechanism and evolutionary history*. Science Advances, 8(10), eabl9653.

[6] CUÉLLAR-CRUZ, M. 2017. *Synthesis of inorganic and organic crystals mediated by proteins in different biological organisms. A mechanism of biomineralization conserved throughout evolution in all living species.* Progress in Crystal Growth and Characterization of Materials.63 (3), 94-103.

[7] KNOLL, A.H. 2003. *Biomineralization and evolutionary history*. Reviews in Mineralogy and Geochemistry, 54 (1), 329-356. (Dove, P.M., De Yoreo, J.J. and Weiner, S., Eds). Mineralogical Society of America and the Geochemical Society, Washington.

[8] ADDADI, L., JOESTER, D., NUDELMAN, F. Y WEINER, S. 2006. *Mollusk shell formation: a source of new concepts for understanding biomineralization processes.* Chemistry–A European Journal, 12(4), 980-987.

[9] DE YOREO, J.J. Y VEKILOV, P.G. 2003. *Principles of crystal nucleation and growth*. Reviews in Mineralogy and Geochemistry 54 (1), 57-93. (Dove, P.M., De Yoreo, J.J. and Weiner, S., Eds). Mineralogical Society of America and the Geochemical Society, Washington.

[10] DOVE, P.M., DE YOREO, J.J. Y WEINER, S. (EDS.) 2003. *Biomineralization.* Reviews in Mineralogy and Geochemistry, Volume 54, 57-93. (Dove, P.M., De Yoreo, J.J. and Weiner, S., Eds). Mineralogical Society of America and the Geochemical Society, Washington.

[11] Azulay, D.N., Abbasi, R., Ben Simhon Ktorza, I., Remennik, S., Reddy M.A. y Chai, L. 2018. *Biopolymers from a bacterial extracellular matrix affect the morphology and structure of calcium carbonate crystals.* Crystal Growth & Design, 18(9), 5582-5591.

[12] Delgado, G., Párraga, J., Martín-García, J.M., Rivadeneyra, M.A., Sánchez-Marañón, M. y Delgado, R. 2013. *Carbonate and phosphate precipitation by saline soil bacteria in a monitored culture medium.* Geomicrobiology Journal 30(3), 199-208.

[13] Moulton, D.E., , A. y Chirat, R. 2019. *Mechanics unlocks the morphogenetic puzzle of interlocking bivalved shells.* Proceedings of the National Academy of Sciences, 117(1), 43-51.

[14] Veis, A. 2003, *Mineralization in organic matrix frameworks.* Reviews in Mineralogy and Geochemistry, 54, 249-283. (Dove, P.M., De Yoreo, J.J. and Weiner, S., Eds). Mineralogical Society of America and the Geochemical Society, Washington.

[15] Kröger, N., Brunner, E., Estroff, L. y Marin, F. 2021. *The role of organic matrices in biomineralization.* Discover Materials 1(1), 1-4.

[16] Clark, M.S. 2020. *Molecular mechanisms of biomineralization in marine invertebrates.* J. Exp. Biol. 223, jeb206961.

[17] Stumm, W. y Morgan, J.J. 1995, *Aquatic Chemistry - Chemical Equilibria and Rates in Natural Waters.* John Wiley & Sons, New York.

[18] Weis, I.M., Tuross, N., Addadi, L. y Weiner, S. 2002. *Mollusk larval shell formation: amorphous calcium carbonate is a precursor for aragonite.* Journal of Experimental Zoology 293, 478-491

[19] Weiner, S. y Dove, P.M. 2003. *An overview of biomineralization processes and the problem of the vital effect.* (Dove, P.M., De Yoreo, J.J. and Weiner, S., Eds). Reviews in Mineralogy and Geochemistry 54(1), 1-29.

[20] Bhadada, S.K. y Rao, S.D. 2021. *Role of phosphate in biomineralization.* Calcified tissue international 108(1), 32-40.

[21] Marron, A.O., Ratcliffe, S., Wheeler, G.L., Goldstein, R.E., King, N., Not, F., de Vargas, C. y Richter, D.J. 2016. *The evolution of silicon transport in eukaryotes.* Molecular biology and evolution 33(12), 3226-3248.

[22] Ben-Shimon, S., Stein, D. y Zarivach, R. 2021. *Current view of iron biomineralization in magnetotactic bacteria.* Journal of Structural Biology X, 5, 100052.

[23] Simkiss, K. y Wilbur, K.M. 1989. *Biogenic Minerals: Biomineralization.* Cell Biology and Mineral Deposition. Academic Press, San Diego, CA.

[24] Mikhailov, K.E. 1997. *Fossil and recent eggshell in amniotic vertebrates: Fine structure, comparative morphology and classification.* Special Papers in Palaeontology (56),1-80.

2. Aspectos técnicos

2. Technical aspects

Técnicas y equipos empleados

Rocío Márquez Crespo, Rafael Delgado Calvo-Flores

Este capítulo recoge información sobre las técnicas de SEM aplicadas en la mayoría de las investigaciones incluidas en el presente libro, alcanzando el nivel de detalle de los equipos empleados. Todo lo cual, se ha sumarizado en la elaboración de una relación de acrónimos que se incluye en las páginas iniciales del libro (pág. XXIII). Dicha simbología de acrónimos es la que hemos empleado para referenciar las técnicas SEM en la mayor parte de los capítulos del libro, bien en los pies explicativos de las imágenes o en los párrafos metodológicos de los textos.

Sin embargo, consideramos que la información que se expone a continuación no es una guía metodológica completa y cerrada, sino sólo un punto de partida para futuros trabajos, pues cada microscopista debe desarrollar sus procedimientos propios.

1. Selección, preparación y conservación de la muestra.

La preparación de la muestra para su observación con SEM es la más de las veces un arte antes que una técnica [1], donde el microscopista deposita una fuerte componente personal; de tal manera que los procedimientos de preparación están a medias entre los protocolos establecidos, lo empírico y lo creativo. Dicho de otro modo, en cada caso hay que desarrollar y elegir el modo de preparación más apropiado, en donde prima la experiencia personal previa, el tipo de muestra, la disponibilidad real de equipos, sin olvidar los objetivos que se trata de alcanzar.

Nuestros estudios, dada la naturaleza de la microscopía electrónica empleada, SEM, en la inmensa mayoría de las ocasiones con señal de electrones secundarios (ver Capítulo I.1.1 en este mismo libro), se centra en la observación de la topografía de la superficie de la muestra (en puridad terminológica: observación de "imágenes de contraste topográfico" [1]), sobre superficies naturales y de fractura, en especímenes tridimensionales rugosos; también, en su microanálisis de rayos X, EDX.

Como paso previo a todo el proceso, resulta interesante realizar un examen preliminar de la muestra con un instrumento óptico sencillo: lupa de mano, lupa binocular, estereomicroscopio, lámpara-lupa, etc. (Figuras 1 y 2). Ayuda a conocer mejor la muestra y seleccionar los campos a explorar electrónicamente. En todo caso, buscamos que las superficies observadas representen con la máxima fidelidad el conjunto y los detalles de la realidad que pretendemos aprehender. Este examen óptico preliminar es una fase indispensable en las investigaciones de la ultramicro-fábrica de suelos (Capítulo I.1.3 del libro).

Por otra parte, resulta recomendable para todo el proceso de preparación y manipulación de la muestra auxiliarse de una lupa con iluminación acoplada (lámpara-lupa), pues facilita mucho los procedimientos (Figura 2).

La singularidad de la radiación empleada en la microscopía electrónica (conformada por electrones acelerados bajo una diferencia de potencial de 50 V a 30 kV) (Capítulo I.1.1) dificulta en la mayoría de los equipos de SEM que la muestra pueda ser observada directamente, en su estado natural, y exige modos específicos previos de preparación y conservación.

Los equipos de SEM más utilizados por nosotros, que describiremos más adelante, en los apartados 2.1, 2.2, 2.3, requieren las siguientes condiciones previas en la muestra a observar: 1) Ausencia de humedad, 2) Adhesión al portamuestras que se insertará en el microscopio y 3) Superficie conductora ("metalización"). Las tres condiciones son precisas porque nuestras muestras no son eléctricamente conductoras.

1.1.- AUSENCIA DE HUMEDAD

La presencia de humedad en la muestra resulta indeseable por varios motivos. Al incidir sobre la muestra húmeda el haz de electrones, el agua se evapora de forma violenta, y puede romper las paredes de las estructuras que la contienen, produciendo daños que destruyen y distorsionan su morfología real; un efecto presente en muchas muestras biológicas, que no es nuestro caso. Otro proceso asociado a la presencia de agua es el que se produce en las condiciones de alto vacío de la cámara de muestras del microscopio, pues las moléculas del agua tienden a difundirse en su atmósfera, ionizándose sus átomos con el haz de electrones acelerados, generando interferencias. Es por todo lo antedicho que el agua debe ser eliminada, con el mínimo efecto secundario sobre la muestra.

La ausencia de humedad se ha garantizado sometiendo inicialmente la muestra a secado en estufa, a unos 30 °C de temperatura, unas ocho horas (*overnight*). 30 °C es la temperatura promedio máxima que un suelo puede alcanzar en la naturaleza (salvo incendios); a la concha de los moluscos terrestres le sucede algo similar.

La conservación posterior al secado se hace en armario-desecador con una humedad relativa garantizada de menos del 30 % (Figura 3).

La eliminación del agua en lodos, otros materiales estudiados por nosotros, requiere una técnica especial que se describe en el siguiente apartado 1.2.

1.2.- Adhesión de la muestra al portamuestras. Tipos de muestras según su coherencia.

Contar con material bien adherido al portamuestras, que no sufra movimientos en la cámara del microscopio, garantiza no sólo la necesaria inmovilidad para la captación de la imagen, sino también la conductividad eléctrica entre muestra y portamuestras; todo a favor de la obtención de imágenes y microanálisis de calidad.

En la inmensa mayoría de los estudios que componen este texto las muestras podían prepararse para su observación en especímenes de dimensiones cercanas o menores de 1 cm. Por lo que hemos empleado el portamuestras standard conocido como "seta", fabricado en aluminio, de diámetro del círculo 12,7 mm y vástago (pin) de 8 mm, propio de los microscopios Cambridge (Figura 4). Un espécimen con dimensiones aproximadas de 0,8 x 0,8 x 0,5 mm se adhiere al plano superior del portamuestras y el vástago sirve para situarlo en el soporte que se ancla en la cámara de muestras del microscopio. El soporte para una sola muestra que se recoge en el Figura 4 es un prototipo desarrollado en nuestro laboratorio, pero existen modalidades en el mercado de soportes múltiples que son también de gran utilidad (Figura 5).

El modo de adhesión de la muestra al portamuestras va a depender de su estado de coherencia. Los estudios recogidos en este libro analizan los siguientes tipos de materiales en cuanto a dicho carácter: a) material sólido coherente, b) material sólido pulverulento y c) barros (lodos).

El primero, a), procede mayoritariamente de agregados de suelo inalterados, al objeto de analizar superficies exteriores y superficies de las partes interiores. La muestra se fragmenta de modo manual con auxilio de una pequeña herramienta de fácil manejo (pinzas, tenazas, alicates). En los trozos obtenidos, se seleccionan superficies exteriores y superficies de cortes frescos (inalterados) procurando siempre evitar los artefactos experimentales debidos al corte o la presencia del material suelto generado en la fragmentación. Los fragmentos seleccionados, bien orientados, se adhieren a la seta con pegamento metálico (conductor). En nuestro caso empleamos plata coloidal, pues como pegamento metálico, conductor, facilita aún más la necesaria conductividad entre muestra y portamuestras. La seta así preparada se almacena hasta total secado en el armario-desecador (Figura 3). Del mismo modo, obramos con los cálculos renales, material coherente también.

Otro material coherente estudiado ha sido el de las conchas de moluscos. En este caso, las únicas salvedades respecto al proceso que acabamos de describir es que en ejemplares milimétricos normalmente es interesante observar la concha completa, que se adhiere sin fragmentar sobre el portamuestras. También puede ser necesario, sobre todo en ejemplares de talla centimétrica y mayores, la selección de distintas partes de la concha, mediante cortado previo con una minisierra radial eléctrica. Interesará observar en esas distintas partes de la concha su superficie y cortes frescos, todos ellos inalterados. Las conchas completas y/o sus fragmentos se pegaron a la seta con cinta adhesiva de doble cara de carbono. En algunos casos se utilizó el pegamento de plata coloidal para reforzar la adhesión y garantizar la conductividad eléctrica.

El material pulverulento analizado por nosotros procede mayoritariamente de fracciones del suelo (tierra fina, < 2 mm; arena, 50 μm – 2 mm), polvo eólico, materias primas farmacéuticas o material mineral industrial. La preparación sobre el portamuestras se verifica mediante papel adhesivo de doble cara. Sobre una de las caras se espolvorea la muestra, eliminando el exceso no bien adherido por golpeo suave sobre la seta invertida; otra opción es soplar con un chorro suave de aire. La otra cara se pega al plano del portamuestras. Pueden emplearse dos modalidades de cinta adhesiva: celulosa o lámina de carbono; en ambos casos, pero sobre todo en el primero, conviene reforzar la adhesión y mejorar la conductividad con un cordón de pegamento de plata coloidal como borde exterior. Al igual que en el material coherente, las preparaciones acabadas se mantienen en el armario-desecador.

Los lodos (en nuestros estudios, "peloides" de balnearios preparados con arcillas y agua mineromedicinal), al ser un material con alta proporción de agua, requieren un secado previo. Cabría aplicar la técnica descrita, de secado en estufa, pero destruye la disposición geométrica original, relativa, de poros (que contienen el agua y el aire) y partículas minerales; lo que hemos denominado previamente: ultramicrofábrica (Capítulo I.1.3). Por eso, nosotros hemos acudido a una metodología específica consistente en un proceso doble, secuenciado, de crio-liofilización [2, 3] (acron. CRYO-LYOPH). El barro se coloca en un pequeño receptáculo cilíndrico de papel de aluminio (un diseño propio del Grupo de Investigación), de aproximadamente 1 cm de diámetro y 1 cm de altura, que se somete a congelación súbita a muy baja temperatura (-130/-140 ºC) por inmersión en un baño de propano (Figura 6). La eliminación del agua congelada en estado sólido vítreo (amorfo, no cristalino) se verifica mediante inmediata liofilización (sublimación) a vacío y a baja temperatura (-50 ºC) (Figura 7). Si es necesario tras la congelación aguardar un tiempo a la liofilización, las muestras se almacenan en un baño de nitrógeno líquido.

Una vez obtenido el lodo seco, se procede como en el resto de muestras coherentes: fracturación, reservando cortes frescos inalterados, y pegado al portamuestras con pegamento de plata coloidal. El almacenamiento en el armario-desecador es en este caso más crucial que en otros, al tratarse de un material con relativo contenido de sales y por consiguiente alta higroscopicidad, debido a que muchas de las aguas mineromedicinales que formaban la fase líquida del peloide eran salinas.

1.3.- Metalización

Podemos considerar a la metalización como uno de los procedimientos más relevantes en la preparación de la muestra. La técnica de observación SEM requiere que la muestra sea un todo eléctrico (con portamuestras y equipo), dentro del cual fluye una corriente eléctrica. Parte de esa corriente fluye hacia afuera en señal de electrones retrodispersados y secundarios y el resto (> 50 %) se descarga a tierra. Para que este balance se cumpla, debe existir una buena conexión a tierra desde la muestra [1]. Es decir, la condición esencial y particular del SEM es que la muestra durante la observación tenga un potencial constante (cero) [4].

Por ello, la metalización de la superficie resulta necesaria para mejorar la conductividad eléctrica de la muestra hacia tierra, evitando los fenómenos de carga por acumulación superficial de electrones del haz primario, con mayor emisión de electrones secundarios, generadores de brillos indeseables (conocidos como "electricidad estática") o incluso zonas oscurecidas por retorno de electrones secundarios hacia la muestra [1]. Fenómenos ambos que interfieren en la calidad de las imágenes captadas. La metalización es, en suma, un procedimiento que permite minimizar los efectos de carga de la superficie de la muestra durante las observaciones, ya que incrementa la conductividad eléctrica superficial además de aumentar la conductividad térmica y en algunos casos la emisión de electrones retrodispersados y secundarios [1].

En un relativo importante número de ocasiones, nosotros hemos efectuado la metalización con Au (acron. MET-AU) en un equipo de pulverización catódica (cathodic sputtering) con plasma de gas argón (Ar) a baja presión (1,5 bar), generado con un voltaje de 1500 V e introducido en una campana de bajo vacío (Figura 8). El proceso se ha verificado en dos fases con diferente orientación pues mejora la cobertura [5].

El Au por ser un metal tiene la ventaja innegable de la excelente conductividad eléctrica de la película que forma sobre la muestra, favoreciendo la calidad de la imagen. Por el contrario, debido a su alto peso atómico (Z = 79) presenta inconvenientes para el microanálisis EDX: 1. absorción de la radiación característica de otros elementos más ligeros y 2. ocultación de algunos elementos, en una zona del espectro, debida a la coincidencia o solapamiento de su línea característica $M\alpha$ (2,12 keV) con líneas características K de elementos como P y S, líneas características L de elementos como Sr y Zr o líneas características M de elementos como el Ir, Pt, Hg o Pb (ver Tabla en pág. XXXV). Nuevo problema del Au es que forma frecuentemente granulosidad y nanoaglomerados sobre la superficie metalizada [1], que son observados en los equipos de mayor resolución, ocultando detalles nanométricos de dicha superficie.

Todo lo previo nos ha llevado a emplear en muchos casos la metalización con una película conductora de C (acron. MET-C) en un equipo de evaporación de C (Figura 9), con purga de gas argón (Ar) a baja presión (0,7 bar) de la campana de bajo vacío, donde el cordón de C es sometido a calentamiento hasta su punto de incandescencia ("rojo vivo"). El C, a diferencia del Au y como átomo ligero (Z = 6), no absorbe la radiación característica de la mayoría de los elementos y su pico o línea característica K ($K\alpha$ 0,277 keV) tampoco solapa con las líneas características de dichos elementos.

Una buena revisión sobre el proceso de metalización y su problemática se realiza en [1, 4, 6].

2. Observación y microanálisis de la muestra. Equipos de SEM-FESEM-VPFESEM-EDX empleados.

Como planteamiento previo a todo el proceso de observación, debemos decir que en nuestros estudios han primado dos condiciones. Primera, que las imágenes de contraste topográfico obtenidas ofrecieran, con la máxima calidad, las situaciones más frecuentes e interesantes. Segunda, que dichas situaciones fueran registradas con un 'aliento estético', es decir, buscando los encuadres más armoniosos, atrevidos o sugerentes, dejando así un margen considerable a la creatividad artística. El buen microscopista comparte, por la segunda condición, capacidades con los artistas plásticos. En un capítulo anterior de esta parte del libro (Cap. I.1.2., Tratamiento artístico de las imágenes SEM), se ofrece un estudio técnico del coloreado de imágenes SEM, un gran recurso plástico de nuestro arte como microscopistas.

A continuación, se exponen las características de los tres equipos de microscopios SEM más frecuentemente usados en nuestros estudios.

2.1.- Microscopio electrónico de barrido termoiónico, SEM, S-510 Hitachi, equipado con microanálisis Edwin Röntec 288

Equipo SEM con cañón de electrones termoiónico (horquilla de tungsteno) que garantiza una resolución de 7 nm y un rango de aumentos entre 20 y 150000x. Voltaje de aceleración entre 2,5 y 25 kV. Detector E-T (Everhart & Thornley) [4], Acrón. SEM-H-510.

En algunos casos las imágenes se captaron con cámara fotográfica (acrón. SEM-H-510-FOT), escaneando posteriormente las fotografías a alta resolución (equipo COPIBOOK COBALT.HD CÁMARA i2S). Otro buen número de imágenes han sido capturadas digitalmente con el programa ScanVision (Versión 1.2) (acrón. SEM-H-510-DIG), que tiene una opción de análisis de imagen.

Equipado con accesorios adicionales como cámara infrarroja GW K.E. Development, para observación de la posición de las muestras en la cámara del microscopio, y detector de electrones retrodispersados K.E. Development.

Acoplado al Hitachi S-510, hemos empleado un espectrómetro de energía dispersiva de rayos X Edwin-Röntec, 288, M-Serie (acrón. EDX-ER). Capturando los espectros con el programa WinShell, configurado para poder analizar muestras rugosas. Los espectros de EDX fueron capturados bajo las siguientes condiciones: distancia de trabajo 15 mm con respecto al final de la lente objetivo, detector inclinado 15° respecto al plano horizontal, voltaje de aceleración 25 kV y tiempo vivo para obtener los espectros de 100 s (aproximadamente, 144 segundos reales).

2.2.- Microscopio electrónico de barrido de emisión de campo FESEM, Leo 1530 Gemini Zeiss, equipado con microanálisis Oxford 10

Equipo FESEM con cañón de electrones de emisión de campo (tipo Schottky) que garantiza una resolución de 1,2 nm a 20 kV, 2,5 nm a 5 kV y 40 nm a 1 kV. Voltaje de aceleración entre 50 V y 30 kV. La columna GEMINI permite aplicar un voltaje positivo de 8 kV al haz de electrones para mantener un óptimo rendimiento óptico en todos los voltajes de aceleración, muy efectivo para bajo kilovoltaje (acrón. FESEM-GEMINI).

Equipado con cámara infrarroja (infrarred chamber scope) CCD-IRIS, para observación de la posición de las muestras en la cámara del microscopio, y cuatro detectores: a) Detector convencional de electrones secundarios E-T (Everhart & Thornley) [4] en cámara; b) Detector de electrones secundarios en columna (In-Lens); c) Detector de electrones retrodispersados de cuatro diodos; d) Detector de rayos X (semiconductor Si(Li)) con ventana de detección de 10 mm, resolución de 130 eV en el pico del Mn y un límite de detección de elemento ligero de boro.

Las imágenes de electrones secundarios y electrones retrodispersados han sido capturadas digitalmente con el programa SmartSEM (Versión 5.05).

Acoplado al FESEM-GEMINI existe un espectrómetro de energía dispersiva de rayos X OXFORD 10 (acrón. EDX-OXFORD10). Capturando los espectros con el programa INCA, configurado para poder analizar muestras rugosas. Los espectros de EDX fueron obtenidos bajo las siguientes condiciones: distancia de trabajo 8 mm con respecto al final de la lente objetivo, voltaje de aceleración 20 kV y tiempo vivo para la captura de los espectros, 20-50 s. (aproximadamente 60-90 segundos reales).

2.3.- Microscopio electrónico de barrido de emisión de campo y presión variable, VPFESEM SUPRA40VP Zeiss, equipado con microanálisis Oxford 50

Microscopio dotado de fuente de electrones por emisión de campo tipo Schottky (cátodo caliente); tensión de aceleración desde 0,2 kV a 30 kV; resolución: 1,3 nm a 15 kV, 2,1 nm a 1 kV, 2nm a 30 kV en modo presión variable (VP mode); imágenes de alta calidad y resolución a incluso bajos kV y/o bajo vacío (hasta 400 Pa). Detectores: de electrones secundarios (lateral y cenital) y retrodispersados. Acrónimo VPFESEM-SUPRA.

Sistema de Microanálisis por Energía Dispersiva de Rayos X OXFORD 50 (acrón. EDX-OXFORD50) con detector 50 mm. Capturando los espectros con el programa Aztec, configurado para poder analizar muestras rugosas y pulidas. Los espectros de EDX fueron obtenidos bajo las siguientes condiciones: distancia de trabajo 8 mm con respecto al final de la lente objetivo, voltaje de aceleración 20 kV y tiempo vivo para la captura de los espectros, 20 s (aprox. 60 s reales).

Analizador Químico Estructural (Structural Chemical Analyser), espectrómetro Raman Renishaw SCA, con dos líneas de excitación láser de 532 y 785 nm, (acrón. RAMAN).

Hemos trabajado con tres tipos de imágenes, generadas por: -Electrones retrodispersados (backscattered) (acron. BSE-SUPRA), -Electrones secundarios con detector en posición lateral (acron. SE2-SUPRA), -Electrones secundarios con detector en posición cenital, generalmente asociadas a bajo voltaje (i.e. 5 Kv) (acron. INLENS-SUPRA). En la mayoría de las ocasiones empleamos electrones secundarios con el detector en posición lateral (SE2-SUPRA). En otros casos, el tipo de electrones se detalla en la imagen correspondiente.

3. Estudio de las imágenes

3.1.- Tratamiento heurístico de las imágenes

En todo caso, y así se ha obrado con las imágenes incluidas en los capítulos del presente libro, es conveniente añadir a las imágenes símbolos gráficos aclaratorios, necesarios para el conocimiento y comprensión de lo que se quiere mostrar. Una relación ordenada de los símbolos empleados se recogen en un apartado final titulado Símbolos. Frecuentemente, se añadió a la imagen el espectro EDX con los elementos más abundantes identificados (en la tabla de la página XXXV, al inicio del libro se detallan los valores en keV de sus radiaciones características).

También, en bastantes ocasiones, se trazaron manualmente, a partir de las imágenes, dibujos y diseños binarios, "heurísticos", destacando rasgos según el juicio experto del investigador (acron. HEUR). Algunos de estos dibujos y diseños fueron posteriormente estudiados y/o cuantificados por medida directa de longitudes o análisis de imagen, volviendo a ser testeados.

El modo "heurístico" (procediendo el término del griego εὑρίσκειν, que significa "hallar, inventar"; en clara relación con la creatividad humana) es un recurso ampliamente usado en las ciencias. Está fundamentado en el empirismo como modo de elaborar soluciones a problemas planteados. Su aplicación en nuestros trabajos -investigaciones sobre morfología- se basa en que consideramos el poder discriminador del ojo humano -derivado del cerebro- inicialmente superior al de muchos programas informáticos de análisis de imagen, sobre todo cuando se trata de destacar disposiciones geométricas en las imágenes, pertenecientes a categorías que previamente han sido establecidas por el microscopista, en su afán de comprender la problemática abordada. En estos casos el 'ojo experto' se comporta como una herramienta (heurística) de primera categoría. La posterior exploración de los datos que llamaríamos 'heurísticos' con análisis de imagen y su tratamiento informático termina de configurar el proceso; un ejemplo es el aportado por [7]. En otras ocasiones, en nuestros estudios heurísticos de las imágenes SEM nos hemos quedado en el paso inicial del diseño gráfico binario, tal como recogemos en los capítulos del libro I.1.3, II.1.1, II.1.2, II.1.4 y II.1.8.

3.2.- Análisis de imagen

Varios modos de operar y programas se han empleado en el análisis de imagen (acron. IA).

En las imágenes digitalizadas del SEM Hitachi S-510, los diámetros feret de partículas fueron medidos usando la opción *Distance Measurements* del programa Scan Vision (Version 1.2). Sobre estas mismas imágenes digitalizadas se ha aplicado, en otras ocasiones, el programa de análisis de imagen IMAGEJ [9], (acron. IMAGEJ).

En algún caso se ha realizado análisis de imagen de los diseños heurísticos con el Soft Imaging System GmbH [9].

4.- Otros equipos

Los artículos de investigación contenidos en este libro han requerido el uso adicional de otras técnicas y equipos no reportados en las páginas anteriores de este capítulo. Omitimos su descripción en detalle, ya que no se trata de técnicas de microscopía electrónica, aunque algunas han sido ampliamente utilizadas, como es el caso de la difracción de rayos X (acrónimo XRD), siendo frecuente en muchos de los estudios el uso de dos equipos de difracción: Rigaku-Miniflex para un rastreo previo y Bruker D8 DISCOVER para un análisis detallado. En otros casos, sí fueron técnicas y equipos de microscopia electrónica, pero su uso ha sido ocasional y se describen en los capítulos correspondientes.

Techniques and Equipment used

Rocío Márquez Crespo, Rafael Delgado Calvo-Flores

This chapter provides information on the SEM techniques applied in most of the research included in this book, and details the equipments used. All this has been summarised in the list of acronyms which forms an initial section intitled Acronyms used (page XXIII).. These acronym symbols are what we used to reference to SEM techniques in most chapters of the book, either in the explanatory footnotes of the images or in the methodological paragraphs of the texts.

However, we do not consider the following information a complete and closed methodological guide, but merely a starting point for future work, as each microscopist must develop their own procedures.

1. Selection, preparation and conservation of the sample

The preparation of the sample for observation with SEM is more often an art than a technique [1], involving a strong personal component from the microscopist. As a result, the preparation procedures lie somehwere between the established protocols, the empirical and the creative. In other words, in each case, one must develop and choose the most appropriate method of preparation, based on prior personal experience, the type of sample, the actual availability of equipment, not to mention the objectives to be achieved.

Given the use of SEM, in the vast majority of cases in secondary electron signal (see Chapter I.1.1 in this same book), our studies focus on observing the topography of the sample surface (in more correct terms: observation of "topographic contrast images" [1]), natural and fracture surfaces, in rough three-dimensional specimens; we also use X-ray microanalysis, EDX.

As an initial step, it is interesting to perform a preliminary examination of the sample with a simple optical instrument: hand lens, binocular magnifier glass, stereomicroscope, magnifying-lamp, etc. (Figures 1 and 2). This increases our familiarity with the sample and aids in the selections of the fields to explore electronically. In any case, we endeavor to ensure that the surfaces observed represent the whole and the details under investigation as closely as possible. This preliminary optical examination is an indispensable stage in soil utramicromorphology research (Chapter I.1.3 of the book).

On the other hand, it is advisable to use a magnifying glass with coupled lighting (magnifying-lamp) to assist with the entire preparation and handling process of the sample, as it greatly facilitates the procedures (Figure 2).

The uniqueness of the radiation used in electron microscopy (consisting of electrons accelerated under a potential difference of 50 V to 30 kV) (Chapter I.1.1) makes dificult it for the sample to be observed directly, in its natural state in most SEM equipment, and requires specific prior methods of preparation and preservation.

The SEM equipment most used by us, and described below in Sections 2.1, 2.2, and 2.3, requires the following preconditions in the sample to be observed: 1) Absence of moisture, 2) Adhesion to the sample holder to be inserted in the microscope and 3) Conductive surface (metal-coating). All three conditions are required as our samples are not electrically conductive.

1.1.- Absence of moisture

The presence of moisture in the sample is undesirable for several reasons. When the electron beam hits the wet sample, the water evaporates violently, and can break the walls of the structures that contain it, causing damage that destroys and distorts their real morphology; an effect present in many biological samples, which is not our case. Another process associated with the presence of water is that which occurs under the high vacuum conditions of the microscope specimen stage, as water molecules tend to diffuse in their atmosphere, ionizing their atoms with the accelerated electrons beam, generating interference. Due to the above, the water must be removed, with minimal side effect on the sample.

The absence of moisture has been guaranteed by initially drying the sample in an oven at about 30 ºC, for around eight hours (overnight). 30 ºC is the maximum average temperature that a soil can reach in nature (except for fires); something similar happens to the shell of terrestrial molluscs.

After drying, samples are stored in a desiccator-cabinet with a guaranteed relative humidity of less than 30 % (Figure 3).

The removal of water in muds, other materials studied by us, requires a special technique described in the following Section 1.2.

1.2.- Adhesion of the sample to the sample holder. Types of samples according to their cohesion

Ensuring material is well adhered to the sample holder, and does not move in the microscope specimen stage, guarantees not only the necessary immobility for image capture, but also the electrical conductivity between sample and sample-holder, all of which improves imaging quality and microanalysis.

In the vast majority of the studies cited in this book, it was possible to prepare the samples observation in specimens measuring less than 1 cm. As a result, we used the standard sample holder known as a pin stub mount, made of aluminum, with a circle diameter of 12.7 mm and an 8 mm stem (pin), typical of Cambridge microscopes (Figure 4). A specimen with dimensions of approximately 0.8 x 0.8 x 0.5 mm adheres to the top plane of the sample holder and the stem serves to place it in the support anchored in the microscope specimen stage. The support for a single pin stub collected in Figure 4 is a prototype developed in our laboratory, but there are examples in the market of multiple supports that are also very useful (Figure 5).

The mode of adhesion of the sample to the sample holder will depend on its consistency. The studies included in this book analyze materials with the following consistencies: a) coherent solid material, b) powdery solid material and c) mud.

The first, a), come mostly from unaltered soil aggregates, selected in order to analyze exterior surfaces and interior surfaces. The sample is fragmented manually using a small tool that is easy to use (tweezers, pliers, clips). In the pieces obtained, external surfaces and surfaces of fresh cuts (unaltered) are selected, always trying to avoid the experimental influences due to the cut or the presence of the loose material generated in the fragmentation. The selected fragments, well oriented, adhere to the pin stub with metal glue (conductor). In our case we use colloidal silver, because as a conductive metallic glue, it further facilitates the necessary conductivity between sample and sample holder. The prepared pin stub is stored until completely dried in the dessicator-cabinet (Figure 3). We adopt this same process for kidney stones, also a coherent material.

Other coherent materials studied are mollusk shells. In this case, the only caveats to the process we have just described is that in millimetric specimens it is usually useful to observe the entire shell, which adheres to the sample holder without fragmenting. It may also be necessary, especially in centimetric and larger specimens, to select different parts of the shell, by pre-cutting with a mini electric radial saw. It will be interesting to observe the unaltered surface and fresh cuts of the shell in these different parts. The complete shells and/or their fragments were glued to the pin stub with double-sided carbon tape. In some cases, colloidal silver glue was used to reinforce adhesion and ensure electrical conductivity.

The pulverulent material analyzed in this book comes mostly from soil fractions (fine earth, < 2 mm; sand, 50 μm - 2 mm), eolian dust, pharmaceutical raw materials or industrial mineral material. Preparation on the sample holder is ensured by double-sided adhesive tape. The sample is sprinkled on one side, eliminating any non-adhered excess by gently tapping the inverted pin stub; another option is to blow with a soft jet of air. The other side sticks to the plane of the sample holder. Two types of adhesive tape, cellulose or carbon tape, can be used. In both cases, but especially in the first, it is advisable to reinforce the adhesion and improve the conductivity with a colloidal silver glue line on the an outer edge. As with coherent material, finished preparations are stored in the desiccator-cabinet.

As muds (in our studies, "peloids" from spas prepared with clay and mineral-medicinal water) are a material with a high water content, they must be dried prior to study. The technique described above, involving oven drying, could be used, but it destroys the original, relative geometric arrangement of pores (containing water and air) and mineral particles; what we have previously referred to as ultramicrofabric (Chapter I.1.3 in this book). Therefore, we resorted to a specific methodology consisting of a double, sequenced process of cryo-lyophilization [2, 3] (acron. CRYO-LYOPH). The mud is placed in a small cylindrical aluminum foil receptacle (a prototype developed in our laboratory), with a diameter of 1 cm and 1 cm in height, which is subjected to sudden freezing at a very low temperature (-130/-140 °C) by immersion in a propane bath (Figure 6). Removal of frozen vitreous solid water (amorphous, non-crystalline) is verified by immediate lyophilization (sublimation) under vacuum and at low temperatures (-50 °C) (Figure 7). In cases it was necessary to maintain the low temperature after freezing, before lyophilization the samples were stored in a liquid nitrogen bath.

Once the dry mud is obtained, we proceeded as with the rest of coherent samples: fracturing, reserving unaltered fresh cuts, and gluing to the sample holder with colloidal silver glue. In this case, storage in the desiccator-cabinet is even more crucial than, as it is a material with a relative content of salts and therefore high hygroscopicity, as many of the mineral-medicinal waters that formed the liquid phase of the peloid were saline.

1.3.- Metal coating.

We can consider metal coating as one of the most relevant procedures in sample preparation. The SEM observation technique requires the sample to be an electrical whole (with sample holders and equipment), through which electrical current flows. Part of that current flows out in the form of backscattered and secondary electrons and the rest (> 50 %) is discharged to the ground. For this balance to be met, there must be good grounding from the sample [1]. That is, the essential and particular condition of SEM is that the sample has a constant potential (zero to ground) during observation [4].

Therefore, the metal coating of the surface is necessary to improve the electrical conductivity of the sample to ground, avoiding the charging effect by surface accumulation of electrons of the primary beam, with higher emission of secondary electrons, undesirable brightness (known as "static electricity") or even darkened areas by the return of secondary electrons to the sample [1]. Both phenomena interfere with the quality of the images captured. Metal coating is, in short, a procedure that minimizes the charging effect of the sample surface during observations, as it increases surface electrical conductivity in addition to increasing thermal conductivity, and in some cases, the emission of backscattered and secondary electrons [1].

On a relatively large number of occasions, we performed metal coating with Au (acron. MET-AU) using a cathodic sputtering equipment (cathodic sputtering) with argon gas plasma (Ar) at low pressure (1.5 bar), generated with a voltage of 1500 V and inserted into a low-vacuum glass bell jar (Figure 8). The process was verified in two phases with different orientation as it improves coverage [5].

As Au is a metal, it has the undeniable advantage of the excellent electrical conductivity of the film forming over the sample, favoring the image quality. On the contrary, due to its high atomic weight ($Z = 79$) it presents disadvantages for the EDX microanalysis: 1. absorption of radiation characteristic of other lighter elements and 2. concealment of some elements, in a zone of the spectrum, due to the coincidence or overlap of its characteristic line $M\alpha$ (2.12 keV) with characteristic lines K of elements such as P and S, characteristic lines L of elements such as Sr and Zr or characteristic lines M of elements such as Ir, Pt, Hg or Pb (see Table at pag. XXXV). A new problem with Au is that it frequently tends to form granularity and nanoagglomerates during coating on the metallized surface [1], which are observed with high-resolution equipment, covering nanometric details of the surface.

All the above led us, in many cases, to use coating with a conductive film of C (Figure 8) (acron. MET-C) in C evaporation equipment, with discharge of argon gas (Ar) at low pressure (0.7 bar) of the low-vacuum hood, where the wire of C is heated to its point of incandescence ("red"). The C, as a light atom ($Z = 6$), and unlike the Au, does not absorb the radiation characteristic of most elements and its peak or characteristic line K ($K\alpha$ 0,277 keV) does not overlap with the characteristic lines of said elements.

A good review of the coating process and its challenges is carried out in [1, 4, 6].

2. Observation and microanalysis of the sample. SEM-FESEM-VPSEM-EDX equipment used

As a preliminary to the entire observation process, we must state that two conditions prevailed in our studies. First, the topographic contrast images obtained offer the most frequent and interesting situations with the highest quality. Second, such situations were recorded with an aesthetically minded approach, that is, seeking the most harmonious, daring or suggestive frames, thus leaving a considerable margin for artistic creativity. This condition requires a good microscopist to share the qualities of an artist. The previous chapter of this part of the book (Chapter I.1.2, Artistic treatment of SEM images) offers a technical study of the artistic treatment of SEM imaging, a great resource for our art in the microscope.

Below are the characteristics of the three equipment of SEM microscopes most frequently used in our studies.

2.1.- thermionic scanning electron microscope, SEM, S-510 Hitachi, equipped with Edwin Röntec 288 microanalysis

SEM equipment with thermionic electron gun (tungsten hairpin) that guarantees a resolution of 7 nm and a magnification range between 20 and 150000x. Acceleration voltage between 2.5 and 25 kV. E-T detector (Everhart & Thornley) [4] Acron. SEM-H-510.

In some cases, the images were captured with a camera (acron. SEM-H-510-FOT); later the photographs were scanned at high resolution (COPIBOOK COBALT.HD CAMERA i2S equipment). Another significant number of images were digitally captured with the ScanVision software (Version 1.2) (acron. SEM-H-510-DIG), which has an image analysis option.

Equipped with additional accessories such as a K.E. Development infrared chamber scope GW, for observation of the position of samples in the microscope stage, and a K.E. Development backscattered electron detector.

Attached to the Hitachi S-510, we used an Edwin-Röntec, 288, M-Series, Energy-dispersive X-ray spectrometer (acron. EDX-ER), spectra captured using the WinShell software, configured to analyze rough samples. The EDX spectra were obtained under the following conditions: working distance 15 mm with respect to the end of the objective lens (working distance 15 mm with respect to the pole piece), detector tilted 15º to the horizontal plane, acceleration voltage 25 kV and live time to obtain spectra 100 s (approximately 144 real seconds).

2.2.- Field emission scanning electron microscope, fesem. Leo 1530, Gemini Zeiss equipped with Oxford 10 microanalysis

FESEM equipment with field emission electron gun (Schottky type) that guarantees a resolution of 1.2 nm to 20 kV, 2.5 nm to 5 kV and 40 nm to 1 kV. Acceleration voltage between 50 V and 30 kV. The GEMINI column allows a positive voltage of 8 kV to be applied to the electron beam to maintain optimal optical performance in all acceleration voltages, very effective for low kilovoltage (acron. FESEM-GEMINI).

Equipped with infrared chamber scope CCD-IRIS, for observation of the position of samples in the microscope specimen stage, and four detectors: a) E-T (Everhart & Thornley) conventional secondary electron detector (in-chamber) [4]; b) In column secondary electron detector (In-Lens); c) Four-diode backscattered electron detector; d) X-ray detector (semiconductor Si(Li)) with 10 mm detection window, 130 eV resolution at Mn peak and a boron light element detection limit.

Images of secondary electrons and backscattered electrons were digitally captured with the SmartSEM software (Version 5.05).

An Energy-dispersive X-ray spectrometer (OXFORD 10) (acron. EDX-OXFORD 10) was attached to the FESEM-GEMINI; spectra captured using INCA program, configured to analyze rough samples. The EDX spectra were obtained under the following conditions: working distance 8 mm with respect to the pole piece, acceleration voltage 20 kV and live time to obtain spectra between 20-50 s (approximately 60-90 real seconds).

2.3.- Field emission and variable pressure scanning electron microscope VPFESEM, Supra40VP Zeiss, equipped with Oxford 50 microanalysis

High-Resolution VPFESEM Variable Pressure Scanning Electron Microscope, (acron. VPFESEM-SUPRA); equipped with Schottky-type electron source by field emission (hot cathode); acceleration voltage from 0.2 kV to 30 kV; resolution: 1.3nm to 15 kV, 2.1nm at 1kV, 2nm at 30kV in variable pressure mode (VP mode); high quality and resolution images even at low kV and/or under vacuum (up to 400Pa). Detectors: secondary electrons (lateral and zenithal) and backscattered. Acronyme VPFESEM-SUPRA.

OXFORD 50 X ray Dispersive Energy Microanalysis System (acron. EDX-OXFORD50) with 50mm detector. Spectra captured with the Aztec program, configured to analyze rough and polished samples. EDX spectra were obtained under the following conditions: pinpoint or areal as needed, working distance 8 mm with respect to the end of the objective lens, acceleration voltage 20 kV and live time for spectra capture, 20 s.

Structural Chemical Analyser, Raman Renishaw SCA spectrometer, with two 532 and 785nm laser excitation lines (acron. RAMAN).

We worked with three types of images, generated by: -Backscattered electrons (acron. BSE-SUPRA), -Secondary electrons with detector in lateral position (acron. SE2-SUPRA). -Secondary electrons with detector in zenith position, usually associated with low voltage (i.e. 5 Kv) (acron. INLENS-SUPRA). In most studies we used secondary electrons with the detector in lateral position (SE2-SUPRA). In other cases, the type of electrons is detailed in the corresponding image.

3. Study of the images

3.1.- Heuristic treatment of images

In any case, and this has been done in the images included in the chapters of this book, it is advisable to add graphic symbols to the images for clarification. This is necessary for the knowledge and understanding of what you want to show. An ordered list of the symbols used in this book is included in a final section intitled Symbols. Frequently, the EDX spectrum with the most abundant elements identified was added to the image (in the table on page XXXV, at the beginning of the book the keV values of its characteristic radiations are collected).

In addition, on several occasions manual drawings were added, using images, drawings and binary designs, highlighting traits according to the expert judgment ("heuristic") of the researcher (acron. HEUR). Some of these drawings and designs were later studied and/or quantified by direct measurement of lengths or image analysis, and retested.

The "heuristic" method (originating from the greek term εὑρίσκειν meaning "to find, to invent", clearly related to human creativity) is a widely used resource in the sciences. It is based on empiricism as a way to elaborate solutions to problems posed. Its application in our work -morphology research- is based on the fact that we consider the discriminating power of the human eye -derived from the brain- initially superior to that of many image analysis software, especially when it comes to highlighting geometric arrangements in the images, belonging to categories that have previously been established by the microscopist, in their desire to understand the problem addressed. In these cases, the expert eye behaves like a first-line tool (heuristics). The subsequent exploration of the data would be referred to as "heuristics", with image analysis and computer processing configuring the process; an example is provided by [7]. On other occasions, in our heuristic studies of SEM images, we have remained in the initial step of binary graphic design, as presented in Chapters of the book I.1.3, II.1.1, II.1.2, II.1.4 and II.1.8.

3.2.- Image analysis

Various modes of operation and programs were used.

In the digitized images of the SEM Hitachi S-510, particle Feret diameters were measured using the "Distance Measurements" option of the Scan Vision program (Version 1.2). On other occasions, the image analysis software ImageJ [8] was used on these same digitized images (acron. IMAGEJ).

In some cases, image analysis of heuristic designs was carried out with the Soft Imaging System GmbH [9].

4. Other equipment

The research articles contained in this book have required the additional use of other techniques and equipment not reported in the previous pages of this chapter. We have omitted their detailed description since they do not pertain to electron microscopy techniques, although some have been widely used, such as X-ray diffraction (XRD), with the frequent use of two diffraction equipments in many studies: Rigaku-Miniflex for preliminary analysis and Bruker D8 DIS-COVER for detailed analysis. In other cases, they were indeed electron microscopy techniques and equipment, but their usage has been occasional and is described in the corresponding chapters.

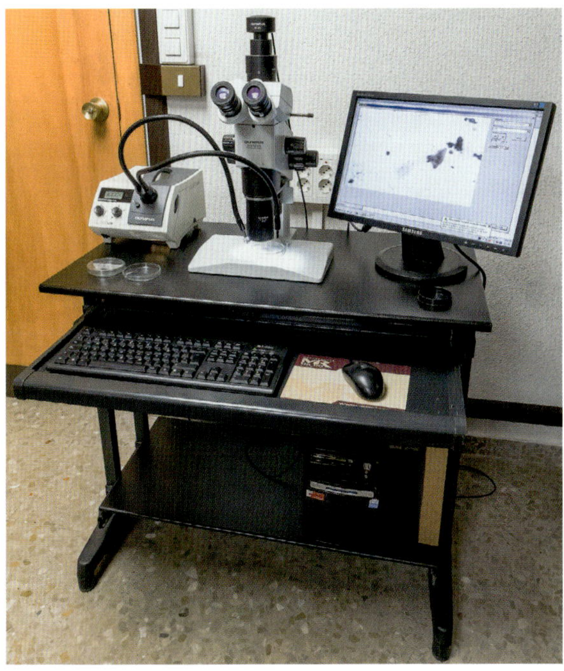

Figura 1. Estereomicroscopio Olympus SZX12, 10-20 x. Equipado con cámara de color de microscopía óptica SC30, con programa de captación de imágenes getIT.

Figure 1. Olympus SZX12, 10-20 x stereo microscope. Equipped with SC30 optical microscopy color camera, with getIT imaging software.

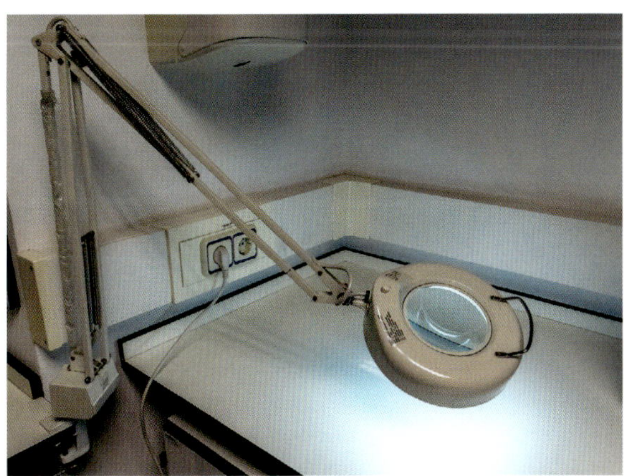

Figura 2. Lámpara-lupa para observación visual y preparación de muestras. 2,25 x, 60 PCS SMD LED.

Figure 2. Magnifying lamp for visual observation and sample preparation. 2.25 x, 60 PCS SMD LED.

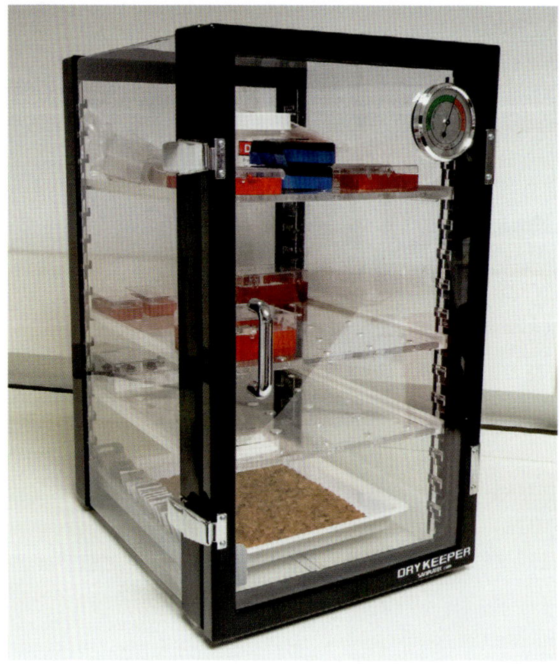

Figura 3. Armario-desecador SANPLATEC (Corp.) para almacenaje de las muestras a humedad relativa inferior al 30 %.

Figure 3. SANPLATEC (Corp.) desiccator-cabinet, for the storage of samples at relative humidity below 30 %.

Figura 4. Seta portamuestras, de aluminio (**1**) y soporte para anclaje de ésta en la cámara de muestras del microscopio SEM (**2**).

Figure 4. Pin stub mount sample holder, made of aluminum (**1**) and holder for anchoring it in the specimen stage of the SEM microscope (**2**).

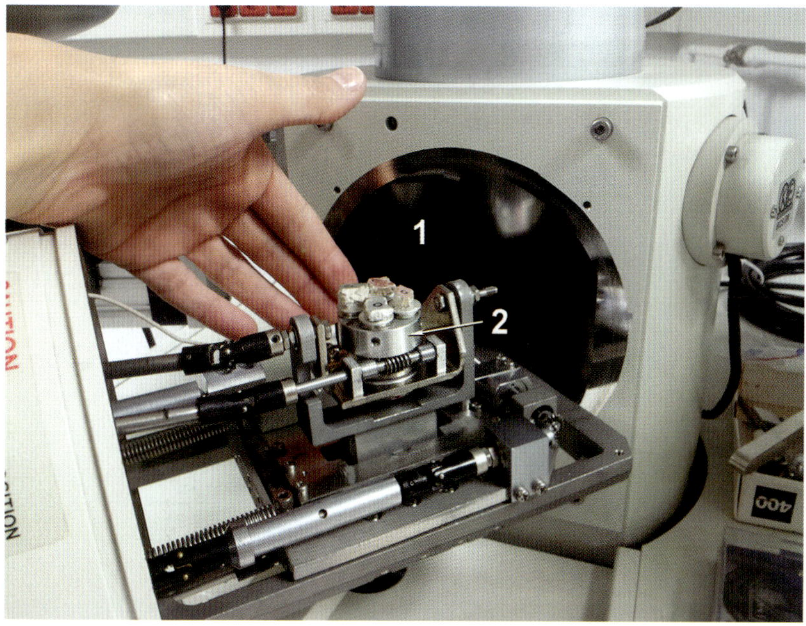

Figura 5. Momento de la introducción de las muestras en la cámara del SEM Hitachi S-510 (**1**). El soporte de anclaje usado en este caso (**2**) permite la introducción simultánea de cuatro muestras.

Figure 5. Moment of the insertion of the samples in the specimen stage of the SEM Hitachi S-510 (**1**). The holder for anchoring the pin stubs used in this case (**2**) allows the simultaneous insertion of four samples.

Figura 6. Equipo criofijador de propano Reichert-Jung KF80. Centro de Instrumentación Científica UGR, Sede central, Campus Fuentenueva.

Figure 6. Reichert-Jung KF80 propane cryofixation system. Center for Scientific Instrumentation UGR, Central laboratories, Fuentenueva Campus.

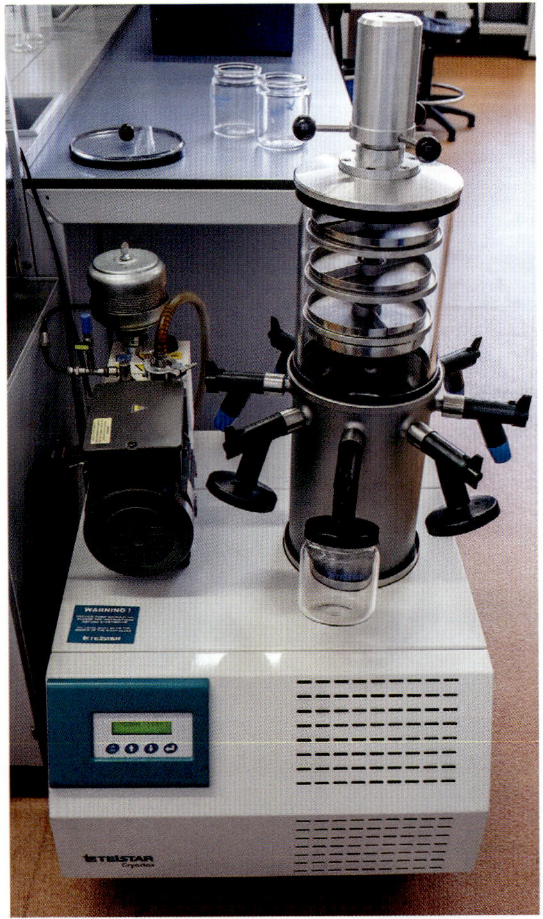

Figura 7. Equipo liofilizador TE-LSTAR Cryodos -50. Centro de Instrumentación Científica UGR, Sede Campus de la Salud.

Figure 7. TELSTAR Cryodos -50 lyophilizing system. Center for Scientific Instrumentation UGR, Health Campus.

Figura 8. Metalizador de Au Sempred 2. Centro de Instrumentación Científica UGR, Sede Cartuja II, Facultad de Farmacia.

Figure 8. Sempred 2 Au Sputter Coater. Center for Scientific Instrumentation UGR, Cartuja II Headquarter, Faculty of Pharmacy.

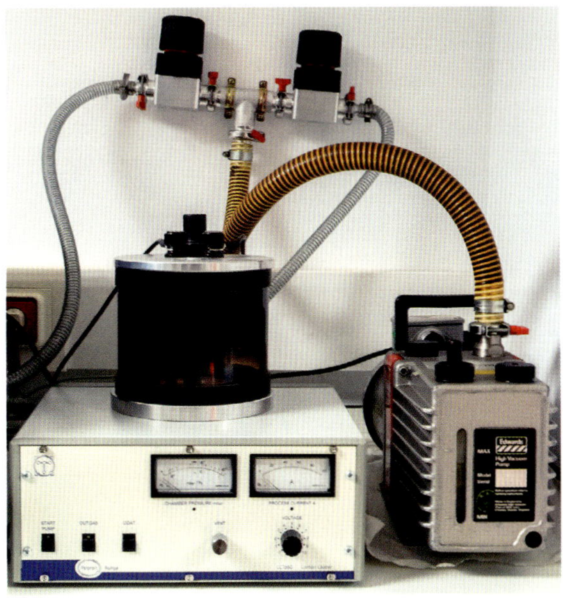

FIGURA 9. Metalizador de C Polaron CC7650. Centro de Instrumentación Científica UGR, Sede Cartuja II, Facultad de Farmacia.

FIGURE 9. Polaron CC7650 Carbon Coater. Center for Scientific Instrumentation UGR, Cartuja II Headquarter, Faculty of Pharmacy.

FIGURA 10. Microscopio SEM Hitachi S-510, equipado con EDX Edwin-Röntec 288. Departamento de Edafología y Química Agrícola. Facultad de Farmacia, Universidad de Granada. Campus de Cartuja.

FIGURE 10. SEM Hitachi S-510 microscope, equipped with EDX Edwin-Röntec 288. Department of Soil Science and Agricultural Chemistry. Faculty of Pharmacy, University of Granada. Cartuja Campus.

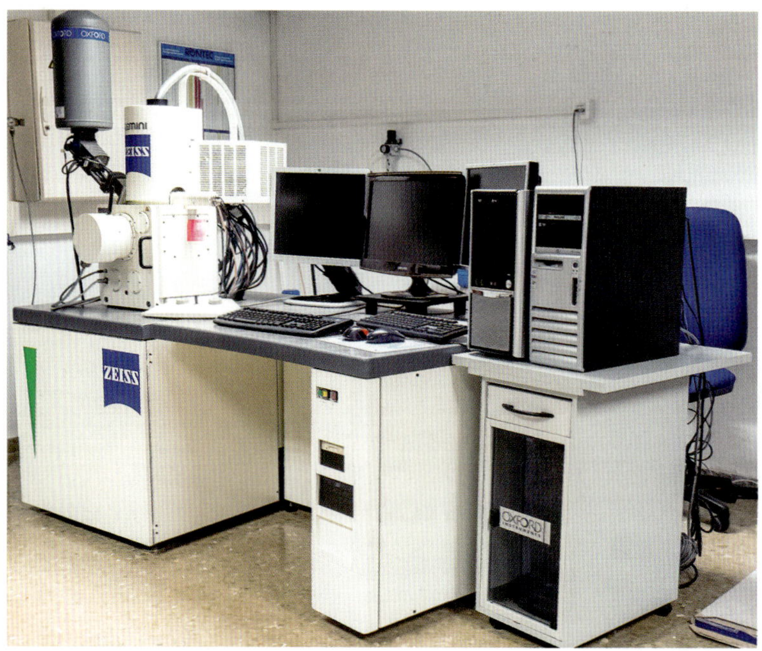

Figura 11. Microscopio FESEM Leo 1530, GEMINI Zeiss, equipado con EDX Oxford 10. Centro de Instrumentación Científica UGR, Sede Cartuja II, Facultad de Farmacia.

Figure 11. FESEM Leo 1530, GEMINI Zeiss microscope, equipped with EDX Oxford 10. UGR Scientific Instrumentation Center, Cartuja II Headquarter, Faculty of Pharmacy.

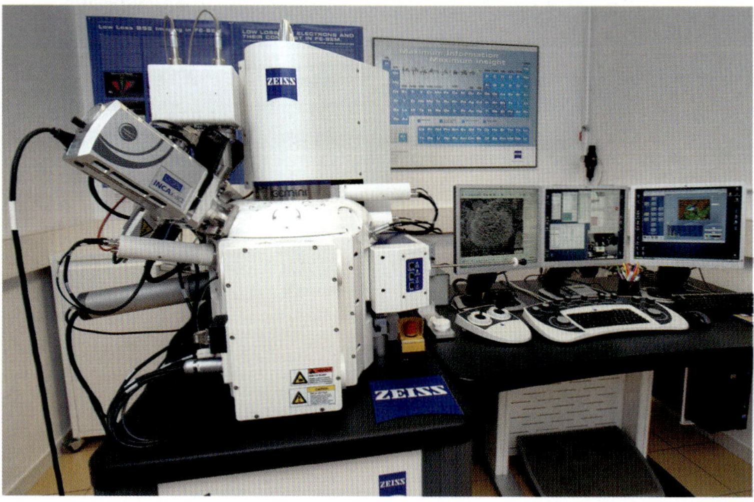

Figura 12. Microscopio VPFESEM SUPRA40VP Zeiss, equipado con EDX Oxford 50. Centro de Instrumentación Científica. UGR, Sede central, Campus Fuentenueva.

Figure 12. Zeiss VPFESEM SUPRA40VP microscope, equipped with EDX Oxford 50. Scientific Instrumentation Center. UGR, Central laboratories, Fuentenueva Campus.

Referencias
References

[1] GOLDSTEIN, J., NEWBURY, D., JOY, D., LYMAN CH., ECHLIN P., LIFSHIN E., SAWYER L. Y MICHAEL, J. 2007. *Scanning Electron Microscopy and X-ray microanalysis* (third edition). Springer. Science + Business media LLC (eBook).

[2] NEI, T. 1979. *Cryotechniques.* En: *Principles and techniques of electron microscopy: Biological applications,* Volume 9: MA Hayat, ed. New York: Van Nostrand Reinhold.

[3] REED, S.J.B. 1996. *Electron Microprobe Analysis and Scanning Electron Microscopy in Geology.* Cambridge University Press, Cambridge.

[4] WATT, I.M. 1997. *The principles and practice of Electron Microscopy* (second edition). Cambridge University Press. Cambridge.

[5] BOHOR, B.F. Y HUGHES, R.E. 1971. *Scanning Electron Microscopy of clay and clay minerals.* Clays and Clay Minerals, 19, 49-54.

[6] ABALLE, M., LÓPEZ-RUIZ J., BADÍA J.M. Y ADEVA, P. (COORDINADORES) 1996. *Microscopía Electrónica de Barrido y Microanálisis por Rayos X.* Consejo Superior de Investigaciones Científicas, Editorial Rueda.

[7] CALERO, J., DELGADO, R., DELGADO, G. Y MARTÍN-GARCÍA, J.M. 2009. *SEM image analysis in the study of a soil chronosequence on fluvial terraces of the middle Guadalquivir (southern Spain).* European Journal of Soil Science 60, 465-480.

[8] RASBAND, W.S. 2018 *ImageJ.* U.S. National Institutes of Health, Bethesda, Maryland, USA. http://rsb.info.nih.gov/ij/

[9] SOFT IMAGING SYSTEM GMBH 1999. *Analysis User's Guide.* Soft Imaging System GmbH, Münster, Germany.

II PARTE
APLICACIONES
ATLAS DE IMÁGENES

PART II
APPLICATIONS
IMAGE ATLAS

1. Aproximación a la Ultramicromorfología de Suelos

1. Approach to the Ultramicromorphology of Soils

Ultramicrofábrica de horizontes Bt en Terras Rossas italianas y españolas

Rafael Delgado Calvo-Flores, Claudio Mondini, Jaume Bech Borrás

La terra rossa (TR) es un suelo rojo de montaña mediterránea, somero, rúptico, sobre arcillas de descalcificación, cuya génesis requiere largos periodos de tiempo y guarda interrogantes sobre procesos formadores como: iluviación, rubefacción, alteración, síntesis, lavado/acumulación de carbonatos, erosión o aportes eólicos [1, 2, 3, 4, 5, 6, 7, 8, 9, 10, 11, 12, 13, 14]. El estudio del horizonte Bt del perfil ayuda a comprender la génesis, habiéndose aplicado frecuentemente micromorfología de lámina delgada [14, 15]. SEM se ha empleado escasamente, sólo para estudiar aportes eólicos [14, 16, 17].

Investigamos la génesis de TR, con los elementos conformadores de la ultramicrofábrica (ver Capítulo I.1.3, en este mismo libro): jerarquización, unión entre láminas, anisotropía, esqueleto y patrón morfológico/genético. Los horizontes Bt proceden de diecinueve TR italianas (Siena, Gorizia) y españolas (Granada, Málaga) [18]; subórdenes xeralf, udalf, xeroll y udoll [19, 20]. Macroestructura en bloques angulares/subangulares; colores rojizos (5YR-2,5YR, 4/5); pH 6-8; algunos decarbonatados; arcillosos y francoarcilloarenosos; Fecd > 1,5-2 %; arcilla (XRD) dominada por fases 2:1: illita, y en suelos údicos (Gorizia) vermiculita e interestratificados; caolinita 15-25 %. Métodos y técnicas SEM descritas en Capítulo I.2.1, aplicados sobre agregados inalterados y en corte fresco: MET-AU, SEM-H-510-FOT, EDX-ER, HEUR.

La jerarquización parte de peds (Figura 1), pasa por clusters (Figura 2), y alcanza dominios y láminas (Figura 3, 4, 5). Los clusters pseudoelipsoidales (Figura 2) son comunes a otros Bt (capítulo siguiente del libro, II.1.2). La fábrica laminar del interior de peds (Figuras 2, 3, 4) es diferente a la de la superficie (Figura 5). Dominan en ambas las láminas tamaño arcilla (< 2 µm) y limo (2-50 µm) y las formas de Fe (Figuras 3 y 4). La génesis del material puede atribuirse a: 1) iluviación, proceso activo incluso en materiales carbonatados (Figura 6); 2) alteración de minerales del esqueleto (Figura 7), y 3) síntesis (neoformación [21]) de caolinita (Figura 8), proceso común a otros suelos rojos [22, 23, 24], en el presente caso a pH 8. Aunque no se muestran imágenes, se detectan dependencias entre el mineral de arcilla predominante y la variedad del patrón morfológico/genético de fábrica laminar.

Resolvemos con SEM aspectos de las microestructuras plásmicas de Bt no visibles para la micromorfología óptica, informando sobre los procesos genéticos de iluviación, alteración, neoformación y movimientos de la masa en el suelo.

Ultramicrofabric of Bt horizons in Italian and Spanish Terra Rossa

Rafael Delgado Calvo-Flores, Claudio Mondini, Jaume Bech Borrás

Terra rossa (TR) is a shallow, ruptic, red Mediterranean mountain soil, on decalcification clays, the formation of which requires long periods of time and raises questions about formation processes such as: illuviation, reddening, alteration, synthesis, washing/accumulation of carbonates, erosion or eolian deposition [1, 2, 3, 4, 5, 6, 7, 8, 9, 10, 11, 12, 13, 14]. The study of the Bt horizon of the profile helps to understand the genesis, having infrequently, only applied thin-section micromorphology [14, 15]. SEM has been used to study aeolian depositions [14, 16, 17].

We investigated the genesis of TR, with the forming elements of the ultramicrofabric (see Chapter I.1.3, in this same book): hierarchization, laminar bond, anisotropy, skeleton and morphological/genetic pattern. The Bt horizons come from nineteen Italian (Siena, Gorizia) and Spanish (Granada, Málaga) TRs [18]; suborders xeralf, udalf, xeroll and udoll [19, 20]. Angular/subangular block macrostructure; reddish colors (5YR-2.5YR, 4/5); pH 6-8; some decarbonated; clayey and clayey loam; Fecd > 1.5-2 %; clay (XRD) dominated by phases 2:1: illite and in udic soils vermiculite (Gorizia); kaolinite 15-25 %. SEM methods and techniques described in Chapter I.2.1, applied to unaltered aggregates and fresh cut: MET-AU, SEM-H-510-FOT, EDX-ER, HEUR.

The hierarchy begins with peds (Figure 1), passes through clusters (Figure 2), and reaches domains and laminae (Figure 3, 4, 5). Pseudo-ellipsoidal clusters (Figure 2) are common to other Bt (next chapter of the book, II.1.2). The laminar fabric inside peds (Figures 2, 3, 4) is different from the surface (Figure 5). The clay (< 2 μm) and silt (2-50 μm) and Fe forms (Figures 3 and 4) dominate in both. The genesis of the material can be attributed to: 1) illuviation; active process even in carbonated materials (Figure 6); 2) alteration of skeleton minerals (Figure 7), and 3) synthesis (neoformation [21]) of kaolinite (Figure 8), process common to other red soils [22, 23, 24], in this case at pH 8. Although no images are shown, dependencies are detected between the predominant clay mineral and the variety of the laminar fabric morphological/genetic pattern.

We used SEM to understand aspects of plasmic Bt microstructures not visible for optical micromorphology, reporting on the genetic processes of illuviation, alteration, neoformation and movements in the soil mass.

FIGURA 1. TR San Lorenzo Merce (Siena), Haploxeralf, horizonte Bt (macroestructura, bloques; pH, 8,4; carbonatos, 44,6 %; francoarcilloso; Fe*cd*: 2,5 %; mineralogía arcilla: illita 74 %, esmectita/vermiculita/ interestratificados 16 %, caolinita 20 %) [18]. Diseño HEUR (esquina inferior izquierda, **A**): micropeds pseudoesferoidales, ~4 mm , grado de individualización medio, jerarquizados en micropeds *(Ped)* de similar forma y menor tamaño, ~2 mm (**µpd***)*, bajo grado de individualización.

FIGURE 1. TR San Lorenzo Merce (Siena), Haploxeralf, Bt horizon (macrostructure, blocks; pH, 8.4; carbonates, 44.6 %; clayey loam; Fe*cd*: 2.5 %; clay mineralogy: illite 74 %, esmectite/vermiculite/interstratifieds 16 %, kaolinte 20 %) [18]. HEUR design (bottom left corner, **A**): pseudo-spheroidal micropeds, ~4 mm, medium degree of distinguishability, hierarchized in micropeds (*Ped*) of similar shape and smaller size, ~2 mm (**µpd**), low degree of distinguishability.

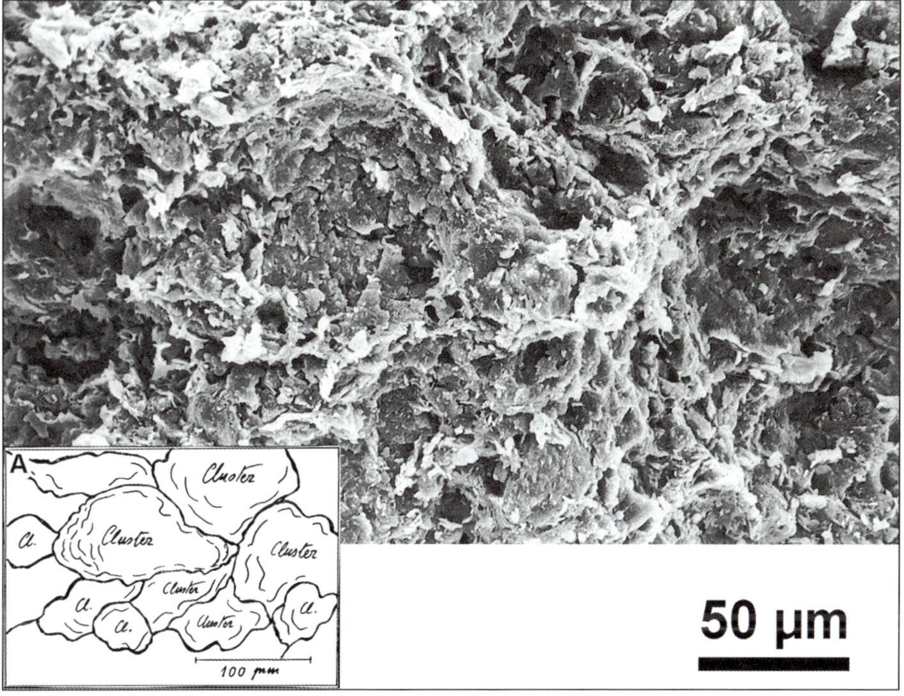

Figura 2. Misma muestra anterior, mayores aumentos. Fractura fresca. Nivel jerárquico de clusters. Diseño HEUR (esquina inferior izquierda, **A**): formas pseudoelipsoidales (*Cluster)*, heterométricas, aunque el valor medio del diámetro mayor se aproxima a las 100 µm. Constituidos por láminas apiladas y curvadas. Patrón morfológico/genético de fábrica laminar.

Figure 2. Same as previous sample, higher magnification. Fresh fracture. Hierarchical level of clusters. HEUR design (bottom left corner, **A**): pseudo-ellipsoidal forms (*Cluster*), heterometric, although the average value of the largest diameter is close to 100 µm. Formed by stacked and curved laminae. Morphological/genetic laminar fabric pattern.

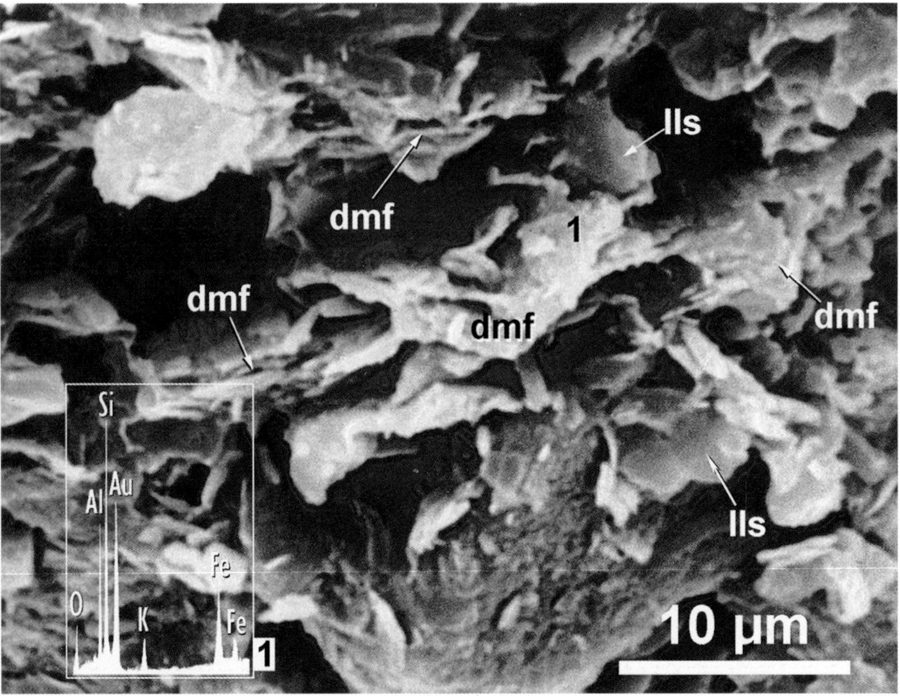

FIGURA 3. Detalle de la imagen anterior, Figura 2. Láminas curvadas, de entre 2 y 5 μm (arcilla y limo) (**lls**), apiladas cara-cara, formando dominios (**dmf**), ~10 x 2 μm, sin cementos aparentes; medio a bajo grado de individualización; porosidad visible; anisotropía media. Análisis EDX (**1**) con picos de Si, Al, K, Fe, propios de filosilicatos y formas de Fe. La acumulación de este material en el horizonte Bt se debe a iluviación (y alteración).

FIGURE 3. Detailed view of the image above, Figure 2. Curved laminae, between 2 and 5 μm (clay and silt) (**lls**), face-to-face stacked, forming domains (**dmf**), ~10 x 2 μm, without apparent cements; medium to low degree of distinguishability; visible porosity; medium anisotropy. EDX analysis (**1**) with Si, Al, K, Fe peaks, typical of phyllosilicates and Fe forms. The accumulation of this material on the Bt horizon is due to illuviation (and alteration).

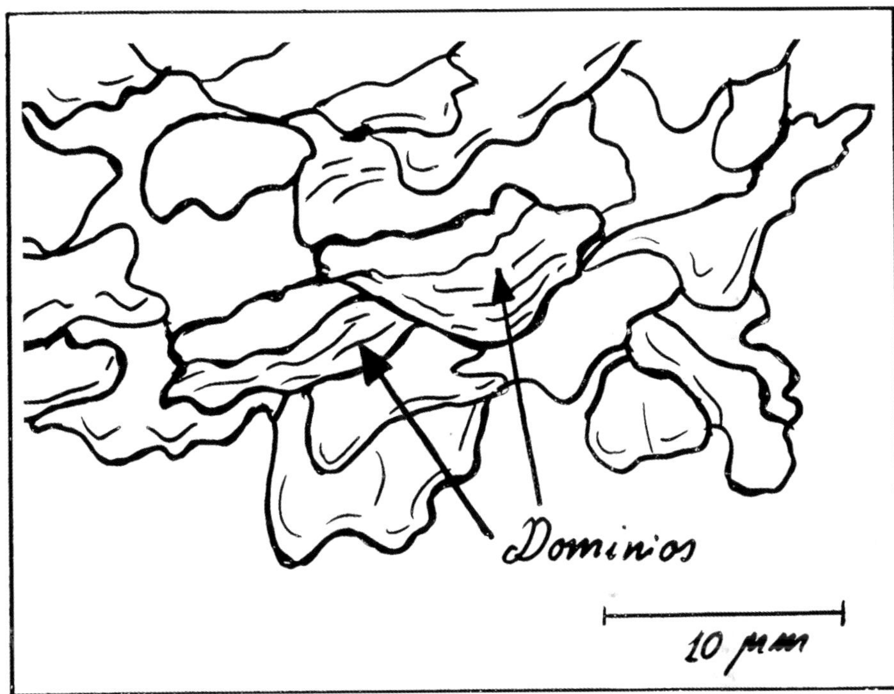

Figura 4.- Diseño heurístico (HEUR) de la imagen anterior, Figura 3. Es evidente la presencia mayoritaria de láminas y dominios (*Dominios*) con forma lenticular, apilados, con anisotropía de grado medio en un paralelismo a una dirección NE-SO. La relativa curvatura de las láminas se debe a los movimientos de la masa del horizonte Bt. Patrón morfológico/genético de fábrica laminar.

Figure 4.- Heuristic design (HEUR) of the previous image., Figure 3 The majority presence of laminae and domains (*Dominios*) with lenticular form, stacked, with medium-degree anisotropy, parallel to the NE-SO direction is clear. The relative curvature of the laminae is due to the mass movements in the Bt horizon. Laminar fabric morphological/genetic pattern.

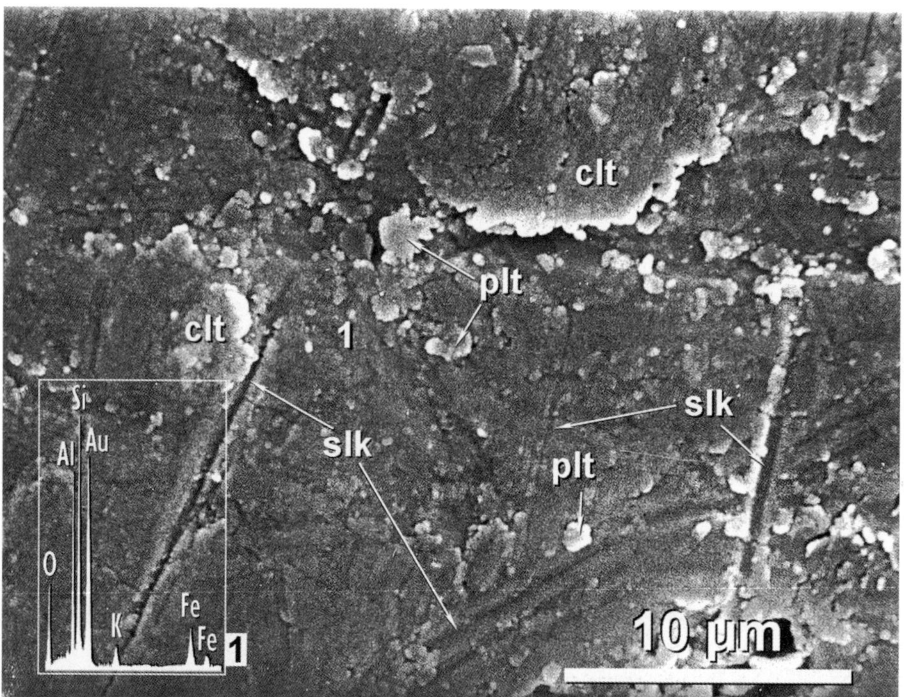

FIGURA 5. TR Friuli (Gorizia), Hapludalf, horizonte Bt (pH, 8; Fe*cd*, 4,3 %; mineralogía arcilla: illita 28 %, esmectita/vermiculita/interestratificados 52 %, caolinita 20 %) [18]. Superficie de microped con patrón de fabrica laminar continua. Jerarquización en cluster (**clt**) con bajo grado de individualización. Presencia de plaquetas (**plt**), ~2 μm, con anisotropía total (paralelismo al plano de la imagen), escasa porosidad y *slickensides* (**slk**). Análisis EDX (**1**) con picos de Si, Al, K, Fe, propios de filosilicatos y formas de Fe. El proceso de iluviación sería el responsable de la acumulación de material, y los movimientos de fricción en la masa, de los *slickensides*.

FIGURE 5. TR Friuli (Gorizia), Hapludalf, Bt horizon (pH, 8; Fe*cd*, 4.3 %; clay mineralogy: illite 28 %, esmectite/vermiculite/interstratified phases 52 %, kaolinite 20 %) [18]. Microped surface with continuous laminar pattern fabric. Cluster hierarchy (**clt**) with low degree of distinguishability. Presence of plates (**plt**), ~2 μm, with total anisotropy (parallel to the plane of the image), low porosity and slickensides (**slk**). EDX analysis (**1**) with peaks of Si, Al, K, Fe, typical of phyllosilicates and forms of Fe. The illuviation process would be responsible for the accumulation of material, and the frictional movements in the mass, of slickensides.

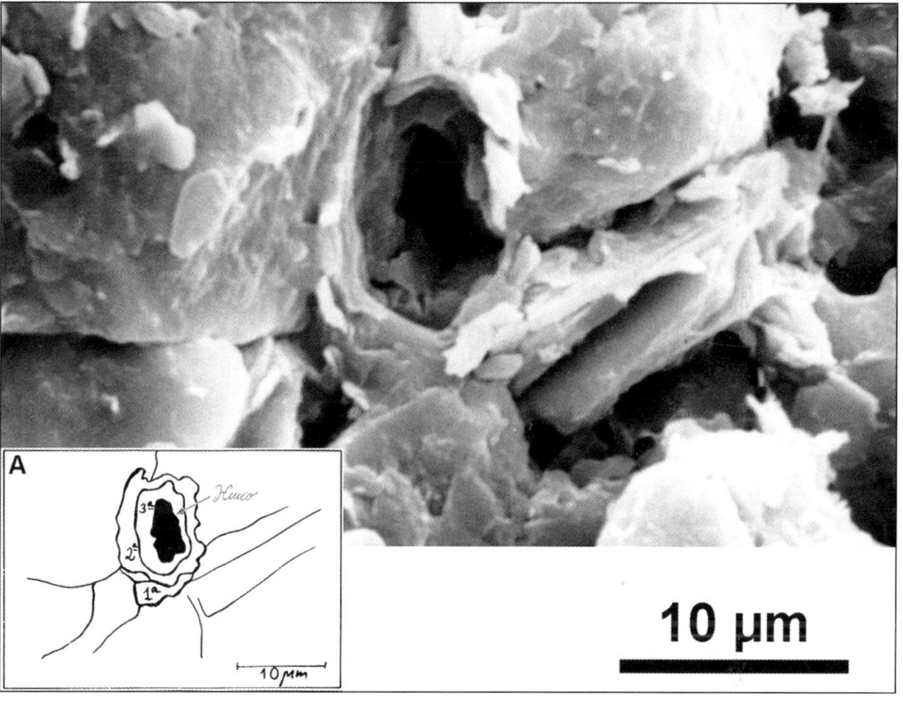

Figura 6. TR Boca de la Pescá, Granada), Haploxeralf. Fractura fresca, horizonte Bt (pH, 8,2; carbonatos, 45 %; franco, Fe*cd*, 1,5 %; arcilla illita > 50 %) [18]. Porosidad con iluviación polifásica activa. Poro (en diseño HEUR –esquina inferior izquierda, **A**– denominado *Hueco*), de 5-10 µm, entre granos de esqueleto de limo, recubierto internamente por tres episodios sucesivos de iluviación (en HEUR, **1ª, 2ª, 3ª**) espesor < 5 µm. Fábrica esquelética laminar.

Figure 6. TR Boca de la Pescá, (Granada), Haploxeralf. Fresh fracture, Bt horizon (pH, 8.2; carbonates, 45 %; loam, Fe*cd*, 1.5 %; illite clay > 50 %) [18]. Porosity with active polyphasic illuviation. Pore (noted as *Hueco* in HEUR design –bottom left corner, **A**–), 5-10 µm, between silt skeleton grains, internally coated by three successive episodes of illuviation (in HEUR, **1ª, 2ª, 3ª**), thickness < 5 µm. Laminar skeletal fabric.

Figura 7. TR San Jerónimo, Sierra Nevada (Granada), Argixeroll. Corte fresco, horizonte Bt (pH, 7,8; carbonatos, 0,8 %; arcilloso; Fe*cd*: 3,4 %, mineralogía arcilla: illita 34 %, esmectita/vermiculita/interestratificados 45 %, caolinita 21 %) [18]. Grano laminar de esqueleto (**sk**) con perímetro irregular, ~50 μm, de filosilicato, posiblemente mica (EDX (**1**), Si, Al, K, Fe). En proceso de exfoliación y paso a la masa del suelo.

Figure 7. TR San Jerónimo, Sierra Nevada (Granada), Argixeroll. Fresh cut, Bt horizon (pH, 7.8; carbonates, 0.8 %; clayey; Fe*cd*: 3.4 %, clay mineralogy: illite 34 %, esmectite/vermiculite/interstratified 45 %, kaolinite 21 %) [18]. Laminar skeleton grain (**sk**), with irregular perimeter, ~50 μm, phyllosilicate, possibly mica (EDX (**1**), Si, Al, K, Fe). In process of exfoliation and passage to the soil mass.

Figura 8. TR Sabinas, Sierra Nevada (Granada), Haploxeralf. Corte fresco, horizonte Bt (pH 8; sin carbonatos; arcilloso; Fe*cd*: 5 %, mineralogía arcilla: illita 81 %, esmectita/vermiculita/interestratificados 9 %, caolinita 10 %) [18]. Cristal laminar idiomorfo (**Kln**) con aristas netas a 120 ° (rasgo achacable a la neoformación), ~20 µm, mineralogía caolinita (EDX (**1**), Si, Al). Envuelto por dominios de ~10 µm, formados por plaquetas entre 2 y 5 µm, medio a bajo grado de individualización; porosidad interdominios. Patrón morfológico/genético laminar.

Figure 8. TR Sabinas, Sierra Nevada (Granada), Haploxeralf. Fresh cut, Bt horizon (pH 8; carbonate-free; clayey; Fe*cd*: 5 %, clay mineralogy: illite 81 %, smectite/vermiculite/interstratified 9 %, kaolinite 10 %) [18]. Idiomorphic laminar crystal (**Kln**) with net edges at 120 ° (trait attributable to neoformation), ~20 µm, kaolinite mineralogy (EDX (**1**), Si, Al). Surrounded by domains of ~10 µm, formed by plates between 2 and 5 µm, medium to low degree of distinguishability; inter-domain porosity. Laminar morphological/genetic pattern.

Referencias
References

[1] Kubiena, W.L., 1953. *Claves sistemáticas de suelos* (traducción de Ángel Hoyos). CSIC. Madrid.

[2] Yaalon, D.H. 1997. *Soils in the Mediterranean region: what makes them different?* Catena 28(3-4), 157-169.

[3] Guerra, A. 1972. *Los Suelos Rojos en España. Contribución a su estudio y clasificación.* Pub. del Dep. de Suelos del Inst. de Edaf. y Biol. Veg. CSIC. Madrid.

[4] Olson, C.G., Ruhe, R.V. y Mausbach, M.J. 1980. *The terra rossa limestone contact phenomena in karst, southern Indiana.* Soil Science Society of America Journal 44(5), 1075-1079.

[5] Durn, G. 2003. *Terra rossa in the Mediterranean region: parent materials, composition and origin.* Geologia Croatica 56(1), 83-100.

[6] Macleod, D. A. 1980. *The origin of the red Mediterranean soils in Epirus, Greece.* Journal of soil science 31(1), 125-136.

[7] Alías, J.L., Fernández, M.T. y Hernández, J. (1981). *Contribución al estudio de los suelos del Calar del Mundo (Albacete). I. Características generales de los Haploxerolls cumúlicos de dolinas y de los Xerothens líticos circundantes.* Anal. Edafol. Agrobiol. XL, 1905-1924.

[8] Danin, A., Gerson, R. y Garty, J. 1983. *Weathering patterns on hard limestone and dolomite by endolithic lichens and cyanobacteria: supporting evidence for eolian contribution to terra rossa soil.* Soil Science 136(4), 213-217.

[9] Alcalá del Olmo, L. y Monturiol-Rodríguez, F. 1988. *Variabilidad de los diferentes tipos de suelos rojos en España.* Anales de Edafología y Agrobiología 47(1-2), 371-394.

[10] Bech, J. y Vallejo, V.R. 1984. *Estudio de los suelos fersialíticos de la Depresión Central Catalana.* I Congreso Nacional de la Ciencia del Suelo. Sociedad Española de la Ciencia del Suelo. Tomo II. Pp. 811-820.

[11] Gaiffe, M. y Bruckert, S. 1985. *Analyse des transports de matières et des processus pédogénétiques impliqués dans les chaînes de sols du karst jurassien.* Catena Supplement (Giessen) 6, 159-174.

[12] Levine, S.J., Hendricks, D.M. y Schreiber Jr, J.F. 1989. *Effect of bedrock porosity on soils formed from dolomitic limestone residuum and eolian deposition.* Soil Science Society of America Journal 53(3), 856-862.

[13] Colombo, C. y Torrent, J. 1991. *Relationships between aggregation and iron oxides in Terra Rossa soils from southern Italy. Catena* 18(1), 51-59.

[14] Priori, S., Costantini, E.A., Capezzuoli, E., Protano, G., Hilgers, A., Sauer, D. y Sandrelli, F. 2008. *Pedostratigraphy of Terra Rossa and Quaternary geological evolution of a lacustrine limestone plateau in central Italy.* Journal of Plant Nutrition and Soil Science 171(4), 509-523.

[15] Agadzhanova, N.V., Izosimova, Y.G., Kostenko, I.V. y Krasilnikov, P.V. 2021. *Indicators of Pedogenic Processes in Red Clayey Soils of the Cape Martyan Reserve, South Crimea.* Eurasian Soil Science 54(1), 1-12.

[16] Jahn, R., Zarei, M. y Stahr, K. 1991. *Genetic implications of quartz in Terra Rossa-soils in Portugal.* En: Proceedings of 7th Euroclay Conference, Dresden. Vol 2, pp. 541-546.

[17] Delgado, R., Martín García, J.M., Oyonarte, C. y Delgado, G. 2003. *Genesis of Terrae Rossae from Sierra de Gádor (Andalucía, Spain).* European Journal Soil Science 54, 1-16.

[18] Delgado, R. 1993. *Ultramicrofábrica de terras rossas españolas e italianas.* En: Trabajo Original de Investigación, Estudio de suelos rojos. Concurso-oposición de plaza de Cátedra de Universidad, Área de Edafología y Química Agrícola. Universidad de Granada. Inédito.

[19] United States Department of Agriculture (USDA) 1975. *Soil Taxonomy. A basic system of soil classification for making and interpretating soil surveys.* Agricultural Handbook, 436.

[20] United States Department of Agriculture (USDA) 1990. *Keys to Soil Taxonomy.* SMSS, Technical Monograph Nº 19. Fourth Edition.

[21] Pédro, G. 1984. *La genèse des argiles pédologiques: ses implications minéralogiques, physico-chimiques et hydriques.* Sci. Geol. Bull. 37(4), 333-347.

[22] Delgado, R., Párraga, J., Delgado, G., Huertas, F. y Linares, J. 1990. *Genèse d'un sol fersiallitique de la Formation Alhambra (Granada-España).* Science du Sol. 28(1), 53-70.

[23] Delgado, G., Sánchez-Marañón, M., Martín-García, J.M., Melgosa, M., Pérez, M.M.y Delgado, R. 1996. *Kaolinite formation and soil color in Mediterranean Red Soils.* Advances in Clay Minerals, 187-189.

[24] Martín-García, J.M., Delgado, G., Párraga, J., Bech, J. y Delgado, R. 1998. *Mineral formation in micaceous Mediterranean red soils of Sierra Nevada, Granada, Spain.* European Journal of Soil Science 49(2), 253-268.

Ultramicrofábrica de una cronosecuencia de Luvisoles, Calcisoles y Fluvisoles

Rafael Delgado Calvo-Flores, Julio Calero González, Juan Manuel Martín-García

Las cronosecuencias de suelos se componen de tipologías emparentadas cuya única diferencia en factores formadores (roca, clima, organismos, relieve, tiempo) es su edad relativa [1, 2]. Los distintos tiempos de actuación de los procesos edafogenéticos condicionan propiedades con valores diferentes y secuenciados [1, 2, 3, 4, 5, 6], ajustables incluso a cronofunciones [1, 2]. Las terrazas fluviales del curso medio del río Guadalquivir (Jaén, España) abarcan Pleistoceno y Holoceno, un lapso de más de medio millón de años [7, 8]. Sobre ellas existen cronosecuencias cuaternarias de suelos [9] en las que se ha estudiado: evolución de formas de hierro [10], morfología y valores analíticos [11], tópicos novedosos como ultramicrofábrica [12] y nanofábrica [13], o mineralogía y geoquímica de la arena con técnicas avanzadas [14, 15].

En el presente capítulo revisitamos, exponiendo nuevas imágenes e interpretaciones, la ultramicrofábrica de la cronosecuencia de las terrazas del río Guadalquivir estudiada por Calero et al. [12]. Empleamos el planteamiento conceptual y metodológico expuesto en el capítulo anterior de este mismo libro, I.1.3, prestando especial atención a jerarquización y patrones morfológico-genéticos.

Seleccionamos horizontes Bt, Btg, Bwk y Ap de Luvisoles, Calcisoles y Fluvisoles, con edades entre 600 a 0,3 $\times 10^3$ años. Las propiedades morfológicas, analíticas y mineralógicas necesarias para estudio de la ultramicrofábrica se recogen en Tabla 1 [9, 11, 12, 13]. Superficies externas e internas de peds y micropeds inalterados se exploraron con lupa binocular (Olympus-SZX12) y posteriormente con equipos y técnicas SEM-EDX (Capítulo I.2.1): MET-AU, SEM-H-510-DIG, EDX-ER, IA, HEUR.

Analíticamente (Tabla 1), se diferencian dos grupos de suelos, según edad y tipo de horizonte: 1) Preholocénicos (PrH) P1 y P2, horizonte Bt. 2) Holocénicos (H) P4 y P5, horizontes Bwk y Ap. Estructuras blocosas, fuertes en PrH y moderadas en H.

A bajos aumentos (20-50×) (Figuras 1, 6), describimos microped pseudoesferoidales, 2 mm a 500 μm, en H más irregulares de forma y peor definidos y jerarquizados. Los aumentos idóneos para observar los clusters en materiales ingenieriles son 300-500× [15, 16], nosotros empleamos 1000-1500×. Hallamos en el interior de los micropeds de Bt (PrH), clusters pseudoelipsoidales (nuciformes) compuestos por filosilicatos y formas de Fe (Figuras 3, 4). En Bwk (H) son equidimensionales, irregulares en forma y tamaño, granulares (Figura 7), debidos a la agregación por carbonatos, algo caótica, de granos de esqueleto (Figura 8). Los clusters de Ap (H) son prácticamente granos de esqueleto (Figura 10), junto a otros que son puentes de unión, laminares, cementados (Figura 11). Las cronofunciones establecidas por Calero et al. [12] confirman que el contenido de esqueleto, carbonatos y porosidad disminuyen con el incremento de edad, al contrario del tamaño de clusters. La superficie de los micropeds tiene, en el nivel de clusters, una fábrica distinta del interior. Bt presenta clusters discoidales, anisotrópicos, poco porosos (Figura 2). Bwk se muestra esquelético, cementado por carbonatos y más poroso, con formas laminares y cierta anisotropía (Figura 9). Los niveles jerárquicos de dominios y láminas han requerido aumentos de 2000-4000×. Superficie e interior de los clusters vuelven a manifestar diferencias en estas jerarquías, en función también del tipo de horizonte. En la superficie de los clusters de Bt (Figura 2) se reconocen plaquetas de tamaño limo (filosilicatos con presencia de formas de Fe); en el interior (Figura 5) son láminas que se apilan en dominios curvados (lenticulares) de espesor de 1-2 μm. En Bwk (Figuras 7, 8 y 9), el nivel de dominios se reconoce mal, no así las plaquetas filosilicatadas que siguen siendo de tamaño limo, 2-5 μm. Curiosamente, en Ap sí se ha reconocido el nivel de dominios (Figura 11).

Los patrones morfológico-genéticos establecidos son bien distintos en PrH y H. En los pies de las Figuras se recogen sus denominaciones.

La interpretación genética de las fábricas SEM descritas confirma lo que deducíamos de la Tabla 1: el paso del tiempo genera medios edáficos diferentes, correspondientes además a distintos tipos de horizontes. Los PrH (horizontes Bt) están dominados por la alteración del esqueleto y la iluviación de filosilicatos/ formas de Fe. Los H, en cambio, lo están por la precipitación de carbonatos (Bwk) y la abundancia de esqueleto (Ap). Estos procesos son comunes a otras cronosecuencias cuaternarias en clima mediterráneo [18, 10, 6]. Es interesante señalar que la ultramicrofábrica descrita aquí en los Bt tiene recurrencia con la de horizontes equivalentes de terras rossas (Capítulo anterior, II.1.1). La ultramicrofábrica de Ap (P5) es similar a la de Arenosoles álbicos [19].

Podemos concluir que la ultramicrofábrica SEM del suelo además de informar de unos hechos morfológicos, a nivel micrométrico, hasta el momento muy poco descritos e interpretados, lo hace también sobre su génesis y composición.

Ultramicrofabric of a Chronosequence of Luvisols, Calcisols and Fluvisols

Rafael Delgado Calvo-Flores, Julio Calero González, Juan Manuel Martín-García

Soil chronosequences are composed of related typologies whose only difference in soil forming factors (rock, climate, organisms, relief, time) is their relative age [1, 2]. The different performance times of the soil processes determine properties with different and sequenced values [1, 2, 3, 4, 5, 6], which can even correspond to chronofunctions [1, 2]. The fluvial terraces of the middle reaches of the Guadalquivir river (Jaén, Spain) cover the Pleistocene and Holocene, a period of more than half a million years [7, 8]. On them there are Quaternary chronosequences of soils [9], in which the evolution of iron forms [10], morphology and analytical values [11], novel topics such as ultramicrofabric [12] and nanofabric [13], or mineralogy and geochemistry of the sand with advanced techniques [14, 15] have been studied.

In this chapter we revisit the ultramicrofabric of the chronosequence of the terraces of the Guadalquivir River studied by Calero et al. [12], presenting new images and interpretations. We use the conceptual and methodological approach set out in the previous chapter, in this same book, I.1.3, paying special attention to hierarchization and morphological-genetic patterns.

Bt, Btg, Bwk and Ap horizons from Luvisols, Calcisols and Fluvisols, with ages between 600 and 0.3×10^3 years, were selected. The morphological, analytical, and mineralogical properties necessary for the study of the ultramicrofabric are set out in Table 1 [9, 11, 12, 13]. External and internal surfaces of undisturbed peds and micropeds were examined with a binocular lens (Olympus-SZX12) and later with SEM-EDX equipment and techniques (Chapter I.2.1): MET-AU, SEM-H-510-DIG, EDX-ER, IA, HEUR.

From an analytical standpoint (Table 1), two groups of soils are differentiated, according to age and type of horizon: 1) Pre-Holocene soils (PrH) P1 and P2 (PrH), Bt horizon. 2) Holocene soils (H) P4 and P5, Bwk and Ap horizons. Blocky structures, strong in PrH and moderate in H.

At low magnifications (20-50×) (Figures 1, 6), we observe pseudo-spheroidal micropeds, 2 mm to 500 μm, more irregular in shape and worse defined and hierarchized in H than in PrH. The ideal magnifications to observe clusters in engineering materials are 300-500× [15, 16], we use 1000-1500×. Within the Bt (PrH) micropeds, we observed pseudo-ellipsoidal (nuciform) clusters composed of phyllosilicates and Fe forms (Figures 3, 4). In Bwk (H) they are equidimensional, irregular in shape and size, granular (Figure 7), due to the somewhat chaotic aggregation by carbonates of skeletal grains (Figure 8). The Ap (H) clusters are practically skeletal grains (Figure 10), together with others that are cemented, lamellar, bonding agents (Figure 11). The chronofunctions established by Calero et al. [12] confirm that the skeletal and carbonate content and porosity decrease with increasing age, contrary to the cluster size. At the cluster level, the surface of the micropeds has a different fabric from the interior. Bt presents discoidal, anisotropic, little-porous clusters (Figure 2). Bwk appears skeletal, cemented by carbonates, and more porous, with laminar forms and some anisotropy (Figure 9). Hierarchical levels of domains and sheets required magnifications of 2000-4000×. Surface and interior of the clusters once again show differences in these hierarchies, also depending on the type of horizon. On the surface of the Bt clusters (Figure 2), silt-sized platelets (phyllosilicates with the presence of Fe forms) are observed; inside (Figure 5), they are sheets that are stacked in curved (lenticular) domains areas with a thickness of 1-2 μm. In Bwk (Figures 7, 8 and 9), the level of domains is poorly distinguished, unlike the phyllosilicate platelets which remain silt-sized, 2-5 μm. Curiously, in Ap, the domain level was distinguished (Figure 11).

The established morphological/genetic patterns are very different in PrH and H. Their names are listed at the bottom of the Figures.

The genetic interpretation of the described SEM fabrics confirms what we deduced from Table 1: the passage of time generates different soil environments, corresponding also to different types of horizons. The PrH (Bt horizons) are dominated by skeletal alteration and illuviation of phyllosilicates/Fe forms. The H, on the other hand, are dominated by carbonate precipitation (Bwk) and skeletal abundance (Ap). These processes are common to other Quaternary chronosequences in the Mediterranean climate [18, 10, 6]. It is interesting to note that the ultramicrofabric described here in Bt horizons has a recurrence with that of equivalent horizons of terras rossas (previous Chapter, II.1.1). The ultramicrofabric of Ap (P5) is like that of albic Arenosols [19].

We can conclude that in addition to providing an insight into morphological facts at the micrometric level, that have been very rarely described and interpreted up to now, the SEM ultramicrofabric of the soil also provides information on their genesis and composition.

Suelo/ Edad Soil/Age (ky)	Horizonte Horizon	Macroestructura Macrostructure	Clase textural Texture class	Arcilla Clay (%)	pH	CaCO₃ eq (%)	Fed (%)	Filosilicatos 2:1 en fracción arcilla 2:1 phyllosilicates in clay fraction (%)	Otros Others
Luvisol P1/ 600	Bt	c3abk	c	42,6	6,8	-	3,52	34 Mic 64 (Sme + Vc + Int)	Rasgos visibles de iluviación *Visible traits of illuviation*
CalcisolP2/ 300	Btg	m3sbk	c	41,7	7,8	4,43	2,88	19 Mic, 81 (Sme + Vc + Int)	Rasgos visibles de iluviación *Visible traits of illuviation*
CalcisolP4/ 7	Bwk	c2sbk	cl	30,1	8,1	35,97	1,28	67 Mic, 29 (Sme + Vc + Int) 5 Chl	Rasgos de acumulación de carbonatos *Carbonate accumulation features*
FluvisolP5 0,3	Ap	c2sbk	l	23,0	7,9	38,39	1,08	66 Mic, 26 (Sme + Vc + Int), 2Chl	

Clase textural (*Texture class*): c, arcilla (*clay*); cl, franco arcilloso (*clay loam*); l, franco (*loam*).
Macroestructura (*Macrostructure*): Tamaño (*Size*): c, gruesa (*coarse*); m, media (*medium*); Grado (*Grade*): 2, moderado (*moderate*); 3, fuerte (*strong*). Tipo (*Type*): abk, bloques angulares (*angular blocky*); sbk, bloques subangulares (*subangular blocky*)
Mic-Mica (*Mica*), Sme-esmectita (*smectite*), Vc-vermiculita (*vermiculite*), Int-minerales interestratificados (*interstratified minerals*), Chl-clorita (*chlorite*).

Tabla 1. Caracteres morfológicos, analíticos [12] y mineralógicos [13] para el estudio de la ultramicrofábrica.
Tble 1. Morphological, analytical [12], and mineralogical [13] characteristics for the study of the ultramicrofabric.

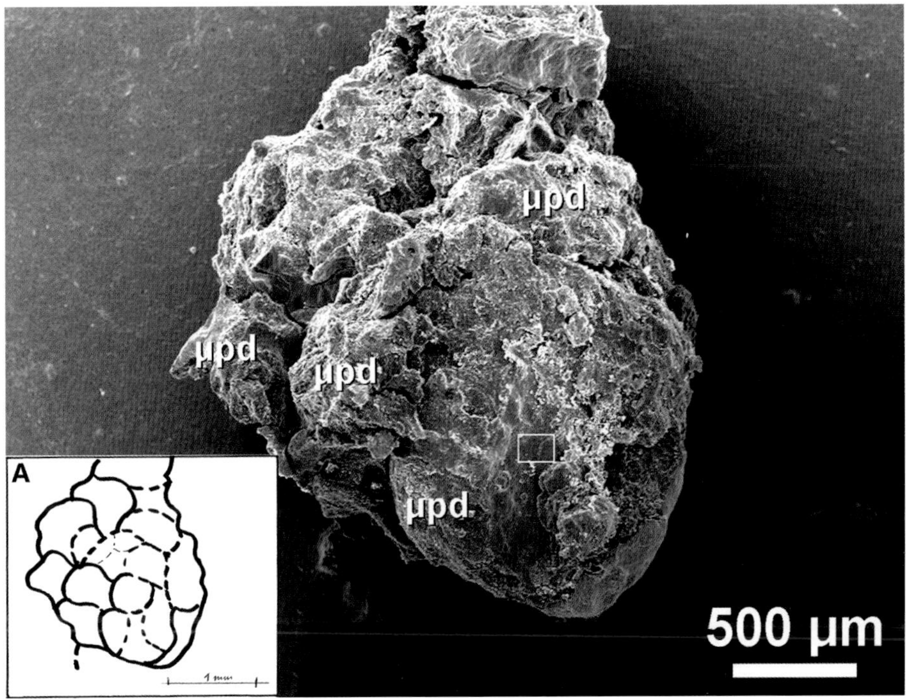

Figura 1. Luvisol P1, horizonte Bt. Microped de ~2 mm de diámetro, forma groseramente esferoidal. Diseño HEUR (esquina inferior izquierda, **A**): está jerarquizado, con bajo grado de individualización, en micropeds menores (**µpd**), entre 1 y 0,5 mm y formas pseudoesferoidales/pseudopoligonales. El recuadro indica el área estudiada en la siguiente figura.

Figure 1. Luvisol P1, Bt horizon. Microped ~2 mm in diameter, roughly spheroidal in shape. HEUR design (bottom left corner, **A**): it is hierarchical, with a low degree of distinguishability, in smaller micropeds (**µpd**), between 1 and 0.5 mm and pseudo-spheroidal/pseudo-polygonal shapes. The box indicates the area studied in the following figure.

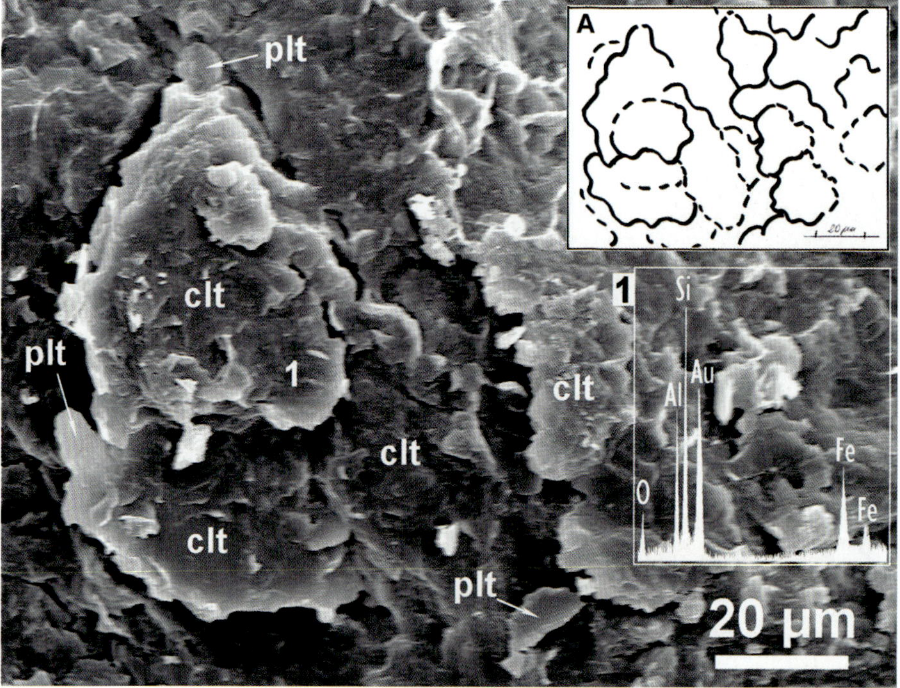

Figura 2. Detalle de la superficie del microped situado al sur de la Figura 1 (recuadro). Diseño HEUR esquina superior derecha, **A**. Clusters discoidales (**clt**), 20 y 50 μm de diámetro, grado de individualización medio, formados por plaquetas de 5-10 μm (**plt**), apiladas cara-cara, grado de individualización bajo. Alta anisotropía y baja porosidad. Génesis iluvial, por acumulación de filosilicatos y formas de hierro, como se deduce del espectro EDX (**1**) (picos de Si, Al, Fe). Patrón morfológico-genético de fábrica laminar continua.

Figure 2. Detailed view of the surface of the microped located to the south of Figure 1 (box) HEUR design top rigth corner, **A**. Discoidal clusters (**clt**), 20 and 50 μm in diameter, medium degree of distinguishability, formed by platelets (**plt**) of 5-10 μm, stacked face-to-face, low degree of distinguishability. High anisotropy and low porosity. Illuvial genesis, due to the accumulation of phyllosilicates and iron forms, as deduced from the EDX spectrum (**1**) (peaks of Si, Al, Fe). Morphological-genetic pattern of continuous laminar fabric.

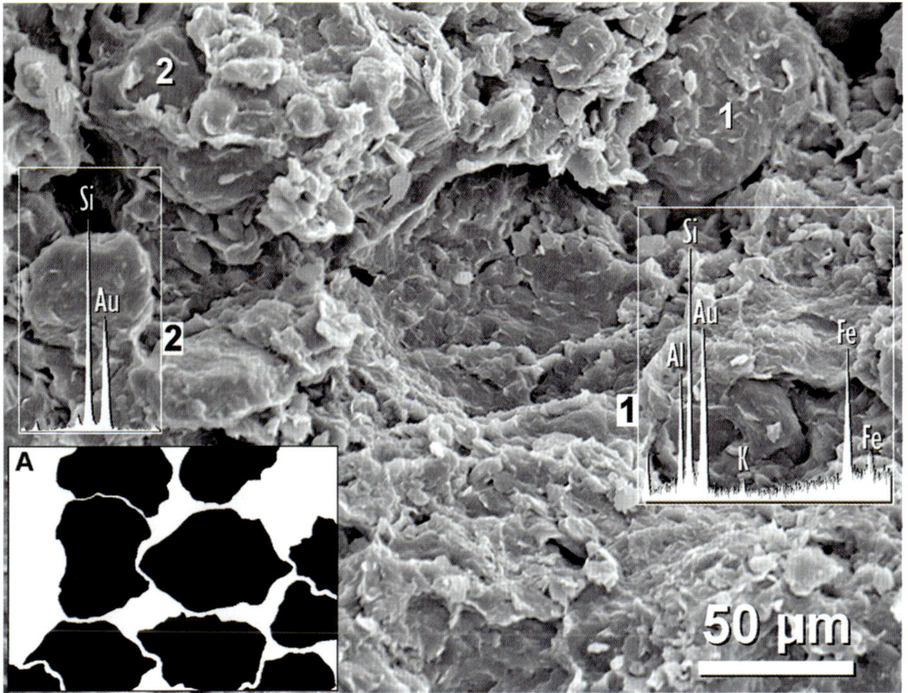

Figura 3. Luvisol P1. Horizonte Bt. interior de micropeds, corte fresco. Diseño HEUR, IA, B/N (esquina inferior izquierda, **A**): clusters pseudoelipsodales (nuciformes), de ~90 μm, acoplados y empaquetados con granos de esqueleto. Constituidos por dominios laminares. Baja porosidad (8 %). EDX: [**1**] filosilicato con formas de hierro (Si, Al, K, Fe); [**2**] cuarzo (Si). Adaptada de Figura 4, Página 473 [12].

Figure 3. Luvisol P1. Bt horizon, interior of micropeds, fresh cut. B/N, IA, HEUR design (bottom left corner, **A**): pseudo-ellipsoidal (nuciform) clusters, ~90 μm, coupled and packed with skeletal grains. Consisting of laminar domains. Low porosity (8 %). EDX: [**1**] Phyllosilicate with forms of iron (Si, Al, K, Fe); [**2**] quartz (Si). Adapted from Figure 4, P. 473, [12].

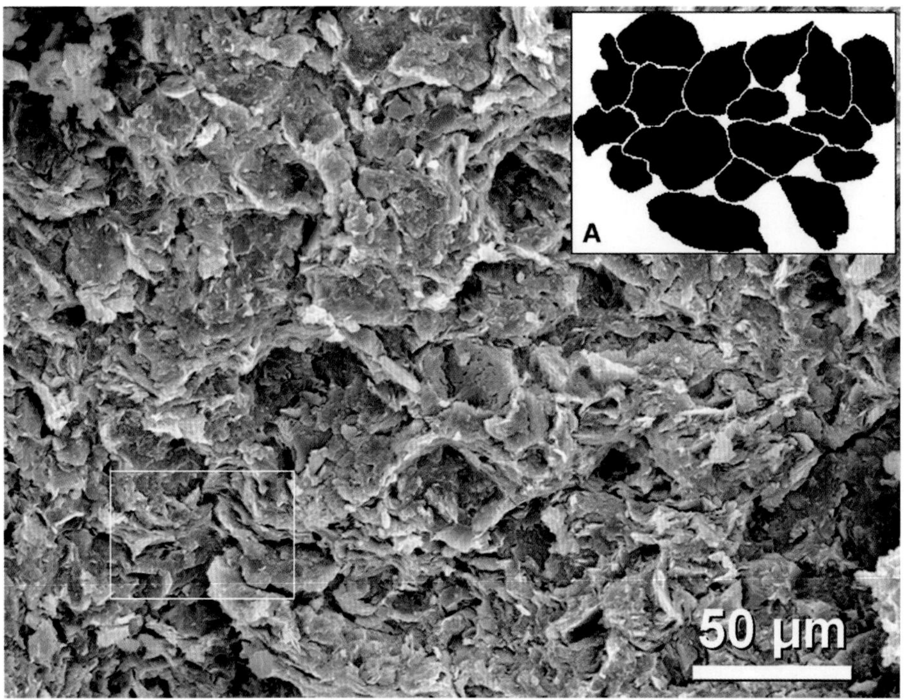

FIGURA 4. Luvisol P2, horizonte Btg. Interior de micropeds, corte fresco. Diseño HEUR, IA, B/N (esquina superior derecha, **A**): mismo patrón morfológico-genético expuesto en Figura 3. Clusters pseudoelipsoidales (nuciformes) diámetro medio 64 µm. Porosidad baja, 8 %. Adaptada de Figura 5, Página 473 [12]. El recuadro indica el área estudiada en la siguiente figura.

FIGURE 4. Luvisol P2, Btg horizon, interior of micropeds, fresh cut. B/N, IA, HEUR design (top rigth corner, **A**): same morphological-genetic pattern shown in Figure 3. Pseudo-ellipsoidal (nuciform) clusters (HEUR), mean diameter 64 µm. Low porosity, 8 %. Adapted from Figure 5, Page 473 [12]. The box indicates the area studied in the following figure.

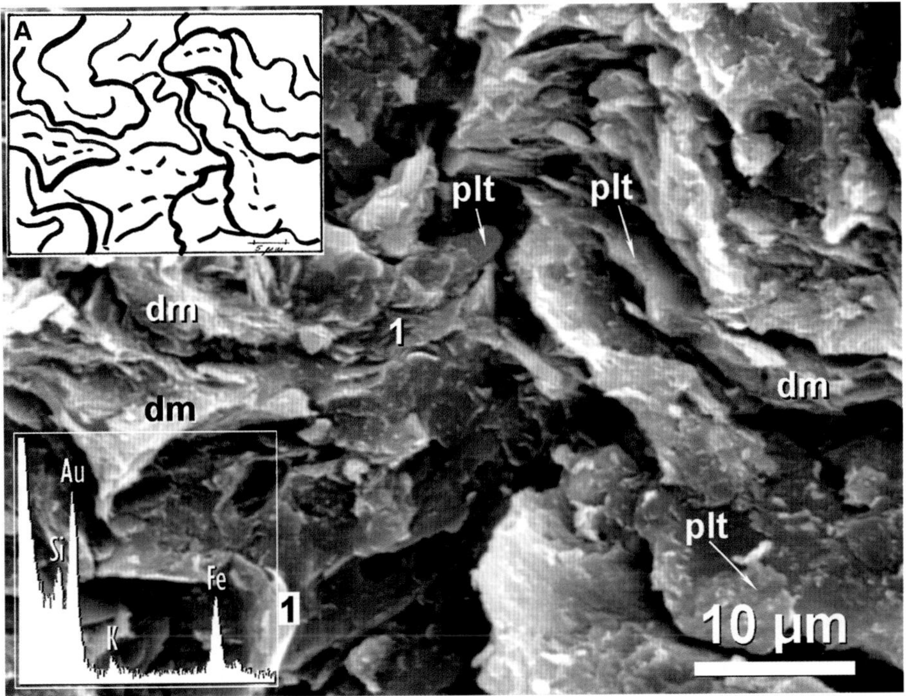

Figura 5. Detalle de anterior, Figura 4 (zona del recuadro). Diseño HEUR (esquina superior izquierda, **A**): dominios lenticulares (**dm**), curvados-rizados, diámetro 5-10 µm, espesor 1-2 µm, formados por láminas y plaquetas (tamaño arcilla y limo) (**plt**) apiladas cara-cara. La unión de estos dominios origina los clústers pseudoelipsoidales de Figura 4. Diámetro poros interdominios, 5 µm. Génesis: acumulación iluvial de arcilla y formas de hierro (EDX (**1**)), y movimientos de la masa.

Figure 5. Detailed view of the previous, Figure 4 (box zone). Figure. HEUR design (top left corner, **A**): lenticular, curved-curly domains (**dm**), diameter 5-10 µm, thickness 1-2 µm, formed by sheets and platelets (clay and silt size) stacked (**plt**) face-to-face. The joining of these domains creates the pseudo-ellipsoidal clusters of Figure 4. Inter-domain pore diameter, 5 µm. Genesis : illuvial accumulation of clay and iron forms (EDX (**1**)), and mass movements.

Figura 6. Calcisol P4, horizonte Bwk. Microped de ~1,5 mm, forma irregular/elongada, recordando elipsoidal. Diseño HEUR (esquina superior derecha, **A**): jerarquizado en al menos dos micropeds menores (**μpd**), entre 500-800 μm, de formas pseudoesferoidales, con grado de individualización bajo.

Figure 6. Calcisol P4, Bwk horizon. ~1.5 mm microped, irregular/elongated shape remembering ellipsoidal. HEUR design (top rigth corner, **A**): hierarquized in at least two smaller micropeds (**μpd**), between 500-800 μm, with pseudo-spheroidal shapes and a low degree of distinguishability.

Figura 7. Calcisol P4, horizonte Bwk. Interior de micropeds, corte fresco. Diseño HEUR, IA, B/N (esquina inferior izquierda, **A**): agrupamiento de clusters equidimensionales de formas y tamaño irregulares (gránulos), diámetro medio 67 µm. Frecuentes granos de esqueleto (**sk**) (17 %) y cementación por carbonatos (EDX (**1**) con picos de Si, K, Ca, Fe). Porosidad media, 21 %. Patrón morfológico genético de fábrica granular cementada. Adaptada de Figura 7, 474 [12]. El recuadro indica el área estudiada en la siguiente figura.

Figura 7. Calcisol P4, Bwk horizon. Interior of micropeds, fresh cut. B/N, IA, HEUR design (bottom left corner **A**): grouping of equidimensional clusters of irregular shapes and sizes (granules) (HEUR), mean diameter 67 µm. Frequent skeletal grains (**sk**) (17 %) and cementation by carbonates (EDX (**1**)with Si, K, Ca, Fe peaks). Average porosity, 21 %. Genetic morphological pattern of cemented granular fabric. Adapted from Figure 7, 474 [12]. The box indicates the area studied in the following figure.

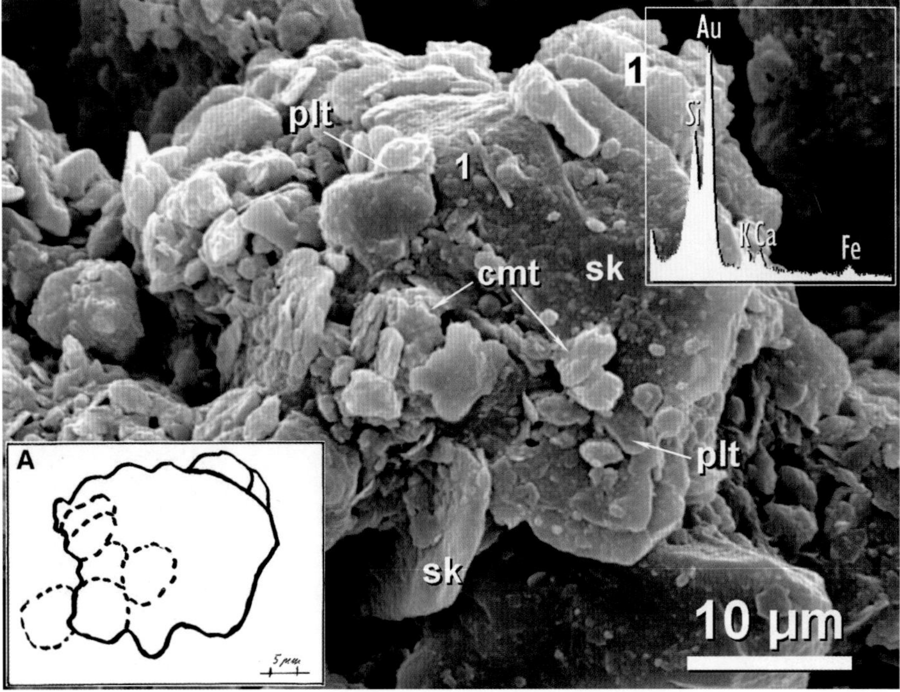

FIGURA 8. Detalle de anterior, Figura 7 (rectángulo). Diseño HEUR (esquina inferior izquierda, **A**): cluster (gránulo) de 40 μm, con presencia destacada de granos de esqueleto (**sk**) heterométricos y evidencias de cementación (**cmt**) por carbonatos, EDX (**1**) con picos de Si, K, Ca, Fe, indicando filosilicatos, carbonatos de calcio y formas de hierro. Jerarquizado en clusters (no bien definidos) de 10 μm y plaquetas de 5 μm (**plt**).

FIGURE 8. Detailed view of previous, Figure 7 (box). HEUR design (bottom left corner **A**): cluster (granule) of 40 μm, with a prominent presence of heterometric skeletal grains (**sk**) and evidence of cementation (**cmt**) by carbonates, EDX (**1**) with peaks of Si, K, Ca, Fe, indicating phyllosilicates, calcium carbonates and iron forms. Hierarquized in clusters (poorly defined) of 10 μm and platelets of 5 μm (**plt**).

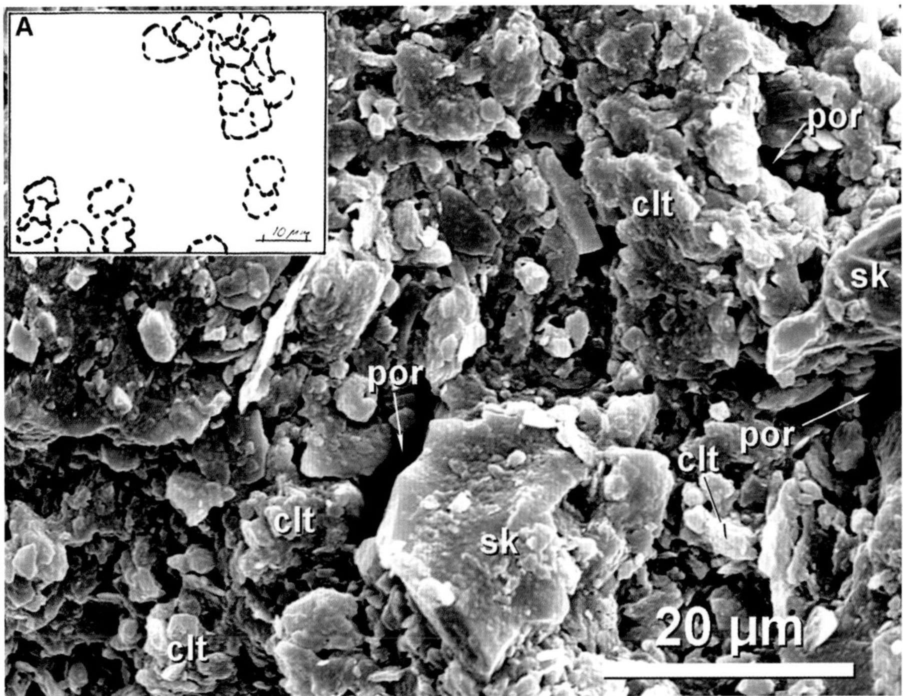

Figura 9. Calcisol P4, horizonte Bwk. Detalle superficie de clusters. Diseño HEUR (esquina superior izquierda, **A**): jerarquías de clusters (**clt**) no bien definidas, groseramente laminares, anisotrópicos con el plano de la imagen, de 50-10 μm diámetro, separados por porosidad intercluster media/baja (**por**). Visibles granos de esqueleto (**sk**) (algunos de formas laminares) y plaquetas de filosilicatos (2-5 μm). Cementación por carbonatos de calcio. Patrón morfológico/genético en fábrica laminar esquelética, cementada, porosa, con cierta anisotropía.

Figure 9. Calcisol P4, Bwk horizon. Surface detail of clusters. HEUR design (top left corner, **A**): hierarchies of poorly defined clusters (**clt**), roughly laminar, anisotropic with the plane of the image, 50-10 μm in diameter, separated by medium/low inter-cluster porosity (**por**). Visible skeleton grains (**sk**) (some of lamellar forms) and phyllosilicate platelets (2-5 μm). Cementation by calcium carbonates. Morphological/genetic pattern in skeletal laminar fabric, cemented, porous, with some anisotropy.

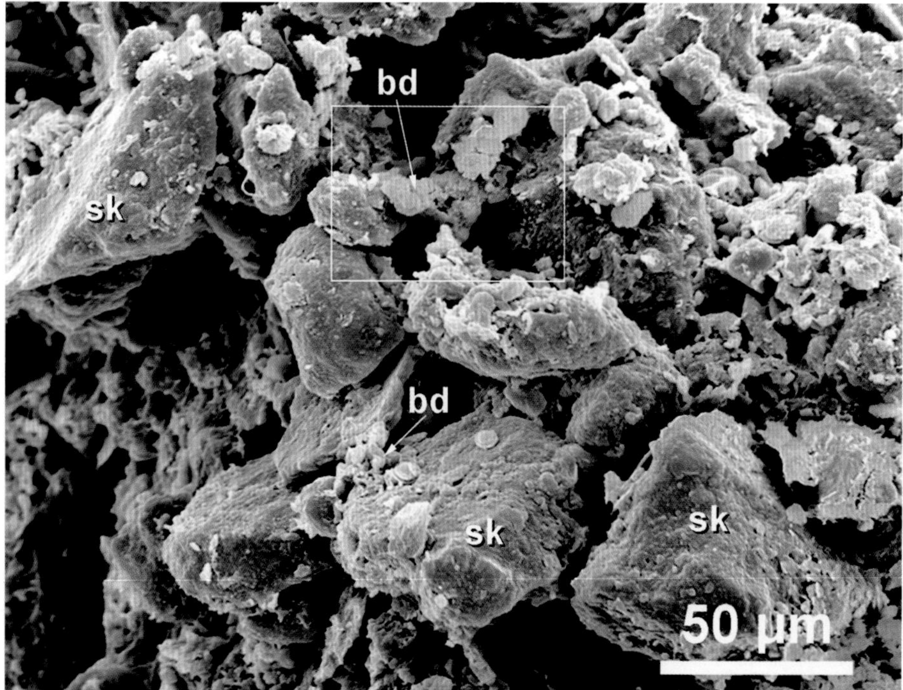

Figura 10.- Fluvisol P5, horizonte Ap. Interior de micropeds, corte fresco. Clusters de formas y tamaño irregulares, diámetro medio 45 µm, que son tanto granos de esqueleto (**sk**) (30,33 %), tamaño ~50 µm, como puentes secundarios de cemento que los unen (**bd**). Porosidad, 33 %. Patrón morfológico genético de fábrica esquelético-cementada, desordenada y porosa, con diseño groseramente reticulado. Adaptada de Figura 8, 475 [12]. El recuadro indica el área estudiada en la siguiente figura.

Figure 10.- Fluvisol P5, Ap horizon. Interior of micropeds, fresh cut. Clusters of irregular shape and size, mean diameter 45 µm, which are both skeletal grains (**sk**) (30.33 %), size ~50 µm, and secondary cement bridges that bond them (**bd**). Porosity, 33 %. Genetic morphological pattern of porous, disorderly, cemented-skeletal fabric, with coarsely reticulated pattern. Adapted from Figure 8, 475 [12]. The box indicates the area studied in the following figure.

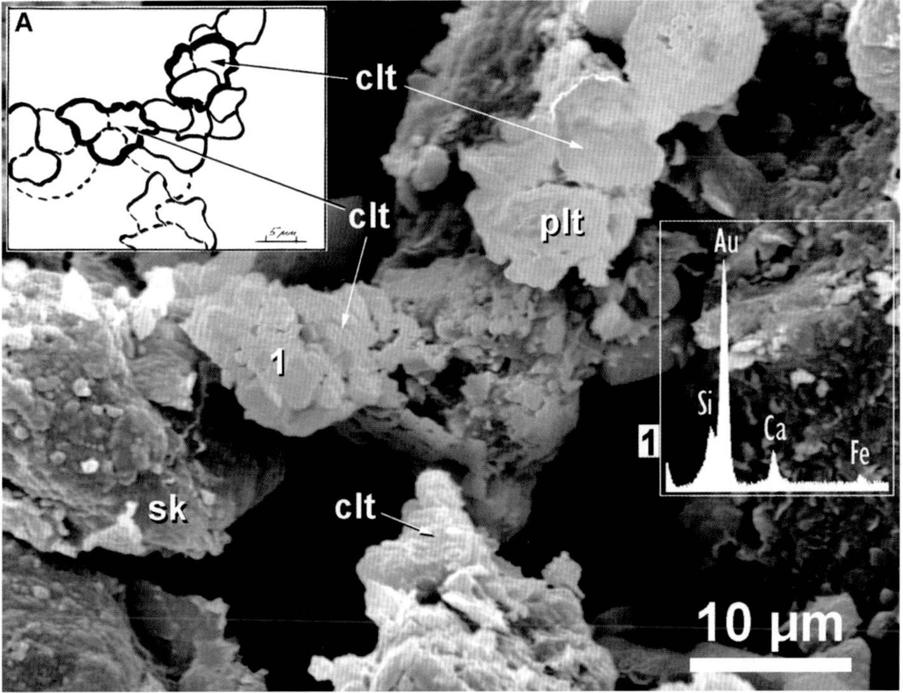

Figura 11.- Detalle de anterior, Figura 10 (rectángulo). Clusters de 10-20 µm (**clt**), formas irregulares, a veces groseramente laminares, que ejercen de puentes entre granos de esqueleto (**sk**). Diseño reticulado. HEUR (esquina superior izquierda, **A**). Formados por dominios laminares (plaquetas) (**plt**), de 2-5 µm, con aspecto de estar recubiertos de cemento carbonatado. EDX (**1**) con picos de Si, Ca, Fe.

Figure 11.- Detailled view of the previous, Figure 10 (box). Clusters of 10-20 µm (**clt**), irregular shapes, sometimes roughly laminar, that act as bridges between skeletal grains (**sk**). Reticulated pattern. HEUR design (top left corner, **A**). Formed by laminar domains (platelets) (**plt**), 2-5 µm, with the appearance of being covered with carbonated cement. EDX (**1**) with Si, Ca, Fe peaks.

Referencias
References

[1] HARDEN, J.W. 1982. *A quantitative index of soil development from field descriptions: examples for a chronosequence in central California.* Geoderma 28, 1-28.

[2] HUGGETT, R.J. 1998. *Soil chronosequences, soil development, and soil evolution: a critical review.* Catena 32, 155-172.

[3] BIRKELAND, P.W. 1984. *Holocene soil chronofunctions, Southern Alps, New Zealand.* Geoderma 34, 115-134.

[4] SHAW, J.N., ODOM, J.W. y HAJEK, B.F. 2003. *Soils on quaternary terraces of the Tallaposoosa River, Central Alabama.* Soil Science 168, 707-717.

[5] IGWE, C.A., ZAREI, M. y STARH, K. 2005. *Mineral and elemental distribution in soils formed on the River Niger floodplain, Eastern Nigeria.* Australian Journal of Soil Research 43, 147-158.

[6] SCARCIGLIA, F., PULICE, I., ROBUSTELLI, G. y VECCHIO, G. 2006. *Soil chronosequences on Quaternary marine terraces along the northwestern coast of Calabria (Southern Italy).* Quaternary International 156, 133-155.

[7] CARRAL, M.P., MARTÍN-SERRANO, A., SANTISTEBAN, J.I., GUERRA, A. y JIMÉNEZ-BALLESTA, R. 1998. *Los factores determinantes en la secuencia edáfica de la evolución morfodinámica del tramo medio del Guadalquivir (Jaén).* Revista de la Sociedad Geológica de España 11, 111-125.

[8] RODRÍGUEZ-RAMÍREZ, A., CÁCERES, L.M., RODRÍGUEZ-VIDAL, J., CLEMENTE, L. y CANTANO, M. 1997. *Geomorfología de las terrazas fluviales del tramo bajo del río Guadalquivir. Implicaciones evolutivas.* Geogaceta 21, 183-185.

[9] CALERO, 2005. *Génesis de la fracción mineral y de la Ultramicrofábrica en una cronosecuencia de suelos sobre Terrazas del Río Guadalquivir.* Tesis Doctoral, Universidad de Granada. https://digibug.ugr.es/handle/10481/809

[10] TORRENT, J., SCHWERTMANN, U. y SCHULZE, D.G. 1980. *Iron oxides mineralogy of some soils of two river terrace sequences in Spain.* Geoderma 23, 191-208.

[11] CALERO, J., DELGADO, R., DELGADO, G. y MARTÍN-GARCÍA, J.M. 2008. *Transformation of categorical field soil morphological properties into numerical properties for the study of chronosequences.* Geoderma 145, 278-287.

[12] Calero, J., Delgado, R., Delgado, G. y Martín-García, J.M. 2009. *SEM image analysis in the study of a soil chronosequence on fluvial terraces of the middle Guadalquivir (southern Spain)*. European Journal of Soil Science 60, 465-480.

[13] Calero, J., Delgado, R., Delgado, G., Aranda, V. y Martín-García, J.M. 2013. *A nano-scale study in a soil chronosequence from southern Spain*. European Journal of Soil Science 64, 192-209.

[14] Martín-García, J.M., Molinero-García, A., Calero, J., Sánchez-Marañón, M., Fernández-González, M.V. y Delgado, R. 2020. *Pedogenic information from fine sand: A study in Mediterranean soils*. European Journal of Soil Science 71(4), 580-597.

[15] Molinero-García, A., Müller, A., Martín-García, J.M., Simonsen, S.L. y Delgado, R. 2022. *Provenance of quartz grains from soils over Quaternary terraces along the Guadalquivir River, Spain*. Geoderma 414, 115769.

[16] Shi, B., Yukata, M. y Wu, Z. 1998. *Orientation of aggregates of finegrained soil: quantification and application*. Engineering Geology 50, 59-70.

[17] Liu, Z., Shi, B., Inyang, H.I. y Cai, Y. 2005. *Magnification effects on the interpretation of SEM images of expansive soils*. Engineering Geology 78, 89-94.

[18] Birkeland, P.W. 1999. *Soils and Geomorphology*. Oxford University Press, New York.

[19] Lamotte, M., Bruand, A., Humbel, F. X., Herbillon, A. J. y Rieu, M. 1997. *A hard sandy-loam soil from semi-arid Northern Cameroon: I. Fabric of the groundmass*. European Journal of Soil Science, 48(2), 213-225.

Análisis cuantitativo del continuo ultramicrofábrica-nanofábrica: caso de una cronosecuencia de suelos

Julio Calero González, Rafael Delgado Calvo-Flores, Juan Manuel Martín-García

La ultramicrofábrica del suelo (SEM) abarca desde microagregados hasta dominios de arcilla ([1, 2, 3 y 4], Capítulo I.1.3 en este mismo libro) y permite avanzar en el análisis cuantitativo de clusters, esqueleto y porosidad [5]. La fábrica estudiada con HRTEM con resolución de nanómetros (10^{-9} m) podemos denominarla nanofábrica y facilita la identificación mineralógica de filosilicatos [6]. Sin embargo, pocos estudios han abordado el análisis cuantitativo de la ultramicrofábrica del suelo con la misma intensidad que en Geotecnia [7, 8] y escasas veces se ha aplicado este enfoque a pedogénesis [5]. Tampoco se han relacionado los dos niveles de escala (ultramicro y nano) con una única metodología cuantitativa de análisis de imagen (IA).

Estudiamos muestras de tres suelos (P1, P2, P4) de una cronosecuencia sobre terrazas fluviales del río Guadalquivir, de edades entre 600 y 0,3 kyr [1, 5]. Las imágenes SEM se captaron a 400x; técnicas recogidas en I.2.1: MET-AU, SEM-H-DIG, SEM-H-FOT. Las imágenes HRTEM se adquirieron en un Philips CM20 (CIC-UGR), a 200 kv, entre 88.000 y 250.000x. El IA automático se aplicó sobre ventanas de las imágenes: SEM, 100 x 100 μm; HRTEM, 100 x 100 nm; e incluyó los procesos de *segmentación, binarización y adelgazamiento*, y finalmente *orientación de fábrica* mediante el procedimiento matemático especificado en [9, 10], obteniendo el *vector de orientaciones* y el *índice de anisotropía* $\overline{L}$ (valores entre 1 -orientación perfecta: máxima anisotropía- y 0 -isotropía-).

Los valores de $\overline{L}$ en ultramicrofábrica (media por perfil) fueron: P1, 0,5154; P2, 0,5100; P4, 0,3862 (ejemplos en Figuras 1, 2 y 3). En nanofábrica: P1, 0,5425; P2, 0,5914; P4, 0,9171 (ejemplos en Figuras 4, 5 y 6). Detectamos un aumento de la desorganización con la edad en nanofábrica (decrece $\overline{L}$) y la tendencia opuesta predomina en ultramicrofábrica. Lo que puede ser interpretado como que los procesos generadores de estructuración del suelo (ultramicrofábrica), por ende, del nivel del horizonte, son pro-anisotrópicos con la edad creciente; generando, entonces, mayor orden con la evolución del suelo. Simultáneamente, procesos del nivel cristalquímico (nanofábrica) serían pro-isotrópicos; entre ellos estaría la meteorización mineral que se calificaría así como pro-entrópica [11, 12].

Concluimos que los estudios de pedogénesis con SEM-HRTEM-IA conducen a resultados altamente novedosos.

Quantitative Analysis of the Continuum Ultramicrofabric-Nanofabric: case of a Soil Chronosequence

Julio Calero González, Rafael Delgado Calvo-Flores, Juan Manuel Martín-García

Soil ultramicrofabric (SEM) ranges from microaggregates to clay domains ([0, 1, 2, 3, 4], Chapter I.1.3 in same book) and helps further the quantitative analysis of clusters, skeleton and porosity [5]. Soil fabric studied by HRTEM at nanometric resolution (10^{-9} m) may be defined as nanofabric and facilitates the mineralogical identification of phyllosilicates [6]. However, few studies have addressed the quantitative analysis of the soil ultramicrofabric with the same intensity as in geotechnical engineering [7, 8], with it rarely applied to pedogenesis [5]. Nor have two levels of soil fabric (ultramicro and nano) been linked through a sole quantitative image analysis (IA) methodology.

Here, we studied samples of three soils (P1, P2, P4) from fluvial terraces of the Guadalquivir river, with ages ranging from 600 to 0.3 kyr [1, 5]. SEM images were taken at 400x by means of MET-AU, SEM-H-DIG and SEM-H-DIG (see Chapter I.2.1). HRTEM images were taken using a Philips CM20 (CIC-UGR), at 200 kv, between 88,000 y 250,000x. An automatic IA procedure was applied over 100 x 100 μm (SEM) and 100 x 100 nm (HRTEM) windows, which were subjected to *segmentation, binarization, thinning and, lastly, fabric orientation* using the algorithm specified in [9, 10]. In this way, the *orientation vector* and *anisotropy index* $\overline{L}$ (from 1 –perfect orientation: maximum anisotropy- to 0 -isotropy-) were obtained.

The $\overline{L}$ values (mean per profile) were: P1, 0.5154; P2, 0.5100; P4, 0.3862 in the ultramicrofabric (Figures 1, 2 and 3 as an example), and P1, 0.5425; P2, 0.5914; P4, 0,9171 in the nanofabric (Figures 4, 5 and 6 as an example). We observed an increase in nanofabric disarraying with age (lower $\overline{L}$) and the opposite trend in ultramicrofabric. This may be interpreted as since the processes that result in the development of the soil structure (ultramicrofabric) and, consequently, the horizon level, are pro-anisotropic with increasing age, they then result in higher order with soil evolution. Simultaneously, processes at the crystal-chemical level (nanofabric) would be pro-isotropic; these include mineral weathering, which could be considered as a pro-entropic process [11, 12].

We conclude that pedogenesis studies with SEM-HRTEM-IA lead to highly innovative results.

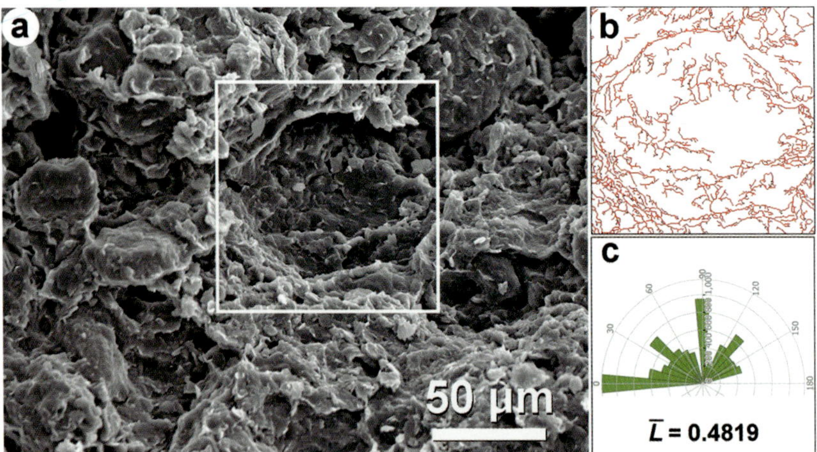

FIGURA 1. Horizonte Bt, P1, Cutanic Luvisol (600 kyr). Orientación de ultramicrofábrica en una zona seleccionada. [**a**] Imagen SEM (400x), señalando ventana 100 x 100 μm. [**b**] Reconstrucción con programa de orientaciones preferentes. [**c**] Diagrama de roseta mostrando vector de orientación de b (valores agrupados en intervalos de 10°) e índice de anisotropía de fábrica, 0,4819. Adaptada de Figura 4, Página 473 [5].

FIGURE 1. Horizon Bt, P1, Cutanic Luvisol (600 kyr). Ultramicrofabric orientation in a selected area. [**a**] SEM image (400x) displaying the 100 x 100 μm window. [**b**] Polygonal approximation of the thinned image. [**c**] Rose diagram showing the orientation vector of b (values grouped in intervals of 10°) and anisotropy index, 0.4819. Adapted from Figure 4, page 473 [5].

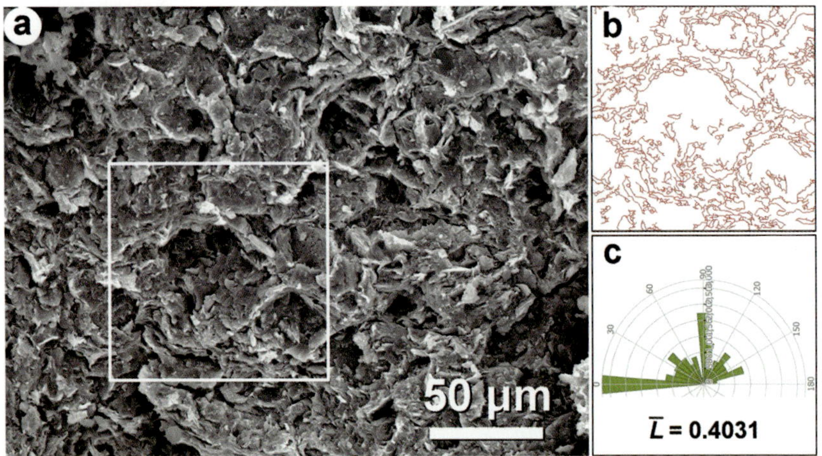

FIGURA 2. Horizonte BtG1, P2, Lixic Calcisol (300 kyr). Orientación de ultramicrofábrica en una zona seleccionada [**a**] Imagen SEM, señalando ventana 100 x 100 μm. [**b**] Reconstrucción con programa de orientaciones preferentes. [**c**] Diagrama de roseta mostrando vector de orientación de b (valores agrupados en intervalos de 10°) e índice de anisotropía de fábrica, 0.4031. Adaptada de Figura 5, página 473, [5].

FIGURE 2. Horizon BtG1, P2, Lixic Calcisol (300 kyr). Ultramicrofabric orientation in a selected area. [**a**] SEM image (400x) displaying the 100 x 100 μm window. [**b**] Polygonal approximation of the thinned image. [**c**] Rose diagram showing the orientation vector of b (values grouped in intervals of 10°) and anisotropy index , 0.4031. Adapted from Figure 5, page 473 [5].

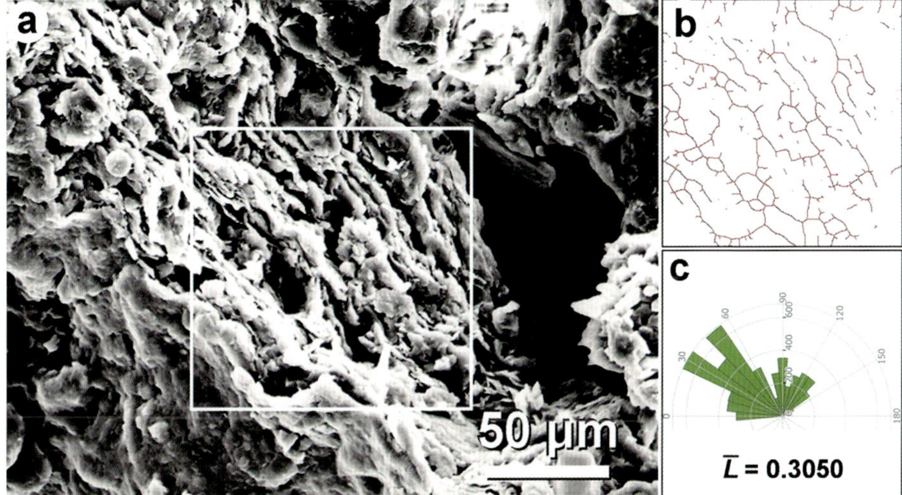

Figura 3. Horizonte Bwk1, P4, Haplic Calcisol (70 kyr). Orientación de ultramicrofábrica en una zona seleccionada. [**a**] Imagen SEM, señalando ventana 100 x 100 μm. [**b**] Reconstrucción con programa de orientaciones preferentes. [**c**] Diagrama de roseta mostrando vector de orientación de b (valores agrupados en intervalos de 10º) e índice de anisotropía de fábrica, 0,3050.

Figure 3. Horizon Bwk1, P4, Haplic Calcisol (70 kyr). Ultramicrofabric orientation in a selected area. [**a**] SEM image (400x) displaying the 100 x 100 μm window. [**b**] Polygonal approximation of the thinned image. [**c**] Rose diagram showing the orientation vector of b (values grouped in intervals of 10º) and anisotropy index, 0.3050.

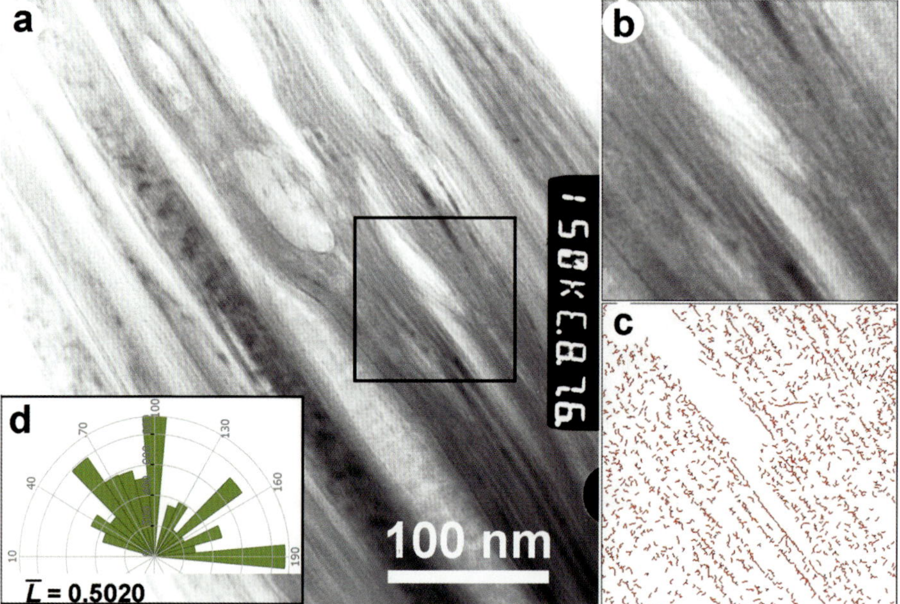

FIGURA 4. Horizonte Bt, P1 (600 kyr). Orientación de nanofábrica en una zona seleccionada. a) Imagen HRTEM. [**b**] Ventana imagen HRTEM, 100 x 100 nm. [**c**] Reconstrucción con programa de orientaciones preferentes. [**d**] Diagrama de roseta mostrando vector de orientación de c (valores agrupados en intervalos de 10º). Índice de anisotropía de fábrica, 0,5020.

FIGURE 4. Horizon Bt, P1 (600 kyr). Nanofabric orientation in a selected area. a) HRTEM image. [**b**] 100 x 100 nm window indicated in a. [**c**] Polygonal approximation of the thinned image. [**d**] Rose diagram showing the orientation vector of c (values grouped in intervals of 10º) and anisotropy index, 0.5020.

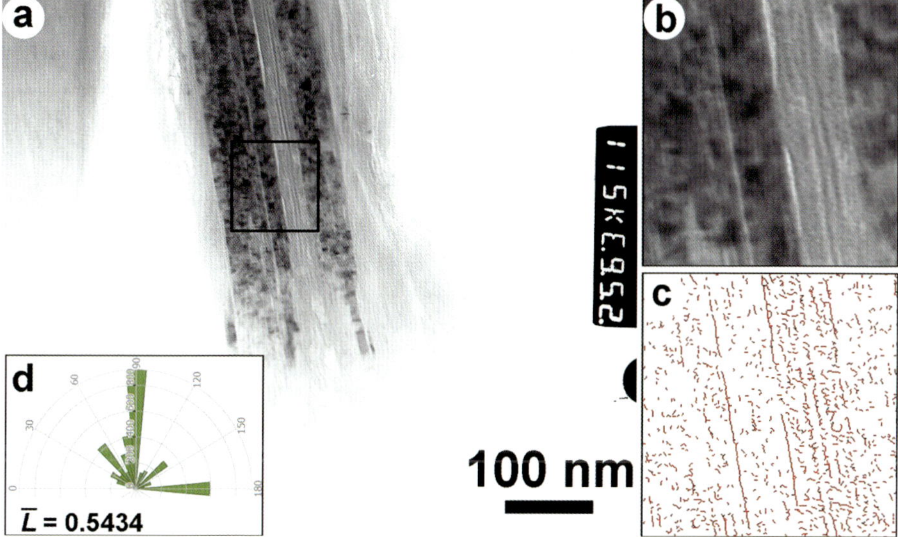

Figura 5. Horizonte Btg1, P2, Lixic Calcisol (300 ka). Orientación de nanofábrica en una zona seleccionada. [**a**] Imagen HRTEM. [**b**] Ventana imagen HRTEM, 100 x 100 nm. [**c**] Reconstrucción con programa de orientaciones preferentes. [**d**] Diagrama de roseta mostrando vector de orientación de c (valores agrupados en intervalos de 10º) e índice de anisotropía de fábrica, 0,5434.

Figure 5. Horizon BtG1, P2, Lixic Calcisol (300 kyr). Nanofabric orientation in a selected area. [**a**] HRTEM image. [**b**] 100 x 100 nm window indicated in a. [**c**] Polygonal approximation of the thinned image. [**d**] Rose diagram showing the orientation vector of c (values grouped in intervals of 10º) and anisotropy index, 0.5434.

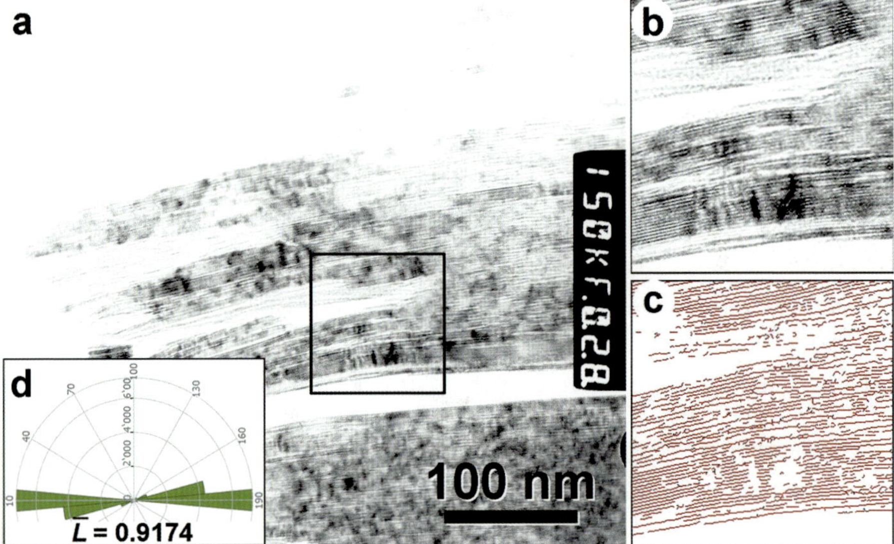

FIGURA 6. Horizonte Bwk1, P4 (70 kyr). Orientación de nanofábrica de una zona seleccionada. [**a**] Imagen HRTEM. [**b**] Ventana de imagen HRTEM, 100 x 100 nm. [**c**] Reconstrucción con programa de orientaciones preferentes. [**d**] Diagrama de roseta mostrando el vector de orientación de c (valores agrupados en intervalos de 10º) e índice de anisotropía de fábrica, 09174.

FIGURE 6. Horizon Bwk1, P4, Haplic Calcisol (70 kyr). Nanofabric orientation in a selected area. [**a**] HRTEM image. [**b**] 100 x 100 nm window indicated in a. [**c**] Polygonal approximation of the thinned image. [**d**] Rose diagram showing the orientation vector of c (values grouped in intervals of 10º) and anisotropy index, 0.9174.

Referencias
References

[1] CALERO, J. 2005. *Génesis de la fracción mineral y de la Ultramicrofábrica en una cronosecuencia de suelos sobre Terrazas del Río Guadalquivir.* Tesis Doctoral, Universidad de Granada. https://digibug.ugr.es/handle/10481/809

[2] DELGADO, R., MARTÍN-GARCÍA, J.M., CALERO, J., CASARES-PORCEL, M., TITO-ROJO, J. Y DELGADO G. 2007. *The historic man-made soils of the Generalife garden (La Alhambra, Granada, Spain).* European Journal of Soil Science 58, 215-228.

[3] PLAZA, I., ONTIVEROS-ORTEGA, A., CALERO, J. Y ARANDA, V. 2015. *Implication of zeta potential and surface free energy in the description of agricultural soil quality: effect of different cations and humic acids on degraded soils.* Soil and Tillage Research 146, 148-158.

[4] CALERO, J., ONTIVEROS-ORTEGA, A., ARANDA, V. Y PLAZA, I. 2017. *Humic acid adsorption and its role in colloidal-scale aggregation determined with the zeta potential, surface free energy and the extended-DLVO theory.* European Journal of Soil Science 68, 491–503.

[5] CALERO, J., DELGADO, R., DELGADO, G. Y MARTÍN-GARCÍA, J.M. 2009. *SEM image analysis in the study of a soil chronosequence on fluvial terraces of the middle Guadalquivir (southern Spain).* European Journal of Soil Science 60, 465–480.

[6] CALERO, J., DELGADO, R., DELGADO, G., ARANDA, V. Y MARTÍN-GARCÍA, J.M. 2013. *A nano-scale study in a soil chronosequence from southern Spain.* European Journal of Soil Science 64, 192-209.

[7] FATTAH, M.Y., OBEAD, I.H. Y OMRAN, H.A. 2019. *A study on leaching of collapsible gypsiferous soils.* International Journal of Geotechnical Engineering, 1647664.

[8] CHOW, J.K. Y WANG, Y.H. 2017. *Preparation of High-Quality Load-Preserved Fabric Clay Samples for Microstructural Characterization: A Pragmatic Guide Featuring a 3-D-Printed Oedometer.* Geotechnical Testing Journal 40, 891-905.

[9] MARTÍNEZ-NISTAL, A., VENIALE, F., SETTI, M. Y COTECCHIA, F. 1999. *A Scanning Electron Microscopy image processing method for quantifying fabric orientation of clay geomaterials.* Applied Clay Science 14, 235-243.

[10] MONTOTO, L. 1982. *Digital multi-image analysis: the application to the quantification of rock microfractography.* IBM Journal of Research and Development 26, 735-745.

[11] VOLOBUYEV, V.R. 1983. *Thermodynamic basis of soil classification.* Soviet Soil Science 15, 71-83.

[12] SMECK, N.E., RUNGE, E.C.A. Y MACKINTOSH, E.E. 1983. *Dynamics and genetic modeling of soil systems.* En: Wilding, L.P., et al. (Ed.), *Pedogenesis and Soil Taxonomy.* Elsevier, New York, pp. 51-81.

Ultramicrofábrica de los suelos de Sierra Nevada (Granada, España)

Rafael Delgado Calvo-Flores, Manuel Sánchez-Marañón, Juan Manuel Martín-García

Sierra Nevada es la cordillera más alta de Europa Sur (cota máxima, 3482 m), y Parque Nacional español por su alto valor ecológico. La litología y las gradaciones altitudinal, climática y de vegetación generan una topo, climo, biosecuencia de suelos, caracterizada, de menor a mayor cota, por: 1) tipologías de suelos: Xerochrept/Xeralf, Xerumbrept, Cryumbrept, Cryorthent; 2) perfiles: A-Bw-C/A-Bt-C, Ah-Bw-C, Ah-AC-C; 3) espesor: 90 a 25 cm; 4) pH: 8,0-4,8; 5) arcilla: 30-7 %; 6) arena: 35-70 %; 7) carbono orgánico: 4,0-0,7 %; 8) hierro citrato-ditionito: 1,0-2,0 % [1, 2, 3]. La ultramicrofábrica del suelo resulta altamente informativa de la evolución pedogenética [4], así como de la degradación del suelo y la eficacia de procesos de recuperación de la cobertura vegetal (revegetación) [5].

Este capítulo recoge información de la ultramicrofábrica de horizontes A y AC de Orthent y Ochrept [4, 5] con macroestructura en bloques subangulares que rompen en granular/migajosa, medios/finos, débiles/moderados. Se estudiaron agregados naturales (peds) inalterados (superficie externa e interior) y agregados < 2 mm suavemente tamizados. Técnicas descritas en Capítulo I.2.1: MET-AU, SEM-H-510-FOT, HEUR.

El SEM permite diferenciar en la superficie inalterada de los micropeds de Orthent una fábrica esquelética laminar cementada, componiendo clusters esferoidales (Figuras 1, 2), y una fábrica interna esquelética con clusters pseudopoliédricos (Figuras 3, 4). Basadas en el patrón esquelético, se describen también casos de fábricas floculentas o cercanas a castillo de naipes. Los agentes cementantes son C orgánico, arcilla fina y óxidos de Fe. Esta información demuestra cierta evolución en suelos clásicamente considerados como medios pedogenéticos poco activos [1, 3, 6]. La comparación con SEM de los microped de suelos de pistas de esquí, Orthent, y sus equivalentes no degradados naturales, Ochrept, revela la existencia en ambos casos de fábricas esqueléticas. En Ochrept (Figura 6) son abundantes las hifas de hongos y cementos edáficos uniendo las partículas, mucho menos frecuentes en Orthent (Figura 5); evidenciando una degradación de la estructura del suelo con el uso. Tras revegetación herbácea 14 años, los Orthent recuperan el tamaño medio de los poros: de 1.78 μm pasan a 3.52 μm, superando incluso el de los Ochrept vírgenes de referencia: 3.40 μm.

Los resultados ofrecidos por SEM nunca antes se habían obtenido.

Ultramicrofabric of Soils in the Sierra Nevada (Granada, Spain)

Rafael Delgado Calvo-Flores, Manuel Sánchez-Marañón, Juan Manuel Martín-García

The Sierra Nevada is the highest mountain range in Southern Europe (peak of 3,482 m) and a Spanish National Park due to its high ecological value. The lithology and the altitudinal, climatic and vegetation gradations generate a toposequence, climosequence, and biosequence of soils, characterized from lowest to highest altitude by: 1) soil typologies: Xerochrept/Xeralf, Xerumbrept, Cryumbrept, Cryorthent; 2) profiles: A-Bw-C/A-Bt-C, Ah-Bw-C, Ah-AC-C; 3) thickness: 90 to 25 cm; 4) pH: 8.0-4.8; 5) clay: 30-7 %; 6) sand: 35-70 %; 7) organic carbon: 4.0-0.7 %; 8) iron citrate-dithionite: 1.0-2.0 % [1, 2, 3]. The ultramicrofabric of the soil is highly informative of pedogenetic evolution [4], as well as soil degradation and the effectiveness of plant cover recovery processes (revegetation) [5].

This chapter collects information from the ultramicrofabric of A and AC horizons from Orthent and Ochrept [4, 5] with macrostructure in subangular blocks that break into granular/crumbly, medium/fine, weak/moderate. Undisturbed natural aggregates (peds) (external and internal surface) and gently sieved <2 mm aggregates were observed. Techniques described in Chapter I.2.1: MET-AU, SEM-H-510-FOT, HEUR.

The SEM allows us to differentiate, on the unaltered surface of the Orthent micropeds, a cemented laminar skeletal fabric, composed of spheroidal clusters (Figures 1 and 2), and an internal skeletal fabric with pseudopolyhedral clusters (Figures 3 and 4). Based on the skeletal pattern, cases of flocculent fabric or those resembling a "house of cards" are also described. The cementing agents are organic C, fine clay and Fe oxides. This information demostrates a certain evolution in soils classically considered as poorly active pedogenetic media [1, 3, 6]. Comparison with SEM of ski area soil micropeds, Orthent, and their natural non-degraded equivalents, Ochrept, reveals the existence of skeletal fabrics in both cases. In Ochrept (Figure 6) there are abundant fungal hyphae and soil cements joining the particles, which is much less frequent in Orthent (Figure 5); we observe a degradation of the soil structure with use. After 14 years of herbaceous revegetation, the Orthents recover the average pore size: from 1.78 µm to 3.52 µm, even exceeding that of the natural Ochrept reference: 3.40 µm.

The results offered by SEM had never been obtained before.

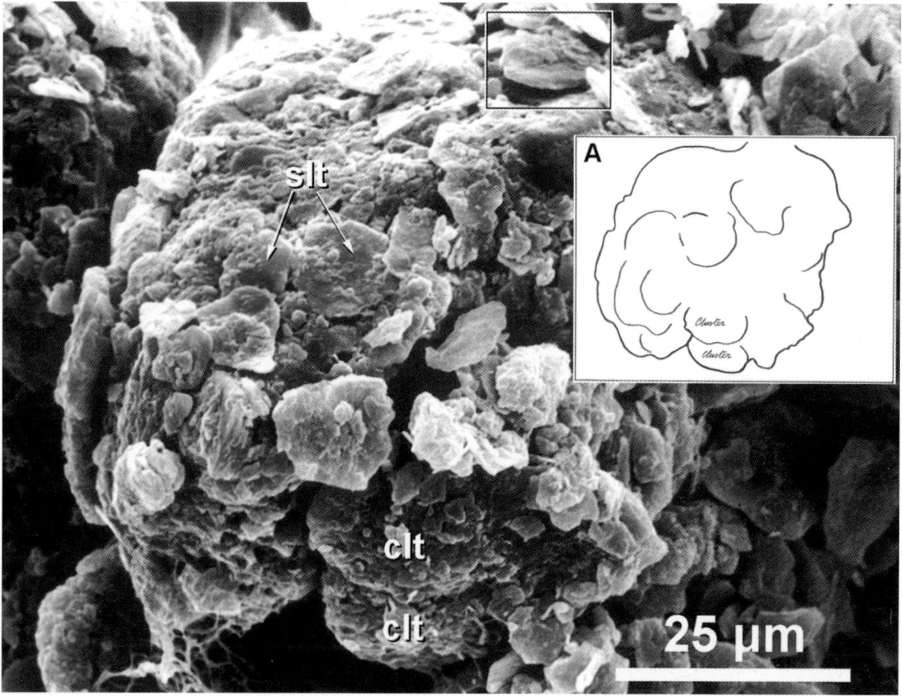

Figura 1. Horizonte AC, Orthent, 2000 m de altitud. Superficie de microagregado de tamaño ~100 µm. Diseño HEUR, **A**. Clusters esferoidales [**clt**] con fábrica esquelética laminar cementada. Partículas de limo micáceo (**slt**) (entre 5 y 10 µm) cementadas enlosan la superficie. Adaptada de Fig. 2d, página 121, [4]. El recuadro indica el área estudiada en la siguiente figura.

Figure 1. AC horizon, Orthent, altitude of 2000 m. Microaggregate surface, size ~100 µm. HEUR design, **A**. Spheroidal clusters (**clt**) with cemented lamellar skeletal fabric. Particles of cemented micaceous silt (**slt**) (between 5 and 10 µm) pave the surface. Adapted from Fig. 2d, page 121, [4]. The box indicates the area studied in the following figure.

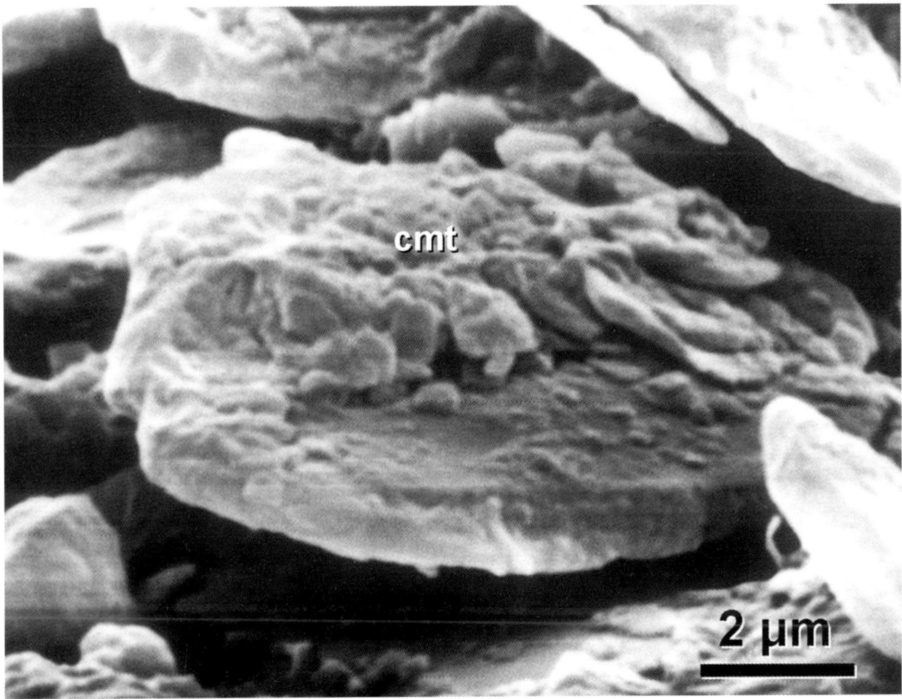

Figura 2. Detalle de la imagen anterior, Figura 1, señalado allí con un rectángulo. Cementos edáficos (**cmt**) sobre partículas laminares micáceas de tamaño limo (entre 5 y 10 µm), uniendo groseramente partículas cara-cara. Adaptada de Fig. 2e, página 121 [4].

Figure 2. Detail of the previous image, Figure 1, indicated above with a box. Soil cements (**cmt**) on silt-sized micaceous laminar particles (between 5 and 10 µm), roughly joining face-to-face particles. Adapted from Fig. 2e, page 121 [4].

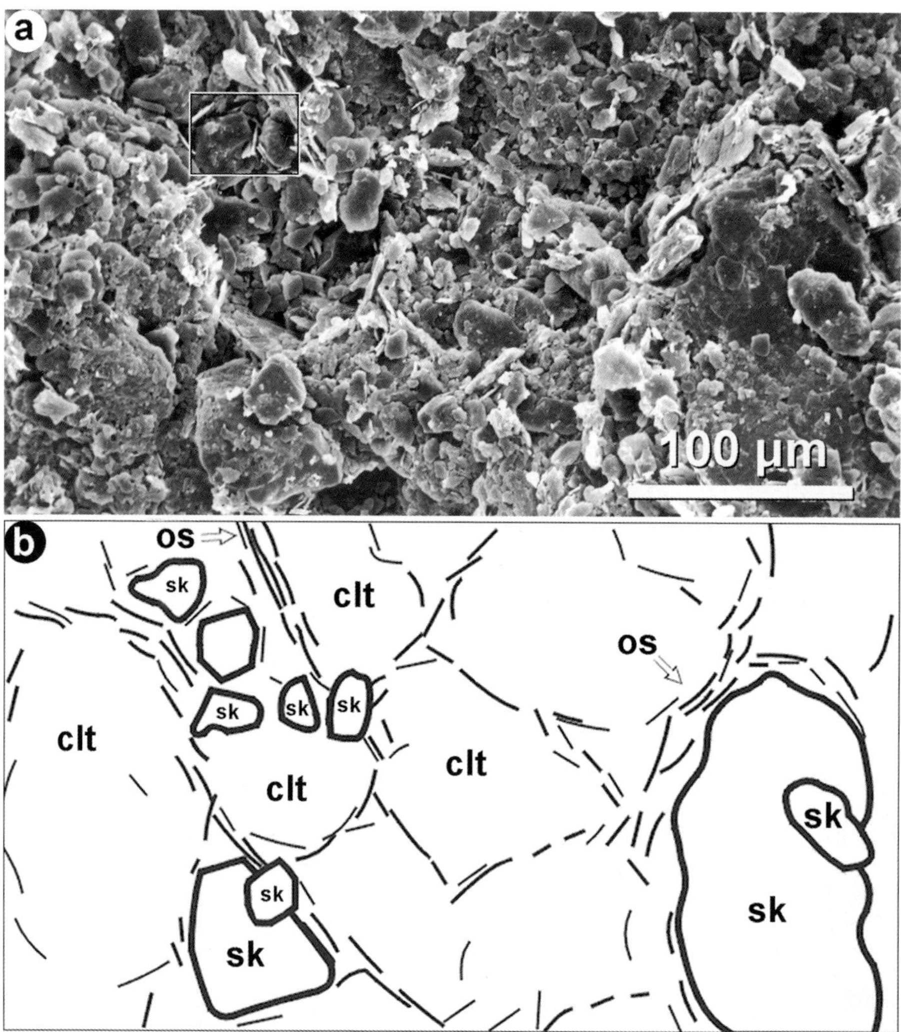

Figura 3. Horizonte AC, Orthent, 1460 m de altitud. [**a**] Superficie de rotura de microagregado. [**b**] Diseño HEUR. Fábrica esquelética con clusters pseudopoliédricos (**clt**) de ~100 μm. Granos de esqueleto de limo y arena (**sk**) se acoplan con diseño groseramente ortogonal NE-SW, NW-SE. Partículas laminares de limo orientado (**os**) señalan las direcciones. Adaptada de Fig. 2a, 2b, página 121 [4]. El recuadro indica el área estudiada en la siguiente figura.

Figure 3. AC horizon, Orthent, altitude of 1460 m. [**a**] Microaggregate fracture surface. [**b**] HEUR design. Skeletal fabric with pseudopolyhedral clusters (**clt**) of ~100 μm. Skeletal grains of silt and sand (**sk**) are coupled in a roughly orthogonal NE-SW, NW-SE pattern. Lamellar oriented silt (**os**) particles indicate the directions. Adapted from Fig. 2a, 2b, page 121 [4]. The box indicates the area studied in the following figure.

Figura 4. Detalle de imagen anterior, Figura 3, señalada allí con un rectángulo. Granos de limo de esqueleto (2-50 µm) (**sk**) acoplados entre sí por partículas laminares (micáceas) de limo unidas cara-cara (**os**) siguiendo direcciones NW-SE Adaptada de Fig. 2c, página 121 [4].

Figure 4. Detail of previous image, Figure 3, indicated above with a box. Skeletal silt grains (2-50 µm) (**sk**) coupled together by lamellar (micaceous) silt particles attached face-to-face (**os**) following NW-SE directions. Adapted from Fig. 2c, page 121 [4].

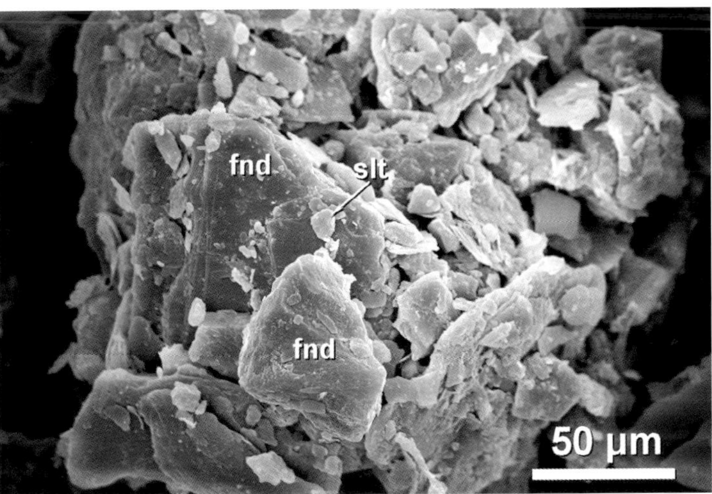

Figura 5. Orthent de pista de esquí, 2509 m de altitud. Microped de unos 0.25 mm. Fábrica esquelética. Granos micáceos y cuarcíticos de arena fina (**fnd**) (< 100 µm) y limo (**slt**) (<20 µm) se muestran unidos casi sin cementos edáficos. Adaptada de Fig. 4d, página 276, [5].

Figure 5. Orthent from ski slope, altitude of 2509 m. Microped about 0.25 mm. Skeleton fabric. Micaceous and quartzite grains of fine sand (**fnd**) (<100 µm) and silt (**slt**) (<20 µm) are shown joined with almost no soil cements. Adapted from Fig. 4d, page 276, [5].

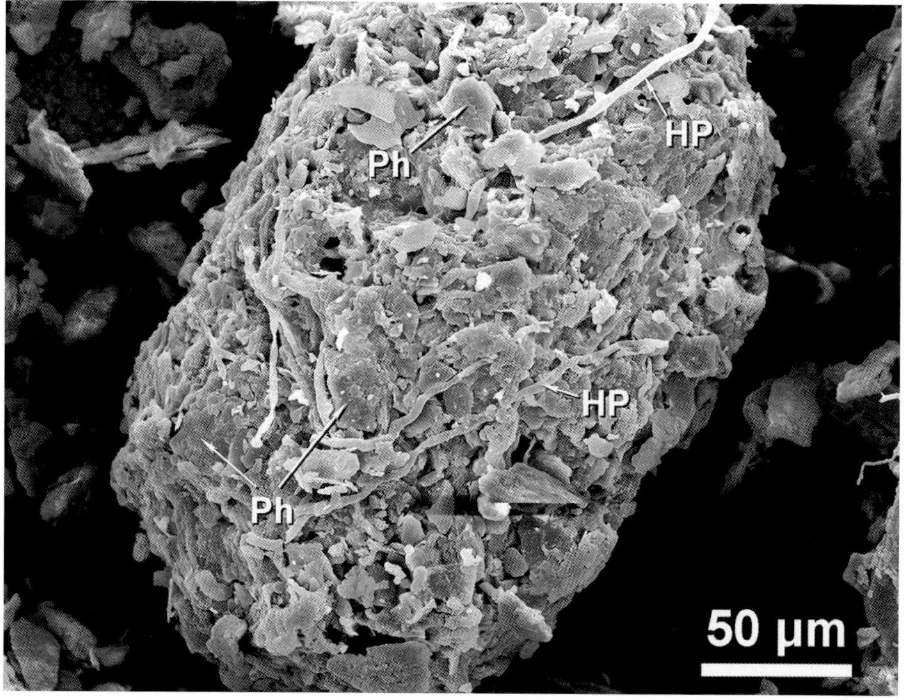

Figura 6. Ochrept natural, 2230 m de altitud, proximidades Orthent pistas de esquí. Microped granular de unos 0.3 mm. Hifas de hongos (**HP**) y cementos edáficos unen las partículas planas micáceas (**Ph**) de tamaños limo y arcilla (< 50 µm). Adaptada de Fig. 4g, página 276, [5].

Figure 6. Natural Ochrept, altitude of 2230 m, near Orthent ski slopes. Granular microped about 0.3 mm. Fungal hyphae (**HP**) and soil cements join the silt and clay-sized (<50 µm) flat micaceous particles (**Ph**). Adapted from Fig. 4g, page 276, [5].

Referencias
References

[**1**] DELGADO, R. 1980. *Edafología y Geoquímica de las alteraciones superficiales en la Cuenca alta del río Dílar (Sierra Nevada)*. Tesis Doctoral, Universidad de Granada. https://digibug.ugr.es/handle/10481/52673

[**2**] SÁNCHEZ-MARAÑÓN, M. 1992. *Los suelos del macizo de Sierra Nevada (Granada). Evaluación de su capacidad de uso.* Tesis Doctoral, Universidad de Granada. https://digibug.ugr.es/handle/10481/32619

[**3**] MARTÍN-GARCÍA, J.M. 1994. *La génesis de Suelos Rojos en el macizo de Sierra Nevada.* Tesis Doctoral, Universidad de Granada. https://digibug.ugr.es/handle/10481/52661

[**4**] MARTÍN-GARCÍA, J.M., ARANDA, V., GÁMIZ, E., BECH, J. y DELGADO, R. 2004. *Are Mediterranean mountains Entisols weakly developed? The case of Orthents from Sierra Nevada (Southern Spain).* Geoderma 118, 115-130.

[**5**] DELGADO, R., SÁNCHEZ-MARAÑÓN, M., MARTÍN-GARCÍA, J.M., ARANDA, V., SERRANO-BERNARDO, F. y ROSÚA, J.L. 2007. *Impact of ski pistes on soil properties: a case study from a mountainous area in the Mediterranean region.* Soil Use and Management 23, 269-277.

[**6**] GUTIÉRREZ-RÍOS, E. y MEDINA-ORTEGA, A.M. 1950. *Procesos de formación de arcilla en Sierra Nevada.* Anales de Edafología y Agrobiología 9, 475-536.

Relaciones calidad del suelo y ultramicrofábrica

Manuel Sánchez-Marañón, Rafael Delgado Calvo-Flores

La calidad del suelo se refiere a su capacidad para funcionar en un ecosistema, con producción biológica y protección ambiental, para mantener la salud y bienestar de plantas, animales y personas [1]. El grado de calidad se estima midiendo propiedades del suelo que son indicadores de su funcionamiento [2]. Nuestros trabajos han puesto de manifiesto que la fábrica SEM de agregados es útil como indicador morfológico de calidad del suelo [3, 4, 5].

En varios ecosistemas de montaña de Sierra Nevada (SE-España) se determinaron indicadores físicos y químicos de calidad de suelo bajo diferentes tipos de uso, cuantificando el cambio relativo respecto al suelo nativo de referencia en cada ecosistema. El análisis SEM se realizó en agregados < 2 mm del horizonte A, técnicas descritas en Capítulo I.2.1: MET-AU, SEM-H-510-FOT.

En los suelos con deterioro significativo por el uso (t-test, $P < 0{,}05$) en porosidad total, macroporosidad, capacidad de intercambio de cationes, C orgánico, agua disponible, N total, profundidad de enraizamiento y erosionabilidad (factor K, USLE), la ultramicrofábrica reveló, respecto al suelo nativo (Figura 1), compactación de agregados y eliminación de agentes de enlace entre partículas (Figura 2). Incluso, en suelos de cultivo y pastizal, el aumento del factor K y la pérdida de macroporosidad conllevó un cambio en la fábrica-SEM del interior del agregado desde reticulada en clusters a granos laminares esqueléticos casi sueltos (Figuras 3 y 4). Por el contrario, en usos que mantuvieron los indicadores de calidad de referencia, los microagregados exhibieron al SEM más cementos orgánicos, hifas de hongos y pequeñas raíces que refuerzan la agregación del suelo. Ello se observó de modo incipiente en suelos de pistas de esquí (Figura 5), 14 años después de ser revegetados con gramíneas, pero de modo más evidente en suelos de una más antigua repoblación de pinos (Figura 6), donde abundantes hifas de hongos envuelven y mantienen juntas las partículas de suelo.

Considerando la buena relación cualitativa obtenida con los indicadores de calidad, podemos concluir que la microfábrica-SEM de agregados ilustra en imágenes los cambios de calidad del suelo, especialmente de las funciones de protección ambiental tales como regulación de agua y resistencia a la erosión. Conclusiones innovadoras.

Relationships between Soil Quality and Ultramicrofabric

Manuel Sánchez-Marañón, Rafael Delgado Calvo-Flores

Soil quality refers to its ability to function in an ecosystem, with biological production and environmental protection, to maintain the health and well-being of plants, animals, and people [1]. The degree of quality is estimated by measuring soil properties that are indicators of its functioning [2]. Our previous results has shown that the SEM fabric of aggregates is useful as a morphological indicator of soil quality [3, 4, 5].

Physical and chemical indicators of soil quality under different types of use were determined in several ecosystems of the Sierra Nevada mountains (SE-Spain), quantifying the relative change with respect to the native reference soil in each ecosystem. The SEM analysis was performed on aggregates < 2 mm from the A horizon using the techniques described in Chapter I.2.1: MET-AU, SEM-H-510-FOT.

In soils with significant deterioration in total porosity, macroporosity, cation exchange capacity, organic C, available water, total N, rooting depth and erodibility (USLE K factor) due to use (t-test, $P < 0.05$), the ultramicrofabric revealed, with respect to the native soil (Figure 1), aggregate compaction and elimination of bonding agents between particles (Figure 2). Even in crop and grassland soils, the increase in K factor and the loss of macroporosity led to a change in the SEM-fabric of the inner parts of the aggregates from arranged in grid-like clusters to almost loose, skeletal, laminar grains (Figures 3 and 4). On the contrary, in uses that maintained the reference quality indicators, during SEM study, the microaggregates exhibited more organic cements, fungal hyphae and small roots that reinforce soil aggregation. This was observed in an incipient way in soils of ski slopes (Figure 5), 14 years after being revegetated with grasses, but more evidently in soils with an old pine reforestation (Figure 6), where abundant fungal hyphae wrap and hold the soil particles together.

Considering the good qualitative relationship obtained with the quality indicators, we can conclude that the SEM-microfabric of aggregates illustrates, in images, the changes in soil quality, especially of environmental protection functions such as water regulation and erosion resistance - conclusions that are certainly innovative.

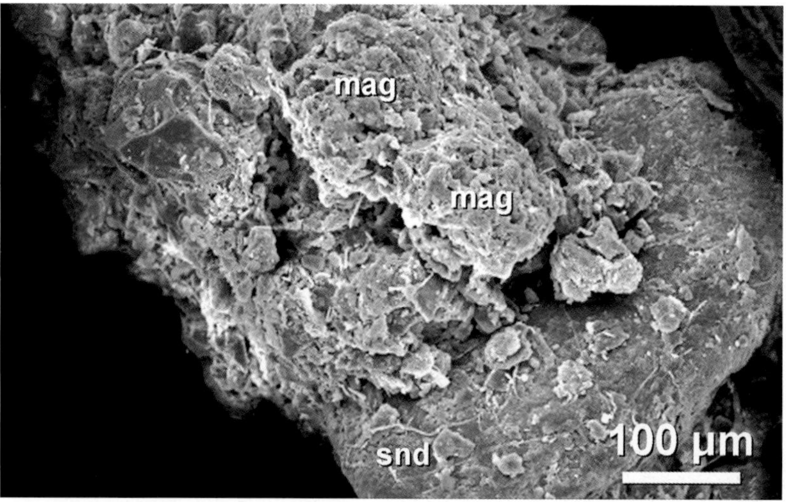

FIGURA 1. Horizonte Ah, Leptic Umbrisol. Microagregado (~1 mm) del suelo nativo de referencia en Sierra Nevada. Entidad estructural bien jerarquizada por la unión de microagregados (**mag**) (0,1-0,2 mm) porosos y estables sobre un grano de arena gruesa (**snd**). Adaptada de Fig. 3e, página 90 [5].

FIGURE 1. Ah horizon, Leptic Umbrisol. Microaggregate (~1 mm) of the native reference soil in the Sierra Nevada. Structural unit well hierarchized by the bonding of porous and stable microaggregates (**mag**) (0.1-0.2 mm) on a grain of coarse sand (**snd**). Adapted from Fig. 3e, page 90 [5].

FIGURA 2. Horizonte Ap, Haplic Regosol. Agregado (~4 mm) de suelo cultivado. Agregado subangular compactado y pobremente jerarquizado que dificulta la regulación de agua y resistencia a la erosión en el ambiente natural de Umbrisoles. Adaptada de Fig. 2d, página 954 [3].

FIGURE 2. Ap horizon, Haplic Regosol. Aggregate (~4 mm) of cultivated soil. Compacted and poorly hierarchical subangular aggregate that hinders water regulation and resistance to erosion in the natural environment of Umbrisols. Adapted from Fig. 2d, page 954 [3].

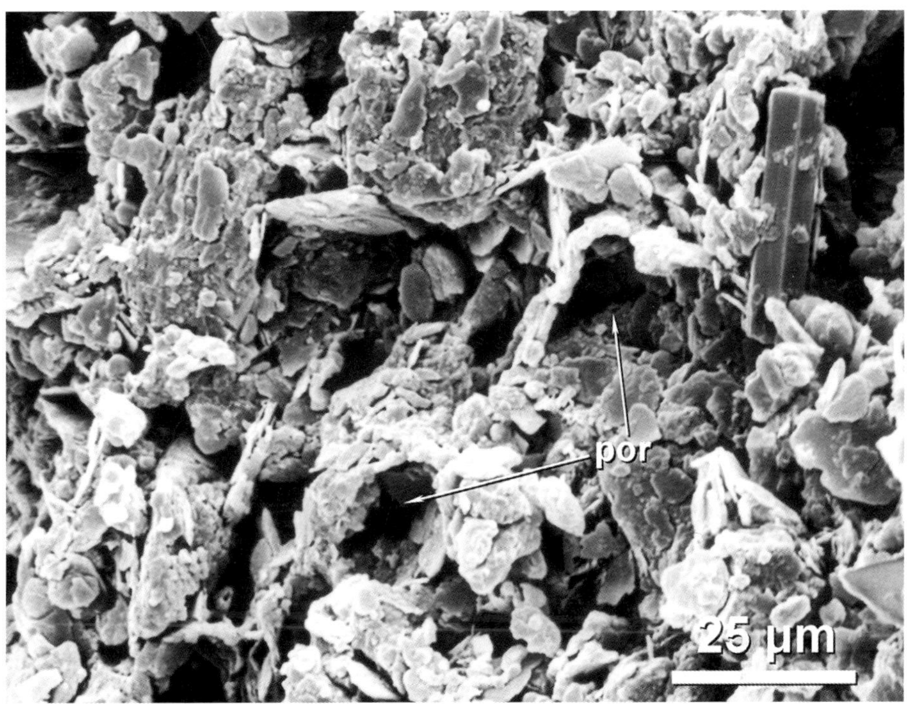

Figura 3. Horizonte Ap, Haplic Regosol. Interior de agregado de un suelo cultivado con deterioro de macroporosidad (-0,11 cm³cm⁻³) y erosionabilidad (+0,07 factor K). Fábrica laminar de aspecto reticulado con varias jerarquías de clusters, manteniendo aún el sistema poroso (poro, **por**). Adaptada de Fig. 2c, página 954, [3].

Figure 3. Ap horizon, Haplic Regosol. Interior of a cultivated soil aggregate with deterioration of macroporosity (-0.11 cm³cm⁻³) and erodibility (+0.07 K factor). Laminar fabric with a grid-like appearance with several hierarchies of clusters, which still maintains the porous system (pore, **por**). Adapted from Fig. 2c, page 954, [3].

FIGURA 4. Horizonte Ap, Haplic Regosol. Interior de agregado de un suelo cultivado con mayor deterioro de macroporosidad (-0,16 cm^{3}cm^{-3}) y erosionabilidad (+0,15 factor K). Fabrica esquelética de granos laminares (< 20 µm) unidos cara-cara y cara-borde, con menos agentes cementantes que en la Figura 3. Adaptada de Fig. 2f, página 954, [3].

FIGURE 4. Ap horizon, Haplic Regosol. Interior of a cultivated soil aggregate with greater deterioration of macroporosity (-0.16 cm^{3}cm^{-3}) and erodibility (+0.15 K factor). Skeletal fabric of laminar-shape grains (< 20 µm) bonded face-to-face and face-to-edge, with fewer cementing agents than in Figure 3. Adapted from Fig. 2f, page 954, [3].

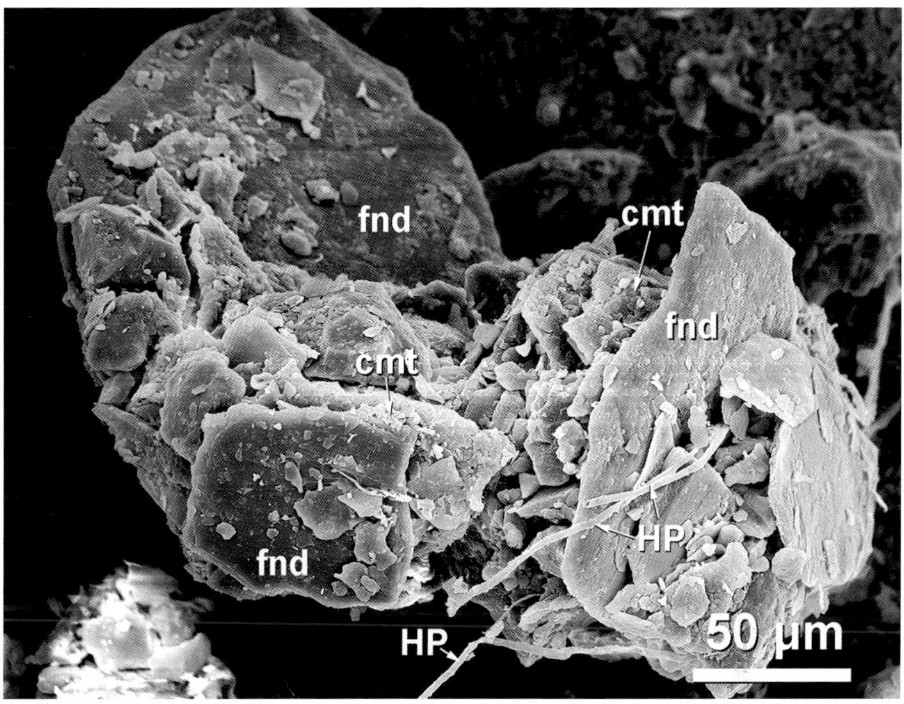

Figura 5. Horizonte A, Anthropic Regosol. Microagregado (~0,3 mm) de suelo de pista de esquí revegetada con gramíneas. Fabrica esquelética con granos laminares de limo y arcilla (<50 µm) entre granos de arena fina (**fnd**). Las hifas de hongos (**HP**) y los escasos cementos (**cmt**) ayudan a recuperar la calidad estructural del suelo. Adaptada de Fig. 4c, página 276 [4].

Figure 5. A horizon, Anthropic Regosol. Microaggregate (~0.3 mm) of soil from ski slope revegetated with grasses. Skeletal fabric with laminar grains of silt and clay between grains of fine sand (**fnd**). Fungal hyphae (**HP**) and scarce cements (**cmt**) help restore the structural quality of the soil. Adapted from Fig. 4c, page 276 [4].

Figura 6. Horizonte Ap, Haplic Umbrisol. Agregado granular (~2 mm) de suelo bajo repoblación de pinos. Fabrica jerarquizada en microagregados de menor tamaño unidos por hifas de hongos y cementos húmicos. Mantiene la calidad de referencia de los Umbrisoles de Sierra Nevada. Adaptada de Fig. 2i, página 955 [3].

Figure 6. Ap horizon, Haplic Umbrisol. Granular aggregate (~2 mm) of soil subject to pine reforestation. Fabric hierarchized in microaggregates of smaller size joined by fungal hyphae and humic cement. It maintains the reference quality of the Sierra Nevada Umbrisols. Adapted from Fig. 2i, page 955 [3].

Referencias
References

[1] BÜNEMANN, E.K., BONGIORNO, G., BAI, Z., CREAMER, R.E., DE DEYN, G., DE GOEDE, R., FLESKENS, L., GEISSEN, V., KUYPER, T.W., MÄDER, P., PULLEMAN, M., SUKKEL, W., VAN GROENIGEN, J.W. Y BRUSSAARD, L. 2018. *Soil quality – A critical review.* Soil Biology and Biochemistry 120, 105-125.

[2] DORAN, J.W. Y JONES, A.J. (ED.) 1996. *Methods for assessing sol quality.* SSSA Special Publication Number 49. Soil Science Society of America, Inc. WI, USA.

[3] SÁNCHEZ-MARAÑÓN, M., SORIANO, M., DELGADO, G. Y DELGADO, R. 2002. *Soil quality in Mediterranean mountain environments: Effects of land use change.* Soil Science Society of America Journal 66, 948-958.

[4] DELGADO, R., SÁNCHEZ-MARAÑÓN, M., MARTÍN-GARCÍA, J.M., ARANDA V., SERRANO-BERNARDO, F. Y ROSÚA, J.L. 2007. *Impact of ski pistes on soil properties: a case study from a mountainous area in the Mediterranean region.* Soil Use and Management 23, 269-277.

[5] SÁNCHEZ-MARAÑÓN, M., MARTÍN-GARCÍA, J.M. Y DELGADO, R. 2011. *Effects of the fabric on the relationship between aggregate stability and color in a Regosol–Umbrisol soilscape.* Geoderma 162, 86-95.

Relaciones color del suelo y ultramicrofábrica

Manuel Sánchez-Marañón, Manuel Melgosa Latorre, Rafael Delgado Calvo-Flores

El color del suelo es una propiedad muy distintiva, indicadora de su composición, génesis y calidad [1]. Depende de los componentes, si bien para un mismo suelo la medida de color difiere si la muestra está o no agregada [2, 3]. El análisis SEM de agregados (2-0,25 mm), microagregados (0,05-0,25 mm) y su material dispersado ha ayudado a entender la contribución de la agregación al color de suelos mediterráneos [4], además de mostrar el alcance de las relaciones entre la estabilidad de agregados y el color del suelo [5].

El color CIELAB (h_{ab}, L^* y C^*_{ab}) de las muestras agregadas y desagregadas, así como de las fracciones constituyentes arena gruesa (2000-250 µm), arena fina (250-50 µm), limo (50-2 µm) y arcilla (< 2 µm), antes y después de eliminar materia orgánica, carbonatos y formas de hierro libre, se midió con espectroscopía de reflectancia difusa. La estabilidad de agregados se determinó por tamizado en húmedo y dispersión ultrasónica. Métodos SEM-EDX recogidos en el Capítulo I.2.1: MET-AU, SEM-H-510-FOT, SEM-H-510-DIG, EDX-ER.

Los principales pigmentos son las formas de hierro, que, respecto al sustrato silicatado, reducen h_{ab} (19 %) y L^* (12 %) e incrementan C^*_{ab} (64 %). La mezcla del color de las fracciones con ecuaciones de Grassmann y Kubelka-Munk corresponde al color del suelo dispersado, que difiere del agregado (Figura 1) en 15,3 unidades CIELAB. En la ultramicrofábrica de partículas dispersas (Figura 2), todas participan en la mezcla de color, mientras que organizadas en clusters jerárquicos recubiertos por sustancias húmicas y formas de hierro (Figura 3), son estas las que interaccionan con la luz. Sin pigmentos superficiales, que asimismo actúan de cementos y aglomerantes de las partículas de esqueleto, también se pierde la estabilidad a los agregados (Figura 4). De ahí la relación color - estabilidad (R^2 = 0,65). Un 35 % de variabilidad en estabilidad se explica con el empaquetamiento de partículas (Figuras 5 y 6) y el 30 % restante se debe a los agentes de enlace.

En conclusión, el color del suelo no sólo depende de la mezcla de componentes sino también de su ultramicrofábrica, la cual mejora asimismo la estabilidad de agregados.

Relationship between Soil Color and Ultramicrofabric

Manuel Sánchez-Marañón, Manuel Melgosa Latorre, Rafael Delgado Calvo-Flores

Color is a very distinctive soil property, indicative of its composition, genesis and quality [1]. Soil color depends on the components, although for the same soil, the color measurement differs depending on whether the sample is aggregated or not [2, 3]. The SEM analysis of aggregates (2-0.25 mm), microaggregates (0.05-0.25 mm) and their dispersed material has helped boost our understanding of the contribution of aggregation to the color of Mediterranean soils [4], in addition to showing the extent of the relationships between aggregate stability and soil color [5].

The CIELAB color (h_{ab}, L^* and C^*_{ab}) of aggregated and disaggregated samples, as well as of the constituent coarse sand (2000-250 µm), fine sand (250-50 µm), silt (50-2 µm) and clay (< 2 µm) fractions, before and after removing organic matter, carbonates, and free iron forms, was measured with diffuse reflectance spectroscopy. Aggregate stability was determined by wet sieving and ultrasonic dispersion. SEM-EDX methods are those described in Chapter I.2.1: MET-AU, SEM-H-510-FOT, SEM-H-510-DIG, EDX-ER.

The main pigments are the iron forms, which, with respect to the silicate substrate, reduce h_{ab} (19 %) and L^* (12 %) but increase C^*_{ab} (64 %). The color mixture of the fractions with Grassmann and Kubelka-Munk equations corresponds to the color of the dispersed soil, which differs from the aggregate (Figure 1) by 15.3 CIELAB units. In the ultramicrofabric of dispersed particles (Figure 2), they all participate in the color mixture, whereas when organized in hierarchical clusters covered by humic substances and iron forms (Figure 3), it is these that interact with the light. Without surface pigments, which also act as cements and binders for the skeleton particles, aggregate stability is also lost (Figure 4), hence the color - stability relationship ($R^2 = 0.65$). Particle packing accounts for 35 % of the variability in stability (Figures 5 y 6) and the remaining 30 % is due to binding agents.

In conclusion, soil color not only depends on the mixture of components but also on its ultramicrofabric, which also improves the stability of aggregates.

Figura 1. Horizonte Ap, Calci-Luvic Kastanozem. Microagregado granular (~0,5 mm) obtenido por tamizado. La agregación de partículas en clusters jerarquizados (**clt**), tamaño 100-200 µm, recubiertos por cementos de formas de hierro libre y sustancias húmicas, enrojece y oscurece el color (h_{ab} = 52,6, L^*= 33,3, C^*_{ab} = 19,7). Adaptada de Fig. 2a, página 558 [4].

Figure 1. Ap horizon, Calci-Luvic Kastanozem. Granular microaggregate (~0.5 mm) obtained by sieving. The aggregation of particles in hierarchical clusters (**clt**) of 100-200 µm covered by free iron forms and humic substances reddens and darkens soil color (h_{ab} = 52.6, L^* = 33.3, C^*_{ab} = 19.7). Adapted from Fig. 2a, page 558 [4].

Figura 2. Misma muestra anterior dispersada con ultrasonidos. Se identifican claramente partículas individuales de esqueleto (**sk**) y dominios de arcilla y limo fino (2-5 μm) residuales (**dmf**) de cuya mezcla resulta el color CIELAB $h_{ab} = 56{,}0$, $L^* = 48{,}5$ y $C^*_{ab} = 25{,}9$. Adaptada de Fig. 2d, página 558 [4].

Figure 2. Same as previous sample, dispersed with ultrasonic energy. Individual skeletal particles (**sk**) and residual fine (2-5 μm) silt and clay domains (**dmf**) are clearly identified, resulting in the CIELAB soil color $h_{ab} = 56{.}0$, $L^* = 48{.}5$, $C^*_{ab} = 25{.}9$. Adapted from Fig. 2d, page 558 [4]. Scale bar: 200 μm.

Figura 3. Horizonte Ap, Haplic Phaeozem. Detalle de la superficie de un agregado subangular, mediano (10-20 mm), de grado fuerte. Aparece recubierta por cementos edáficos (**cmt**), que oscurecen sustancialmente el color ($h_{ab} = 70{,}4$, $L^* = 29{,}6$ y $C^*_{ab} = 10{,}1$). Adaptada de Fig. 2b, página 558 [4].

Figure 3. Ap horizon, Haplic Phaeozem. Detail of the surface of a medium-sized, strong-grade subangular blocky aggregate (10-20 mm). It appears covered by pedogenic cements (**cmt**), which substantially darken soil color ($h_{ab} = 70{.}4$, $L^* = 29{.}6$, $C^*_{ab} = 10{.}1$). Adapted from Fig. 2b, page 558 [4].

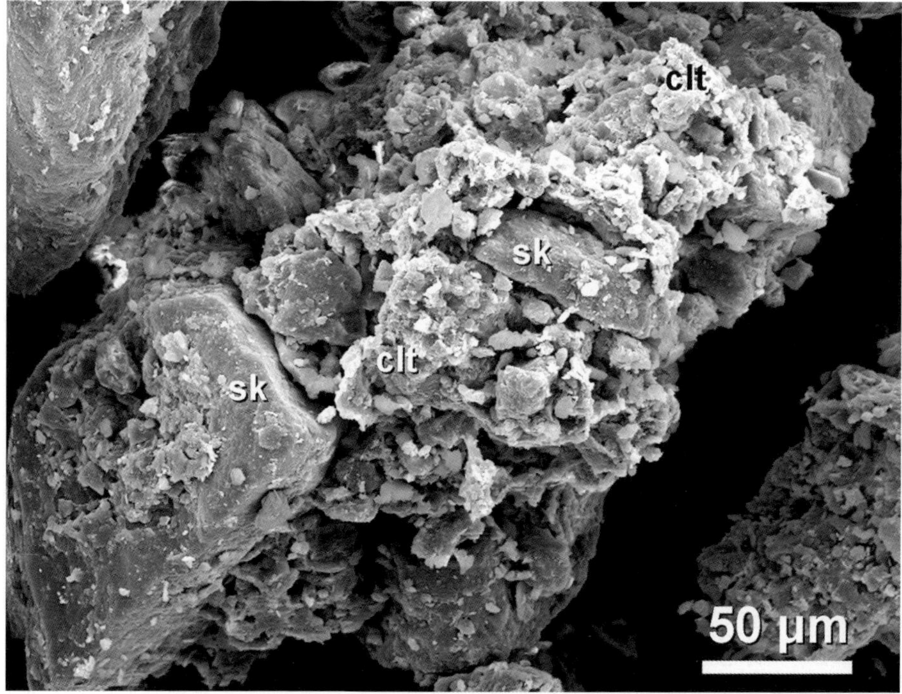

Figura 4. Misma muestra anterior. Microagregado (~0.4 mm) tras inmersión en agua. Los recubrimientos evidentes en Figura 3 desparecen dejando al descubierto una fábrica más abierta, con clusters (**clt**), 20-50 µm, de apariencia floculada, junto a partículas de esqueleto (**sk**). Color CIELAB h_{ab} = 71,8, L^* = 46,1 y C^*_{ab} = 12,1. Adaptada de Fig. 2c, página 558, [4].

Figure 4. Same as previous sample. Microaggregate (~0.4 mm) after immersion in water. The evident coatings in Figure 3 have disappeared here, revealing a more open fabric, with clusters (**clt**) of 20-50 µm and flocculated appearance, along with skeletal particles (**sk**). CIELAB color h_{ab} = 71.8, L^* = 46.1, C^*_{ab} = 12.1. Adapted from Fig. 2c, page 558, [4]. Scale bar: 100 µm.

Figura 5. Horizonte A, Haplic Regosol. Microagregado obtenido por tamizado (~0,2 mm). Empaquetamiento de partículas de limo (< 50 µm) laminares (filosilicatos, EDX (**1**) con Si, Al, K). El color es pardo oliva claro (h_{ab} = 79,7, L^* = 45,6 y C^*_{ab} = 12,0) y el índice de estabilidad alto (0,89, respecto de 1). Adaptada de Fig. 3b, página 90 [5]. El recuadro indica el área estudiada en la siguiente figura.

Figure 5. A horizon, Haplic Regosol. Microaggregate obtained by sieving (~0.2 mm). Packing of laminar silt particles (< 50 µm) (phyllosilicates, EDX (**1**) with Si, Al, K). The color is light olive brown (h_{ab} = 79.7, L^*= 45.6 and C^*_{ab} = 12.0) and the stability index is high (0.89 with respect to the maximum of 1). Adapted from Fig. 3b, page 90 [5]. The box indicates the area studied in the following figure.

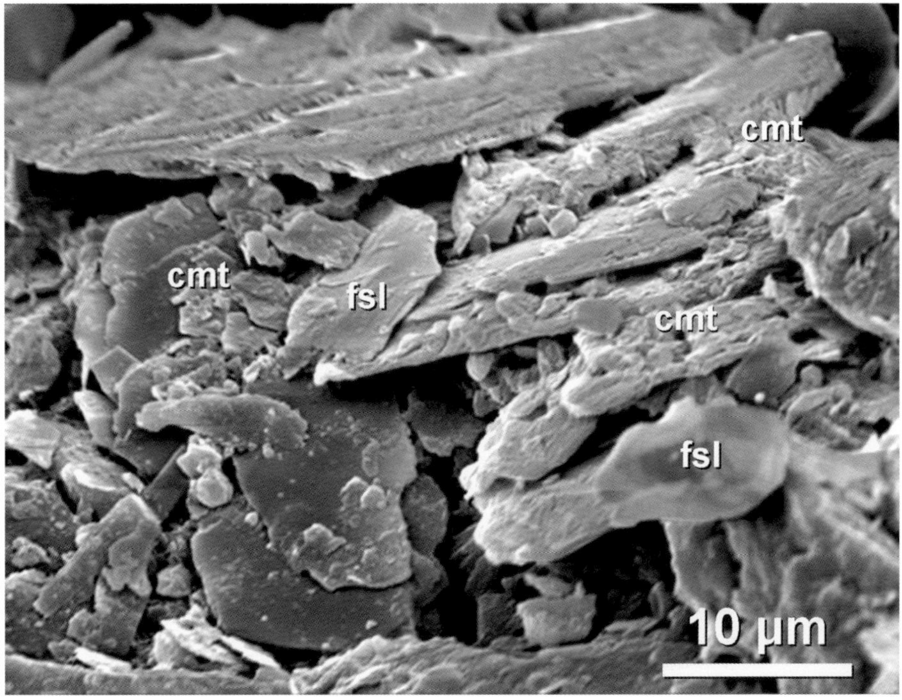

Figura 6. Detalle de anterior (señalado allí con un rectángulo). Partículas laminares de limo fino (**fsl**), tamaño medio 10 µm, apiladas como tejas. Cementadas discontinuamente por puentes de arcillas y cementos (**cmt**), que mejoran la estabilidad del agregado, pero apenas participan en la mezcla de color por su escasa representación superficial. Adaptada de Fig. 3c, página 90 [5].

Figure 6. Detailled view of the previous image (marked there with a rectangle). Fine laminar silt particles (**fsl**) about 10 µm stacked like tiles. They are discontinuously cemented by clay and cement bridges (**cmt**), which improve the stability of the aggregate but hardly participate in the color mixture due to its scarce surface representation. Adapted from Fig. 3c, page 90 [5].

Referencias
References

[1] Sánchez-Marañón, M. 2011. *Color Indices, Relationship with Soil Characteristics.* En: Gliński J., Horabik J., Lipiec J. (Eds.) *Encyclopedia of Agrophysics. Encyclopedia of Earth Sciences Series.* Springer, Dordrecht. https://doi.org/10.1007/978-90-481-3585-1_237

[2] Sánchez-Marañón, M., Delgado, G., Delgado, R., Pérez, M.M., y Melgosa, M. 1995. *Spectroradiometric and visual color measurements of disturbed and undisturbed soil samples.* Soil Science 160, 291-303.

[3] Sánchez-Marañón, M., Delgado, G., Melgosa, M., Hita, E. y Delgado, R. 1997. *CIELAB color parameters and their relationship to soil characteristics in Mediterranean red soil.* Soil Science 162 (11), 833-842.

[4] Sánchez-Marañón, M., Soriano, M., Melgosa, M., Delgado, G. y Delgado, R. 2004. *Quantifying the effects of aggregation, particle-size and components on the colour of Mediterranean soils.* European Journal of Soil Science 55, 551-565.

[5] Sánchez-Marañón, M., Martín-García, J.M. y Delgado, R. 2011. *Effects of the fabric on the relationship between aggregate stability and color in a Regosol–Umbrisol soilscape.* Geoderma 162, 86-95.

Morfología de las partículas de posos de cafe y sus efectos como enmienda orgánica de suelos

Ana Cervera Mata, Juan Manuel Martín-García, Gabriel Delgado Calvo-Flores

El café es una bebida muy popular y como consecuencia se generan más de 6 Mt de posos de café (SCG) al año [1]. El carácter orgánico de este residuo (> 97 %) y su composición bioquímica (proteínas, hidratos de carbono, lípidos, lignina, polifenoles [2]), desaconsejan su vertido. Emplearlos como enmienda orgánica de suelos agrícolas (pobres en materia orgánica, [3]) y/o su posible reutilización para la obtención de subproductos de alto valor añadido, es su destino más adecuado [4,5].

El SEM resulta muy útil para determinar la morfología de las partículas de SCG y sus efectos en el suelo [6, 7]. Las técnicas empleadas se recogen en el Capítulo I.2.1: MET-C, VPFESEM-SUPRA, BSE-SUPRA, EDX-OXFORD50.

Las imágenes SEM muestran una estructura porosa de las partículas de SCG (Figura 1) debida al tostado, la molienda y el procedimiento hidrolítico para la obtención del café. La porosidad de estas partículas aumenta cuando se transforman en *hidrochar* por carbonización hidrotermal (HTC) a temperaturas entre 160 a 200ºC, para generar manooligosacáridos y agentes surfactantes [5,7]. La pirólisis de los SCG conduce a un residuo sólido (*biochar*), aún más poroso (Figura 2), y un gas rico en biocombustibles [2]. La porosidad de los SCG condiciona elevadas superficie específica y capacidad de retención de agua [6], favoreciendo su incorporación a la matriz del suelo (Figuras 3, 4) y su interacción con las partículas de arcilla [8]. El grado de incorporación y estabilización de las partículas de SCG es función del tipo de suelo y de la mineralogía de su arcilla [8, 9]. Esta incorporación induce mejoras significativas de la estructuración, de la estabilidad de los agregados y de la porosidad [6]; así mismo, se incrementan las formas de carbono recalcitrante en el mismo [9], lo que supone un secuestro de este elemento y una reducción de los gases con efecto invernadero. Las imágenes SEM revelan que los SCG aumentan de manera notable la actividad biológica del suelo [10] (Figuras 5 y 6), principalmente la fúngica (Figura 6). En función del pH del suelo, estas hifas de hongos pueden biomineralizar $CaCO_3$, lo que se demuestra mediante EDX [8] (Figura 6); este proceso supone también una fijación de carbono en el suelo.

Morphology of Spent Coffee Ground particles and their effects as an Soil Organic Amendent

Ana Cervera Mata, Juan Manuel Martín-García, Gabriel Delgado Calvo-Flores

Coffee is a very popular drink and as a consequence, more than 6 Mt of spent coffee grounds (SCG) are generated per year [1]. Due to the organic nature of this waste (> 97 %) and its biochemical composition (proteins, carbohydrates, lipids, lignin, polyphenols [2]), its disposal in landfill in not recommended. Using them as organic amendment for agricultural soils (poor in organic matter, [3]) and/ or their possible reuse to obtain by-products with high added value, is their most suitable use [4,5].

SEM is very useful for determining the morphology of SCG particles and their effects on the soil [6, 7]. The techniques used are set out in Chapter I.2.1: MET-C, VPFESEM-SUPRA, BSE-SUPRA, EDX-OXFORD50.

SEM images show a porous structure of the SCG particles (Figure 1) due to roasting, grinding and the hydrolytic process used to obtain coffee. The porosity of these particles increases when they are transformed into hydrochar by hydro-thermal carbonization (HTC) at temperatures between 160 to 200ºC, to generate mannooligosaccharides and surfactant agents [5, 7]. The pyrolysis of SCGs results in an even more porous solid residue (biochar) (Figure 2), and a gas rich in biofu-els [2]. The porosity of SCG determines the high specific surface area and water retention capacity [6], favoring their incorporation into the soil matrix (Figures 3, 4) and their interaction with clay particles [8]. The degree of incorporation and stabilization of SCG particles is a function of the type of soil and the mineralogy of its clay [8,9]. Incorporation into the soil induces significant improvements in the structure, stability of the aggregates and porosity [6] and also an increase in the forms of recalcitrant carbon [9], which implies a sequestration of this element and a reduction of greenhouse gases. SEM images reveal that SCGs markedly increase soil biological activity [10] (Figures 5 y 6), mainly fungal activity (Figure 6). Depending on the soil pH, these fungal hyphae can biomineralize $CaCO_3$, which is demonstrated by EDX [8] (Figure 6), and this process also involves carbon fixation in the soil.

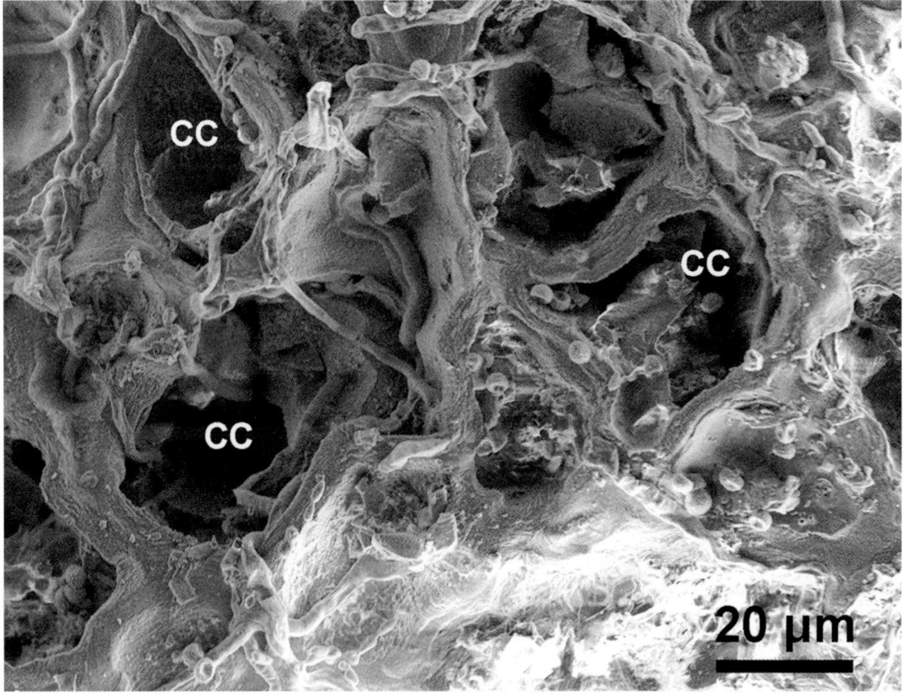

Figura 1. Superficie de una partícula de posos de café de ∼160 µm de diámetro. La estructura interna de los granos de café, con una disposición en celdillas (**CC**), de paredes lignificadas, es responsable, junto al procedimiento de obtención del café, de la naturaleza porosa de estas partículas.

Figure 1. Surface of a coffee grounds particle ∼160 µm in diameter. The internal structure of coffee beans, with an arrangement in cells (**CC**), with lignified walls, together with the coffee production process, is responsible for the porous nature of these particles.

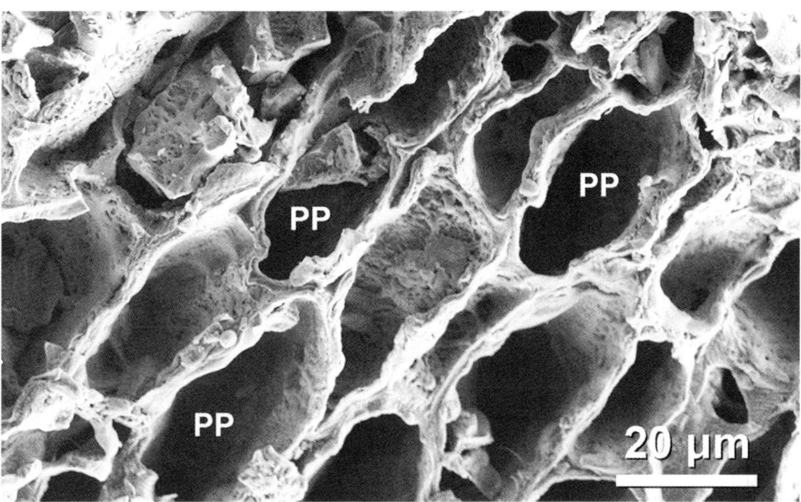

Figura 2. Superficie de una partícula de *biochar* (diámetro aproximado 200 µm) obtenido por pirolisis de los SCG a 400ºC. Su gran porosidad (**PP**) se genera por eliminación de los materiales que rellenaban parcialmente los huecos de las partículas originales (Figura 1) y el adelgazamiento de las paredes de las celdillas.

Figure 2. Surface of a biochar particle (approximate diameter 200 µm) obtained by pyrolysis of SCGs at 400ºC. Its great porosity (**PP**) is generated by the elimination of the materials that partially filled the voids of the original particles (Figure 1) and the thinning of the cell walls.

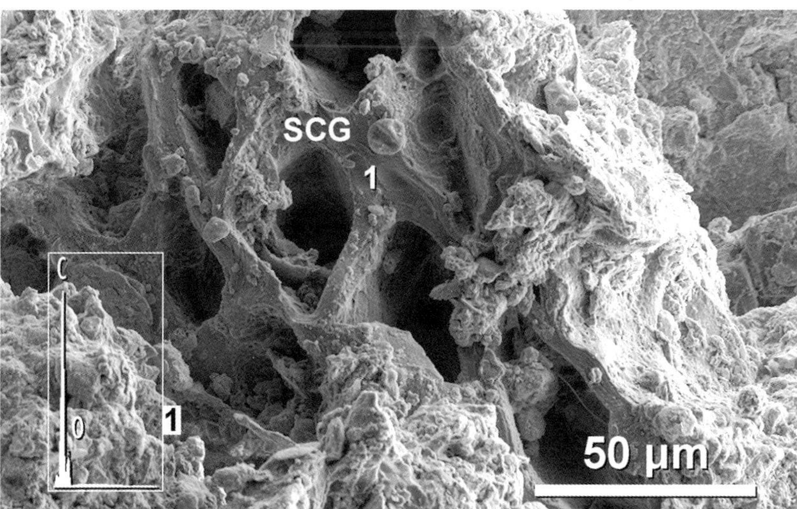

Figura 3. Partícula de posos de café (**SCG**) incorporada a la matriz del suelo. Su naturaleza orgánica se demuestra con microanálisis EDX (**1**) realizado sobre una pared de sus poros, que revela estar compuesta por carbono y oxígeno. Adaptada de International Agrophysics [6].

Figure 3. Coffee grounds particle (**SCG**) incorporated into the soil matrix. Its organic nature is demonstrated by EDX microanalysis (**1**) carried out on a wall of its pores, which reveals that it is composed of carbon and oxygen. Adapted from International Agrophysics [6].

FIGURA 4. Partícula de SCG incorporada al suelo. La observación con electrones retrodispersados (técnica BSE-SUPRA) permite diferenciar a los posos (color más oscuro por el bajo peso atómico del carbono) de la fracción mineral (color más claro debido al silicio, aluminio e hierro). Adaptada de Archives of Agronomy and Soil Science [4].

FIGURE 4. SCG particle incorporated into the soil. Observation with backscattered electrons (BSE technique) makes it possible to differentiate the SCG particle (darkness color due to the low atomic weight of carbon) from the mineral fraction (lighter color due to silicon, aluminum and iron). Adapted from Archives of Agronomy and Soil Science [4].

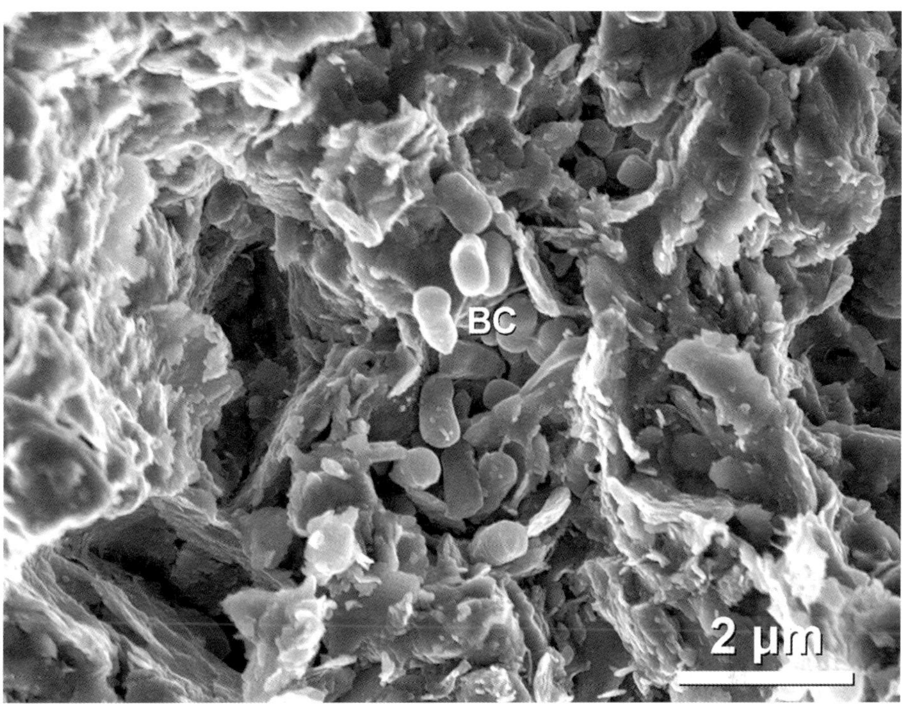

Figura 5. Colonias bacterianas (**BC**) en los huecos de una partícula de SCG (centro de la imagen). La imagen fue tomada a 5kV (VPFESEM-SUPRA), previa fijación de la muestra con glutaraldehído y tetróxido de osmio, para evitar la destrucción de las células que causaría el haz de electrones del SEM.

Figure 5. Bacterial colonies (**BC**) in the voids of a SCG particle (center of image). The image was taken at 5KV (VPFESEM- SUPRA), after fixing the sample with glutaraldehyde and osmium tetroxide, to avoid the destruction of the cells caused by the electron beam of the SEM.

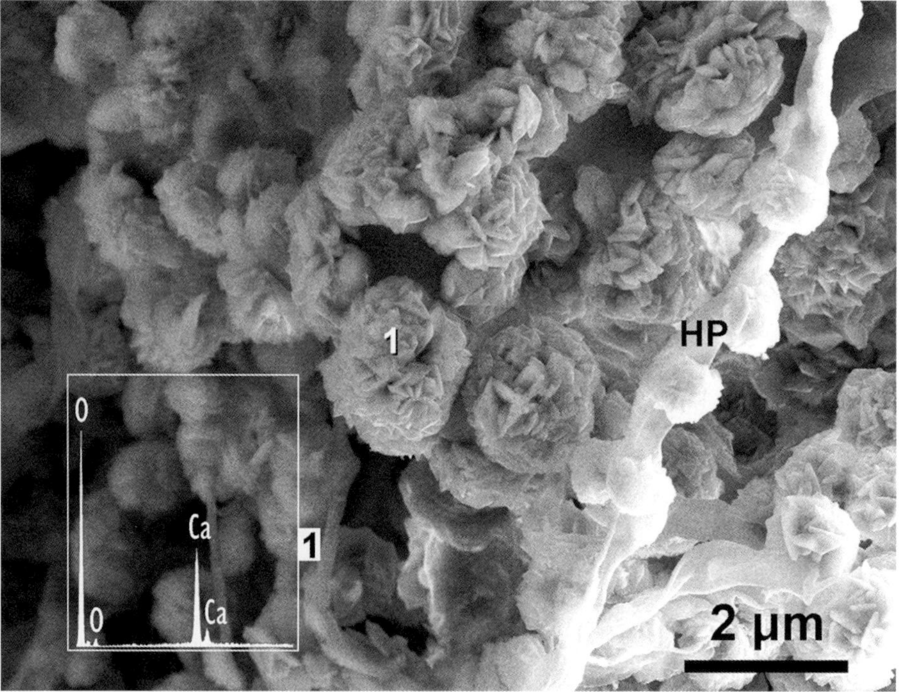

Figura 6. Partícula de posos de café recubierta por hifas de hongos (**HP**). Estas hifas biomineralizan $CaCO_3$ en forma de drusas, lo que se demuestra porque en su composición elemental, determinada con microanálisis (**1** EDX) dominan el oxígeno y el calcio. Adaptada de Catena [8].

Figure 6. Coffee grounds particle covered with fungal hyphae (**HP**). These hyphae biomineralize $CaCO_3$ in the form of drusen, which is demonstrated since in their elemental composition, determined with microanalysis (**1** EDX), is dominated by oxygen and calcium. Adapted from Catena [8].

Referencias
References

[1] HARDGROVE, S.J. y LIVESLEY, S.J. 2016. *Applying spent coffee grounds directly to urban agriculture soils greatly reduces plant growth*. Urban For Urban Green 18, 1-8.

[2] GALANAKIS, C.M. 2017. *Handbook of Coffee Processing By-Products*. Elsevier, London.

[3] RODRÍGUEZ-MARTÍN, J.A., ÁLVARO-FUENTES, J., GONZALO, J., GIL, C., RAMOS-MIRAS, J.J., GRAU-CORBÍ, J.M. y BOLUDA, R. 2016. *Assessment of the soil organic carbon stock in Spain*. Geoderma 264, 117-25.

[4] CERVERA-MATA, A., PASTORIZA, S., RUFIÁN-HENARES, J.A., PÁRRAGA, J., MARTÍN-GARCÍA, J.M. y DELGADO, G. 2018. *Impact of spent coffee grounds as organic amendment on soil fertility and lettuce growth in two Mediterranean agricultural soils*. Archives of Agronomy and Soil Science 64, 790-804.

[5] PÉREZ-BURILLO, S., PASTORIZA, S., FERNÁNDEZ-ARTEAGA, A., LUZÓN, G., JIMÉNEZ-HERNÁNDEZ, N., D'AURIA, G., FRANCINO, M.P. y RUFIÁN-HENARES, J.A. 2019. *Spent Coffee Grounds Extract, Rich in Mannooligosaccharides, Promotes a Healthier Gut Microbial Community in a Dose-Dependent Manner*. Journal of Agricultural and Food Chemistry 67(9), 2500-2509.

[6] CERVERA-MATA, A., MARTÍN-GARCÍA, J.M., DELGADO, R., SÁNCHEZ-MARAÑÓN, M. y DELGADO, G. 2019. *Short-term effects of spent coffee grounds on the physical properties of two Mediterranean agricultural soils*. International Agrophysics 33(2), 205-216.

[7] CERVERA-MATA, A., LARA, L., FERNÁNDEZ-ARTEAGA, A., RUFIÁN-HENARES, J.A. y DELGADO, G. 2021. *Washed hydrochar from spent coffee grounds: A second generation of coffee residues. Evaluation as organic amendment*. Waste Management 120: 322-329.

[8] CERVERA-MATA, A., ARANDA, V., ONTIVEROS-ORTEGA, A., COMINO, F., MARTÍN-GARCÍA, J.M., VELA-CANO, M. 2021. *Hydrophobicity and surface free energy to assess spent coffee grounds as soil amendment. Relationships with soil quality*. Catena 196,104826.

[9] COMINO, F., CERVERA-MATA, A., ARANDA, V., MARTÍN-GARCÍA, J.M. y DELGADO, G. 2019. *Short-term impact of spent coffee grounds over soil organic matter composition and stability in two contrasted Mediterranean agricultural soils*. Journal of Soils and Sediments 20, 1182-1198.

[10] VELA-CANO, M., CERVERA-MATA, A., PURSWANI, J., POZO, C., DELGADO, G. y GONZÁLEZ-LÓPEZ, J. 2019. *Bacterial community structure of two Mediterranean agricultural soils amended with spent coffee grounds*. Applied Soil Ecology 137, 12-20.

Suelos fósiles del yacimiento arqueológico del Palacio de los Abencerrajes (La Alhambra, Granada)

Rafael Delgado Calvo-Flores, Juan Manuel Martín-García, Gabriel Delgado Calvo-Flores

Los suelos construidos y manejados por el hombre en jardines son de complejo estudio [1]. Se consideran suelos urbanos, clasificados de Antrosoles [2]. Interesantes son los suelos de jardines históricos [1], a veces enterrados en yacimientos arqueológicos como suelos fósiles [3], que estudia la Geoarqueología [4] a partir de propiedades morfológicas, analíticas [5] y micromorfológicas con microscopía óptica [6, 7, 8] y menos frecuentemente con SEM. Delgado et al. [1] aplicaron SEM a suelos de jardines del Generalife (La Alhambra, Granada), usados 700 años, describiendo un patrón de ultramicrofábrica tabicada, con activa participación de cementos pedogenéticos.

El Palacio de los Abencerrajes (La Alhambra) constituye un yacimiento arqueológico de interés [9]. En su excavación aparecen zonas de posibles jardines. Se muestrearon dos perfiles fósiles (enterrados bajo sedimentos) con secuencia de horizontes: A, 2Apb, 2Cb1, 3Cb2, 4Cb3, 5Cb4/ 5Cmkb; espesor > 170 cm. Los niveles nazaritas (anteriores a 1492), se encuentran a más de 80-100 cm de profundidad y por encima son cristianos. Con el objetivo de aportar nuevos datos decisivos, agregados inalterados (aprox. 5 mm) fueron estudiados en su superficie e interior según las técnicas descritas en Capítulo I.2.1: MET-AU, SEM-H-510-DIG.

Los resultados de propiedades físicas, fisicoquímicas, químicas y mineralógicas [10] permiten clasificarlos como Antrosoles cumúlicos; destacando los valores de P extraído con ácido cítrico que superan los 250 ppm en muchos horizontes, indicando acción antrópica [2, 3]. La ultramicrofábrica de los horizontes Apb (edad cristiana) se jerarquiza (Figuras 1 y 4) en micropeds, clusters y dominios (Figuras 3 y 5); con porosidad destacable y acción de cementos edáficos. El patrón de fábrica es laminar-esquelético algo floculento (esponjoso), cementado por zonas, posible estadio incipiente de fábrica antrópica tabicada, propia de suelos de jardines [1]. Existen frecuentes micropeds-clusters coprogénicos (Figuras 2 y 4), indicativos de horizontes Ah/Ap, de suelos de jardín, aunque sin actividad biológica actual (fósiles). El sedimento de edad nazarita (Figura 6) (menos poroso y peor estructurado, por presión litostática) partículas laminares de contorno hexagonal, caolinitas [10].

El SEM permite concluir en la naturaleza edáfica del material y su posible uso antiguo en jardines. Nos encontramos pues ante una sugerente línea de investigación [11, 12].

Fossil Soils of the Archaeological site of the Palace of the Abencerrajes (The Alhambra, Granada)

RAFAEL DELGADO CALVO-FLORES, JUAN MANUEL MARTÍN-GARCÍA,
GABRIEL DELGADO CALVO-FLORES

Man-made and managed garden soils are difficult to study [1]. They are considered urban soils, classified as Anthrosols [2]. Particularly of interest are historical garden soils [1], sometimes buried in archaeological sites as fossil soils [3], studied through Geoarchaeology [4] from morphological, analytical [4, 5] and micromorphological properties with optical microscopy [6,7, 8] and less frequently with SEM. Delgado et al. [1] applied SEM to soils in gardens of the Generalife (La Alhambra, Granada), used for 700 years, describing the partitioned ultramicrofabric pattern, with the active participation of pedogenetic cements.

The Abencerrajes Palace (The Alhambra) constitutes an archaeological site of interest [9]. During its excavation, areas of possible gardens appeared. Two fossil profiles (buried under sediments) with horizon sequence: A, 2Apb, 2Cb1, 3Cb2, 4Cb3, 5Cb4/ 5Cmkb; thickness > 170 cm, were sampled. The Nasrid levels (prior to 1492), are more than 80-100 cm deep and above this are soils of Christian-age origin. To provide new decisive data, the surface and interior of unaltered aggregates (approx. 5 mm) were studied according to the techniques described in Chapter I.2.1: MET-AU, SEM-H-510-DIG.

Their physical, physicochemical, chemical and mineralogical properties [10] allow them to be classified as Cumulic Anthrosols; highlighting the values of P extracted with citric acid, which exceed 250 ppm in many horizons, indicating anthropic action [2, 3]. The ultramicrofabric of the Apb horizons (Christian age) is hierarchized (Figures 1 and 4) in micropeds, clusters and domains (Figures 3 and 5); with remarkable porosity and soil cement action. The fabric pattern is somewhat flocculent (spongy), lamellar-skeletal, cemented by zones, possible incipient stage of partitioned anthropic fabric, typical of garden soils [1]. There are frequent coprogenic micropeds-clusters (Figures 2 and 4), indicative of Ah/Ap horizons of garden soils, although without current biological activity (fossils). The Nasrid age sediment (Figure 6) (less porous and poorly structured, due to lithostatic pressure) shows laminar particles of kaolinite with a hexagonal outline [10].

SEM allows us to conclude the pedogenic nature of the material and its possible ancient use in gardens. We can therefore establish a suggestive line of research [11, 12].

Figura 1. Horizonte 2Apb (40 cm de profundidad). Superficie de agregados de 4-5 mm de diámetro. Diseño HEUR, **A**. Jerarquizados en unidades pseudoesféricas (**spd**) de 200-500 μm, intercrecidas entre sí (grado de individualización medio-bajo), aspecto de estar recubiertas por cementos edáficos y porosidad (**por**) entre ellas destacable. Todos caracteres de material edáfico (micropeds).

Figure 1. Horizon 2Apb (40 cm depth). Aggregates surface 4-5 mm in diameter. HEUR design, **A**. Hierarchized in pseudospherical units (**spd**) of 200-500 μm, intergrown with each other (medium-low degree of individualization), appearance of being covered by pedogenic cements and remarkable porosity (**por**) between them. All characters of soil material (micropeds).

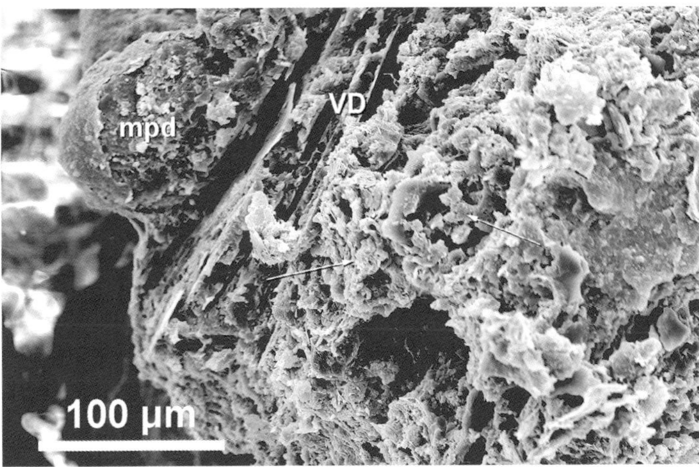

Figura 2. Misma muestra anterior. Interior. Fábrica laminar-esponjosa (floculenta), bien expresada (➜) incluyendo restos vegetales en descomposición (**VD**). En el margen oeste de la imagen, sobre el resto vegetal se observa un microped (**mpd**) (∼0,1 mm) con forma pseudoesférica, cobertura externa de cementos edáficos y apariencia coprogénica (excreta).

Figure 2. Same as previous sample. Interior. Well expressed lamellar-spongy fabric (flocculent), (➜) including decomposing plant remains (**VD**). On the west edge of the image, on the plant remains, a microped (**mpd**) (∼0.1 mm) with a pseudospherical shape, external coverage of pedogenic cements and a coprogenic appearance (excreta) can be observed.

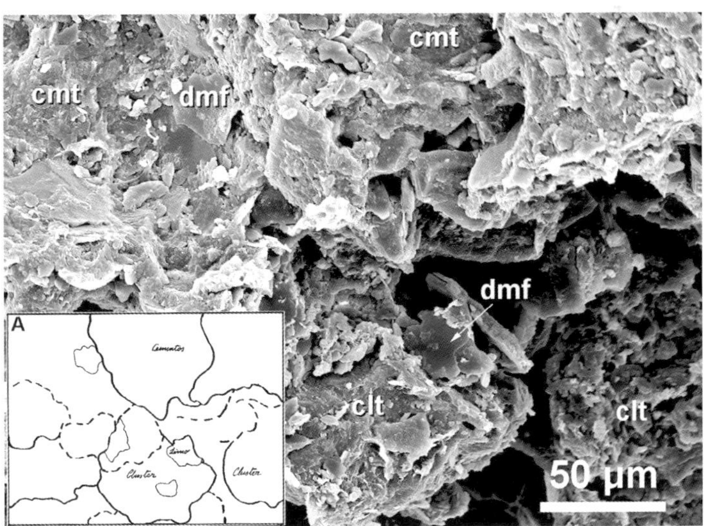

Figura 3. Misma muestra anterior. Interior. Diseño HEUR, **A**. Fábrica laminar esquelética, porosa, algo floculenta. Nivel de dominios laminares (**dmf**) tamaño arcilla y limo fino (menores o iguales a las 10 μm), organizados en clusters pseudopoligonales (**clt**), de unas 100 μm de diámetro. Presencia destacable de cementos edáficos (**cmt**).

Figure 3. Same as previous sample. Interior. HEUR design, **A**. Skeletal laminar fabric, porous, somewhat flocculent. Level of lamellar domains (**dmf**) clay and fine silt size (less than or equal to 10 μm), organized in pseudo-polygonal clusters (**clt**), about 100 μm in diameter. Remarkable presence of pedogenic cements (**cmt**)

Figura 4. Horizonte 2Apb (36 cm de profundidad). Superficie de microagregados. Formas pseudoesféricas, mamelonadas (**mpd**), de ~1 mm, intercrecidas entre ellas (grado de individualización medio), recubiertas de cementos edáficos -fábrica cementada-. El aspecto las califica como micropeds de origen coprogénico.

Figure 4. Horizon 2Apb (36 cm depth). Microaggregate surface. Pseudospherical, mamelonated shapes (**mpd**), measuring some ~1 mm, intergrown between them (medium degree of individualization), covered with pedogenic cements -cemented fabric-. The appearance qualifies them as micropeds of coprogenic origin.

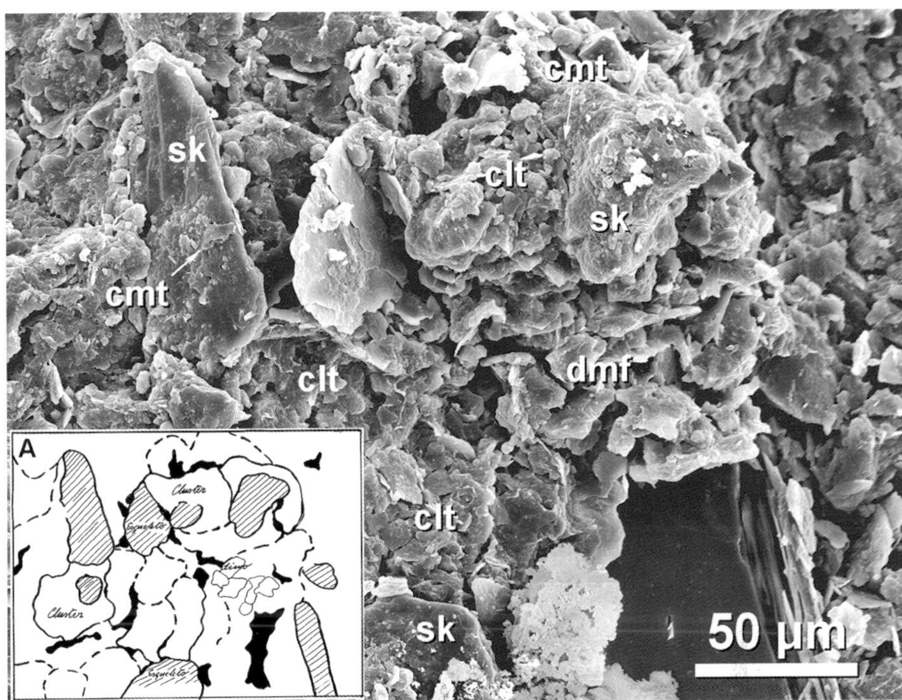

Figura 5. Misma muestra anterior. Interior. Diseño HEUR, **A**. Fábrica esquelético-laminar, algo floculenta y porosa, con acción de cementos edáficos observable (**cmt**). Dominios laminares de arcilla y limo fino (< 10 μm) (**dmf**) se estructuran junto con granos de esqueleto (**sk**) en un nivel -moderadamente definido- de clusters (**clt**) de unas 50-100 μm de diámetro.

Figure 5. Same as previous sample. Interior. HEUR design, **A**. Skeletal-laminar fabric, somewhat flocculent and porous, with observable pedogenic cement action (**cmt**). Lamellar domains of clay and fine silt (< 10 μm) (**dmf**) are structured together with skeleton grains (**sk**) in a moderately defined level of clusters (**clt**) of about 50-100 μm in diameter.

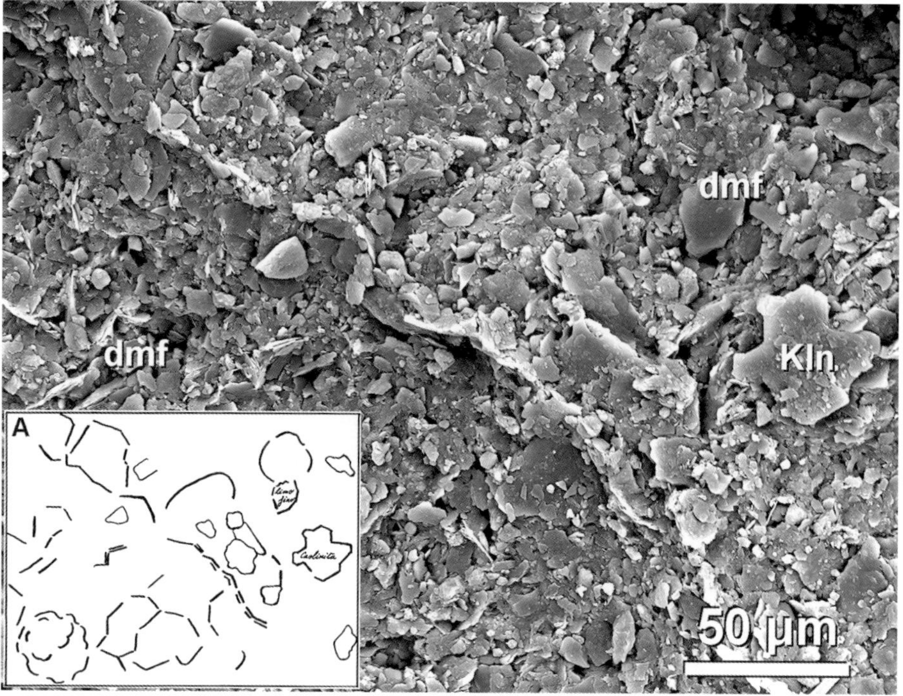

Figura 6. Horizonte 4Cb4 (150 cm de profundidad). Interior. Diseño HEUR, **A**. Porosidad baja, de pequeño tamaño (<5 µm). Fábrica laminar en dominios de tamaño arcilla y limo fino (**dmf**), poco cementada, con clusters pseudoesféricos / pseudopoligonales observables por la diferente orientación de las láminas. Partículas laminares de caolinita (**kln**) cercanas a idiomorfas, de contornos hexagonales.

Figure 6. Horizon 4Cb4 (150 cm depth). Interior. HEUR design, **A**. Low porosity, small size (<5 µm). Laminar fabric in domains of clay and fine silt size (**dmf**), poorly cemented, with pseudospherical / pseudopoligonal clusters observable by the different orientation of the sheets. Laminar kaolinite particles (**kln**) close to idiomorphic, with hexagonal outlines.

Referencias
References

[1] DELGADO, R., MARTÍN-GARCÍA, J.M., CALERO, J., CASARES-PORCEL, M., TITO-ROJO, J. Y DELGADO, G. 2007. *The historic man-made soils of the Generalife garden (La Alhambra, Granada, Spain)*. European Journal of Soil Science 58, 215-228.

[2] IUSS WORKING GROUP WRB 2015. *Base referencial mundial del recurso suelo 2014, Actualización 2015. Sistema internacional de clasificación de suelos para la nomenclatura de suelos y la creación de leyendas de mapas de suelos.* Informes sobre recursos mundiales de suelos 106. FAO, Roma.

[3] RETALLACK, G.J. 2001. *Soil of the past. An introduction to paleopedology.* Second edition. Blackwell Science.

[4] GOLDBERG, P. Y MACPHAIL, R.I. 2006. *Practical and Theoretical Geoarchaeology.* Blackwell Science.

[5] WELLS, E.C., TERRY, R.E., PARNELL, J.J., HARDIN, P.J., JACKSON, M.W. Y HOUSTON, S.D. 2000. *Chemical analyses of ancient Anthrosols in residential areas of Piedras Negras, Guatemala.* Journal of Archeological Science 27, 449-462.

[6] SIMPSON, I.A., BULL, I.D. Y EVERSHED, R.P. 1998. *Early anthropogenic soils formation at Tofts Ness, Sanday, Orkney.* Journal of Archeological Science, 25, 729-746.

[7] ANGELUCCI, D.E. 2003. *Geoarchaeology and micromorphology of Abric de la Cativera (Catalonia, Spain).* Catena 54, 573-601.

[8] PANAGIOTIS, K. 2006. *Late Neolithic household activities in marginal areas: the micromorphological evidence from the Kouveleiki caves, Peloponnese, Greece.* Journal of Archaeological Science 33, 1628-1641.

[9] MORENO, E. Y SÁNCHEZ, P. 2002. *Intervención arqueológica en el Palacio de los Abencerrajes.* Patronato de la Alhambra y el Generalife. Informe interno.

[10] DELGADO, R., DELGADO, G., MARTÍN-GARCÍA, J.M. Y CALERO, J. 2002. *Estudio edáfico de la excavación del palacio de los Abencerrajes (palacio nazarí de La Alhambra, Granada).* Informe entregado al Patronato de La Alhambra y el Generalife. Informe interno.

[11] KHARAZIAN, M.A., JAMET, G., PUAUD, S., NASAB, H.V., HASHEMI, M., GUERIN, G., HEYDARI, M., ANTOINE, P., BAHAIN, J.J. Y BERILLON, G. 2022. *First geoarchaeological study of a Palaeolithic site on the northern edge of the Iranian Central Desert: Mirak (Semnan, Iran).* Journal of Arid Environments 201, 104739.

[12] FRAHM, E. 2020. Scanning Electron Microscopy (SEM): *Applications in Archaeology. En: Smith, C. (Eds.) Encyclopedia of Global Archaeology.* Springer, New York, NY. Pp. 9502-9509.

SEM y Ciencia del Suelo Forénsica. Caso del enigma histórico de los restos de Colón

Rafael Delgado Calvo-Flores, Juan Manuel Martín-García, José Antonio Lorente Acosta, Gabriel Delgado Calvo-Flores, Marcial Castro-Sánchez

Los materiales geológicos y del suelo se emplean en Forénsica para investigación de delitos e identificación de personas [1, 2]. La Ciencia del Suelo Forénsica aplica la información de las propiedades edáficas a asuntos competencia de juzgados [3]. Especialmente útiles son las partículas, en búsqueda de similitudes entre las halladas en el cuerpo del delito y en el entorno [1], donde SEM y técnicas complementarias resultan decisivas. Owens et al., 2016, [4] realizan una completa revisión.

Un enigma histórico, desde el s. XIX, es la identidad de los restos óseos de la Catedral de Sevilla (España) y los encontrados en la catedral de Santo Domingo (República Dominicana), hoy ubicados en el Faro de Colón, dudándose entre Cristóbal o Diego Colón (padre o hijo). Enigma que puede abordar la Ciencia del Suelo Forénsica. La necesidad de aplicar técnicas edafológicas para localizar la primera tumba de Cristóbal Colón (Valladolid), culminó en los hallazgos del profesor Castro [5, 6].

Estudiamos una muestra representativa del material particulado milimétrico de la Catedral de Sevilla. Las partículas se clasificaron por naturalezas bajo estereo-microscopio (5x), y se observaron con SEM según las técnicas y equipos descritos en Capítulo I.2.1: MET-AU, SEM-H-510-DIG, EDX-ER.

Los restos óseos (Figura 1) suponen el 2,5 % del total, deteriorados en consonancia a su edad (s. XVI). Aparecen conchas de moluscos, p. e. Subulina octona (Bruguière, 1792) (Figura 2), propias del área del mar Caribe [7]. También, restos de plomo (¿caja que contuvo restos mortales?) carbonatados (Figura 3). Los hilos de metales preciosos presentes (Ag o Au) (Figura 4) señalarían la alta clase social de la persona, procediendo de mortaja lujosa o paños ceremoniales. Los granos de cuarzo o fragmentos de carbón (Figuras 5 y 6) pueden tener múltiples orígenes.

Estas primeras evidencias son indicios de procedencia de la zona caribeña y la categoría de la persona; aunque no dilucidan el enigma. Se deberán realizar nuevos análisis aplicados a metales, cuarzo, carbones y materiales de construcción presentes, con Isotopía, PIXE, ICPMS, LA-ICPMS, o XRD; comparando con los materiales de los entornos por donde pasaron los restos mortales de los Colón. Corroborando además que estas técnicas avanzadas se pueden utilizar como forénsicas [4, 8, 9]. Se prepara un futuro trabajo recopilatorio decisivo [10].

SEM and Forensic Soil Science. Case of the Historical Mystery of the Remains of Columbus

Rafael Delgado Calvo-Flores, Juan Manuel Martín-García, José Antonio Lorente Acosta, Gabriel Delgado Calvo-Flores, Marcial Castro-Sánchez

Geological and soil materials are used in forensics for crime investigation and personal identification [1, 2]. Forensic Soil Science applies information on soil properties to the context of matters of jurisdiction of courts [3]. Particles are particularly useful, in terms of seeking similarities between those found in the body involved in the crime and in the environment [1], where SEM and complementary techniques are decisives. Owens et al., 2016, [4] carried out a complete review.

An historical mystery, since the 19th century, is the identity of the bone remains of Seville Cathedral (Spain) and those found in the Santo Domingo Cathedral (Dominican Republic), today located in the Columbus Lighthouse, with uncertainty as to whether they belong to Christopher or Diego Columbus (father or son). This is a mystery that forensic soil science can address. The need to apply soil science techniques to locate the first tomb of Christopher Columbus (Valladolid), culminated in the findings of Professor Castro [5, 6].

We studied a representative sample of millimetric particulate matter from Seville Cathedral. The particles were classified by nature under a stereomicroscope (5x), and were observed with SEM according to the techniques and equipment described in Chapter I-2.1: MET-AU, SEM-H-510-DIG, EDX-ER.

The bone remains (Figure 1) account for 2.5 % of the total, deteriorated in accordance with their age (16th century). Mollusc shells e.g. Subulina octona (Bruguière, 1792) (Figure 2) appear, typical of the Caribbean Sea area [7]. In addition, carbonate lead fragments (box containing human remains?) (Figure 3). The precious metal threads present (Ag or Au) (Figure 4) would indicate the person's high social class, originating from a luxurious shroud or ceremonial cloth. Quartz grains or coal fragments (Figures 5 and 6), can have multiple origins.

This initial evidence is indicative of origin from the Caribbean area and the category of the person, although it does not solve the mystery. New analyzes applied to metals, quartz, carbons and construction materials present, should be performed with Isotopy, PIXE, ICPMS, LA-ICPMS, or XRD, to carry out a comparison with the materials of the environments through which the mortal remains of the Columbus passed. These advanced techniques can be used as forensics [4, 8, 9]. Future decisive compilation work is under preparation [10].

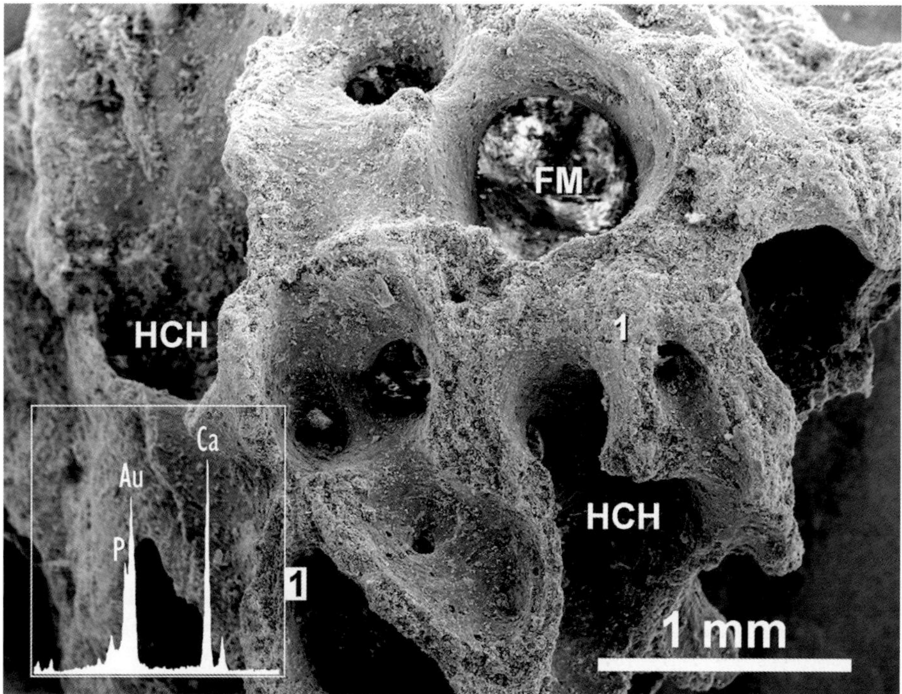

FIGURA 1.- Fragmento de hueso de unos 5 mm. Tejido óseo laminar muy degradado, incluso conteniendo material de relleno (**FM**) en las oquedades y canales (**HCH**). Microanálisis EDX (**1**) acorde a esta naturaleza, con picos mayoritarios de Ca y P.

FIGURE 1.- Bone fragment of about 5 mm. Very degraded lamellar bone tissue, even containing filling material (**FM**) in the cavities and channels (**HCH**). EDX microanalysis (**1**) according to this nature, with major peaks of Ca and P.

Figura 2. Concha de molusco de tamaño algo superior a 1 mm. Concha semicompleta de *Subulina octona* (Bruguière, 1792) [7].

Figure 2. Mollusc shell slightly larger than 1 mm. Partial *Subulina octona* shell (Bruguière, 1792) [7].

Figura 3. Fragmento de plomo de tamaño milimétrico. Superficie tapizada con drusa de cristales de unas 5 µm de diámetro, con simetría rómbica. Espectro EDX (**1**) con Pb, Ca, Na, propio de carbonato de plomo con trazas de calcio.

Figure 3. Millimeter-sized lead fragment. Surface covered with a druse of crystals about 5 µm in diameter, with rhombic symmetry. EDX spectrum (**1**) with Pb, Ca, Na, typical of lead carbonate with traces of calcium.

Figura 4. Fragmento de metal. Hilo plano plegado y rizado de unos 2 mm de tamaño. Composición mayoritariamente plata, como demuestra el exaltado pico de Ag en el espectro EDX (**1**).

Figure 4. Metal fragment. Flat, folded and curly thread about 2 mm in size. Composition mostly silver, as evidenced by the Ag peak highlighted in the EDX spectrum (**1**).

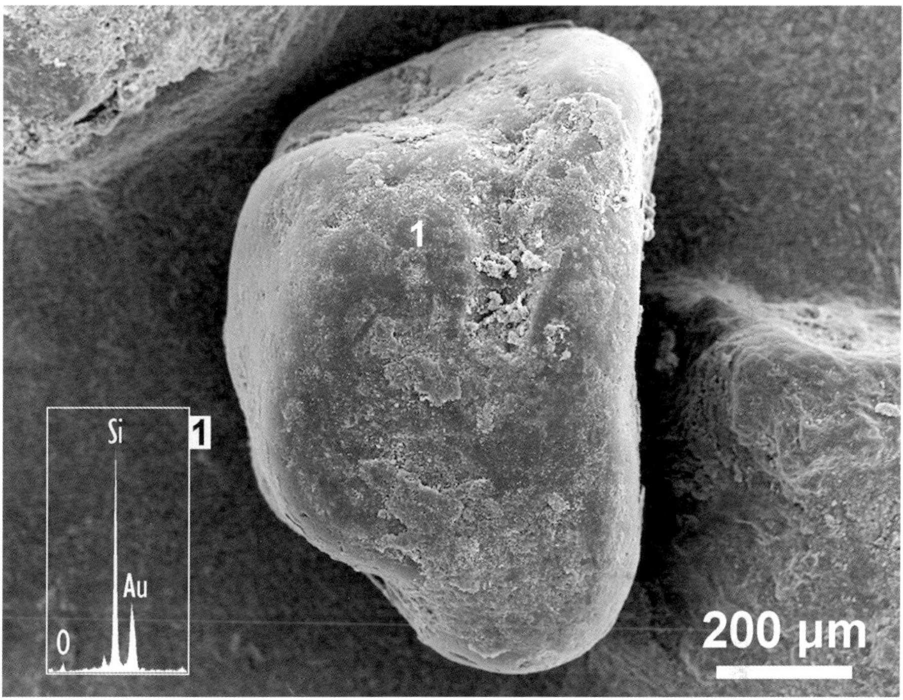

Figura 5. Grano mineral. Diámetro máximo de 1 mm, con forma globulosa y redondeamiento superficial. Perteneciente a un mortero de construcción, a partir de materiales de origen fluvial o marítimo. Pico en EDX (**1**) casi exclusivo de Si, indicando composición SiO_2, mineral cuarzo.

Figure 5. Mineral grain. Maximum diameter of 1 mm, with a globular shape and superficial rounding. Belonging to a construction mortar, from materials of fluvial or marine origin. Peak in EDX (**1**) almost exclusive to Si, indicating SiO_2, mineral quartz.

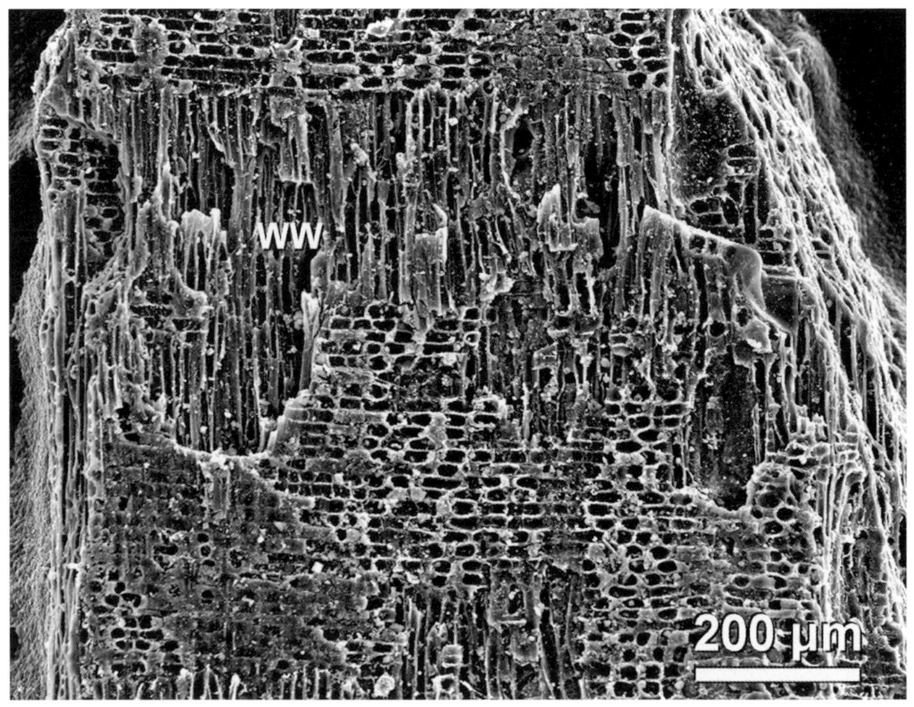

FIGURA 6. Fragmento de carbón vegetal de tamaño superior a varios milímetros. Son bien reconocibles los juegos de vasos (**WW**).

FIGURE 6. Coal fragment larger than several millimeters. The sets of vessels are easily recognizable (**WW**).

Referencias
References

[1] PYE, K. 2007. *Geological and soil evidence. Forensic applications.* CRC Press. Boca Raton.

[2] MURRAY, R.C. Y TEDROW, J.C.F. 1975. *Forensic Geology.* Rutgers University Press, New Brunswick, New Jersey.

[3] BROOKS, M. Y NEWTON, K. 1969. *Forensic pedology.* Police Journal (London) 42, 107-112.

[4] OWENS, P.N., BLAKE, W.H., GASPAR, L., GATEUILLE, D., KOITER, A.J., LOBB, D.A., PETTICREWG, E.L., REIFFARTH, D.G., SMITH, H.G. Y WOODWARD, J.C. 2016. *Fingerprinting and tracing the sources of soils and sediments: Earth andocean science, geoarchaeological, forensic, and human health applications.* Earth-Science Reviews 162, 1-23.

[5] CASTRO-SÁNCHEZ, M. 2020. *La Tumba de Colón en Valladolid, Ubicación y Propietarios,* UGR 2020, https://digibug.ugr.es/handle/10481/65405.

[6] SAIZ-VIRUMBRALES, J.L. Y CASTRO-SÁNCHEZ, M. 2021. *La Tumba de Colón en el Convento de San Francisco de Valladolid: Nuevas Aportaciones,* UGR 2021, https://digibug.ugr.es/handle/10481/70999.

[7] GARGOMINI, O. 2020. *Clasificación malacológico-taxonómica.* Muséum National d'Histoire Naturelle, Paris, France.

[8] ZHANG, Y., ZHI, M., ZHOU, W., ZHUANG, Q. Y CHENG, Y. 1992. *Application of PIXE analysis to forensic investigation.* International Journal of PIXE 2, 447-452

[9] BAILEY, M.J., MORGAN, R.M., COMINI, P., CALUSI, S. Y BULL, P.A. 2012. *Evaluation of Particle-Induced X-ray Emission and Particle-Induced γ-ray Emission of Quartz Grains for Forensic Trace Sediment Analysis.* Analitical. Chemistry 84, 2260–2267.

[10] DELGADO, R., MARTÍN-GARCÍA, J.M., LORENTE, J.A., DELGADO, G. Y CASTRO-SÁNCHEZ, M. (En preparación). *El enigma del origen de los restos de Colón (Cristóbal versus Diego) a la luz de las técnicas de la Ciencia del Suelo.*

Aplicación del SEM para el estudio de los SCG y sus *hidrochars* activados

Leslie Lara-Ramos, Jesús Fernández-Bayo, Gabriel Delgado Calvo-Flores, Alejandro Fernández-Arteaga

La carbonización hidrotermal (HTC) es un proceso termoquímico, acuoso (180–250 ºC y 10–70 bar) [1] que resulta adecuado para transformar sustratos húmedos en materiales sólidos más carbonosos denominados *hidrochars* [2]. Actualmente se estudia un proceso de activación de estas partículas para su uso como bio-quelatos agrícolas, previamente probado con los posos de café (SCG) [3]. El tratamiento de activación química actúa como un proceso de limpieza de las partículas con el fin de mejorar el contacto entre el material y los iones minerales [4]. El análisis con SEM de los cambios morfológicos que experimentan las partículas de hidrochars de SCG con la activación tiene relevante importancia para evaluar su desempeño como bio-quelatos.

Para este estudio se aplicó un tratamiento de activación (NaOH 0,1 M, 40 ºC, 1 h) a hidrochars de SCG obtenidos a 180 ºC y 13 bar. Para la observación con SEM se siguieron los procedimientos descritos en el Capítulo I.2.1, que se indican mediante acrónimos en cada Figura.

Las partículas SCG originales exhiben formas irregulares, equidimensionales y de apariencia porosa (Figura 1). Se observan bien las cutículas, que forman las paredes de los poros. Según [2] están compuestas principalmente por celulosa (8,6–13,3 %), hemicelulosa (30–40 %) y lignina (25–33 %). Estas cutículas son gruesas (~6 µm), generando en la mayoría de los casos poros sin gran profundidad (Figura 2), más semejantes a surcos, con diámetros entre 10–30 µm. Al aplicar una HTC, los hidrochars adquieren una estructura tabicada, en celdas, más abierta. La cutícula se adelgaza (~3 µm) por pérdida de materiales debido a reacciones de fragmentación y desvolatilización [5] aumentando el volumen y diámetro (~20 µm) de los poros (Figuras 3 y 4). Finalmente, tras la activación química, el grosor de la cutícula se mantiene (~3 µm) pero los poros se observan despejados (Figura 5) por la degradación de gran parte de la celulosa [6]. El diámetro de los poros se incrementa hasta dos veces más (~50 µm) formando en conjunto una estructura semejante a una red (Figura 5) y en otros casos aparecen formas tabicadas (Figura 6).

Todo el proceso descrito consigue aumentar la superficie específica de los hidrochars y, por lo tanto, incrementar el número de sitios activos para la adsorción de iones minerales [4].

Use of SEM for the study of SCG and their Activated Hydrochars

Leslie Lara-Ramos, Jesús Fernández-Bayo, Gabriel Delgado
Calvo-Flores, Alejandro Fernández-Arteaga

Hydrothermal carbonization (HTC) is a thermochemical, aqueous process (180–250 ºC and 10–70 bar) [1] suitable for transforming moist substrates into more carbonaceous solid materials called *hydrochars* [2]. A chemical activation process for these particles is currently under investigation for their use as agricultural bio-chelates, previously tested with spent coffee grounds (SCG) [3]. The activation treatment acts as a "cleaning process" of the particles in order to enhance contact between the material and the mineral ions [4]. The SEM analysis of the morphological changes experienced by SCG hydrochar particles after activation is of relevant importance to evaluate their performance as bio-chelates.

For this purpose, an activation treatment (NaOH 0.1 M, 40 ºC, 1 h) was applied to SCG hydrochars obtained at 180 ºC and 13 bar. For observation with SEM, the procedures described in Chapter I.2.1 were followed, which are indicated by acronyms in each Figure.

SCG particles exhibit irregular shapes, are equidimensional and demonstrate structural porosity (Figure 1). The cuticles, which form the walls of the pores, are clearly observed. According to [2] the cuticles are mainly composed of cellulose (8.6–13.3 %), hemicellulose (30–40 %) and lignin (25–33 %). These cuticles are thick ($\sim$6 µm), generating in most cases shallow pores (Figure 2), more like furrows, with diameters between 10–30 µm. By applying an HTC, the hydrochars acquire a more open, septate, cellular structure. The cuticle thins ($\sim$3 µm) due to material loss caused by fragmentation and devolatilization reactions [5] increasing the volume and diameter ($\sim$20 µm) of the pores (Figures 3 and 4). Finally, after chemical activation, the thickness of the cuticle is maintained ($\sim$3 µm) but the pores look almost completely clear (Figure 5 and 6) due to degradation of a large part of cellulose [6]. The diameter of the pores increases up to two times more ($\sim$50 µm) forming a net-like structure (Figure 5) and in other cases septate forms appear (Figure 6).

The process described seems to increase the specific surface of the hydrochars and increases the number of active sites for the adsorption of mineral ions [4].

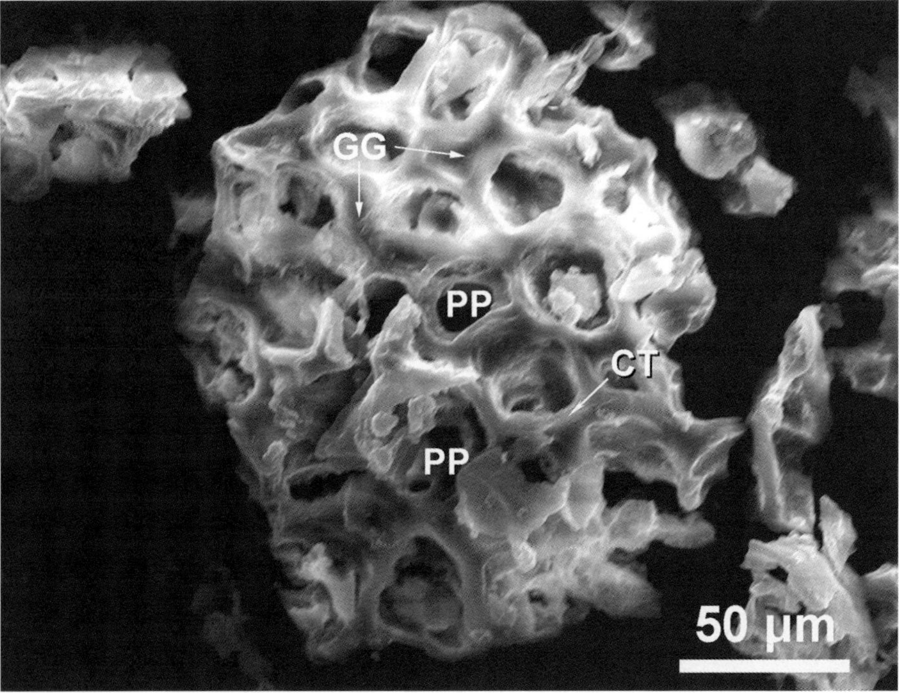

FIGURA 1. Partícula de SCG de ~150 μm. Se muestra como un material poroso (**PP**), donde los huecos están definidos por paredes de cutícula (**CT**) (~6 μm). Algunos huecos aparecen como surcos (**GG**). Técnicas: MET-C, MET-AU, SEM-H-510-DIG.

FIGURE 1. SCG particle of ~150 μm. It presents as a porous material (**PP**), where the holes are defined by cuticle walls (**CT**) (~6 μm). Some depressions appear as grooves (**GG**). Techniques: MET-C, MET-AU, SEM-H-510-DIG.

FIGURA 2. Partícula de SCG. Imagen de detalle. La porosidad (**PP**) es moderada, de unas ~25 μm de diámetro. La apariencia de la cutícula (**CT**) es de estar formada por diferentes materiales. Técnicas: MET-C, MET-AU, SEM-H-510-D.

FIGURE 2. SCG particle. Detailled image. Porosity (**PP**) is moderate, about ~25 μm of diameter. The appearance of the cuticle is to be made up of different materials (**CT**). Techniques: MET-C, MET-AU, SEM-H-510-DIG.

Figura 3. Partícula de hidrochar de SCG a 180 ºC de 400 µm. Aparece como un material con poros dispuestos a manera de celdillas (**CC**) y con menos material de relleno en los poros respecto a SCG. Técnicas: MET-C, VPFESEM-SUPRA. Adaptada de Figura 2B, Pág. 326 [3].

Figure 3. 400-µm SCG hydrochar particle at 180 ºC. It appears as a material with pores arranged as cells (**CC**) and with less filling material in the pores in comparison with SCG. Techniques: MET-C, VPFESEM-SUPRA. Adapted from Figure 2B, p. 326 [3].

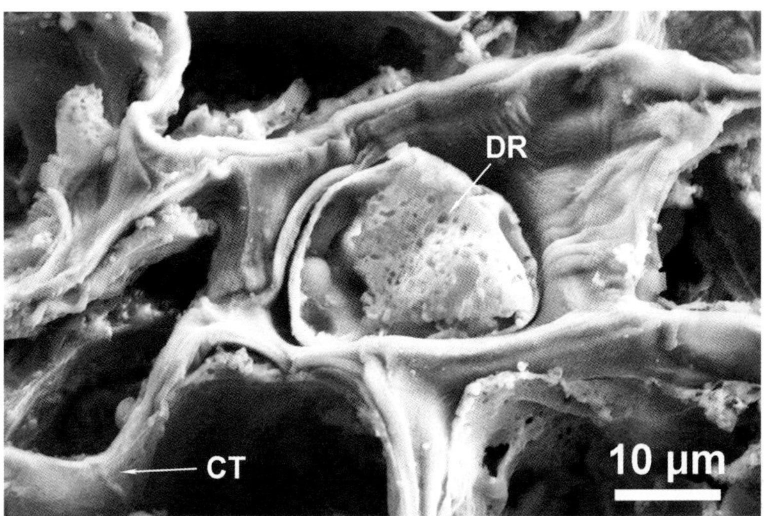

Figura 4. Detalle de poros (20 µm) de Figura 3. Se aprecia la cutícula (**CT**) que forma los bordes de los poros (~3 µm) y los residuos de degradación (**DR**) que constituyen gran parte de su relleno. Técnicas: MET-C, VPFESEM-SUPRA.

Figure 4. Detail of pores (20 µm) from Figure 3. The cuticle (**CT**) that forms the edges of the pores (~3 microns) and the degradation residues (**DR**) that constitute a large part of their filling can be seen. Techniques: MET-C, VPFESEM-SUPRA.

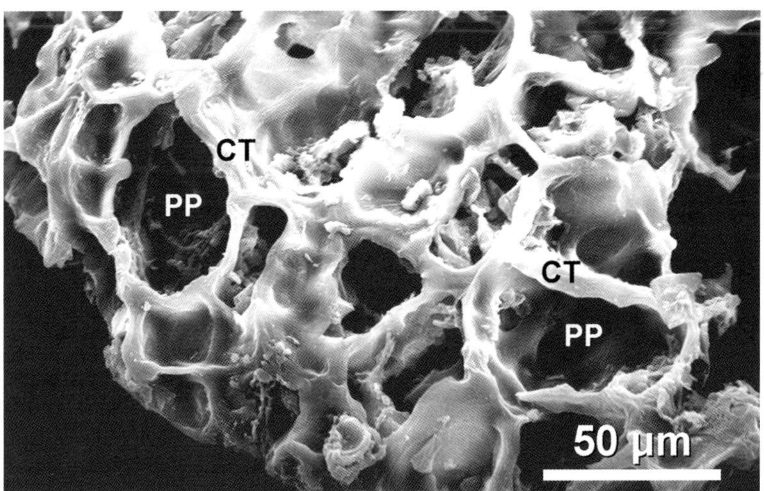

Figura 5. Partícula de hidrochar de SCG a 180 °C después del tratamiento de activación química. Se observa las cutículas de lignina (**CT**) (~3 µm) como hilos formando una red. Los poros (**PP**) están vacíos de rellenos y son más voluminosos, de hasta ~50 µm. Técnicas: MET-C, MET-AU, SEM-H-510-DIG.

Figure 5. SCG hydrochar particle at 180 °C after chemical activation treatment. The lignin cuticles (**CT**) (~3 µm) are observed as threads forming a net. The pores (**PP**) are empty of fillers and are more voluminous, up to ~50 µm. Techniques: MET-C, MET-AU, SEM-H-510-DIG.

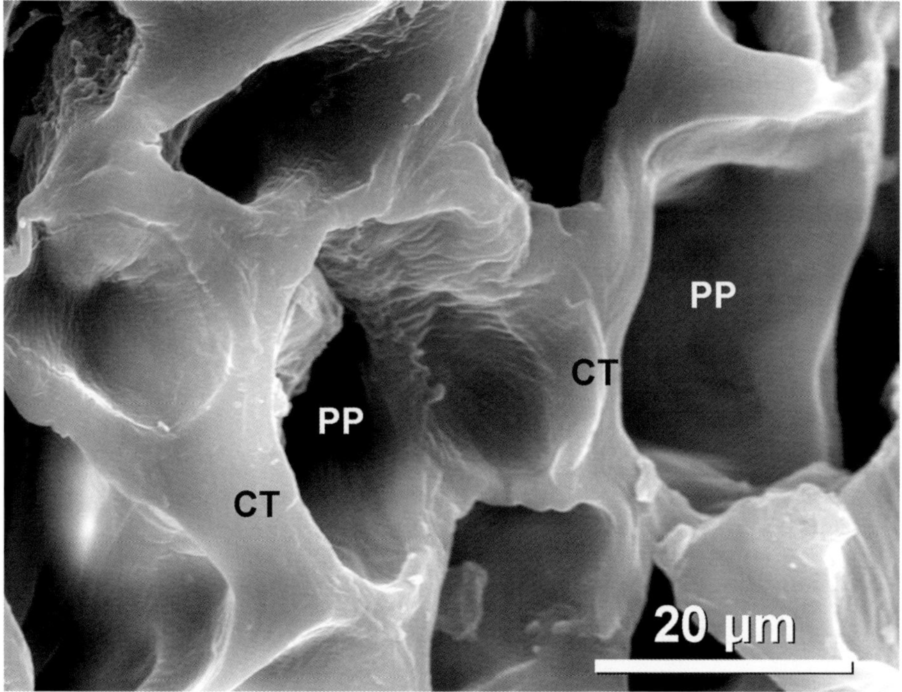

Figura 6. Imagen de detalle de una partícula de hidrochar de SCG a 180 ºC después del tratamiento de activación química. Se observa las cutículas (**CT**) de lignina como tabiques. Los poros (**PP**) se muestran despejados, sin material de degradación rellenando en su interior. Técnicas: MET-C, MET-AU, SEM-H-510-DIG.

Figure 6. Detailled image of an SCG hydrochar particle at 180 ºC after chemical activation treatment. Lignin cuticles (**CT**) are observed as septa and pores (**PP**) appear clear, without any degradation material filling inside. Techniques: MET-C, MET-AU, SEM-H-510-DIG.

Referencias
References

[1] Ischia, G., Cutillo, M., Guella, G., Bazzanella, N., Cazzanelli, M., Orlandi, M., Miotello, A. y Fiori, L. 2022. *Hydrothermal carbonization of glucose: Secondary char properties, reaction pathways, and kinetics.* Chemical Engineering Journal 449, 137827.

[2] Afolabi, O., Sohail, M., y Cheng, Y.L. 2020. *Optimisation and characterisation of hydrochar production from spent coffee grounds by hydrothermal carbonisation.* Renewable Energy 147, 1380-1391.

[3] Cervera-Mata, A., Fernández-Arteaga, A., Navarro-Alarcón, M., Hinojosa, D., Pastoriza, S., Delgado, G. y Rufián-Henares, J.A. 2021. *Spent coffee grounds as a source of smart biochelates to increase Fe and Zn levels in lettuces.* Journal of Cleaner Production, 129548.

[4] Chiu, Y.H. y Lin, L.Y. 2019. *Effect of activating agents for producing activated carbon using a facile one-step synthesis with waste coffee grounds for symmetric supercapacitors.* Journal of the Taiwan Institute of Chemical Engineers 101, 177-185.

[5] Cervera-Mata, A., Lara, L., Fernández-Arteaga, A., Rufián Henares, J.A. y Delgado, G. 2021. *Washed hydrochar from spent coffee grounds: A second generation of coffee residues. Evaluation as organic amendment.* Waste Management 120, 322-329.

[6] Yokota, S., Nishimoto, A. y Kondo, T. 2022. *Alkali activation of cellulose nanofibrils to facilitate surface chemical modification under aqueous conditions.* Journal of Wood Science 68, 1-7.

2. Fracciones granulométricas del suelo

2. Soil Granulometric Fractions

Estudio con SEM-EDX de arenas finas pesadas de suelos mediterráneos

Juan Manuel Martín-García, Alberto Molinero García, Rafael Delgado Calvo-Flores.

La fracción granulométrica arena (>50–2000 μm) ha recibido en Ciencia del Suelo menor atención que la arcilla (< 2 μm), al radicar en la arcilla buena parte de las propiedades químicas, fisicoquímicas y físicas del suelo [1]. La arena se ha estudiado mediante microscopía óptica, informando de reserva de nutrientes [2], uniformidad del material de partida [3] y otros aspectos genéticos (ver Capítulo I.1.4 de este mismo libro). A partir de los noventa (s. XX) las investigaciones pedogenéticas de la arena se siguen centrando en uniformidad del material, y para estimar grado de alteración en cronosecuencias [4, 5, 6, 7]; a lo que sumar procesos específicos de alteración de minerales: cuarzo [8, 9] o micas [10, 11]. Se consideran ambas fracciones gravimétricas, pesada ($\rho > 2{,}82\,\mathrm{g\,cm^{-3}}$) y ligera ($\rho < 2{,}82\,\mathrm{g\,cm^{-3}}$) [5, 6, 7, 10] y [4, 8, 9] y el SEM-EDX como técnicas preferentes de estudio [6, 8, 9, 10].

El objetivo fue testear la utilidad del SEM-EDX en el estudio de las arenas pesadas de una cronosecuencia de suelos (Luvisol, Calcisol, Luvisol -preholocénicos-, Regosol, Fluvisol -holocénicos-) de la cuenca del río Guadalquivir (sur de España) [12]. La arena fina pesada (>50-250 μm, $\rho > 2{,}82$ g cm^{-3}), fue separada por tamizado, previa destrucción de M.O., y enriquecida con bromoformo. Las técnicas de montaje y estudio para SEM-EDX se recogen en Capítulo I.2.1., técnicas: MET-C, VPFESEM- SUPRA, EDX-OXFORD50, RAMAN. Se empleó también XRD.

Confirmamos: 1.- Presencia de fases minoritarias (indetectables con XRD) (Figuras 1 a 6): granate-andradita [$Ca_3Fe_2(SiO_4)_3$], monacita [$(Ce,La,Nd,Pr)PO_4$], apatito [$Ca_5(PO_4)_3(OH)$], zircón ($ZrSiO_4$), ilmenita ($FeTiO_3$), rutilo (TiO_2), anatasa, (TiO_2), barita ($BaSO_4$), estaurolita [$(Fe,Mg)_2Al_9(Si,Al)_4O_{20}(O,OH)_4$], titanita ($CaTiSiO_5$); indican procedencia de los materiales originales del suelo [5, 6], en nuestro caso señalando la cuenca de alimentación del río Guadalquivir [12], como demuestra SEM-CL [13]. 2.- Rasgos morfoscópicos de modelado fluvial y de alteración edafoquímica mayor en suelos preholocénicos frente a holocénicos, confirmada geoquímicamente [12]. 3.- Existencia de granos poliminerálicos (Figuras 2, 3). 4.- Hecho original de neoformación de rutilo y presencia conjunta con su polimorfo anatasa; establecida la especie mineral mediante Raman [14]. (Figuras 3 a 6).

Concluimos que SEM (y técnicas auxiliares) es de gran valor en el estudio de las arenas del suelo, informativo de su mineralogía y aspectos pedogéneticos.

SEM-EDX study of Heavy Fine Sands of Mediterraean Soils

Juan Manuel Martín-García, Alberto Molinero García, Rafael Delgado Calvo-Flores.

The sand granulometric fraction (>50–$2000\ \mu m$) has received less attention in soil science than clay ($<2\ \mu m$), since a good part of the chemical, physicochemical and physical properties of the soil lie in the clay [1]. The sand was studied using optical microscopy, showing nutrient reserves [2], uniformity of the parent material [3] and other genetic aspects (see Chapter I.1.4 of this same book). Starting in the 1990s (20th century), pedogenetic investigations of sand have continued to focus on the uniformity of the material, and estimating the degree of alteration in soil chronosequences [4, 5, 6, 7], in addition to specific alteration processes of minerals: quartz [8, 9] or micas [10, 11]. Both gravimetric fractions, heavy ($\rho >$ $2.82\ g\ cm^{-3}$) and light ($\rho < 2.82\ g\ cm^{-3}$) [5, 6, 7, 10] and [4, 8, 9] are considered, with SEM-EDX used as the preferred techniques [6, 8, 9, 10].

The objective was to test the usefulness of SEM-EDX in the study of heavy sands from a chronosequence of soils (Luvisol, Calcisol, Luvisol -pre-Holocene-, Regosol, Fluvisol -Holocene-) of the Guadalquivir River Basin (southern Spain) [12]. Heavy fine sand (>50-$250\ \mu m$, $\rho > 2.82\ g\ cm^{-3}$), was separated by sieving, after destroying OM, and enriched with bromoform. The study techniques for SEM-EDX are included in Chapter I.2.1, techniques: MET-C, VPFESEM- SUPRA, EDX-OXFORD50, RAMAN. XRD was also used.

We confirm: 1.- Presence of minor phases (undetectable with XRD) (Figures 1 to 6): garnet-andradite [$Ca_3Fe_2(SiO_4)_3$], monazite [$(Ce,La,Nd,Pr)PO_4$], apatite [$Ca_5(PO_4)_3(OH)$], zircon ($ZrSiO_4$), ilmenite ($FeTiO_3$), rutile (TiO_2), anatase, (TiO_2), barite ($BaSO_4$), staurolite [$(Fe,Mg)_2Al_9(Si,Al)_4O_{20}(O,OH)_4$], titanite ($CaTiSiO_5$); they indicate the provenance of the original soil materials [5, 6], in our case pointing to the Guadalquivir River Basin [12]; as demonstrated by LC-SEM [13]. 2.- Morphoscopic features of fluvial modeling and major pedo-chemical alteration in pre-Holocene versus Holocene soils, confirmed geochemically [12]. 3.- Existence of polymineral grains (Figures 2, 3). 4.- Original event of neoformation of rutile and joint presence with its anatase polymorph; mineral species established by Raman [14] (Figures 3 to 6).

We conclude that SEM (and auxiliary techniques) is of great value in the study of soil sands, and informative of their mineralogy and pedogenetic aspects.

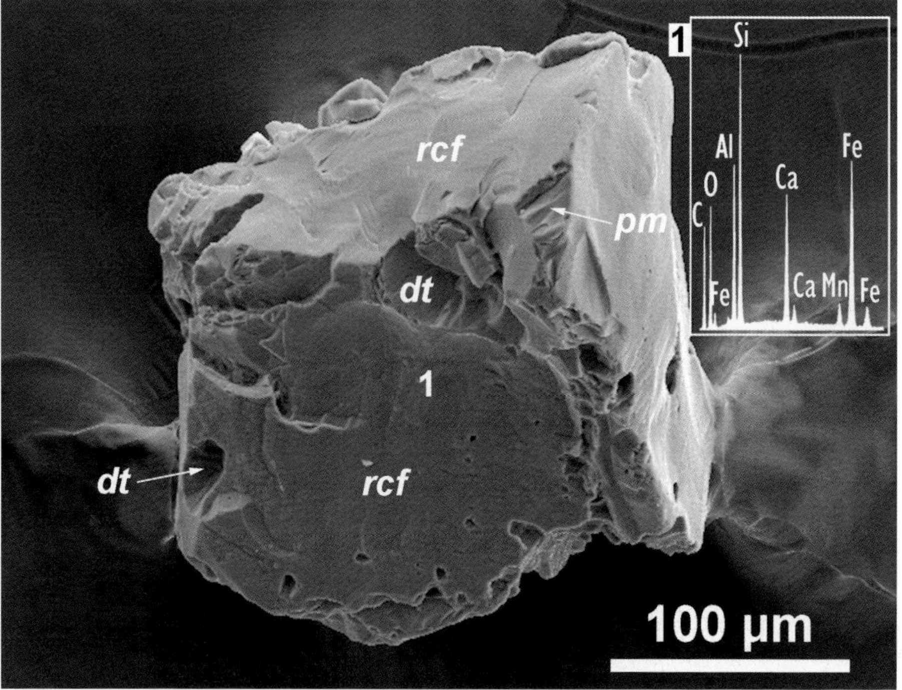

Figura 1. Horizonte C, Calcisol háplico, holocénico. Imagen de electrones secundarios (SE). Grano monominerálico de granate andradita (EDX (**1**), Si, Al, Ca, Fe, Mn, O) de ~300 μm. Son visibles las reminiscencias de caras de cristal (***rcf***), las marcas de golpes (***pm***) y disolución (***dt***). Adaptado de Figura 2a, página 584 [12].

Figure 1. Horizon C, Haplic Calcisol, Holocene. Secondary electron image (SE). Andradite garnet monomineral grain (EDX (**1**), Si, Al, Ca, Fe, Mn, O) of ~300 μm. The reminiscences of crystal faces (***rcf***), the marks of blows (***pm***) and dissolution (***dt***) are visible. Adapted from Figure 2a, page 584 [12].

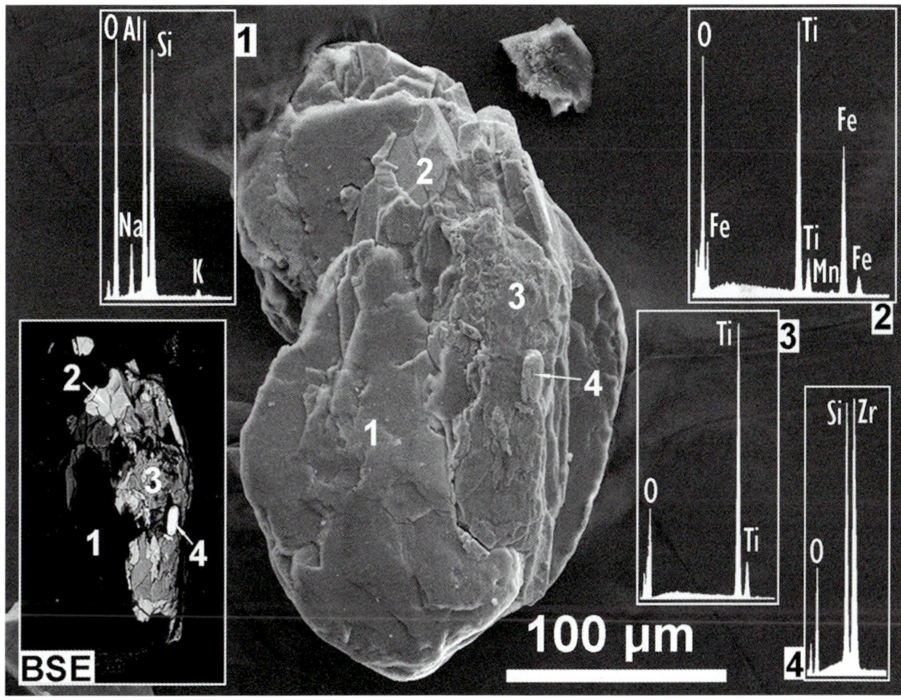

Figura 2. Horizonte C, Fluvisol háplico, holocénico. En el centro, imagen de electrones secundarios (SE); a izquierda electrones retrodispersados (**BSE**). Grano subredondeado y algo pulido, de ~400 µm, poliminerálico: (**1**) plagioclasa sódica, (**2**) ilmenita, (**3**) óxido de titanio y (**4**) zircón. Adaptado de Figura 2e, pág. 584 [12].

Figure 2. Horizon C, Haplic Fluvisol, Holocene. In the center, image of secondary electrons (SE); on the left, backscattered electrons (**BSE**). Subrounded and somewhat polished grain, ~400 µm, polymineral: (**1**) sodium plagioclase, (**2**) ilmenite, (**3**) titanium oxide and (**4**) zircon. Adapted from Figure 2e, p. 584 [12].

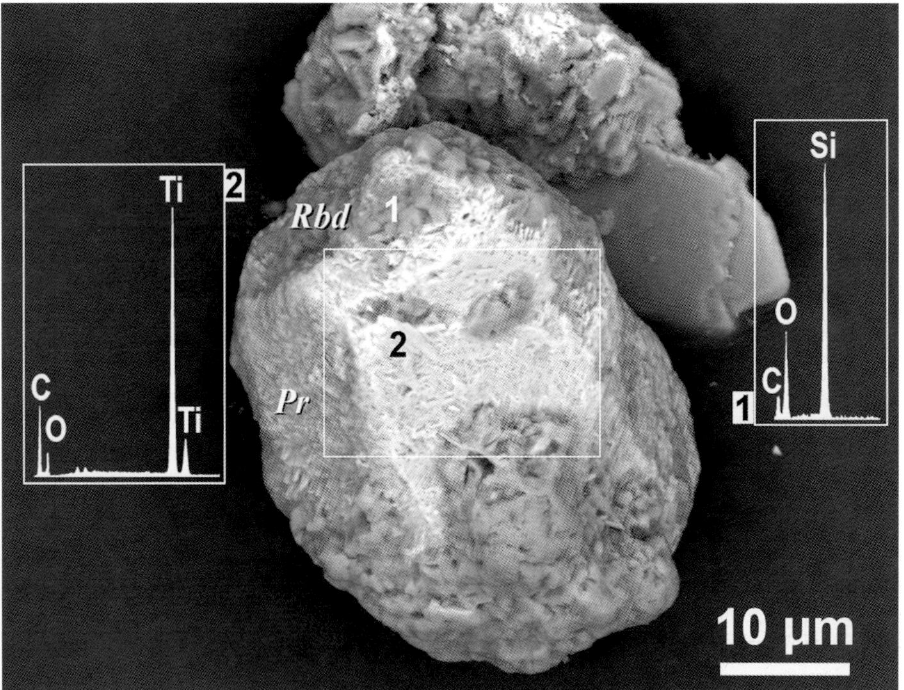

FIGURA 3. Horizonte Bt, Luvisol cutánico, preholocénico. Imagen de electrones retrodispersados (BSE). Grano poliminerálico, de ~50 µm, mayoritariamente de cuarzo (**1**) y rutilo (**2**) que recubre parcialmente la reminiscencia de una cara de cristal. La forma, frecuente en cuarzo, recuerda a un prisma 1 0 $\bar{1}$ 0 (***Pr***) con caras de romboedro 1 0 $\bar{1}$ 1 (***Rbd***). Aspecto alterado. Adaptado de Figura 3b, pág. 586 [12]. El recuadro señala el área estudiada en la siguiente figura.

FIGURE 3. Bt horizon, cutanic Luvisol, pre-Holocene. Backscattered Electrons image (BSE). Polymineral grain, ~50 µm, mostly quartz (**1**) and rutile (**2**) that partially covers the remnant of a crystal face. The shape, common in quartz, is reminiscent of a prism 1 0 $\bar{1}$ 0 (***Pr***) with rhombohedral faces 1 0 $\bar{1}$ 1 (***Rbd***). Altered appearance. Adapted from Figure 3b, p. 586 [12]. The box indicates the area studied in the following figure.

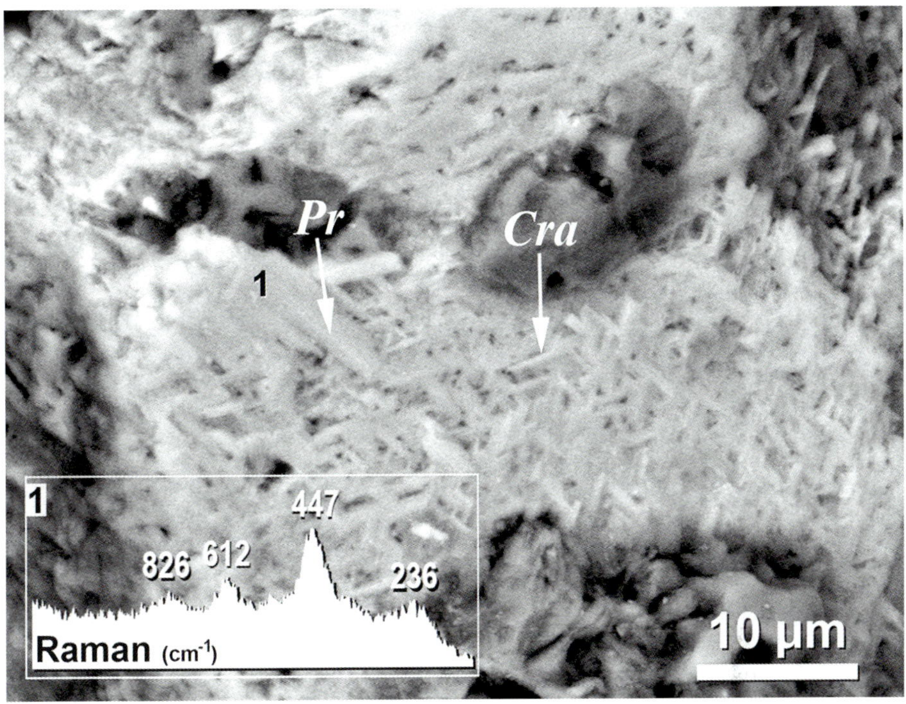

Figura 4. Detalle de anterior, Figura 3 (recuadro). Imagen BSE con espectro Raman. El rutilo (identificado por su espectro Raman [14]) muestra fábrica de cristales intercruzados aciculares (**Cra**) de 3 × 0.5 µm (aprox.) y prismáticos (**Pr**) de 10 × 2 µm. Apariencia de neformación sobre superficie del cuarzo. Adaptado de Figura 3d, pág. 586 [12].

Figure 4. Detail of previous, Figure 3 (box). BSE image with Raman spectrum. Rutile (identified by its Raman spectrum [14]) shows intercrossed acicular crystals (**Cra**) of 3 × 0.5 µm (approx.) and prismatic crystals (**Pr**) of 10 × 2 µm. Appearance of neoformation on quartz surface. Adapted from Figure 3d, p. 586 [12].

FIGURA 5. Horizonte Bt, Luvisol cutánico, preholocénico. Imagen de electrones secundarios (SE). Grano monominerálico (**1**), de ~150 µm, de óxido de titanio. Observables rasgos de meteorización. (**W**). Adaptado de Figura 3e, pág. 586 [12].

FIGURE 5. Bt horizon, cutanic Luvisol, pre-Holocene. Secondary electron image (SE). Monomineral grain (**1**) (~150 µm) of titanium oxide. Visible weathering features. (**W**). Adapted from Figure 3e, p. 586 [12].

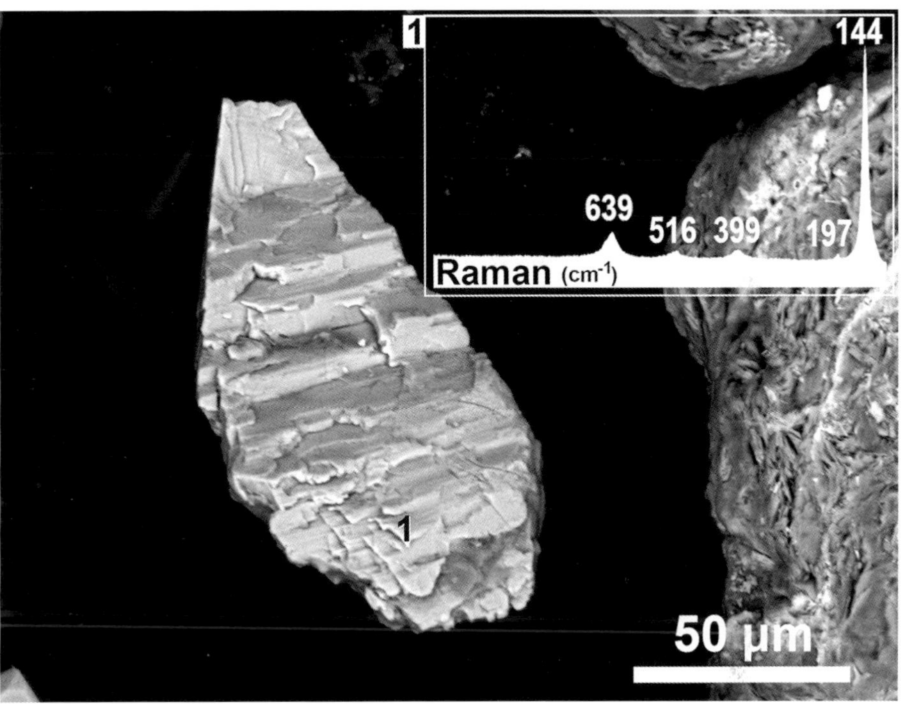

Figura 6. Mismo grano anterior. Imagen de electrones retrodispersados (BSE), con espectro Raman. La especie mineral, anatasa, se identifica por su espectro Raman [14]. Apariencia de ser heredado en el suelo por el aspecto general detrítico. Adaptada de Figura 3f, pág. 586 [12].

Figure 6. Same as previous grain. Image of backscattered electrons (BSE), with Raman spectrum. The mineral species, anatase, is identified by its Raman spectrum [14]. Appearance of inheritance from the soil due to the general detrital appearance. Adapted from Figure 3f, p. 586 [12].

Referencias
References

[1] DIXON J.B. 1991. *Roles of clays in soils.* Applied Clay Science 5, 489-503.

[2] TAMM, O. 1937. *Om de lagproduktiva sandmarkerna a Hökensas och i övre Lagadalen. Meddelanden från Statens skogsförsöksanstalt* 30, 1-66.

[3] ARNOLD, R.W. 1968. *Pedological significance of lithologic discontinuities.* En: J.W. Holmes. (Ed.), Transactions, 9th International Congress of Soil Science (Vol. 4, pp. 595-603). Adelaide, Australia: The International Society of Soil Science and Angus and Robertson LTD.

[4] FARRAGALLAH, M.A. y ESSA, M.A. 2011. *Sand and clay mineralogical composition in relation to origin, sedimentation regime, uniformity, and weathering rate of Nile terrace soils at Assiut, Egypt.* Australian ournal of Basic and Applied Sciences 5, 239-256.

[5] SULIEMAN, M.M., IBRAHIM, I.S., ELFAKI, J.T. y DAFA-ALLAH, M.S. 2015. *Origin and distribution of heavy minerals in the surficial and subsurficial sediments of the alluvial Nile River terraces.* Open Journal of Soil Science 5, 299-310.

[6] TEJAN-KELLA, M.S., CHITTLEBOROUGH, D.J. y FITZPATRICK, R.W. 1991. *Weathering assessment of heavy minerals in age sequences of Australian sandy soils.* Soil Science Society of America Journal 55, 427-434.

[7] TEJAN-KELLA, M.S., FITZPATRICK, R.W. y CHITTLEBOROUGH, D.J. 1991. *Scanning electron microscope study of zircons and rutiles from a podzol chronosequence at Cooloola, Queensland, Australia.* Catena 18, 11-30.

[8] MARTÍN-GARCÍA, J.M., ARANDA, V., GÁMIZ, E., BECH, J. y DELGADO, R. 2004. *Are Mediterranean mountains Entisols weakly developed? The case of Orthents from Sierra Nevada (Southern Spain).* Geoderma 118. 115-130.

[9] MARTÍN-GARCÍA, J.M., MÁRQUEZ, R., DELGADO, G., SÁNCHEZ MARAÑÓN, M y DELGADO, R. 2015. *Relationships between quartz weathering and soil type (Entisol, Inceptisol and Alfisol) in Sierra Nevada (southeast Spain).* European Journal of Soil Science 66, 179-193.

[10] DELGADO, R., MARTÍN-GARCÍA, J.M., OYONARTE, C. y DELGADO, G. 2003. *Genesis of Terrae Rossae from Sierra de Gádor (Andalucía, Spain).* European Journal Soil Science 54, 1-16.

[**11**] Martín-García, J.M., Delgado, G., Párraga, J., Bech, J. y Delgado, R. 1998. *Mineral formation in micaceous Red Mediterranean soils from the Sierra Nevada (Granada, Spain).* European Journal of Soil Science 49, 253-268.

[**12**] Martín-García, J.M., Molinero-García, A., Calero, J., Sánchez-Marañón, M., Fernández-González, M.V. y Delgado, R. 2020. *Pedogenic information from fine sand: A study in Mediterranean soils.* European Journal of Soil Science 71(4), 580-597.

[**13**] Molinero-García, A., Müller, A., Martín-García, J.M., Simonsen, S.L. y Delgado, R. 2022. *Provenance of quartz grains from soils over Quaternary terraces along the Guadalquivir River, Spain.* Geoderma 414, 115769.

[**14**] Arsov, L.D., Kormann, C. y Plieth, W. 1991. *Electrochemical synthesis and in situ Raman spectroscopy of thin films of titanium dioxide.* Journal of Raman Spectroscopy 22, 573-575.

Granos de cuarzo como indicadores de procesos medioambientales. Utilidad del SEM-EDX

Rafael Delgado Calvo-Flores, Alberto Molinero García,
Rocío Márquez Crespo, Juan Manuel Martín-García

El análisis morfoscópico (tamaño, parámetros de forma, rasgos superficiales) de granos minerales para dilucidar ambientes de modelado es técnica empleada en Sedimentología [1, 2, 3]. Frecuentemente se aplica al cuarzo, mineral casi ubicuo en la superficie, relativamente resistente a la meteorización física y química [4] por lo que conserva las huellas dejadas por el medioambiente y permite reconstruir su historia. Sin embargo, no son tan frecuentes los estudios de morfoscopía de granos minerales en otros elementos del ecosistema distintos de los sedimentos (i.e. suelos, atmósfera) [5, 6, 7, 8] y tampoco con cuarzo [6, 7. 8, 9, 10]. El SEM-EDX constituye una técnica básica de estudio [2, 11, 12, 13]. En un capítulo general de este libro (I.1.5) recogemos una revisión del tema.

Nuestro objetivo es valorar la morfología SEM de granos de cuarzo como indicadora de procesos medioambientales en suelos, atmósfera y desierto. Empleamos: 1- Arena fina (50-250 μm) y limo grueso (20-50 μm) de Luvisoles de Gádor (Almería, España) [6]; 2- Arena fina ligera ($\rho < 2,82$ g cm^{-3}) de Criorthent de Sierra Nevada (Granada, España) [7]; 3.-Arena gruesa (250-2000 μm) del desierto del Sáhara (Túnez) [12]; 4.- Arena fina ligera, Mollisol (Calcisol) de Sierra Elvira (Granada, España) [14]; 5.-Partículas eólicas de arena fina de las proximidades de Granada (España) [15]. Según casos, empleamos técnicas de separación por tamizado, sedimentación, densidad, etc. Técnicas SEM-EDX descritas en Capítulo I.2.1: SEM-H-510-FOT, SEM-H-510-DIG, EDX-ER. EDX garantizó la composición silícica.

Varios paradigmas pueden confirmarse y/o establecerse: 1.- Destacable contribución al suelo del eolismo [5, 16, 17, 18], a nivel de horizontes subsuperficiales (Figura 1) y superficiales (Figura 2); procedentes los granos de ambientes diversos de modelado (playas, desiertos); algunos, sin duda, africanos (Figura 3). 2.- El cuarzo no es tan inalterable en el suelo como se presupone [14, 19, 20, 21, 22]: sufre meteorización química (Figura 4) y precipitación/crecimiento generador de formas poliédricas (cercanas a idiomorfas) y agregados paralelos de cristales (Figura 5) indicativos de crecimiento en relación con microsuperficies (del suelo) [23]. 3.- La atmósfera no es un mero medio de transporte y modelado físico de partículas, sino que las modifica compositivamente (Figura 6) y hasta las neoforma [10, 24].

Se abre un sugerente campo para comprender, a partir del cuarzo, el funcionamiento y la interacción entre distintos elementos y ambientes del ecosistema.

Quartz Grains as Indicators of Environmental Processes. Usefulness of SEM-EDX

Rafael Delgado Calvo-Flores, Alberto Molinero García,
Rocío Márquez Crespo, Juan Manuel Martín-García

The morphoscopic analysis (size, shape parameters, surface features) of mineral grains to elucidate modeling environments is a technique used in Sedimentology [1, 2, 3]. It is frequently applied to quartz, a mineral that is almost ubiquitous on the surface, and relatively resistant to physical and chemical weathering [4], so it preserves the traces left by the environment and allows its history to be reconstructed. However, there are few morphoscopic studies of mineral grains in other elements of the ecosystem separate from sediments (i. e. soil, atmosphere) [5, 6, 7, 8], including with quartz [6, 7. 8, 9, 10]. SEM is a basic study technique [2, 11, 12, 13]. In a general chapter of this book (I.1.5) we provide a review of the subject.

Our objective is to assess the SEM morphology of quartz grains as an indicator of environmental processes in soils, atmosphere and desert. We used: 1- Fine sand (50 -250 μm) and coarse silt (20-50 μm) from Luvisols of the Sierra Gádor (Almería, Spain) [6]; 2- Light fine sand ($\rho < 2.82$ g cm^{-3}) from Criorthent from the Sierra Nevada (Granada, Spain) [7]; 3.-Coarse sand (250-2000 μm) from the Sahara Desert (Tunisia) [11]; 4.- Light fine sand, Mollisol (Calcisol) from the Sierra Elvira (Granada, Spain) [14]; 5.-Aeolian particles of fine sand from the vicinity of Granada (Spain) [15]. Depending on the case, we use separation techniques by sieving, sedimentation, density, etc. SEM-EDX techniques described in Chapter I.2.1: SEM-H-510-FOT, SEM-H-510-DIG, EDX-ER. EDX guaranteed the silicic composition.

Several paradigms can be confirmed and/or established: 1.- Remarkable contribution to the soil from wind activity [5, 16, 17, 18], at the level of subsurface horizons (Figure 1) and surface horizons (Figure 2); the grains come from different modeling environments (beaches, deserts), some, undoubtedly, Saharan (Figure 3). 2.- Quartz is not as unalterable in the soil as it is assumed [14, 19, 20, 21, 22]: it undergoes chemical weathering (Figure 4) and precipitation/growth that generates polyhedral forms (close to idiomorphic), and parallel aggregates of crystals (Figure 5) indicative of growth in relation to (soil) microsurfaces [23]. 3.- The atmosphere is not a mere means of transport and physical modeling of particles, but modifies them compositionally (Figure 6) and even neoforms them [10, 24].

This opens an interesting topic of understanding the functioning and interaction between different elements and environments of the ecosystem, based on quartz.

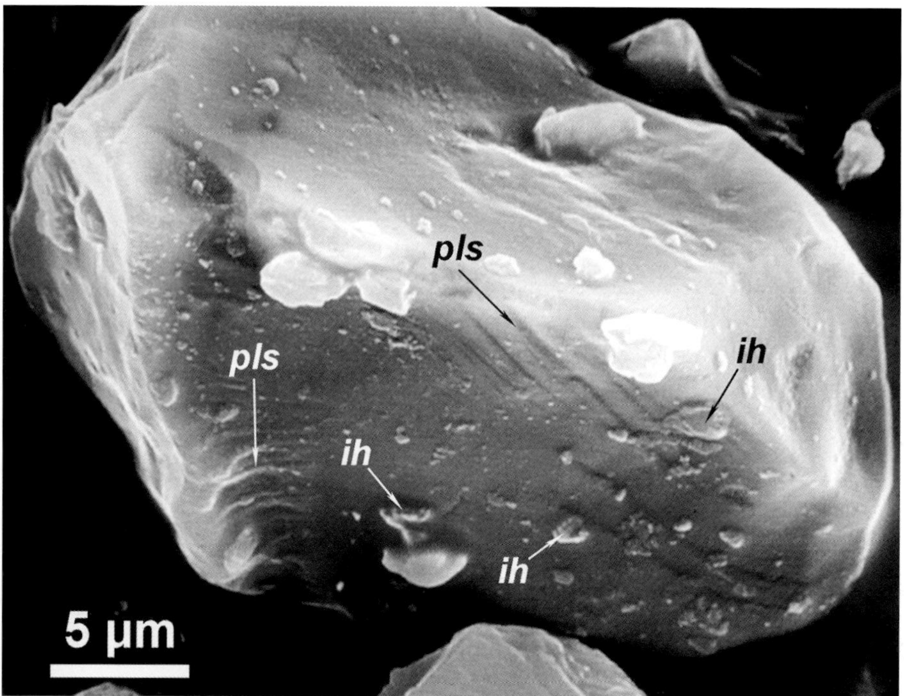

Figura 1.- Luvisol, Sierra de Gádor (Almería, España), horizonte Bt. Grano de cuarzo, tamaño limo (~35 µm), con forma irregular, subredondeado, superficie pulida, bordes desgastados, orificios por impacto (**ih**) y *parallel lines and steps* (**pls**). Rasgos de modelado de playa [1]. Presencia en el suelo por eolismo. Adaptada de Figura 3i, página 13 [6].

Figure 1.- Luvisol from the Sierra Gádor (Almería, Spain), Bt horizon. Quartz grain, silt sized (~35 µm), with irregular shape, subrounded, polished surface, worn edges, impact holes (**ih**) and parallel lines and steps (**pls**). Beach modeling features [1]. Presence in the soil due to wind. Adapted from Figure 3i, page 13 [6].

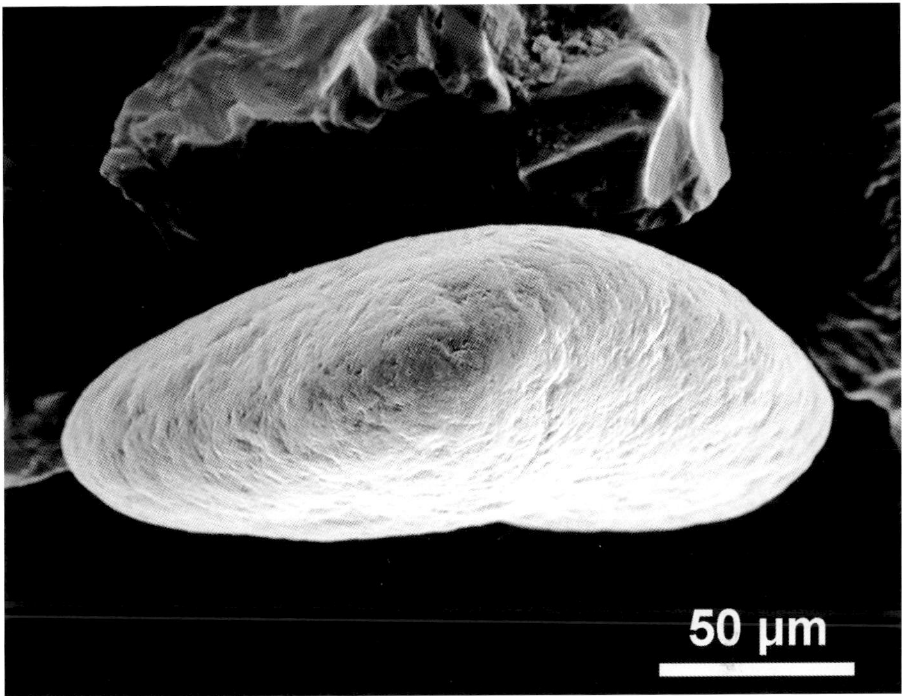

FIGURA 2.- Luvisol, Sierra de Gádor (Almería, España), horizonte A. Grano de cuarzo, fracción arena fina (~200 µm), forma aerodinámica, superficie subredondeada, con rasgos superficiales de abrasión de modelado eólico ("piel de naranja"). Rasgos propios de desierto [3]. Presencia en el suelo por eolismo. Adaptada de Figura 3j, página 13 [6].

FIGURE 2.- Luvisol from the Sierra Gádor (Almería, Spain), A horizon. Quartz grain, fine sand fraction (~200 µm), aerodynamic shape, subrounded surface, with abrasion surface features of wind modeling ("orange peel"). Desert features [3]. Presence in the soil due to wind. Adapted from Figure 3j, page 13 [6].

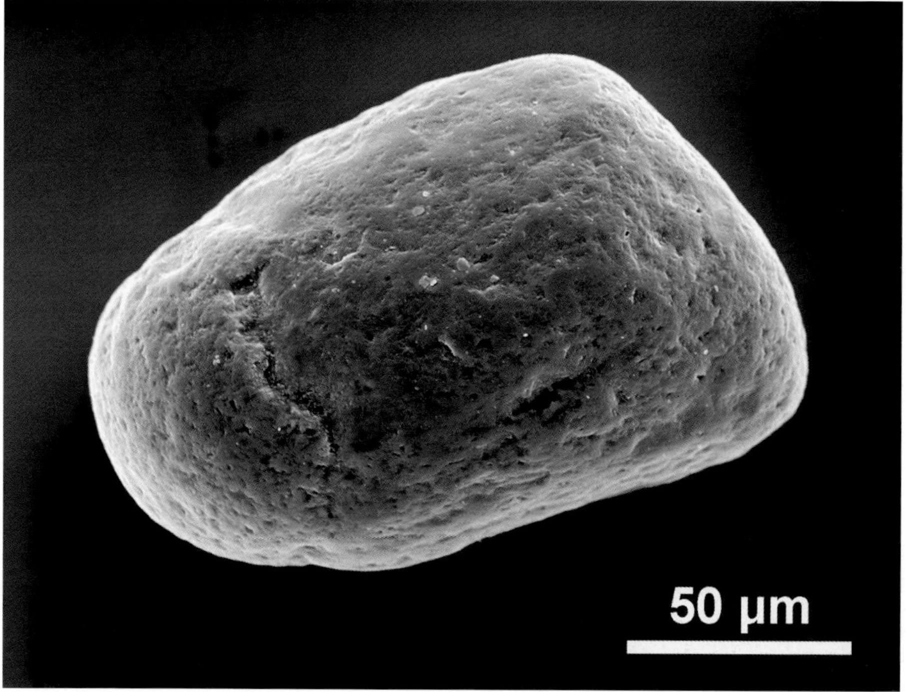

Figura 3. Desierto del Sáhara (Túnez). Grano de cuarzo, fracción arena gruesa (~1300 µm), forma irregular algo pseudoesférica, superficie subredondeada, modelado superficial en "piel de naranja" por abrasión (impacto entre granos). Adaptada de Figura b, página 32 [9].

Figure 3. Sahara Desert (Tunisia). Quartz grain, coarse sand fraction (~1300 µm), somewhat pseudospherical irregular shape, subrounded surface, modeled in "orange peel" by abrasion (impact between grains). Adapted from Figure b, page 32 [9].

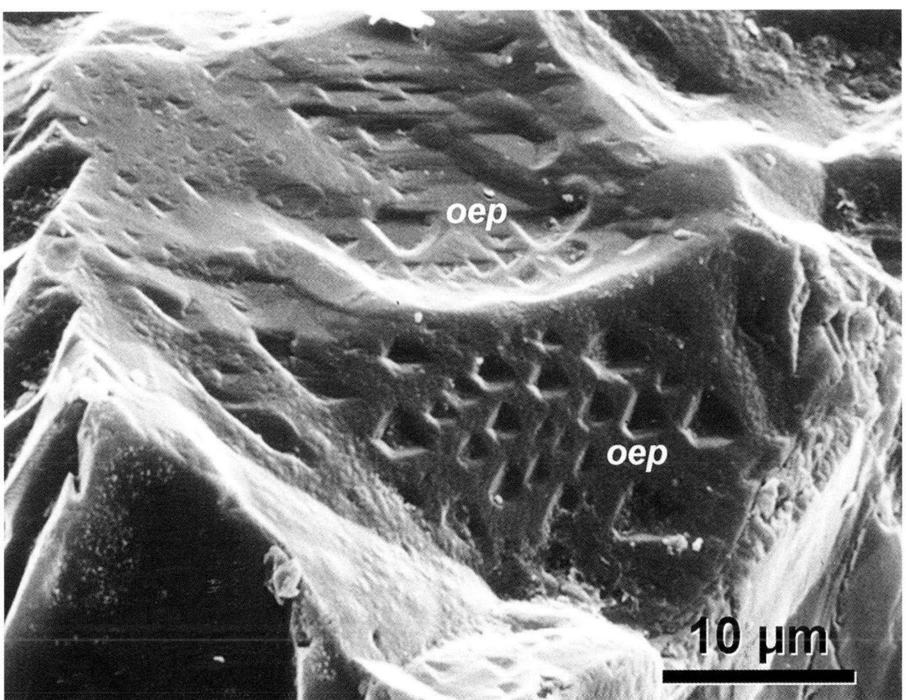

FIGURA 4. Criorthent, Sierra Nevada (Granada, España), horizonte C. Grano de cuarzo, tamaño arena. Detalle de la superficie mostrando rasgos de meteorización química: huellas de disolución orientadas –*etch pits*– (**oep**), de ~2 micras de ancho y simetría ditrigonal característica. Adaptada de Figura 5f, página 124 [7].

FIGURE 4. Criorthent from the Sierra Nevada (Granada, Spain), C horizon. Quartz grain, sand size. Detail of the surface showing features of chemical weathering: traits of disolution oriented "etch pits" (**oep**), ~2 microns wide and characteristic ditrigonal symmetry. Adapted from Figure 5f, page 124 [7].

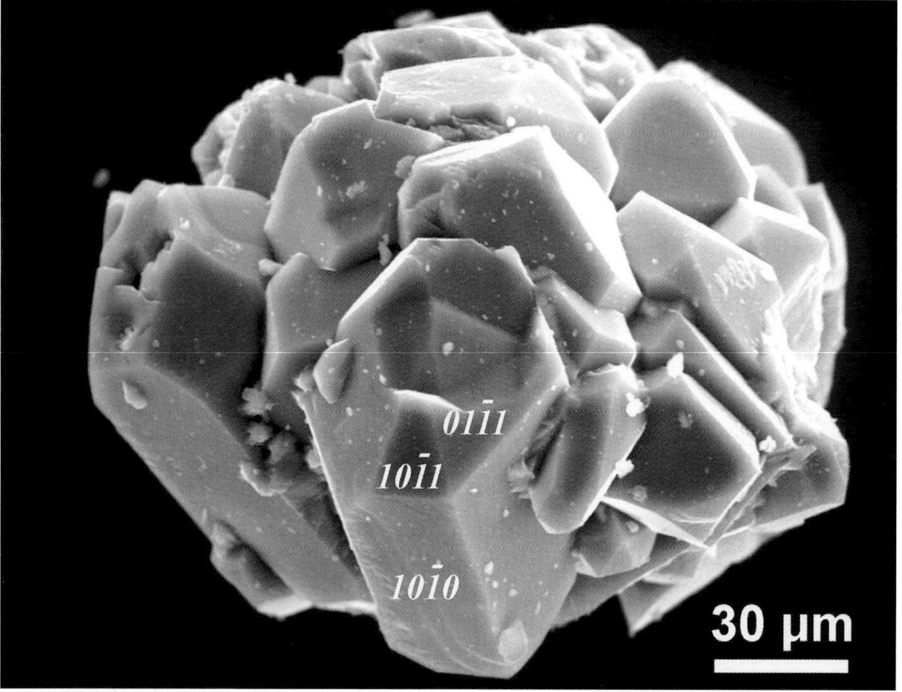

FIGURA 5.- Mollisol, Sierra Elvira (Granada, España), horizonte Bw. Grano de cuarzo, fracción arena fina ligera (~180 µm). Drusa de cristales cercanos a idiomorfos, en crecimiento paralelo. Reconocibles las caras de prisma (*1 0 ī 0*) y de romboedros (*1 0 ī 0* y *0 1 ī 1*). Adaptada de Figura III.5.30A, página 304 [14].

FIGURE 5.- Mollisol from the Sierra Elvira (Granada, Spain), Bw horizon. Quartz grain, light fine sand fraction (~180 µm). Druse of crystals close to idiomorphs, in parallel growth. Prism (*1 0 ī 0*) and rhombohedrons (*1 0 ī 1* and *0 1 ī 1*) are faces recognizable. Adapted from Figure III.5.30A, page 304 [14].

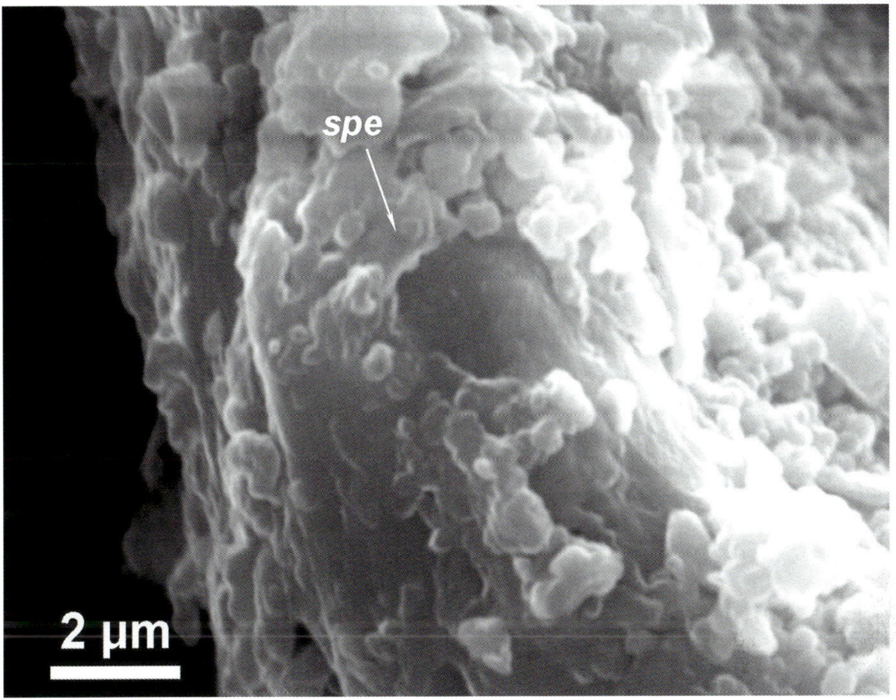

Figura 6.- Polvo atmosférico (muestra 28PA, año 2014), ciudad de Granada (España). Grano de cuarzo, tamaño arena. La superficie muestra una película de sílice (**spe**) recubriéndolo casi en su totalidad, producto de un proceso de atmosferogénesis mineral. Adaptada de Figura 4e, página 7 [15].

Figure 6.- Atmospheric dust (sample 28PA, year 2014), city of Granada (Spain). Quartz grain, sand size. The surface shows a film of silica (**spe**) covering it almost entirely, product of an mineral atmosphere-genetic process. Adapted from Figure 4e, page 7 [15].

Referencias
References

[1] PETTIJOHN F.J., POTTER P.E. Y SIEVER R. 1972. *Transport, Deposition, and Deformation of Sand. En: Sand and Sandstone.* Springer Study Edition. Springer, New York, NY.

[2] LE RIBAULT, L. 1977. *L'Exoscopie des Quartz.* Masson, Paris.

[3] VOS, K., VANDENBERGHE, N. Y ELSEN, J. 2014. *Surface textural analysis of quartz grains by Scanning Electron Microscopy (SEM): From sample preparation to environmental interpretation.* Earth-Science Reviews 128, 93-104.

[4] MAHANEY, W.C. 2002. *Atlas of Sand Grain Surface Textures and Applications.* Oxford University Press. Oxford, UK.

[5] PÁRRAGA, J., MARTÍN-GARCÍA, J.M., DELGADO, G., MOLINERO-GARCÍA, A., CERVERA-MATA, A., GUERRA, I., FERNÁNDEZ-GONZÁLEZ, M.V., MARTÍN-RODRÍGUEZ, F.J., LYAMANI, H., CASQUERO-VERA, J.A., VALENZUELA, A., OLMO, F.J. Y DELGADO, R. 2021. *Intrusions of dust and iberulites in Granada basin (Southern Iberian Peninsula). Genesis and formation of atmospheric iberulites.* Atmospheric Research 248, 105260.

[6] DELGADO, R., MARTÍN-GARCÍA, J.M., OYONARTE, C. Y DELGADO, G. 2003. *Genesis of the terrae rossae of the Sierra Gádor (Andalusia, Spain).* European Journal of Soil Science 54 (1), 1-16.

[7] MARTÍN-GARCÍA, J.M., ARANDA, V., GÁMIZ, E., BECH, J. Y DELGADO, R. 2004. *Are Mediterranean mountains Entisols weakly developed? The case of Orthents from Sierra Nevada (Southern Spain).* Geoderma 118, 115-131.

[8] MARTÍN-GARCÍA, J.M., MÁRQUEZ, R., DELGADO, G., SÁNCHEZ-MARAÑÓN, M. Y DELGADO, R. 2015. *Relationships between quartz weathering and soil type (Entisol, Inceptisol and Alfisol) in Sierra Nevada (southeast Spain).* European Journal of Soil Science 66 (1), 179-193.

[9] DELGADO, R., DELGADO, G., MÁRQUEZ, R. Y MARTÍN-GARCÍA, J.M. 2006. *Cuarzo en los suelos. Huella de los procesos medioambientales.* Investigación y Ciencia 352, 32-34.

[10] COSTA, P.J.M., ANDRADE, C., MAHANEY, W.C., MARQUES DA SILVA, F., FREIRE, P., FREITAS, M.C., JANARDO, C., OLIVEIRA, M.A., SILVA, T. Y LOPES, V. 2013. *Aeolian microtextures in silica spheres induced in a wind tunnel experiment: Comparison with aeolian quartz.* Geomorphology 180-181, 120-129.

[11] Hiranuma, N., Brooks, S. D., Auvermann, B. W. y Littleton, R. 2008. *Using environmental Scanning Electron Microscopy to determine the hygroscopic properties of agricultural aerosols.* Atmospheric Environment 42(9), 1983-1994.

[12] Stabentheiner, E., Zankel, A. y Pölt, P. 2010. *Environmental Scanning Electron Microscopy (ESEM) – a versatile tool in studying plants.* Protoplasma 246(1-4), 89-99.

[13] Martín-García, J.M., Molinero-García, A., Calero, J., Sánchez-Marañón, M., Fernández-González, M.V. y Delgado, R. 2020. *Pedogenic information from fine sand: A study in Mediterranean soils.* European Journal of Soil Science 71(4), 580-597.

[14] Márquez-Crespo, R. 2012. *El cuarzo de la fracción arena fina en suelos de la provincia de Granada.* Tesis Doctoral. Universidad de Granada. https://digibug.ugr.es/handle/10481/23482

[15] Molinero-García, A., Martín-García, J.M., Fernández-González, M.V. y Delgado, R. 2022. *Provenance fingerprints of atmospheric dust collected at Granada city (Southern Iberian Peninsula). Evidence from quartz grains.* Catena 208, 105738.

[16] Yaalon, D. H. y Ganor, E. 1973. *The influence of dust on soils during the Quaternary.* Soil Science 116(3), 146-155.

[17] Simonson, R.W. 1995. *Airborne dust and its significance to soils.* Geoderma 65(1-2), 1-43.

[18] Herrmann, L., Jahn, R. y Stahr, K. 1996. *Identification and quantification of dust additions in perisaharan soils. En: The impact of desert dust across the Mediterranean* (pp. 173-182). Springer, Dordrecht.

[19] Bornand, M. 1978. *Altération des matériaux fluvio-glaciaires, genèse et évolution des sols sur terrasses quaternaires dans la moyenne vallée du Rhône.* Doctoral dissertation, Université Montpellier II-Sciences et Techniques du Languedoc.

[20] Parra, M.A., Torrent, J., Barrios, J. y Montealegre, L. 1982. *Balances mineralógicos y texturales en la formación de suelos de toposecuencias típicas de la parte central del Valle de los Pedroches (Córdoba).* Anales de Edafología y Agrobiología 41, 945 – 954

[21] Baize, D. 1983. *Les planosols de Champagne humide: pédogénese et fonctionnement.* Doctoral dissertation, Université Henri Poincaré, Nancy.

[22] Delgado, R., Párraga, J., Delgado, G., Huertas, F. y Linares, J. 1990. *Génese d'un sol fersiallitique de la Formation Alhambra (Granada-Espagne).* Science du sol 28 (1), 53-70.

[23] Sunagawa, I. 2007. *Crystals: growth, morphology, & perfection.* Cambridge University Press.

[24] Díaz-Hernández, J.L. y Párraga, J. 2008. *The nature and tropospheric formation of iberulites: pinkish mineral microspherulites.* Geochimica et Cosmochimica Acta 72 (15), 3883-3906.

Origen litológico de granos de cuarzo de suelos mediante el empleo de catodoluminiscencia acoplada a microscopio electrónico de barrido (SEM-CL)

Alberto Molinero-García, Axel Müller, Juan Manuel Martín-García,
Siri Simonsen, Rafael Delgado Calvo-Flores

La catodoluminiscencia (CL) es un fenómeno electromagnético en el que una muestra bombardeada por electrones emite fotones (luminiscencia) con longitudes de onda en los rangos ultravioleta, visible e infrarrojo [1]. El cuarzo emite dos bandas características en los rangos azul y rojo, pudiendo variar en función de sus defectos estructurales o impurezas [2, 3]. Dichos defectos están controlados por las condiciones fisicoquímicas de formación del mineral [4]. Numerosos estudios han mostrado catodoluminiscencias características en cuarzos de distintos tipos de roca [2, 4, 5, 6, 7, 8, 9, 10]. Este conocimiento ha sido utilizado en estudios de procedencia de granos de cuarzo [11].

En este capítulo se analizan 1011 granos de cuarzo tamaño arena gruesa (500-2000 μm) de suelos de las terrazas fluviales del río Guadalquivir (Sur de España) [12, 13] con el objetivo de discernir las distintas litologías y posibles áreas fuentes que han aportado material a los sedimentos a partir de los cuales se desarrollan los suelos. Los suelos de las terrazas del Guadalquivir tienen edades entre los 600.000 años (P1, terraza más antigua) y la actualidad (sedimentos del cauce del río, PM). Los granos de cuarzo tamaño arena gruesa fueron separados manualmente con lupa binocular Olympus SZX12, embebidos en resina, cortados en lámina delgada, pulidos y metalizados para ser estudiados mediante catodoluminiscencia en un sistema Delmic Sparc Advanced CL (12 kV, 200 ms de exposición, 500 μm de apertura) acoplado a un SEM Hitachi SU5000 ubicado en la Universidad de Oslo. La especie mineral cuarzo se confirmó con EDX.

La naturaleza litológica de los granos resultó ser variada, detectándose 6 tipos de cuarzo procedentes de rocas metamórficas, ígneas y sedimentarias (Figuras 1 a 5). Los suelos han mostrado diferencias en las proporciones de dichos tipos (Figura 6), destacándose cómo P3 presenta cuarzos exclusivamente ígneos, P2 es el que contiene más cuarzos sedimentarios al igual que P1 más metamórficos. De esto se deduce que ha habido variaciones en el área fuente del material que constituye los sedimentos a partir de los que se desarrollan los suelos. El SEM-CL es una técnica avanzada que ha permitido, aplicada al cuarzo, aportar información sobre la historia sedimentológica de las terrazas fluviales del río Guadalquivir [14].

Lithological Origin of Quartz Grains from Soils through the use of Cathodoluminescence attached to a Scanning Electron Microscope (SEM-CL)

Alberto Molinero-García, Axel Müller, Juan Manuel Martín-García, Siri Simonsen and Rafael Delgado Calvo-Flores

Cathodoluminescence (CL) is an electromagnetic phenomenon in which a sample bombarded by electrons emits photons (luminescence) with wavelengths in ultraviolet, visible, and infrared ranges [1]. Quartz emits two characteristic bands in blue and red ranges, which can vary depending on its structural defects or impurities [2, 3]. These defects are controlled by the physicochemical conditions of mineral formation [4]. Numerous studies have shown characteristic cathodoluminescence in quartz from different rock types [2, 4, 5, 6, 7, 8, 9, 10]. This knowledge has been used in studies of the provenance of quartz grains [11].

In this chapter, 1011 coarse sand-sized quartz grains (500-2000 μm) from soils of the fluvial terraces of the Guadalquivir River (Southern Spain) [12, 13] are analyzed. The objective is to distinguish the different lithologies and possible source areas that have provided material to the sediments from which the soils develop. Guadalquivir terrace soils range between 600,000 years old (P1, oldest terrace) to present (sediments from the riverbed, PM). The coarse sand-sized quartz grains were separated by hand under an Olympus SZX12 binocular loupe. Next, these quartz grains were embedded in resin, cut into thin sections, polished and metallized to be studied through cathodoluminescence in a Delmic Sparc Advanced CL system (12 kV, 200 ms exposure, 500 μm aperture) attached to a Hitachi SU5000 SEM located at the University of Oslo. The quartz mineral species was confirmed with EDX.

The lithological nature of the grains turned out to be varied, with 6 types of quartz detected, related to metamorphic, igneous and sedimentary rocks (Figures 1 to 5). The soils showed different proportions of these types (Figure 6), with it being noted how P3 presents exclusively igneous quartz, P2 contains more sedimentary quartz and P1 contains more metamorphic quartz. Therefore, it follows that there have been variations in the source area of the material that constitutes the sediments from which the soils develop. SEM-CL is an advanced technique, which, when applied to quartz, has allowed us to obtain information on the sedimentological history of the Guadalquivir River's fluvial terraces [14].

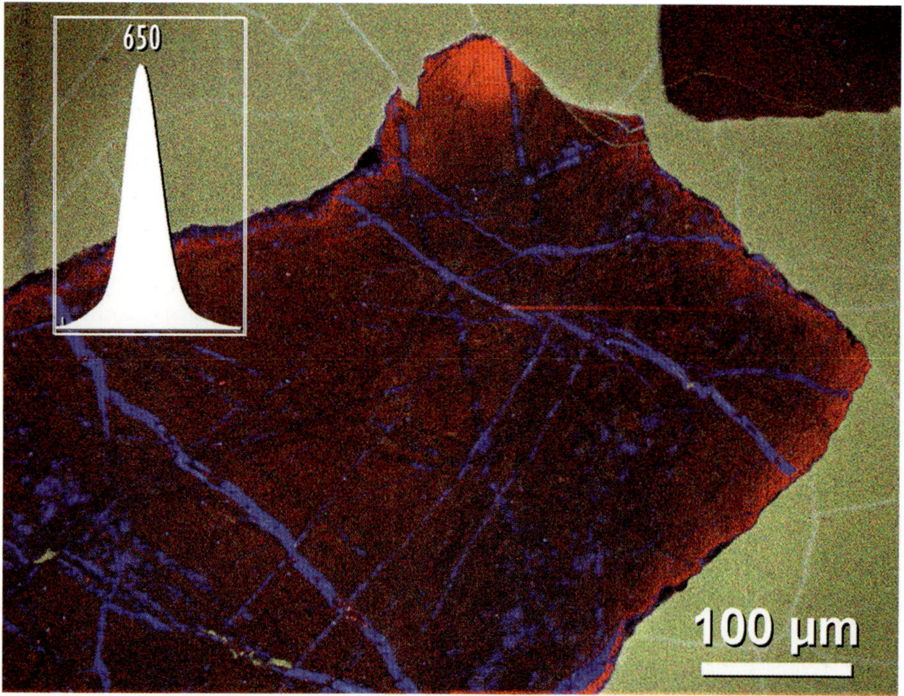

FIGURA 1. P1, horizonte Btg2. Imagen SEM-CL color de grano de cuarzo tamaño arena gruesa. Representa el tipo 1, cuarzo procedente de roca metamórfica. Posee catodoluminiscencia débil pardo-rojiza, con una banda de emisión característica en el rojo (~650 nm). Contiene delgadas fracturas luminiscentes de orientación preferente.

FIGURE 1. P1, Btg2 horizon. SEM-CL color image of coarse sand-sized quartz grain. It represents type 1, quartz from metamorphic rock. It has weak reddish-brown cathodoluminescence, with a characteristic red emission band (~650 nm). It contains thin luminescent fractures with preferential orientation.

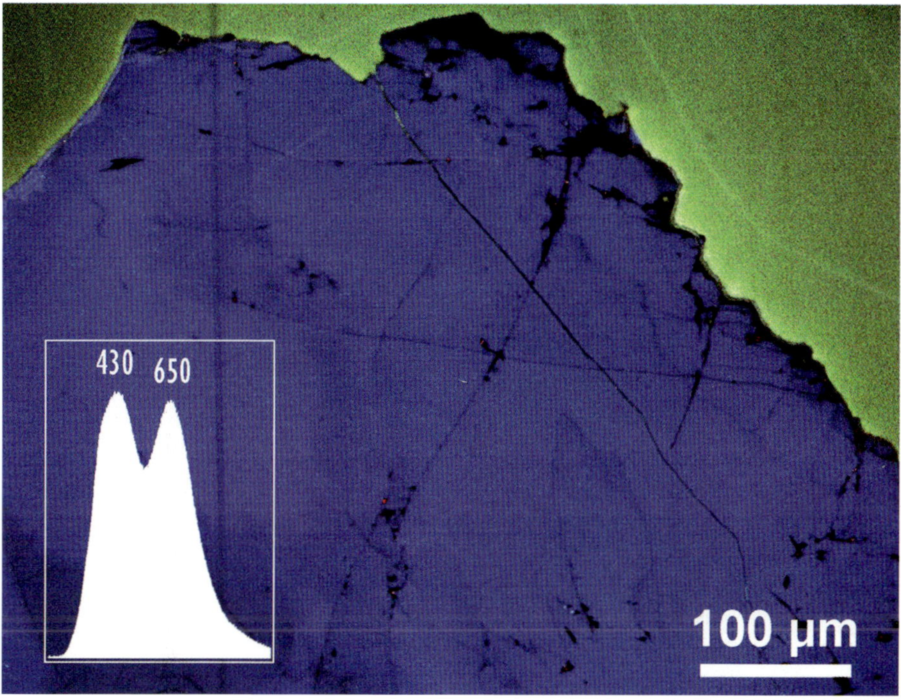

Figura 2. P3, horizonte Bt4. Imagen SEM-CL color de grano de cuarzo tamaño arena gruesa. Cuarzo tipo 2, no deformado de roca ígnea plutónica. Posee catodoluminiscencia azulada y bandas de emisión a ~430 y ~650 nm. Presenta manchas oscuras y fracturas aleatoriamente orientadas rellenas de cuarzo no luminiscente.

Figure 2. P3, Bt4 horizon. SEM-CL color image of coarse sand-sized quartz grain. Type 2 quartz, undeformed from plutonic igneous rock. It has bluish cathodoluminescence and emission bands at ~430 and ~650 nm. It presents patches of dull CL and randomly oriented fractures filled with non-luminescent quartz.

Figura 3. Imágenes SEM-CL pancromáticas de granos de cuarzo tamaño arena gruesa de roca ígnea plutónica. Izquierda) Tipo 3 (P1, Btg2) muy alterado, catodoluminiscencia moteada y emisión a 500 y 650 nm; Derecha) tipo 4 (P3, Bt4) recristalizado y deformado exhibiendo poligonización y emisión a 430 y 650 nm. Adaptada de [13], Figura 2, pág. 5.

Figure 3. Panchromatic SEM-CL images of coarse sand-sized quartz grains of plutonic igneous rock. Left) Type 3 (P1, Btg2) highly altered, dotted cathodoluminescence and emission bands at 500 and 650 nm; Right) type 4 (P3, Bt4) recrystallized and deformed exhibiting polygonization and emission at 430 and 650 nm. Adapted from [13], Figure 2, p. 5.

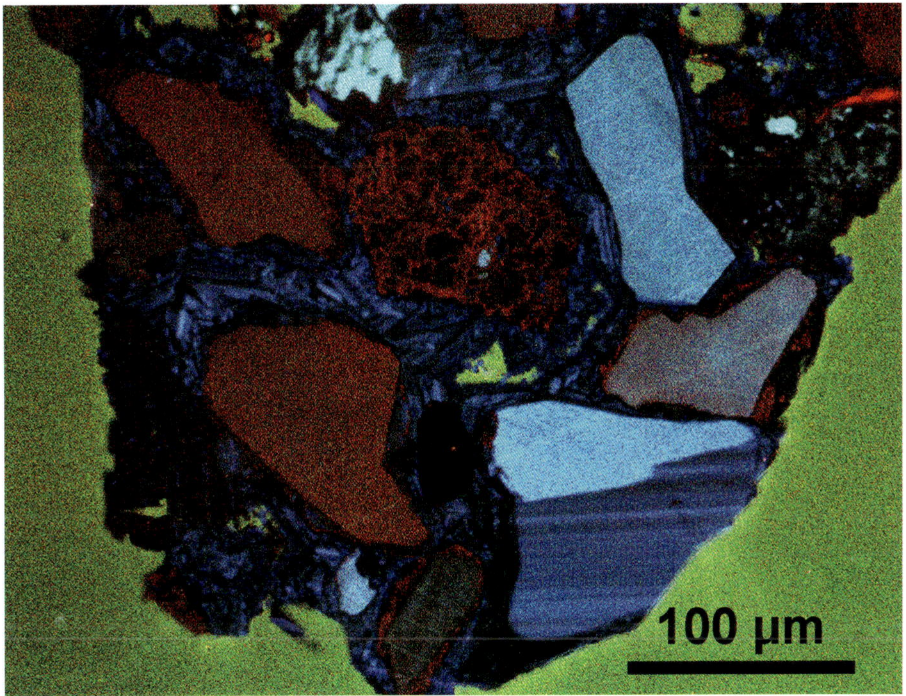

Figura 4. P2, horizonte Btg2. Imagen SEM-CL color de cuarzo tamaño arena gruesa. Representa el tipo 5, cuarzo procedente de roca sedimentaria arenisca. Aglomerado de granos de cuarzo con orígenes primarios diferentes (metamórficos e ígneos, de catodoluminiscencias variables) cementados por cuarzo autigénico. Adaptado de [13], Figura 3j, pág. 6.

Figure 4. P2, Btg2 horizon. SEM-CL color image of coarse sand-sized quartz. It represents type 5, quartz from sandstone sedimentary rock. Agglomerate of quartz grains with different primary origins (metamorphic and igneous, showing variable cathodoluminescence) cemented by authigenic quartz. Adapted from [13], Figure 3j, p. 6.

FIGURA 5. Sedimentos del cauce del río (PM). Imagen SEM-CL color de cuarzo tamaño arena gruesa. Representa el tipo 6, cuarzo procedente de roca subvolcánica (hidrotermal). Exhibe zonificación oscilatoria de crecimiento, con bandas de emisión a ~450 nm (muy intensa) y a ~650 nm (menos intensa). Adaptado de [13], Figura 3k, pág. 6.

FIGURE 5. Riverbed sediments (PM). SEM-CL color image of coarse sand-sized quartz. It represents type 6, quartz from subvolcanic (hydrothermal) rock. It exhibits oscillatory growth zoning, with emission bands at ~450 nm (very intense) and at ~650 nm (less intense). Adapted from [13], Figure 3k, p. 6.

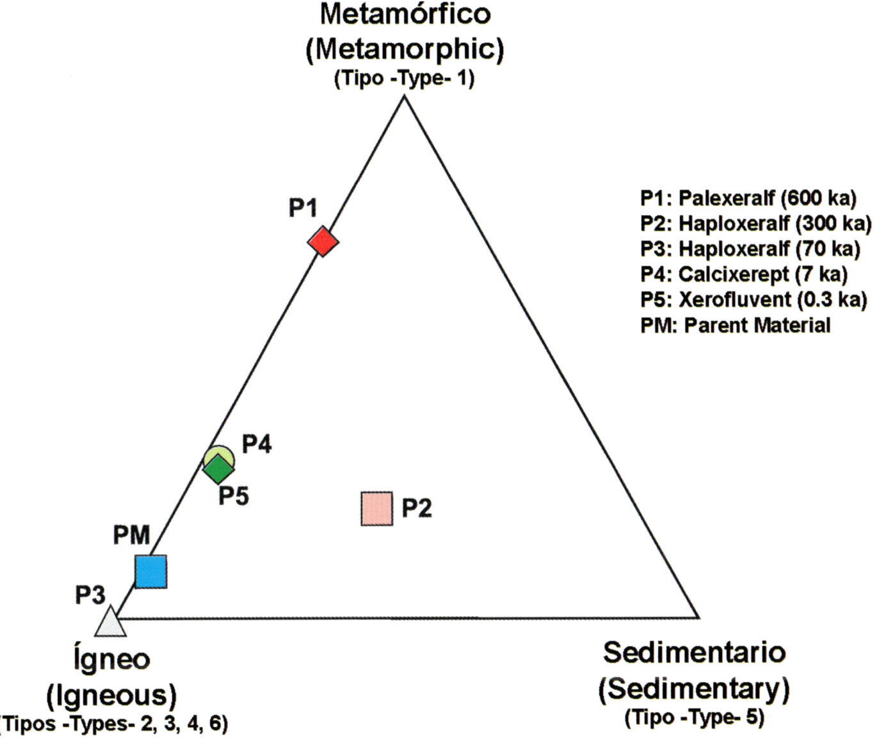

Figura 6. Representación triplot de los 6 tipos de cuarzos en los suelos de las terrazas del río Guadalquivir, de mayor a menor edad: P1, P2, P3, P4, P5 y PM, diferenciados por origen litológico (metamórfico *vs.* ígneo vs. sedimentario).

Figure 6. Triplot representation of the 6 types of quartz in the soils of the Guadalquivir river terraces, from oldest to youngest: P1, P2, P3, P4, P5 and PM, differentiated by lithological origin (metamorphic vs. igneous vs. sedimentary).

Referencias
References

[1] BOGGS, JR.S., KRINSLEY, D.H., GOLES, G.G., SEYEDOLALI, A. Y DYPVIK, H. 2001. *Identification of shocked quartz by scanning cathodoluminescence imaging.* Meteoritics and Planetary Science 36(6), 783-791.

[2] GÖTZE, J., PLÖTZE, M. Y HABERMANN, D. 2001. *Origin, spectral characteristics and practical applications of the cathodoluminescence (CL) of quartz–a review.* Mineralogy and Petrology 71(3-4), 225-250.

[3] GÖTZE, J. Y MÖCKEL, R. (EDS.) 2012. *Quartz: Deposits, mineralogy and analytics* (pp. 287-306). Berlin: Springer.

[4] GÖTZE, J. 2009. *Chemistry, textures and physical properties of quartz – geological interpretation and technical application.* Mineralogical Magazine 73, 645-671.

[5] MÜLLER, A. 2000 *Cathodoluminescence of defect structures in quartz with applications to the study of granitic rocks.* Ph.D Thesis, University Göttingen, Göttingen.

[6] RICHTER, D.K., GÖTTE, TH., GÖTZE, J. Y NEUSER, R.D. 2003. *Progress in application of cathodoluminescence (CL) in sedimentary petrology.* Mineralogy and Petrology 79,127-166

[7] BERNET, M. Y BASSETT, K. 2005. *Provenance analysis by single-quartz grain SEM-CL/ optical microscopy.* Journal of Sedimentary Research 75, 492-500

[8] MÜLLER, A., HERRINGTON, R., ARMSTRONG, R., SELTMANN, R., KIRWIN, D.J., STENINA, N.G. Y KRONZ, A. 2010. *Trace elements and cathodoluminescence of quartz in stockwork veins of Mongolian porphyry-style deposits.* Mineralium Deposita 45, 707-727.

[9] GAWEDA, A., MÜLLER, A., STEIN, H., KADZIOLKO-GAWEL, M. Y MIKULSKI, S. 2013. *Age and origin of the tourmaline-rich hydraulic breccias in the Tatra Granite, Western Carpathians.* Journal of Geosciences 58(2), 133-148.

[10] SALES DE OLIVEIRA, C.E., PE-PIPER, G., PIPER, D.J., ZHANG, Y. Y CORNEY, R. 2017. *Integrated methodology for determining provenance of detrital quartz using optical petrographic microscopy and cathodoluminescence (CL) properties.* Marine and Petroleum Geology 88, 41-53.

[11] Müller, A. y Knies, J. 2013. *Trace elements and cathodoluminescence of detrital quartz in Arctic marine sediments—a new ice-rafted debris provenance proxy.* Climate of the Past 9(6), 2615-2630.

[12] Martín-García, J.M., Molinero-García, A., Calero, J., Sánchez-Marañón, M., Fernández-González, M.V. y Delgado, R. 2020. *Pedogenic information from fine sand: A study in Mediterranean soils.* European Journal of Soil Science 71(4), 580-597.

[13] Molinero-García, A., Müller, A., Martín-García, J.M., Simonsen, S.L. y Delgado, R. 2022. *Provenance of quartz grains from soils over Quaternary terraces along the Guadalquivir river (Spain).* Geoderma 414, 115769.

[14] Molinero-García, A. (2022). *Genesis of quartz in Mediterranean soils (Génesis del cuarzo en suelos Mediterráneos).* Tesis Doctoral, Universidad de Granada (250 páginas). https://digibug.ugr.es/handle/10481/79631.

Aplicaciones ambientales del SEM para determinar movilidad de elementos potencialmente tóxicos (Distrito minero de Riotinto, España)

Annika Parviainen, Antón Vázquez Arias

La minería y las industrias relacionadas representan una fuente importante de elementos potencialmente tóxicos (PTE por sus siglas en inglés, *potentially toxic element*) que afectan a la calidad del suelo, el aire y las masas de agua circundantes [1, 2, 3]. La oxidación de minerales sulfurados libera PTE, mientras que la precipitación de minerales secundarios, incluidos los (hidr)óxidos de Fe y los (hidr)oxisulfatos, por ejemplo, goethita [α-$Fe^{3+}O(OH)$], schwertmanita [$(Fe^{3+})_{16}O_{16}(OH)_{12}(SO_4)_2$] y jarosita [$KFe^{3+}_3(SO_4)_2(OH)_6$], en los sedimentos de ríos impactados por el drenaje ácido de mina y en los suelos atrapan de manera efectiva estos elementos que pueden representar riesgos para la salud humana y riesgo ecológico.

SEM ofrece una herramienta avanzada para identificar fases minerales a escala micrométrica y nanométrica, y para definir sus características texturales y concentraciones semicuantitativas de PTE para evaluar la movilidad elemental, lo que puede tener implicaciones en la elección de un método de remediación eficaz o en la evaluación del riesgo de exposición a humanos.

Se prepararon láminas delgadas-pulidas de sedimentos recién formados del Río Tinto (Huelva, España) [4, 5]. Material particulado en suspensión del agua del Río Tinto y Río Odiel, y fracción fina (<50 μm) de suelos urbanos de Minas de Riotinto se montaron en cinta de carbón [6, 7]. Finalmente, se metalizaron con carbón. Los equipos SEM empleados se indican en los pies de figura.

En ambientes de drenaje ácido de mina, la precipitación de (hidr)oxisulfatos de Fe e hidróxidos de Al depende del pH del agua (Figuras 1 y 2) [6]. En los sedimentos del lecho del Río Tinto, las fases metaestables de schwertmanita y jarosita funcionan como importantes trampas temporales para, por ejemplo, As, Cu y Zn (Figura 3). El destino a largo plazo de los PTEs en los sedimentos está sujeto a transformaciones minerales en fases más estables, como goethita y hematites [Fe_2O_3]. La afinidad por los oligoelementos es más baja para el hematites, lo que sugiere que la retención de PTE disminuye con el tiempo [4, 5]. Estos hallazgos deben ser considerados para la gestión y el tratamiento de los recursos hídricos afectados por el drenaje ácido de mina. En suelos urbanos bajo el impacto de las actividades mineras, el As y el Pb son retenidos por minerales secundarios, por ejemplo, beudantita [$PbFe_3(AsO_4)(SO_4)(OH)_6$] y plumbojarosita arsénica [$Pb_{0,59}Fe_3(AsO_4)_{0,18}(SO_4)_{1,82}(OH)_6$] (Figuras 4, 5 y 6) [7]. Estos minerales también pueden contener trazas de Cu y Sb, mientras que los (hidr)óxidos de Fe retienen trazas de As, Sb, Cu y Pb [7].

Los suelos urbanos de Minas de Riotinto presentan un riesgo cancerígeno para la salud humana por As y Pb [8]. Por lo tanto, es importante comprender la asociación mineralógica de As y Pb, ya que el pequeño tamaño de estas partículas minerales presenta un riesgo por inhalación.

Environmental Applications of SEM to determine the Mobility of Potentially Toxic Elements (Riotinto Mining District, Spain)

Annika Parviainen, Antón Vázquez Arias

Mining and related industries represent an important source of potentially toxic elements (PTEs) affecting the quality of surrounding soil, air and water bodies [1, 2, 3]. Sulfide mineral oxidation releases PTEs, while precipitation of secondary minerals, including Fe (hydr)oxides and (hydr)oxysulphates, e.g., goethite [α-Fe^{3+}O(OH)], schwertmannite [(Fe^{3+})$_{16}$O$_{16}$(OH)$_{12}$(SO$_4$)$_2$] and jarosite [KFe$^{3+}_3$(SO$_4$)$_2$(OH)$_6$] in river sediments impacted by acid mining drainage and in soils effectively trap these elements that may pose both ecological and human health risks.

SEM offers an advanced tool to identify micron- and nanoscale mineral phases, characterize their textural features and semi-quantitative concentrations of PTEs in order to evaluate element mobility, which may have implications when choosing an effective remediation method or assessing exposure risk to humans.

Thin-polished sections of newly-formed sediments of the Río Tinto (Huelva, Spain) were prepared [4,5]. Suspended particulate matter of Río Tinto and Río Odiel water and fine fractions (<50 µm) of urban soils from Minas de Ríotinto were mounted on carbon tape [6, 7]. Finally, they were metallized with carbon. The SEM equipment used is indicated in the footnotes to the figures.

In acid mine drainage environments, the precipitation of Fe (hydr)oxysulphates and Al hydroxides depends on the water pH (Figures 1 y 2) [6]. In the riverbed sediments of the Río Tinto, metastable schwertmannite and jarosite work as important temporary traps for *e.g.*, As, Cu, and Zn (Figure 3). The long-term fate of PTEs in the sediments is subject to mineral transformations into more stable phases, such as goethite and hematite [Fe$_2$O$_3$]. The affinity for trace elements is lowest for hematite, suggesting that PTE retention decreases over time [4, 5]. These findings should be considered in the management and treatment of water resources affected by acid mine drainage. In urban soils impacted by mining activities, As and Pb are retained by secondary minerals, e.g., beudantite [PbFe$_3$(AsO$_4$)(SO$_4$)(OH)$_6$] and arsenian plumbojarosite [Pb$_{0.59}$Fe$_3$(AsO$_4$)$_{0.18}$(SO$_4$)$_{1.82}$(OH)$_6$] [7] (Figures 4, 5 y 6). These minerals may also contain traces of Cu and Sb, whereas Fe (hydr)oxides retain traces of As, Sb, Cu and Pb [7].

The urban soils of Minas de Ríotinto pose a carcinogenic risk to human health, due to As and Pb [8]. Therefore, it is important to understand the mineralogical association of As and Pb, as the small size of these mineral particles poses a risk through inhalation.

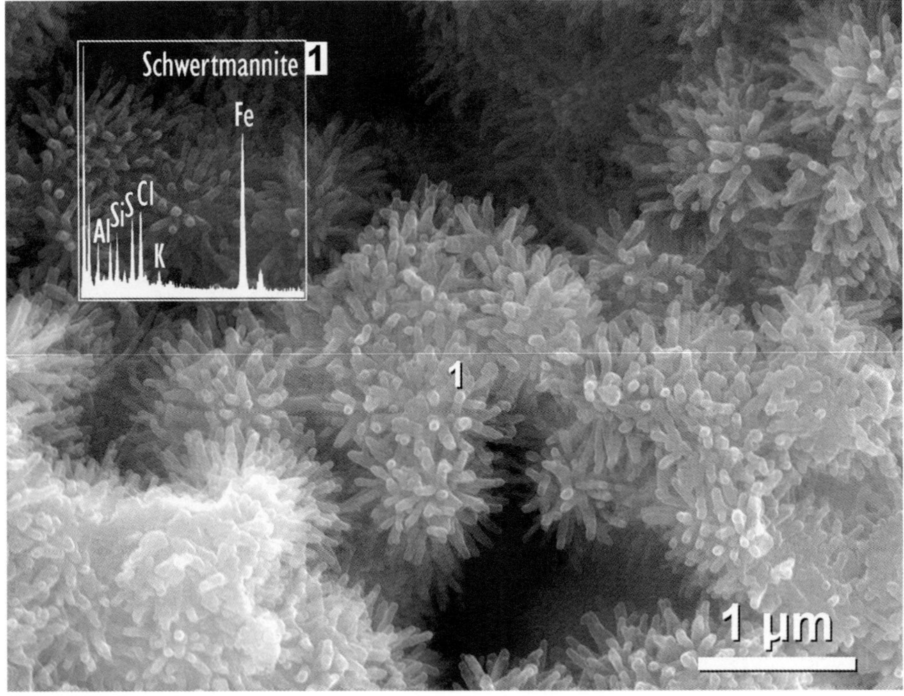

Figura 1. Estuario del río Tinto (Huelva, España), pH>3. Partículas en suspensión con formas aciculares de tamaño nanométrico características de la schwertmanita. Equipo SEM, FEI QemScan 650F high-resolution Field Emission Environmental Scanning Electron Microscope (CIC-UGR). Modificada de [6].

Figure 1. Suspended particles with nano-sized, acicular shapes characteristic of schwertmannite are found in the estuary of the Río Tinto (Huelva, Spain) where pH>3. SEM equipement: FEI QemScan 650F high-resolution Field Emission Environmental Scanning Electron Microscope (CIC-UGR). Modified from [6].

Figura 2. Partículas de basaluminita [Al4(SO4)(OH)10 · 4H2O] precipitan a pH>6 en el Río Odiel (Huelva, España) formando morfologías globulares. Mismo equipo SEM que Figura 1.

Figure 2. Particles of basaluminite[Al4(SO4)(OH)10 · 4H2O]precipitate at pH>6 in the Río Odiel (Huelva, Spain) forming globular shapes. Same SEM equipement as Figure 1.

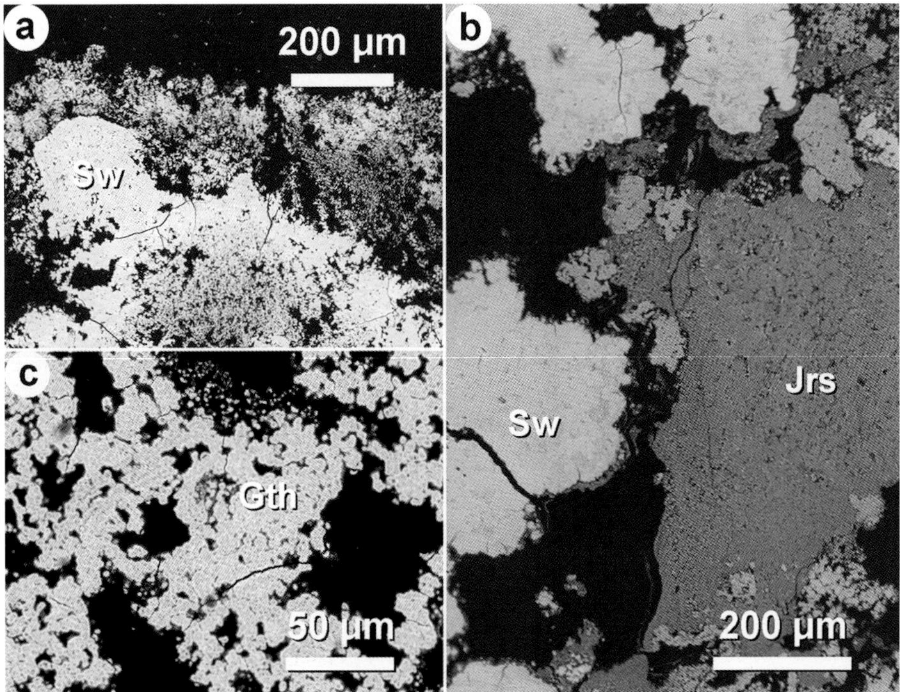

Figura 3. Láminas pulidas de precipitados en las terrazas fluviales de La Naya (Huelva, Spain) que están dominados por **[a]** schwertmanita (**Sw**), que contiene concentraciones elevadas de As, Cu y Zn. Sin embargo, la schwertmanita metaestable se transforma en **[b]** jarosita (**Jrs**) y **[c]** goethita (**Gth**) durante semanas y en hematites durante siglos, liberando PTEs durante largos períodos de tiempo. Equipo SEM Leo 1430VP SEM con EDX (Oxford INCA 350), voltaje aceleracion 20 keV, corriente del haz 80 nA (CIC-UGR). Modificada de [4].

Figure 3. Thin sections of fresh precipitates in modern river terraces in La Naya (Huelva, España) that are dominated by **[a]** schwertmannite (**Sw**), containing elevated concentrations of As, Cu, and Zn. However, metastable schwertmannite transforms into **[b]** jarosite (**Jrs**) and **[c]** goethite (**Gth**) over several weeks and into hematites over centuries, releasing PTEs over long periods of time. SEM equipement: Leo 1430VP SEM equipped with EDX (Oxford INCA 350), acceleration voltage 20 keV, beam current 80 nA (CIC-UGR). Modified from [4].

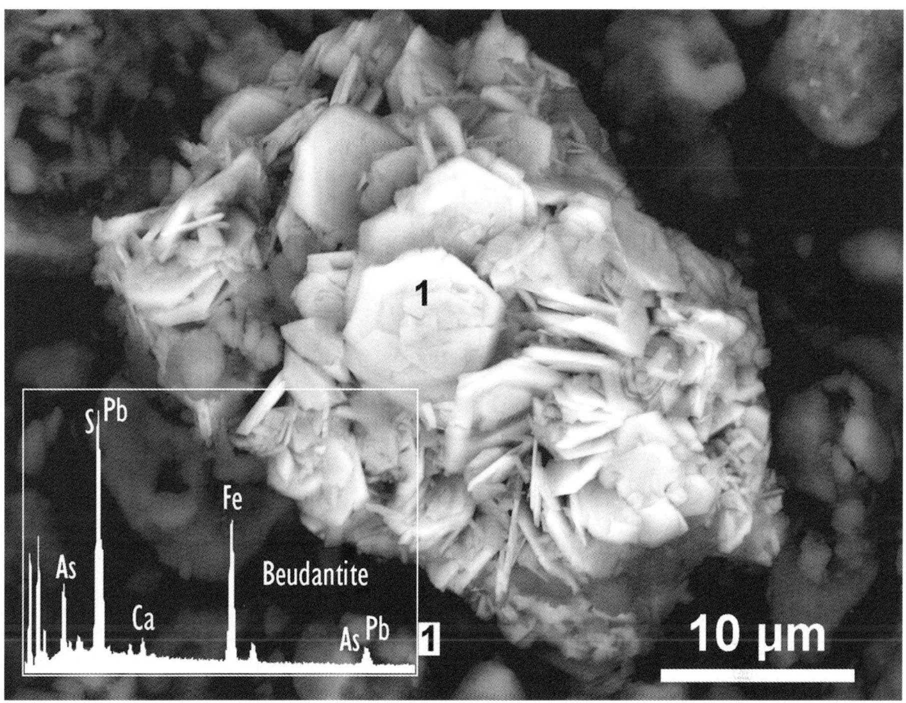

Figura 4. Los suelos urbanos de Minas de Riotinto contienen altas concentraciones de As y Pb. Estos elementos son efectivamente atrapados por minerales secundarios. Por ejemplo, la beudantita forma agregados de cristales de tamaño micrométrico (<10 µm). Mismo equipo SEM que Figura 1, en señal BSE. Modificada de [7].

Figure 4. The urban soils of Minas de Ríotinto contain high concentrations of As and Pb. These elements are effectively trapped by secondary minerals. For instance, beudantite forms aggregates of micron-size (<10 µm) mineral grains. Same SEM equipment as in Figure 1, in BSE signal. Modified from [7].

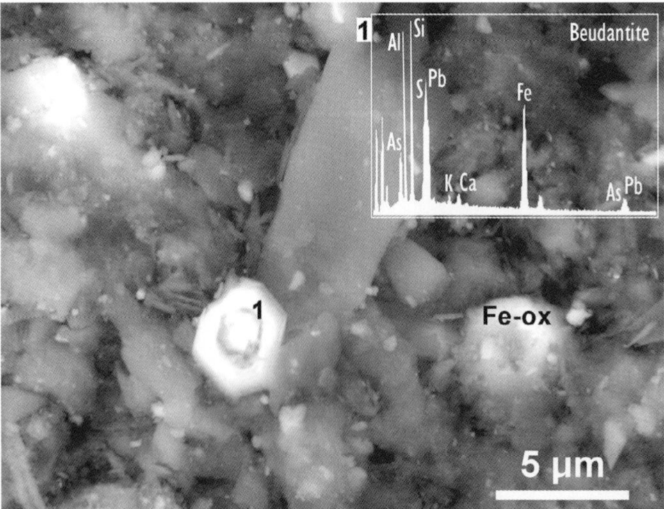

Figura 5. La beudantita (**1**) puede aparecer como granos minerales individuales de tamaño micrométrico (<5 µm), mientras que los (hidr)óxidos de Fe (**Fe-ox**) aparecen como recubrimientos sobre otros minerales. Mismo equipo SEM que Figura 1, en señal BSE. Modificada de [7].

Figure 5. Beudantite (**1**) may appear as micron-size (<5 µm) individual mineral grains, whereas Fe (hydr)oxides (**Fe-ox**) appears as coatings on other minerals. Same SEM equipment as in Figure 1, in BSE signal. Modified from [7].

Figura 6. La plumbojarosita arsénica precipita como mineral secundario después de la oxidación de sulfuros. Aquí, la plumbojarosita arsénica y el (hidr)óxido de Fe (**Fe-ox**) aparecen como pequeños agregados y recubriendo otros minerales. Mismo equipo SEM que Figura 1 en señal BSE. Modificada de [7].

Figure 6. Arsenian plumbojarosite precipitates as a secondary mineral after sulfide oxidation. Here, arsenian plumbojarosite and Fe (hydr)oxide (**Fe-ox**) appear as small aggregates and coating other minerals. Same SEM equipment as in Figure 1, in BSE signal. Modified from [7].

Referencias
References

[1] ETTLER, V. 2015. *Soil contamination near non-ferrous metal smelters: A review.* Applied Geochemistry 64, 56-74.

[2] NORDSTROM, D.K. 2011. *Hydrogeochemical processes governing the origin, transport and fate of major and trace elements from mine wastes and mineralized rock to surface waters.* Applied Geochemistry 26, 1777-1791.

[3] SÁNCHEZ DE LA CAMPA, A.M., SÁNCHEZ-RODAS, D., MÁRQUEZ, G., ROMERO, E. Y DE LA ROSA, J.D. 2020. *2009–2017 trends of PM10 in the legendary Riotinto mining district of SW Spain.* Atmospheric Research 238, 104878.

[4] PARVIAINEN, A., CRUZ-HERNÁNDEZ, P., PÉREZ-LÓPEZ, R., NIETO, J.M. Y DELGADO-LÓPEZ, J.M. 2015. *Raman identification of Fe precipitates and evaluation of As fate during phase transformation in Tinto and Odiel River Basins.* Chemical Geology 398, 22-31.

[5] CRUZ-HERNÁNDEZ, P., PÉREZ-LÓPEZ, R., PARVIAINEN, A., LINDSAY, M.B.J. Y NIETO, J.M. 2016. *Trace element-mineral associations in modern and ancient iron terraces in acid drainage environment.* Catena 147, 386-393.

[6] RUIZ-CÁNOVAS, C., BASALLOTE, D.M., MACÍAS, F., FREYDIER, R., PARVIANEN, A. Y PÉREZ-LÓPEZ, R. 2022. *Thallium distribution in an estuary affected by acid mine drainage (AMD): The Ría de Huelva estuary (SW Spain).* Environmental Pollution 119448.

[7] PARVIAINEN, A., VÁZQUEZ-ARIAS, A. Y MARTÍN-PEINADO, F.J. 2022. *Mineralogical association and geochemistry of potentially toxic elements in urban soils of Minas de Riotinto (SW Spain).* Catena 217, 106517.

[8] PARVIAINEN, A., VÁZQUEZ-ARIAS, A., ARREBOLA-MORENO, J.P. Y MARTÍN-PEINADO, F.J. 2022. *Human health risks associated with urban soils in mining areas.* Environmental Research 206, 112514.

SEM de los fragmentos gruesos del suelo

Manuel Sánchez-Marañón, Juan Manuel Martín-García,
Cecilio Oyonarte Gutiérrez, Rafael Delgado Calvo-Flores

En el sur de España son frecuentes los suelos de escaso-medio desarrollo, erosivos, sobre rocas compactas: micasquistos, cuarcitas, calizas, margocalizas, dolomías, anfibolitas y serpentinitas, y con altos contenidos de Fragmentos Gruesos (CF) (> 2mm) [1, 2, 3, 4, 5]. A los CF se les ha prestado escasa atención, únicamente considerados informativos de: -clases de taxonomía, cartografía y evaluación de suelos [6], -fuente de nutrientes [7] o -discontinuidades litológicas [8]. Pocos estudios existen sobre su papel como almacén de agua [9, 10] o sus propiedades analíticas y mineralógicas, incluyendo ultramicrofábrica (SEM) [11, 12].

El objetivo de este capítulo es estudiar la ultramicrofábrica de CF de suelos del sur de España, para comprobar si constituyen una fracción granulométrica de escaso interés o procede establecer nuevos paradigmas.

Se han estudiado CF de Xerochrepts sobre margocalizas [10], Cryoborolls y Cryorthents de anfibolitas y serpentinitas, respectivamente [11], y Haploxeralfs y Cryoboralfs de micasquitos y cuarcitas micáceas [12]. Fueron lavados y tamizados en húmedo obteniendo fracciones de grava fina y gruesa, 2-8 mm y > 8 mm, respectivamente. Se observaron cortes frescos y superficies externas según técnicas en Capítulo I.1.2: MET-AU, SEM-H-510-FOT, SEM-H-510-DIG.

CF de margocalizas muestran alteración con fracturación, disolución y apertura de poros (Figura 1), acentuada en la superficie (Figura 2); demostrando por qué el agua útil del suelo incrementa un 15-20 % por la contribución de CF (Tabla 11, pág. 43 [10]). CF de anfibolitas y serpentinitas son del mismo modo un medio alterado y poroso (Figuras 3 y 4), justificando los relativos altos contenidos de Fe libre y la capacidad como reservorio de microelementos DTPA [11]. CF de micasquistos presentan un grado apreciable de evolución pedogenética (Figuras 5 y 6), con destrucción de la fábrica esquistosa primaria hacia una típicamente edáfica, incluso afectada de iluviación [12]. Otro paradigma que puede ser formulado es que la ultramicrofábrica SEM de los CF se muestra en una pluralidad de expresiones: fibrosa, floculenta, reticulada, esponjosa, etc.

Concluimos que las evidencias aportadas por nosotros en CF mediante SEM [10, 11, 12] se consideran relevantes y, dada la escasez de estudios en este tema, aún no han sido superadas.

SEM of Soil Coarse Fragments

Manuel Sánchez-Marañón, Juan Manuel Martín-García,
Cecilio Oyonarte Gutiérrez, Rafael Delgado Calvo-Flores

Erosive soils of low-medium development on compact rocks (micaschists, quartzites, limestones, dolostones, amphibolites, and serpentinites) and with high content of Coarse Fragments (CF) (> 2mm) are frequent in southern Spain [1, 2, 3, 4, 5]. However, little attention has been paid to CF, considering them only informative of: -taxonomic classes, soil mapping and soil evaluation [6], -source of nutrients [7], and -lithological discontinuities [8]. Few studies exist on the role of CF in water storage [9, 10] or their analytical and mineralogical properties, including ultramicrofabric (SEM) [11, 12].

The objective of this chapter is to study the ultramicrofabric of CF in soils from southern Spain, in order to check if they constitute a granulometric fraction of little interest or if new paradigms should be established.

We studied CF from Xerochrepts on marly limestones [10], Cryoborolls, Cryorthents on amphibolites and serpentinites, respectively [11], and Haploxeralfs and Cryoboralfs on micaschists and micaceous quartzites [12]. They were washed and sieved while wet, to obtain fine and coarse gravel fractions, 2-8 mm and > 8 mm, respectively. Fresh cuts and external surfaces were observed according to the techniques described in Chapter I.1.2: MET-AU, SEM-H-510-FOT, SEM-H-510-DIG.

CF of marly limestones show alteration with fracturing, dissolution and pore opening (Figure 1), accentuated on the surface (Figure 2), demonstrating why soil water availability increases by 15-20 % due to the contribution of CF (Table 11, p. 43 [10]). CF from amphibolites and serpentinites are also an altered and porous medium (Figures 3 and 4), justifying the relatively high content of free Fe forms and the capacity as a reservoir of DTPA microelements [11]. CF of micaschists show a significant degree of pedogenic evolution (Figures 5 and 6), with destruction of the primary schist fabric trending towards a typically pedogenic one, even affected by illuviation [12]. Another paradigm that can be formulated is that the ultramicrofabric of the CF appears in a plurality of forms: fibrous, flocculent, reticulated, spongy, etc.

We conclude that the pedogenic evidence of the CF observed by SEM [10, 11, 12] is relevant and, given the scarcity of studies on this topic, is not yet fully understood.

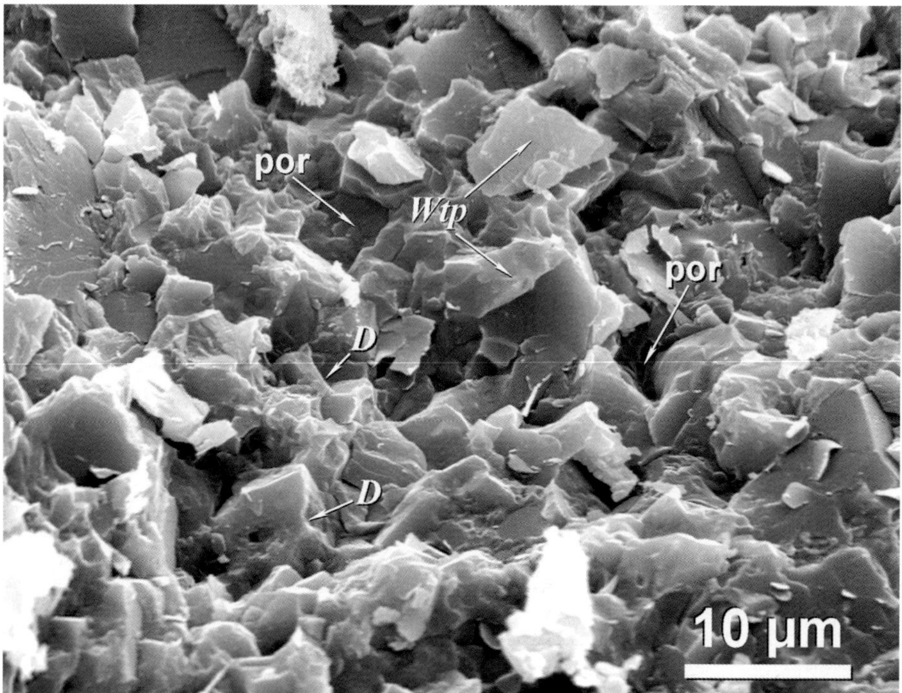

FIGURA 1. Xerochrept sobre margocalizas, horizonte Ap, grava gruesa (> 8 mm). Corte fresco, centro del fragmento. La fábrica laminada original (casi paralela al plano de la imagen) se muestra con alteración incipiente: rotura en unidades pseudopoliédricas (**Wtp**) (5-10 µm), apertura de poros (**por**) y rasgos de disolución en bordes (**D**).

FIGURE 1. Xerochrept on marly limestones, Ap horizon, coarse gravel (> 8 mm). Fresh cut, inner part of a fragment. The original laminated fabric (almost parallel to the plane of the image) appears with incipient alteration: rupture into pseudo-polyhedral units (**Wtp**) (5-10 µm), opening of pores (**por**), and dissolution features at the edges (**D**).

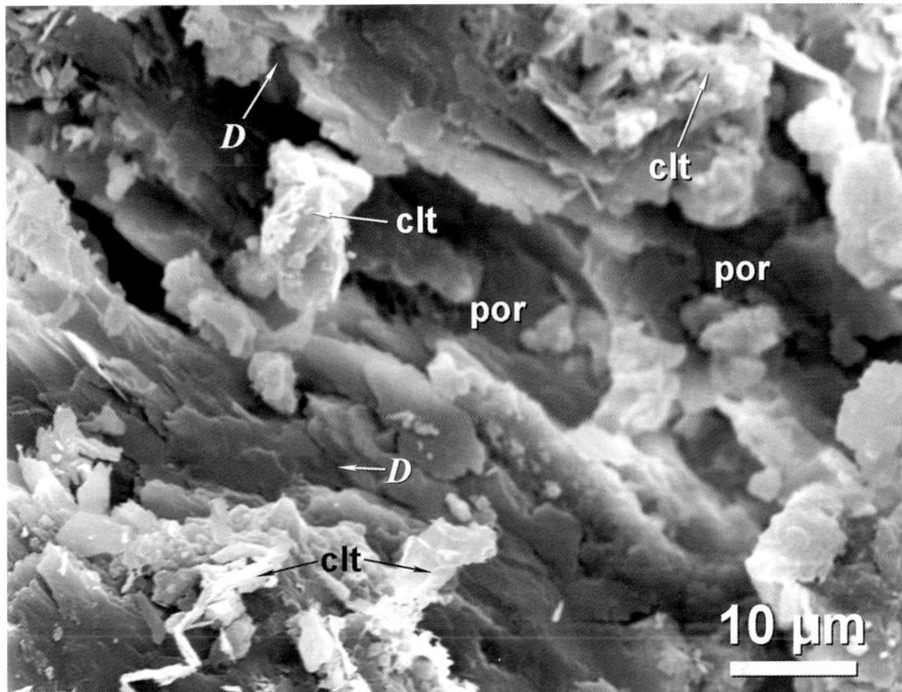

Figura 2. Xerochrept sobre margocalizas, horizonte Ap, grava gruesa (> 8 mm). Superficie de fragmento. La fábrica laminada original (casi perpendicular al plano de la imagen) está en proceso de desorganización por apertura de grandes poros (**por**) (~10 µm de diámetro), rasgos de disolución (**D**) y formación de nuevas unidades -clusters de partículas- también de ~10 µm (**clt**).

Figure 2. Xerochrept on marly limestones, Ap horizon, coarse gravel (> 8 mm). Fragment surface. The original laminated fabric (almost perpendicular to the plane of the image) is in the process of disorganization through the opening of large pores (**por**) (~10 µm in diameter), dissolution features (**D**), and formation of new units -particle clusters- (**clt**) also of ~10 µm.

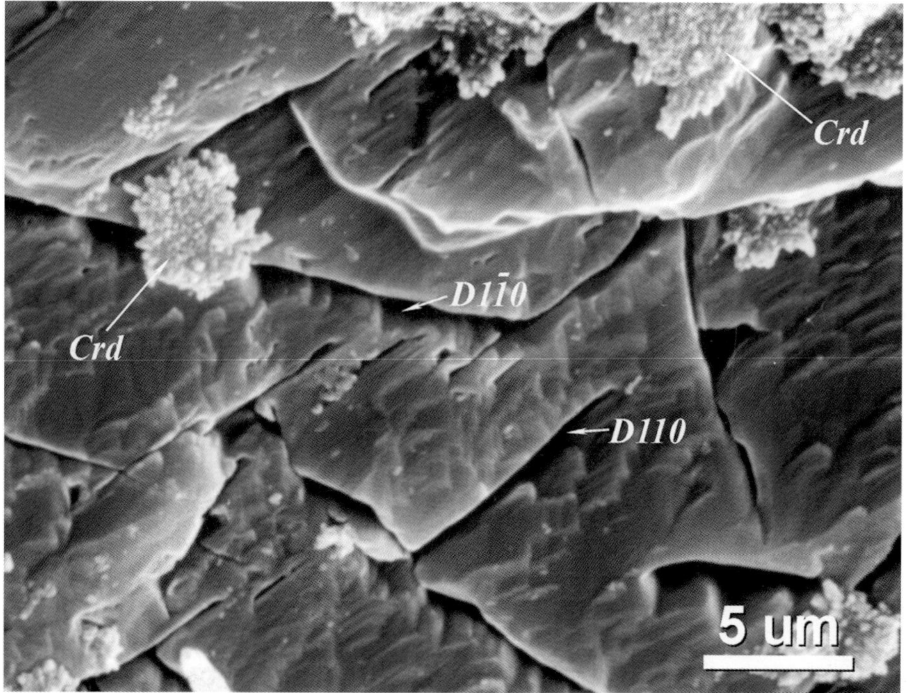

Figura 3. Cryorthent sobre anfibolitas, corte fresco de un fragmento grueso. La disolución progresa abriendo huecos a favor de las caras de prisma de la hornblenda (110 y 1Ī0, a ángulos de 124° y 56°, aprox.) (**D110, D1Ī0**). Se reconocen depósitos (formas de Fe) en pequeñas drusas (**Crd**). Adaptada de Figura 4g. Página 439 [11]. Esta imagen fue portada del número 79 de la revista Canadian Journal of Soil Science, 1999.

Figure 3. Cryorthent on amphibolites, fresh cut of a coarse fragment. The dissolution progresses by opening holes in favor of the prism faces of the hornblende (110 and. 1Ī0, at angles of 124° and 56°, approx.) (**D110, D1Ī0**). Deposits (free Fe forms) are observed in small druses (**Crd**). Adapted from Figure 4g, page 439 [11]. This image was used for the cover of the Canadian Journal of Soil Science, 1999.

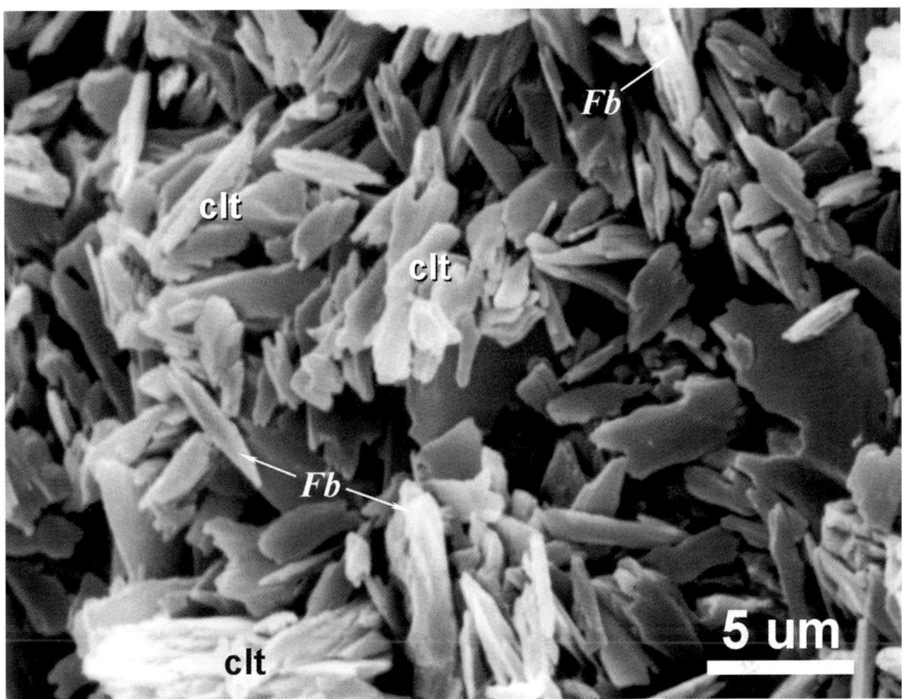

FIGURA 4. Cryoboroll sobre serpentinitas, corte fresco de fragmento grueso. Fábrica fibrosa-dispersa, porosa, formada por fragmentos de fibras de crisotilo (**Fb**) (limo, <10 µm) de apariencia alterada, sueltos entre ellos, aunque con un inicio de organización en clusters (**clt**) propiciada por su unión e incipiente cementación. Adaptada de Figura 4e, página 438 [11].

FIGURE 4. Cryoboroll on serpentinite, fresh cut of a coarse fragment. Fibrous-dispersed, porous fabric formed by loose pieces of chrysotile fibers (**Fb**) (silt, <10 µm) of altered appearance, although with an initial organization in clusters (**clt**) due to aggregation of particles and incipient cementation. Adapted from Figure 4e, page 438 [11].

Figura 5. Haploxeralf y Cryoboralf, roca madre. Fragmento de micasquisto en corte fresco. Fábrica laminar esquistosa primaria, con láminas (casi paralelas al plano de la imagen) de mica y algún grano de cuarzo. Escasa alteración, inicio de fracturación en paquetes de láminas (**Wtl**) de ~20 μm. Adaptada de Figura 3a, página 38 [12].

Figure 5. Haploxeralf and Cryoboralf, parent rock. Fresh cut of a fragment of micaschist. Laminar primary schistose fabric, with mica sheets (almost parallel to the plane of the Figure) and some quartz grains. Slight alteration with incipient fracturing in lamina packs (**Wtl**) of ~20 μm. Adapted from Figure 3a, page 38 [12].

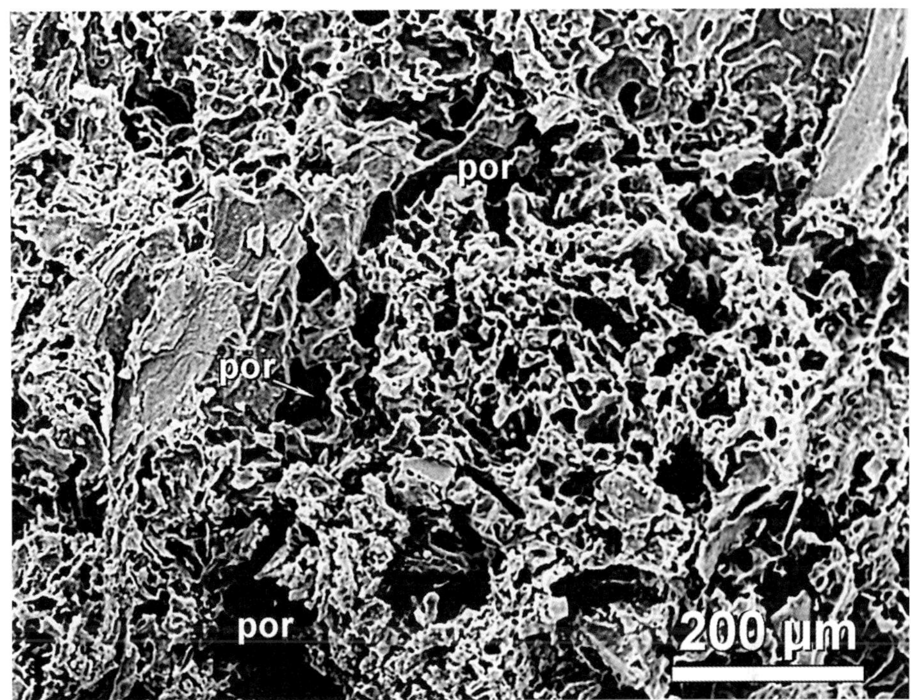

Figura 6. Haploxeralf y Cryoboralf. Interior de fragmento de micasquisto, corte fresco. Se ha perdido la fábrica laminar esquistosa primaria a favor de una netamente edáfica, reticulada, en algunas partes casi esponjosa, con muchos poros (**por**), fruto de la alteración y el relleno de materiales (iluviación). Adaptada de Figura 3g, página 41 [12].

Figure 6. Haploxeralf and Cryoboralf. Inner part of a fragment of micaschist, fresh cut. The primary schistose laminar fabric has been lost in favor of a pedogenic, reticulated fabric, in some parts almost spongy and very porous (**por**) due to alteration and filling of materials (illuviation). Adapted from Figure 3g, page 41 [12].

Referencias
References

[1] Delgado, R., Delgado, G., Párraga, J., Gámiz, E., Sánchez, M. y Tenorio, M.A. 1988. *Mapa de Suelos de la Hoja de Güejar Sierra (escala 1:100.000).* Publicaciones del Ministerio de Agricultura, Pesca y Alimentación. Revisatlas. Madrid, 110 pp.

[2] Delgado, G., Delgado, R., Párraga, J.F., Gámiz, E., Sánchez-Marañón, M., Medina, J. y Martín-García, J.M. 1991. *Mapa de Suelos de la Hoja de Vera (escala 1:100.000).* Publicaciones del Ministerio de Agricultura, Pesca y Alimentación. Revisatlas. Madrid, 126 pp.

[3] Delgado, G., Sánchez-Marañón, M., Párraga, J.F., Martín-García, J.M., García-Corral, P.A., Soriano, M. y Delgado, R. 1993. *Mapa de Suelos de la Hoja de Lanjarón (escala 1:100.000).* Publicaciones del Ministerio de Agricultura, Pesca y Alimentación. Revisatlas. Madrid, 100 pp.

[4] Delgado, R., Delgado, G., Párraga, J.M, Sánchez-Marañón, M., Aguilar, J. y Ortega, E. 1995. *Mapa de suelos de la Hoja de Andújar (escala 1:100.000).* Proyecto LUCDEME. ICONA (Instituto de Conservación de la Naturaleza). Ministerio de Medio Ambiente, Madrid.

[5] Delgado, G., Sánchez-Marañón, M., Párraga, J.F., Delgado, R., Gámiz, E., Martín-García, J.M. Soriano, M. y Temsamani, R. 2010. *Mapa de Suelos de la Hoja de Mengíbar (escala 1:100.000).* Publicaciones del Ministerio de Agricultura, Pesca y Alimentación. Revisatlas. Madrid, 134 pp.

[6] Soil Survey Staff 1999. *Soil Taxonomy. A Basic System of Soil Classification for Making and Interpreting Soil Surveys.* United States Department of Agriculture. Natural Resources Conservation Service.

[7] Koele, N. y Hildebrand, E.E. 2008. *The ecological significance of the coarse soil fraction for Picea abies (L.) Karst. Seedling nutrition.* Plant and soil 312(1), 163-174.

[8] Schaetzl, R.J. 1998. *Lithologic discontinuities in some soils on drumlins: theory, detection, and application.* Soil Science 163(7), 570-590.

[9] Montaigne, C., Ruddell, J. y Ferguson, H. 1992. *Water retention of soft siltstone fragments in an Ustic Torriorthent, central Montana.* Soil Science Society of America Journal 56, 555-557.

[10] Oyonarte, C., Escoriza, Y., Delgado, R., Pinto, V. y Delgado, G. 1997. *Water retention capacity in fine earth and gravel fraction of semiarid Mediterranean montane soils.* Arid soil Research and Rehabilitation 12, 29-45.

[11] Sánchez-Marañón, M., Gámiz, E., Delgado, G. y Delgado, R. 1999. *Mafic-Ultramafic soils affected by silicic colluvium in the Sierra Nevada Mountains (Southern Spain).* Canadian Journal of Soil Science 79, 431-442.

[12] Martín-García, J.M., Delgado, G., Párraga, J., Gámiz, E. y Delgado, R. 1999. *Chemical mineralogical and (micromorfological) study of coarse fragments in Mediterranean red soils.* Geoderma 90, 23-47.

3. Materiales minerales de interés sanitario e industrial

3. Mineral Materials of Sanitary and Industrial interest

Talco como materia farmacéutica

Rafael Delgado Calvo-Flores, Miguel Soriano
Rodríguez, Encarnación Gámiz Martín

El talco es un material de origen mineral rico en el filosilicato talco (fórmula $Si_4O_{10}(OH)_2Mg_3$). Se emplea en las industrias del papel, cerámica, pinturas-revestimientos, agroalimentaria, Farmacia, Cosmética y Medicina [1]. En Farmacia-Cosmética es protector, antipruriginoso, lubricante y excipiente: diluyente, aglutinante, emulsionante, espesante y antiaglomerante o portador-liberador de principios activos [2, 3, 4]. La protección e inocuidad sobre los tejidos (piel, mucosas gástrica e intestinal) la debe a sus propiedades físicas, fisicoquímicas (superficie específica) e insolubilidad en H_2O. Una formulación tópica frecuente es finamente molido: "polvo de talco" (TP). SEM-EDX es clave para conocer sus propiedades físicas, establecer la pureza mineral (calidad) y el cumplimiento de los requisitos de Farmacopea del talco [5, 6, 7, 8, 9, 10].

Las muestras en estudio fueron 4 talcos industriales molidos españoles [5], 12 TP de los cinco continentes [6] y 7 TP de España [9]. Pureza en talco (XRD) entre 54 y 100 %. SEM-EDX se aplicó según se describe en Capítulo I.2.1: MET-AU, MET-C, SEM-H-510-FOT, FESEM-GEMINI, EDX-OXFORD10. El diámetro máximo de partícula fue medido visualmente con regla en las imágenes (> = 50 casos/ muestra).

Las partículas de talco más frecuentes son laminares (Figuras 1, 2). Aparecen también agregados de partículas con diversas formas externas y modelos de microfábrica SEM al interior [7]; destacando las pseudoesferoidales, subredondeadas, internamente compuestas de láminas curvadas y apiladas, como "hojas de cebolla" (Figura 4); o de acúmulo de partículas dentro de una "bolsa" (Figura 5). Predominan tamaños < 20 µm (Figura 3), aptos para el uso tópico [6, 7, 8]. Estos caracteres se generan por la acción mecánica de la molienda del talco, de estructura laminar, baja dureza, exfoliación perfecta según 00l, y láminas flexibles; propiedades que reiteran la aptitud para el uso tópico (protector, lubricante, refrescante), pues permiten a las partículas deslizarse fácilmente sobre la piel y adherirse a ella [7, 9]. Detectamos también fases minerales impurificantes, de hábito de cristal y composición elemental diferente al talco: carbonatos (i. e. dolomita, Figura 6), cloritas, cuarzo o fibras tóxicas (asbestos), distinguibles (con SEM-EDX) de las fibras de talco (Figura 6). La presencia de asbestos en talco, está, por su toxicidad, siempre de actualidad [11].

Confirmamos a SEM-EDX como técnica fundamental de estudio del talco de uso farmacéutico-cosmético.

Talc as Pharmaceutical Material

Rafael Delgado Calvo-Flores, Miguel Soriano
Rodríguez, Encarnación Gámiz Martín

Talc is a material of mineral origin rich in the phyllosilicate talc (formula $Si_4O_{10}(OH)_2Mg_3$). It is used in the paper, ceramic, paint-coating, agri-food, pharmaceutical, cosmetic and medical industries. [1]. In the pharmaceutical and cosmetics sectors, it is protective, antipruritic, lubricant and excipient, as well as serving as a diluent, binder, emulsifier, thickener and anti-caking agent or carrier-releaser of active substances. [2, 3, 4]. Its protection of and innocuousness on tissues (skin, gastric and intestinal mucous membranes) is due to its physical, physicochemical properties (specific surface) and insolubility in H_2O. A common topical formulation is as a finely ground powder, "talcum powder" (TP). SEM-EDX is a key technique in understanding its physical properties, establishing the mineral purity (quality) and ensuring compliance with the Pharmacopoeia requirements for talc [5, 6, 7, 8, 9, 10].

The samples under study were 4 Spanish ground industrial talcs [5], 12 TP from the five continents [6] and 7 TP from Spain. [9]. Purity in talc (XRD) was between 54 and 100 %. SEM-EDX was applied as described in Chapter I.2.1: MET-AU, MET-C, SEM-H-510-FOT, FESEM-GEMINI, EDX-OXFORD10). The maximum particle diameter was measured visually with a ruler in the images (> 50 cases/sample).

The most frequent talc particles are lamellar (Figures 1, 2). Particle aggregates with various external forms and internal SEM microfabrics also appear [7], particularly pseudo-spheroidal, subrounded forms, internally composed of curved and stacked sheets, like "onion leaves" (Figure 4), or accumulation of particles within a "bag" (Figure 5). Size is predominantly < 20 μm (Figure 3), suitable for topical use [6, 7, 8]. These characteristics are caused by the mechanical grinding of talc, with a lamellar structure, low hardness, perfect exfoliation according to 00l, and flexible sheets. These properties reiterate the suitability for topical use (protective, lubricating, refreshing), as they allow the particles to slide easily over the skin and adhere to it [7, 9]. We also detected impurifying mineral phases, with a crystal habit and elemental composition different from talc: carbonates (i.e., dolomite, Figure 6), chlorites, quartz or toxic fibers (asbestos), distinguishable (with SEM-EDX) from talc fibers (Figure 6). The presence of asbestos in talc is for its toxicity always relevant [11].

We confirm SEM-EDX as a fundamental technique for the study of talc for pharmaceutical-cosmetic use.

FIGURA 1. Talco español industrial. Campo de pequeñas partículas laminares (20-5 µm). El material es blando y rompe fácilmente con la molienda, preferentemente según el plano 001 gracias a la propiedad de exfoliación perfecta (***Exf***). Adaptada de Figura 30, página 301 [5].

FIGURE 1. Spanish industrial talc. Field of small laminar particles (20-5 micrometers). The material is soft and breaks easily on grinding, predominantly along the 001 plane due to the perfect exfoliation property of talc (***Exf***). Adapted from Figure 30, page 301 [5].

Figura 2. TP español. Detalle de partícula altamente laminar, de diámetro máximo > 20 μm, formada por apilamiento de láminas (*Ll*) de pequeño espesor (1 μm-200 nm). El microanálisis EDX (**1**) muestra sólo picos de O, Si y Mg, propios del talco. Adaptada de Figura 2d, página 5 [9].

Figure 2. Spanish TP. Detail of highly lamellar particle, with a maximum diameter > 20 μm, formed by stacking of thin (1 μm-200 nm) sheets (*Ll*). EDX microanalysis (**1**) shows only peaks of O, Si and Mg, typical of talc. Adapted from Figure 2d, page 5 [9].

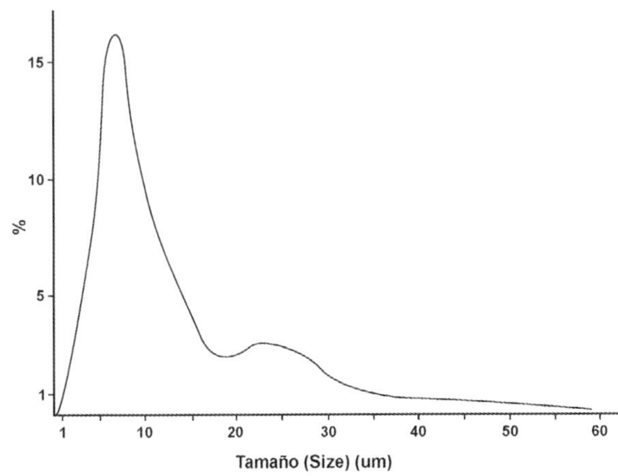

Figura 3. Talco industrial español. Distribución granulométrica. Las partículas más frecuentes presentan tamaños menores de 20 μm, aptas para uso tópico; efecto de la molienda. Adaptada de Figura 2, página 38 [8].

Figure 3. Spanish industrial talc. Particle size distribution. The most frequent particles have sizes smaller than 20 μm, suitable for topical use; grinding effect. Adapted from Figure 2, page 38 [8].

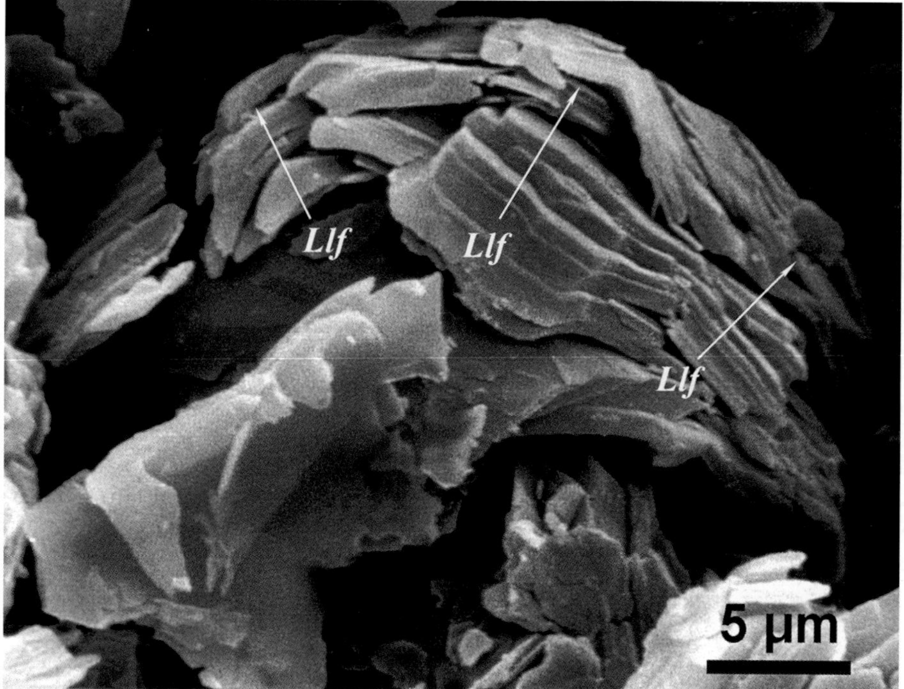

Figura 4. TP de Reino Unido. Agregado de láminas de talco de ~30 µm de diámetro. Forma pseudoesférica subredondeada y microestructura interna laminar en "hojas de cebolla". Las láminas (**Llf**), de espesor entre 1-2 µm se curvan y se apilan gracias a su exfoliabilidad y flexibilidad. Efecto de la molienda.

Figure 4. UK PT. Aggregate of talc lamellae of ~30 µm in diameter. Subrounded pseudospherical shape and laminar internal microstructure arranged like "onion leaves". The sheets (**Llf**), with a thickness between 1-2 µm, are curved and stacked according to their exfoliability and flexibility. Grinding effect.

Figura 5. Talco industrial español. Agregado subredondeado de talco en "bolsa" de ~50 µm de diámetro máximo, formado por una lámina plegada (*Llf*) conteniendo en su interior partículas laminares (*Ll*), también de talco, de 5-10 µm. Adaptada de Figura 3a, página 31 [7].

Figure 5. Spanish industrial talc. Subrounded aggregate of talc in a "bag" of ~50 µm in maximum diameter, formed by a folded sheet (*Llf*) containing lamellar particles (*Ll*) inside, also of talc, of 5-10 µm. Adapted from Figure 3a, page 31 [7].

Figura 6. TP español. Partícula de dolomita (**Dol**), de 20 µm, hábito pseudopoliédico. Espectro EDX (**1**) con Ca, Mg y O. La fibra presente de talco (**Tlc**) se pliega y acopla a esta partícula gracias a su flexibilidad; demostrando además que se rompe fácilmente. Adaptada de Fig. 2g, página 5 [9].

Figure 6. Spanish TP. Dolomite particle (**Dol**), 20 µm in size, pseudopolyedric habit. EDX spectrum (**1**) with Ca, Mg and O. The talc fiber (**Tlc**) folds and attaches to this particle thanks to its flexibility; further proving that it breaks easiliy. Adapted from Figure. 2g, page 5 [9].

Referencias
References

[1] POIRIER, M., BOULINGUI, J.E., MARTIN, F., MOUNGUENGUI, M.M., NKOUMBOU, C., THOMAS, F., CATHELINEAU, M. E YVON, J. 2019. *Mineralogical and crystal-chemical characterization of the talc ore deposit of Minzanzala, Gabon.* Clay Minerals 54 (3), 245-254.

[2] GALÁN, E., LISO, M.J. Y FORTEZA, M. 1985. *Minerales utilizados en la Industria Farmacéutica.* Boletín de la Sociedad Española de Mineralogía, 369–378.

[3] CARRETERO, M.I. Y POZO, M. 2009. *Clay and non-clay minerals in the pharmaceutical industry. Part I. Excipients and medical applications.* Applied Clay Science 46, 73-80.

[4] CARRETERO, M.I. Y POZO, M. 2010. *Clay and non-clay minerals in the pharmaceutical and cosmetic industries. Part II. Active ingredients.* Applied Clay Science 47, 171-181.

[5] GÁMIZ-MARTÍN, E. 1987. *Caracterización de caolines, talcos y bentonitas españoles para su posible aplicación en Farmacia.* Tesis Doctoral, Universidad de Granada.

[6] SORIANO-RODRÍGUEZ, M. 1994. *Estudio geofarmacéutico de polvos de talco. Primera aproximación a la Farmacopea Internacional Armonizada.* Tesis Doctoral, Universidad de Granada. https://digibug.ugr.es/handle/10481/14469

[7] GÁMIZ, E., PÁRRAGA J., DELGADO, G. Y DELGADO, R. 2002. *A morphological study of talcs with Scanning Electron Microscopy (SEM). Pharmaceutical applications.* Ars Pharmaceutica 43 (1-2), 23-35.

[8] GÁMIZ, E., DELGADO, G., PÁRRAGA, J. Y DELGADO, R. 1989. *Étude de talcs espagnols à usage pharmaceutique. Essais des pharmacopées.* Annales Pharmaceutiques Francaises 47-1, 33-41.

[9] DELGADO, R., FERNÁNDEZ-GONZÁLEZ, M.V., GZOULY, M., MOLINERO-GARCÍA, A., CERVERA-MATA, A., SÁNCHEZ-MARAÑÓN, M., HERRUZO, M. Y MARTÍN-GARCÍA, J.M. 2020. *The quality of Spanish cosmetic-pharmaceutical talcum powders.* Applied Clay Science 193, 10569.

[10] EUROPEAN PHARMACOPOEIA (EP) 2014. *The European Directorate for the Quality of Medicines & Healthcare (EDQM),* Ed 8 (1). Council of Europe, Strasbourg Cedex, France, pp. 3361–3362.

[11] BIRD, T., STEFFEN, J.E., TRAN, T.H. Y EGILMAN, D.S. 2021. *A review of the talc industry's influence on federal regulation and scientific standards for asbestos in talc.* New Solutions: a Journal of Environmental and Occupational Health Policy, 31(2), 152-169.

Evaluación de la calidad mineral de polvos de talco usando SEM-EDX

María Virginia Fernández-González,
Rocío Márquez Crespo, Rafael Delgado Calvo-Flores

El talco es una materia prima en la industria farmacéutica y cosmética [1]. La calidad mineral de los polvos de talco (TP) de uso farmacéutico/cosmético viene determinada por la presencia mayoritaria de talco (>90 %) [2], la ausencia de fibras tóxicas [2, 3] y límites cuantitativos de elementos químicos [2, 4]. El microscopio electrónico de barrido (SEM) y microanálisis (EDX) se emplean como métodos de elección para estudiar la morfología y composición elemental de las partículas minerales en el TP y evaluar su calidad [2, 5, 6, 7, 8].

65 muestras de TP de venta actual en Farmacias y líneas cosméticas en grandes superficies de España, Francia, Italia, Noruega, Portugal, y adquiridos en Amazon, fueron analizadas con SEM-EDX según técnicas recogidas en Capítulo I.2.1: MET-C, FESEM-GEMINI, EDX-OXFORD 10. El análisis de imagen (IA) permitió evaluar el carácter fibroso (L/A>5/1). La composición mineralógica se obtuvo con XRD. Aplicando los criterios de calidad mineral [2, 3, 4] determinamos si los TP presentan calidad cosmética o industrial.

El porcentaje (XRD) en talco de las muestras osciló entre 42 y 100 %. 35 muestras presentan calidad cosmética (> 90 % en talco) y solamente 12, presentan calidad industrial (< 90 % en talco). No se detectaron diferencias de calidad entre países. Tampoco se observaron fibras tóxicas. El mineral talco se presenta como partículas laminares (Figura 1) con tamaños de 50 µm y mayores que se exfolian en partículas menores, 5-10 µm. Caracteres que evidencian su aptitud para el cuidado de la piel, pues dichas partículas se adherirán a ella fácilmente, ejerciendo de lubricantes y desodorantes, sin riesgos de toxicidad. También aparecen partículas fibrosas (Figura 2), pero su microanálisis EDX, con Mg, Si, O, confirma su mineralogía de talco, por tanto, su inocuidad química, y que, al contacto con la piel, se desmenuzarán fácilmente. Las partículas de minerales acompañantes, como carbonatos (calcita, Figura 3, o dolomita, Figura 4) y cuarzo (Figura 5), se muestran con morfologías menos favorables para la aplicación sobre la piel (equidimensionales y pseudopoliédricas), al igual que ocurre con la clorita (Figura 6) que no presenta el perfecto grado de exfoliabilidad del talco.

Confirmamos la utilidad del SEM-EDX para el estudio de TP.

Evaluation of the Mineral Quality of Talcum Powders using SEM-EDX

María Virginia Fernández-González,
Rocío Márquez Crespo, Rafael Delgado Calvo-Flores

Talc is a raw material used in the pharmaceutical and cosmetic industry [1]. The mineral quality of Talcum Powder (TP) for pharmaceutical/cosmetic use is determined by the majority presence of talc (>90 %) [2], the absence of toxic fibers [2, 3] and quantitative limits of chemical elements [2, 4]. Scanning electron microscope (SEM) and microanalysis (EDX) are used as methods of choice to study the morphology and elemental composition of mineral particles in the TP and evaluate their quality [2, 5, 6, 7, 8].

65 samples of TP currently sold in pharmacies and cosmetic lines in large supermarkets of Spain, France, Italy, Norway, Portugal, and purchased from Amazon, were analyzed with SEM-EDX according to the techniques set out in Chapter I.2.1: MET-C, FESEM-GEMINI, EDX-OXFORD 10. Image analysis (IA) allowed the fibrous character to be evaluated (L/W > 5/1). Mineralogical composition was obtained with XRD. Applying the mineral quality criteria [2, 3, 4] we determine whether the TP presents cosmetic or industrial quality.

The talc percentage (XRD) of the samples ranged between 42 and 100 %. 35 samples have cosmetic quality (> 90 % talc) and only 12 samples have industrial quality (< 90 % talc). No quality differences were detected between countries. No toxic fibers were observed. The mineral talc is presented as laminar particles (Figure 1) with sizes of 50 μm and larger that exfoliate into smaller particles, 5-10 μm. These characteristics demonstrate their suitability for skin care, since these particles will easily adhere to the skin, providing a lubricant and deodorant function, without risk of toxicity. Fibrous particles also appear (L/W > 5/1) (Figure 2), but their EDX microanalysis, with Mg, Si, O, confirms their talc mineralogy, and therefore their chemical safety, and on contact with the skin, they will crumble easily. The accompanying mineral particles, such as carbonates (calcite, Figure 3, or dolomite, Figure 4) and quartz (Figure 5), are shown with less favorable morphologies for application to the skin (equidimensional and psuedopolyhedral), as is the case with chlorite (Figure 6) which does not present the perfect degree of exfoliability of talc.

We confirm the usefulness of SEM-EDX for the study of TP.

Figura 1. Polvo de talco (TP) del mercado francés. Campo de partículas. En el centro, partícula laminar de talco (EDX (**1**) con picos de Si, Mg, O), con un tamaño de ~40 µm. Se observa la buena exfoliabilidad (**Exf**) de dicha partícula.

Figure 1. Talcum (TP) from the French market. Particle field. In the center, laminar talc particle (EDX (**1**) with peaks of Si, Mg, O), with a size of ~40 µm. The good exfoliability (**Exf**) of this particle is observed.

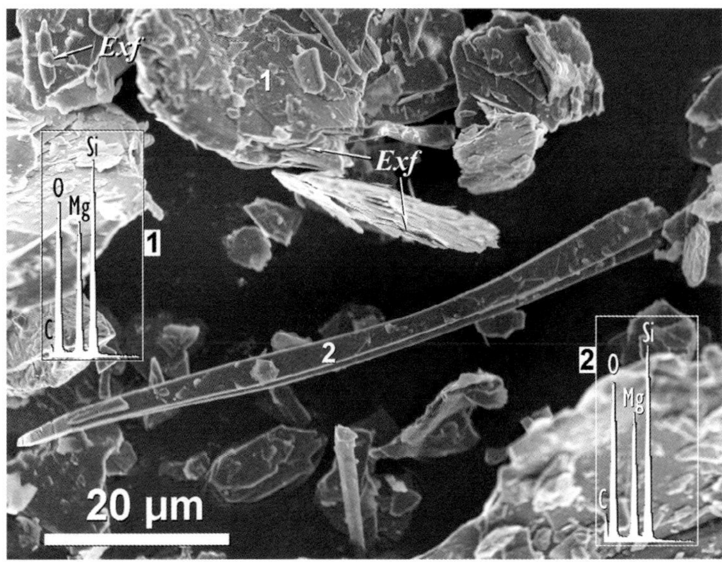

FIGURA 2. TP del mercado noruego. Campo de partículas. Partícula laminar de talco (**1**) de ~30 μm con visible buena exfoliación (***Exf***). Partícula fibrosa de talco (**2**) (L/A>5/1) de ~100 μm. EDX (**1**) de ambas con Si, Mg, O.

FIGURE 2. TP from the Norwegian market. Particle field. 1-Talc laminar particle of ~30 μm with visible good exfoliation (***Exf***). 2-Talc fibrous particle (L/W>5/1) of ~100 μm. EDX (**1**) of both with Si, Mg, O.

FIGURA 3. TP del mercado italiano. Campo de partículas. Partícula de calcita (**1**) con un tamaño de ~10 μm. EDX (**1**) con Ca y O.

FIGURE 3. TP from the Italian market. Particle field. Calcite particle (**1**) with a size of ~10 μm. EDX (**1**) with Ca and O.

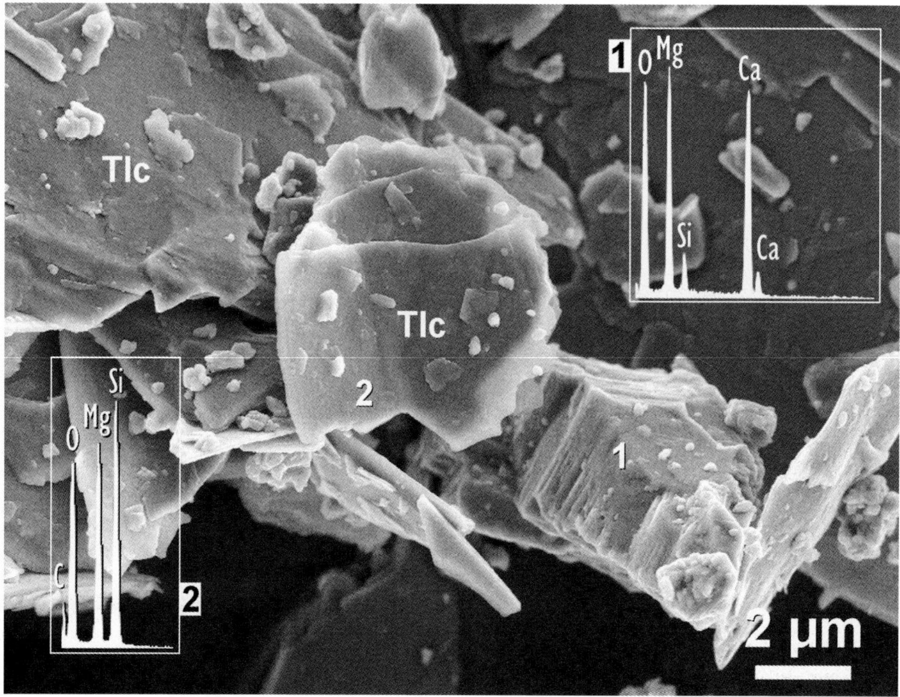

FIGURA 4. TP del mercado italiano. Campo de partículas. Partícula de dolomita (**1**) con un tamaño de 5 µm. EDX, con O, Mg y Ca. Rodeada de partículas laminares de talco (**Tlc**). EDX (**2**) con O, Mg, Si.

FIGURE 4. TP from the Italian market. Particle field. Dolomite particle (**1**) with a size of 5 µm. EDX, with O, Mg and Ca. Surrounded by laminar talcum particles (**Tlc**). EDX (**2**) with O, Mg, Si.

Figura 5. TP del mercado francés. Agregado de cristales pseudopoliédricos de cuarzo (**1**) de ~50 µm de diámetro máximo. Reconocibles caras de cristal (***Crf***). EDX con picos de Si y O.

Figure 5. TP from the French market. Addition of pseudopolyhedral quartz crystals (**1**) of ~50 µm maximum diameter. Recognizable crystal faces (***Crf***). EDX with Si and O peaks.

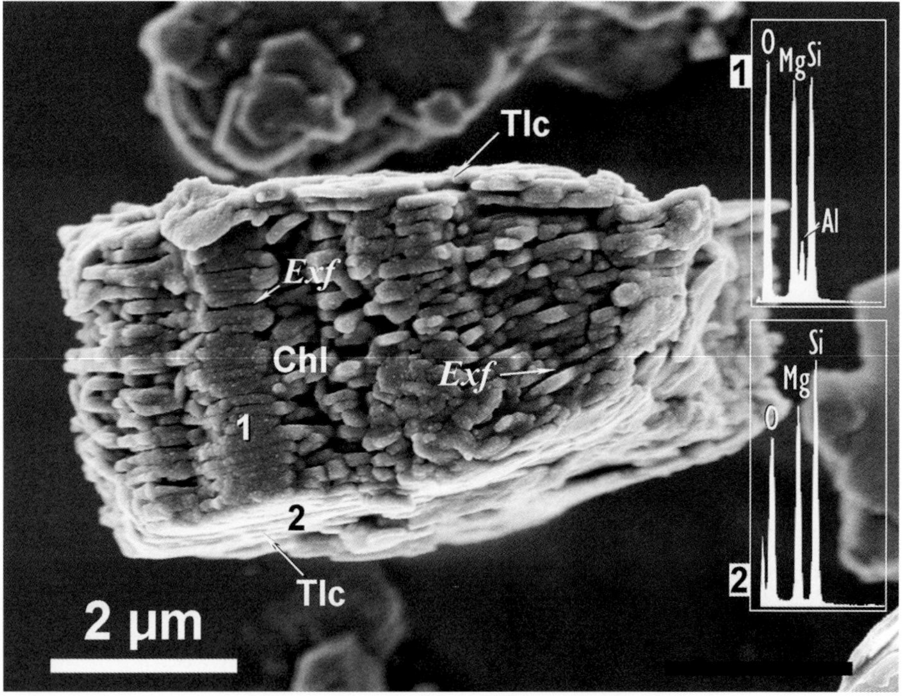

Figura 6. TP del mercado francés. Partícula de clorita (**Chl**) de ∼8 μm. EDX (**1**) con picos de Si, Mg, Al, Fe y O. La exfoliabilidad (**Exf**) es visiblemente peor que la del talco (ver Figura 1), demostrando con ello menor aptitud para el uso cutáneo. Se observa, no obstante, y como detalle (**Tlc**), una cobertura superficial de partículas de talco (EDX **2**) que mejorará algo dicha aptitud.

Figure 6. TP from the French market. Chlorite particle (**Chl**) ∼8 μm. EDX (**1**) with peaks of Si, Mg, Al, Fe and O. The exfoliability (**Exf**) is visibly worse than that of talc (see Figure 1), thus demonstrating worse aptitude for use on the skin. However, as a detail (**Tlc**), a surface coverage of talcum particles (EDX **2**) is observed that will improve this aptitude.

Referencias
References

[1] Poirier, M., Boulingui, J.E., Martin, F., Mounguengui, M.M., Nkoumbou, C., Thomas, F., Cathelineau, M. y Yvon, J. 2019. *Mineralogical and crystal-chemical characterization of the talc ore deposit of Minzanzala, Gabon.* Clay Minerals 54 (3), 245-254.

[2] Delgado, R., Fernández-González, M.V., Gzouly, M., Molinero-García, A., Cervera-Mata, A., Sánchez-Marañón, M., Herruzo, M. y Martín-García, J.M. 2020. *The quality of Spanish cosmetic-pharmaceutical talcum powders.* Applied Clay Science 193, 105691.

[3] European Pharmacopoeia (EP) 2014. *The European Directorate for the Quality of Medicines & Healthcare (EDQM),* Ed 8 (1). Council of Europe, Strasbourg Cedex, France, pp. 3361-3362.

[4] ICH (International Council for Harmonization of technical requirements for pharmaceutical human use) 2019: *Guideline for elemental impurities Q3D (R1).* https://database.ich.org/sites/default/files/Q3D-R1EWG_Document_Step4_Guideline_2019_0322.pdf. [Consulta 25 de Junio 2019].

[5] Gámiz, E. 1987. *Caracterización de caolines, talcos y bentonitas españoles para su posible aplicación en Farmacia.* Tesis Doctoral, Universidad de Granada.

[6] Soriano, M. 1994. Estudio geofarmacéutico de polvos de talco. *Primera aproximación a la Farmacopea Internacional Armonizada.* Tesis Doctoral, Universidad de Granada. https://digibug.ugr.es/handle/10481/14469

[7] Gámiz, E., Párraga J., Delgado, G. y Delgado, R. 2002. *A morphological study of talcs with Scanning Electron Microscopy (SEM). Pharmaceutical applications.* Ars Pharmaceutica 43 (1-2), 23-35.

[8] Gámiz, E., Delgado, G. Párraga, J. y Delgado, R. 1989. *Étude de talcs espagnols à usage pharmaceutique. Essais des pharmacopées.* Annales Pharmaceutiques Françaises 47(1), 33-41.

Caolín como materia prima farmacéutica. Algunas aplicaciones del SEM para su estudio

Rafael Delgado Calvo-Flores, Adolfina Ruiz Martínez, Encarnación Gámiz Martín

El caolín es un material natural rico en el mineral caolinita, filosilicato de fórmula $Si_2O_5(OH)_4Al_2$. Tiene amplios usos industriales en: papel, cerámica, pintura, plástico, construcción y como materia prima farmacéutica/cosmética. En Farmacia es principio activo, por sus propiedades adsorbentes, protector intestinal, y como excipiente es carga, vehículo o estabilizante de suspensiones. En Cosmética se emplea en mascarillas, polvos y otras preparaciones tópicas. Al caolín farmacéutico/cosmético se le exige el cumplimiento de pruebas de farmacopea que garanticen pureza y propiedades óptimas [1]. La metacaolonización es la calcinación (650-900 ºC) a la que se somete al caolín, previo a muchos usos industriales porque mejora sus propiedades [2, 3, 4, 5, 6]. La cristalinidad del caolín [7, 8, 9, 10] se relaciona con la aptitud industrial. La microfábrica SEM del caolín resulta útil para investigar: 1-su cristalinidad en relación con las diferencias de cesión de barbitúricos en medio acuoso [11] y 2-el proceso de metacaolinización [12].

El material objeto del presente capítulo fueron caolines industriales españoles lavados y brutos [13, 14, 15]. Se observaron con SEM en corte fresco, material pulverizado y fracciones granulométricas [1, 11]; en algunas muestras se obtuvo metacaolín (650 ºC) [12]. SEM se aplicó según técnicas descritas en Capítulo I.2.1: MET-AU, SEM-H-510-FOT, SEM-H-510-DIG.

La presencia de caolinita en *stacks* (Figuras 1, 3) o en formas laminares con bordes netos y diseño hexagonal (Figura 4) indican caolines de relativa alta cristalinidad, que ceden el barbitúrico más rápidamente: a 120 minutos, tiempo del experimento, 100 %. Los caolines de menor cristalinidad (Figura 2) lo retienen más y sólo ceden 30 %. Se abre la posibilidad de preparar fármacos, con base a caolín de distintas cristalinidades, de efectos controlados en el tiempo. Observados con SEM los resultados del proceso de metacaolinización, describimos el soldado de las láminas en el plano 00l, incrementándose el tamaño de partícula (Figura 5). Más espectaculares resultaron las imágenes según hk0 (Figura 6). Al calcinar, la expansión de los gases (H_2O) por destrucción de la capa octaédrica gibsítica $[Al(OH)_3]$ abre las láminas, genera huecos y el material alumínico amorfo residual, procedente de la capa destruida, suelda y recubre la superficie.

Kaolin as a Raw Pharmacuetical Material. Some applications of SEM for its study

Rafael Delgado Calvo-Flores, Adolfina Ruiz Martínez, Encarnación Gámiz Martín

Kaolin is a natural material rich in the mineral kaolinite, a phyllosilicate with the formula $Si_2O_5(OH)_4Al_2$. It has wide industrial uses in paper, ceramics, paint, plastic, construction and as a pharmaceutical/cosmetic raw material. It is an active ingredient in the pharmaceutical industry, due to its adsorbent properties and as an intestinal protector, and as an excipient it is a load, vehicle or suspension stabilizer. In cosmetics it is used in masks, powders and other topical preparations. Pharmaceutical/cosmetic kaolin must comply with pharmacopeia tests that guarantee purity and optimal properties [1]. Metakaolinization is the calcination (650-900 °C) to which kaolin is subjected prior to many industrial uses, as it improves its properties [2, 3, 4, 5, 6]. Industrial aptitude is related to the crystallinity of kaolin [7, 8, 9, 10]. The SEM microfabric of kaolin is useful to investigate: 1- its crystallinity in relation to the differences in barbiturate release in aqueous medium [11] and 2- the metakaolinization process [12].

The material used for this chapter was Spanish industrial kaolin (heavy kaolin and raw kaolin) [13, 14, 15]. We used SEM to observe bulk samples in fresh section, pulverized material and granulometric fractions [1, 11]. In some samples, metakaolin (650 °C) was obtained [12]. SEM was applied according to techniques described in Chapter I.2.1: MET-AU, SEM-H-510-FOT, SEM-H-510-DIG.

The presence of kaolinite in stacks (Figures 1, 3) or in laminar forms with sharp edges and hexagonal design (Figure 4) indicate kaolins of relatively high crystallinity, which release the barbiturate more quickly: at 120 minutes, experiment time, 100 %. Kaolins with lower crystallinity (Figure 2) retain it more and only release 30 %. This opens up the possibility of preparing drugs based on kaolin of different crystallinities, with controlled effects over time. After observing the results of the metakaolinization process using SEM, we described the fusing of the sheets in the 00l plane, increasing the particle size (Figure 5). The images according to hk0 (Figure 6) were more spectacular. When calcining, the expansion of gases (H_2O) due to the destruction of the gibbsitic octahedral layer $[Al(OH)_3]$ opens the sheets and creates holes, and the residual amorphous aluminum material from the destroyed layer fuses and covers the surface

FIGURA 1.- Caolín con relativa buena cristalinidad. Son visibles los *stacks* de caolinita (**LIv**) envueltos por una masa de pequeños cristales con fábrica laminar floculenta debida al proceso de purificación mediante lavado. Adaptada de Fig. 2A, página 791 [11].

FIGURE 1.- Kaolin with relatively good crystallinity. The kaolinite stacks (**LIv**) are visible, surrounded by a mass of small crystals with a flocculent laminar fabric due to the purification process by means of washing. Adapted from Fig. 2A, page 791 [11].

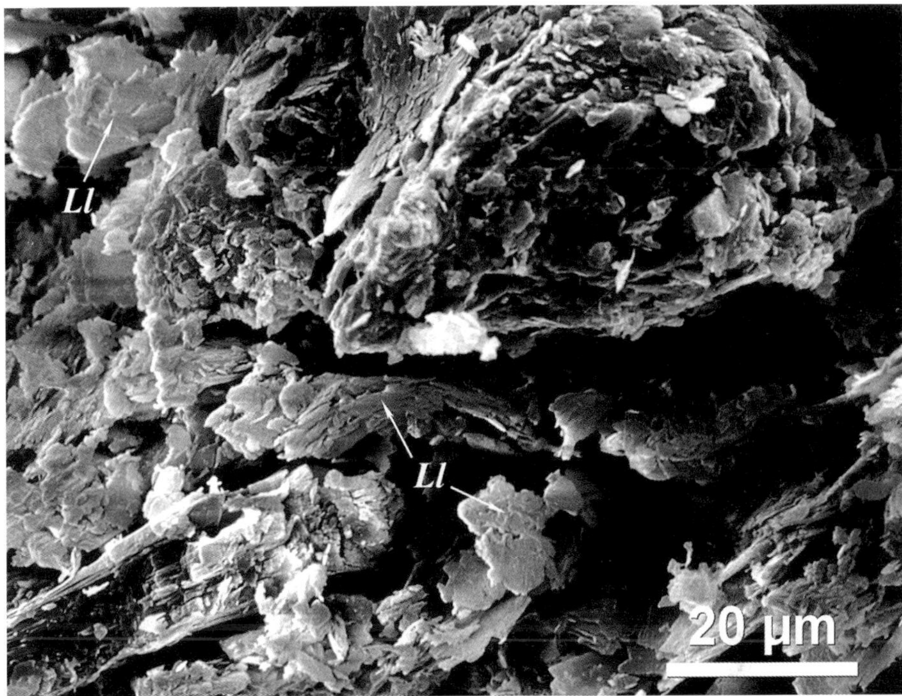

Figura 2.- Caolín con relativa baja cristalinidad. Se muestra como una masa de láminas de caolinita tamaño limo (2-50 µm) (*Ll*) con fábrica de tendencia turboestrática. No aparecen los stacks reconocidos en Figura 1. Adaptada de Fig. 2C, página 791 [11].

Figure 2.- Kaolin with relatively low crystallinity. It is shown as a mass of silt-sized (2-50 µm) kaolinite flakes (*Ll*) with a turbostratic trend fabric. Stacks observed in Figure 1 do not appear. Adapted from Fig. 2C, page 791 [11].

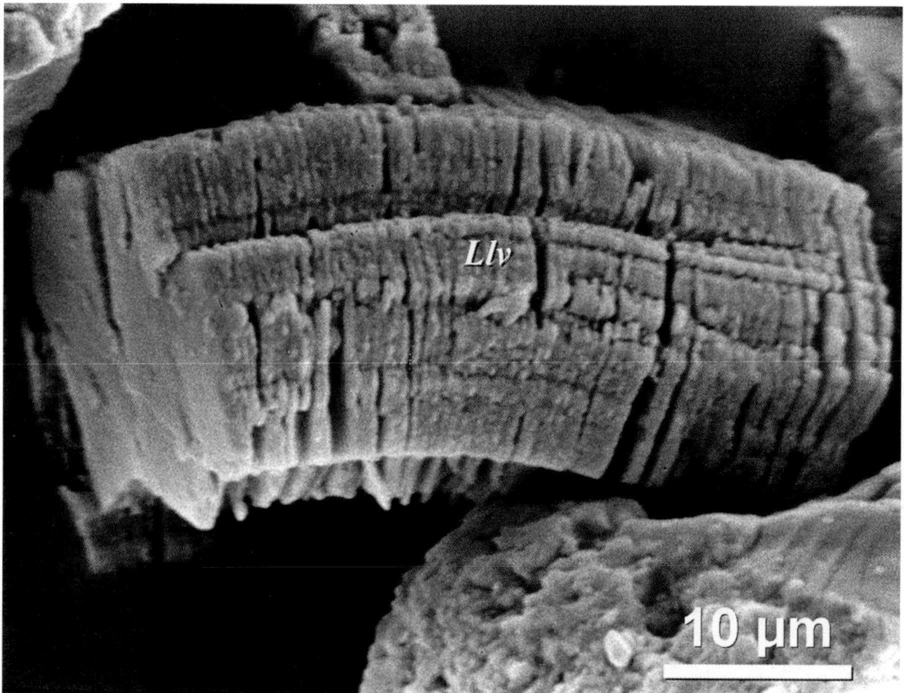

Figura 3.- Caolín con relativa buena cristalinidad. Stack vermicular de caolinita (*Llv*) de ~50 µm, fracción granulométrica arena fina (50-200 µm). Adaptada de Fotografía 6, página 289 [15].

Figure 3.- Kaolin with relatively good crystallinity. Vermicular stack of kaolinite (*Llv*) of ~50 µm, granulometric fraction of fine sand (50-200 µm). Adapted from Photography 6, page 290 [15].

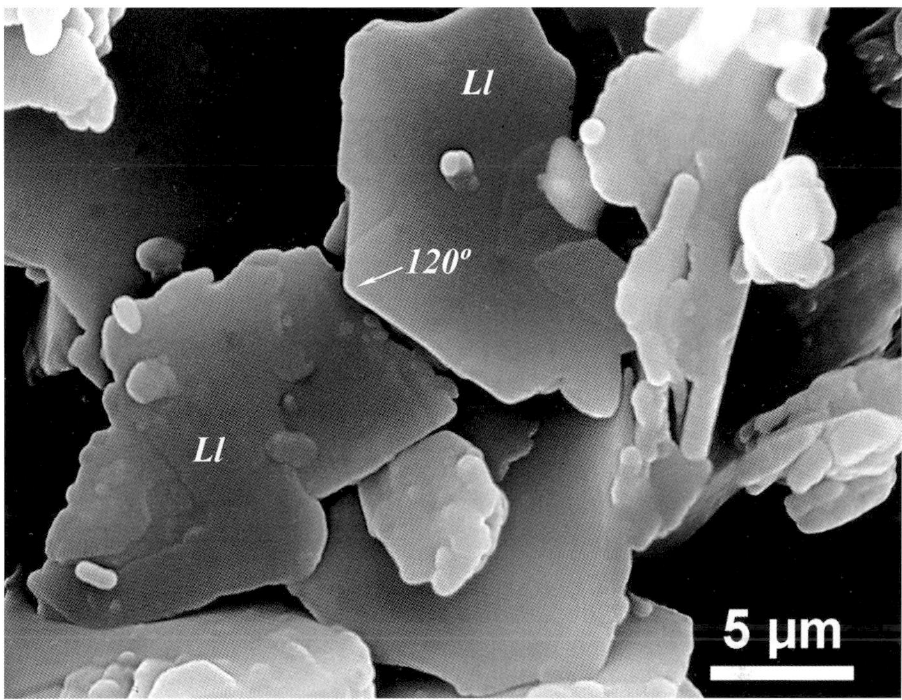

Figura 4.- Caolín con relativa buena cristalinidad. Láminas de caolinita de tamaño limo (2-50 µm) (***Ll***) con diseño pseudoexagonal: frecuentes ángulos de sus bordes a 120 ° (***120º***). Adaptada de Fig. 2E, página 791 [11].

Figure 4.- Kaolin with relatively good crystallinity. Silt-sized kaolinite flakes (2-50 µm) (***Ll***) with a pseudo-hexagonal design: frequent edge angles of 120º (***120º***). Adapted from Fig. 2E, page 791 [11].

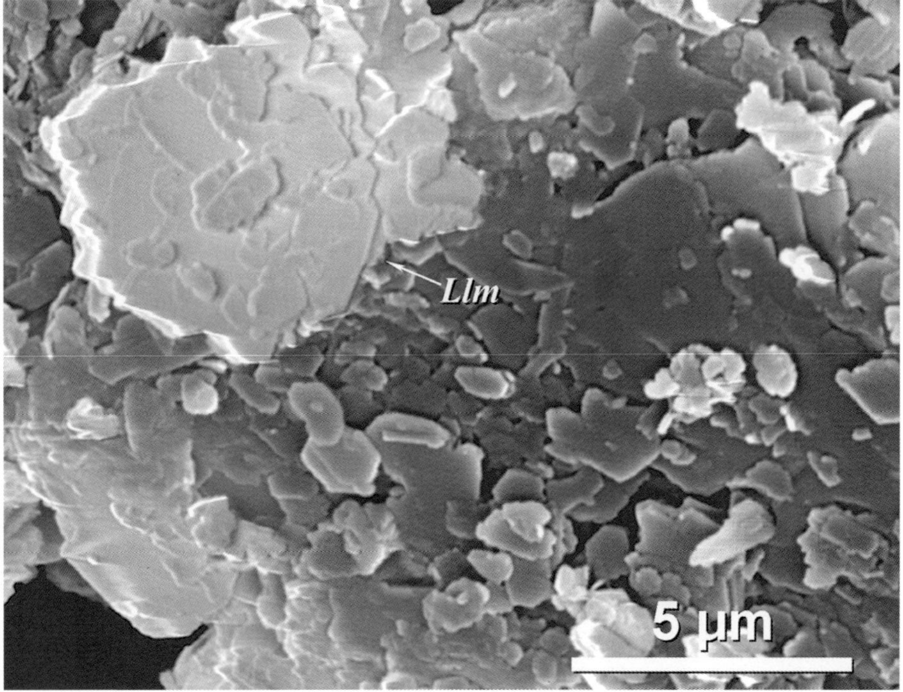

FIGURA 5.- Metacaolín. Efectos observables de la calcinación. Fábrica laminar donde las láminas de metacaolinita aparecen soldadas por sus bordes (***Llm***) a la superficie de otras adyacentes. Adaptada de Figura 4e. página 278 [12].

FIGURE 5. - Metakaolin. Observable effects of calcination. Laminar fabric where the sheets of metakaolinite appear fused by their edges (***Llm***) to the surface of other adjacent ones. Adapted from Figure 4e. page 278 [12].

Figura 6.- Metacaolín. Efectos observables de la calcinación. Paquete de láminas de metacaolinita que muestran apertura de huecos (**Por**), con separación de láminas y material soldando los bordes de las láminas (**Llm**). Adaptada de Figura 4f. página 278 [12].

Figure.6.- Metakaolin. Observable effects of calcination. Group of metakaolinite sheets showing opening of holes (**Por**), with separation of sheets and material fusing the edges of the sheets (**Llm**). Adapted from Figure 4f. page 278 [12].

Referencias
References

[1] EUROPEAN PHARMACOPOEIA (EP) 2014. *The European Directorate for the Quality of Medicines & Healthcare (EDQM),* Ed 8 (1). Council of Europe, Strasbourg Cedex, France.

[2] BERUBE, R.R. 1978. *Fine calcined kaolin in paper and paper board coating.* TAPPI Coating Conf. Prepr., 105-114.

[3] BUNDY, M.W. y ISHLEY, N. 1991. *Kaolin in paper filling and coating.* Applied Clay Science 5, 397-420.

[4] PRASAD, M.S., REID, K.J. y MURRAY, H.H. 1991. *Kaolin: processing, properties and applications.* Applied Clay Science 6, 87-119.

[5] MURRAY, H.H. 1999. *Applied clay mineralogy today and tomorrow.* Clay Minerals 34, 39-49.

[6] JINDAL, B.B., ALOMAYRI, T., HASAN, A. y KAZE, C.R. 2022. *Geopolymer concrete with metakaolin for sustainability: a comprehensive review on raw material's properties, synthesis, performance, and potential application.* Environmental Science and Pollution Research, 1-26.

[7] HINCKLEY, D.N. 1962. *Variability in "crystallinity" values among the kaolin deposits of the coastal plain of Georgia and South Carolina.* Clays and Clay Minerals 11(1), 229-235.

[8] LIÉTARD, O. 1977. *Contribution a l'etude des proprietes physicochimiques, cristallographiques et morphologiques des kaolins.* PhD thesis, University of Nancy.

[9] RANGE, K.J., RANGE, A. y WEISS, A. 1969. *Fire-clay type kaolinite or fire-clay mineral? Experimental classification of kaolinite-halloysite minerals.* Proceedings of the International Clay Conference, Tokyo, Japan.

[10] HUGHES, J.C. y BROWN, G. 1979. *A crystallinity index for soil kaolins and its relation to parent rock, climate and soil maturity.* Journal of Soil Science 30(3), 557-563.

[11] DELGADO, R., GÁMIZ, E., DELGADO, G., RUIZ, A. y GALLARDO, V. 1994. *The crystallinity of several spanish kaolins. Correlations with sodium amylobarbitone release.* Clay Minerals 29, 785-797.

[12] Gámiz, E., Melgosa, M., Sánchez-Marañón, M., Martín-García, J.M. y Delgado, R. 2005. *Relationships between chemico-mineralogical composition and colour properties in selected spanish natural and calcined caolins.* Applied Clay Science 28 (1-4), 269-282.

[13] Gámiz, E., Caballero, E., Delgado, M. y Delgado, R. 1988. *Characterization of Spanish kaolins for pharmaceutical use. I. Chemical and mineralogical composition, physico-chemical properties.* Bollettino Chim. Farm. 127, 5, 114-120.

[14] Gámiz, E.; Delgado, G. y Delgado, R. 1988. *Characterization of Spanish kaolins for pharmaceutical use. II. Assays according Briths Pharmacopeia.* Bolletino Chim. Farm. 127-6, 138-143.

[15] Gámiz, E. 1987. *Caracterización de caolines, talcos y bentonitas españoles para su posible aplicación en Farmacia.* Tesis Doctoral, Universidad de Granada.

Estudio con SEM de cocristales farmacéuticos

Azahara Navarro Nieva, Rafael Delgado Calvo-Flores, Verónica Aguilar Torres, Jesús Párraga Martínez

Los cocristales son complejos moleculares cristalinos (sistemas multicomponentes) unidos mediante puentes de hidrógeno, fuerzas de Van der Waals o interacciones tipo π-π entre moléculas neutras de principio activo (API) y coformador (CF), sin comprometer la integridad estructural del API [1, 2] y, con ello, sus funciones. La interacción entre los grupos funcionales presentes en API y CF, junto con la formación de puentes de hidrógeno, son los principales responsables de la unión [2]. El uso de cocristales permite mejorar la estabilidad y eficacia de los fármacos mediante el ajuste de las propiedades fisicoquímicas de sus componentes [3]. El estudio SEM de los cocristales farmacéuticos es un campo de vanguardia al ser prácticamente inexistentes sus antecedentes.

La carbamazepina (CBZ) es un fármaco usado en el tratamiento de la epilepsia y el trastorno bipolar, siendo también eficaz para la esquizofrenia [4]. Estudiamos dos cocristales de CBZ (API) con nicotinamida (NCT) (CF) y ácido succínico (SNC) (CF), y etanol como disolvente: Cocristal-1 (Co-1): CBZ-NCT; Cocristal-3 (Co-3): CBZ-SNC [5]. Metodología: difracción de rayos X (Bruker D8 DISCOVER, programa XPowder [6]) y microscopía electrónica de barrido ambiental (ESEM-EDX, FEI Quanta 400) (CIC, UGR). Las medidas de tamaño de los cocristales fueron visualmente, con regla, sobre imágenes SEM.

El análisis XRD indica la presencia de más de cien picos de difracción en ambos cocristales, demostrando la existencia de una estructura cristalina, de gran complejidad. Co-1 presenta cristales aciculares (Figuras 1, 2, 3) con una longitud variable entre 3 y 92 μm (Figura 1). Co-3 está compuesto por partículas con tendencia planar (Figura 4) y fibroso-radiada (Figura 6), predominando las dimensiones x-y y observándose maclas de contacto en punta de flecha (Figuras 4, 5, 6). Según los análisis EDX, ambos cocristales están compuestos por C y O y también se detecta N en el Co-1 por el coformador NCT.

Concluimos: 1.-La posibilidad de formación de cocristales con carbamazepina facilitará su biodisponibilidad, al ser de solubilización relativamente lenta. 2.-La diferente morfología de los cocristales permite formular la hipótesis de que los de CBZ-NCT, aciculares, son de liberación más rápida (mayor biodisponibilidad en menor tiempo) que los cocristales de CBZ-SNC, con formas planas de contorno irregular y aspecto más masivo (liberación más retardada).

SEM study of Pharmaceutical Cocrystals

Azahara Navarro Nieva, Rafael Delgado Calvo-Flores,
Verónica Aguilar Torres, Jesús Párraga Martínez

Cocrystals are molecular crystalline complexes (multicomponent systems) joined by hydrogen bonding, Van der Waals forces or π-π stacking interactions established between neutral molecules of an active principle (API) and a conformer (CF), without compromising the API structural integrity [1, 2] and therefore, its functions. The interaction between functional groups that are present in the API and CF, as well as hydrogen bonding, are the main phenomena responsible for their formation [2]. Cocrystals are used to improve the stability and efficacy of drugs by adjusting the physicochemical properties of their components [3]. The SEM study of pharmaceutical cocrystals is a cutting-edge field, given that previous works are scarce.

Carbamazepine (CBZ) is a drug used to treat epilepsy and bipolar disorders and is also effective for schizophrenia [4]. We studied two cocrystals composed of CBZ (API) with nicotinamide (NCT) (CF) and succinic acid (SNC) (CF), and ethanol as dissolvent: Cocrystal-1 (Co-1): CBZ-NCT; Cocrystal-3 (Co-3): CBZ-SNC [5]. Methodology: X-Ray diffraction (Bruker D8 DISCOVER, XPowder software [6]) and environmental Scanning Electron Microscopy (ESEM-EDX, FEI Quanta 400) (CIC, UGR). Cocrystal size was visually measured with a ruler over the SEM images.

XRD analysis shows the presence of more than a hundred diffraction peaks in both cocrystals, denoting the existence of a fairly complex crystalline structure. Co-1 is composed of acicular-shaped crystals (Figures 1, 2, 3), with their length ranging from 3 to 92 μm (Figure 1). Co-3 is made up of particles with a flat tendency (Figure 4) and a fibroradiated morphology (Figure 6), where the x-y dimensions are relevant and highlights the presence of some arrowhead-shaped contact twins (Figures 4, 5, 6). According to EDX analyses, both cocrystals contain C and O, and there is also N in Co-1 because of the NCT coformer.

We conclude that: 1.- The formation of cocrystals made up of carbamazepine will improve its bioavailability, as this API demonstrates relatively slow solubilization 2.- The different morphology of cocrystals allows us to formulate the hypothesis that acicular-shaped CBZ-NCT cocrystals have a higher release rate (greater bioavailability in less time) than CBZ-SNC cocrystals, mainly composed of flat-shaped particles with irregular edges and a larger appearance (slower release rate).

Figura 1. Cocristal-1 (CBZ-NCT, etanol). Cristales aciculares heterométricos de longitud y anchura variables, entre 3 y 92 µm y 0,7 y 8 µm, respectivamente. Las acículas parecen fragmentarse en unidades más pequeñas. Policonstituido elementalmente (EDX (**1**)) por C, O y N.

Figure 1. Cocrystal-1 (CBZ-NCT, ethanol). Acicular-shaped crystals of different lengths and widths ranging from 3 to 92 µm and from 0.7 to 8 µm, respectively. The needles appear to fragment into smaller units. Elementally composed of C, O and N (EDX (**1**)).

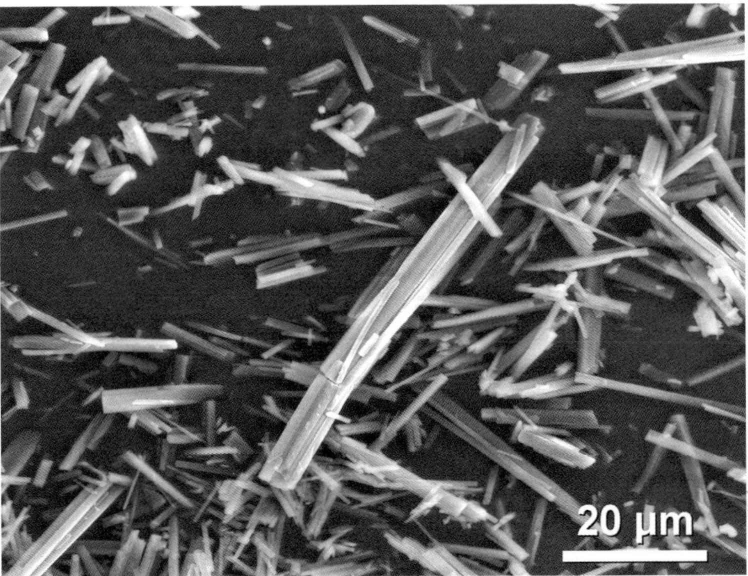

Figura 2. Cocristal-1 (CBZ-NCT, etanol). Campo de cristales aciculares heterométricos con una longitud comprendida entre 2,4 y 55 μm, y con una anchura variable entre 0,4 y 5,5 μm.

Figure 2. Cocrystal-1 (CBZ-NCT, ethanol). Field of acicular-shaped crystals of different lengths, ranging from 2.4 to 55 μm, and a variable width between 0.4 and 5.5 μm.

Figura 3. Cocristal-1 (CBZ-NCT, etanol). Detalle de cristales aciculares heterométricos con una longitud entre 4 y 34 μm y con una anchura variable entre 0,6 y 2,8 μm.

Figure 3. Cocrystal-1 (CBZ-NCT, ethanol). Detail of acicular-shaped crystals of different lengths, ranging from 4 to 34 μm, and widths between 0.6 and 2.8 μm.

Figura 4. Cocristal-3 (CBZ-SNC, etanol). Agregado policristalino con una longitud de ~300 μm, forma groseramente plana, formado por apilamiento de láminas (*Ll*). Presenta una macla de contacto en punta de flecha (zona del rectángulo, ampliada en Figura 5). Policonstituido elementalmente (EDX **1**) por C y O.

Figure 4. Cocrystal-3 (CBZ-SNC, ethanol). Polycrystalline aggregate of approximately ~300 μm in length, formed by stacked layers (*Ll*). Arrowhead-shaped contact twin is shown (box area, magnified in Figure 5). Elementally composed of C and O (EDX **1**).

Figura 5. Detalle de Figura 4. Macla de contacto de cristales con forma en punta de flecha, con una longitud de 68 µm (plano de macla señalado como *Tp*).

Figure 5. Detailled view of Figure 4. Arrowhead-shaped contact twin with a length of 68 µm (twin plane marked as *Tp*).

Figura 6. Cocristal-3 (CBZ-SNC, etanol). Agregado policristalino con una longitud máxima de 228 µm. Queda patente la morfología fibroso-radiada (**Pra**) con tendencia laminar también. Se observan diversas maclas de contacto en punta de flecha (señaladas en la imagen con una flecha).

Figure 6. Cocrystal-3 (CBZ-SNC, ethanol). Polycrystalline aggregate with a maximum length of 228 µm. Fibroradiated morphology (**Pra**) and laminar tendency are evident. Several arrowhead-shaped contact twins are observed (marked in the image with an arrow).

Referencias
References

[1] PELTONEN, L. 2018. *Practical guidelines for the characterization and quality control of pure drug nanoparticles and nano-cocrystals in the pharmaceutical industry.* Advanced Drug Delivery Reviews 131, 101-115.

[2] BUDDHADEV, S.S. Y GARALA, K.C. 2021. *Pharmaceutical Cocrystals—A Review.* Multidisciplinary Digital Publishing Institute Proceedings 62(1), 14.

[3] BOLLA, G., SARMA, B. Y NANGIA, A.K. 2022. *Crystal Engineering of Pharmaceutical Cocrystals in the Discovery and Development of Improved Drugs.* Chemical Reviews 122, 11514-11603.

[4] AYANO, G. 2016. *Bipolar disorders and carbamazepine: pharmacokinetics, pharmacodynamics, therapeutic effects and indications of carbamazepine: review of articles.* Journal of Neuropsychopharmacology & Mental Health 1(112), 1-5.

[5] TOMASZEWSKA, I., KARKI, S., SHUR, J., PRICE, R. Y FOTAKI N. 2013. *Pharmaceutical characterisation and evaluation of cocrystals: importance of in vitro dissolution conditions and type of conformer.* International Journal of Pharmaceutics 453(2), 380-388.

[6] MARTÍN, J.D. 2004. *Using XPowder: A software package for Powder X-Ray diffraction analysis.* Granada, Spain. 1001(04), 105.

Fábrica SEM de peloides

María Virginia Fernández-González,
María Isabel Carretero León, Rafael Delgado Calvo-Flores

Los peloides son fangos madurados curativos y/o cosméticos, compuestos de materiales naturales (geológicos y/o biológicos), agua mineral o de mar, con substancias orgánicas procedentes de actividad metabólica biológica [1]. En el Capítulo I.1.4 se informa de sus propiedades y uso, revisando exhaustivamente sus antecedentes bibliográficos. El SEM ha sido empleado para el estudio de peloides, y de acuerdo con el modo de preparación de la muestra las investigaciones se clasifican en dos grupos, que implican diferencias en los resultados esperables. El peloide puede ser previamente secado antes de ser observado, suministrando información indudablemente compositiva: [2] y los siguientes capítulos de este libro (II.3.6, II.3.7). Otros estudios aplican técnicas para preservar la fábrica [3, 4, 5. 6, 7, 8, 9, 10], informando de tipos de fábrica y cuantificación de sus parámetros mediante análisis de imagen (IA) e informando sobre tiempos óptimos de maduración y comportamiento térmico.

En el presente capítulo consideramos peloides fabricados con aguas mineromedicinales de balnearios y fuentes de la provincia de Granada (España) [3]. La fase sólida fue una mezcla caolín:bentonita (90:10 %, *wt:wt*). Proporción sólido:líquido 1:2 (*wt:wt*), tiempos de maduración: 48 horas, 1, 3 y 6 meses; técnicas de preparación descritas en [6]. Técnicas de microscopía electrónica recogidas en Capítulo I.2.1: MET-AU, SEM-H-510-DIG, EDX-ER, IMAGEJ; la crioliofilización previa (CRYO-LYOPH) preservó la fábrica.

A 48 horas se observa una fábrica ya organizada (Figura 1, Derecha), alcanzando el óptimo a 3 meses de maduración (Figuras 2, 3, 5, 6) y sucediendo la degradación a 6 meses (Figura 4). A 3 meses, en los casos mejores (Figura 3) el modelo de unión de las láminas de caolinita (mayoritaria), es borde-cara, en fábricas relativamente porosas (14,5-23,1 %), frecuentemente cercanas al tipo "castillo de naipes". A 6 meses, el modelo de unión predominante es cara-cara, con reducción de porosidad (6,5-15,4 %), y fábricas laminares-masivas (Figura 4). Sin embargo, el tipo concreto de fábrica-SEM desarrollado con el tiempo, parece depender de las características del agua mineromedicinal [10]. Los parámetros de fábrica y la cinética de enfriamiento están también relacionados: peloides con poros de menores dimensiones (o agregados de partículas de mayor tamaño), enfrían más lentamente [6]; relación dependiente además de la salinidad del agua [7].

SEM Fabric of Peloids

María Virginia Fernández-González,
María Isabel Carretero León, Rafael Delgado Calvo-Flores

Peloids are matured medicinal and/or cosmetic muds, composed of natural materials (geological and/or biological), mineral or seawater, with organic substances from biological metabolic activity [1]. Chapter I.1.4 provides information on their properties and use, reviewing their bibliographical background in detail. SEM was used to study peloids, and the studies are classified into two groups according to the method of preparation of the sample, which entail differences in the expected results. The peloid can be dried prior to being observed, providing certainly compositional information: [2] and the following chapters of this book (II.3.6, II.3.7). Other studies apply techniques to preserve the fabric [3, 4, 5. 6, 7, 8, 9, 10], reporting fabric types and quantifying their parameters by image analysis (IA) and reporting on optimal maturation times and thermal behavior.

This chapter considers peloids made with mineral-medicinal waters from spas and springs in the province of Granada (Spain) [3]. The solid phase was a kaolin:bentonite mixture (90:10 %, wt:wt), with a solid:liquid 1:2 ratio (wt:wt), and maturation times: 48 hours, 1, 3 and 6 months; preparation techniques described in [6]. Electron microscopy techniques in Chapter I.2.1: MET-AU, SEM-H-510-DIG, EDX-ER, IMAGEJ; prior cryoliophilization (CRYO-LYOPH) preserved the fabric.

At 48 hours, an organized fabric can already be observed (Figure 1, Right), reaching the optimum at 3 months of maturation (Figures 2, 3, 5, 6) and degrading at 6 months (Figure 4). At 3 months, in the best cases (Figure 3), the bonding model of kaolinite sheets (majority), is edge-to-face, in relatively porous fabrics (14.5-23.1 %), often close to the "house of cards" type. At 6 months, the predominant bonding model is face-to-face, with reduced porosity (6.5-15.4 %), and laminar-massive fabrics (Figure 4). However, the particular type of SEM-fabric developed over time seems to depend on the characteristics of the mineral-medicinal water [10]. Fabric parameters and cooling kinetics are also related: peloids with smaller pores (or aggregates of larger particles), cool more slowly [6]; dependent ratio in addition to water salinity [7].

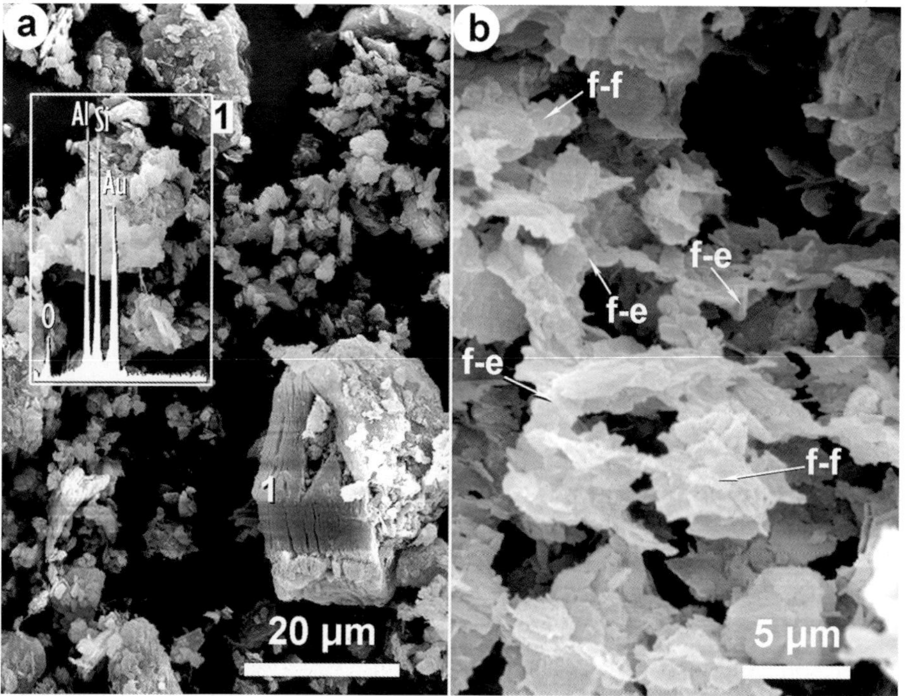

FIGURA 1. [**a**]Izquierda. Caolín (C6A), componente del 90 % de la fase sólida del peloide. Material heterométrico (2-20 µm) con EDX (**1**) propio de caolinita. [**b**] Derecha. Peloide fabricado con agua bidestilada, a las 48 horas (muestra B48). Desarrollo de fábrica con dispersión de partículas, uniones cara-cara y cara-borde (**f-f, f-e**), porosidad destacable (18,33 %). Adaptada de Figuras 1 y 3, páginas 86 y 87 [9].

FIGURE 1. [**a**] Left: Kaolin (C6A), 90 % solid phase component of peloid. Heterometric material (2-20 µm) with kaolinite EDX (**1**). [**b**] Right: Peloid made with bidistilled water, at 48 hours (sample B48). Fabric development with particle dispersion, face-face and face-edge joints (**f-f, f-e**), remarkable porosity (18.33 %). Adapted from Figures 1 and 3, pages 86 and 87 [9].

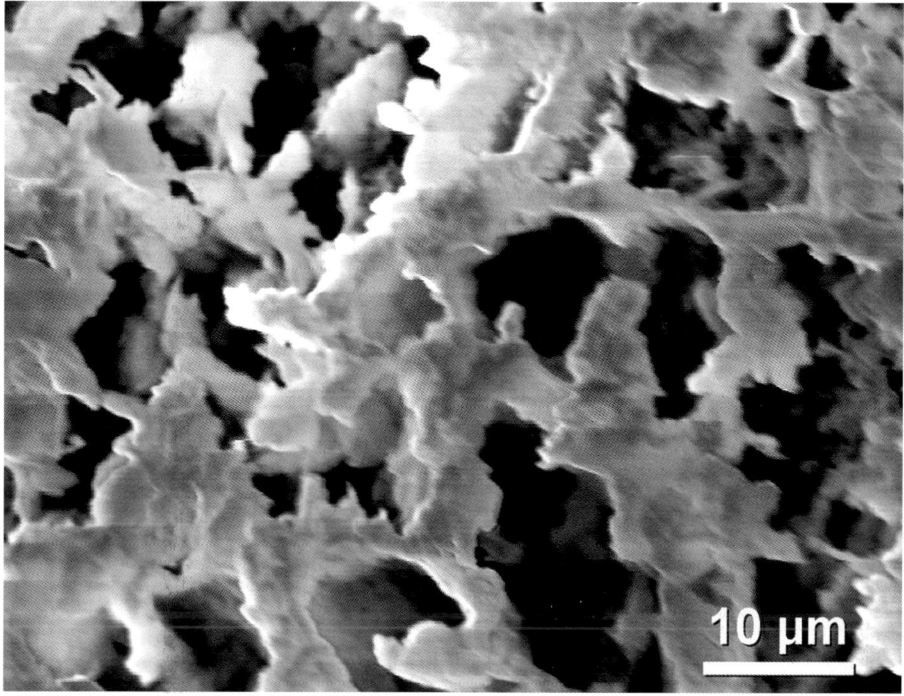

Figura 2. Peloide fabricado con agua del manantial de la Malahá (Granada), clorurada sódica hipersalina (salinidad 197,8 g. L^{-1}), madurado 3 meses (muestra M3). Fábrica laminar, reticulada-fundida, con cierta tendencia a la poligonalidad (12,71 % porosidad). Adaptada de Fig. 3c, página 122 [6].

Figure 2. Peloid made with water from La Malahá spring (Granada), sodium chloride hypersaline (salinity 197.8 g. L^{-1}), matured for 3 months (sample M3). Laminar fabric, reticulate-melted, with a certain polygonal trend (12.71 % porosity). Adapted from Fig. 3c, page 122 [6].

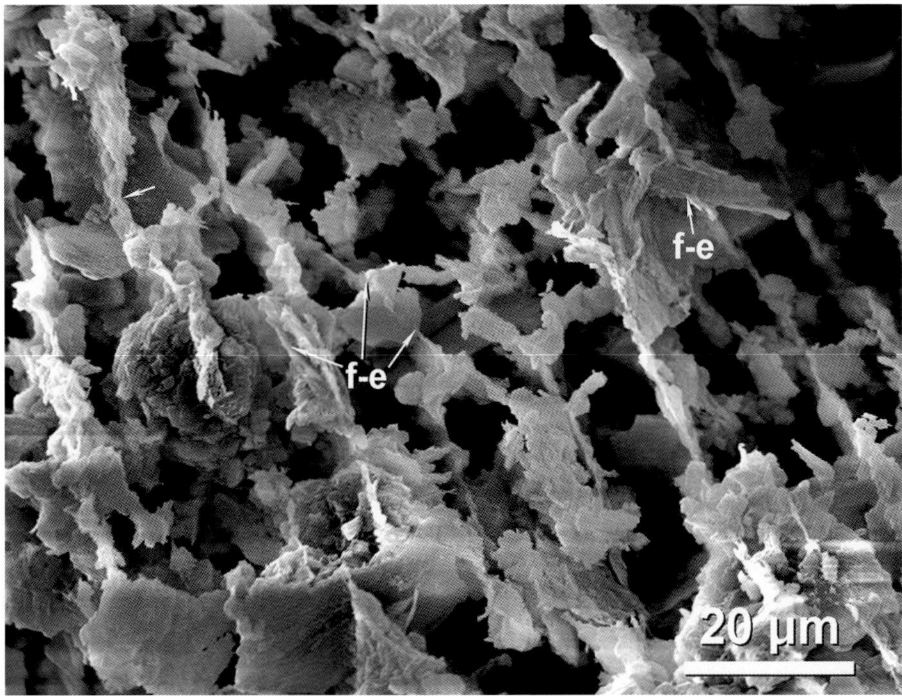

FIGURA 3. Peloide fabricado con agua de El Salado (Lanjarón. Granada) (clorurada sódica, bicarbonatada cálcica y ferruginosa, salinidad 3,93 g.L⁻¹), madurado tres meses (muestra E3p). Fábrica cercana a castillo de naipes, uniones cara-borde (**f-e**) con relativa buena porosidad (23,08 %). Adaptada de Figura III.II.1.22.1 (a), página 222 [3]. Esta imagen ocupó la portada de [3].

FIGURE 3. Peloid made with water from El Salado (Lanjarón. Granada) (sodium chloride, calcium bicarbonate and ferruginous, salinity 3.93 g.L⁻¹), matured for three months (sample E3p). Fabric close to "house of cards" type, face-to-edge bonds (**f-e**) with relatively good porosity (23,08 %). Adapted from Figure III.II.1.22.1 (a), page 222 [3]. This image was on the cover of [3].

FIGURA 4. Peloide fabricado con agua de Salud V (Lanjarón. Granada), madurado seis meses (muestra S6p). Fábrica tendente a laminar masiva con relativa escasa porosidad (6,5 %), uniones cara-cara (**f-f**). EDX característico de caolinita con algo de saponita (**1**). Adaptada de Fig. 3e, página 470 [7].

FIGURE 4. Peloid made with Salud V water (Lanjarón. Granada), matured for six months (sample S6p). Fabric demonstrating a massive laminate trend with relatively low porosity (6.5 %), face-to-face unions (**f-f**). EDX characteristic of kaolinite with some saponite (**1**). Adapted from Fig. 3e, page 470 [7].

FIGURA 5. Peloide con agua de Graena (Granada) (sulfatada cálcica y magnésica, de elevada mineralización, salinidad 2,91 g.L⁻¹), madurado tres meses (muestra G3p). Fábrica laminar dispersa-reticulada, uniones cara-borde (**f-e**). EDX característico de caolinita con algo de saponita (**1**). Adaptada de Fig. 4c, Página 6 [8].

FIGURE 5. Peloid with water from Graena (Granada) (calcium sulfate and magnesium, high mineralization, salinity 2.91 g.L⁻¹), matured for three months (sample G3p). Disperse-reticulated laminar fabric, face-edge unions (**f-e**). EDX characteristic of kaolinite with some saponite (**1**). Adapted from Fig. 4c, Page 6 [8].

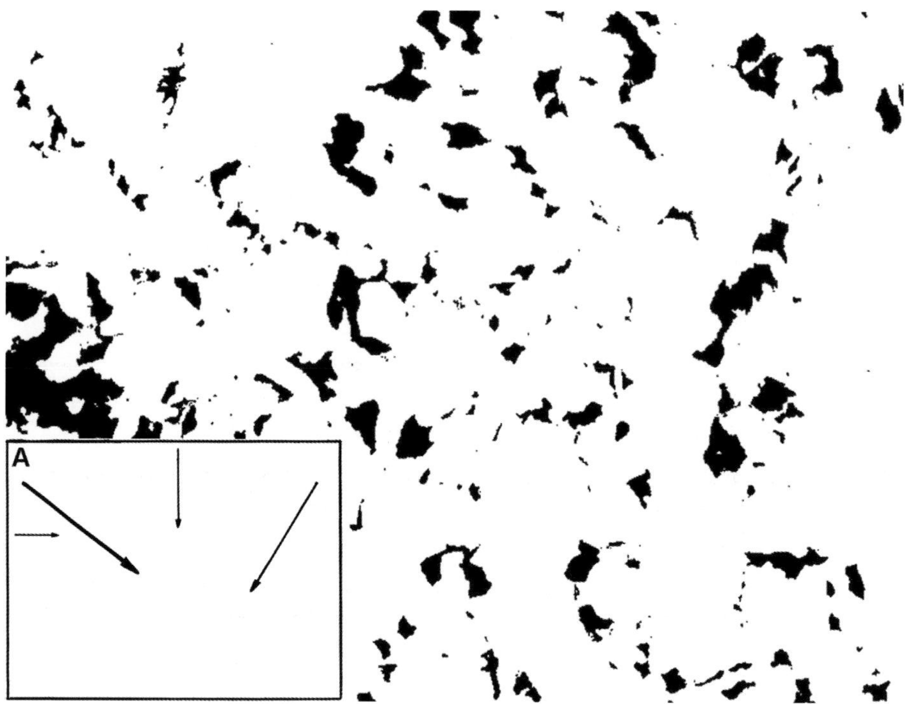

FIGURA 6. Diseño binario (B/N) de la porosidad (N) de la imagen anterior (Figura 5), con análisis de imagen (IMAGEJ). Porosidad, 14,35 %. El patrón reticulado de la fábrica se delinea gráficamente, de manera aproximada, con la distribución de las manchas que representan a los poros, siguiendo direcciones preferentes señaladas por flechas en diseño HEUR (**A**). Adaptada de Fig. 4d, Página 6 [8].

FIGURE 6. Binary design (B/N) of porosity (N) of the above image (Figure 5), with image analysis (IMA-GEJ). Porosity, 14.35 %. The reticulated pattern of the fabric is roughly delineated, with the distribution of the spots representing the pores following preferred directions indicated by arrows in HEUR design (**A**). Adapted from Fig. 4d, page 6 [8].

Referencias
References

[1] Gomes, C., Carretero, M.I., Pozo, M., Maraver, F., Cantista, P., Armijo, F., Legido, J.L., Teixeira, F., Rautureau, M. y Delgado, R. 2013. *Peloids and pelotherapy: historical evolution, classification and glossary.* Applied Clay Science 75-76, 28-38.

[2] Carretero, M.I., Pozo, M., Legido, J.L., Fernández-González, M.V., Delgado, R., Gómez, I., Armijo, F. y Maraver, F. 2014. *Assessment of three Spanish clays for their use in pelotherapy.* Applied Clay Science 99, 131-143.

[3] Fernández-González, M.V. 2010. *Proceso de maduración de peloides con fase líquida de las principales aguas minerales y mineromedicinales de la provincia de Granada.* Tesis Doctoral, Universidad de Granada. https://hdl.handle.net/10481/79009.

[4] García-López, J.M., Alaminos, M., Crespo, P.V. y Campos, A. 2006. *Microscopía electrónica de barrido y analítica aplicada a la hidrología médica.* Anales de Hidrología Médica 1, 111-118.

[5] Crespo-Ferrer, P.V. 2010. *Aplicación de la microscopía electrónica analítica al estudio de la materia orgánica de las aguas de maduración de peloides.* Libro de Resúmenes del II Congreso Iberoamericano de Peloides, Balneario de Lanjarón, 14 a 16 de Julio de 2010, 25-26.

[6] Gámiz, E., Martín-García, J.M., Fernández-González, M.V., Delgado, G. y Delgado, R. (2009). *Influence of water type and maturation time on the properties of kaolinite-saponite peloids.* Applied Clay Science 46, 117-123.

[7] Fernández-González, M.V., Martín-García, J.M., Delgado, G., Párraga, J., Carretero, M.I. y Delgado, R. 2017. *Physical properties of peloids prepared with medicinal mineral waters from Lanjarón Spa (Granada, Spain).* Applied Clay Science 135, 465-474.

[8] Fernández-González, M.V., Carretero, M.I., Martín-García, J.M., Molinero-García, A. y Delgado, R. 2021. *Peloids prepared with three mineral-medicinal waters from spas in Granada. Their suitability for use in pelotherapy.* Applied Clay Science 202, 105969.

[9] Delgado, R., Fernández-González, M.V., Gámiz, E., Martín-García, J.M. y Delgado, G., 2011. *Evolución de la ultramicrofábrica de los peloides en el proceso de maduración.* Anales de Hidrología Médica 4, 81-91.

[10] Fernández-González, M.V., Carretero, M.I., Martín-García, J.M., Molinero-García, A., Maraver, F., Armijo, F. y Delgado, R., 2023. *Multiparameter analysis of peloid properties.* Applied Clay Science. In press.

Microfábrica de peloides empleados en balnearios españoles

Manuel Pozo Rodríguez, María Isabel Carretero León,
Francisco Maraver Eizaguirre

Este trabajo describe la microfábrica de cuatro peloides pertenecientes a diferentes balnearios españoles: Archena (ARCH), Arnedillo (ARN), Caldas de Boí (BOI) y El Raposo (RAP). Las muestras se recogieron en su lugar de origen y se conservaron en frigorífico a 4ºC hasta el momento de proceder a su análisis. Se plantea determinar si la utilidad de estos peloides tiene relación con su organización, presentando microfábricas similares. En este sentido es importante destacar que la microfábrica descrita es la que resulta del peloide seco y no la del peloide con su componente líquido (pasta). Los peloides estudiados presentan contenidos en filosilicatos superiores al 40 % con el menor porcentaje en BOI debido al contenido en material orgánica (realmente es una mezcla de turba mayoritaria y bentonita). El contenido en minerales detríticos (cuarzo y feldespatos) es muy bajo en ARCH y BOI, pero oscila entre el 10-14 % en ARN y RAP. Con respecto a los carbonatos, con la excepción de ARCH (dolomita), todos los peloides presentan calcita (15-40 %). Los peloides están principalmente constituidos por esmectita en ARCH o illita-esmectita (± caolinita-clorita) en las muestras restantes [1]. La textura y microfábrica de las muestras se examinó mediante un microscopio electrónico PHILIPS SEM XL-30 con análisis elemental puntual (EDAX DX4i). Después de secas, las muestras se recubrieron de una fina capa de oro (~10 nm) previamente a su observación. El estudio muestra que los constituyentes se organizan principalmente con texturas clásticas en microfábricas de tipo "matriz", "esquelética" o "glomerular" [2], en las que la porosidad y orientación están determinadas por el tamaño y morfología de los componentes. En ARCH y localmente en algún otro peloide se han observado microfábricas de tipo "laminar" o "turbulento". La presencia de indicios de sales en los peloides de ARCH, ARN y BOI (halita, yeso, bloedita), pero nada en RAP, se relaciona con la composición de las aguas de maduración. A pesar de las diferencias observadas en la composición, textura y microfábrica de estos peloides, actualmente empleados en balnearios españoles, se ha demostrado su efecto terapéutico desde el punto de vista médico, principalmente en el tratamiento de enfermedades reumáticas [3].

Microfabric of Peloids from Spanish Spas

Manuel Pozo Rodríguez, María Isabel Carretero León,
Francisco Maraver Eizaguirre

This work describes the microfabric of four peloids belonging to different Spanish spas: Archena (ARCH), Arnedillo (ARN), Caldas de Boí (BOI) and El Raposo (RAP). The samples were collected at their place of origin and kept refrigerated at 4ºC until analysis. It is proposed to determine whether the usefulness of these peloids is related to their organization, i.e., they present similar microfabrics. In this sense, it is important to emphasize that the microfabric described is the one that results from the dry peloid and not the one from the peloid with its liquid component (paste). The peloids studied show phyllosilicates contents higher than 40 %, with the lowest percentage in BOI due to the content in organic material (it is actually a mixture of mostly peat and bentonite). The content of detrital minerals (quartz and feldspars) is very low in ARCH and BOI, but ranges between 10-14 % in ARN and RAP. Regarding carbonates, with the exception of ARCH (dolomite), all peloids have calcite (15-40 %). The peloids are mainly composed of smectite in ARCH or illite-smectite ($\pm$ kaolinite-chlorite) in the remaining samples [1]. Texture and microfabric were examined, on air-dried samples, using a PHILIPS SEM XL-30 electron microscope with spot elemental analysis (EDAX DX4i). After drying, the samples were coated with a thin layer of gold ($\sim$10 nm) prior to observation. The study shows that the constituents are mainly arranged with clastic textures in "matrix", "skeletal" or "glomerular" microfabrics [2], in which the porosity and orientation is determined by the size and morphology of the components. "Laminar" or "turbulent" microfabrics were observed in ARCH and locally in some other peloids. The presence of traces of salts in ARCH, ARN and BOI peloids (halite, gypsum, bloedite) but none in RAP is related to the composition of the maturation waters. Despite the differences observed in the composition, texture and microfabric of these peloids, currently used in Spanish spas, their therapeutic effect has been demonstrated from a medical point of view, mainly in the treatment of rheumatic diseases [3].

Figura 1. Muestra ARCH. Microagregados de finas partículas (<5 µm) de esmectita magnésica (**Sme**) que contienen localmente inclusions de dolomita euhédrica (**Dol**) y sales (**Sl**). La esmectita (saponita) presenta microfábrica de tipo matriz, con agregados ondulados y arrugados, ocasionalmente con una microfábrica laminar a turbulenta (flechas).

Figure 1. The ARCH sample appears as dense aggregates of fine particles of Mg-smectite (<5 µm) (**Sme**) containing locally euhedral dolomite (**Dol**) and salts (**Sl**). The smectite (saponite) presents a matrix-type microfabric, with characteristic wavy and crenulated appearance, occasionally with a laminar to turbulent microfabric (arrows).

Figura 2. Detalle de la microfábrica de tipo matriz en la muestra ARCH. La esmectita presenta características agregados ondulados y arrugados (recuadro) con una composición rica en magnesio. (análisis EDX (**1**): 64,23 % SiO₂, 29,61 % MgO, 3,71 % Al₂O₃, 0,68 % K₂O, 0,67 % CaO, 1,09 % Fe₂O₃).

Figure 2. Detail of the matrix-type microfabric where smectite presents a characteristic wavy and crenulated appearance (square) and a magnesium-rich composition (EDX analysis (**1**): 64.23 % SiO₂, 29.61 % MgO, 3.71 % Al₂O₃, 0.68 % K₂O, 0.67 % CaO, 1.09 % Fe₂O₃).

Figura 3. Muestra ARN. Microfábrica de tipo matriz formada por una pasta arcillosa donde se identifican granos de calcita (**Calc**) y de minerals terrígenos (cuarzo, feldespatos), algunos de ellos laminares (micas) (**Mic**). Localmente se observan microfábricas de tipo laminar a turbulento. Destaca el desarrollo de porosidad como resultado de la disposición de las partículas, principalmente de componentes laminares (rectángulo).

Figure 3. Sample ARN shows a matrix-type microfabric consisting of a clayey groundmass where calcite (**Calc**), terrigenous mineral grains (quartz, feldspars), and sometimes sheet minerals (micas) are observed (**Mic**). Locally, laminar and turbulent-type microfabrics are also observed. The porosity development as a result of particles arrangement of mostly laminar components (rectangle) is of note.

Figura 4. Muestra ARN a mayores aumentos. Presenta localmente microfábrica de tipo-turbulento alrededor de los granos detríticos (flechas). Dentro de los componentes laminares (< 10 µm) son frecuentes las disposiciones cara-cara, cara-borde y borde-borde; las dos últimas originando una porosidad interpartícula (flechas).

Figure 4. Sample ARN at higher magnification. Locally, this shows a turbulent-type microfabric around detrital grains (arrows). Within the laminar components (< 10 µm) are common the face-face, face-edge and edge-edge arrangements, the latter two generating an interparticle porosity (arrows).

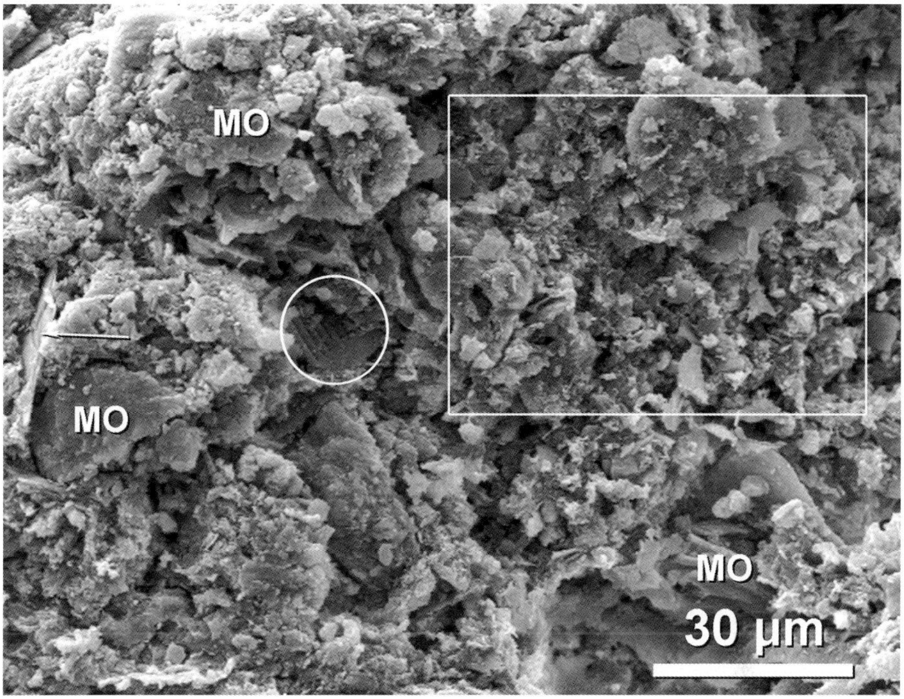

Figura 5. Muestra BOI. Microfábrica de tipo esquelética formada por una mezcla de material orgánico (**MO**) predominante (turba) y una arcilla (bentonita) (rectángulo). Destaca la presencia de abundantes restos de plantas así como bioclastos calcáreos grandes (>500 µm) (flecha) y silíceos de pequeño tamaño (20 µm) (círculo) que corresponden a conchas y frústulas de diatomeas, respectivamente.

Figure 5. Sample BOI. Skeletal-type microfabric composed of a mixture of predominant organic matter (**MO**) (peat) and clay (bentonite) (rectangle). It is worth noting the presence of abundant biological remains of plants, as well as large calcareous bioclasts (>500 µm) (arrow) and fine-grained siliceous deposits (20 µm) (circle), which correspond to shells and diatom frustules, respectively.

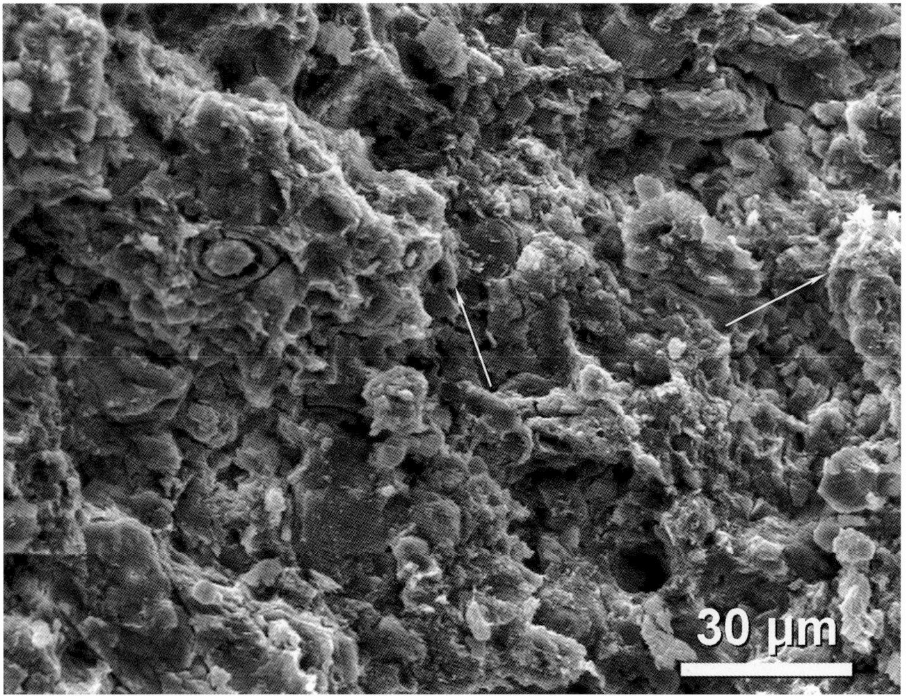

FIGURA 6. Muestra RAP. Microfábrica-SEM de tipo matriz-esquelética, destacando la existencia de morfologías glomerulares y granos con envueltas (flechas) en una matriz en la que los filosilicatos (principalmente esmectita con illita subordinada) y carbonatos (calcita) están mezclados.

FIGURE 6. Sample RAP. This shows a matrix-skeletal-type microfabric. It is worth highlighting the existence of glomerular morphologies and coated grains (arrows) in a clayey groundmass in which phyllosilicates (mostly smectite with minor illite) and carbonates (calcite) are mixed.

Referencias
References

[1] Pozo, M., Carretero, M.I., Pozo, E., Maraver, F., Gómez, I., Armijo, F. y Martín-Rubí, J.A. 2013. *Composition and physical-physicochemical properties of peloids used in Spanish spas: a comparative study.* Applied Clay Science 83-84, 270-279.

[2] Grabowska-Olszewska, B., Osipov, V. y Sokolov, V. 1984. *Atlas of the Microstructure of Clay Soils.* Panstwowe Wydawnictwo Navkowe. Varsow, Poland.

[3] Maraver, F., Armijo, O. y Armijo, F. 2008. *Los peloides españoles en la Cátedra de Hidrología Médica.* En: Cendrero, A., Gómez, J., Fernández, P.L., Quindós, L.S. et al (Coord.). *Contribuciones científicas en memoria del Profesor Dr. Jesús Soto Torres.* Santander: Universidad de Cantabria, 97-110.

Importancia de la microfábrica en el estudio de mezclas de arcillas y aguas para peloterapia

María Isabel Carretero León, Manuel Pozo Rodríguez, Celso F. Gomes

Los estudios de microfábrica en relación con la peloterapia se han centrado en las características de las materias primas empleadas y de los productos resultantes de las mezclas entre arcillas y diversos tipos de aguas. [1, 2, 3, 4]. Un aspecto interesante es la influencia del tipo de maduración (estático, dinámico) en las características de la microfábrica desarrollada [1]. Se han efectuado ensayos de maduración con dos bentonitas diferentes, M1 (saponita) y M2 (montmorillonita), para la preparación de peloides. La maduración se ha realizado con agua de mar en condiciones estáticas (S) y agitación por volteo (V). A los 90 días se han recogido y secado las muestras, que recubiertas con una película de oro (~10 nm) se han examinado mediante un equipo PHILIPS SEM XL-30, con análisis elemental puntual (EDAX DX4i). El objetivo es determinar la influencia en la microfábrica del tipo de esmectita en el peloide y la forma de maduración. En condiciones estáticas (S), tanto el peloide con M1 como con M2 muestra una microfábrica de tipo "esquelética" a "matriz" [5], donde los agregados de bentonita (<200 μm) están cementados o recubiertos por sales que también afectan a granos de cuarzo y feldespato. Las sales son predominantemente de halita no euhédrica y más subordinadamente de yeso con cristales prismáticos de tamaño variable (10-100 μm). Las zonas con agregados arcillosos presentan disposiciones de partículas muy abiertas cara-borde y borde-borde de tipo *honey-comb*. En el peloide con M2 se han observado partículas de arcilla floculadas que presentan tamaños inferiores a 5μm. En condiciones no estáticas (V), lo más destacable, tanto con M1 como con M2, es la formación de zonas o clastos con textura y tono de color diferente en las imágenes SEM. La parte más oscura está mezclada con sales mientras que las más claras muestran predominio del material arcilloso. Se presenta microfábrica de tipo "esquelético-matriz" en las zonas de mezcla con sales y de tipo "matriz" en los agregados arcillosos (clastos artificiales). De forma similar a los ensayos estáticos se identifican los mismos tipos de sales. En las zonas arcillosas se observan fábricas muy abiertas y porosas con partículas inferiores a 5μm. En el peloide con M2 las morfologías presentan microfábricas de "matriz" a "glomerular", donde la esmectita presenta un buen desarrollo con microporosidad interparticular y disposiciones cara-cara y cara-borde. Los resultados indican que la composición de la esmectita no influye en el tipo de microfábrica formada, aunque sí está afectada por el procedimiento de maduración.

Importance of Microfabric in the study of Clay-Water Mixtures for Pelotherapy

María Isabel Carretero León, Manuel Pozo Rodríguez, Celso F. Gomes

Microfabric studies in relation to pelotherapy have focused on the characteristics of the raw materials used and the products resulting from mixtures between clays and various types of water [1, 2, 3, 4]. An interesting aspect is the influence of the type of maturation (static, dynamic) on the characteristics of the resulting microfabric. Maturation tests were carried out with two different bentonites M1 (saponite) and M2 (montmorillonite) for the preparation of peloids [1]. The maturation was carried out with seawater under static conditions (S) and under tumbling conditions (V). After 90 days, the samples were collected and dried and, after being coated with a gold film (10 nm) were examined using a PHILIPS SEM XL-30 with spot analysis (EDAX DX4i). The aim was to determine the influence on the microfabric of the type of smectite in the peloid and the method of maturation. In static conditions (S), with both M1 and M2, the peloid shows a "skeletal-matrix" type microfabric [5], since salts are cementing and coating bentonite aggregates (<200 μm) affecting also quartz and feldspar grains. The salts are predominantly anhedral halite and more subordinately gypsum forming prismatic crystals of variable size (10-100 μm). The zones with clayey particles show very open face-edge and edge-edge "honeycomb" arrangements. In the peloid with M2, flocculated clay particles presenting sizes below 5μm were observed. In non-static conditions (V) the most remarkable feature, with both M1 and M2, is the formation of clasts with different texture and color tone in the SEM-images. The darker part consists of a mixture of clay with salts, whereas the lighter areas are formed of mostly clayey material. "Skeletal-matrix" type microfabrics are observed in the salt-mixed zones and matrix-types in the clayey aggregates (artificial clasts). The same types of salts are identified as in the static tests. The clayey zones show very open and porous fabrics with particles smaller than 5μm. In the peloid with M2, the morphologies show "matrix"-to-"glomerular" microfabrics, where smectite shows good development with interparticle microporosity with face-to-face and face-to-edge arrangements. The results indicate that the smectite composition does not influence the type of microfabric formed, while the maturation procedure does.

FIGURA 1. Bentonita magnésica madurada con agua de mar en peloide originado en condiciones de volteo. Se observa el desarrollo de zonas con distintas morfologías. Microfábrica de tipo matriz-esquelética.

FIGURE 1. Magnesian bentonite matured with seawater in peloids originated in tumbling conditions. The development of areas with different morphologies is observed. Matrix-skeletal-type microfabric.

Figura 2. Recubrimiento (rectángulo) y cemento (flecha) de sales (principalmente halita) en peloide de bentonita magnésica madurada con agua de mar en condiciones estáticas. Adaptado de Figura 7A, página 167 [1].

Figure 2. Coating (rectangle) and cement (arrow) of salts (mainly halite) on magnesian bentonite peloids matured by seawater under static conditions. Adapted from Figure 7A, page 167 [1].

Figura 3. Bentonita alumínica madurada con agua de mar en peloide originado en condiciones de volteo. Zona mezclada con sales donde la microfábrica es de tipo matriz-esquelética.

Figure 3. Aluminum bentonite matured with seawater in peloids originated in tumbling conditions. Zone mixed with salts where the microfabric is of the matrix-skeletal type.

Figura 4. Microfábrica de tipo matriz en peloide originado en condiciones de volteo de bentonita alumínica madurada con agua de mar. Agregado arcilloso separado de la zona de mezcla con sales (contorno de puntos). Señalada con un recuadro área estudiada en Figura 5.

Figure 4. Matrix-type microfabric in peloids originating from alumina bentonite matured with seawater under tumbling conditions. Clayey aggregate separated from the mixing zone with salts (dotted outline). Indicated with a box area studied in Figure 5.

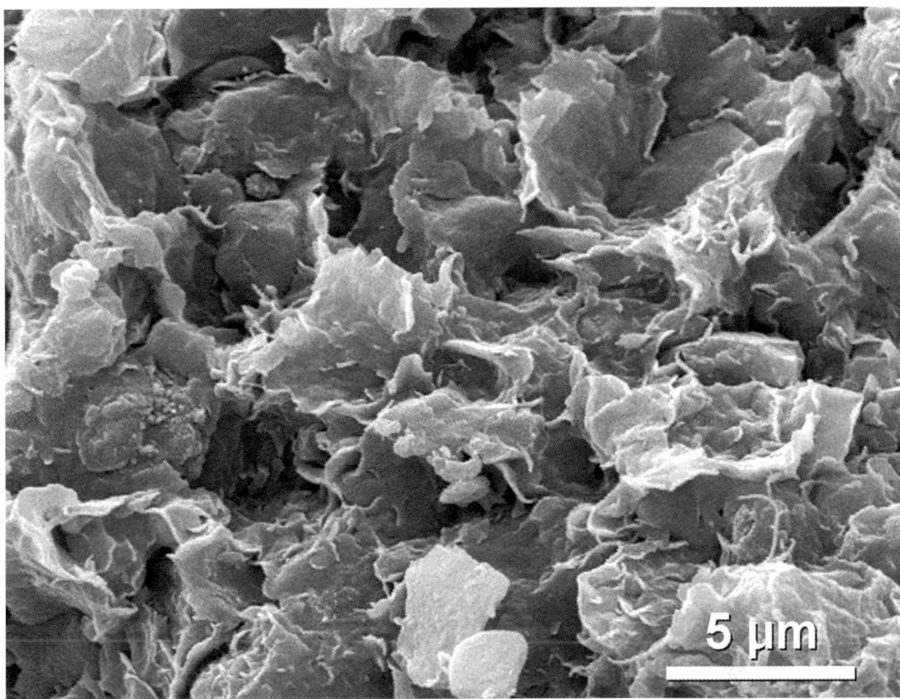

Figura 5. Detalle de los agregados arcillosos en Figura 4 (señalado allí con un recuadro), formados por esmectita alumínica en el peloide originado en condiciones de volteo (zona sin sales). Las partículas de arcilla se disponen con frecuencia cara-borde originando cierta porosidad interparticular entre ellas.

Figure 5. Detail of the clay aggregates in Figure 4 (indicated above with a box), formed by aluminum smectite in the peloid originated in tumbled conditions (salt-free zone). The clay particles are often arranged face-to-edge giving rise to some inter-particular porosity.

Figura 6. Costra de sal en peloide de bentonita con esmectita alumínica (**Sme**) madurada con agua de mar. Se distinguen dos tipos de sales: halita (**Hl**) y yeso (**Gp**).

Figure 6. Salt crust in bentonite peloid with aluminum smectite (**Sme**) matured with seawater. Two types of salts are identified: halite (**Hl**) and gypsum (**Gp**).

Referencias
References

[1] Carretero, M.I., Pozo, M., Sánchez, C., García, F., Medina, J.A. y Bernabé, J.M. 2007. *Comparison of saponite and montmorillonite behaviour during static and stirring maturation with seawater for peloteraphy.* Applied Clay Science 36, 161-173.

[2] Legido, J.L., Medina, C., Mourelle, L., Carretero, M.I. y Pozo, M. 2007. *Comparative study of the cooling rates of bentonite, sepiolite and common clays for their use in Pelotherapy.* Applied Clay Science 36, 148-160.

[3] Carretero, M.I., Pozo, M., Legido, J.L., Fernández-González, M.V., Delgado, R., Gómez, I., Armijo, F. y Maraver, F. 2014. *Assessment of three Spanish clays for their use in pelotherapy.* Applied Clay Science 99, 131-143.

[4] Armijo, F., Maraver, F., Pozo, M., Carretero, M.I., Armijo, O., Fernández-Torán, Fernández-González, M.V. y Corvillo, I. 2016. *Thermal behavior of clays and clay-water mixtures for pelotherapy.* Applied Clay Science 126, 50-56.

[5] Grabowska-Olszewska, B., Osipov, V. y Sokolov, V. 1984. *Atlas of the Microstructure of Clay Soils.* Panstwowe Wydawnictwo Navkowe. Varsow, Poland.

Fibras minerales en productos farmacéuticos

Miguel Soriano Rodríguez, Rafael Delgado Calvo-Flores

Los minerales fibrosos (partículas con longitud >> anchura) se detectan en ocasiones en materias primas minerales farmacéuticas y cosméticas [1]. Son especies minerales de anfíboles, serpentinas, sepiolita y attapulgita, aunque otros minerales normalmente no fibrosos, talco o caolinita, pueden aparecer con esa morfología [2]. A las fibras minerales se les atribuye la inducción de fibrosación y cáncer [3] por mecanismos poco conocidos. Se ha propuesto a la morfología como responsable: relaciones dimensionales (longitud:anchura, L:A) > 5:1 o 10:1, alcanzando la mayor toxicidad a L > 5 μm; las fibras asbestiformes (forma de cabello, L>>>A) serían las más nocivas [4]. La naturaleza mineral es decisiva, con la mayor toxicidad en anfíboles, frente a crisotilo, atapulgita o sepiolita; considerándose a las fibras de talco inocuas, aunque no existe total acuerdo [4, 5, 6, 7].

Las fibras asbestiformes están prohibidas en los productos farmacéuticos por la mayoría de las farmacopeas incluyendo la Farmacopea Europea [8]. Sin embargo, siguen detectándose ocasionalmente, e incluso existen países sin normativa al respecto [3, 9]. La microscopía electrónica resulta esencial para el estudio de las fibras minerales dada la resolución alcanzada y la capacidad de proporcionar simultáneamente información morfológica y compositiva [10].

El SEM de muestras de polvos de talco (TP) industriales y de venta en farmacias de Europa y América durante las décadas 80 y 90 (s. XX) [11, 12, 13] detectó fibras de anfíboles (Figuras 1, 2, 3) con L:A > 10:1 y L > 5 μm (hasta > 100 μm). Las fibras de gran tamaño muestran incluso tendencia a exfoliación en fibras menores (Figura 2). Las partículas elongadas de talco > 5 μm mostraron L:A < 5:1 y tendencia a exfoliación 00l en partículas planas, por tanto no tóxicas. El estudio TEM y SAED-pattern permitió tipificar como anfíboles las fibras asbestiformes (Figuras 4, 5), con L:A extremas, L > 5 μm, por su patrón en la red recíproca (SAED-pattern) característico de este grupo mineral.

En un reciente estudio (s. XXI) sobre TP de venta en farmacias de España [14] se observaron partículas de talco (según EDX) con morfología elongada (L:A > 5:1 y casos > 20:1) y L medios entre 11 y 26 μm (Figura. 6); presumiblemente inocuas para la salud al tratarse de talco.

Mineral Fibers in Pharmaceutical products

Miguel Soriano Rodríguez, Rafael Delgado Calvo-Flores

Fibrous minerals (particles with length >> width) are sometimes detected in pharmaceutical and cosmetic mineral raw materials [1]. These are mineral species of amphibole, serpentine, sepiolite and attapulgite, although other normally non-fibrous minerals, talc or kaolinite, can appear with this morphology [2]. Mineral fibers are known to cause fibrosis and cancers [3], although the relevant mechanisms are poorly understood. Morphology has been suggested as the causative factor: dimensional ratios (length:width, L:W) > 5:1 or 10:1, reaching the greatest toxicity at L > 5 μm; asbestiform fibers (hair form, L>>>W) would be the most harmful [4]. The mineral nature is decisive, with the highest toxicity in amphiboles, compared to chrysotile, attapulgite or sepiolite, with talc fibers considered innocuous although there is not complete agreement in this respect [4, 5, 6, 7].

Asbestiform fibers are prohibited in pharmaceuticals by most pharmacopoeias including the European Pharmacopoeia [8]. However, they continue to be detected occasionally, and certain countries have no regulations in this regard [3, 9]. Electron microscopy is essential for the study of mineral fibers, given the resolution achieved and the ability to simultaneously provide morphological and compositional information [10].

The SEM of talcum powder (TP) samples from industrial sources and TP sold in pharmacies in Europe and America during the 80s and 90s (20th century) [11, 12, 13] detected amphibole fibers (Figures 1, 2, 3), with L:W > 10:1 and L > 5 μm (up to > 100 μm). Large fibers even show a tendency to exfoliate into smaller fibers (Figure 2). Talc elongated particles > 5 μm showed L:W < 5:1 and a tendency to 00l exfoliation in flat particles, which are therefore non-toxic. The TEM and SAED-pattern study allowed to characterize as amphiboles the asbestiformes fibres (Figures 4, 5) with extreme L:W, L > 5 μm, for its pattern in the reciprocal lattice (SAED-pattern) characteristic of this mineral group.

In a recent (21st century) study of TP for sale in pharmacies in Spain [14], only talc particles (according to EDX) with elongated morphology (L:W > 5:1 and cases > 20:1) and a mean of L between 11 and 26 μm were observed (Figure 6); presumably harmless to health as talc.

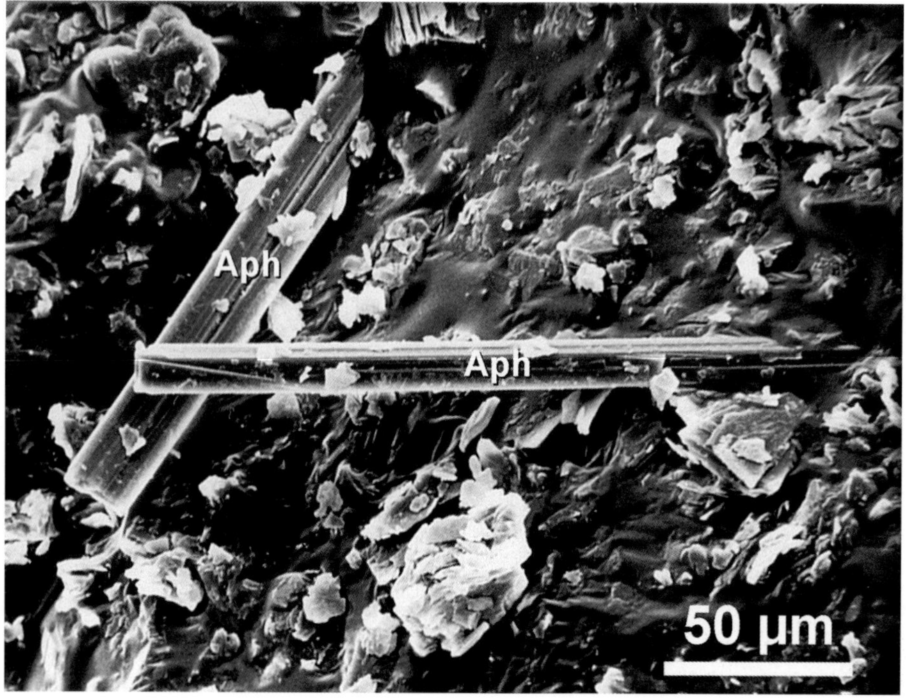

FIGURA 1. Imagen SEM de TP de Colombia. Partículas fibrilares de anfíboles (**Aph**), L:A > 20:1, L > 100 μm. Técnica de estudio SEM, Capítulo I.2.1: SEM-H-510-FOT. Adaptada de Figura B, página 425 [12].

FIGURE 1. SEM image of Colombian TP. Fibrillar amphibole particles (**Aph**), L:W > 20:1, L > 100 μm. SEM study technique, Chapter I.2.1: SEM-H-510-FOT. Adapted from Figure B, page 425 [12].

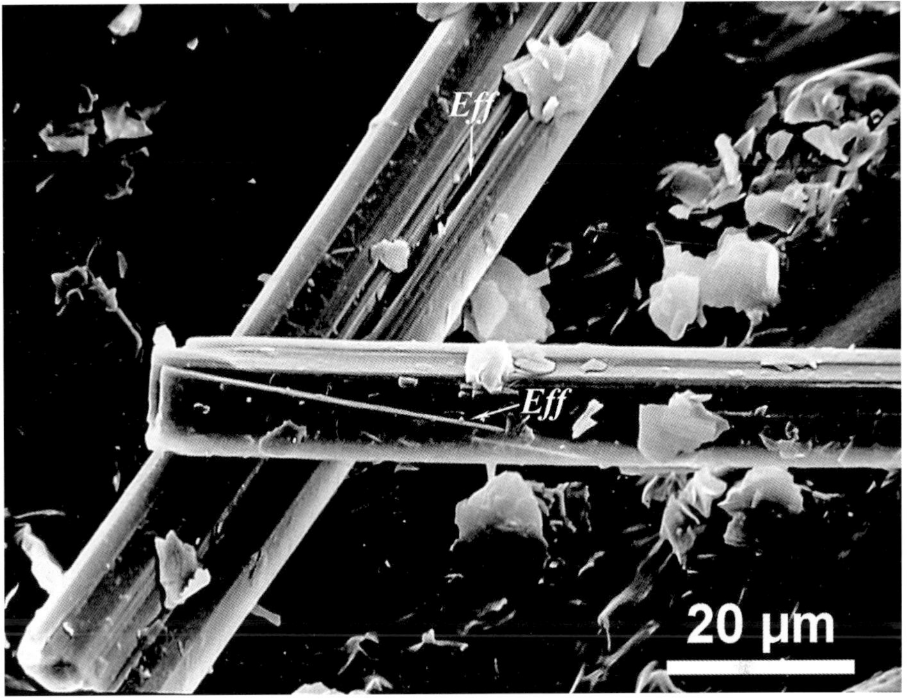

Figura 2. Detalle de la Figura 1. Muestra una posible morfología tubular de las fibras y tendencia a exfoliación fibrilar de menor tamaño y diámetro (***Eff***). Adaptada de Figura C, página 425 [12].

Figure 2. Detail of Figure 1. This shows a possible tubular morphology of the fibers and a tendency to fibrillar exfoliation into particles of smaller size and diameter (***Eff***). Adapted from Figure C, page 425 [12].

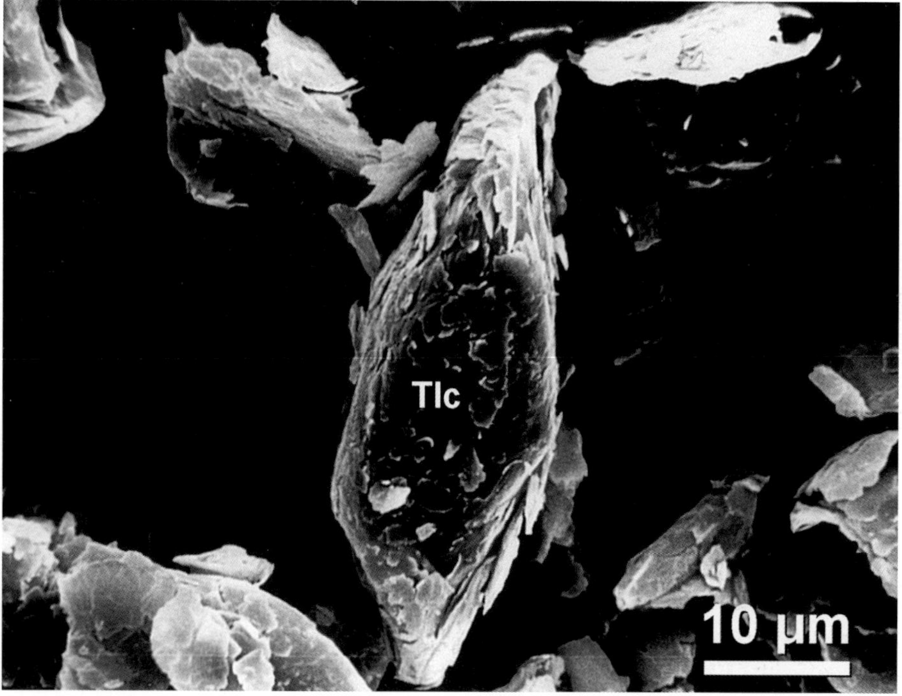

FIGURA 3. Imagen SEM de un TP de Chile. Partícula de talco (**Tlc**) con morfología elongada, L:A >3:1 y L >20 µm. Se aprecian en ella exfoliaciones superficiales 001 generando partículas planas por efecto de la molienda. Misma técnica de estudio SEM que Figura 1. Adaptada de Figura C, página 427 [12].

FIGURE 3. SEM image of a Chilean TP. Talc particle (**Tlc**) with elongated morphology, L:W >3:1 and L >20 µm. Superficial exfoliations 001 can be seen, generating flat particles due to the grinding effect. Same SEM study technique as Figure 1. Adapted from Figure C, page 427 [12].

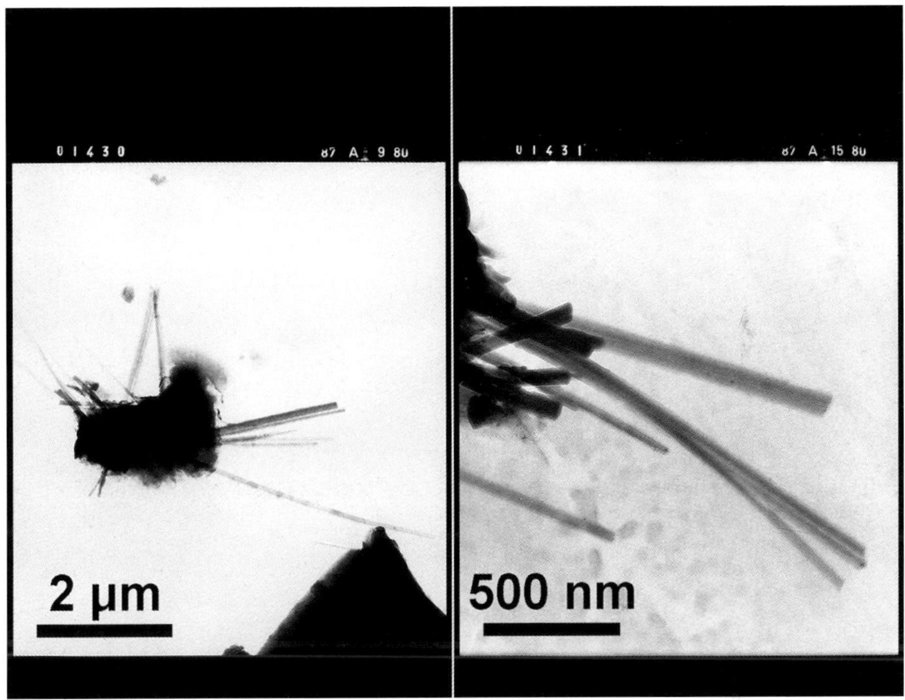

Figura 4. Imagen TEM de un TP de Chile. Izquierda: fibras de anfíboles asbestiformes (morfología de cabello), longitud entre 5 y 2 µm, anchuras de <0,5 µm Derecha: detalle de la anterior mostrando las relaciones dimensionales extremas y las anchuras de <100 nm. Técnicas de estudio y equipo: TEM, SAED-pattern, Zeiss EM70C, CIC-UGR. Adaptadas de Figura 8.7, A y B, página 433 [12].

Figure 4. TEM image of Chilean TP. Left: asbestiform amphibole fibers (hair morphology), length between 5 and 2 µm , widths < 0.5 µm. Right: detail of the previous image showing extreme dimensional relationships and the widths of <100 nm. Study techniques and equipment: TEM, SAED-pattern, Zeiss EM70C, CIC-UGR. Adapted from Figure 8.7, A and B, page 433 [12].

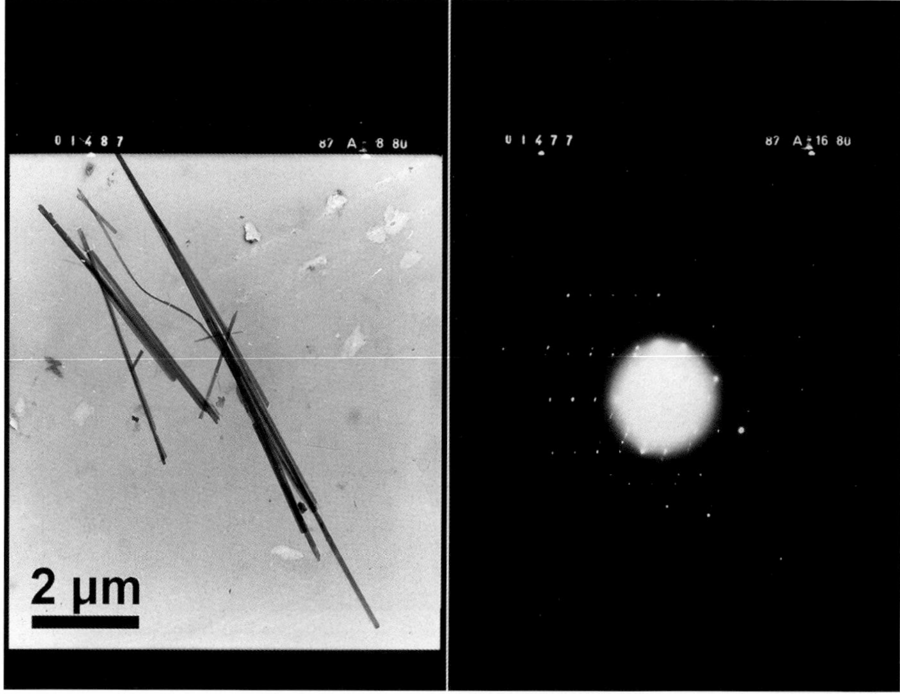

FIGURE 5. TP industrial de Chile. Izquierda: imagen de fibras asbestiformes con morfología de cabello. Tamaño > 5 μm y L/A > 10. Derecha: diagrama de difracción de electrones mostrando un patrón característico de anfíboles. Técnicas y equipo: TEM, SAED-pattern Carl Zeiss EM70C, CIC-UGR. Adaptadas de Figuras 8.8 y 8.6, páginas 435 y 431, respectivamente [12].

FIGURE 5. Industrial Chilean TP. Left: image of asbestiform fibers with hair morphology. Size > 5 μm and L/A > 10. Right: electron diffraction diagram showing a characteristic pattern of amphiboles. Study techniques and equipment: TEM, SAED-pattern Zeiss EM70C, CIC-UGR. Adapted from Figures 8.8 and 8.6, pages 435 and 431, respectively [12].

Figura 6. TP de venta actualmente en Farmacias de España. Dos partículas de talco (**Tlc**) de >80 µm, con hábito elongado (L:A, partícula derecha 5:1, partícula izquierda >10:1). Espectro EDX (**1**) con Si, Mg y O. La partícula situada a la izquierda está plegada por la flexibilidad del mineral. Adaptada de Figura 3c, página 7 [14].

Figure 6. TP currently for sale in Spanish pharmacie. Talc particles (**Tlc**) >80 µm, with elongated shape (L:A, rigth partícle 5:1, left partícle >10:1). EDX spectrum (**1**) with Si, Mg and O. The particle on the left is folded due to the flexibility of the mineral. Adapted from Figure 3c, page 7 [14].

Referencias
References

[1] López-Galindo, A., Viseras, C. y Cerezo, P. 2007. *Compositional, technical and safety specifications of clays to be used as pharmaceutical and cosmetic products.* Applied Clay Science 36(1), 51-63.

[2] Gunter, M.E. 2018. *Elongate mineral particles in the natural environment.* Toxicology and Applied Pharmacology 361, 157-164.

[3] LaDou, J., Castleman, B., Frank, A., Gochfeld, M., Greenberg, M., Huff, J., Joshi, T.K., Landrigan, P.J., Lemen, R., Myers, J., Soffritti, M., Soskolne, C.L., Takahashi, K., Teitelbaum, D., Terracini, B. y Watterson, A. 2010. *The case for a global ban on asbestos.* Environmental health perspectives 118(7), 897-901.

[4] Hart, G.A., Kathman, L.M. y Hesterberg, T.W. 1994. *In vitro cytotoxicity of asbestos and man-made vitreous fibers: roles of fiber length, diameter and composition.* Carcinogenesis 15(5), 971-977.

[5] Fiume, M.M., Boyer, I., Bergfeld, W.F., Belsito, D.V., Hill, R.A., Klaassen, C.D., Liebler, D.C., Marks, J.G., Shank, R.C., Slaga, T.J., Snyder, P.W., Andersen, F.A. 2015. *Safety Assessment of Talc as Used in Cosmetics.* International Journal of Toxicology 34 (1 suppl), 66S-129S.

[6] Cox, L.A. 2018. *Biological mechanisms of non-linear dose-response for respirable mineral fibers.* Toxicology and Applied Pharmacology 361, 137-144.

[7] Mossman, B.T. 2018. Mechanistic in vitro studies: *What they have told us about carcinogenic properties of elongated mineral particles (EMPs).* Toxicology and Applied Pharmacology 361, 62-67.

[8] Pharmacopoeia, E. 2014. *Talc Monography, in The European Directorate for the Quality of Medicines & Healthcare (EDQM).* Council of Europe: Strasbourg Cedex, France. p. 3361-3362.

[9] Gordon, R.E., Fitzgerald, S. y Millette, J. 2014. *Asbestos in commercial cosmetic talcum powder as a cause of mesothelioma in women.* International Journal of Occupational and Environmental Health 20(4), 318-332.

[10] Chatfield, E.J. 2018. *Measurement of elongate mineral particles: What we should measure and how do we do it?* Toxicology and Applied Pharmacology 361, 36-46.

[11] Soriano, M. Delgado, G., Gámiz, E. y Delgado, R. 1992. *Fiber contents in talcum powders for topical use.* Ars Pharmaceutica 33 (1-4 Part I), 128-133.

[12] Soriano, M. 1994. *Estudio geofarmacéutico de polvos de talco. Primera aproximación a la Farmacopea Internacional Armonizada.* Tesis Doctoral, Universidad de Granada. https://digibug.ugr.es/handle/10481/14469

[13] Gámiz, E., Soriano, M., Delgado, G., Párraga, J. y Delgado, R. 2002. *A morphological study of talcs with Scanning Electron Microscopy (SEM).* Pharmaceutical applications. Ars Pharmaceutica 43 (1-2), 173-185.

[14] Delgado, R., Fernández-González, M.V., Gzouly, M., Molinero-García, A., Cervera-Mata, A., Sánchez-Marañón, M., Herruzo, M. y Martín-García, J.M. 2020. *The quality of Spanish cosmetic-pharmaceutical talcum powders.* Applied Clay Science 193, 105691.

Aplicaciones del SEM-EDX y otras técnicas relacionadas para el estudio del pigmento azul ultramar y sus materias primas. Casuística del hierro

Rafael Delgado Calvo-Flores, Jordi Fernández-Urbán, Gabriel Delgado Calvo-Flores, Juan Manuel Martín-García, Ricard March Raurell

Lapislázuli es el precedente mineral del pigmento azul ultramar, usado en tinta, tejidos, pintura, etc. desde el s. XIII (a. C.) [1], denominado también ultramarino. Frecuente pigmento en pinturas y manuscritos europeos del XIV y XV [2]. Debe su color a la lazurita, $(Na,Ca)_8(AlSiO_4)_6(SO_4,S,Cl)_2 \cdot H_2O$, tectosilicato del grupo de la sodalita [3], donde el anión radical S_3^{4-} es responsable de su coloración azul característica, coexistiendo con una especie más reducida S_2^- moduladora de la tonalidad hacia azul verdoso [4]; debe haber $\geq 0{,}4\ \%$ de S_3^- [5]. La fase sintética equivalente se denomina ultramarina [3], producida primero (s. XIX) en Alemania [4, 6], mediante larga calcinación reductora de caolín, azufre, y otros componentes, seguida de oxidación [7, 5, 8]. La calidad (pureza) del azul depende de manera importante del Fe, su contenido y tipo (en fases accesorias o en la red de lazurita) [9]; el K puede ajustar la tonalidad [10].

El estudio de lazuritas/ultramarinas emplea con frecuencia diversas técnicas analíticas, conjuntamente. Destacan SEM-EDX para la composición de materiales de interés histórico [11, 12, 13] y ultramarinas sintetizadas [10, 14, 15], combinadas con Raman y XRD para establecer la especie mineral; e incluso TEM (HRTEM, SAED-pattern), IR, MAS-NMR, etc. [16]. SEM ha sido empleado para la morfología detallada de las partículas [14, 15, 17].

Nuestro objetivo es mostrar la utilidad del empleo de las técnicas de SEM-EDX, combinadas con otras técnicas electrónicas avanzadas, para caracterizar, en un proceso actual de síntesis del pigmento azul ultramar, las principales materias implicadas: caolines, metacaolines, lazuritas y fases de hierro. Indagaremos también la ruta del Fe desde las materias primas hacia los pigmentos. Prestaremos atención a asuntos poco explorados como la mineralogía precisa de todas las fases de hierro sintetizadas o la caracterización morfológica de las partículas.

Como materiales empleamos: 1.-Caolín G (Cornwall-UK), 86 % caolinita, 12 % K-mica, 0,96 índice de cristalinidad Hinkley (HI) (XRD); 20 % arcilla ($<2\ \mu m$), 80 % limo ($2\text{-}50\ \mu m$) (tamizado-sedimentación); 0,65 % Fe (XRF); Fe libre (cd) 0,024 %. 2.-Caolín K (Georgia-USA), 92 % caolinita, 5 % K-mica, 0,63-HI; 42 % arcilla, 58 % limo; 0,18 % Fe (XRF); Fe libre 0,03 %. 3.-Metacaolines respectivos (800-850 °C), (muestras CG y CK). 4.-Pigmentos sintetizados en laboratorio, sin moler: 4.1-Fase intermedia reductora "verde" (muestras GVB y KVB), (0,39 y 0,17 %, Fe XRF) y 4.2-Fase final oxidante, "azul" (muestras GAB y KAB) (0,36 y 0,19 %,

Fe XRF). Aplicamos las técnicas y equipos descritos en Capítulo I.2.1: MET-AU, MET-C, SEM-H-510-DIG, EDX-ER, VPFESEM-SUPRA, EDX-OXFORD50, RAMAN, XRD. Otros equipos y técnicas se indican en los pies de Figuras.

Caolinita-G tiene fórmula estructural (EDX-OXFORD50), $Si_2O_5Al_{1,90}Fe_{0,1}(OH)_4$. La morfología laminar-hexagonal de los cristales (Figuras 1, 2), corresponde a cristalinidad HI relativamente alta, 0,96 [18, 19]. Por su parte, la morfología de cristales de mica-G (fórmula: $Si_2O_5Al_{1,993}Fe_{0,007}(OH)_4$) es característica (Figura 3). Ambos minerales resultan ligeramente ferríferos. El metacaolín evidencia los procesos sufridos por la caolinita al calcinar, con destrucción de la capa gibsítica $Al(OH)_3$ [20, 21] (Figura 4). Los pigmentos sintetizados son de la especie mineral ultramarina (XRD y RAMAN) (Figura 8). Morfológicamente, son agregados arracimados (más o menos framboidales) de pseudoesferas (Figuras 5, 6, 7, 10), coincidiendo con [15, 17], y acordes a las condiciones de alta sobresaturación de la síntesis [22]. A menor tamaño se reconocen caras de rombododecaedro {110} y cubo {100} (Figuras 6, 9, 11), pertenecientes al sistema cúbico en que cristaliza la ultramarina, sin distinguirse si son de la hemiedría tetraédrica ($\overline{4}3m$) [3] o la tetartoedría (23), función, entre otros, del orden estructural de los cationes y los aniones sulfato [12]. Las fórmulas estructurales (EDX-OXFORD50) corresponden a ultramarina, i.e., GVB: $Na_{7,67}K_{0,03}Ca_{0,07}Mg_{0,05}[Fe_{0,02}Al_{5,40}Si_{6.58}O_{24}](S_2,S_3)_{1,58}$; parecidas a otras ultramarinas sintéticas [12]; K, Mg, Fe proceden de la mica y caolinita iniciales. Comparando los porcentajes de Fe en fórmula (*wt:wt*) en las ultramarinas (GVB, 0,1; GAB, 0,20; KVB, 0,06; KAB, 0,09 %) con los de las materias primas minerales o el global del pigmento (datos antes expuestos) se aprecia un importante descenso. Es debido a que la síntesis concentra Fe en fases propias, que no llegan al 1 % de la muestra (según ocupación en campos microscópicos SEM). Se establecen además diferencias entre los pigmentos verdes y azules. En GVB aparecieron formas singulares de Fe nunca antes registradas (Figura 9), cuyo espectro Raman señala una mezcla de sulfatos de hierro hidratados (Fibroferrita $[Fe(SO_4)(OH) \cdot 5H_2O]$, Volashioíta $[Fe_4(SO_4)O_2(OH)_6 \cdot 2H_2O]$). En GAB y KAB, aparece pirita (S_2Fe), acorde con morfología cristalina, EDX y RAMAN [23] (Figuras 10, 11, 12); especie frecuente en el lapislázuli natural y las ultramarinas sintéticas [1].

Consideramos nuestro estudio un considerable avance al ofrecer: 1-importantes exponentes de imágenes SEM, 2-resultados originales con otras técnicas asociadas al SEM, 3-fórmulas estructurales de las ultramarinas, y 4-datos sobre la ruta (cuantificada) del Fe en el proceso de síntesis, donde algunas de las especies de Fe encontradas nunca habían sido mostradas. Todo lo cual ayudará a conocer mejor el proceso industrial de síntesis de un valioso material colorante industrial de común empleo: el azul ultramar.

Applications of SEM-EDX and other related Techniques for the study of the Ultramarine Blue Pigment and its Raw Materials. Case studies of Iron

Rafael Delgado Calvo-Flores, Jordi Fernández-Urbán, Gabriel Delgado Calvo-Flores, Juan Manuel Martín-García, Ricard March Raurell

Lapis lazuli is the mineral of origin of ultramarine blue pigment, used in ink, fabrics, paint, etc. since the 13th century (BC) [1], also called ultramarine. A pigment commonly found in European paintings and manuscripts from the 14th and 15th centuries [2], it owes its color to lazurite, $(Na,Ca)_8(AlSiO_4)_6(SO_4,S,Cl)_2 \cdot H_2O$, tectosilicate of the sodalite group [3], where the radical anion S_3^{4-} is responsible for its characteristic blue coloration, coexisting with a more reduced species S_2^- modulating the hue towards blue-green [4]; there must be $\geq 0.4\%$ S_3^- [5]. Ultramarine is the phase synthetic-equivalent, [3], first produced (s. XIX) in Germany [4, 6] by long calcination reducing kaolin, sulphur and other components, followed by oxidation [7, 5, 8]. The quality (purity) of blue depends strongly on Fe, its content and type (in accessory phases or in the lazurite lattice) [9]; K can adjust the hue [10].

The study of lazurites/ultramarines often employs various analytical techniques in conjunction. SEM-EDX stands out for the composition of materials of historical interest [11, 12, 13] and synthesized ultramarines [10, 14, 15], combined with RAMAN and XRD to study the mineral species; and even TEM (HRTEM, SAED-pattern), IR, MAS-NMR, etc. [16]. SEM has been used for particle morphology [14, 15, 17].

Our objective is to show the utility of SEM-EDX techniques combined with other advanced electronic techniques to characterize the main materials involved in a current ultramarine blue pigment synthesis process: kaolins, metakaolins, lazurites and iron phases. We also investigate the path of Fe from raw materials to pigments. We pay attention to little-explored issues such as the precise mineralogy of all the synthesized iron phases or the morphological characterization of the particles.

The materials used are: 1.-Kaolin G (Cornwall-UK), 86 % kaolinite, 12 % K-mica, 0.96 Hinkley crystallinity index (HI) (XRD); 20 % clay (<2 µm), 80 % silt (2-50 µm) (sieving-sedimentation); 0.65 % Fe (XRF); Free Fe (cd) 0.03 %. 2.-Kaolin K (Georgia-USA), 92 % kaolinite, 5 % K-mica, 0.63-HI; 42 % clay, 58 % silt; 0.18 % Fe (XRF); Free Fe 0.03 %. 3.-Respective metakaolins (800-850 °C), (samples CG and CK). 4.-Pigments synthesized in the laboratory, without grinding: 4.1- "Green" intermediate reducing phase (samples GVB and KVB), (0.39 and 0.17 %, Fe XRF) and 4.2-"Blue" final oxidizing phase (samples GAB and KAB) (0.36 and 0.19 %, Fe XRF). We apply the techniques and equipment described in Chapter I.2.1: MET-AU, MET-C, SEM-H-510-DIG, EDX-ER, VPFESEM-SU-

PRA, EDX-OXFORD50, RAMAN, XRD. Other equipment and techniques are indicated on the feet of Figures.

Kaolinite-G has the structural formula (EDX-OXFORD50) $Si_2O_5Al_{1,90}Fe_{0,1}$ $(OH)_4$; the lamellar-hexagonal morphology of the crystals (Figures 1, 2) corresponds to a relatively high HI crystallinity, 0.96 [18, 19]. The morphology of mica-G crystals is characteristic (Figure 3), with the formula: $Si_2O_5Al_{1,993}Fe_{0,007}(OH)_4$. Both minerals are slightly ferrous. Metakaolin shows the processes undergone by kaolinite when calcined, due to the destruction of the gibbsite layer $Al(OH)_3$[20, 21] (Figure 4). The synthesized pigments are of the ultramarine mineral species (XRD and RAMAN) (Figure 8). Morphologically, they are clustered aggregates (more or less framboidal) formed by the grouping of pseudospheres (Figures 5, 6, 7, 10), coinciding with the results of [15, 17], and in accordance with the conditions of high supersaturation of the synthesis [22]. At a smaller size, rhombododecahedron $\{110\}$ and cube $\{100\}$ faces are recognized (Figures 6, 9, 11), belonging to the cubic system in which the ultramarine crystallizes, without distinguishing whether they are tetrahedral ($\overline{4}$3m) [3] or tetartohedral (23), a function, among others, of the structural order of the cations and sulfate anions [12]. The structural formulas (EDX-OXFORD50) correspond to ultramarine; i.e., GVB: $Na_{7.67}K_{0.03}Ca_{0.07}$ $Mg_{0.05}[Fe_{0.02}Al_{5.40}Si_{6.58}O_{24}](S_2,S_3)_{1,58}$; similar to other synthetic ultramarines [12]; K, Mg, Fe come from initial mica and kaolinite. When comparing the percentages of Fe in formula (wt:wt) in the ultramarines (GVB, 0.1; GAB, 0.20; KVB, 0.06; KAB, 0.09 %) with those of the mineral raw materials or the whole pigment (data previously presented), a significant decrease can be seen. This is due to the fact that the synthesis concentrates Fe in its own phases, which do not reach 1 % of the sample (according to presence in SEM microscopic fields). Differences between green and blue pigments are also established. Singular forms of Fe never-before recorded appeared in GVB (Figure 9), the Raman spectrum of which indicates a mixture of hydrated iron sulfates (Fibroferrite [$Fe(SO_4)(OH)\cdot 5H_2O$], Volashioite [$Fe_4(SO_4)O_2(OH)_6\cdot 2H_2O$]). In GAB and KAB, pyrite (S_2Fe) appears, consistent with crystal morphology, EDX and RAMAN [23] (Figures 10, 11, 12); frequent species in natural lapis lazuli and synthetic ultramarines [1].

We consider our study to be a considerable advance as it offers: 1-important examples of SEM images, 2-original results with other techniques associated with EMS, 3-structural formulas of ultramarines, and 3-data on the (quantified) route of Fe in the synthesis process, where some of the Fe species found had never been shown. All this will help promote a better understanding of the industrial process of synthesis of a commonly used industrial coloring material: ultramarine blue.

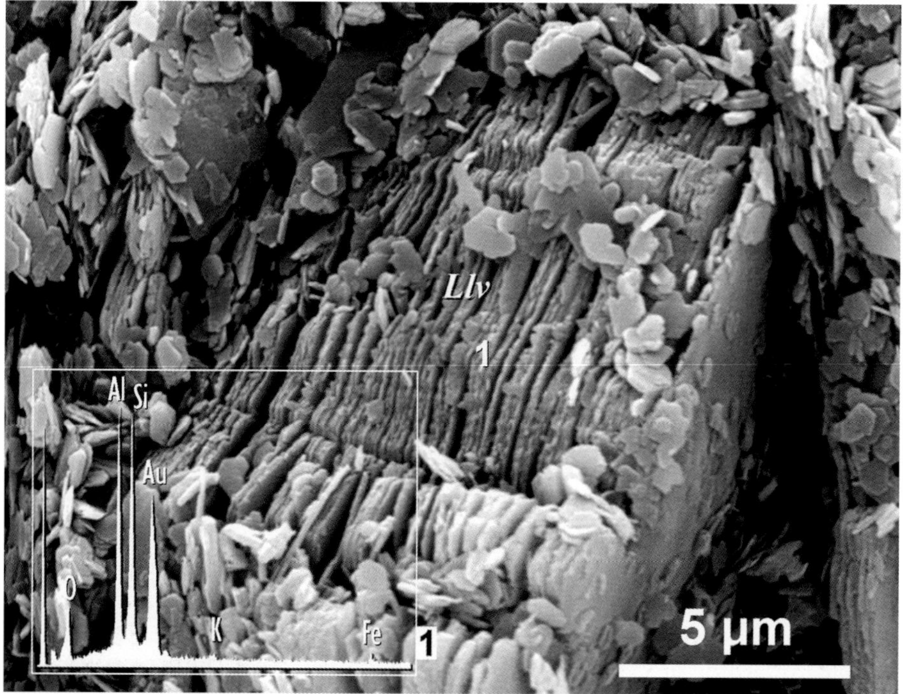

Figura 1.- Caolín G. Stack de láminas de caolinita (***Llv***) de ~20 µm de diámetro. Morfología acorde a su relativa alta cristalinidad (0,96 HI). Picos EDX (**1**) de Si y Al, propios de caolinita y mica, junto a K (mica) y Fe (caolinita y mica). Técnicas: MET-AU, SEM-H-510-DIG, EDX-ER.

Figure 1.- Kaolin G. Stack of kaolinite sheets (***Llv***) of ~20 µm in diameter. Morphology according to its relative high crystallinity (0.96 HI). Si and Al EDX peaks (**1**), typical of kaolinite and mica, together with K (mica) and Fe (kaolinite and mica). Techniques: MET-AU, SEM-H-510-DIG, EDX-ER.

Figuras 1 a 12 cedidas por la empresa Ferro Performance Pigments Spain S. L
Figures 1 to 12 provided by the company Ferro Performance Pigments Spain S. L

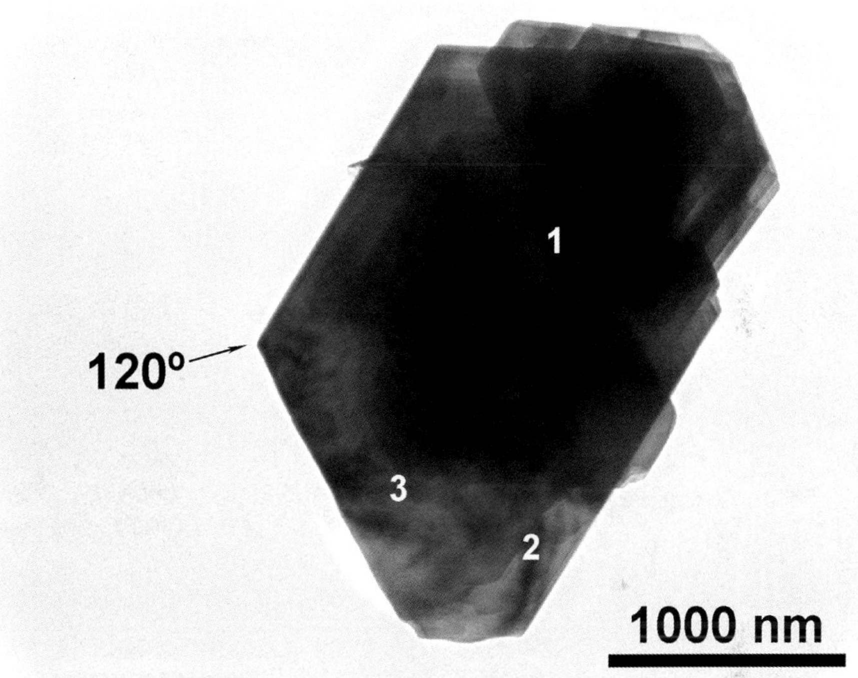

Figura 2. Caolín G. Partícula de caolinita con pocas láminas apiladas de contorno hexagonal idiomorfo acorde a la buena cristalinidad (0,96 HI). Ángulos a 120 ° (**120°**). Los microanálisis señalados con 1 y 3 detectan Fe en un 0,3 % (*wt:wt* de iones). Técnicas: TEM en señal convencional, EDAX, equipo HRTEM STEM PHILIPS CM20, CIC-UGR.

Figure 2. Kaolin G. Kaolinite particle with few stacked sheets of idiomorphic hexagonal contour according to good crystallinity (0.96 HI). Angles at 120° (**120°**). Microanalyses, marked with 1 and 3, detect Fe at 0.3 % (wt:wt ions). Techniques: TEM in conventional signal, EDAX , HRTEM STEM PHILIPS CM20 equipment, CIC-UGR.

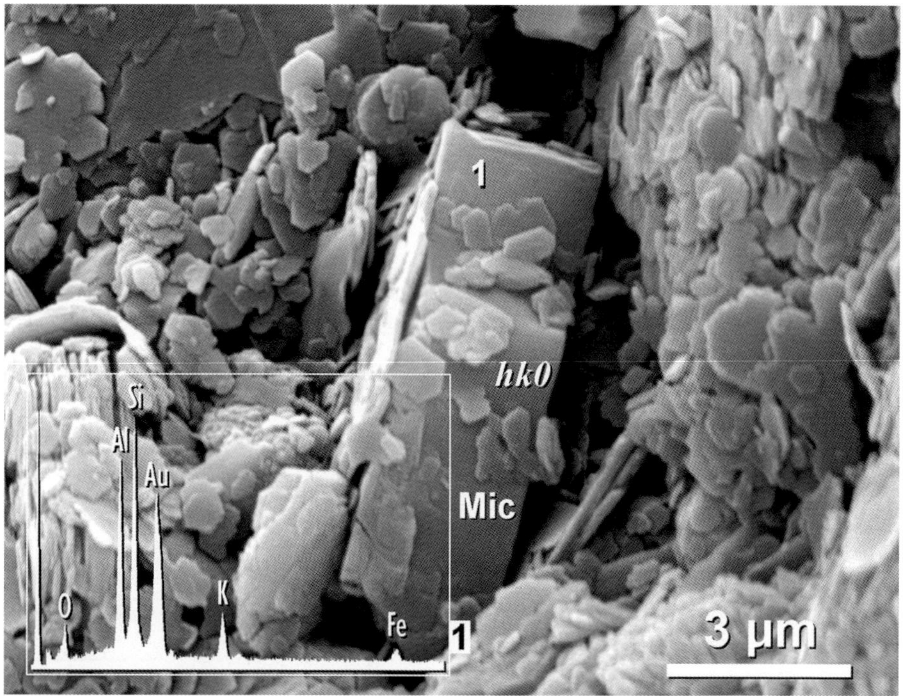

Figura 3. Caolín G. Cristal de K-mica (**Mic**) de ~15 µm de diámetro feret, en forma de paquete de láminas mostrando las caras [hk0] (***hk0***); envuelto en partículas laminares de caolinita. Picos EDX (**1**) de la mica: Si, Al, K, Fe. Técnicas: MET-AU, SEM-H-510-DIG, EDX-ER.

Figure 3. Kaolin G. Cristal of K-mica (**Mic**) measuring ~15 µm in feret diameter, in the form of a pack of sheets showing the faces [hk0] (***hk0***); wrapped in laminar particles of kaolinite. EDX peaks (**1**) of mica: Si, Al, K, Fe. Techniques: MET-AU, SEM-H-510-DIG, EDX-ER.

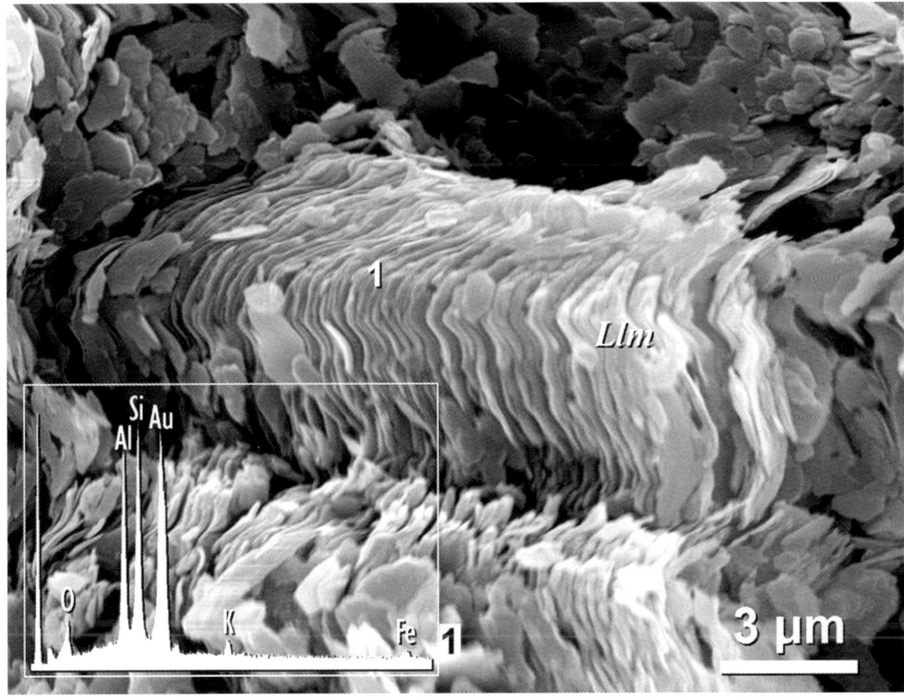

Figura 4. Muestra CG. Stack de metacaolinita, de ~20 μm de diámetro máximo, con cristales laminares apilados, de bordes arrugados y fundidos por la calcinación (***Llm***). El microanálisis EDX (**1**) registra picos de la metacaolinita, Si, Al (Al algo exaltado por la metacaolinización) y otros de la mica, K, Fe. Técnicas: MET-AU, SEM-H-510-DIG, EDX-ER.

Figure 4. Sample GC. Metakaolinite stack, of ~20 μm maximum feret diameter, with stacked laminar crystals, with wrinkled edges and melted by calcination (***Llm***). The EDX microanalysis (**1**) records peaks of metakaolinite, Si, Al (Al somewhat amplified by metakalinization) and others of mica, K, Fe. Techniques: MET-AU, SEM-H-510-DIG, EDX-ER.

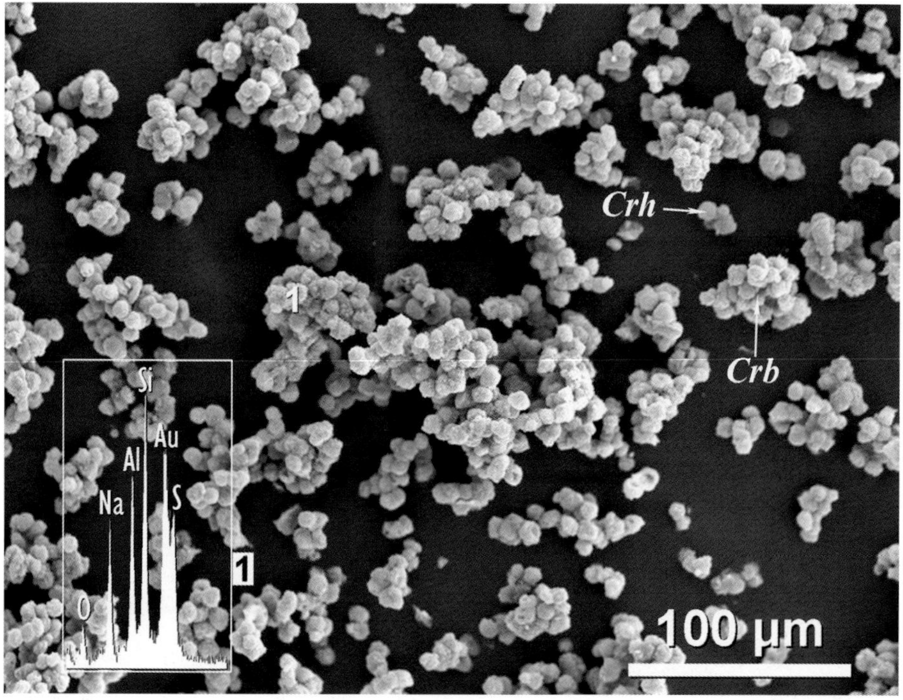

FIGURA 5. Muestra GVB. Campo de partículas de ultramarina. Pequeñas unidades esferoidales (**Crh**), ≤ 10 µm de diámetro, se agregan en grupos mayores arracimados (**Crb**) que alcanzan las 50 µm de diámetro. Microaná-lisis EDX (**1**) con picos propios de esta fase: Na, Al, Si, S. Técnicas: MET-AU, SEM-H-510-DIG, EDX-ER.

FIGURE 5. GVB sample. Ultramarine particle field. Small spheroidal units (**Crh**), ≤ 10 µm in diameter, are incorporated into larger, clustered groups (**Crb**) that reach 50 µm in diameter. EDX microanalysis (**1**) with peaks typical of this phase: Na, Al, Si, S... Techniques: MET-AU, SEM-H-510-DIG, EDX-ER.

Figura 6. Muestra GAB. Foto de detalle de ultramarinas. Pseudoesferas (**Crh**) de ~5 µm se unen e intercrecen en unidades arracimadas mayores (25-30 µm). En pseudoesferas **Crh** se reconocen cristales de 1-3 µm, algunos con caras asimilables a cubo y rombododecaedro (**Crf**). Espectro EDX (**1**) de ultramarina. Técnicas: MET-AU, SEM-H-510-Dig, EDX-ER.

Figure 6. Sample GAB. Detailled photo of ultramarines. Pseudospheres (**Crh**) of ~5 µm are joined and interchanged in larger clustered units (25-30 µm). In **Crh** pseudospheres, 1-3 micron crystals are recognized, some with faces assimilable to cubes and rhombododecahedrons (**Crf**). EDX spectrum (**1**) of ultramarine. Techniques: MET-AU, SEM-H-510-DIG, EDX-ER.

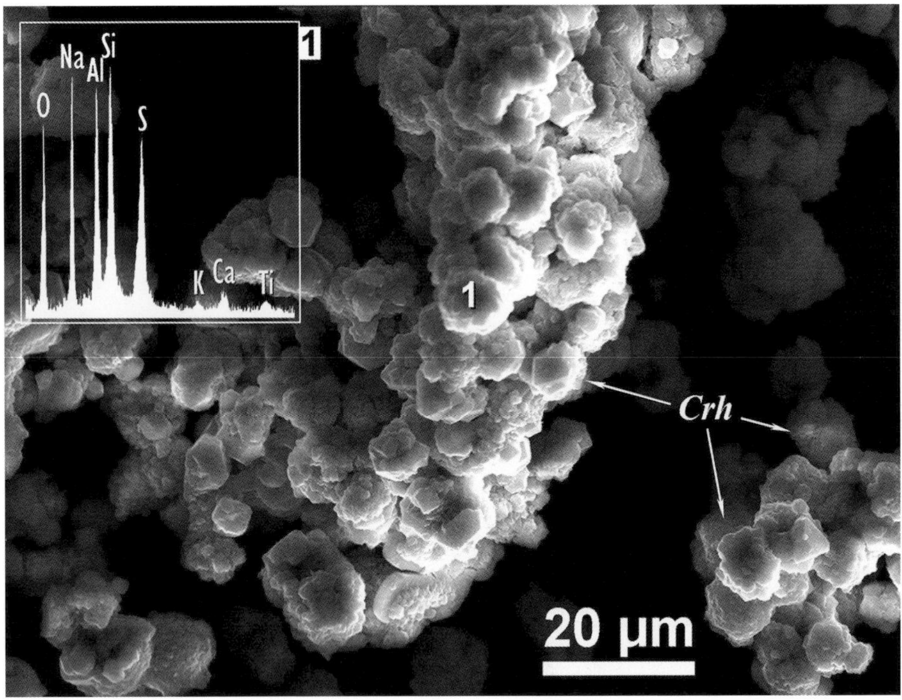

Figura 7. Muestra KVB. Formas pseudoesféricas (***Crh***), <10 µm de diámetro, arracimadas en unidades mayores, ~20 µm de diámetro. Espectro EDX (**1**) característico de ultramarinas, Si, S, Al, Na, Ca, K, Ti. Técnicas: MET-C, VPFESEM-SUPRA, EDX-OXFORD50.

Figure 7. Sample KVB. Pseudospherical forms (***Crh***), <10 µm in diameter, clustered in larger units, ~20 µm in diameter. EDX spectrum (**1**) characteristic of ultramarines, Si, S, Al, Na, Ca, K, Ti. Techniques: MET-C, VPFESEM-SUPRA, EDX-OXFORD50.

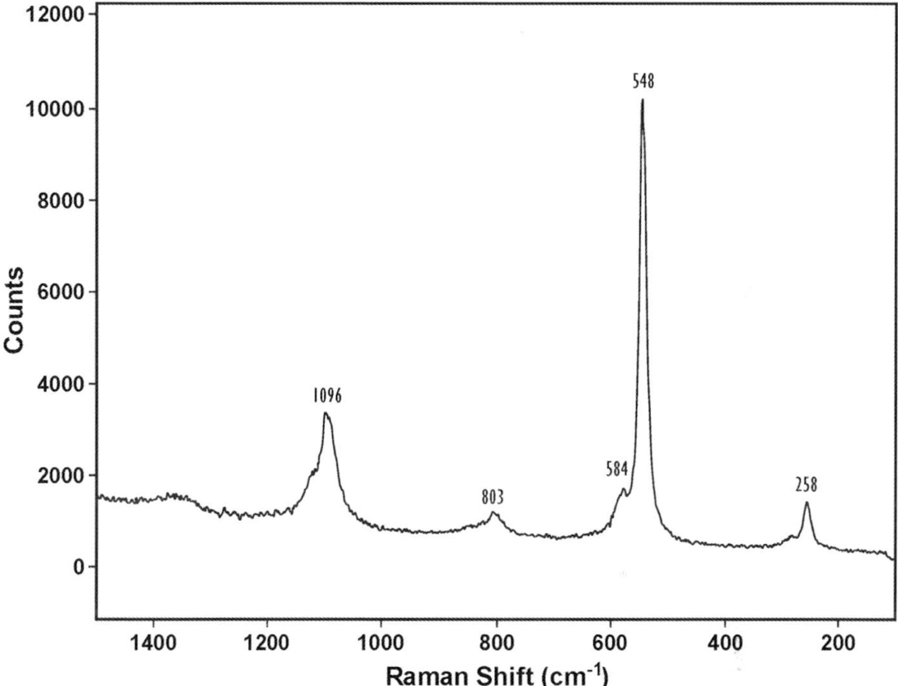

Figura 8. Muestra KVB, mismo campo anterior. La secuencia de máximos: 258, 548, 584 (max.), 803 y 1096 (cm⁻¹) corresponden con lazurita [24, 25]. Técnica: Espectro Raman.

Figure 8. Sample KVB, same field as above. The sequence of maxima 258, 548, 584 (max.), 803 and 1096 (cm⁻¹) correspond to lazurite [24, 25]. Technique: Raman spectrum.

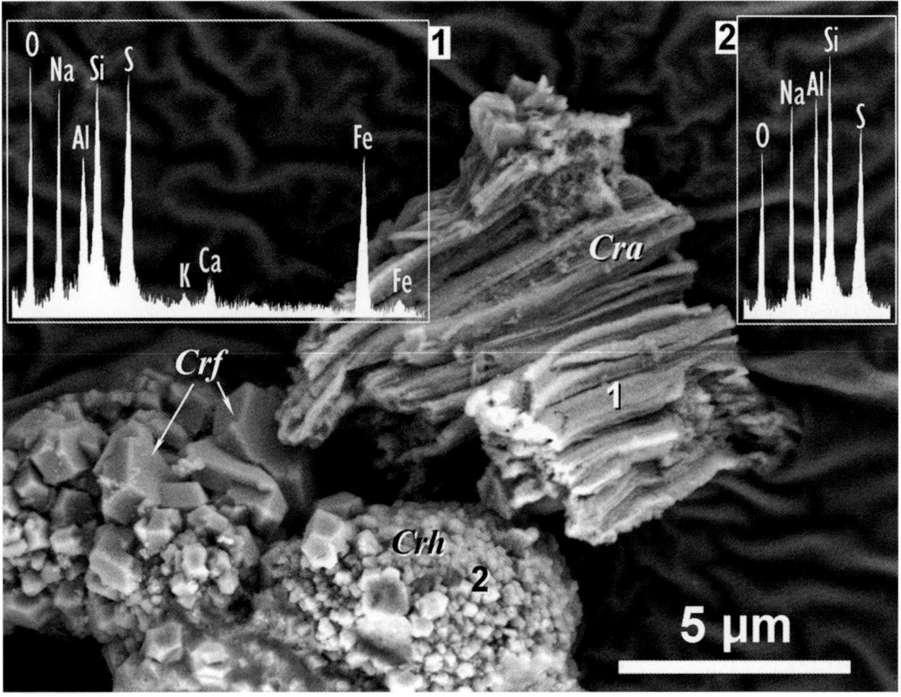

FIGURA 9. Muestra GVB. Partícula de ~10 µm, en haces de cristales fibrosos (*Cra*), de mineral de Fe. Peudoesferas de ultramarina (*Crh*), de ~5 µm de diámetro, compuestas de cristales menores (< 2 µm) con caras de rombododecaedro (sistema cúbico) (*Crf*). Microanálisis EDX punto 1 (**1**), mineral de Fe con presencia de ultramarina, picos de S, Si, Al, Ca, K, Fe, Na; punto 2 (**2**), microanálisis de ultramarina. Técnicas: MET-C, VPFESEM-SUPRA, INLENS-SUPRA, EDX-OXFORD50.

FIGURE 9. Sample GVB. Particle of ~10 µm, in bundles of fibrous crystals (*Cra*), of Fe mineral. Ultramarine pseudospheres (*Crh*), of ~5 µm, composed of smaller crystals (< 2 µm) with rhombododecahedrons faces (cubic system) (*Crf*). EDX microanalysis point 1 (**1**), Fe mineral with presence of ultramarine, peaks of S, Si, Al, Ca, K, Fe, Na; point 2 (**2**), microanalysis of ultramarine. Techniques: MET-C, VPFESEM-SUPRA, INLENS-SUPRA, EDX-OXFORD50.

Figura 10. Muestra GAB. Izquierda, electrones secundarios, técnica SE2-SUPRA. Derecha: electrones retrodispersados, BSE-SUPRA. Agregado glomerular de ultramarinas. En intersticios de la superficie se detectan cristales (*Crs*), < 5 μm de diámetro, destacados en imagen BSE (derecha) por el brillo que revela composición rica en metales pesados (Fe). Microanálisis EDX (**1**) con picos mayoritarios de S y Fe (pirita). Técnicas: MET-C, VPFESEM-SUPRA, EDX-OXFORD50.

Figure 10. Sample GAB. Left, secondary electrons, SE2-SUPRA technique. Right, backscattered electrons, BSE-SUPRA. Glomerular aggregates of ultramarines. In the interstices of the surface, crystals are detected (*Crs*), < 5 μm in diameter, highlighted in BSE image (rigth) by the brightness that reveals a composition rich in heavy metals (Fe). EDX Microanalysis (**1**) with major peaks of S and Fe (pyrite). Techniques: MET-C, VPFESEM-SUPRA, EDX-OXFORD50.

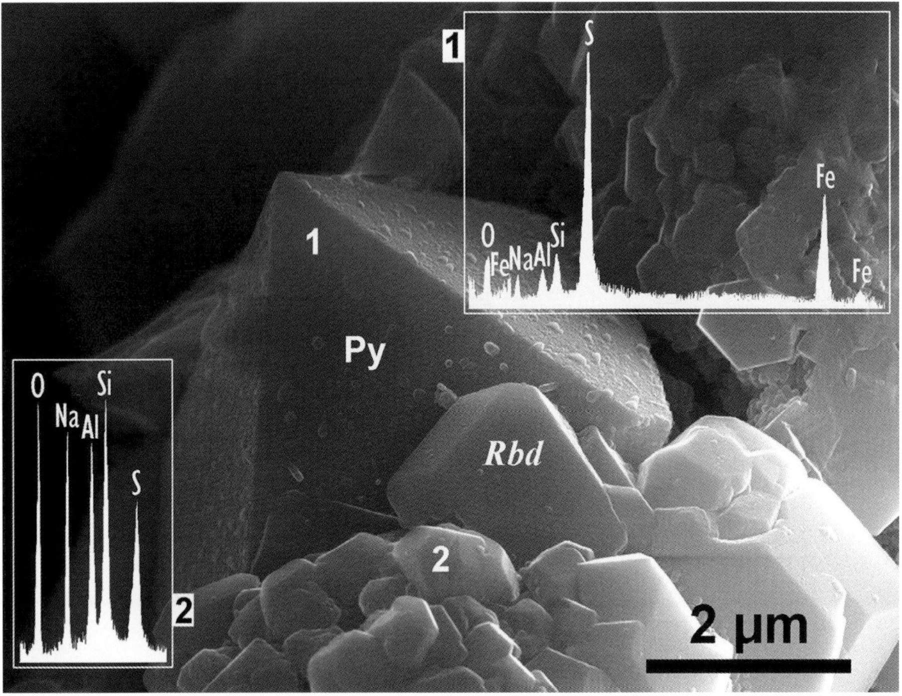

FIGURA 11. Muestra KAB. Cristal octaédrico, quasi-idiomorfo, de pirita (**Py**), de ~5 µm de diámetro, envuelto en una drusa de cristales de ultramarina con caras de rombododecaedro (**Rbd**). Espectros EDX característicos de pirita (**1**) y ultramarina (**2**). Técnicas: MET-C, VPFESEM-SUPRA, EDX-OXFORD50, SE2-SUPRA alto voltaje.

FIGURE 11. Sample KAB. Octahedral crystal, quasi-idiomorphic, of pyrite (**Py**), of ~5 µm in diameter, wrapped in a druse of ultramarine crystals with rhombododododecahedral faces (**Rbd**). EDX spectra characteristic of pyrite (**1**) and ultramarine (**2**). Techniques: MET-C, VPFESEM-SUPRA, EDX-OXFORD50, high-voltage SE2-SUPRA.

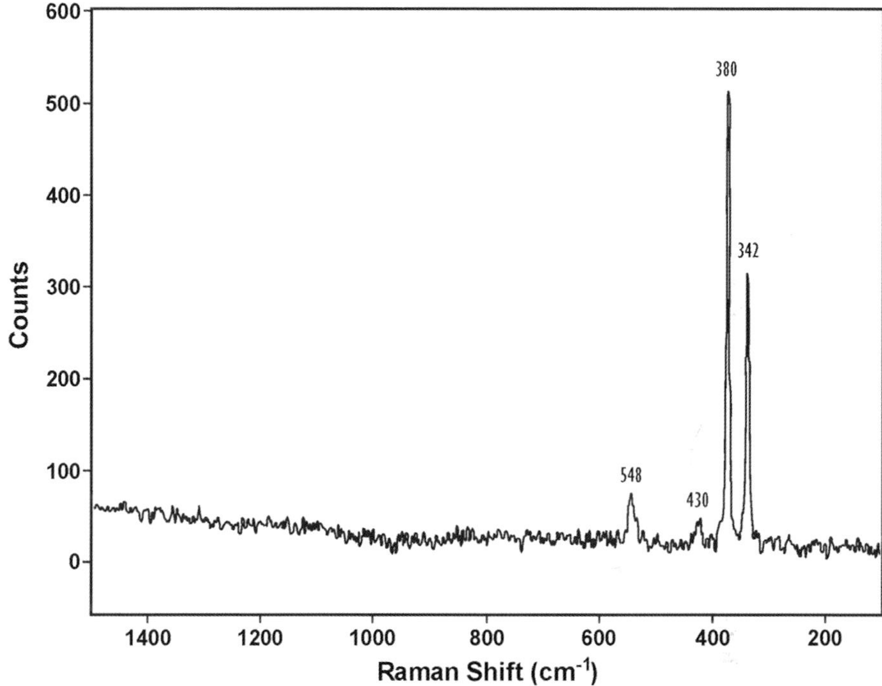

Figura 12. Muestra KAB. La secuencia de picos: 342, 380 (máx.), 430 (cm^{-1}) corresponden con pirita [23], 548 cm^{-1} es de lazurita [24, 25]. Técnica: Espectro Raman.

Figure 12. Sample KAB. The sequence of peaks: 342, 380 (max.), 430 (cm^{-1}) corresponds to pyrite [23], 548 cm^{-1} is lazurite [24, 25]. Technique: Raman spectrum.

Referencias
References

[1] CATHERINE, M. SCHMIDT, C.M., WALTON, M.S. Y TRENTELMAN, K. 2009. *Characterization of Lapis Lazuli Pigments Using a Multitechnique Analytical Approach: Implications for Identification and Geological Provenancing.* Analytical Chemistry 81, 8513–8518.

[2] EASTAUGH, N., WALSH, V., CHAPLIN, T. Y SIDDALL, R. 2004. *The Pigment Compendium: A Dictionary of Historical Pigments.* Elsevier: Amsterdam, The Netherlands.

[3] DEER, W.A., HOWIE, R.A., WISE, W.S. Y ZUSSMAN, J. 2004. Chapter Sodalite Group. En *Framework silicates. Silica minerals, Feldespathoids and the Zeolites.* (2ª edition). Colec. *Rock-Forming minerals.* The Geological Society, London, pp. 316-368.

[4] GOBELTZ-HAUTECOEUR, N., DEMORTIER, A., LEDE, B., LELIEUR, J.P. Y DUHAYON, C. 2002. *Occupancy of the Sodalite Cages in the Blue Ultramarine Pigments.* Inorganic Chemistry 41, 2848-2854.

[5] TAUSON, V.L., GOETTLICHER, J., SAPOZHNIKOV, A.N., MANGOLD, S. Y LUSTENBERG, E.E. 2012. *Sulphur speciation in lazurite-type minerals* $(Na,Ca)_8[Al_6Si_6O_{24}](SO_4,S)_2$ *and their annealing products: a comparative XPS and XAS study.* European Journal of Mineralogy 24(1), 133-152.

[6] LANDMAN A.A. Y WAAL D.D. 2004. *Fly ash as a potential starting reagent for the synthesis o ultramarine blue.* Materials Research Bulletin 39 (4-5), 655-667.

[7] MENEZES, R.A.D., PAZ, S.P.A.D., ANGÉLICA, R.S., NEVES, R.F. Y PERGHER, S.B.C. 2014. *Color and shade parameters of ultramarine zeolite pigments synthezised from caolín waste.* Materials Research 17 (1), 23-27.

[8] GOBELTZ, N., DEMORTIER, A., LELIEUR, J.P. Y DUHAYON, C. 1998. *Encapsulation of the chromophores into the sodalite structure during the syntesis of the blue ultramarine pigments.* Journal Chemical Society 94 (15), 2257-2260.

[9] FERRO PERFORMANCE PIGMENTS SPAIN SLU, 2021. *Información sobre el papel del Fe en la calidad del azul de las ultramarinas.* Report interno.

[10] BOOTH, G.G., DANN, S.E. Y WELLER, M.T. 2003. *The effect of the cation composition on the synthesis and properties of ultramarine blue.* Dyes and Pigments 58, 73-82.

[11] ZENG, Q.G., ZHANG, G.X., LEUNG, C.W. Y ZUO, J. 2010. *Studies of wall painting fragments from Kaiping Diaolou by SEM/EDX, microRaman and FT-IR spectroscopy.* Microchemical Journal 96, 330-336.

[12] TANEVSKA, V., NASTOVA, I., MINČEVA-ŠUKAROVA, B., GRUPČE, O., OZCATAL, M., KAVČIĆ, M. Y JAKOVLEVSKA-SPIROVSKA, Z. (2014). *Spectroscopic analysis of pigments and inks in manuscripts: II. Islamic illuminated manuscripts (16th–18th century).* Vibrational Spectroscopy 73, 127-137.

[13] LIU, L., SHEN, W., ZHANG, B. Y MA, Q. 2016. *Micochemical Study of Pigments and Binders in Polichrome Relics from Maiji Mountain Grottoes in Northwestern China.* Microscopy and Microanalysis 22, 845-856.

[14] FAVARO, M., GUASTONI, A., MARINI, F. Y BIANCHIN S. 2012. *Characterization of lapis lazuli and corresponding purified pigments for a provenance study of ultramarine pigments used in works of art.* Analytical and Bioanalytical Chemistry 402, 2195-2208.

[15] WANG, H., ZHANG, S., HU, S., ZHEN, Z., GÓMEZ, M.A. Y YAO, S. 2020. *A systematic study of the synthesis conditions of blue and green pigments via the reclamation of the industrial zeolite wastes and agriculture rice husks.* Environmental Science and Pollutions Research 27, 10910-10924.

[16] CLIMENT-PASCUAL, E., SÁEZ-PUCHE, R., GÓMEZ-HERRERO, A. Y ROMERO DE PAZ, J. 2008. *Cluster ordering in synthetic ultramarine pigments.* Microporous and Mesoporous Materials 116, 344-351.

[17] YIN-HSIU, H., YUN-HWEI, S. Y DAH-TONG, R. 2017. *Synthesis of Ultramarine from Reservoirs Silts.* Minerals 7, 69.

[18] DELGADO, R., GÁMIZ, E., DELGADO, G., RUIZ, A. Y GALLARDO, V. 1994. *The crystallinity of several spanish kaolins. Correlations with sodium amylobarbitone release.* Clay Minerals 29, 785-797.

[19] KELLER, W.D. Y HAENNI, R.P. 1978. *Effects of micro-sized mixtures of kaolin minerals on properties of kaolinites.* Clays and Clay Minerals 26, 384-396.

[20] GÁMIZ, E., MELGOSA, M., SÁNCHEZ-MARAÑÓN, M., MARTÍN-GARCÍA, J.M. Y DELGADO, R. 2005. *Relationships between chemico-mineralogical composition and colour properties in selected spanish natural and calcined caolins.* Applied Clay Science 28 (1-4), 269-282.

[21] BERUBE, P.R. 1978. *Fine calcined kaolin in paper board coating.* TAPPI Coating Conf. Prep., 105-194.

[22] SUNAGAWA, I. 2005. *Crystals. Growth, Morphology and Perfection.* Cambridge University Press.

[23] FENG, J., TIAN, H., HUANG, Y., DING, Z., Y YIN, Z. 2018. *Directional oxidation of pyrite in acid solution.* Minerals 9(1), 7.

[24] BICCHIERI, M., NARDONE, M., RUSSO, P.A., SODO, A., CORSI, M., CRISTOFORETTI, G., PALLESCHI, V. SALVETTI, A. Y TOGNONI, E. 2001. *Characterization of azurite and lazurite based pigments by laser induced breakdown spectroscopy and micro-Raman spectroscopy.* Spectrochimica Acta, Part B 56, 915-922.

[25] WANG, Y. 2021. *The chromophore fading and spectroscopy analysis of lazurite in annealing treatment.* Spectrochimica Acta, Part A: Molecular and Biomolecular Spectroscopy 247, 1386-1425.

4. Biomineralizaciones

4. Biomineralizations

Biomineralizaciones inducidas por bacterias halófilas moderadas

Rafael Delgado Calvo-Flores, María Angustias Rivadeneyra Ruiz, Gabriel Delgado Calvo-Flores, Jesús Párraga Martínez, Ana del Moral García, Alberto Ramos-Cormenzana

La biomineralización bacteriana (BB) tiene interés sanitario, industrial, en restauración de monumentos y medioambiental [1]. El proceso de biomineralización, que involucra a un importante número de especies biológicas y sus minerales asociados, se trata en el Capítulo I.1.5 de este mismo libro. BB posee interés en suelos por su participación en los ciclos del C, Ca, Mg y P [2]. De entre los grupos de bacterias biomineralizadoras de suelos y aguas destaca el de las halófilas moderadas (BHM) [3, 4, 5].

En este capítulo resumimos los resultados de SEM-EDX sobre BB por BHM obtenidos por nosotros entre 1988 y 2013 [6-21]. Analizamos cristales producidos por cultivos in vitro de BHM (especies bien identificadas o extraídas de suelos), en medios artificiales (MH) modificados, sólidos y líquidos, salinidad 2,5-20 %; extractos de solución de suelos salinos: 1:1 (suelo: agua) y en saturación; ensayos a tiempo fijo y series temporales. Los métodos preferentes fueron SEM (y microanálisis EDX) para estudiar morfología (y composición elemental), técnicas descritas en Capítulo I.2.1; apoyadas por XRD para determinación de las especies minerales.

Las especies minerales precipitadas fueron carbonatos (calcita, $CaCO_3$; calcita magnesiana, $Ca_{1-x}Mg_xCO_3$; aragonito, $CaCO_3$; vaterita, $CaCO_3$; dolomita y mono-hidrocalcita, $CaCO_3 \cdot H_2O$ y, en menos casos, fosfatos (estruvita, $MgNH_4PO_4 \cdot 6H_2O$). Las morfologías predominantes en carbonatos fueron biolitos pseudoesféricos, que denominamos esferulitos, con tamaños entre 10-100 µm, frecuentemente agrupados y otros individuales (Figura 1, 5). Originados por agregación de cuerpos bacterianos calcificados (Figuras 4, 5), unidos los cuerpos por zonas preferentes, extremos y laterales (Figura 3), generando por recristalización estructuras internas fibrosorradiadas (Figura 2). La forma pseufoesférica de estas BB corresponde a condiciones de alta sobresaturación [22]. A veces aparecen pseudomorfos (pseudopoliedros rómbicos) de aragonito por calcita (Figura 4). La superficie puede estar cubierta o no cubierta de nuevos episodios de deposición de material (Figuras 1, 3). Por su parte, las BB de estruvita son poliedros rómbicos.

Se puede concluir [6-21] que existe participación bacteriana, pues las especies mineralógicas esperables, según las condiciones fisicoquímicas, son frecuentemente distintas a las encontradas, y las morfologías descritas con SEM, singulares. Adicionalmente, en el resultado de BB influyen: especie bacteriana, tipo de medio (sólido/líquido), salinidad, concentración y relación de Ca^{2+} y Mg^{2+}, tiempo y temperatura. Nos encontramos ante casos de biomineralizaciones inducidas, que en el siguiente capítulo del libro (II.4.2) analizaremos desde nuevos puntos de vista, incluido el geoquímico y la formulación de modelos de biomineralización.

Biomineralizations Induced by Moderate Halophilic Bacteria

Rafael Delgado Calvo-Flores, María Angustias Rivadeneyra Ruiz, Gabriel Delgado Calvo-Flores, Jesús Párraga Martínez, Ana del Moral García, Alberto Ramos-Cormenzana

Bacterial biomineralization (BB) is of interest in the health, industrial, monument restoration, and environmental scopes [1]. The biomineralization process, which involves a significant number of biological species and their associated minerals, is dealt with in Chapter I.1.5 of this same book. BB is of interest in soils in the C, Ca, Mg and P cycles [2]. Among the groups of biomineralising bacteria of soils and waters, moderate halophiles (MHB) are of particular note [3, 4, 5].

In this chapter we summarize the results of our SEM-EDX research on BB by MHB, between 1988 and 2013 [6-21]. We analyzed crystals produced by in vitro cultures of MHB (well identified species or extracted from soils), in modified artificial media (MH), solids and liquids, with a salinity of 2.5-20 %; extracts from saline soil solution: 1:1 (soil: water) and in saturation; fixed-time tests and variable time series. The preferred methods were SEM (and EDX analysis) to study morphology (and elemental composition), techniques described in Chapter I.2.1; supported by XRD for mineral species determination.

Precipitated mineral species were carbonates (calcite, $CaCO_3$; magnesian calcite, $Ca_{1-x}Mg_xCO_3$; aragonite, $CaCO_3$; vaterite, $CaCO_3$; dolomite and monohydrocalcite, $CaCO_3 \cdot H_2O$ and, in fewer cases, phosphates (struvite, $MgNH_4PO_4 \cdot 6H_2O$). The predominant morphologies in carbonates were pseudospherical bioliths, which we call spherulites, with sizes between 10-100 μm, often grouped and others isolated (Figure 1, 5). Originating from the aggregation of calcified bacterial bodies (Figures 4, 5), the bodies are joined by preferential, extreme and lateral zones (Figure 3), generating internal fibrous-radiated structures by recrystallization (Figure 2). The pseufospherical form of these BB corresponds to high supersaturation conditions [22]. Occasionally, pseudomorphs (rhombic pseudopolyhedra) of aragonite appear by calcite (Figure 4). The surface may or may not be covered by new episodes of material deposition (Figures 1, 3) Struvite BB are rhombic polyhedra.

It can be concluded [6-21] that there is bacterial involvement, since the expected mineralogical species, according to the physico-chemical conditions, are often different from those found, and the singular morphologies described with SEM. Additionally, bacterial species, medium type (solid/liquid), salinity, concentration and ratio of Ca^{2+} and Mg^{2+}, time and temperature influence the BB result. These are cases of induced biomineralization, that in the next chapter of this book (II.4.2) we shall analyze from new perspectives, including geochemistry and the formulation of biomineralization models.

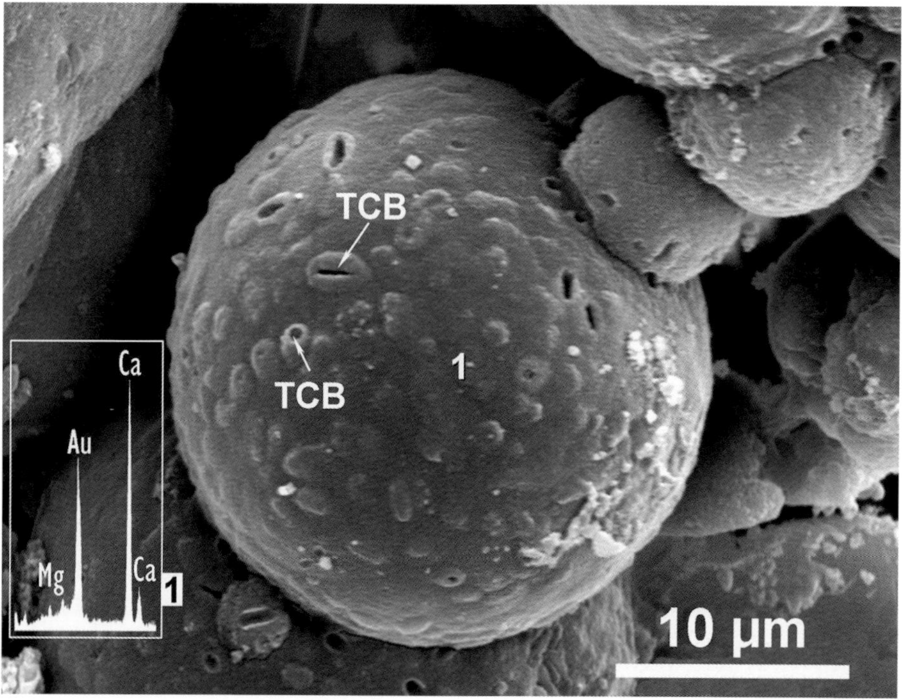

FIGURA 1.- Esferulito de calcita magnesiana (**1**) entre grupo de biolitos, diámetro ~30 µm. Superficie cubierta de una fina capa de carbonato (EDX (**1**), picos de Ca y Mg) con trazas de cuerpos bacterianos calcificados (**TCB**) en diferentes orientaciones. Producido por bacterias de un Gypsic Aquisalid, medio MH, líquido, salinidad 7,5 % (peso/volumen), 25 ºC, 35 días de cultivo. Técnicas: MET-AU, SEM-H-DIG, EDX-ER. Adaptada de Figura 5c, página 205 [21],

FIGURE 1.- Magnesian calcite spherulite (**1**) between groups of bioliths, diameter ~30 µm. Surface covered with a thin layer of carbonate (EDX (**1**), Ca and Mg peaks), with traces of calcified bacterial bodies (**TCB**) in different orientations. Produced by bacteria of a Gypsic Aquisalid, medium MH, liquid, salinity 15 % (weight/volume), 25 ºC, 35 days of cultivation. Techniques: MET-AU, SEM-H-DIG, EDX-ER. Adapted from Figure 5c, page 205 [21].

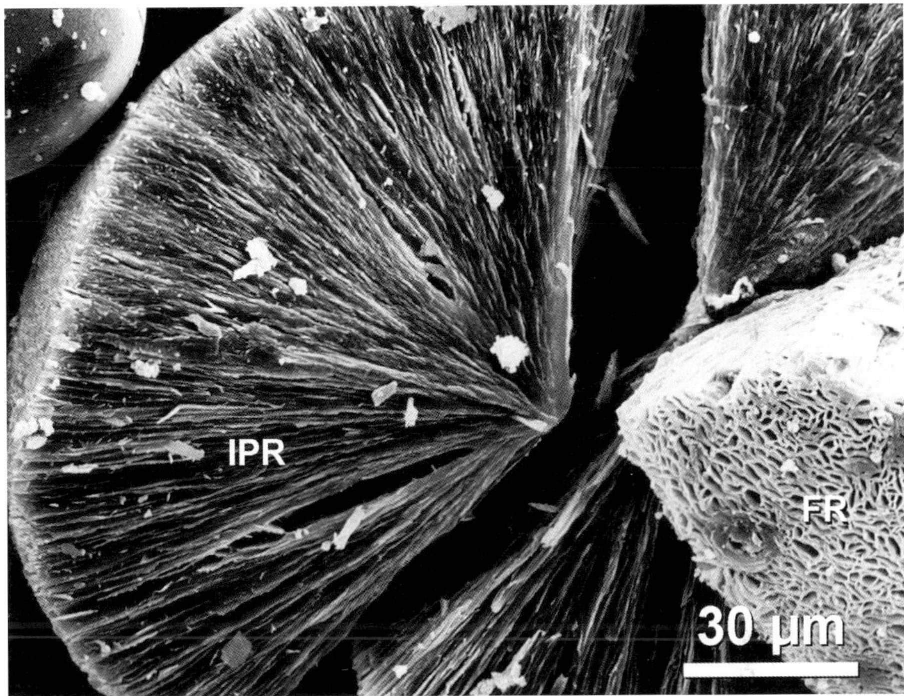

Figura 2. Esferulito de calcita magnesiana mostrando la estructura interior fibroso-radiada (**IPR**), diámetro ~200 µm. Fragmento de biolito (**FR**) donde se aprecia su superficie no cubierta. Producidos por *Halobacillus trueperi*, medio MH, líquido, salinidad 15 % (peso/volumen), 32 ºC. Técnicas: MET-AU, SEM-H-FOT. Adaptado de Figura 1g, página 43 [17].

Figure 2. Magnesian calcite spherulite showing the fibrous-radiated internal structure (**IPR**), diameter ~200 µm. Fragment of biolite (**FR**) where its surface is not covered. Produced by *Halobacillus trueperi*, medium MH, liquid, salinity 15 % (weight/volume), 32 ºC. Techniques: MET-AU, SEM-H-FOT. Adapted from Figure 1g, page 43 [17].

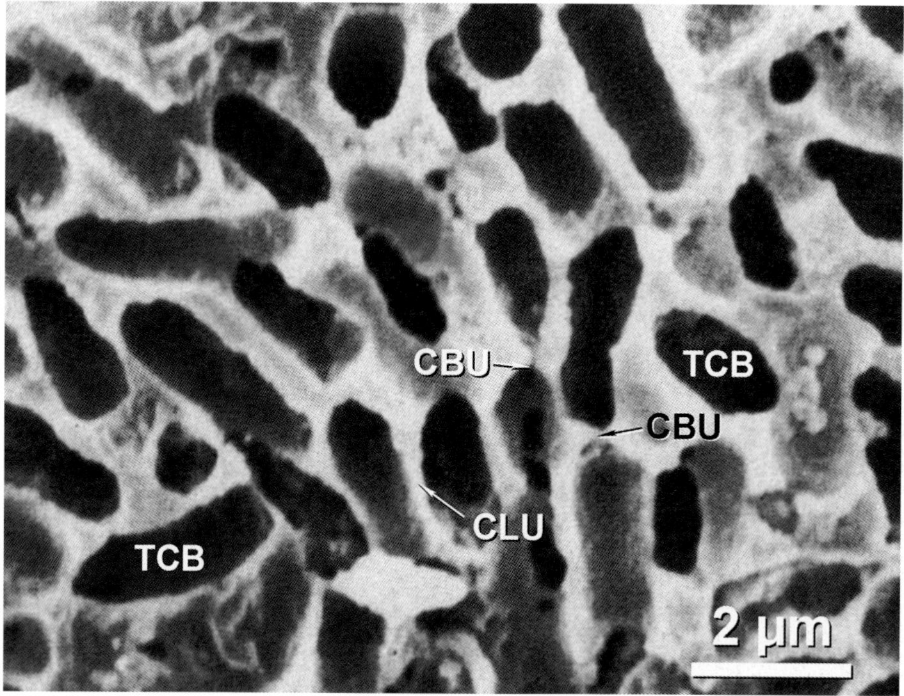

FIGURA 3.- Detalle de superficie de biolito de carbonato, no cubierto. Huellas de los cuerpos bacterianos, de 1-5 μm (**TCB**), que lo han configurado por agregación. La forma de unión es por los extremos (**CBU**) formando cadenas y por los laterales (**CLU**). Producido por *Acinetobacter*, medio MH, sólido, salinidad 2,5-20 % (peso/volumen), 22 ºC y 32 ºC, 20 días. Técnicas: MET-AU, SEM-H-FOT. Adaptado de Figura 5, página 224 [6].

FIGURE 3.- Surface detail of carbonate biolite, not covered. Traces of bacterial bodies, 1-5 μm (**TCB**), which have configured it by aggregation. The units are joined by the ends (**CBU**) forming chains and by the sides (**CLU**). Produced by *Acinetobacter*, medium MH, solid, salinity 2.5-20 % (weight/volume), 22 ºC and 32 ºC 20 days.Techniques: MET-AU, SEM-H-FOT. Adapted from Figure 5, page 224 [6].

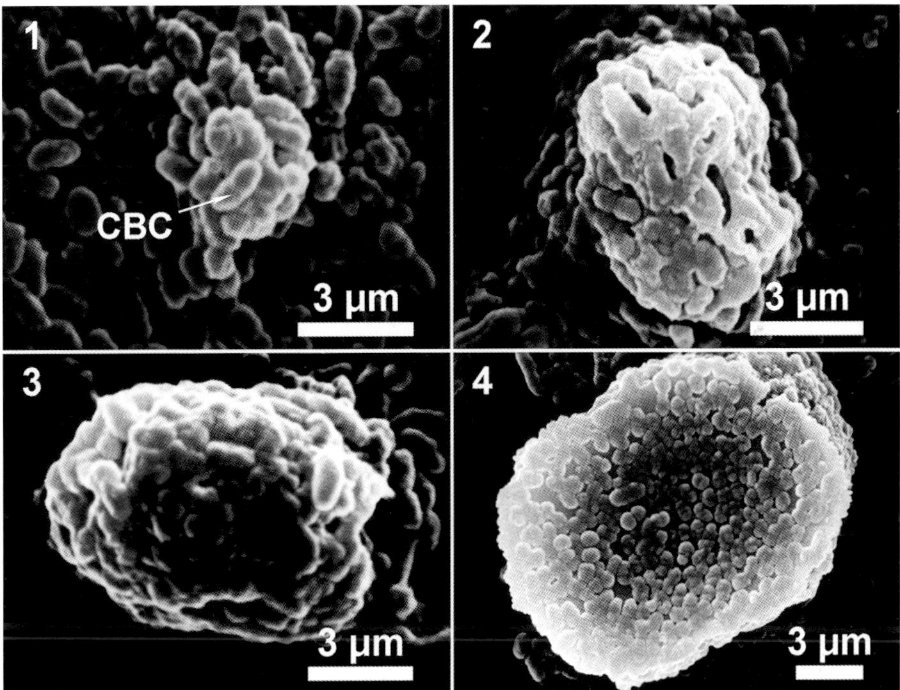

Figura 4. Cuatro primeros estadios (**1-4**) de la secuencia de formación de biolitos bacterianos de carbonato cálcico con el tiempo. La unión progresiva de bacterias calcificadas (**CBC**) genera biolitos cada vez más evolucionados. El estadio 2 insinúa cadenas de bacterias y el 3 recuerda formas pseudopoliédricas. Producidos por *Deleya halophila*, medio MH, líquido salinidad 7,5 % (peso/volumen), 32 ºC, 12-120 horas. Técnicas: MET-AU, SEM-H-FOT. Adaptado de Fig. 1- B, D, E, H, páginas 309-310 [11].

Figure 4. Four first stages (**1-4**) of the sequence of formation of bacterial calcium carbonate bioliths over time. The progressive union of calcified bacteria (**CBC**) generates increasingly evolved biolites. Stage **2** hints at chains of bacteria and stage **3** evokes pseudopolyhedral forms. Produced by *Deleya halophila*, medium MH, liquid salinity 7.5 % (weight/volume), 32 ºC, 12-120 hours. Techniques: MET-AU, SEM-H-FOT. Adapted from Fig. 1- B, D, E, H, pages 309-310 [11].

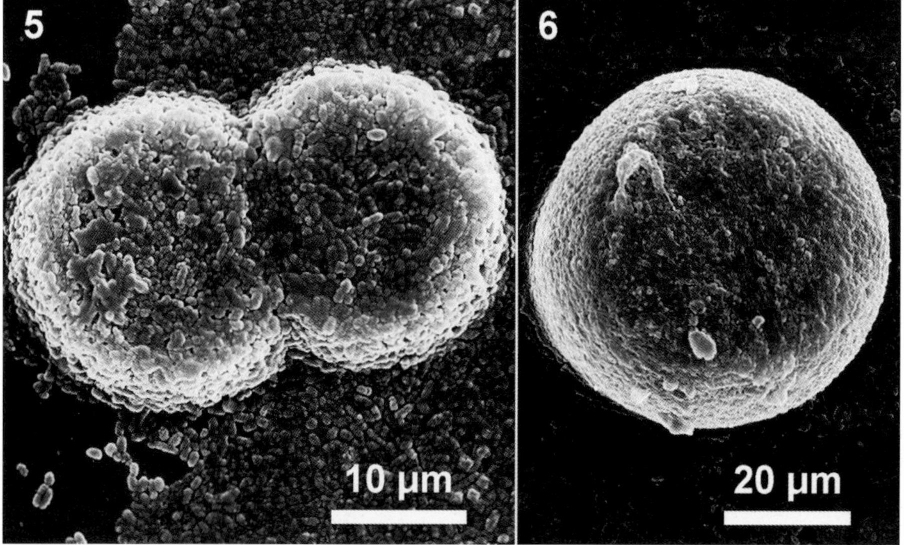

Figura 5.- Continuación de Figura 4 (estadios **5, 6**). La secuencia de formación concluye con esferulitos de carbonato cálcico, tanto agrupados (**5**) como aislados (**6**). Producidos por *Deleya halophila,* medio MH, líquido, salinidad 7,5 % (peso/volumen), 32 ºC, 12-120 horas. Técnicas: MET-AU, SEM-H-FOT. Adaptada de Figura 1 K, L, página 310 [11].

Figure 5.- Continuation of Figure 4 (stages **5, 6**). The formation sequence ends with calcium carbonate spherulites, both grouped (**5**) and isolated (**6**). Produced by *Deleya halophila*, medium MH, liquid, salinity 7.5 % (weight/volume), 32 ºC, 12-120 hours. Techniques: MET-AU, SEM-H-FOT. Adapted from Figure 1 K, L, page 310 [11].

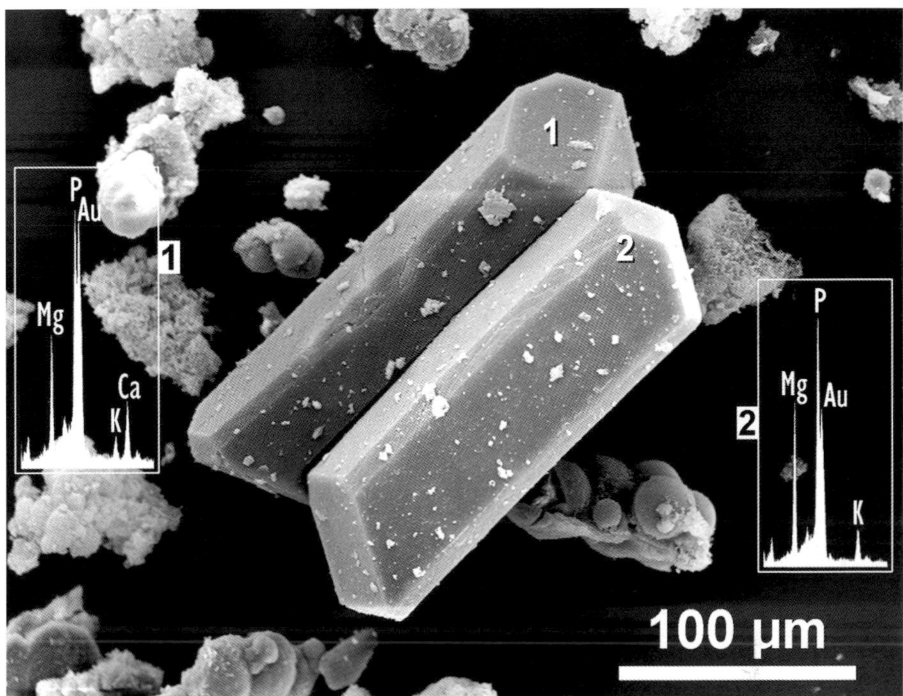

Figura 6.- Biolitos con formas poliédricas (**1, 2**). Cristales de simetría rómbica (combinación de prismas y pinacoides), de estruvita ($MgNH_4 PO_4 \cdot 6H_2O$) (EDX (**1**) con picos de P, Mg, K). Producidos por bacterias de un Gypsic Aquisalid, en medio MH, líquido, salinidad 7,5 % (peso/volumen), 25 º C, 35 días de cultivo. Técnicas: MET-AU, SEM-H-DIG, EDX-ER. Adaptado de Figura 5k, página 205 [21].

Figure 6.- Bioliths with polyhedral forms (**1, 2**). Rhombic symmetry crystals (combination of prisms and pinacoids), struvite ($MgNH_4 PO_4 \cdot 6H_2O$) (EDX (**1**) with peaks of P, Mg, K). Produced by bacteria of a Gypsic Aquisalid, in medium MH, liquid, salinity 7.5 % (weight/volume), 25 º C, 35 days of culture. Techniques: MET-AU, SEM-H-DIG, EDX-ER. Adapted from Figure 5k, page 205 [21].

Referencias
References

[1] BENZERARA, K., MIOT, J., MORIN, G., ONA-NGUEMA, G., SKOURI-PANET, F. y FERARD, C. (2011). *Significance, mechanisms and environmental implications of microbial biomineralization.* Comptes Rendus Geoscience 343(2-3), 160-167.

[2] EHRLICH, H. 2015. *Geomicrobial processes.* 6th edition. CRC Press.

[3] QUESADA, E., VENTOSA, A., RUÍZ-BERRAQUERO, F. y RAMOS-CORMENZANA, A. 1984. *Deleya halophila, a new species of moderately halophilic bacteria.* International Journal of Systematic and Evolutionary Microbiology 34 (3), 287-292.

[4]. YADAV, D., SINGH A. y MATHUR N. 2015. *Halophiles - A review.* International Journal of Current Microbiology and Applied Sciences 4 (12). 616-629.

[5] SAYED, A.M., HASSAN, M.H., ALHADRAMI, H.A., GOODFELLOW M. y RATEB, M.E. 2020. *Extreme environments: microbiology leading to specialized metabolites.* Journal of Applied Microbiology 128(3), 630-657.

[6] FERRER, M.R., QUEVEDO, J., RIVADENEYRA, M.A., BÉJAR, V., DELGADO, R. y RAMOS-CORMENZANA, A. 1988. *Calcium carbonate precipitation by two groups of moderately halophilic microorganisms at different temperatures and salt concentrations.* Current Microbiology 17, 221- 227.

[7] FERRER, M.R., QUEVEDO-SARMIENTO, J., BÉJAR, V., DELGADO, R., RAMOS-CORMENZANA, A. y RIVADENEYRA, M.A. 1988. *Calcium carbonate formation by Deleya halophila: effect of salt concentration and incubation temperature.* Geomicrobiology Journal 6(1), 49-57.

[8] RIVADENEYRA, M.A., DELGADO, R., QUESADA, E. y RAMOS-CORMENZANA, A. 1991. *Precipitation of calcium carbonate by Deleya halophila in media containing NaCl as sole salt.* Current Microbiology 22(3), 185-190.

[9] RIVADENEYRA, M.A., DELGADO, R., DELGADO, G., DEL MORAL, A., FERRER, M.R. y RAMOS-CORMENZANA, A. 1993. *Precipitation of carbonates by Bacillus sp. isolated from saline soils.* Geomicrobiology Journal 11(3-4), 175-184.

[10] RIVADENEYRA, M.A., DELGADO, R., DEL MORAL, A., FERRER, M.R. y RAMOS-CORMENZANA, A. 1994. *Precipatation of calcium carbonate by Vibrio spp. from an inland saltern.* FEMS Microbiology Ecology 13(3), 197-204.

[11] Rivadeneyra, M.A., Ramos-Cormenzana, A., Delgado, G. y Delgado, R. 1996. *Process of carbonate precipitation by Deleya halophila.* Current Microbiology 32(6), 308-313.

[12] Rivadeneyra, M.A., Delgado, G., Ramos-Cormenzana, A. y Delgado, R. 1997. *Precipitation of carbonates by Deleya halophila in liquid media: pedological implications in saline soils.* Arid Land Research and Management 11(1), 35-47.

[13] Párraga, J., Rivadeneyra, M.A., Delgado, R., Íñiguez, J., Soriano, M. y Delgado, G. 1998. *Study of biomineral formation by bacteria from soil solution equilibria.* Reactive and Functional Polymers 36(3), 265-271.

[14] Rivadeneyra, M.A., Delgado, G., Ramos-Cormenzana, A. y Delgado, R. 1998. *Biomineralization of carbonates by Halomonas eurihalina in solid and liquid media with different salinities: crystal formation sequence.* Research in Microbiology 149(4), 277-287.

[15] Rivadeneyra, M.A., Delgado, G., Soriano, M., Ramos-Cormenzana, A. y Delgado, R. 1999. *Biomineralization of carbonates by Marinococcus albus and Marinococcus halophilus isolated from the Salar de Atacama (Chile).* Current Microbiology 39(1), 53-57.

[16] Rivadeneyra, M.A., Delgado, G., Soriano, M., Ramos-Cormenzana, A. y Delgado, R. 2000. *Precipitation of carbonates by Nesterenkonia halobia in liquid media.* Chemosphere 41(4), 617-624.

[17] Rivadeneyra, M.A., Párraga, J., Delgado, R., Ramos-Cormenzana, A. y Delgado, G. 2004. *Biomineralization of carbonates by Halobacillus trueperi in solid and liquid media with different salinities.* FEMS Microbiology Ecology 48(1), 39-46.

[18] Párraga, J., Rivadeneyra, M.A., Martín-García, J.M., Delgado, R. y Delgado, G. 2004. *Precipitation of carbonates by bacteria from a saline soil, in natural and artificial soil extracts.* Geomicrobiology Journal 21(1), 55-66.

[19] Rivadeneyra, M.A., Delgado, R., Párraga, J., Ramos-Cormenzana, A. y Delgado, G. 2006. *Precipitation of minerals by 22 species of moderately halophilic bacteria in artificial marine salts media: influence of salt concentration.* Folia Microbiologica 51(5), 445-453.

[20] Delgado, G., Delgado, R., Párraga, J., Rivadeneyra, M.A. y Aranda, V. 2008. *Precipitation of carbonates and phosphates by bacteria in extract solutions from a semi-arid saline soil. Influence of Ca^{2+} and Mg^{2+} concentrations and Mg^{2+}/Ca^{2+} molar ratio in biomineralization.* Geomicrobiology Journal 25(1), 1-13.

[21] Delgado, G., Párraga, J., Martín-García, J.M., Rivadeneyra, M.A., Sánchez-Marañón, M. y Delgado, R. 2013. *Carbonate and phosphate precipitation by saline soil bacteria in a monitred culture medium.* Geomicrobiology Journal 30(3), 199-208.

[22] Sunagawa, I. 2007. *Crystals: growth, morphology, & perfection.* Cambridge University Press.

Carbonatogénesis inducida bacteriana

Jesús Párraga Martínez, Gabriel Delgado Calvo-Flores, Juan Manuel Martín-García, Miguel Soriano Rodríguez, Rafael Delgado Calvo-Flores

Las bacterias son microorganismos procarióticos ubicuos en ambientes terrestres superficiales y subsuperficiales, aéreos y acuáticos [1]. La síntesis biológica de minerales o biomineralización (Capítulo I.1.7, en este mismo libro) se produce en dos modalidades: inducida (BBI), en procariotas, y controlada (BBC), eucariotas [2].

Los biominerales BBI generalmente nuclean y crecen extracelularmente, resultado de los metabolitos (iones y EPS) que afectan al pH y pCO_2. Existen casos intracelulares [3]. Las bacterias afectan al medio con el concurso de sus membranas celulares y otras envolturas, induciendo bioprecipitación [4, 5]. Los minerales formados presentan cristales de diversos tamaños, morfología cristalina poco definida y baja cristalinidad; imperfecciones justificadas por la relativa falta de control sobre el mineral formado. La especie de biomineral va a depender del estado físico del medio de cultivo, sólido o líquido, los parámetros fisicoquímicos (incluida salinidad) y la especie bacteriana [6]. Están implicados carbonatos, óxidos, sulfatos, fosfatos y silicatos; incluso, minerales de la arcilla [7]. Un capítulo anterior del libro (II.4.1) trata las BBI por bacterias halófilas, desde la perspectiva morfológica (SEM) y de las especies minerales. En este capítulo nos centraremos en los carbonatos, aportando nuevos hechos desde la Mineralogía y la Geoquímica, con énfasis en las observaciones SEM.

Los biominerales estudiados proceden de cultivos in vitro [8, 9, 10, 11, 12, 13, 14, 15]. Las técnicas SEM fueron: MET-AU, SEM-H-FOT, SEM-H-DIG, EDX-ER (Capítulo I.2.1) y otras especificadas en la leyenda de las imágenes. También aplicamos XRD y cálculos geoquímicos (programa PHREEQC-2) [16].

A prolongado tiempo de cultivo, alcanzando 45 días, en medios sólidos o líquidos y diferentes salinidades, detectamos biolitos de polimorfos de carbonato cálcico (calcita, aragonito, vaterita y calcita magnesiana) de morfologías variadas e inusuales, lo que indica que se promueven reacciones de cristalización no clásica que alteran las morfologías inorgánicas del carbonato [17]: primer gran indicio de BBI. Los minerales precipitados tampoco son los esperables de acuerdo al índice de saturación mineral (SI, Tabla 1): nuevo indicio de BBI. En los primeros quince días de cultivos bacterianos monitorizados [18], el crecimiento exponencial se manifiesta en incrementos bruscos de pH (7,2 a 8,4) y de parámetros metabólicos (i. e. NH_4^+, con acción de la ureasa), creándose un microambiente alcalino sobresaturado en bicarbonatos, donde precipitan carbonatos. Las concentraciones de calcio y magnesio bajan bruscamente [18], debido a la carbonatogénesis. Proponemos (Figura

1) un modelo biogeoquímico explicativo del proceso epicelular, con las diversas reacciones implicadas y tres zonas (1, 2, 3) definidas por su situación respecto al cuerpo bacteriano. Las bacterias bombean magnesio hacia el interior de la célula y excretan calcio desde los fluidos intracelulares, creando fuera de la membrana un microambiente difusor e inductor de la nucleación. El pH del cultivo es 7,2 y el del entorno de la bacteria 8,4, 1,2 veces mayor, lo que induce la biocarbonatación; que resulta así una estrategia para frenar la excesiva alcalinidad.

La biomineralización comienza por la organización de los cuerpos bacterianos en cadenas (Figura 2). Las cadenas son frecuentes en muchas especies bacterianas [17], por la existencia de vainas o fundas [19]. Posteriormente, conforme evoluciona el biolito, aparece un entramado reticular (Figuras 3, 8, 9). Las cadenas calcificadas actuarán también de anclaje para nuevas bacterias y deposición de clusters de nano-partículas procedentes del medio geoquímico externo (zona 3, Figura 1) que irán por difusión al segundo compartimento (zona 2) apareciendo biolitos esféricos o pseudopoliédricos (Figuras 3, 5, 7, 8, 9). La tendencia al alineamiento en cadenas condiciona interiormente microestructuras prismáticas (Figura 4). Se reconocen también, inducidas por las bacterias, transiciones polimórficas y maclas (Figura 5, 6, 7). Otras veces, cuando persista el suministro de nutrientes procedentes de la zona 3 (Figura 1) nuevas oleadas episódicas de colonias pueden establecerse sobre los biolitos formados generando recrecimientos que desembocan en esferulitos bien conformados, aislados o polilobulados (Figuras 8, 9), zonados con muchas capas de recubrimientos que encapsulan a las anteriores (Figura 10). Al final del proceso ocurren fenómenos de relleno de cavidades con deposición de nanocristalitos de aragonito (Figura 11), porque el medio de cultivo tiene menos iones, aunque sigue siendo una BBI pues inorgánicamente el mineral esperable es calcita.

Los mecanismos de BBI dilucidados son relevantes medioambientalmente, por el secuestro de CO_2 o la remoción de contaminantes inorgánicos. Además, los microorganismos demuestran una gran capacidad para cambiar las condiciones fisicoquímicas de los medios de cultivo, controlando los factores inductores de la carbonatogénesis. El control activo de las bacterias se impone al control inorgánico geoquímico/mineralógico, produciendo biominerales no esperables inorgánica-mente. Proponemos un modelo de biocalcificación bacteriana inducida que supone un avance sobre otros de la bibliografía [1, 2, 5, 19].

Bacteria-induced Carbonatogenesis

Jesús Párraga Martínez, Gabriel Delgado Calvo-Flores, Juan Manuel Martín-García, Miguel Soriano Rodríguez, Rafael Delgado Calvo-Flores

Bacteria are ubiquitous prokaryotic microorganisms in surface and subsurface terrestrial, airborne, and aquatic environments [1]. The biological synthesis of minerals or biomineralization (Chapter I.1.7, in this same book) occurs through two methods: induced (BBI), in prokaryotes, and controlled (BBC), in eukaryotes [2].

BBI biominerals generally nucleate and grow extracellularly, a result of metabolites (ions and EPS) affecting pH and pCO2. There are also intracellular cases [3]. Bacteria affect the environment with the help of their cell membranes and other surronundings, inducing bioprecipitation [4, 5]. The minerals formed present crystals of various sizes, with poorly defined crystalline morphology and low crystallinity; imperfections are justified by the relative lack of control over the mineral formed. The biomineral species will depend on the physical state of the culture medium (solid or liquid), the physicochemical parameters (including salinity) and the bacterial species [6]. Carbonates, oxides, sulfates, phosphates, silicates, and even clay minerals are involved [7]. A previous Chapter of this book (II.4.1) deals with BBI by halophilic bacteria, from the morphological (SEM) and mineral species perspective. In this chapter we will focus on carbonates, providing new facts from a mineralogy and geochemistry perspective, with an emphasis on SEM observations.

The biominerals studied come from in vitro cultures [8, 9, 10, 11, 12, 13, 14, 15]. The SEM techniques were as follows: MET-AU, SEM-H-FOT, SEM-H-DIG, EDX-ER (Chapter I.2.1) and others specified in the legend of the images. We also used XRD and geochemical calculations (PHREEQC-2 program) [16].

In a prolonged culture time, reaching 45 days, in solid or liquid media and with different salinities, we detected bioliths of calcium carbonate polymorphs (calcite, aragonite, vaterite an magnesium calcite) of varied and unusual morphologies, indicating that non-classical crystallization reactions are favored, which alter the inorganic morphologies of the carbonate [17] –the first major indicator of BBI. The precipitated minerals are not as expected either, according to the mineral saturation index (SI, Table 1) –further evidence of BBI. In the first fifteen days of monitored bacterial cultures [18], exponential growth manifests itself through sudden increases in pH (7.2 to 8.4) and metabolic parameters (i.e. NH_4^+, with action of ureasa), creating an alkaline microenvironment supersaturated in bicarbonates, where they precipitate carbonates. Calcium and magnesium concentrations drop sharply [18], due to carbonate genesis. We propose (Figure 1) an explanatory biogeochemical model of the epicellular process, with the various reactions involved and three zones (1, 2, 3) defined by their location with respect to the bacterial body. Bacteria pump magnesium into the cell and excrete calcium from intracellular fluids, creating a diffusing and nucleation-inducing microenvironment outside the membrane. The pH of the culture is 7.2 and that of the environment of the bacteria is 8.4, 1.2 times higher, which induces biocarbonation, thus resulting in a strategy to curb excessive alkalinity.

Biomineralization begins by organization the bacterial bodies in chains (Figure 2). Chains are common in many bacterial species [17], due to the existence of sheaths [19]. Subsequently, as the biolith evolves, a reticular framework appears (Figures 3, 8, 9). The calcified chains will also act as an anchor for new bacteria and deposition of nanoparticle clusters from the external geochemical medium (zone 3, Figure 1) that will diffuse into the second compartment (zone 2), resulting in the appearance of spherical or pseudo-polyhedral bioliths (Figures 3, 5, 7, 8, 9). The tendency of alignment in chains results in prismatic microstructures (Figure 4). Polymorphic transitions and twinning are also observed, induced by bacteria (Figures 5, 6, 7). In other cases, when the supply of nutrients from zone 3 persists (Figure 1), new episodic waves of colonies can be established on the formed bioliths, generating regrowths that end in well-shaped, isolated or polylobulated spherulites (Figures 8, 9), zoned with numerous layers of coatings that encapsulate the previous ones (Figure 10). At the end of the process, cavity filling phenomena occur with the deposition of aragonite nanocrystallites (Figure 11), as the culture medium has fewer ions, although it is still a BBI since inorganically, the expected mineral is calcite.

The BBI mechanisms described here are environmentally relevant, due to the sequestration of CO_2 or the removal of inorganic pollutants. In addition, microorganisms show a great capacity to change the physicochemical conditions of the culture media, controlling the factors that induce carbonatogenesis. The active control of bacteria prevails over the inorganic geochemical/mineralogical control, producing biominerals that are not expected inorganically. We propose a model of induced bacterial biocalcification that represents an advance over others in the literature [1, 2, 5, 19].

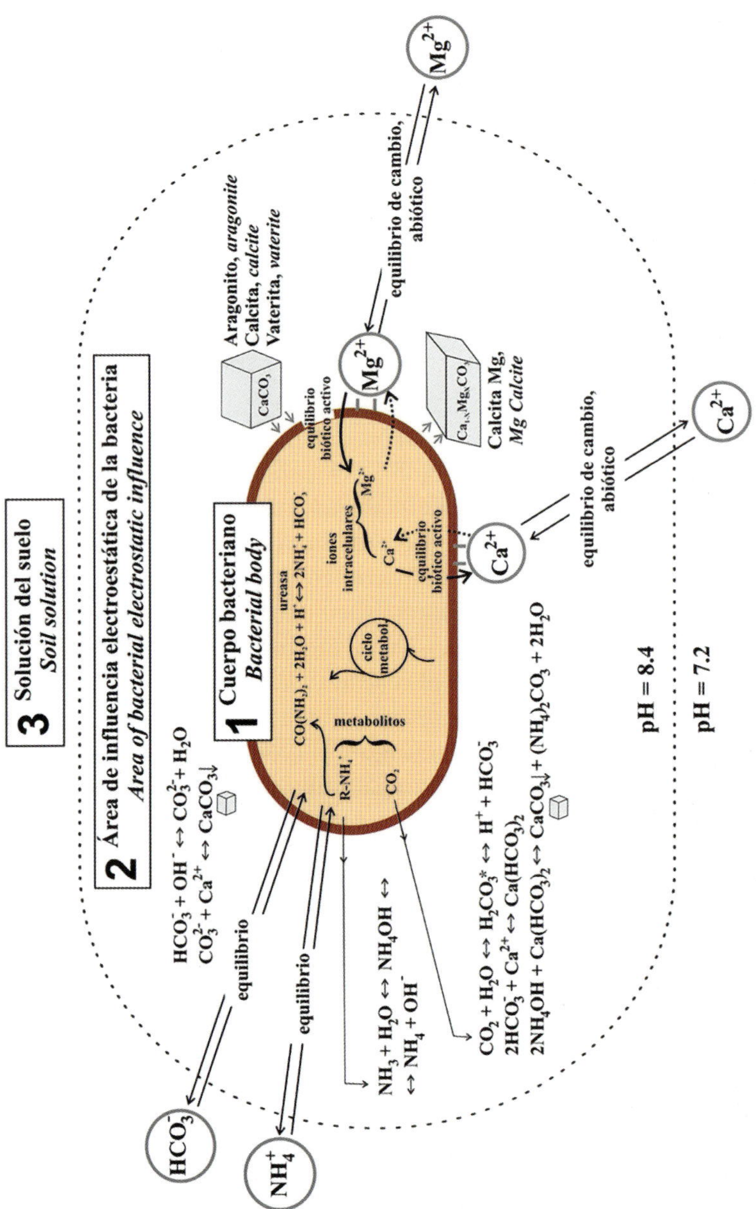

FIGURA 1.- Modelo hipotético de precipitación de carbonatos inducida por bacterias del suelo (mecanismo epicelular). Se establecen tres zonas: **1**-interior cuerpo bacteriano, **2**-área de influencia electrostática (similar a la doble capa difusa) y **3**-medio exterior abiótico. La biocarbonatación es propia de la zona **2**.

FIGURE 1.- Hypothetical model of carbonate precipitation induced by soil bacteria (epicellular mechanism). Three zones are established: **1**-inner bacterial body, **2**-area of electrostatic influence (similar to the double diffuse layer) and **3**-medium outer abiotic. Biocarbonation is typical of zone **2**.

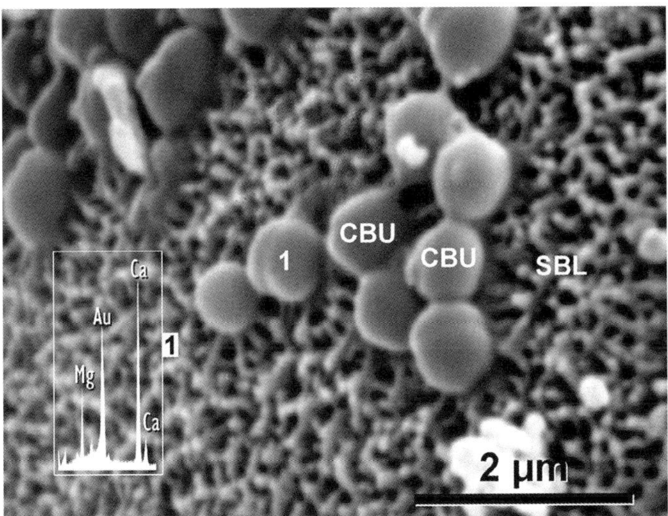

Figura 2. Cadenas de cuerpos bacterianos (<1 µm) (**CBU**) calcificados, adhiriéndose a la superficie (**SBL**) de un biolito previo. Especie mineral: calcita magnesiana. EDX (**1**) con picos de Ca y Mg. Adaptado de Figura 2 I, página 56 [8].

Figure 2. Chains of calcified bacterial bodies (<1 µm) (**CBU**), adhering to the surface of a previous biolite (**SBL**). Mineral species: magnesian calcite. EDX (**1**) with peaks of Ca and Mg. Adapted from Figure 2 I, page 56 [8].

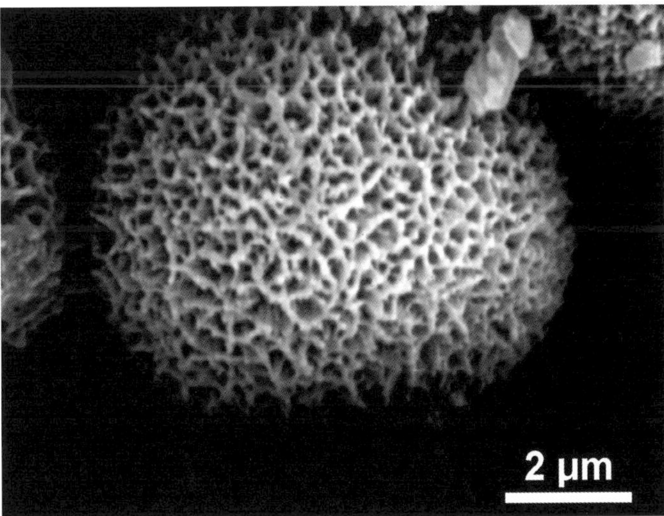

Figura 3. Esferulito de ~10 µm, en una fase intermedia de formación. Se presenta reticulado y muy poroso, formado por unión de cadenas de cuerpos calcificados que casi no se reconocen como tales. El entramado reticular muestra en el detalle diseños circulares, radiales, poligonales, etc. Adaptada de Figura 2h, página 56 [8].

Figure 3. Spherulite of ~10 µm, at an intermediate stage of formation. It is reticulated and very porous, formed by joining chains of calcified bodies that are hardly recognized as such. The reticular lattice shows in detail circular, radial, polygonal etc. designs. Adapted from Figure 2h, page 56 [8].

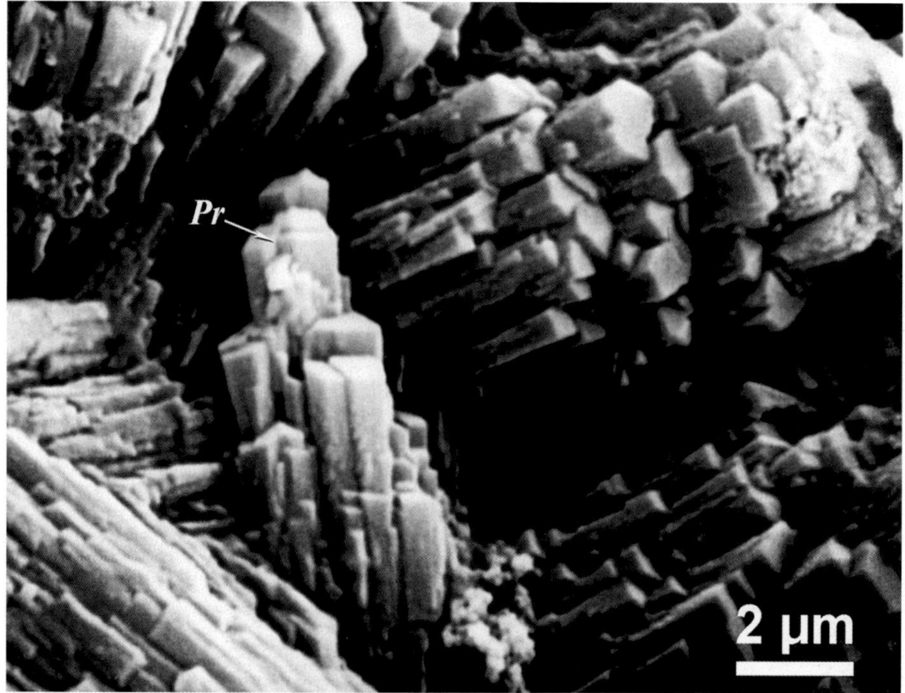

Figura 4. Detalle de interior de biolito. Formado por unión de formas elongadas radiales, recordando prismas (**Pr**). Mineralogía (XRD), 95 % aragonito. Las formas prismáticas pudieran ser reminiscencias de las cadenas iniciales de bacterias calcificadas. Adaptada de Figura 2E, página 180 [11].

Figure 4. Interior detail of biolite. Formed by joined radial elongated forms, suggestive of prisms (**Pr**). Mineralogy (XRD), 95 % aragonite. Prismatic forms may be reminiscent of the initial chains of calcified bacteria. Adapted from Figure 2E, page 180 [11].

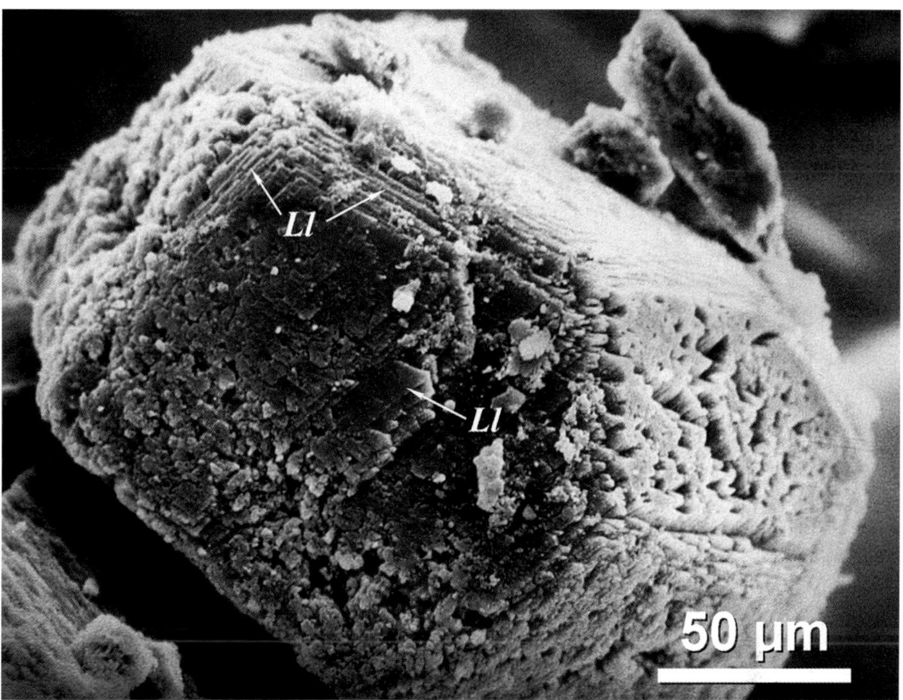

Figura 5. Biolito de ~300 µm con forma pseudopoliédrica de aparente simetría rómbica. Mineralogía XRD, 93 % calcita, 7 % vaterita. Como la calcita es de simetría trigonal, estaría indicando un pseudomorfismo de aragonito (rómbico) por calcita. Las laminaciones (**Ll**) demuestran la naturaleza cristalina del biolito. Adaptada de Figura 2c, página 188 [12].

Figure 5. Biolite of ~300 µm with pseudopolyhedral form and apparent rhombic symmetry. XRD mineralogy, 93 % calcite, 7 % vaterite. As the calcite has trigonal symmetry, it would indicate a pseudomorphism of aragonite (rhombic) by calcite. The laminations (**Ll**) demonstrate the crystalline nature of the biolite. Adapted from Figure 2c, page 188 [12].

FIGURA 6. Detalle de la superficie del biolito recogido en la Figura 5. Formas trigonales (**Crt**) de ~10 µm, que demuestran por vía SEM que la especie mineral del biolito es calcita (trigonal) y no aragonito (rómbico). Adaptada de Figura 2e, página 188 [12].

FIGURE 6. Detail of the biological surface as shown in Figure 5. Trigonal forms (**Crt**) of ~10 µm, demonstrating via SEM that the mineral species of the biolite is calcite (trigonal) and not aragonite (rhombic). Adapted from Figure 2e, page 188 [12].

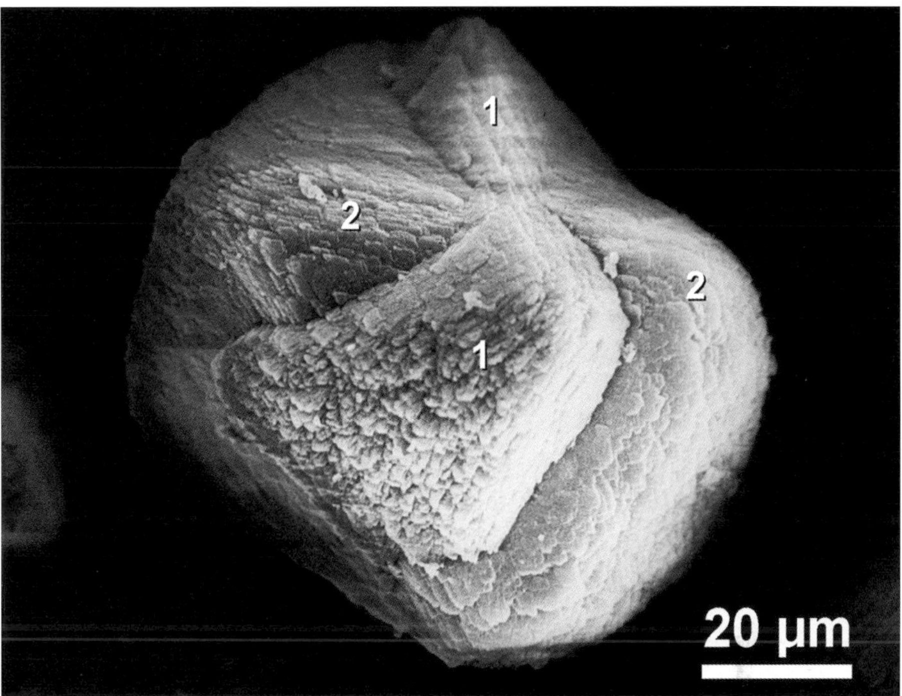

Figura 7. Biolito pseudopoliédrico de ~100 μm con reminiscencias de una macla: dos cristales (**1, 2**), con distintas orientaciones, han crecido entrecruzados. Mineralogía (XRD) 93 % calcita, 7 % vaterita. Adaptada de Figura 2g, página 188 [12].

Figure 7. Pseudo-polyhedral biolite of ~100 μm reminiscent of twinning: two crystals (**1, 2**), with different orientations, have grown intertwined. Mineralogy (XRD) 93 % calcite, 7 % vaterite. Adapted from Figure 2g, page 188 [12].

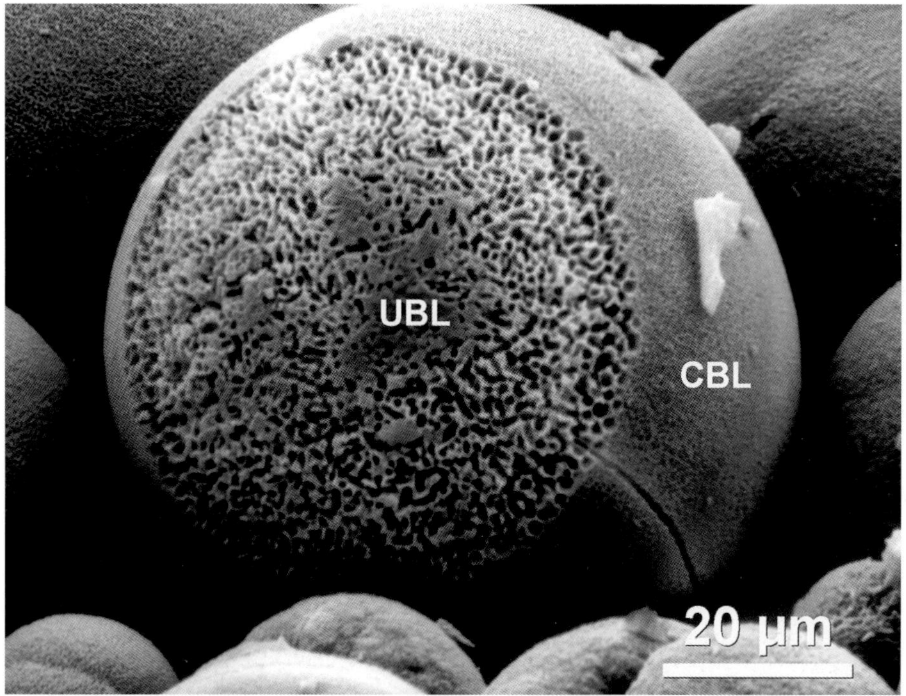

Figura 8. Campo de esferulitos de 20 a 100 µm de diámetro. En el biolito central se reconoce una zona descubierta (**UBL**) y el resto cubierto de una fina capa de material (**CBL**). La zona descubierta muestra un entramado reticulado con patrón, en el detalle variable, circular, poligonal, etc. Los hilos de la retícula son reminiscencias de las cadenas de cuerpos bacterianos calcificados. Mineralogía (XRD), calcita magnesiana: $Ca_{0,935}\,Mg_{0,065}\,CO_3$. Adaptado de Figura 2i, página 56 [8].

Figure 8. Spherulite field 20 to 100 µm in diameter. In the central biolite an uncovered area (**UBL**) is observed, and the rest is covered with a thin layer of material (**CBL**). The uncovered area shows a reticulated lattice with pattern, in detail, variable: circular, polygonal, etc. The threads of the lattice are reminiscent of the chains of calcified bacterial bodies. Mineralogy (XRD), magnesian calcite: $Ca_{0,935}\,Mg_{0,065}\,CO_3$. Adapted from Figure 2i, page 56 [8].

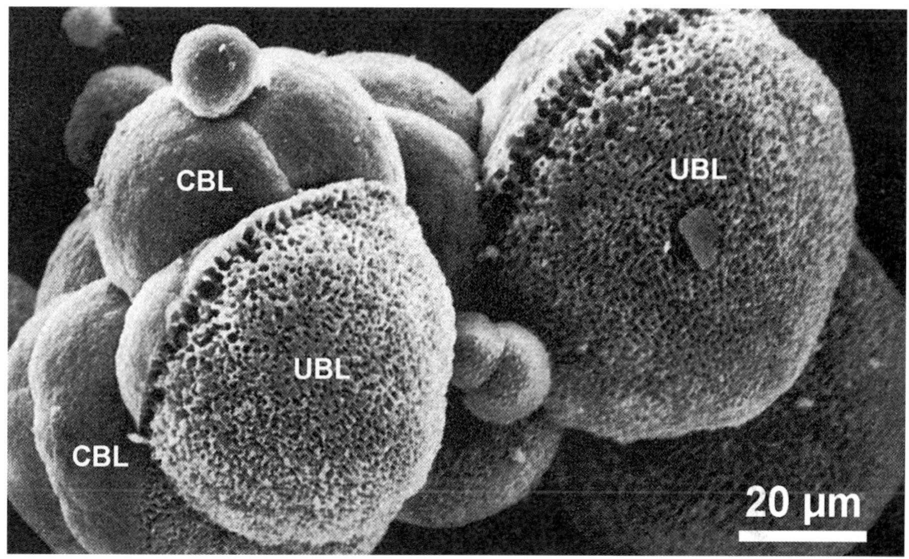

Figura 9.- Grupo de esferulitos agregados, de ~50 µm, con aspecto polilobulado. Diámetro total ~150 µm. Unos cubiertos externamente (**CBL**) y otros semicubiertos, mostrando una superficie porosa con patrón reticulado (**UBL**). Mineralogía (XRD) calcita magnesiana: $Ca_{0,68}\,Mg_{0,32}\,CO_3$. Adaptado de Figura 6, página 224 [13].

Figure 9.- Group of aggregated spherulites of ~50 µm, with polylobed appearance. Total diameter ~150 µm. Some covered externally (**CBL**) and others semi-covered, showing a porous surface with a reticulated pattern (**UBL**). Mineralogy (XRD) calcite magnesian: $Ca_{0,68}\,Mg_{0,32}\,CO_3$. Adapted from Figure 6, page 224 [13].

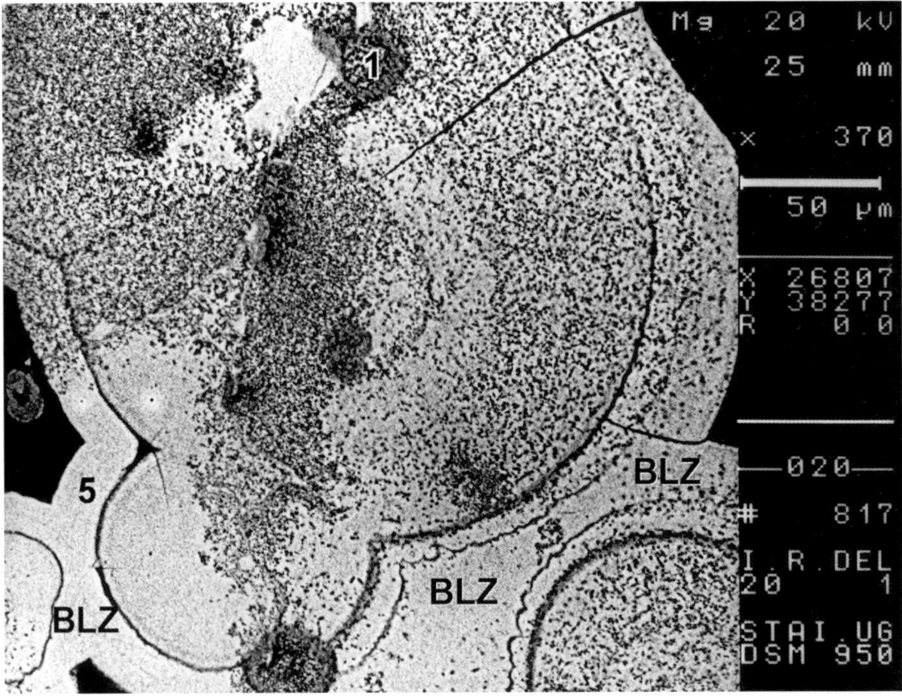

FIGURA 10. Sección pulida de biolito polilobulado mostrando patente zonación (**BLZ**). Las zonas con diferente densidad de mineralización indican crecimiento por fases sucesivas y recristalizaciones. Mineralogía (XRD y EDX): calcita magnesiana (fórmula punto **1**, $Ca_{0,722}$ $Mg_{0,278}$ CO_3) y aragonito (punto **5**, $Ca_{0,971}Mg_{0,029}CO_3$). Técnica: SEM CARL ZEISS DSM-950 con EDX acoplado LINK QX-2000, CIC-UGR. Adaptada de Picture 2D, página 43 [14].

FIGURE 10. Polished section of polylobed biolite showing patent zonation (**BLZ**). Areas with different mineralization densities indicate successive phase growth and recrystallization. Mineralogy (XRD and EDX): magnesian calcite (formula point **1**, $Ca_{0,722}$ $Mg_{0,278}$ CO_3) and aragonite (point **5**, $Ca_{0,971}$ $Mg_{0,029}$ CO_3). Technique: SEM CARL ZEISS DSM-950 with EDX, attached to LINK QX-2000, CIC-UGR. Adapted from Picture 2D, page 43 [14].

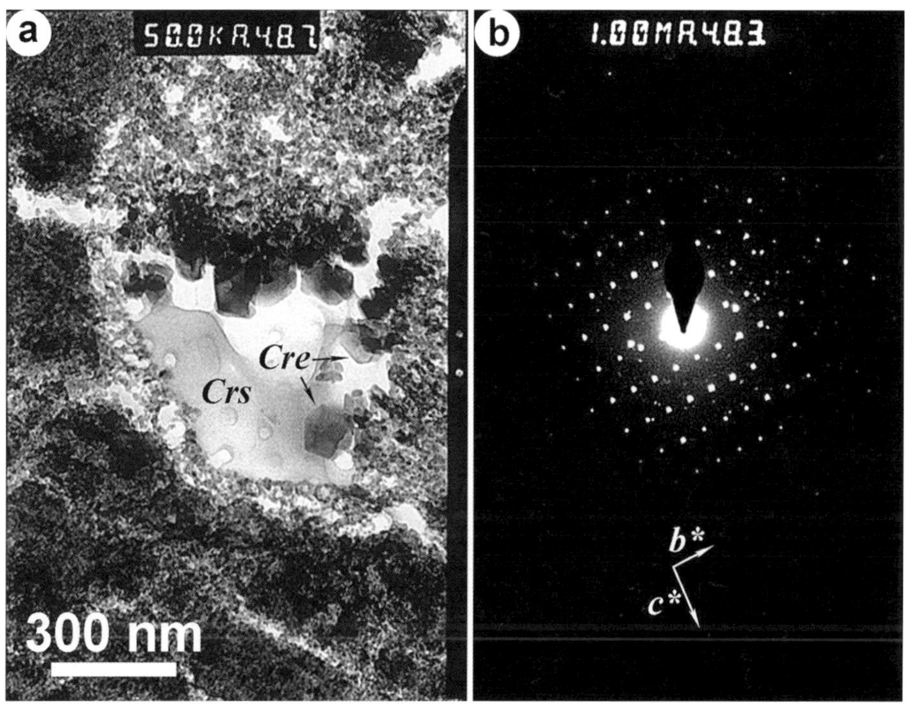

Figura 11.- [**a**]Sección ultrafina de interior de biolito mostrando cavidad rellena de cristales (**Crs**). Mineralogía mayoritaria (XRD) aragonito. En la cavidad los cristales presentan perímetros pseudoexagonales (**Cre**). [**b**] Patrón de difracción propio de aragonito (orientación paralela a $b^*\text{-}c^*$: b_o – 8,09 Å, c_o – 5,8 Å). Técnica TEM-SAED pattern, equipo Philips CM20, CIC-UGR. Adaptada de Figures 3b, 3d, página 621 [15].

Figure 11. - [**a**]Ultrafine section of interior of biolite showing a crystal-filled cavity (**Crs**). Mineralogy majority (XRD) aragonite. In the cavity, the crystals have pseudohexagonal perimeters (**Cre**). [**b**] Diffraction pattern typical of aragonite (orientation parallel to $b^*\text{-}c^*$: b_o - 8.09 Å, c_o - 5.8 Å). TEM-SAED pattern technique, Philips CM20 equipment, CIC-UGR. Adapted from Figures 3b, 3d, page 621 [15].

Referencias
References

[1] EHRLICH, H.L., NEWMAN, D.K. Y KAPPLER, A. (EDS) 2021. *Ehrlich's Geomicrobiology.* CRC Press.

[2] VEIS, A. Y DORVEE, J. 2013. *Biomineralization mechanism: A new paradigm for crystal nucleation in organic matrices.* Calcified Tissue International. 93(4), 307-315.

[3] SCHLIMPERT, S., KLEIN, E.A., BRIEGEL, A., HUGHES, V., KAHNT, J., BOLTE K., MAIER, U.G., BRUN, Y.V., JENSEN, G.J., GITAI, Z. Y THANBICHLER, M. (2012). *General Protein Diffusion Barriers Create Compartments within Bacterial Cells.* Cell 151 (6), 1270-1282.

[4] MIKA, J. Y POORMAN, B. 2011. *Macromolecule diffusion and confinement in prokaryotic cells.* Current Opinion in Biotecnology 22 (1), 117-126.

[5] DOUGLAS, S. Y BEVERIDGE, T.J. 1998. *Mineral formation by bacteria in natural microbial communities.* FEMS Microbiology Ecology 26, 79–88.

[6] RIVADENEYRA, M.A., DELGADO, R., PÁRRAGA, J., RAMOS-CORMENZANA, A. Y DELGADO, G. 2006. *Precipitation of minerals by 22 species of moderately halophilic bacteria in artificial marine salts media: influence of salt concentration.* Folia Microbiologica 51, 445–453.

[7] LI, G.L., ZHOU, C.H., FIORE, S. Y YU, W.H. 2019. *Interactions between microorganisms and clay minerals: New insights and broader applications.* Applied Clay Science 177, 91-113.

[8] RIVADENEYRA, M.A., DELGADO, G., SORIANO, M, RAMOS-CORMENZANA, A. Y DELGADO, R. 1999. *Biomineralization of Carbonates by Marinococcus albus and Marinococcus halophilus Isolated from the Salar de Atacama (Chile).* Current Microbiology 39, 53-57.

[9] RIVADENEYRA, M.A., PÁRRAGA, J., DELGADO, R., RAMOS-CORMENZANA, A. Y DELGADO, G. 2004. *Biomineralization of carbonates by Halobacillus trueperi in solid and liquid media with different salinities.* FEMS Microbiology Ecology 48, 39-46.

[10] RIVADENEYRA, M.A., RAMOS-CORMENZANA, A., DELGADO, G. Y DELGADO, R. 1996. *Process of carbonate precipitation by Deleya halophila.* Current Microbiology 32, 308-313.

[11] RIVADENEYRA, M.A., DELGADO, R., DELGADO, G., FERRER, M., DEL MORAL, A. Y RAMOS-CORMENZANA A. 1993. *Carbonate precipitation by Bacillus sp. isolated from saline soils.* Geomicrobiology Journal 11, 175-184.

[12] Rivadeneyra, M.A., Delgado, R., Quesada, A. y Ramos-Cormenzana, A. 1991. *Precipitation of calcium carbonate by Deleya halophila in media containing NaCl as sole salt.* Current Microbiology 22, 185-190.

[13] Ferrer, R., Quevedo-Sarmiento, J., Rivadeneyra, M.A., Delgado, R. y Ramos-Cormenzana, A. 1988. *Calcium carbonate precipitation by two groups of moderately halophilic microorganisms and different temperatures and salt concentration.* Current Microbiology 17, 221-227.

[14] Rivadeneyra, M.A., Delgado, G., Ramos-Cormenzana, A. y Delgado, R. 1997. *Precipitation of carbonates by Deleya halophila in liquid media: Pedological Implications in saline soils.* Arid soil Research and Rehabilitation 11(1), 35-47.

[15] Rivadeneyra, M.A., Delgado, G., Soriano, M., Ramos-Cormenzana, A. y Delgado R. 2000. *Precipitation of carbonates by Nesterenkonia halobia in liquid media.* Chemosphere 41(4), 617-624.

[16] Parkhust, D.L. y Appelo, C.A.J. 1999. *User's guide to PHREEQC (Version 2). A computer program for speciation, batch-reaction, one-dimensional transport and inverse geochemical calculations.* Water Resources Investigations. Report 99-4959. Denver, Colorado: U.S. Geological Survey.

[17] Lyu, J., Li, F., Zhang, C., Gower, L., Wasman, S., Sun, J., Yang, G., Chen, J., Gu, L., Tang, X. y Scheiffele, G. 2021. *From the inside out: Elemental compositions and mineral phases provide insights into bacterial calcification.* Chemical Geology 559, 119974.

[18] Delgado, G., Párraga, J., Martín-García, J.M., Rivadeneyra, M.A., Sánchez-Marañón, M. y Delgado, R. 2013. *Carbonate and Phosphate Precipitation by Saline Soil Bacteria in a Monitored Culture Medium.* Geomicrobiology Journal 30(3), 199-208.

[19] Weiner, S. y Dove, P. 2003. *An overview of biomineralization processes and the problem of the vital effect. In Biomineralization.* Reviews in Mineralogy and Geochemistry 54, 1-29.

Imágenes SEM de conchas de moluscos

Rocío Márquez Crespo, Rafael Delgado Calvo-Flores

La concha de los moluscos (MS) conforma un biocompuesto mineral-orgánico (>99-95 % mineral-0,1-5 % orgánico; *wt:wt*) [1], con fase mineral mayoritaria $CaCO_3$: aragonito y/o calcita, vaterita (ver Capítulo I.1.7 en este mismo libro) [2, 3, 4, 5, 6], incluso amorfo [7, 8, 9] y fase orgánica proteínica. Se considera un biomineral, substancia compuesta por sales inorgánicas (similares a especies minerales) producida por los seres vivos, ejerciendo importantes funciones biológicas [2, 10, 11, 12, 13, 14]; MS ejerce, entre otras, de: claustro (barrera) de protección al medioambiente, anclaje y soporte de órganos internos, exoesqueleto y almacén de bioelementos para regulación metabólica [2]. La morfología de MS presenta valor taxonómico, filogenético y evolutivo, en su tipo, tamaño, ornamentación [15, 16, 17] y microestructura; la última formada por superposición de capas de naturaleza mineral, con cristales de morfologías diversas, organizados en configuraciones tridimensionales en un número limitado de patrones [18, 19]. El SEM es técnica esencial para la investigación de los caracteres morfológicos de MS, sobre todo su microestructura [20, 21, 22, 23, 24, 25, 26, 27, 28].

El objetivo de este capítulo es mostrar la utilidad de SEM en el estudio de MS de varias interesantes especies de moluscos del entorno de Andalucía: 1-*Iberus gualterianus* morfotipo *gualterianus* (Linnaeus, 1758) (Gastropoda: Helicidae), terrestre, endémico del sureste de la península Ibérica [29]; microestructura estudiada por Márquez et al., (2005) [30]. 2-*Chondrina maginensis* (Arrébola y Gómez 1998) (Gastropoda: Chondrinidae), terrestre, distribuido en emplazamientos de la provincia de Jaén [31]. 3-*Bithynia tentaculata* (Linnaeus, 1758) (Gastropoda: Bithyniidae), dulceacuícola [32], cuenca del río Guadiana (Huelva) [33], Jardín Botánico Histórico La Concepción de Málaga [34]. 4-*Calliostoma zizyphinum* (Linnaeus, 1758) (Gastropoda: Calliostomatidae), marino, con distribución litoral atlántica y mediterránea [35]. La morfología general de MS, sus caracteres ornamentales y microestructura interna se estudiaron con las técnicas descritas en Capítulo I.2.1: MET-AU, SEM-H-510-DIG, IA, EDX-ER. Fueron observadas conchas semicompletas y, para la microestructura, fracturas frescas de fragmentos [36].

Iberus gualterianus morfotipo *gualterianus* es de concha aplanada, ornamentación reticulada que se acusa a partir de la protoconcha (Figura 1). Composición elemental de Ca, C y O (Figura 2), coherente con la composición mineralógica (XRD) 99 % aragonito [30]. La microestructura estudiada en secciones paralelas y perpendiculares a las líneas de crecimiento de las tres zonas de crecimiento más recientes (últimas tres medias vueltas de espira [29]), presenta cinco capas superpuestas, totalizando un espesor variable entre 440-700 μm, según la zona de la retícula ornamental, siendo menor en los surcos (Figura 2). Cada capa tiene una estructura interna con orientación distinta a la infra y suprayacente, clasificada como lamelar cruzada simple [28]. Está constituida por elementos estructurales de distinto nivel jerárquico: varillas de aragonito (tercer nivel), agrupadas en haces (segundo nivel) (Figura 3), organizadas en láminas superpuestas (primer nivel) (Figura 4). Estos rasgos obtenidos gracias al SEM, no fueron conocidos en *Iberus gualterianus* morfotipo *gualterianus* hasta 2005 [30].

Chondrina maginensis tiene concha cónico-alargada no fusiforme (Figura 5), con vueltas de espira muy convexas que marcan una pronunciada sutura, ornamentada con finas cóstulas, distribuidas regularmente a lo largo de todas las vueltas de espira a partir de la segunda. Es característica la abertura con forma cuadrangular y seis pliegues [15], aunque en el ejemplar semicompleto se conservan sólo tres (Figura 6). Microestructura lamelar cruzada (Figura 7).

Bithynia tentaculata es de concha globosa (Figura 8), sin prácticamente ornamentación superficial, sólo finas líneas de crecimiento y una sutura pronunciada. La sección paralela a las líneas de crecimiento muestra un fino espesor (30 μm) con microestructura en dos capas: la interna más gruesa, lamelar cruzada simple y la externa muy fina, masiva (Figura 9).

Calliostoma zizyphinum exhibe una ornamentación de su concha más acusada que el resto (Figura 10), con marcados engrosamientos en la base de las vueltas de espira, cruzados por surcos (arcos) transversales. Microestructura en dos capas de distintos grosores y naturaleza: la interna, nacarada, más gruesa, constituida por pilares de cristales poliédricos de $CaCO_3$, aragonito [19]; la externa, con haces de cristales de $CaCO_3$ dispuestos en abanico (Figura 11 y 12).

Todos los casos estudiados validan la utilidad del SEM, auxiliado con EDX e IA, para el estudio de la concha de los moluscos. Preparamos un atlas [37] en el que describiremos los caracteres morfológicos y microanalíticos de MS de muchas especies del ámbito geográfico de Andalucía, hasta el presente no estudiadas con estas técnicas.

SEM Images
of Mollusc Shells

Rocío Márquez Crespo, Rafael Delgado Calvo-Flores

Mollusc shells (MS) form a mineral-organic biocompound (>99-95 % mineral-0.1-5 % organic; wt:wt) [1], with a CaCO3 majority mineral phase: aragonite and/or calcite, vaterite (see Chapter I.1.7 in this same book) [2, 3, 4, 5, 6], even amorphous [7, 8, 9] and a protein organic phase. It is considered a biomineral, a substance composed of inorganic salts (similar to mineral species) produced by living beings, which carries out important biological functions, [2, 10, 11, 12, 13, 14]. The functions of mollusc shells include providing an environmental protection wall (barrier), anchorage and support of internal organs, exoskeleton and storage of bio-elements for metabolic regulation [2]. The morphology of mollusc shells has taxonomic, phylogenetic and evolutionary value, in their type, size, ornamentation [15, 16, 17] and microstructure; the latter formed by overlapping mineral layers, with crystals of diverse morphologies, organized in three-dimensional configurations in a limited number of patterns [18, 19]. SEM is an essential technique for the study of the morphological characteristics of MS, especially their microstructure [20, 21, 22, 23, 24, 25, 26, 27, 28].

The objective of this chapter is to show the usefulness of SEM in the study of shells of several interesting mollusc species of the Andalusian environment: 1-*Iberus gualterianus,* morphotype *gualterianus* (Linnaeus, 1758) (Gastropoda: Helicidae), terrestrial, endemic to the southeast of the Iberian Peninsula [29]; microstructure studied by Márquez et al., (2005) [30]. 2-*Chondrina maginensis* (Arrébola and Gómez 1998) (Gastropod: Chondrinidae), terrestrial, distributed in locations in the province of Jaén [31]. 3-*Bithynia tentaculata* (Linnaeus, 1758) (Gastropod: Bithyniidae), freshwater [32], basin of the Guadiana river (Huelva) [33], Jardín Botánico Histórico La Concepción (Málaga) [34]. 4-*Calliostoma zizyphinum* (Linnaeus, 1758) (Gastropod: Calliostomatidae), marine, with Atlantic and Mediterranean coastal distribution [35]. The general morphology of mollusc shells, their merely decorative features and internal microstructure were studied with the techniques described in Chapter I.2.1: MET-AU, SEM-H-510-FOT, SEM-H-510-DIG-IA-, EDX-ER. Semi-complete shells and, for the microstructure, fresh fragment fractures, were observed [36].

Iberus gualterianus, morphotype *gualterianus* has a flattened shell, reticulated pattern that is apparent from the protoconch (Figure 1). Elemental composition of Ca, C and O (Figure 2), consistent with mineralogical composition (XRD) 99 % aragonite [30]. The microstructure studied in parallel and perpendicular sections to the growth lines of the three most recent growth zones (last three whorls [29]), has five overlapping layers, totaling a variable thickness between 440-700 μm, depending on the area of the ornamental reticle, but thinner in the grooves (Figure 2). Each layer has an internal structure with different orientation to the infra and overlying layers, classified as simple crossed-lamellar microstructure [28]. It consists of structural elements of different hierarchical level: rods of aragonite (third level), grouped in bundles (second level) (Figure 3), organized in overlapping sheets (first level) (Figure 4). These traits obtained thanks to SEM were not known in *Iberus gualterianus* morphotype *gualterianus* until 2005 [30].

Chondrina maginensis has a non-fusiform conical-elongated shell (Figure 5), with very convex whorls that mark a pronounced suture, with additional thin ribs, distributed regularly along all the whorls from the second. The quadrangular aperture and six pleats [15] are characteristic, although only three remain in the semi-complete specimen (Figure 6). Crossed-lamellar microstructure (Figure 7).

Bithynia tentaculata is of globose shell (Figure 8), with practically no surface ornamentation, only thin growth lines and a pronounced suture. The parallel section to the growth lines shows a thin thickness (30 μm) with microstructure in two layers: the simple crossed-lamellar thicker internal layer, and the massive very thin external layer (Figure 9).

Calliostoma zizyphinum exhibits more pronounced shell ornamentation than the rest (Figure 10), with marked thickening at the base of the whorls, intersected by transverse grooves (arcs). Microstructure in two layers of different thickness and nature: the thicker, internal nacreous layer, consisting of pillars of polyhedral crystals of $CaCO_3$, aragonite [19]; the external layer, with bundles of $CaCO_3$ crystals arranged in fan (Figures 11 and 12).

All the studied cases confirm the utility of SEM, assisted with EDX and IA, for the study of the mollusc shells. We are preparing a book [37] in which we will describe the morphological and microanalytic characteristics of mollusc shells of many species of the geographical area of Andalusia, not studied with these techniques until now.

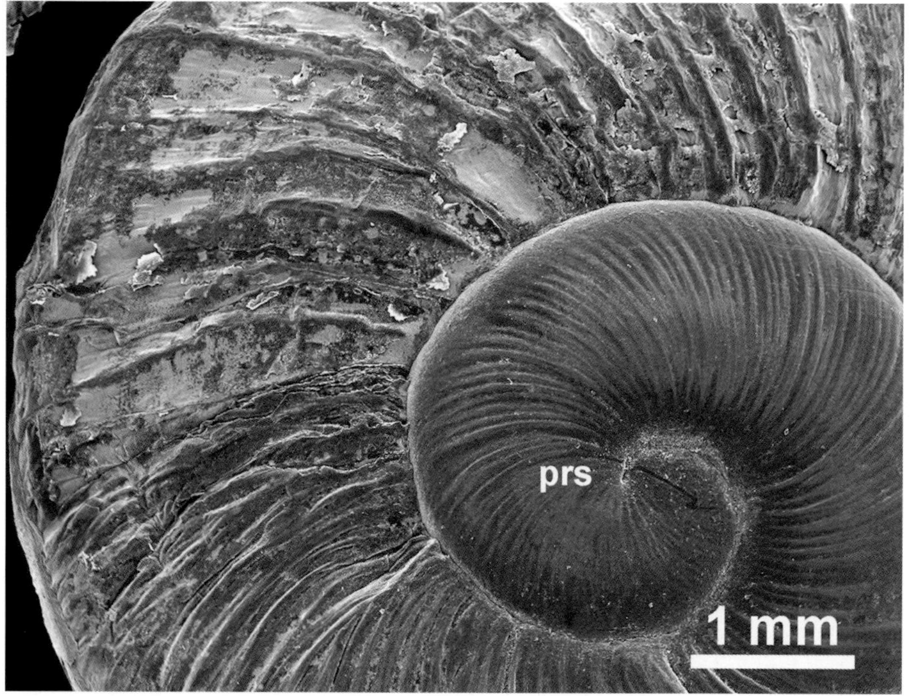

FIGURA 1. Ejemplar de la concha de *Iberus gualterianus* morfotipo *gualterianus*. Protoconcha (**prs**) de ~3 mm de anchura, con una fina ornamentación a modo de líneas de crecimiento. A partir de la primera media vuelta de espira la ornamentación comienza a ser más destacada.

FIGURE 1. Specimen of the *Iberus gualterianus* morphotype *gualterianus* shell. Protoconch (**prs**) of ~3 mm wide with fine ornamentation as growth lines. On the first whorl, the ornamentation begins to be more prominent.

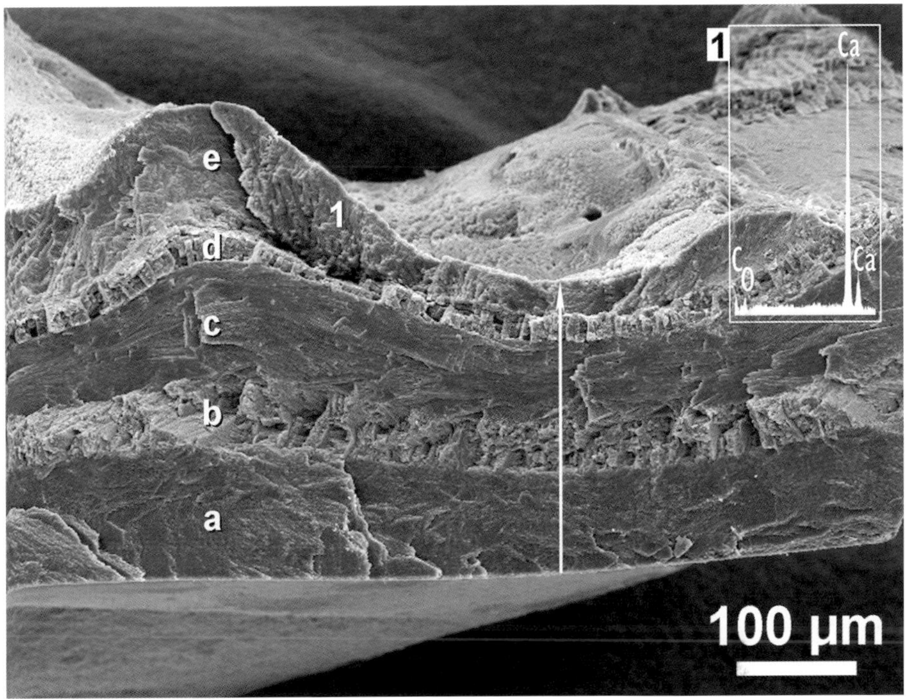

FIGURA 2. Fractura fresca de la concha de *Iberus gualterianus* morfotipo *gualterianus*. Sección perpendicular a la dirección de crecimiento, penúltima media vuelta de espira. Compuesta por cinco capas (**a-e**) de espesor variable (total: 440-700 µm), menor en la zona del surco (**flecha**). Microanálisis EDX(**1**) indicando Ca, C y O (se ha eliminado del espectro el pico de Au). Adaptada de Figuras 1 y 2A, págs. 19, 21, [30].

FIGURE 2. Fresh fracture of an *Iberus gualterianus* shell, *gualterianus* morphotype. Perpendicular section to direction of growth, penultimate whorl. Composed of five layers (**a-e**) of variable thickness (440-700 µm, total), smaller in the area of the groove (**arrow**). EDX microanalysis (**1**) indicating Ca, C and O (the peak of Au has been removed from the spectrum). Adapted from Figures 1 and 2A, pp. 19, 21, [30].

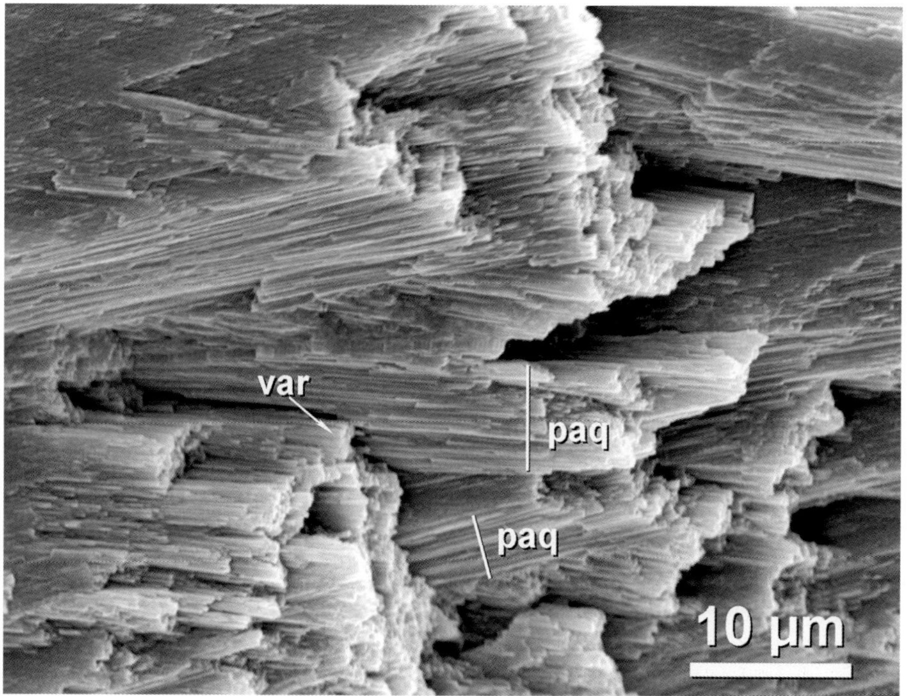

Figura 3. Fractura fresca de la concha de *Iberus gualterianus* morfotipo *gualterianus*. Sección paralela a la dirección de crecimiento, penúltima media vuelta de espira. Microestructura lamelar cruzada simple. Varillas de aragonito (**var**) de ~0,5 µm de grueso, agrupadas en paquetes (**paq**) de espesor ~5 µm. Adaptada de Figura 2C, pág. 21, [30].

Figure 3. Fresh fracture of an *Iberus gualterianus* shell, *gualterianus* morphotype. Parallel section to the direction of growth, penultimate whorl. Simpled crossed-lamellar microstructure. Rods of aragonite (**var**) ~0.5 µm thick, grouped in bundles (**paq**) ~5 µm thick. Adapted from Figure 2C, p. 21, [30].

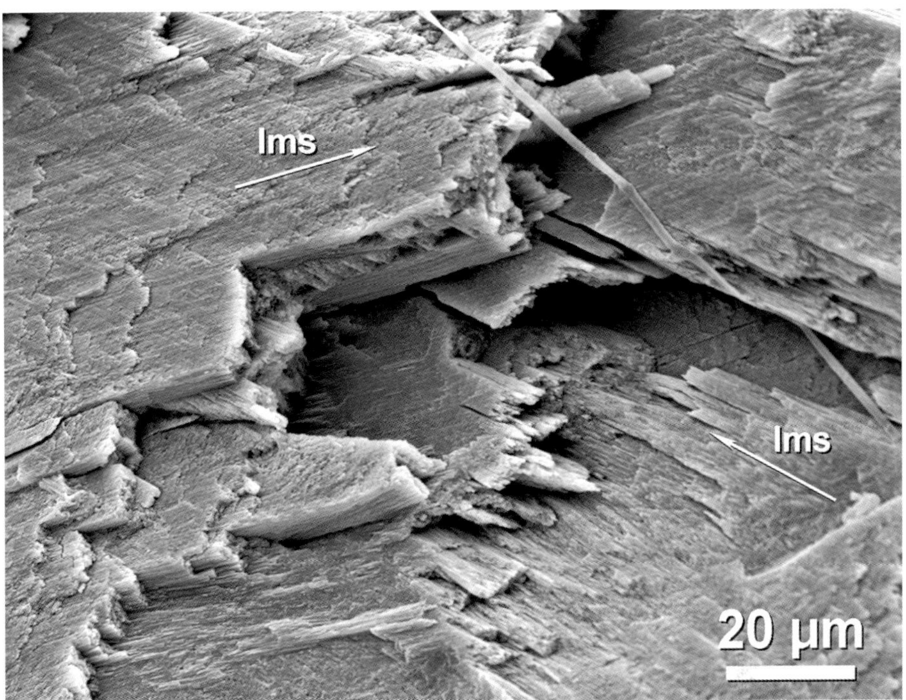

Figura 4. Fractura fresca de la concha de *Iberus gualterianus* morfotipo *gualterianus*. Sección paralela a la dirección de crecimiento, última media vuelta de espira. Láminas de primer nivel de la microestructura lamelar cruzada simple, denominadas lamelas (**Ims**), con orientaciones (indicadas por la dirección de las flechas) y espesores variables. Adaptada de Figura 2D, pág. 21, [30].

Figure 4. Fresh fracture of an *Iberus gualterianus* shell, *gualterianus* morphotype. Parallel section to the direction of growth, last whorl. First-level sheets of the simple crossed-lamellar microstructure, named lamella (**Ims**), with variable orientations (indicated by the direction of the arrows) and thicknesses. Adapted from Figure 2D, p. 21, [30].

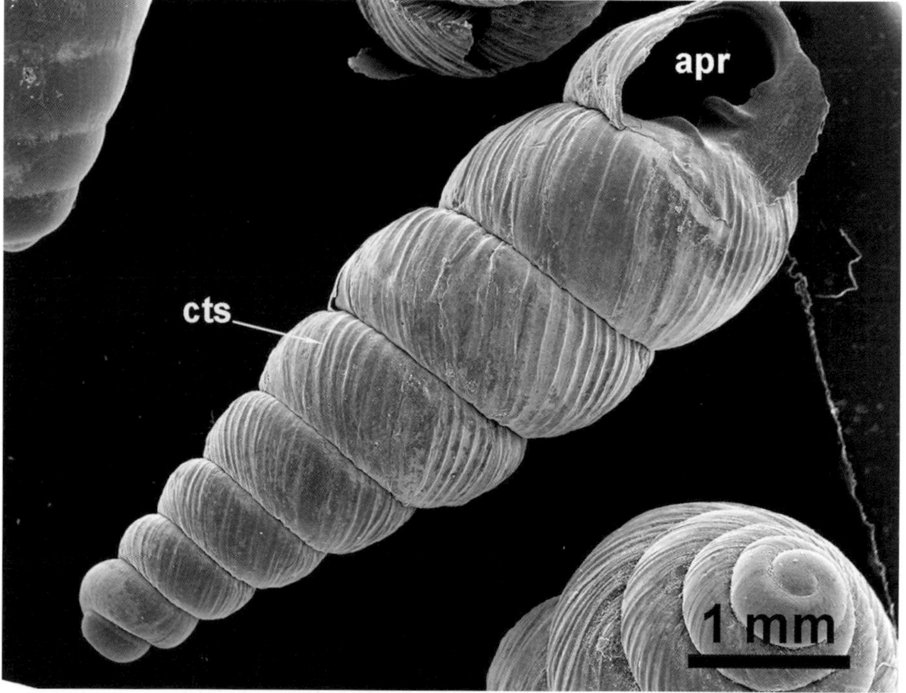

Figura 5. Centro de la imagen, ejemplar de la concha de *Chondrina maginensis*. Diámetro mayor ~1,5 mm, altura ~6 mm. Morfología cónico-alargada no fusiforme, con vueltas de espira muy convexas y ornamentación característica a modo de finas cóstulas (**cts**). El ejemplar muestra su abertura (**apr**) [37].

Figure 5. Center of the image, *Chondrina maginensis* shell specimen. Larger diameter ~1.5 mm, height ~6 mm. Non-fusiform conical-elongated morphology, with very convex whorls and characteristic ornamentation in the form of thin ribs (**cts**). The specimen shows its aperture (**apr**) [37].

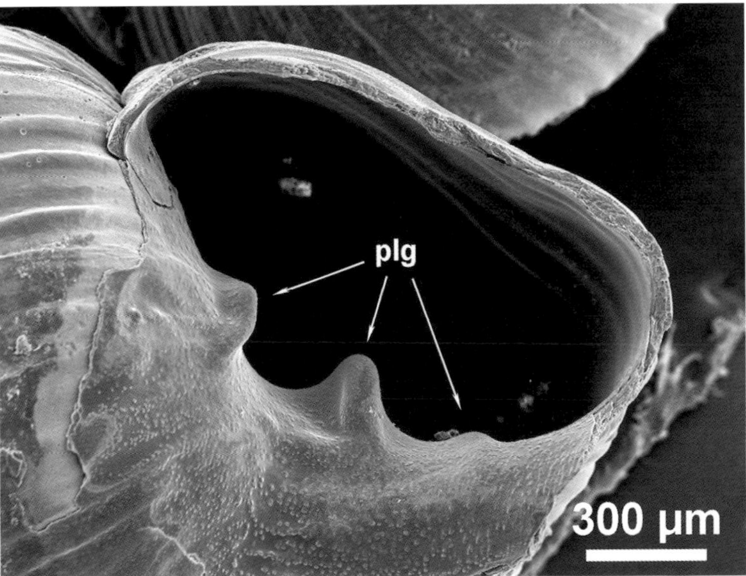

FIGURA 6. Detalle de la imagen anterior (Figura 5). Abertura cuadrangular, ~1,3 mm de diámetro máximo, con tres pliegues conservados (**plg**), de entre 100-200 μm de base [37].

FIGURE 6. Detailed view of the previous image (Figure 5). Quadrangular aperture, maximum diameter ~1.3 mm, with three preserved pleats (**plg**), between 100-200 μm at the base [37].

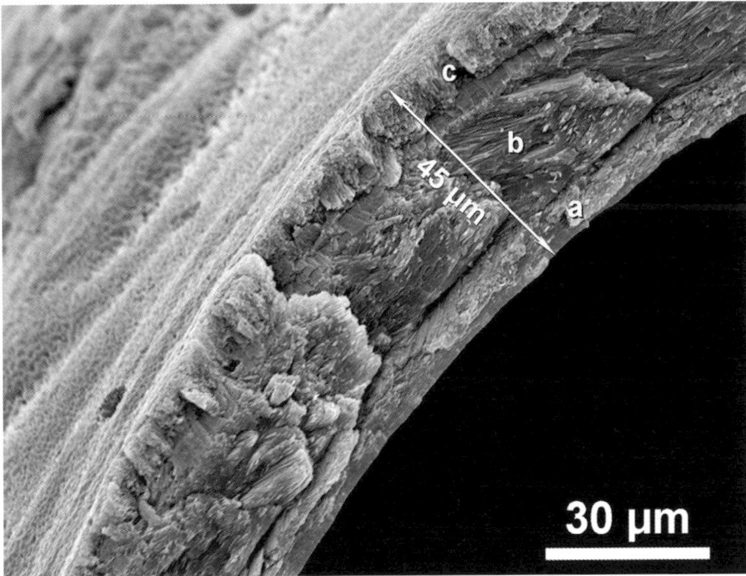

FIGURA 7. Microestructura de la concha de *Chondrina maginensis*. Sección paralela a la dirección de crecimiento, con espesor de ~40 μm, mostrando tres capas de microestructura lamelar cruzada (**a**, **b**, **c**) [37].

FIGURE 7. Microstructure of *Chondrina maginensis* shell. Parallel section to the direction of growth, with thickness of ~40 μm, showing three layers of crossed-lamellar microstructure (**a**, **b**, **c**) [37].

Figura 8. Ejemplar de la concha de *Bithynia tentaculata*. Diámetro máximo de ~3 mm. Morfología globosa, con grandes vueltas de espira. Muestra una pronunciada sutura (**str**) y escasa ornamentación, representada sólo por finas líneas de crecimiento (**lcr**) [37].

Figure 8. Specimen of *Bithynia tentaculata* shell. Maximum diameter of ~3 mm. Globose morphology, with large whorls. It shows pronounced suture (**str**) and little ornamentation, represented only by fine growth lines (**lcr**) [37].

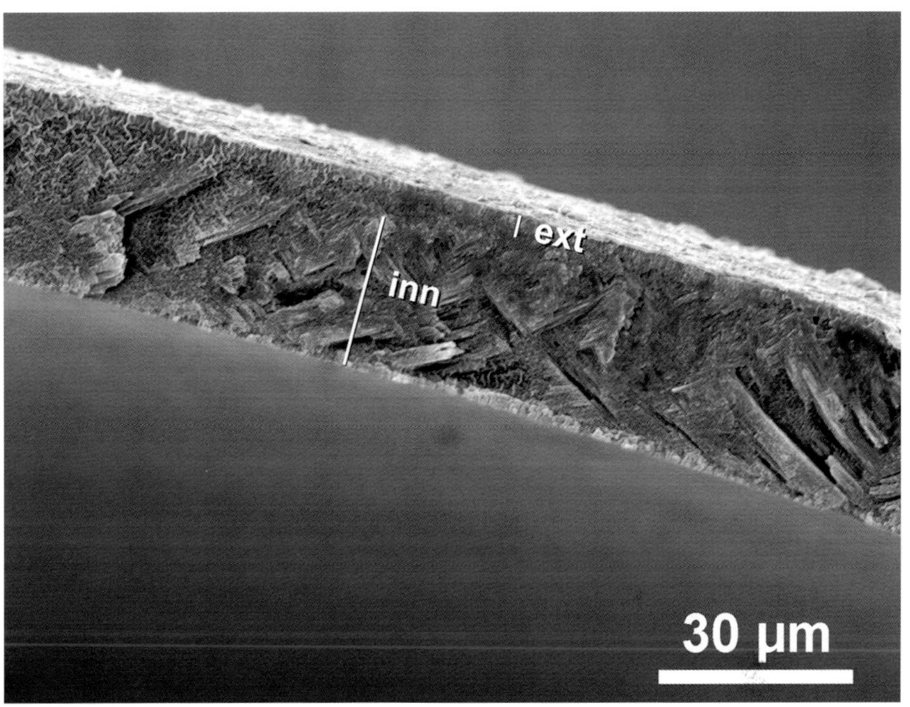

Figura 9. Microstructura de la concha de *Bithynia tentaculata*. Sección paralela a dirección de crecimiento. Espesor total de la concha, 30 µm. Compuesta de una capa interior (**inn**), de ~25 µm, con evidente microestructura lamelar cruzada, y una exterior (**ext**), de ~5 µm, con microestructura masiva [37].

Figure 9. Microstructure of *Bithynia tentaculata* shell. Parallel section to the direction of growth. Total thickness of the shell, 30 µm. Composed of an inner layer (**inn**), of ~25 µm, with evident crossed-lamellar microstructure, and an outer layer (**ext**), of ~5 µm, with massive microstructure [37].

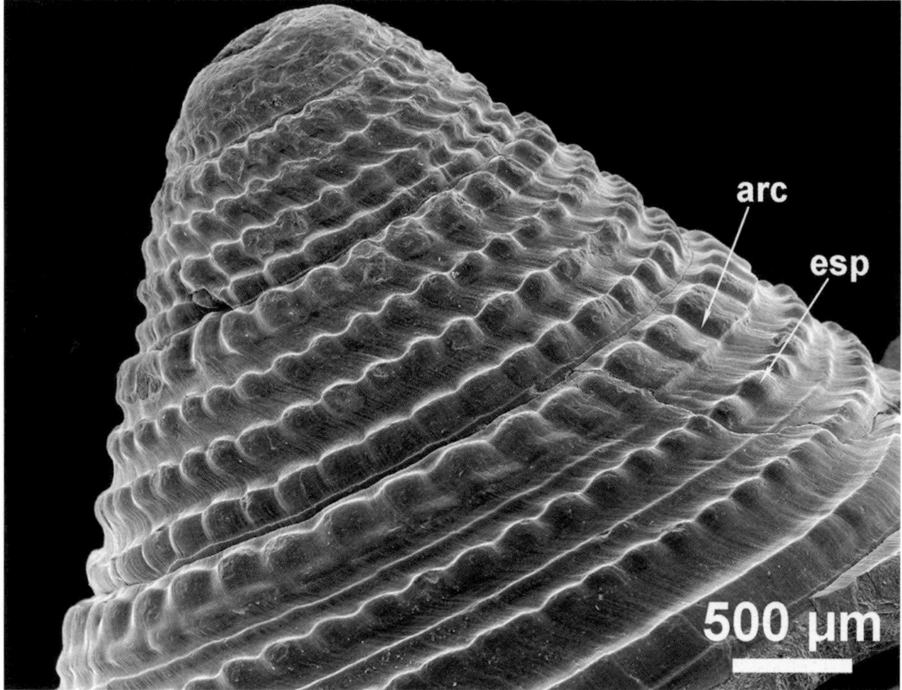

FIGURA 10. Ejemplar de la concha de *Calliostoma zizyphinum*. Morfología en espiral alta. Pronunciada ornamentación con engrosamientos en la base de cada espira (**esp**), de anchura entre 65-150 µm y arcos transversales (**arc**) [37].

FIGURE 10. *Calliostoma zizyphinum* shell specimen. High spiral morphology. Pronounced ornamentation with thickening at the base of each whorl (**esp**), width between 65-150 µm and transverse arcs (**arc**) [37].

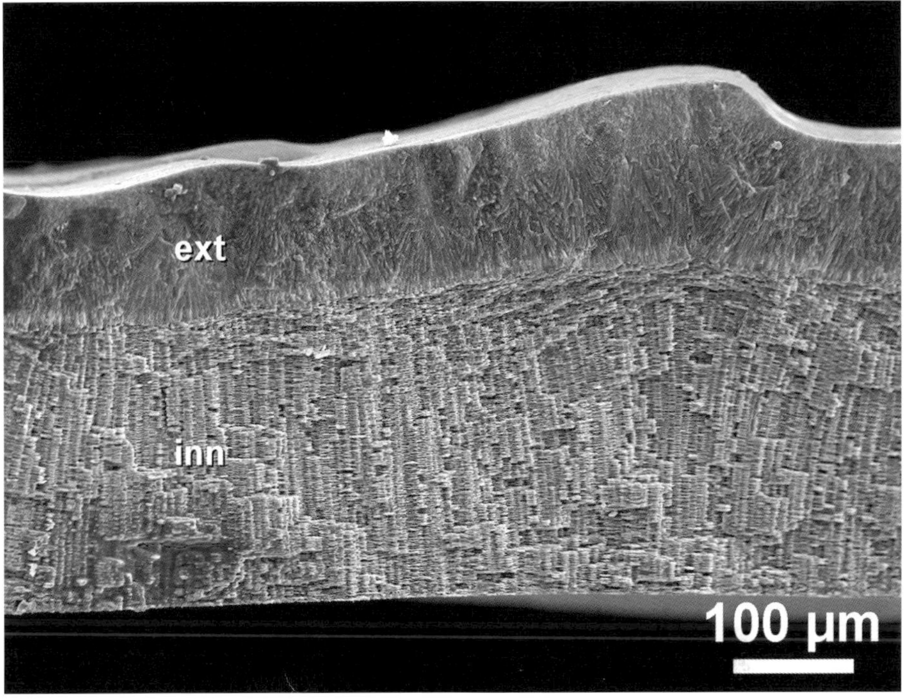

Figura 11. Microstructura de la concha de *Calliostoma zizyphinum*. Sección paralela a la dirección de crecimiento. Espesor variable entre 330-400 µm. Muestra dos capas muy diferentes; la capa externa (**ext**) con espesor máximo de ~140 µm y la capa interna (**inn**) con espesor máximo de ~265 µm [37].

Figure 11. Microstructure of a *Calliostoma zizyphinum* shell. Parallel section to the direction of growth. Variable thickness between 330-400 µm. It shows two very different layers; the outer layer (**ext**) with maximum thickness of ~140 µm and the inner layer (**inn**) with maximum thickness of ~265 µm [37].

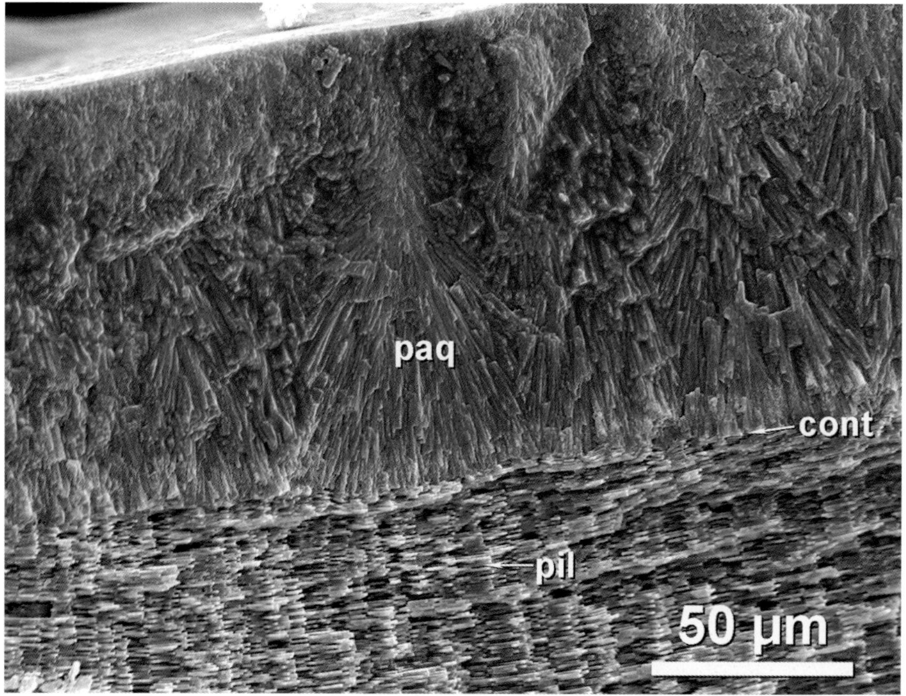

Figura 12. Detalle de imagen anterior (Figura 11). La capa externa tiene disposición radial en paquetes (**paq**) de cristales de calcita. La interna, nacarada, con cristales de aragonito organizados en pilares (**pil**). El contacto entre ambas es neto (**cont**) [37].

Figure 12. Detailed view of the previous image (Figure 11). The outer layer is radial with calcite crystals bundles (**paq**). The internal, nacreous layer, shows aragonite crystals organized in pillars (**pil**). The contact between the two is net (**cont**) [37].

Referencias
References

[1] HARE, P.E. Y ABELSON, P.H. 1965. *Aminoacid composition of some calcified proteins.* Carnegie Institution Washington Yearbook 64, 223-232.

[2] LOWENSTAM, H.A. Y WEINER, S. 1989. *On Biomineralization.* Oxford University Press, New York.

[3] MA, H.Y. Y LEE, I.S. 2006. *Characterization of vaterite in low quality freshwater-cultured pearls.* Materials Science and Engineering C 26(4), 721-723.

[4] WEHRMEISTER, U., JACOB, D.E., SOLDATI, A.L., HÄGER, T. Y HOFMEISTER, W. 2007. *Vaterite in freshwater cultured pearls from China and Japan.* Journal of Gemmology 31, 269-276.

[5] SPANN, N., HARPER, E.M. Y ALDRIDGE, D.C. 2010. *The unusual mineral vaterite in shells of the freshwater bivalve Corbicula fluminea from the UK.* Naturwissenschaften 97, 743-751.

[6] NEHRKE, G., POIGNER, H., WILHELMS-DICK, D., BREY, T. Y ABELE, D. 2012. *Coexistence of three calcium carbonate polymorphs in the shell of the Antarctic clam Laternula elliptica.* Geochemistry, Geophysics, Geosystems 13(5), 1-8.

[7] NUDELMAN, F., CHEN, H.H., GOLDBERG, H.A., WEINER, S. Y ADDADI, L. 2007. *Lessons from biomineralization: comparing the growth strategies of mollusc shell prismatic and nacreous layers in Atrina rigida.* Faraday Discussion 136, 9-25.

[8] BARONNET, A., CUIF, J.P., DAUPHIN, Y., FARRE, B. Y NOUET, J. 2008. *Crystallization of biogenic Ca-carbonate within organo-mineral micro-domains. Structure of the calcite prisms of the Pelecypod Pinctada margaritifera (Mollusca) at the submicron to nanometre ranges.* Mineralogical Magazine 72, 617-626.

[9] MACÍAS-SÁNCHEZ, E., WILLINGER, M.G., PINA, C.M. Y CHECA, A.G. 2017. *Transformation of ACC into aragonite and the origin of the nanogranular structure of nacre.* Scientific Reports 7, 12728.

[10] MANN, S., WEBB, J. Y WILLIAMS, R.J.P. (ED.) 1989. *Biomineralization. Chemical and Biochemical Perspectives.* VCH, Weinheim, Alemania.

[11] SIMKISS, K. Y WILBUR, K.M. 1989. *Biomineralization: Cell Biology and Mineral Deposition.* Academic Press, San Diego (California).

[12] DRIESSENS, F.C.M. y VERBEECK, R.M.H. 1990. *Biominerals*. CRC Press, Taylor & Francis Group, Boca Raton, Louisiana.

[13] MANN, S. 2001. *Biomineralization: Principles and Concepts in Bioinorganic Materials Chemistry*. Oxford University Press, New York.

[14] DOVE P.M., DE YOREO J.J. y WEINER S. (EDS.) 2003. *Biomineralization*. Mineralogical Society of America and the Geochemical Society, Reviews in Mineralogy and Geochemistry, Washington, Volume 54.

[15] RUIZ-RUIZ, A., CÁRCABA-POZO, A., PORRAS-CREVILLEN, A.I. y ARRÉBOLA-BURGOS, J.R. 2006. *Caracoles terrestres de Andalucía. Guía y manual de identificación*. Fundación Gypaetus.

[16] PONDER, W.F., LINDBERG, D.R. y PONDER, J.M. 2019. *Biology and Evolution of the Mollusca*. CRC Press, Taylor & Francis Group, Boca Raton, Louisiana, Volume 1.

[17] PONDER, W.F., LINDBERG, D.R. y PONDER, J.M. 2019. *Biology and Evolution of the Mollusca*. CRC Press, Taylor & Francis Group, Boca Raton, Louisiana, Volume 2.

[18] CARTER, J. G., HARRIES, P. J., MALCHUS, N., SARTORI, A. F., ANDERSON, L. C., BIELER, R., BOGAN, A.E., COAN, E.V., COPE, J.C.W., CRAGG, S.M., GARCÍA-MARCH, J.R., HYLLEBERG, J., KELLEY, P., KLEEMANN, K., KŘÍŽ, J., MCROBERTS, C., MIKKELSEN, P.M., POJETA, J., SKELTON, P.W., TËMKIN, I., YANCEY, T. y ZIERITZ, A. 2012. Part N, Revised, Vol. 1, Chap. 31: *Illustrated Glossary of the Bivalvia*. Part N, Treatise Online, 48, Lawrence, KS: Kansas University Paleontological Institute, 1-209.

[19] CHECA, A.G. 2018. *Physical and Biological Determinants of the Fabrication of Molluscan Shell Microstructures*. Frontiers in Marine Science 5, 353.

[20] KOBAYASHI, I. 1964. *Introduction to the shell structure of bivalvian molluscs*. Chikyù Kagaku 73, 1-12.

[21] KOBAYASHI, I. 1971. *Internal shell microstructure of recent bivalvian molluscs*. Science Report of Niigata University, Series E (Geology and mineralogy), 2, 27-50.

[22] TAYLOR, J.D., KENNEDY, W.J. y HALL, A. 1969. *The shell structure and mineralogy of the Bivalvia. Introduction. Nuculacea-Trigonacea*. Bulletin of the British Museum of Natural History (Zoology) 3, 1-125.

[23] TAYLOR, J.D. 1973. *The structural evolution of the bivalve shell*. Palaeontology 16, 519-534.

[24] GRÉGOIRE, C. 1972. Structure of the molluscan shell. En: Florkin, M. y Scheer, B. T. (Eds.), *Chemical zoology, vol. VII (Mollusca)*. Academic Press, New York, London, 45-102 pp.

[25] WILBUR, K.M. y SALEUDDIN, A.S.M. 1983. *Shell formation*. En: Saleuddin, A.S.M. y Wilbur, K.M. (Eds.), *The Mollusca*, Vol. 4, Part 1. Academic Press, New York.

[26] WATABE, N. 1984. *Mollusca: Shell*. En: Bereiter-Hahn, J., Matolsty, K. y Richards, S.K. (Eds.), *Biology of the integument, vol. I (Invertebrates)*. Springer-Verlag, New York, 448-485 pp.

[27] CARTER, J.G. Y CLARK II, G.R. 1985. *Classification and phylogenetic significance of molluscan shell microstructure.* En: Bottjer, D. J., Hickman, C. S., Ward, P. D., Broadhead, T. W. (Eds.), *Mollusks: notes for a short course.* University of Tennessee, Department of Geological Sciences Studies in Geology, 50- 71 pp.

[28] CARTER, J.G. 1990. *Skeletal Biomineralization: Patterns, Processes and Evolutionary Trends* Vol. I. Van Nostrand Reinhold, New York.

[29] LÓPEZ-ALCÁNTARA, A., RIVAS, P., ALONSO, M. R. E IBÁÑEZ, M. 1983. *Origen de Iberus gualtierianus. Modelo evolutivo.* Haliotis 13, 145-154.

[30] MÁRQUEZ, R. ARREBOLA, J. R. Y DELGADO, R. 2005. *Un avance sobre la composición y microestructura de la concha de Iberus gualterianus morfotipo gualterianus (Linnaeus, 1758) (Gastropoda: Helicidae).* Iberus 23, 15-24.

[31] ARRÉBOLA, J.R. Y GÓMEZ, B.J. 1998. *Nuevas aportaciones al conocimiento del género Chondrina (Gastropoda, Pulmonata) en el sur de la Península Ibérica, incluyendo la descripción de Chondrina maginensis spec. nov.* Iberus 16(2), 109-116.

[32] MENÉNDEZ-VALDERREY, J.L. 2017. *Bithynia tentaculata (Linnaeus, 1758).* Asturnatura. com [en línea], Num. 661

[33] PÉREZ-QUINTERO, J.C. 2011. *Distribution patterns of freshwater molluscs along enviromental gradients in the southern Guadiana River basin (SW Iberian Peninsula).* Hydrobiologia 678, 65-76.

[34] TORRES-ALBA, J. S., LÓPEZ-GARCÍA, J. C., DE ERIT-VÁZQUEZ-TORO, F. Y RIPOLL, J. 2019. *Malacofauna del Jardín Botánico Histórico La Concepción (Málaga, España).* Elona, Revista de Malacología Ibérica 1, 34-44.

[35] GOFAS, S., MORENO, D. Y SALAS, C. 2011. *Moluscos marinos de Andalucía.* Volumen I y II. Servicio de Publicaciones e Intercambio Científico, Universidad de Málaga.

[36] HEDEGAARD, C., LINDBERG, D.R. Y BANDEL, K. 1997. *Shell microstructure of a Triassic patellogastropod limpet.* Lethaia, 30, 331-335.

[37] DELGADO, R, MÁRQUEZ, R. ARRÉBOLA J.R. 2025. *Allí donde el ojo humano no llega, alcanza el microscopio electrónico de barrido.* Atlas de las conchas de los moluscos de Andalucía. En preparación. Editorial Universidad de Granada.

Aplicación del SEM-EDX al estudio de litiasis humanas

María Virginia Fernández-González, Juan Manuel Martín-García,
Amando Zuluaga Gómez, Jesús Castro Águila y Rafael Delgado Calvo-Flores

La litiasis urinaria es una patología tan antigua como la humanidad, con prevalencia en España de > 15 % [1]. Tiene efectos invalidantes e incluso inductores de otras patologías [2]. Se trata de una biomineralización inducida (ver Capítulo I.1.7, en este mismo libro y [3]). Las características biominerales de sus cálculos resultan decisivas para su terapéutica, destacando tamaño, susceptibilidad a la eliminación por métodos no invasivos y caracteres: composición y morfología [4]. Para su estudio se han empleado, entre otros: XRD [5], microscopía de lámina delgada, o microscopía electrónica de barrido (SEM) con microanálisis (EDX) [5, 6]; aunque no hay muchos precedentes de este tipo de estudios y menos con equipos avanzados. La cistina es un aminoácido no esencial, formado por dos cisteínas unidas por sus grupos funcionales tiol a través de un puente disulfuro. Cristaliza en prismas hexagonales. Poco soluble en la orina, especialmente si es ácida. Representa sólo el 1 % en la composición de los cálculos urinarios [7, 4]. Es litiasis fuertemente hereditaria [8], menos conocida que otras en sus aspectos etiológicos y cristalográficos.

El objetivo del capítulo es el estudio de un cálculo de cistina con técnicas avanzadas, destacando SEM y EDX. El material fue un cálculo de cistina extraído quirúrgicamente (s. XX) en paciente con cistinuria, en el Hospital Clínico San Cecilio (Granada). Sobre las partes superficiales y el interior se estudiaron: macromorfología, composición biomineral XRD, composición elemental EAN-IRRA-ICP-MS, y SEM-EDX; técnicas SEM-EDX en Capítulo I.2.1: MET-AU, SEM-H-510-DIG, EDX-ER, VPFESEM-SUPRA, EDX-OXFORD50.

Es un cálculo doble, de unos 5cm de dimensión máxima cada parte, polilobulado; color pardo-anaranjado; superficie brillante al estar tapizada con pequeños cristales (Figura 1). Biomineral mayoritario, L-cistina, con trazas de fosfato cálcico. Fórmulas elementales: cubierta, $C_6H_{12,72}N_{2,01}S_{1,88}$; núcleo, $C_6H_{13,40}N_{1,99}S_{1,88}$. La superficie es drusiforme (Figura 2); el interior entre masivo y en capas, a veces fibroso-radiado, fisurado (Figura 3). En las fisuras (Figura 4) aparecen capas de cistina y, semeja concomitante, un fosfato de calcio en esferulitos (Figura 5) constituidos por adición de láminas (Figura 6). Los rasgos descritos indicarían un crecimiento rápido en condiciones de sobresaturación [9]. La asociación entre cistina y fosfato pudiera tener un significado genético [10, 11, 12]. Las evidencias aportadas colaboran a un mejor conocimiento de los aspectos cristalográficos de este tipo de litiasis.

Application of SEM-EDX to the study of Human Kidney Stones

María Virginia Fernández-González, Juan Manuel Martín-García,
Amando Zuluaga Gómez, Jesús Castro Águila y Rafael Delgado Calvo-Flores

Urinary lithiasis is a pathology as old as humanity, with a prevalence in Spain of > 15 % [1]. It has disabling effects and even induces other pathologies [2]. Urinary lithiasis is induced biomineralization (see Chapter I.1.7, in this same book and [3]). The biomineral characteristics of kidney stones are decisive for their treatment, particularly size, susceptibility to elimination by non-invasive methods, and composition and morphology [4]. To study this pathology, techniques such as XRD [5], thin-section microscopy, and Scanning Electron Microscopy (SEM) with microanalysis (EDX) have been used [5, 6], although there are not many of these studies and even fewer using advanced equipment. Cystine is a non-essential amino acid, composed of two cysteines linked by their thiol functional groups through a disulfide bridge. It crystallizes into hexagonal prisms. It is poorly soluble in the urine, especially if it is acidic, and accounts for only 1 % of the composition of urinary stones [7, 4]. It is a strongly hereditary lithiasis [8, 9], less known than others in its etiological and crystallographic aspects.

The objective of the chapter is the study of a cystine stone with advanced techniques, particularly SEM and EDX. The material was a cystine stone surgically extracted (s. XX) from a patient with cystinuria, at the San Cecilio Clinical Hospital (Granada). Macromorphology, biomineral composition XRD, elemental composition EAN-IRRA-ICP-MS and SEM-EDX were studied on the surface and inside; techniques SEM-EDX in Chapter I.2.1: MET-AU, SEM-H-510-DIG, EDX-ER, VPFESEM-SUPRA, EDX-OXFORD50.

The sample is a double stone, with a maximum dimension of about 5 cm each, polylobed, brown-orange color, shiny surface when covered with small crystals (Figure 1). The major biomineral is L-cystine, with traces of calcium phosphate. Elementary formulas: surface, $C_6H_{12.72}N_{2.01}S_{1.88}$; core, $C_6H_{13.40}N_{1.99}S_{1.88}$. The surface is druse-shaped (Figure 2), with the interior between massive and layered, sometimes fibrous-radiated, fissured (Figure 3). In the fissures (Figure 4) there are layers of cystine with associated appearance of a calcium phosphate in spherulites (Figure 5) formed by the addition of sheets (Figure 6). The traits described would indicate rapid growth under conditions of supersaturation [9]. The association between cystine and phosphate may have genetic significance [10, 11, 12]. The evidence provided contributes to a better understanding of the crystallographic aspects of this type of lithiasis.

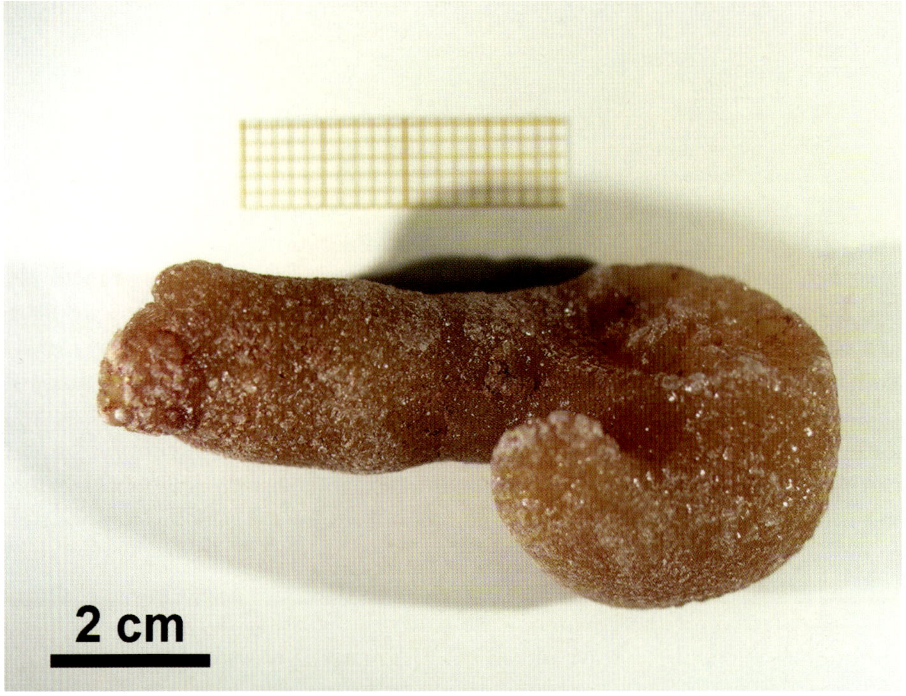

Figura 1. Imagen fotográfica del cálculo de cistina. Groseramente pedunculado y lobulado. Diámetro máximo, cercano a 10 cm. Subredondeado superficialmente. Color natural acaramelado pardo-naranja, con brillo superficial debido al tapizado con pequeños cristales.

Figure 1. Photographic image of the cystine stone. Roughly pedunculated and lobed. Maximum diameter close to 10 cm. Superficially rounded. Natural brown-orange caramel color, with surface shine due to the coating with small crystals.

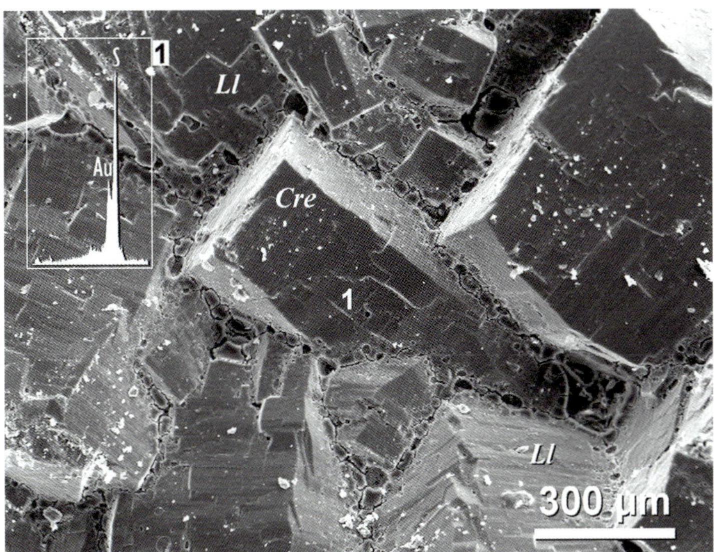

Figura 2. Imagen SEM de superficie del cálculo. Prismas de diseño exagonal (**Cre**), se disponen en crecimiento paralelo de cristales, con cierta tendencia radial drusiforme. Evidentes las laminaciones en la superficie (**Ll**). Composición cistina (EDX **1**, pico de S). Técnicas: SEM-H-510-DIG, EDX-ER.

Figure 2. SEM image of the surface of the stone. Hexagonal prisms (**Cre**)are arranged in a parallel growth of crystals, with a certain druse-shaped radial tendency. Evident laminations (**Ll**) on the surface. Cystine composition (EDX **1**, S peak). Techniques: SEM-H-510-DIG, EDX-ER.

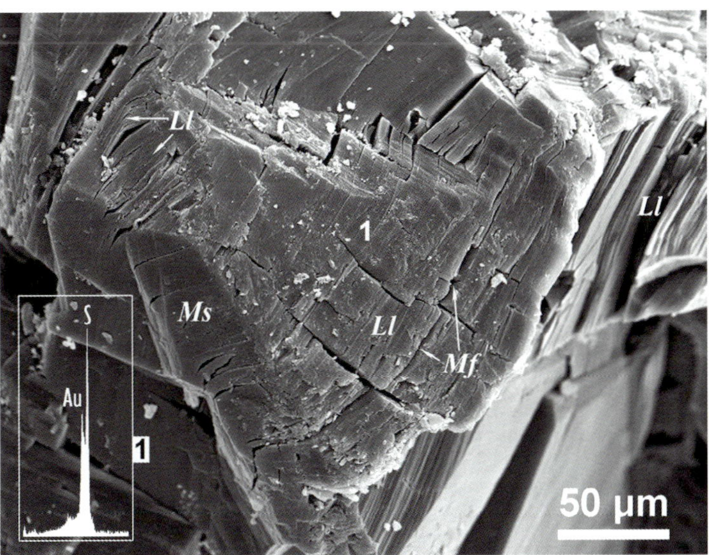

Figura 3. Imagen SEM de la zona interior del cálculo. Corte fresco. Aspecto masivo (**Ms**) y a la vez laminado (**Ll**). Fisurado (**Mf**). Composición cistina (EDX **1**, pico de S). Técnicas: SEM-H-510-DIG, EDX-ER.

Figure 3. SEM image of the inside of the stone. Fresh cut. Massive (**Ms**) and laminated appearance (**Ll**). Fissured (**Mf**). Cystine composition (EDX **1**, S peak). Techniques: SEM-H-510-DIG, EDX-ER.

Figura 4. Zona interior. Superficie de fisura. Capas apiladas de cistina (pico S, EDX-**1**), con siluetas de diseño hexagonal (***Cre***) (bases de hexágonos de 50-100 μm de diámetro) y apariencia de neoformadas. Material con aspecto amontonado (***Msa***) y composición fosfato cálcico (picos P, Ca; espectro EDX-**2**). Técnicas: SEM-H-510-DIG, EDX-ER

Figure 4. Interior area. Fissure surface. Stacked cystine layers (EDX-**1** S peak), with hexagonal design silhouettes (***Cre***) (50-100-μm diameter hexagon bases) and neo-formed appearance. Material with stacked appearance (***Msa***) and calcium phosphate composition (EDX-**2** spectrum; P, Ca peaks). Techniques: SEM-H-510-DIG, EDX-ER

Figura 5. Detalle de la masa amontonada en la imagen anterior (Figura 4). Drusa con estructura framboidal (***Crb***) de esferulitos (***Crh***) de unas 5 μm y composición fosfático-cálcica (Espectro EDX-**1** con picos de P y Ca). La lámina desprendida y adherida encima (mitad superior) (**2**) es de la misma naturaleza (EDX-**2** con picos P y Ca). Técnicas: MET-AU, VPFESEM- SUPRA, EDX-OXFORD50.

Figure 5. Detailed view of masses accumulated in the previous image (Figure 4). Druse with framboidal structure (***Crb***), of spherulites (***Crh***) of about 5 μm and phosphatic-calcium composition (EDX-**1** spectrum with P and Ca peaks). The sheet detached and adhered above (top half) (**2**) is of the same nature (EDX-**2** with P and Ca peaks). Techniques: MET-AU, VPFESEM- SUPRA, EDX-OXFORD50.

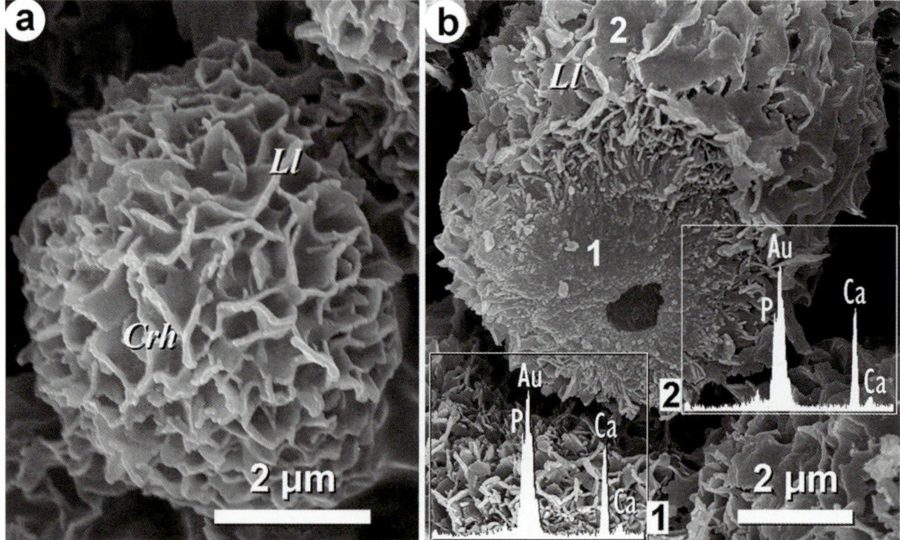

FIGURA 6. Detalle de anterior (Figura 5). [**a**] Izquierda: los esferulitos (**Crh**) son agrupaciones de láminas (~500 nm) (**Ll**) con fábrica reticulada-tabicada y poros irregulares (300-400 nm). [**b**] Derecha: esferulito mostrando su estructura interna. Sobre un núcleo masivo (con un orificio central) se disponen láminas (**Ll**) (hasta 2 μm de lado), a modo de hojas recordando un vegetal. Composición fosfática (EDX **1**, **2**, picos P y Ca). Técnicas: MET-AU, VPFESEM-SUPRA, EDX-OXFORD50.

FIGURE 6. Detailed view of the previous image (Figure 5). [**a**] Left: spherulites (**Crh**) are groups of sheets (~500 nm) (**Ll**) with cross-partitioned fabric and irregular pores (300-400 nm). [**b**] Right: spherulite that shows its internal structure. Sheets (**Ll**) (up to 2 μm on the side) are arranged on a massive core (with a central hole), like leaves reminiscent of a vegetable. Phosphatic composition (EDX **1**, **2**, P and Ca peaks). Techniques: MET-AU, VPFESEM- SUPRA, EDX-OXFORD50.

Referencias
References

[1] DAUDON, M. 2005. *Épidémiologie actuelle de la lithiase rénale en France Epidemiology of nephrolithiasis in France.* Annales d'urologie 39, 209-231.

[2] MORAN, M.E. 2014. *Urolithiasis. A Comprehensive History.* Michael E. Moran, MD William P. Didusch Center for Urologic History. American Urological Association. Linthicum, MD, USA.

[3] ENDO, K., KOGURE, T. Y NAGASAWA, H. (EDS.) 2018. *Biomineralization from Molecular and Nano-structural Analyses to Environmental Science.* Springer Nature, Singapore.

[4] CURHAN, G.C. 2016. Nefrolitiasis. En: Kasper DL, Fauci AS, Hauser SL, Longo DL, Jamenson JL, Loscalzo J. Harrison (Eds.). *Principios de Medicina Interna* (19 edición). Mc Graw Hill, Madrid.

[5] URANOV, V. POPOV, I, SHAPUR, N., ABDIN, T., GOFRIT, O.N., PODE, D. Y DUVDEVANI, M. 2011. *X-ray diffraction and SEM study of kidney stones in Israel: quantitative analysis, crystallite size determination, and statistical characterization.* Environmental Geochemistry and Health 33, 613-622.

[6] NAVARRO, A., CAMPOS, A., CRESPO, P. V., ZULUAGA, A., RODRÍGUEZ, T. Y AGUILAR, J. 1990. *Morphostructural patterns in staghorn renal calculi seen under the scanning electron microscope.* British Journal of Urology 66(2), 132-136.

[7] GRIFFITH, DP. 1978. *Struvite stones.* Kidney International 13(5), 372-382.

[8] GOMES, C.S.F. Y SILVA, J.B.P. 2021. *Biominerals and Biomaterials. En: Minerals latu sensu and Human Health.* Benefits, Toxicity and Pathologies. Springer, Switzerland.

[9] SHTUKENBERG, A.G., POLONI, L.N., ZHU, Z., AN, Z., BHANDARI, M., SONG, P., ROHL, A.L., KAHR, B. Y WARD, M.D. 2015. *Dislocation-Actuated Growth and Inhibition of Hexagonal L-Cystine Crystallization at the Molecular Level.* Crystal Growth & Design 15, 921-934.

[10] KOUTSOPOULOS, S. Y DALAS, E. 2001. *Hydroxyapatite Crystallization in the Presence of Amino Acids with Uncharged Polar Side Groups: Glycine, Cysteine, Cystine, and Glutamine.* Langmuir 17, 1074-1079.

[11] SIENER, R. 2016. *Can the manipulation of urinary pH by beverages assist with the prevention of stone recurrence?* Urolithiasis 44 (1), 51-6.

[12] SIENER, R., BITTERLICH, N., BIRWÉ, H. Y HESSE, A. 2021. *The Impact of Diet on Urinary Risk Factors for Cystine Stone Formation.* Nutrients 13, 528.

5. Partículas eólicas y atmosferogénesis mineral

5. Aeolic particles and Mineral Atmospherogenesis

Iberulitos, genuinas partículas atmosféricas

Jesús Párraga Martínez, Francisco Javier Martín-Rodríguez.

Los iberulitos, descritos por primera vez en Granada [1], son partículas atmosféricas gigantes (34-190 µm), forma cuasiesférica y una depresión característica en uno de sus polos: 'vórtex'. Formados en procesos atmosféricos alimentados por "plumas de polvo" [2], donde el polvo funciona de núcleo de condensación de nubes, formando microgotas que crecen por coalescencia y sedimentan gravitacionalmente. En la caída sucede el secado y agregación de partículas. Por tamaño y complejidad, la microscopía electrónica de barrido (SEM) y microanálisis electrónico (EDX) son claves para su estudio (morfología, mineralogía o presencia de organismos) [3].

Iberulitos del polvo eólico sedimentado en Granada [1, 3, 4] fueron separados, bajo estereomicroscopio, con aguja enmangada. Parte adheridos al portamuestras del SEM con papel adhesivo de doble cara de carbono, y parte embebidos en resina Epoxi y pulidos. Todos metalizados con carbono y estudiados con SEM según las técnicas y equipos del Capítulo I.2.1.

Forma general pseudoesférica (Figuras 1, 2, 3, 4). Coasociación de minerales: filosilicatos, cuarzo y carbonatos (mayoritarios), además de feldespatos, sulfatos, yeso, halita y hematites [3]. Los filosilicatos, en capas, conforman la morfología general, con una corteza exterior (Figuras 2 y 3) con la acción, además, de carbonatos (Figura 5) y sulfatos [3]. Los filosilicatos también ejercen de cemento entre los granos interiores. El resto de minerales se distribuyen en la masa, quedando las partículas más grandes en el interior (Figuras 2 y 3). Incluso, se ha propuesto [3] a la actividad bacteriana con segregación de exopolisacáridos (EPS) como agentes cementantes de las partículas. Diámetro de partícula muy heterométrico: 20 a <0,1 µm; incluso nanométrico (Figura 6). Dada la naturaleza frágil del iberulito, fácilmente acaba disgregándose (Figuras 2 y 4), liberando partículas < 10 µm (PM$_{10}$ y PM$_{2.5}$) potencialmente nocivas por inhalación para la salud [4]. Como estructuras de gran tamaño relativo, alta porosidad (~50 %), baja densidad (0,65 g/cm^3) y cierto nivel de humedad, debido a los filosilicatos presentes y su formación desde gotas de agua [1], los iberulitos pueden considerarse una suerte de microecosistema para la supervivencia de microorganismos y material biológico diverso (Figuras 4, 5, 6). De ahí que se propongan como lanzaderas atmosféricas para el transporte intercontinental de bacterias y virus [3].

Iberulites, genuine Atmospheric Particles

Jesús Párraga Martínez, Francisco Javier Martín-Rodríguez.

Iberulites, first described in Granada [1], are giant atmospheric particles (34-190 µm), with a quasi-spherical shape and a characteristic depression at one of the poles: the vortex. They are formed in atmospheric processes fed by "dust plumes" [2], where dust functions as a cloud condensation nucleus, forming microdroplets that grow by coalescence and are deposited gravitationally. The particles are dried and aggregated during the depositing process. Due to the size and complexity of the particles, Scanning Electron Microscopy (SEM) and Electron Microanalysis (EDX) are crucial for their study (morphology, mineralogy or presence of organisms) [3].

Iberulites from the aeolian dust deposited in Granada [1, 3, 4] were separated, under stereomicroscope, with a sleeved needle. Some of them were attached to the SEM sample holder with double-sided adhesive carbon tape, and others were embedded in epoxy resin and polished; all of them coated with carbon and studied by SEM according to the techniques and equipment described in Chapter I.2.1.

They present a pseudo-spherical form (Figures 1, 2, 3 and 4). Mineral co-association of phyllosilicates, quartz and carbonates (majority), in addition to feldspars, sulfates, gypsum, halite and hematite [3]. Layered phyllosilicates form the general morphology with an outer crust (Figures 2 and 3), with the action of carbonates (Figure 5) and sulphates [3]. Phyllosilicates also act as a cement between the inner grains. The rest of the minerals are distributed in the mass, leaving the largest particles inside (Figures 2 and 3). It has even been proposed [3] that they act as cementing agents of the particles for bacterial activity, with segregation of exopolysaccharides (EPS). The diameter is very heterometric: 20 to <0.1 µm; even nanometric (Figure 6). Given the fragile nature of iberulite, it disintegrates easily (Figure 2 and 4), releasing particles < 10 µm (PM$_{10}$ and PM$_{2.5}$) potentially harmful to health by inhalation [4]. As relatively large-sized structures with high porosity (~50 %), low density (0.65 g/cm^3), and a certain level of humidity due to the phyllosilicates present, and their formation from water droplets [1], iberulites can be considered a kind of microecosystem for the survival of microorganisms and diverse biological material (Figures 4, 5, 6). Hence, they are proposed as vehicles for the intercontinental transport of bacteria and viruses [3].

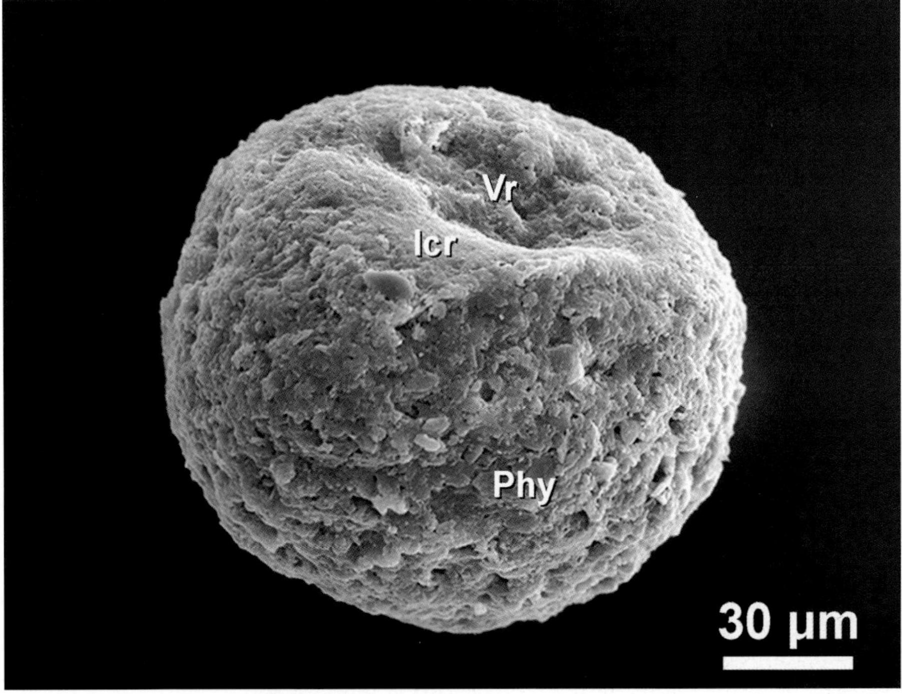

Figura 1. Imagen externa de iberulito de ~130 µm de diámetro. Se aprecian rasgos morfológicos característicos como forma pseudoesférica, depresión (vórtex) (**Vr**), cementación de la corteza exterior (**Icr**) y forma laminar de muchas de las partículas constituyentes (filosilicatos, **Phy**). Técnicas SEM: MET-AU, SEM-H-510-DIG. Adaptada de Figura 5a, página 11 [3].

Figure 1. External image of an iberulite ~130 µm in diameter. The characteristic morphological features such as pseudospherical shape, depression (vortex) (**Vr**), cementation of the outer crust (**Icr**) and plate form of many of the constituent particles (phyllosilicates, **Phy**) can be observed. SEM techniques: MET-AU, SEM-H-510-DIG. Adapted from Figure 5a, page 11 [3].

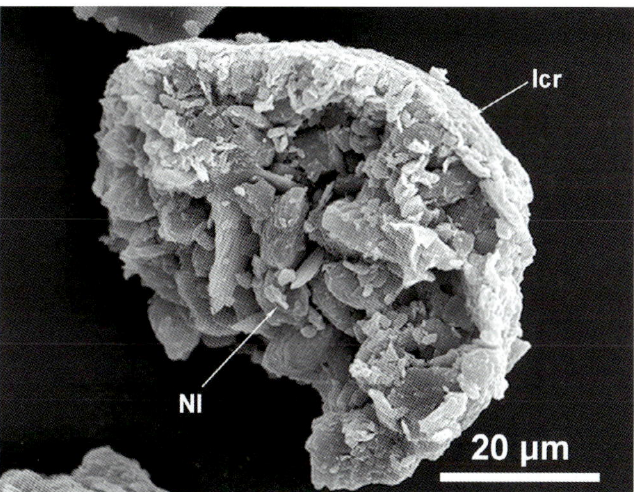

FIGURA 2. Iberulito fragmentado de ~65 µm de diámetro. Núcleo interior (core, **NI**) de partículas gruesas de menos de 20 µm de diámetro. Corteza (**lcr**) partículas laminares tamaño arcilla fina (< 0,2 µm) y nanoarcilla (100 nm). Técnicas SE: MET-AU, SEM-H-510-DIG. Adaptada de Figura 5i, página 11 [3].

FIGURE 2. Fragmented Iberulite ~65 µm in diameter. Inner core ("core", **NI**) of coarse particles less than 20 µm in diameter. Crust (**lcr**) of fine clay laminar particles (< 0.2 µm) and nanoclay (100 nm). SEM techniques: MET-AU, SEM-H-510-DIG. Adapted from Figure 5i, page 11 [3].

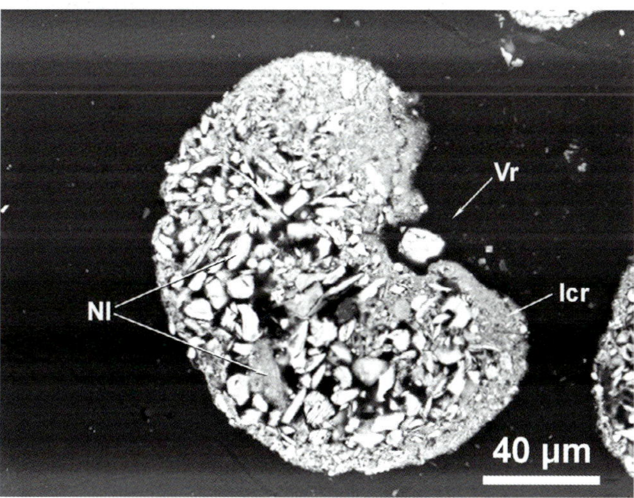

FIGURA 3. Sección pulida de iberulito de ~140 µm de diámetro. Se aprecia el vórtex (**Vr**), la corteza (**lcr**) de arcillas finas y nano y el núcleo de partículas gruesas (**NI**). Demuestra ser una estructura internamente porosa, de granulometría heterogénea. Técnicas SEM: MET-C, VPFESEM- SUPRA. Adaptada de Figura 5c, página 11 [3].

FIGURE 3. Polished section of iberulite about 140 µm of diameter. The vortex (**Vr**), the crust (**lcr**) of fine and nano clays and the core of coarse particles (**NI**) can be observed. This is an internally porous structure, with heterogeneous granulometry. SEM techniques: MET-C, VPFESEM- SUPRA. Adapted from Figure 5c, page 11 [3].

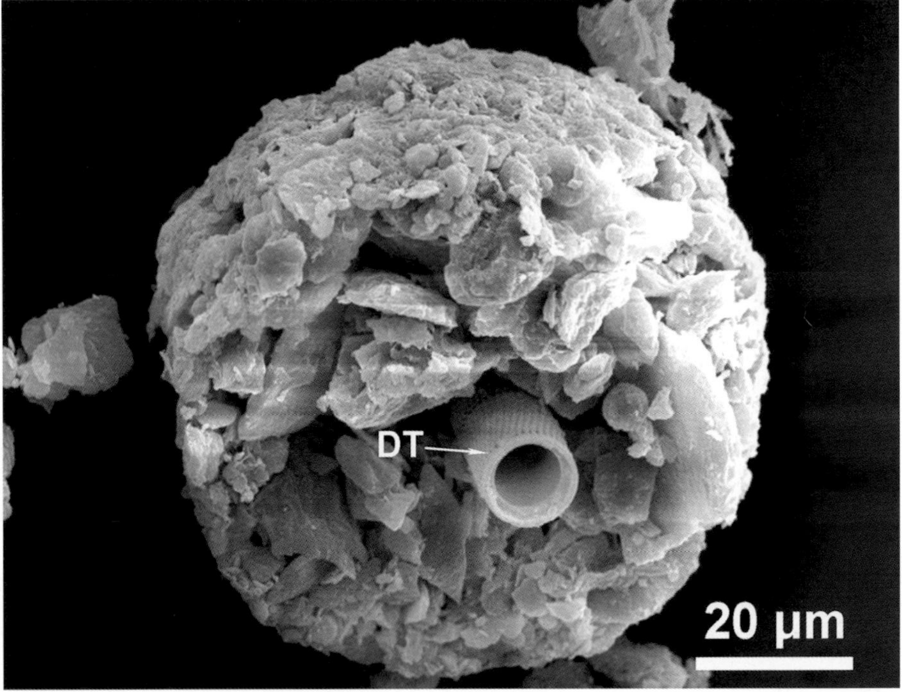

FIGURA 4. Iberulito de ~80 µm de diámetro, semidesagregado por uno de sus polos. Descubre una valva de diatomea incrustada (**DT**) (Subfilo *Melosirophytina*, posiblemente género *Aulacoseira*). La heterogenidad granulométrica de las partículas constituyentes es evidente. Técnicas SEM: MET-C, VPFESEM-SUPRA. Adaptada de Figura 1f, página 89 [4].

FIGURE 4. Iberulite with a diameter of ~80 µm, semi-disaggregated by one of its poles. It displays an embedded diatom shell (**DT**) (Subfilo *Melosirophytina*, possibly *Aulacoseira genus*). The granulometric heterogeneity of the constituent particles is evident. SEM techniques: MET-C, VPFESEM-SUPRA. Adapted from Figure 1f, page 89 [4].

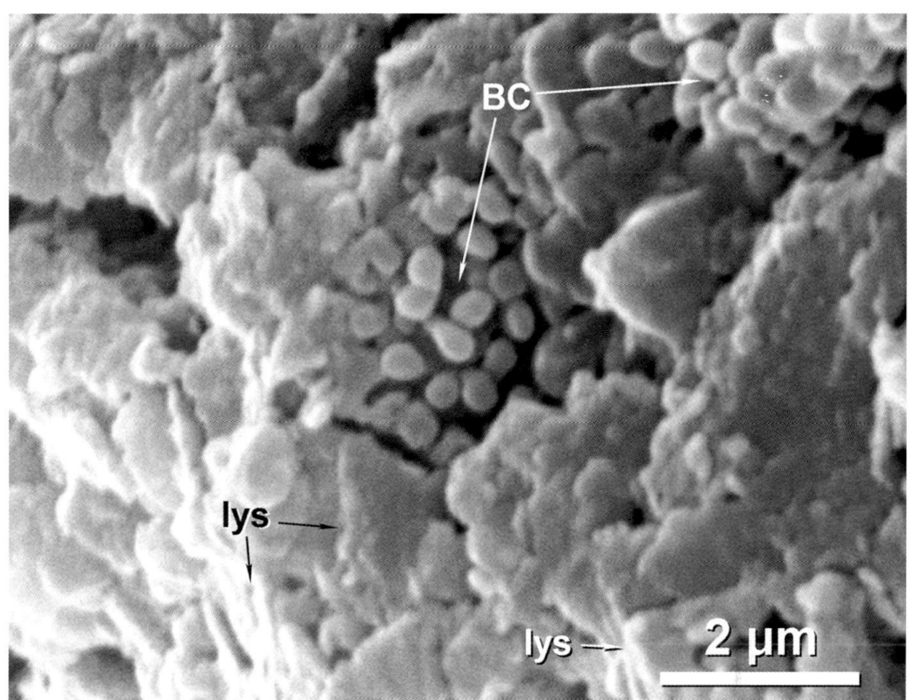

Figura 5. Superficie de iberulito. Se evidencia la configuración en capas (**lys**) de filosilicatos (y carbonatos); composición confirmada por EDX (espectro no incluido). En los micrositios se albergan colonias bacterianas (**BC**). Técnicas SEM: MET-C, VPFESEM-SUPRA, EDX-OXFORD50). Adaptada de Figura 5h, página 11 [3].

Figure 5. Surface of iberulite. The layered configuration (**lys**) of phyllosilicates (and carbonates) is evidente; composition confirmed by EDX (spectrum not included). Bacterial colonies (**BC**) are housed in microsites. SEM techniques: MET-C, VPFESEM-SUPRA, EDX-OXFORD50). Adapted from Figure 5 h, page 11 [3].

FIGURA 6. Superficie de iberulito. Visión de detalle de la corteza exterior filosilicatada. Muchas de las láminas constituyentes pueden ser consideradas nanoarcillas, incluso tactoides (**td**) (<100 nm). Presencia de un brocosoma (**BR**), secreción característica de los Cicadélidos (Orden Hemípteros). Técnicas SEM: MET-C, VPFESEM- SUPRA. Adaptada de Figura 5f, página 11 [3].

FIGURE 6. Surface of iberulite. Detailed view of the outer phyllosilicate crust. Many of the constituent sheets can be considered nanoclays, even tactoids (**td**) (<100 nm). Presence of a brocosome (**BR**), characteristic secretion of Cicadellidae (Order Hemiptera). Techniques: MET-C, VPFESEM- SUPRA. Adapted from Figure 5 f, page 11 [3].

Referencias
References

[1] Díaz-Hernández, J.L. y Párraga, J. 2008. *The nature and tropospheric formation of iberulites: Pinkish mineral microspherulites.* Geochimica et Cosmochimica Acta 72(15), 3883-3906.

[2] Córdoba-Jabonero, C., Sorribas, M., Guerrero-Rascado, J.L., Adame, J.A., Hernández, Y., Lyamani, H., Cachorro, V., Gil, M., Alados-Arboledas, L., Cuevas E. y de la Morena, B. 2011. *Synergetic monitoring of Saharan dust plumes and potential impact on surface: a case study of dust transport from Canary Islands to Iberian Peninsula.* Atmospheric Chemistry and Physics 11 (7), 3067-3091.

[3] Párraga, J., Martín-García, J.M., Delgado, G., Molinero-García, A., Cervera-Mata, A., Guerra, I, Fernandez-Gonzalez, M.V., Martin-Rodriguez F.J., Lyamani, H., Casquero-Vera, J.A., Valenzuela, A., Olmo, F.J. y Delgado, R. 2021. *Intrusions of dust and iberulites in Granada basin (Southern Iberian Peninsula). Genesis and formation of atmospheric iberulites.* Atmospheric Research 248, 105260.

[4] Párraga, J., Delgado, G., Martín-García, J.M. y Delgado, R. 2013. *Iberulitos: partículas atmosféricas gigantes potencialmente inhalables.* Actualidad Médica 98(789), 86-91.

Mineralogía de polvos eólicos con SEM-EDX

Alberto Molinero-García, Juan Manuel Martín-García,
Rafael Delgado Calvo-Flores

Una característica importante del polvo eólico es su mineralogía: especies minerales constituyentes y su proporción relativa. Es informativa del área fuente de procedencia [1]. El método universalmente empleado para estudiarla, cuando se dispone de cantidades suficientes ($\approx 0,5$ g), es la difracción de rayos X (XRD) [2, 3]. El SEM-EDX es otra técnica máster empleada que permite estudiar: hábitos cristalinos característicos, rasgos superficiales y composición elemental, informadores no sólo de la especie mineral sino de procesos que hayan podido sufrir dichas partículas en el área fuente o en su transporte atmosférico [4], asunto este último poco estudiado. El SEM-EDX aporta la posibilidad de estudiar partícula a partícula, pudiendo medir tamaño de grano, parámetro indicativo de origen [5], que, junto a la especie mineral, informa de la posible toxicidad para la salud humana [6, 7].

Granada (sur España) es una ciudad con relativos altos niveles de contaminación atmosférica [8], destacando la concentración de materia particulada [9]. Durante el periodo 2012-2015 fueron realizadas 37 captaciones mensuales de polvo sedimentable en un captador estandarizado de partículas sedimentables modelo PS MCV. Se abarcaron las cuatro estaciones del año: primavera [3], verano, otoño e invierno. Las muestras previamente secadas en estufa a 35 ºC, fueron montadas, metalizadas y estudiadas según técnicas y equipos del Capítulo I-2.1: MET-C, SEM-H-510-DIG, EDX-ER.

Las principales especies minerales detectadas fueron illita, caolinita, cuarzo, calcita y dolomita [3], las tres últimas fases evidenciadas con SEM-EDX (Figura 1). Algunas partículas eran de pequeños tamaños con la potencial implicación en la salud humana por su inhalación. Se detectaron también agregados de partículas de clara génesis atmosférica, como los iberulitos (Figura 2) [10]. Otras formas agregadas (Figura 3 y 4) eran de origen desconocido, relacionables con medios edáficos o como producto de procesos atmosféricos específicos. Dichos procesos han dejado sobre las partículas de cuarzo vestigios como bordes redondeados, películas de sílice, rasgos de abrasión, bordes bulbosos o placas levantadas (Figura 5).

La microscopía electrónica (SEM-EDX) aplicada a partículas minerales atmosféricas permite su identificación química (y mineral) y el estudio de sus rasgos morfoscópicos superficiales, que son indicativos de los procesos soportados a lo largo de su historia en la naturaleza [11].

Mineralogy of Atmospheric Dust using SEM-EDX

ALBERTO MOLINERO-GARCÍA, JUAN MANUEL MARTÍN-GARCÍA,
RAFAEL DELGADO CALVO-FLORES

An important feature of atmospheric dust is its mineralogy: constituent mineral species and relative proportion, which are indicative of the source area [1]. When sufficient quantities are available ($\approx$0.5 g), the method universally used for its study is X-ray diffraction (XRD) [2, 3]. SEM-EDX is another master technique used for study: characteristic crystalline habits, superficial features and elementary composition, which are indicative not only of the mineral species, but also the processes that such particles may have undergone in the source area or during atmospheric transport [4], the latter not fully studied. SEM-EDX provides the possibility of studying the matter particle by particle, with the ability to measure grain size, a parameter indicative of origin [5], which, together with the mineral species, provide information on possible toxicity to human health [6, 7].

Granada (southern Spain) is a city with relative high levels of atmospheric pollution [8], highlighting the high concentration of particulate matter [9]. During the period 2012-2015, 37 sedimentable atmospheric dust samples were collected (monthly) in a standardized PS MCV sediment particle collector. The four seasons were covered: spring [3], summer, autumn and winter. The samples were dried in a laboratory oven at 35 ºC, before being mounted, coated, and studied according to techniques and equipment described in Chapter I-2.1: MET-C, SEM-H-510-DIG, EDX-ER.

The main mineral species detected were illite, kaolinite, quartz, calcite and dolomite [3], the three last phases evidenced with SEM-EDX (Figure 1). Some particles were small with a potential effect on human health due to inhalation. Aggregates of particles of clear atmospheric genesis, such as iberulites, were also detected (Figure 2) [10]. Other aggregate forms (Figure 3 and 4) were of unknown origin, attributable to soil environment or as a product of specific atmospheric processes. These processes have left traces on quartz particles such as rounded edges, silica pellicles, abrasion features, bulbous edges or upturned plates (Figure 5).

Electron microscopy (SEM-EDX) applied to atmospheric mineral particles allows their chemical (and mineralogical) identification and the study of their surface morphoscopic features, which are indicative of the processes they have undergone throughout their history in nature [11].

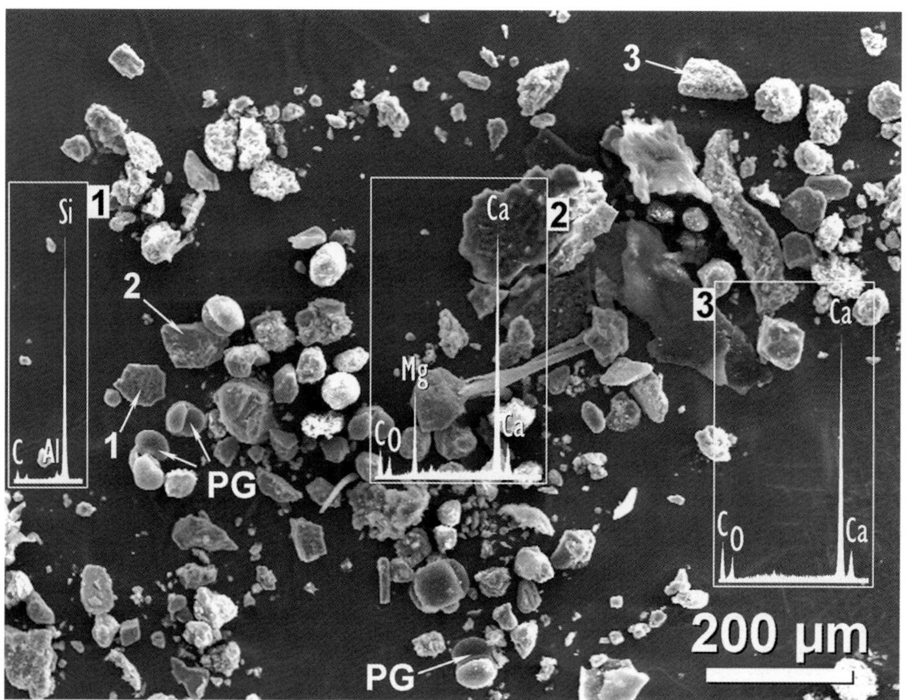

FIGURA 1. Imagen SEM de muestra de polvo atmosférico correspondiente a un periodo de verano (junio 2012). Aspecto general con partículas heterométricas (< 10 µm hasta > 200 µm) y de morfologías variadas. Se señalan (EDX) fases minerales mayoritarias en el polvo atmosférico: **1** Cuarzo, **2** Dolomita, **3** Calcita. Se observan granos de polen (**PG**).

FIGURE 1. SEM image of an atmospheric dust sample collected during summer (June 2012). General appearance with heterometric particles (< 10 µm to > 200 µm) and varied morphologies. Major mineral phases in atmospheric dust are marked (EDX): **1** Quarz, **2** Dolomite, **3** Calcite. Pollen grains are observed (**PG**).

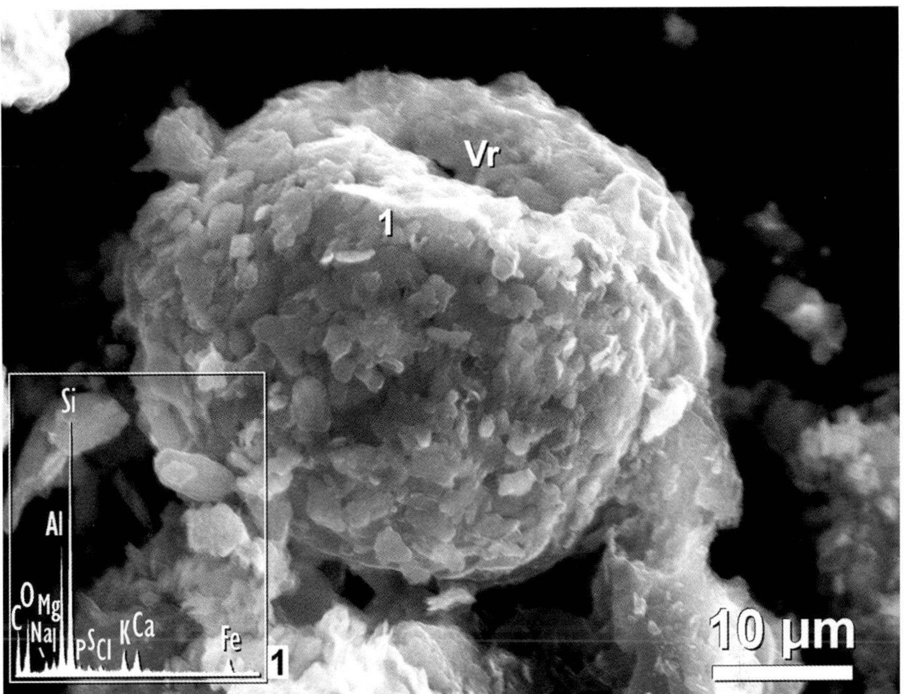

FIGURA 2. Imagen SEM de Iberulito (partícula agregada pseudoesférica de origen atmosférico) de junio de 2012. El microanálisis EDX (**1**) indica la naturaleza policonstituida del mismo. Presencia del vórtex, o depresión (**Vr**), en la superficie de uno de sus polos.

FIGURE 2. SEM image of iberulite (atmospheric pseudospherical aggregate particle) in June 2012. EDX (**1**) microanalysis indicates the multi-constituent nature of the vortex. Presence of the vortex, or depression (**Vr**), on the surface of one of its poles.

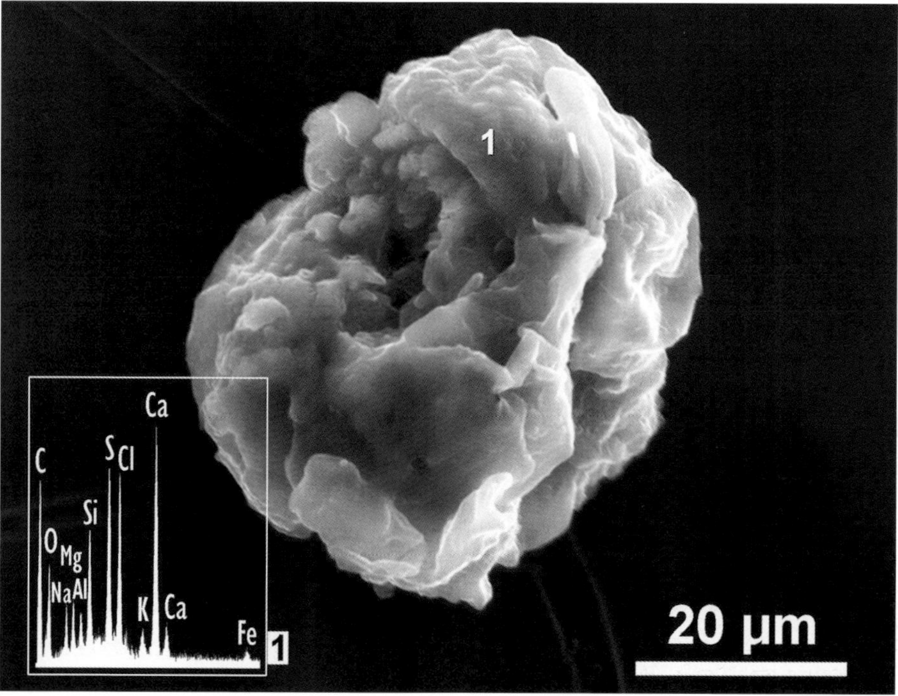

FIGURA 3. Imagen SEM de partícula agregada muestreada en febrero 2013. La presencia en el espectro EDX (**1**) de picos de elementos como azufre y cloro, con destacables alturas (altas proporciones), podría indicar origen ligado a procesos atmosféricos.

FIGURE 3. SEM image of an aggregate particle sampled in February 2013. The presence of peaks of elements such as sulfur and chlorine in the EDX spectrum (**1**), with remarkable peaks (high proportions), could indicate origin linked to atmospheric processes.

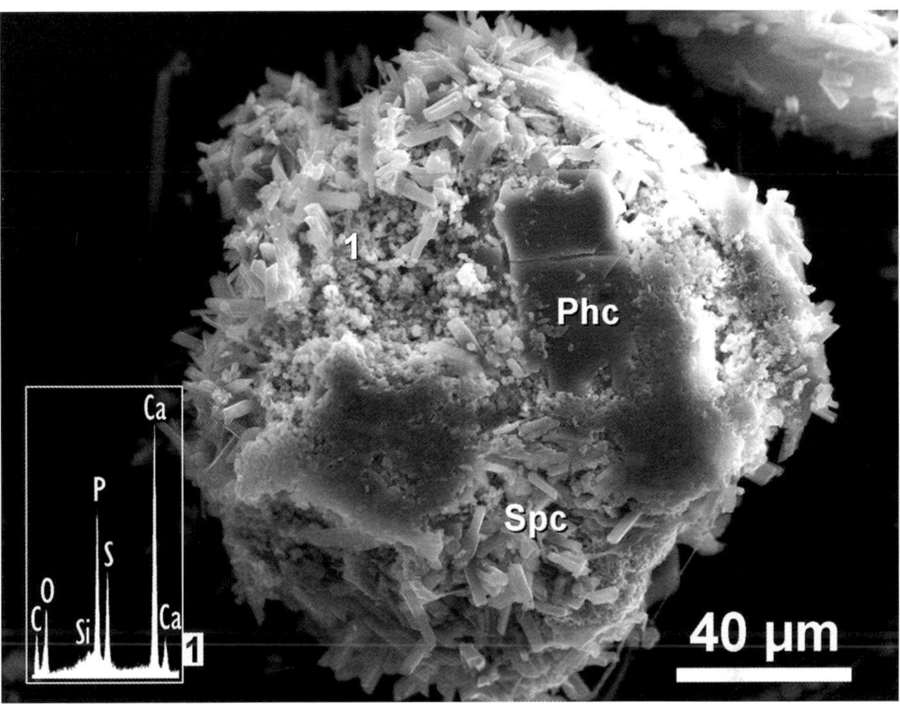

FIGURA 4. Imagen SEM de grano policristalino muestreado en abril de 2013. Se presenta cubierto por cristales de fosfato de calcio (**Phc**) y sulfato de calcio (**Spc**), como indica el espectro EDX (**1**).

FIGURE 4. SEM image of polycrystalline grain sampled in April 2013. It is covered by calcium phosphate (**Phc**) and calcium sulfate crystals (**Spc**), as indicated by the EDX spectrum (**1**).

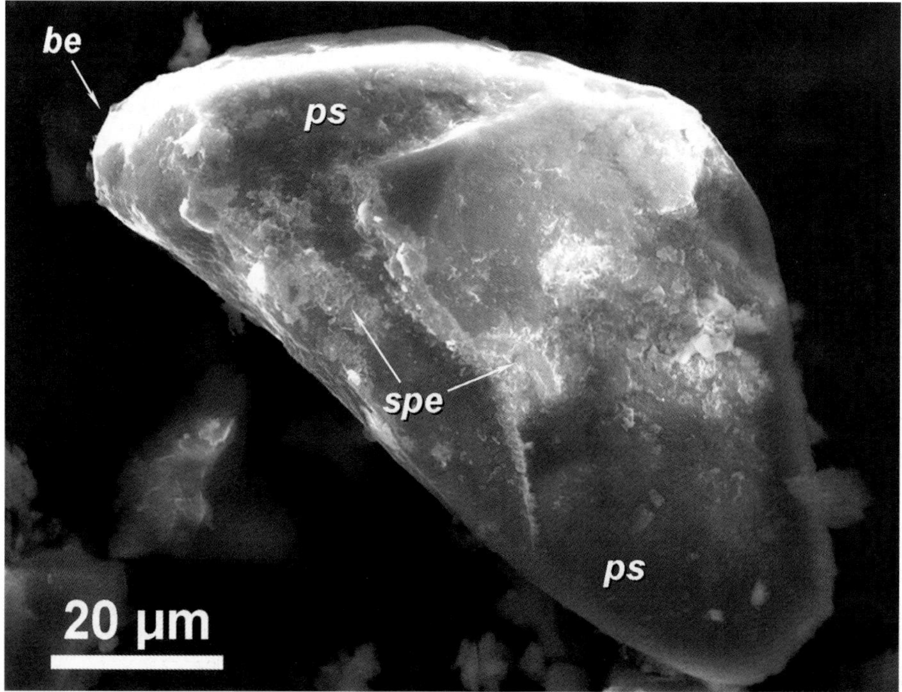

Figura 5. Imagen SEM de partícula de cuarzo muestreada en mayo de 2013. La naturaleza silícica se comprobó con EDX. Los rasgos superficiales son de clara filiación eólica: bordes redondeados (bulbosos) (*be*), superficie pulida (*ps*) y películas de sílice (*spe*). Adaptada de [3], Figura 4c, página 7.

Figure 5. SEM image of a quartz particle sampled in May 2013. The silicic nature was tested with EDX. The surface features are characteristic of the aeolian environment: rounded edges (*be*), polished surface (*ps*) and silica pellicles (*spe*). Adapted from [3], Figure 4c, page 7.

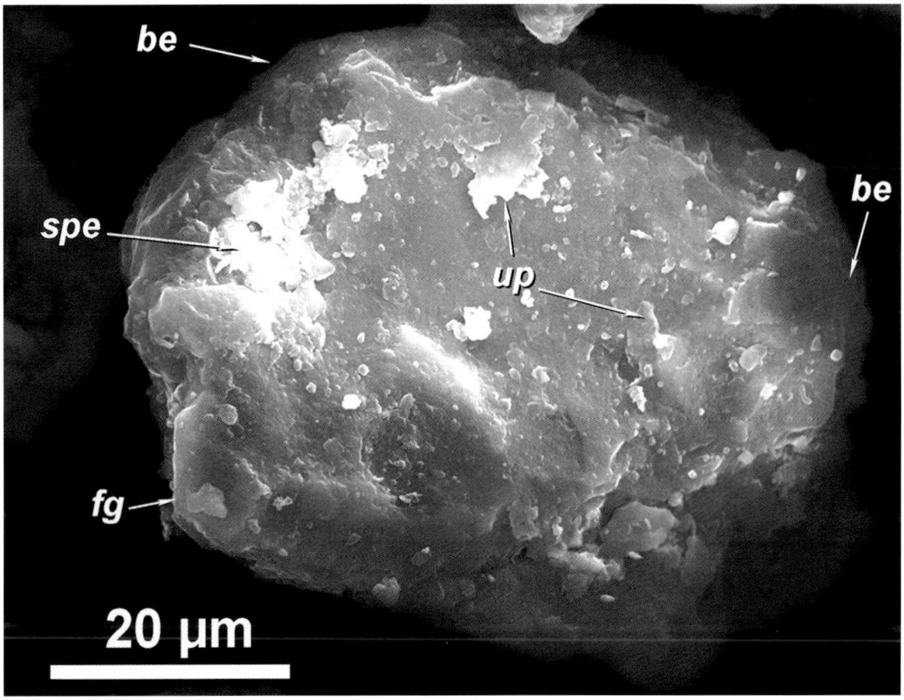

Figura 6. Partícula de cuarzo con clara filiación eólica. Muestreada en junio de 2014. La naturaleza silícica se comprobó con EDX. Se aprecian placas de sílice levantadas (*up*), bordes bulbosos (*be*) y películas de sílice (*spe*). Posibles caras de crecimiento con trazas de aristas a 120° (*fg*). Adaptada de [3], Figura 4f, página 7.

Figure 6. Quartz particle of clear aeolian origin. Sampled in June 2014. The silicic nature was tested with EDX. There are upturned plates (*up*), bulbous edges (*be*) and silica pellicles (*spe*). Possible growth faces with edges at 120° (*fg*). Adapted from [3], Figure 4f, page 7.

Referencias
References

[1] Scheuvens, D., Schütz, L., Kandler, K., Ebert, M. y Weinbruch, S. 2013. *Bulk composition of northern African dust and its source sediments—A compilation.* Earth-Science Reviews 116, 170-194.

[2] Párraga, J., Martín-García, J.M., Delgado, G., Molinero-García, A., Cervera-Mata, A., Guerra, I., Fernández-González, M.V., Martín-Rodríguez, F.J., Lyamani, H., Casquero-Vera, J.A., Valenzuela, A., Olmo, F.J. y Delgado, R. 2021. *Intrusions of dust and iberulites in Granada basin (Southern Iberian Peninsula). Genesis and formation of atmospheric iberulites.* Atmospheric Research 248, 105260.

[3] Molinero-García, A., Martín-García, J.M., Fernández-González, M.V. y Delgado, R. 2022. *Provenance fingerprints of atmospheric dust collected at Granada city (Southern Iberian Peninsula). Evidence from quartz grains.* Catena 208, 105738.

[4] Baker, A.R., Laskin, O. y Grassian, V.H. 2014. *Processing and Ageing in the Atmosphere.* En: Knippertz, P., Stuut, J.B. (Eds.). Mineral Dust. Springer, Dordrecht, pp. 75-92.

[5] Bergametti, G. y Forêt, G. 2014. *Dust Deposition.* En: Knippertz, P., Stuut, J.B. (Eds.), *Mineral Dust.* Springer, Dordrecht, pp. 179-200.

[6] WHO 2013. IARC: *Outdoor air pollution a leading environmental cause of cancer deaths.* Press release n° 221. Recuperado de: https://www.iarc.who.int/wp-content/uploads/2018/07/pr221_E.pdf

[7] WHO 2013. *Health effects of particulate matter. Policy implications for countries in eastern Europe, Caucasus and central Asia.* Recuperado de: https://www.euro.who.int/__data/assets/pdf_file/0006/189051/Health-effects-of-particulate-matter-final-Eng.pdf

[8] Ministerio de Transición Ecológica 2019. *Evaluación de la calidad del aire en España 2018,* p. 208. Recuperado de: https://www.miteco.gob.es/es/calidad-y-evaluacion-ambiental/temas/atmosfera-y-calidad-del-aire/informeevaluacioncalidadaireespana2018_tcm30-498764.pdf

[9] Querol, X., Perez, N., Reche, C., Ealo, M., Ripoll, A., Tur, J., Pey, J., Salvador, P., Moreno, T. y Alastuey, A. 2019. *African dust and air quality over Spain: Is it only dust that matters?* Science of the Total Environment 686, 737-752.

[10] Díaz-Hernández, J.L. y Párraga, J. 2008. *The nature and tropospheric formation of iberulites: pinkish mineral microspherulites.* Geochimica et Cosmochimica Acta 72 (15), 3883-3906.

[11] Molinero-García, A. (2022). *Genesis of quartz in Mediterranean soils (Génesis del cuarzo en suelos Mediterráneos).* Tesis Doctoral, Universidad de Granada (250 páginas). https://digibug.ugr.es/handle/10481/79631.

Morfoscopía de granos de cuarzo eólicos como indicadora de transporte atmosférico

Alberto Molinero-García, Pedro JM da Costa,
Juan Manuel Martín-García, Rafael Delgado Calvo-Flores

El cuarzo constituye el 12,6 % en peso de la corteza terrestre, siendo el segundo mineral más abundante (tras los feldespatos) [1]. Sus propiedades alta dureza (7) y baja solubilidad en agua (11,0 ± 1,1 mg kg^{-1}, at 25 °C and 1 bar; [2]) lo hacen relativamente inalterable facilitando su enriquecimiento en sedimentos y suelos, posibilitando su incorporación a la atmósfera por erosión eólica [3,4]. También permiten que recoja y mantenga en su superficie características adquiridas por meteorización (física o química) y/o precipitación, usadas con gran eficiencia en interpretaciones medioambientales [5-7], posibilitando su uso como 'huella dactilar' de procedencia. El método usado para estudiar los rasgos superficiales del cuarzo (microtexturas) es SEM-EDX [5]. Además, sus parámetros de forma se pueden analizar mediante SEM-IA [8]. La morfoscopía de los granos eólicos de cuarzo ha sido objeto de estudios anteriores [9].

La ciudad de Granada (sur de la Península Ibérica) está sometida a frecuentes intrusiones de polvo sahariano debido a su proximidad relativa con el desierto del Sahara [10]. En el capítulo anterior de este mismo libro (II.5.2) se aportan datos generales sobre la mineralogía de estos materiales. Durante tres periodos mensuales primaverales (2012-4PA, 2013-16PA y 2014-28PA), se recogieron muestras de polvo sedimentable (captador estándar PS MCV) para estudiar sus características y procedencia a través de los granos de cuarzo (n≈50 por muestra) mediante SEM-EDX-IA. La procedencia se evaluó previamente con las retrotrayectorias, HYSPLIT Model [11]. Las muestras secas en estufa a 35 °C fueron montadas, metalizadas y estudiadas según técnicas y equipos del Capítulo I-2.1: MET-C, SEM-H-510-DIG, EDX-ER, IMAGE-J. Sobre los datos morfoscópicos se aplicó análisis estadístico de componentes principales (PCA).

El rango de tamaños medios de los granos de cuarzo oscila entre 45-73 μm. La morfoscopía de los granos de las dos muestras de procedencia africana (2012-4PA, 2014-28PA) evidenció rasgos propios de eolismo (sufridos durante el transporte atmosférico): a) mayor presencia de las microtexturas *bulbous edges* y *upturned plates* [9] (Figuras 2b, 3, 5, y b) parámetros de forma con menor valor de área, perímetro, feret máximo, feret mínimo, eje mayor y eje menor (elipse) y *shape factor*; y mayor valor de *aspect ratio* (Figure 6). Sin embargo, la muestra 2013-16PA, mostró morfoscopías eólicas menos evolucionadas (Figuras 2a, 4) e incluso *solutions pits* [6], propias de ambientes edáficos [12].

Concluimos que el estudio SEM-EDX y SEM-IA de granos de cuarzo atmosféricos informa sobre su procedencia y procesos de transporte. Además, evidencia que la atmósfera es una esfera ambiental más, donde los granos minerales pueden ser modificados; abriendo la línea de investigación sobre la alteración/neoformación mineral por vía atmosférica ("atmosferogénesis mineral"), poco estudiada hasta ahora, pero con grandes aplicaciones futuras a nivel ecosistémico y de salud humana.

Morphoscopy of Aeolian Quartz Grains as an Indicator of Atmospheric Transport

ALBERTO MOLINERO-GARCÍA, PEDRO JM DA COSTA,
JUAN MANUEL MARTÍN-GARCÍA, RAFAEL DELGADO CALVO-FLORES

Quartz constitutes 12.6 % by weight of the Earth's crust, being the second-most abundant mineral (after feldspars) [1]. Its high hardness (7) and low solubility in water (11.0 ± 1.1 mg kg^{-1}, at 25 °C and 1 bar; [2]) are properties make it relatively unalterable, facilitating its enrichment in sediments and soils, and enabling its incorporation into the atmosphere by wind erosion [3,4]. They also allow it to collect and maintain characteristics acquired by weathering (physical or chemical) and/or precipitation on its surface, of great utility in environmental interpretations [5-7], allowing us to use quartz as a "fingerprint" of provenance. The method used to study quartz surface features (microtextures) is SEM-EDX [5]. Furthermore, its shape parameters can be analyzed using SEM-IA [8]. The morphoscopy of aeolian quartz grains has already been the subject of previous studies [9].

The city of Granada (southern Iberian Peninsula) is impacted by frequent arrivals of Saharan dust due to its relative proximity to the Sahara desert [10]. The previous chapter of this same book (II.5.2) provides general data on the mineralogy of these materials. During three monthly spring periods (2012-4PA, 2013-16PA and 2014-28PA), sedimentable dust samples were collected (PS MCV standard collector) and their characteristics and provenance were studied through quartz grains (n≈50 per sample) using SEM-EDX-IA. The provenance was assessed beforehand using backward trajectories of the HYSPLIT Model [11]. The samples were dried in an oven at 35 °C, before being mounted, metal-coated and studied according to the techniques and equipment of Chapter I-2.1: MET-C, SEM-H-510-DIG, EDX-ER, IMAGE-J. Statistical analysis of principal components (PCA) was applied to the morphoscopic data.

The mean size range of the quartz grains was 45-73 μm. The morphoscopy of the quartz grains of the two samples of African provenance (2012-4PA, 2014-28PA) showed characteristics of wind erosion (suffered during atmospheric transport): a) greater presence of "bulbous edges" and "upturned plates" microtextures [9] (Figures 2b, 3, 5, and b) shape parameters with small area value, perimeter, maximum Feret, minimum Feret, long axis and short axis (ellipse) and "shape factor"; and high "aspect ratio" value (Figure 6). However, the 2013-16PA sample showed less evolved aeolian morphoscopies (Figures 2a, 4) and even "solution pits" [6], typical of pedogenic environments [12].

We conclude that the SEM-EDX and SEM-IA study of atmospheric quartz grains informs us about their origin and transport processes. In addition, it shows that the atmosphere is another environmental sphere where mineral grains can be modified; opening a line of research into atmospheric mineral alteration/neoformation, until now rarely studied (mineral atmospherogenesis), but with great potential for future applications relating to ecosystems and human health.

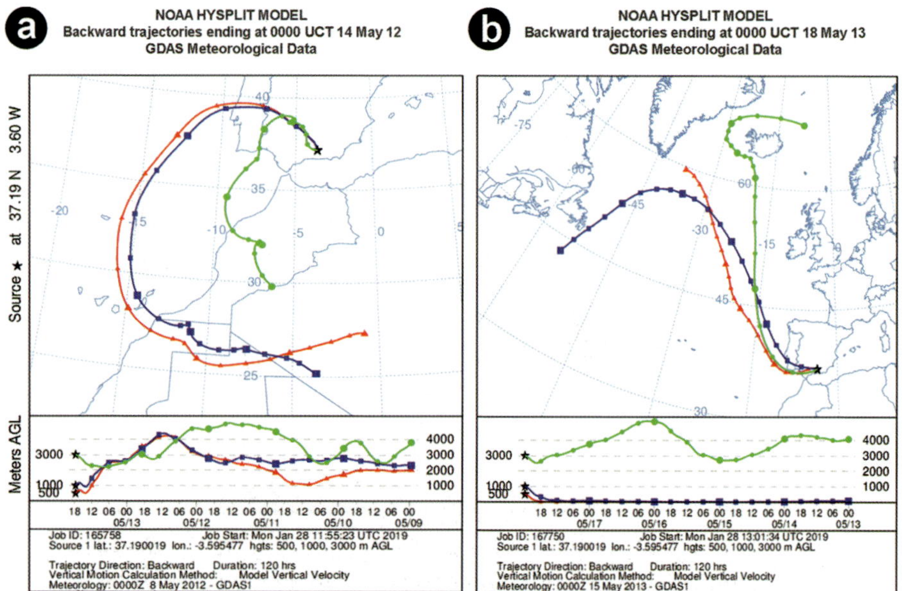

Figura 1. Ejemplos de retrotrayectorias en los periodos muestreados: [**a**] 14 de mayo de 2012 (muestra 2012-4PA) procedente de África del norte, y [**b**] 18 de Mayo de 2013 (muestra 2013-16 PA) procedente del Océano Atlántico. Adaptada de Figura 2, pág. 3 [13].

Figure 1. Examples of backward trajectories in the sampled periods: [**a**] May 14, 2012 (sample 2012-4PA) from North Africa, and [**b**] May 18, 2013 (sample 2013-16 PA) from the Atlantic Ocean. Adapted from Figure 2, p. 3 [13].

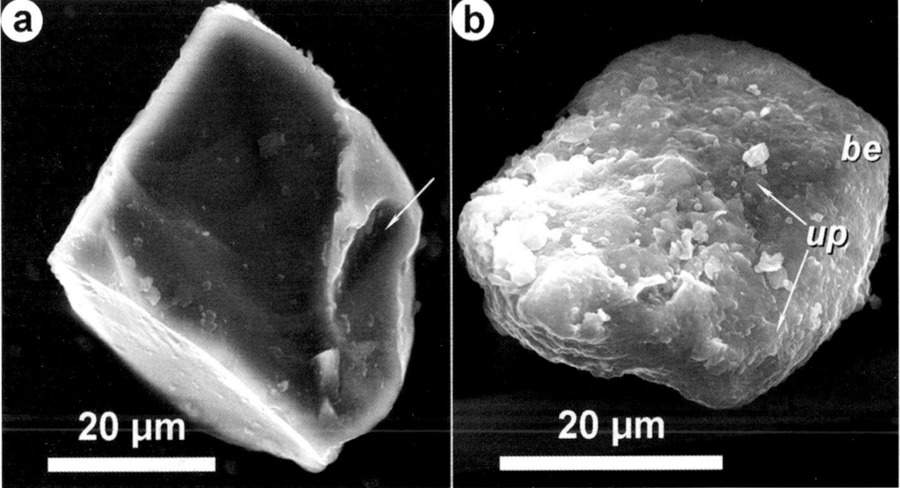

Figura 2. Imágenes SEM de dos partículas de cuarzo atmosféricas con distinta procedencia (no africana -**a**-, africana –**b**-). Se evidencian distintas morfoscopías: [**a**] muestra 2012-4PA, grano de cuarzo de ~55 µm, aspecto relativamente fresco, sin modelado eólico, bordes angulosos y posible procedencia local, no obstante, en la mitad derecha del grano se reconoce una zona de alteración (**flecha**); [**b**] muestra 2014-28PA, grano de cuarzo de ~35 µm de bordes bulbosos (**be**) y presencia de *upturned plates* (**up**), que indican que ha sufrido considerable transporte eólico.

Figure 2. SEM images of two atmospheric quartz particles with different origins (non African -**a**-, African -**b**-). Different morphoscopies are evident: [**a**] sample 2012-4PA, quartz grain of ~55 µm with a relatively fresh appearance, not eolian, sharp edges and possible local origin, however, in the right half of the grain a zone of alteration is recognized (**arrow**); [**b**] sample 2014-28PA, quartz grain of ~35 µm with bulbous rounded edges (**be**) and presence of "upturned plates" (**up**), which indicate that it has undergone considerable wind transport.

Figura 3. Imagen SEM de grano de cuarzo, muestra 20212-4PA. Grano policristalino (43 µm de diámetro maximo) de relieve medio, subredondeado, con microtexturas típicas eólicas, a saber: *upturned plates* (**up**), *bulbous edges* (**be**) y *mechanically upturned plates* (**mup**). Adaptado de la Figura 4a, página 7 [13].

Figure 3. SEM image of a quartz grain, sample 20212-4PA. Medium-relief polycrystalline grain (43 µm maximum diameter), subrounded, whit typical aeolian microtextures, namely: "upturned plates" (**up**), "bulbous edges" (**be**), and "mechanically upturned plates" (**mup**). Adapted from Figure 4a, page 7 [13].

Figura 4. Imagen SEM de grano de cuarzo, muestra 2012-4PA. Grano monocristalino (59 µm de largo), relieve medio en el que se reconocen caras cristalinas (**Crf**). Superficie limpia, perímetro subredondeado con microtexturas mecánicas, a saber: *sharp angular features* (**saf**), *linear steps* (**ls**), y *straight grooves* (**sg**). Adaptado de la Figura 4b, página 7 [13].

Figure 4. SEM image of a quartz grain, sample 2012-4PA. Medium-relief monocrystalline grain (59 µm long) in which crystal faces (**Crf**) are observed. Clear surface, subrounded perimeter with mechanical microtextures, namely: "sharp angular features" (**saf**), "linear steps" (**ls**), and "straight grooves" (**sg**). Adapted from Figure 4b, page 7 [13].

Figura 5. Imagen SEM de grano de cuarzo, muestra 2014-28PA. Grano monocristalino (25 µm de largo) y aerodinámico de bajo relieve. Se observan microtexturas eólicas típicas, a saber: *bulbous edges* (**be**), *upturned plates* (**up**) y superficie pulida (**ps**).

Figure 5. SEM image of a quartz grain, sample 2014-28PA. Low-relief monocrystalline and aerodymaic grain (25 µm long). Typical aeolian microtextures, namely: "bulbous edges" (**be**), "upturned plates" (**up**) and polished surface (**ps**), are observed.

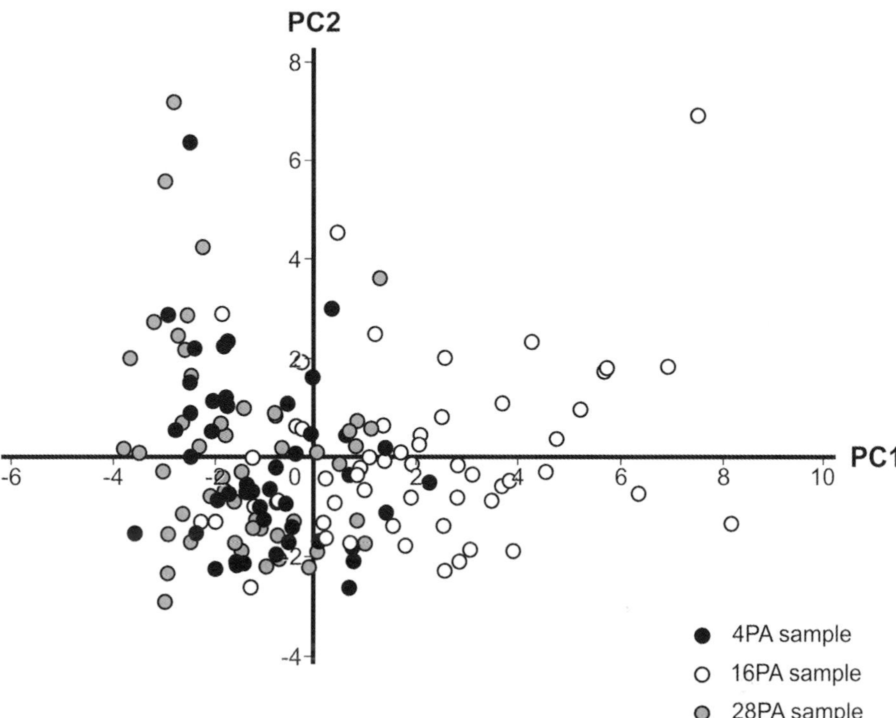

Figura 6. Representación gráfica del análisis de componentes principales (PCA) para los parámetros de forma de los granos de cuarzo: área, perímetro, feret máximo (maxferet), feret mínimo (minferet), eje mayor y menor (ellipse), *shape factor, aspect ratio* (AR), maxferet/minferet, y redondez (n=156). Los componentes **PC1** y **PC2** explican el 91.20 % de la variabilidad de la muestra. Los granos de cuarzo de la muestra 16PA se diferencian por presentar mayores valores de **PC1**, componente definido por los parámetros relacionados con el tamaño (área, perímetro, maxferet, minferet, eje mayor, eje menor).

Figure 6. Graphical representation of principal component analysis (PCA) for quartz grain shape parameters: area, perimeter, maximum feret (maxferet), minimum feret (minferet), major and minor axis (ellipse), shape factor, aspect ratio (AR), maxferet/ minferet, and roundness (n=156). **PC1** and **PC2** components explain 91.20 % of the sample variability. Quartz grains belonging to the sample 16PA sample differs due to its higher values of **PC1**, a component formed by the parameters related to the size (area, perimeter, maxferet, minferet, major axis, minor axis).

Referencias
References

[1] STRUNZ, H. Y TENNYSON, C. 1982. *Mineralogical Tables.* Akademie-Verlaggesellschaft. Geest & Portig, Leipzig.

[2] RIMSTIDT, J.D. 1997. *Quartz solubility at low temperatures.* Geochim. Cosmochim. Acta 61, 2553-2558.

[3] BLATT, H., MIDDLETON, G.V. Y MURRAY, R.C. 1980. *Origin of Sedimentary Rocks.* Prentice-Hall Inc, Englewood Cliffs, NJ.

[4] MENUT, L., PÉREZ, C., HAUSTEIN, K., BESSAGNET, B., PRIGENT, C. Y ALFARO, S. 2013. *Impact of surface roughness and soil texture on mineral dust emission fluxes modeling.* J. Geophys. Res. Atmos. 118(12), 6505-6520.

[5] MAHANEY, W.C. 2002. *Atlas of Sand Grain Surface Textures and Applications.* Oxford University Press. Oxford, UK.

[6] VOS, K., VANDENBERGHE, N. Y ELSEN, J. 2014. *Surface textural analysis of quartz grains by Scanning Electron Microscopy (SEM): From sample preparation to environmental interpretation.* Earth-Sci. Rev. 128, 93-104.

[7] KEMNITZ, H. Y LUCKE, B. 2019. *Quartz grain surfaces–A potential microarchive for sedimentation processes and parent material identification in soils of Jordan.* Catena 176, 209-226.

[8] KANDLER, K., BENKER, N., BUNDKE, U., CUEVAS, E., EBERT, M., KNIPPERTZ, P., RODRÍGUEZ, S., SCHÜTZ, L. Y WEINBRUCH, S. 2007. *Chemical composition and complex refractive index of Saharan Mineral Dust at Izaña, Tenerife (Spain) derived by electron microscopy.* Atmos. Environ. 41(37), 8058-8074.

[9] COSTA, P.J.M., ANDRADE, C., MAHANEY, W.C., DA SILVA, F.M., FREIRE, P., FREITAS, M.C., JANARDO, C., OLIVEIRA, M.A., SILVA, T. Y LOPES, V. 2013. *Aeolian microtextures in silica spheres induced in a wind tunnel experiment: Comparison with aeolian quartz.* Geomorphology 180, 120-129.

[10] SALVADOR, P., PEY, J., PÉREZ, N., QUEROL, X. Y ARTÍÑANO, B. 2022. *Increasing atmospheric dust transport towards the western Mediterranean over 1948–2020.* npj Climate and Atmospheric Science 5(1), 1-10.

[11] RECHE, I., D'ORTA, G., MLADENOV, N., WINGET, D.M. y SUTTLE, C.A. 2018. *Deposition rates of viruses and bacteria above the atmospheric boundary layer.* ISME J. 12 (4), 1154-1162.

[12] MOLINERO-GARCÍA, A. (2022). *Genesis of quartz in Mediterranean soils (Génesis del cuarzo en suelos Mediterráneos).* Tesis Doctoral, Universidad de Granada (250 páginas) https://digibug.ugr.es/handle/10481/79631.

[13] MOLINERO-GARCÍA, A., MARTÍN-GARCÍA, J.M., FERNÁNDEZ-GONZÁLEZ, M.V. y DELGADO, R. 2022. *Provenance fingerprints of atmospheric dust collected at Granada city (Southern Iberian Peninsula). Evidence from quartz grains.* Catena 208, 105738.

Estudio con SEM de dos episodios de lluvia de barro sobre la Ciudad de Granada (España)

Azahara Navarro Nieva, Jesús Párraga Martínez,
Rafael Delgado Calvo-Flores

Las tormentas de polvo características de zonas áridas y semiáridas son fuentes de polvo atmosférico en suspensión. En condiciones favorables, éste puede ser distribuido a nivel global [1] depositándose en los continentes como "deposición seca" o "lluvias de barro" [2]. El estudio SEM de las lluvias de barro es de gran utilidad para su caracterización [3], aunque son escasos los antecedentes.

Se investigaron lluvias de barro pertenecientes a dos eventos de calima africana de Granada [www.dust.aemet.es/] en el periodo 14-17 Marzo 2022 (LLB16) y 26-29 Abril 2022 (LLB23). [4] Metodología: color Munsell; análisis mineralógico difracción de rayos X (Bruker D8 DISCOVER, programa XPowder [5]); análisis granulométrico láser en medio líquido (Mastersizer 2000); microscopía electrónica de barrido y microanálisis (técnicas descritas en Capítulo I.2.1, acrón. MET-C, FESEM-GEMINI, EDX-OXFORD10), fijando las muestras con glutaraldehído y tetróxido de osmio para mantener las estructuras bacterianas y secando sobre soporte de papel/vidrio. Las medidas de diámetro máximo de las partículas fueron sobre imágenes SEM, visualmente, con regla.

Colores pardos (LLB16: 7,5 YR 5/4 en seco y 7,5 YR 4/3 en húmedo), indicando fases de hierro. Composición mineralógica (LLB16): filosilicatos (56 %), cuarzo (23 %), carbonatos (16 %), feldespatos (4 %) y óxidos de hierro (1 %) que en SEM (Figura 1) se muestran como gránulos (<5 μm), revestidos de filosilicatos. El análisis granulométrico registra 65 % de partículas <10 μm y 28 % <2,5 μm. En SEM aparecen como un material heterométrico (Figuras 2 y 3) con partículas entre 0,08 μm y 6,6 μm; según estas medidas el 100 % serían <10 μm, 87,3 % <2,5 μm y 2,6 % <0,1 μm. Las diferentes proporciones de <10 μm y <2,5 μm, obtenidas según láser y SEM, se deben a ser distintas técnicas. Las formas frecuentes de los granos son planas y equidimensionales, con superficie subredondeada, denotando el modelado eólico. La abundancia de formas laminares (Figuras 2 y 5) corrobora los porcentajes de filosilicatos (XRD). Detectamos esporas fúngicas (Figura 4) y posibles EPS (Figura 5), signos evidentes del transporte atmosférico de microorganismos [3]. Nueva singularidad biológica es la presencia de posibles nanobacterias asociadas a partículas minerales (Figura 6).

Concluimos que la lluvia de barro tiene un riesgo para la salud: 1- Es rica en en partículas < 10 μm y < 2,5 μm, que pueden considerarse indicativas de valores altos en PM10 y PM2,5 [6]. 2- El porcentaje de cuarzo (23 %) bordea el límite del 25 % [7]. 3- Potencial riesgo biológico.

SEM study of two Rain Dust Episodes in the City of Granada (Spain)

Azahara Navarro Nieva, Jesús Párraga Martínez,
Rafael Delgado Calvo-Flores

Dust storms characteristic of arid and semiarid areas are a source of suspended atmospheric dust. In favourable conditions, this dust can be distributed globally [1], deposited across the continents as dry deposition or by rain dust [2]. The SEM study of rain dust is useful for its characterization [3], although previous works are scarce.

Rain dust belonging to two African dust events in Granada during the period 14-17 March 2022 (LLB16) and 26-29 April 2022 (LLB23) were investigated [4]. Methodology: Munsell colour, mineralogical analysis with X-Ray diffraction (Bruker D8 DISCOVER, XPowder software [5]), laser granulometric in liquid medium (Mastersizer 2000), Scanning Electron Microscopy and microanalysis (techniques described in Chapter I.2.1. acron. MET-C, FESEM-GEMINI, EDX-OXFORD10), fixating samples with glutaraldehyde and osmium tetroxide to keep bacterial structures and drying over a paper/glass support. Measurements of maximum particle diameter were taken visually over the images with a ruler.

Brown colors (LLB16: 7.5 YR 5/4 dry and 7.5 YR 4/3 wet), indicate iron phases. Mineral composition (LLB16), phyllosilicates (56 %), quartz (23 %), carbonates (16 %), feldspars (4 %) and iron oxides (1 %) shown in SEM (Figure 1) as grains (<5 μm) covered by phyllosilicates. The granulometric analysis shows 65 % < 10 μm and 28 % <2.5 μm particles. In SEM, it is shown as a material composed of different-sized particles (Figures 2 and 3), ranging from 0.08 μm to 6.6 μm; with 100 % <10 μm, 87.3 % <2.5 μm and 2.6 % <0.1 μm according to the measurements taken. Grain shapes are frequently flat and equidimensional, with a subrounded surface, denoting aeolian modelling. The abundance of laminar morphologies (Figures 2 and 5) corroborates the percentage of phyllosilicates (XRD). We detected fungal spores (Figure 4) and possible EPS (Figure 5), evident signs of the atmospheric microbial transport [3]. A new biological singularity is the presence of possible nanobacteria associated with mineral particles (Figure 6).

In conclusion, rain dust poses a threat to human health: 1-It is rich in particles < 10 μm and < 2,5 μm, which can be considered indicative of high PM10 and PM2.5 values [6]. 2-The percentage of quartz (23 %) almost reaches the limit of 25 % [7]. 3-Potential biological risk.

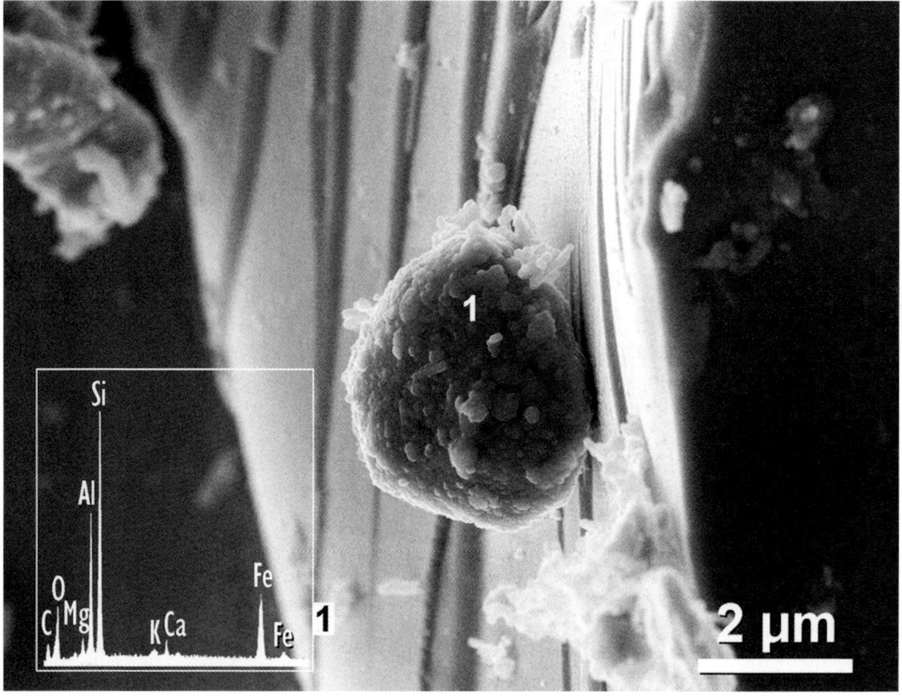

Figura 1. Evento de lluvia de barro LLB16. Gránulo de unas 4 µm de forma subesférica y superficialmente redondeado. Policonstituido elementalmente (EDX, **1**) por Si, Ca, Al, Mg, Fe, Na, O, C y K; el pico de Fe es destacado.

Figure 1. Rain dust event LLB16. Subspheric-shaped and superficially rounded grain of 4 µm. Elementally composed of Si, Ca, Al, Mg, Fe, Na, O, C and K (EDX, **1**); there is a prominent peak of Fe.

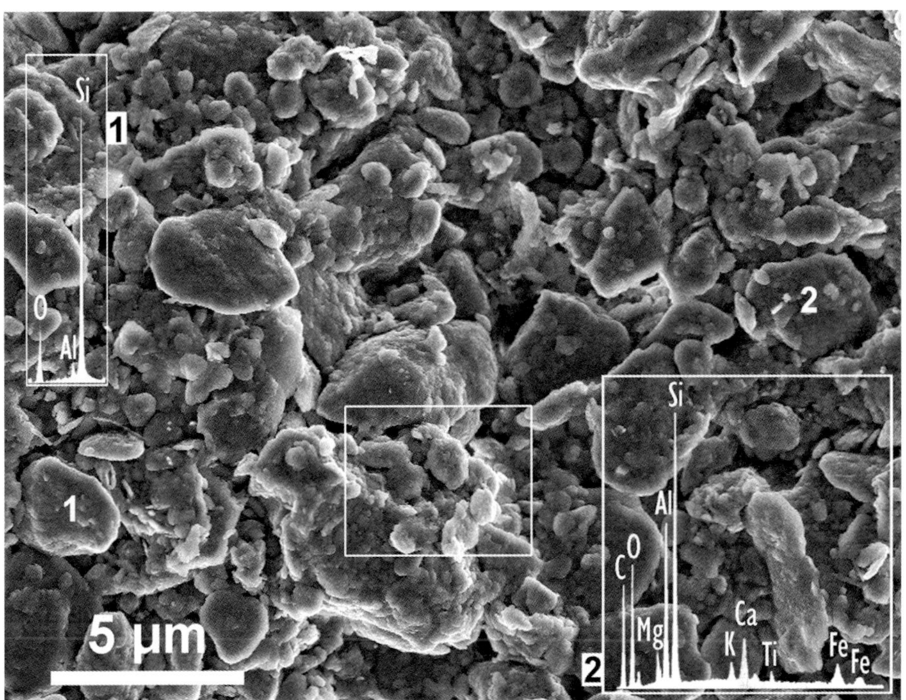

Figura 2. Evento de lluvia de barro LLB16. Campo de partículas de ~3,9 μm (tamaño medio) inmerso en matriz de partículas < 1 μm. Morfologías predominantemente laminares. Superficies subredondeadas. El aspecto estratificado se debe a la preparación de la muestra. **1**-Cuarzo (EDX, Si, O). **2**-Filosilicato (EDX, Si, O, Al, Mg, K, Ti). El recuadro señala el área estudiada en la siguiente imagen.

Figure 2. Rain dust event LLB16. Field of particles of ~3.9 μm (average size) over smaller size particles < 1 μm. Morphologies of laminar appearance. Subrounded surfaces. The stratified appearance is due to the sample preparation. **1**-Quartz (EDX, Si, O). **2**-Phyllosilicate (EDX, Si, O, Al, Mg, K, Ti). The box shows the area studied in the following image.

Figura 3. Detalle de Figura 2, campo marcado con recuadro en esa imagen. Matriz de partículas heterométricas con un tamaño medio de 450 nm y un rango de 80 nm a 1400 nm (< 2,5 µm).

Figure 3. Detail of Figure 2, field marked with a box in that image. Matrix of particles with an average size of 450 nm, ranging from 80 nm to 1400 nm (< 2,5 µm).

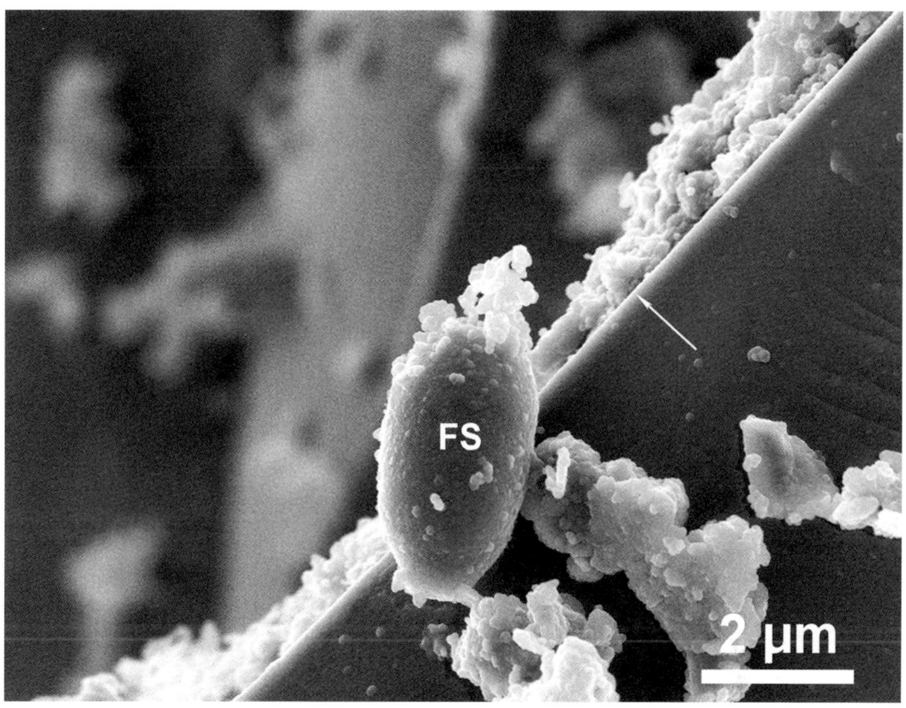

Figura 4. Evento de lluvia de barro LLB23. Espora fúngica de forma elipsoidal de tamaño 3,7 μm. (**FS**). La línea neta (NE-SW de la imagen) señala el borde del portamuestras. Adaptada de Figura 6a, página 9 [4].

Figure 4. Rain dust event LLB23. Ellipsoidal-shaped fungal spore of 3.7 μm size. (**FS**). The clear line (NE-SW in this image) indicates the edge of the sample holder. Adapted from Figure 6a, page 9 [4].

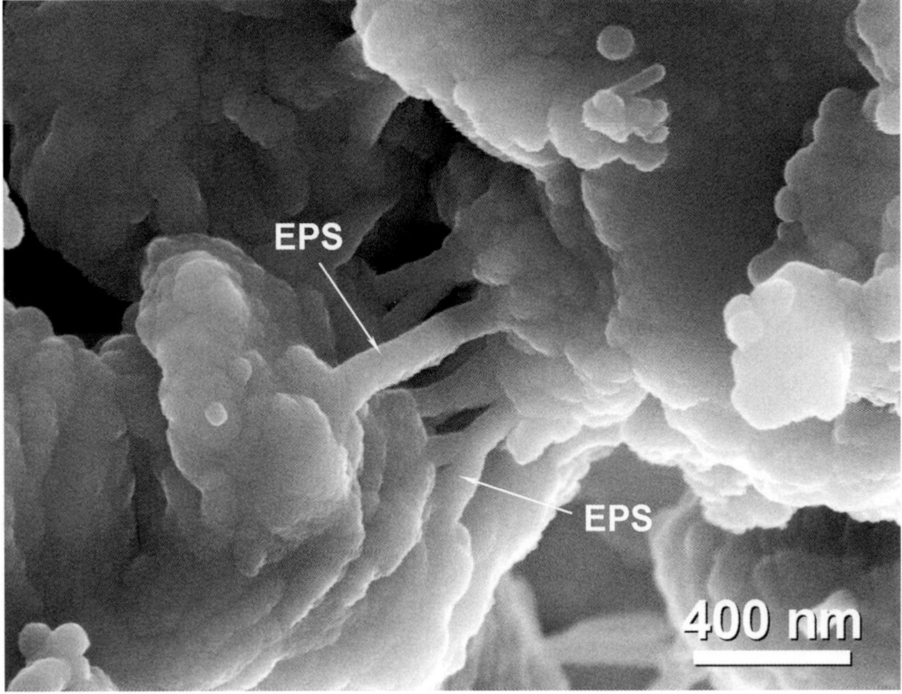

Figura 5. Evento de lluvia de barro LLB23. Campo de partículas minerales laminares heterométricas (80-450 nm) unidas mediante posibles filamentos de EPS bacterianos, de ~80 nm de grosor (**EPS**).

Figure 5. Rain dust event LLB23. Field of mineral different-sized particles with laminar aspect (80-450 nm), joined together with filaments of possible bacterial EPS, with a thickness of ~80 nm (**EPS**).

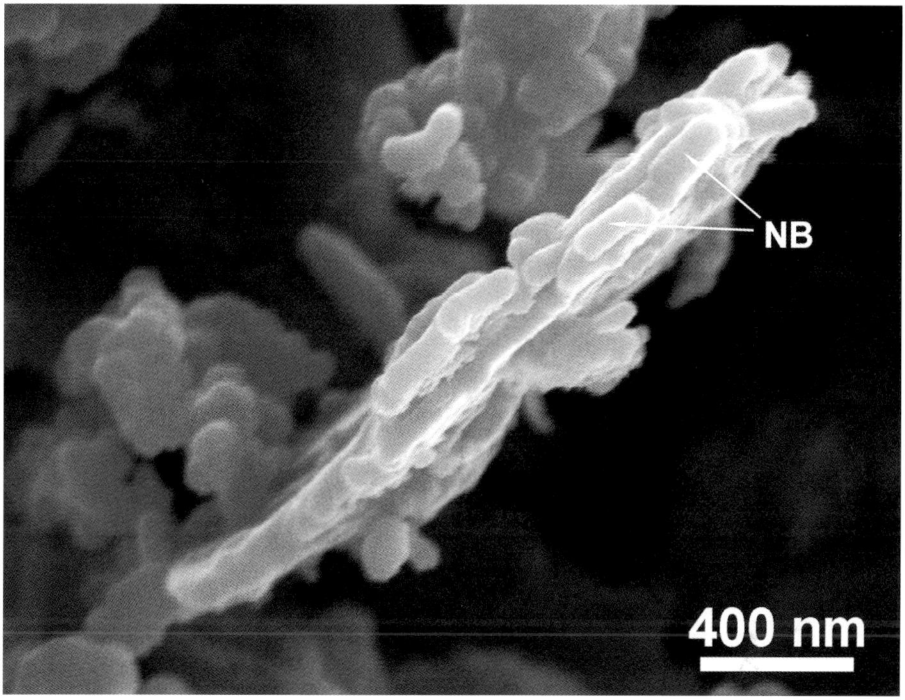

Figura 6. Evento de lluvia de barro LLB23. Nanobacterias de formas bacilares (**NB**) y una longitud media de 250 nm, sobre partículas minerales (algunas ultrafinas, <100 nm). Se observa la auto-replicación. Adaptada de Figura 6b, página 9 [4].

Figure 6. Rain dust event LLB23. Bacillar-shaped nanobacteria (**NB**) with an average length of 250 nm, over mineral particles (some ultrafine particles, <100 nm). Self-replication is observed. Adapted from Figure 6b, page 9 [4].

Referencias
References

[1] MIDDLETON, N.J. 2017. *Desert dust hazards: A global review.* Aeolian Research 24, 53-63.

[2] BERGAMETTI, G Y FORÊT, G. 2014. Dust deposition. En: Mineral dust. Dordrecht: Springer Netherlands. pp 179-200.

[3] PÁRRAGA, J., MARTÍN-GARCÍA, J.M., DELGADO, G., MOLINERO-GARCÍA, A., CERVERA-MATA, A., GUERRA, I, FERNANDEZ-GONZALEZ, M.V., MARTIN-RODRIGUEZ F.J., LYAMANI, H., CASQUERO-VERA, J.A., VALENZUELA, A., OLMO, F.J. Y DELGADO, R. 2021. *Intrusions of dust and iberulites in Granada basin (Southern Iberian Peninsula). Genesis and formation of atmospheric iberulites.* Atmospheric Research 248, 105260.

[4] NAVARRO, A., DEL MORAL, A., WEBER, B., BEWER, J., MOLINERO, A., DELGADO, R., PÁRRAGA, J., MARTÍNEZ-CHECA, F. 2023. *Microbial composition of Saharan dust plumes deposited as red rain in Granada (Southern Spain).* Science of the Total Environment. Science of The Total Environment, 913, 169745. DOI: https://doi.org/10.1016/j.scitotenv.2023.169745.

[5] MARTIN, J.D. 2004. Using XPowder: *A software package for Powder X-Ray diffraction analysis.* Granada, Spain. 1001(04), 105.

[6] BOLETÍN OFICIAL DEL ESTADO (BOE). 2023. *Real Decreto relativo a la mejora de la calidad del aire.* BOE núm. 21, 25 de enero de 2023, páginas 10326 a 10348.

[7] RAJU, B. Y ROM, W.N. 1998. *General remarks.* En: *Silica, Some Silicates, Coal Dust and Para-Aramid Fibrils.* IARC Monographs on the Evaluation of Carcinogenic Risks to Humans. International Agency for Research on Cancer. pp 31-41.

Índice de autores
Index by authors

Índice de términos

Index of terms

FT-1